NOUVEAU

DICTIONNAIRE

D'HISTOIRE NATURELLE.

VAL = ZYZ.

Noms des *Auteurs* de cet *Ouvrage* dont les *matières* ont été traitées comme il suit :

L'Homme, les Quadrupèdes, les Oiseaux, les Cétacés.
- SONNINI, Membre de la Société d'Agriculture de Paris, éditeur et continuateur de l'Histoire naturelle de Buffon.
- VIREY, Auteur de l'Hist. naturelle du Genre Humain.
- VIEILLOT, Continuateur de l'Histoire des Oiseaux d'Audebert, et Auteur d'une Histoire de ceux de l'Amérique septentrionale.
- A. DESMAREST, Membre de l'Athénée des Arts de Paris, du Musée de Bordeaux, etc.

L'Art vétérinaire, l'Economie domestique.
- PARMENTIER, HUZARD, Membres de l'Institut national.
- SONNINI, Membre de la Société d'Agriculture de Paris, etc. etc.

Les Poissons, les Reptiles, les Mollusques et les Vers.
- BOSC, Membre de la Société d'Histoire naturelle de Paris, de la Société Linnéenne de Londres, de celles d'Agriculture de Véronne, Caen, etc. et Inspecteur des Pépinières nationales de Versailles.

Les Insectes.
- OLIVIER, Membre de l'Institut national.
- LATREILLE, Membre associé de l'Institut national.

Botanique et son application aux Arts, à l'Agriculture, au Jardinage, à l'Economie Rurale et Domestique.
- CHAPTAL, PARMENTIER, CELS, Membres de l'Institut national.
- THOUIN, Membre de l'Institut national, Professeur et Administrateur du jardin des Plantes.
- DU TOUR, Membre de la Société d'Agriculture de Saint-Domingue.
- BOSC, Membre de la Société d'Histoire naturelle de Paris, etc. etc.
- TOLLARD AINÉ, Professeur de Botanique et de Physiologie végétale, Membre de plusieurs Sociétés savantes, etc.

Minéralogie, Géologie, Météorologie et Physique.
- CHAPTAL, Membre de l'Institut national.
- PATRIN, Membre associé de l'Institut national et de l'Académie des Sciences de Saint-Pétersbourg, Auteur d'une Histoire naturelle des Minéraux.
- LIBES, Professeur de Physique aux Ecoles Centrales de Paris, et auteur d'un Traité Elémentaire de Physique.

NOUVEAU DICTIONNAIRE D'HISTOIRE NATURELLE,

APPLIQUÉE AUX ARTS,

Principalement à l'Agriculture et à l'Economie rurale et domestique :

PAR UNE SOCIÉTÉ DE NATURALISTES ET D'AGRICULTEURS :

Avec des figures tirées des trois Règnes de la Nature.

TOME XXIII.

———

DE L'IMPRIMERIE DE CRAPELET.

A PARIS,

Chez DETERVILLE, Libraire, rue du Battoir, n° 16.

AN XII — 1804.

NOUVEAU

DICTIONNAIRE

D'HISTOIRE NATURELLE.

VAL

VALERIANE, *Valeriana* Linn. (*triandrie monogynie*), genre de plantes de la famille des DIPSACÉES, figuré pl. 24 des *Illustrations* de Lamarck, et qui offre pour caractères un calice supérieur très-petit, à peine perceptible, à cinq dents ou à bord presqu'entier et se développant dans la maturité en une aigrette sessile et plumeuse ; une corolle monopétale en entonnoir, dont le tube est renflé à sa base, ou terminé par une bosse ou un éperon, et dont le limbe est découpé en cinq segmens obtus, ordinairement égaux ; depuis une jusqu'à quatre étamines, le plus souvent trois érigées, faites en alène, de la longueur de la corolle, et à anthères arrondies ; un ovaire inférieur, soutenant un style mince aussi long que les étamines, et couronné d'un à trois stigmates, c'est-à-dire d'un stigmate tantôt sphérique, tantôt échancré, tantôt partagé en trois. Le fruit varie comme la fleur : c'est, ou une semence aigrettée, ou une capsule à deux ou trois loges, contenant deux ou trois semences, dont le sommet est nu ou recouvert par les dents du calice.

Ce genre est, ainsi qu'on le voit, très-mauvais, puisqu'il n'est point déterminé par des caractères invariables et constans. Les espèces assez nombreuses qu'il renferme, présentent des différences dans toutes les parties de la fructification ; c'est parce que la plupart ont trois étamines, que Linnæus les a toutes comprises dans sa triandrie ;

A

mais quelques-unes n'en ont qu'une ou deux; d'autres en ont quatre; il y a même une espèce qui est dioïque. Ainsi les *valérianes*, comme beaucoup d'autres genres, sont un exemple frappant du vice des méthodes artificielles. Le botaniste, même doué de génie, a beau se tourmenter, il a beau former des systèmes pour coordonner les plantes, la nature le surprend toujours en défaut. Ce n'est point dans un cadre étroit imaginé par l'homme, que peuvent se ranger les immenses productions du règne végétal.

Les *valérianes* ont les feuilles simples ou ailées, et leurs fleurs ordinairement disposées en corymbes terminaux. Ce sont des plantes herbacées, à racine vivace, annuelle ou bisannuelle. La plupart croissent en Europe. On trouve les autres en Sibérie, en Chine, au Japon, et sur-tout dans l'Amérique méridionale. Les espèces les plus intéressantes sont:

La VALÉRIANE ROUGE OU DES JARDINS, *Valeriana rubra* Linn., qui est vivace, qui croît en France et en Italie sur des terreins rudes et pierreux, même dans les fentes des murailles. Elle a des racines ligneuses, grosses comme le doigt, et qui s'étendent fort loin; des tiges hautes d'environ trois pieds, rondes, lisses, de couleur grisâtre, creuses, et garnies à chaque nœud de feuilles lancéolées, très-entières, plus ou moins étroites et ordinairement opposées. Les rameaux viennent par paires sur la tige principale, et sont terminés, ainsi qu'elle, par des grappes ou corymbes de fleurs rouges, quelquefois blanches, légèrement odorantes et de longue durée. Ces fleurs n'ont qu'une étamine, avec un éperon à la base de la corolle; elles se succèdent pendant toute la belle saison, depuis le mois de mai jusqu'aux premières gelées, et produisent des semences aigrettées, qui mûrissent aussi successivement.

On cultive cette espèce dans les jardins comme plante d'ornement. On la multiplie en divisant ses racines en automne, ou en semant ses graines aussi-tôt qu'elles sont mûres; quelquefois elles germent avant l'hiver. Lorsque les jeunes plantes qui en proviennent sont assez fortes, on les transplante une ou deux fois, et on les place à demeure l'automne suivante.

En Sicile, on fait entrer cette *valériane* dans les salades.

La VALÉRIANE DIOÏQUE, *Valeriana dioica* Linn., appelée quelquefois *valériane des marais*, parce qu'on la trouve dans les lieux marécageux de l'Europe. Elle fait exception au genre, puisque ses fleurs sont unisexuelles, et viennent, mâles ou femelles, sur des pieds différens; on apperçoit dans les unes et les autres fleurs les rudimens de l'organe avorté. Les mâles ont deux étamines, et la corolle des femelles est plus petite que celle des mâles; les semences sont couronnées par trois dents. Cette espèce est vivace comme la précédente; elle a une racine menue, rampante, blanchâtre, très-fibreuse et très-odorante. Sa tige, anguleuse, grêle et noueuse, s'élève à un pied, se garnit de feuilles opposées, pinnées, à folioles très-entières, et se couronne, ainsi que les rameaux, de grappes fleuries de couleur purpurine ou blanche. Les *chevaux* et les *moutons* mangent cette plante.

La VALÉRIANE SAUVAGE OU OFFICINALE, *Valeriana officinalis* Linn. Une racine vivace, fibreuse et rampante; une tige haute de trois à six pieds, simple jusqu'au sommet, qui produit des branches trois à trois; des feuilles toutes ailées, ayant six ou sept paires de folioles étroites, un peu velues, avec une impaire; des fleurs triandriques, blanches et légèrement teintes en pourpre au-dehors: tels sont les caractères de cette *valériane*, qui croît spontanément dans les bois et les lieux humides de l'Europe, et qui se trouve toujours, selon Miller, sur des terreins secs, crayeux et à l'ombre, dans plusieurs parties de l'Angleterre. Ses racines sont amères, stiptiques, et ont une odeur aromatique et pénétrante. On les préfère aux racines des autres *valérianes* pour les usages de la médecine, et on lui attribue de grandes propriétés reconnues par beaucoup de médecins, et contestées pourtant ou du moins révoquées en doute par d'autres. Il est curieux de rapprocher en peu de mots leurs opinions à ce sujet.

Gilibert (*Démonstr. élément. de Botanique.*) dit avoir guéri trois épileptiques avec cette racine, donnée à haute dose en poudre et en infusion dans du vin. Il prétend que ses effets dans les autres convulsions ne sont pas moins certains; qu'elle est sur-tout admirable dans la paralysie, et que plusieurs migraines ont été dissipées par une seule dose de la poudre de *valériane*. « On ne doit point, ajoute-t-il, la
» négliger dans le traitement des maladies cutanées, dans le rhuma-
» tisme, dans l'anorexie, dans les coliques, qui sont souvent calmées
» par un seul remède, sur-tout les venteuses avec glaires; enfin quel-
» ques praticiens ont employé avec succès l'infusion de cette racine
» et des fleurs dans les fièvres intermittentes, pernicieuses, avec abat-
» tement des forces et délire sourd, ou affection soporeuse. Nous
» avons vu guérir quelques-uns de nos malades que nous avions traités
» par cette méthode. Cette observation mérite d'être suivie; si elle est
» confirmée par de nouvelles épreuves, nous pourrons enfin nous
» passer de quinquina dans les fièvres ».

L'auteur des notes insérées dans le *Dictionnaire des Jardiniers*, s'exprime ainsi sur la même racine. « Elle ne contient, dit-il, aucun
» principe éthéré volatil; mais on y découvre par l'analyse une partie
» fixe, résineuse et gommeuse. On ne peut mieux comparer ses pro-
» priétés qu'à celles de la *serpentaire de Virginie*, à laquelle elle est
» inférieure; elle est sur-tout cordiale, apéritive, diaphorétique,
» anti-hystérique et céphalique. Sous ce dernier point de vue, on a
» beaucoup vanté son efficacité dans l'épilepsie et les tremblemens
» convulsifs. Des auteurs dignes de foi confirment cette heureuse pro-
» priété; mais de nouvelles expériences *n'ont pas été suivies d'un*
» *succès aussi complet qu'on pouvoit l'espérer* ».

Vitet (*Pharmacopée de Lyon.*), en parlant des racines de la *grande valériane* et de la *valériane officinale*, dit: « Il est peu de maladies
» de foiblesse et de maladies convulsives où la racine de la *grande*
» *valériane* n'ait été recommandée. L'observation a rarement applaudi
» aux éloges qu'on lui a prodigués, particulièrement dans l'épilepsie,

» quelle qu'en soit l'espèce. Elle ne procure point le sommeil, ne
» purge point, provoque rarement le cours des urines. La racine de
» la *valériane sauvage* est plus active; mais avant de lui accorder
» toutes les vertus qu'on lui suppose, *il faut de nouvelles obser-*
» *vations* ».

Ceux qui, malgré l'incertitude des effets de cette racine, voudront
y avoir recours, peuvent l'employer, pulvérisée et tamisée, depuis
demi-drachme jusqu'à deux drachmes, incorporée avec un sirop ou
délayée dans cinq onces d'eau. Si on l'emploie coupée par morceaux,
il faut alors en faire macérer au bain-marie et dans six onces d'eau,
depuis une drachme jusqu'à demi-once.

La GRANDE VALÉRIANE, *Valeriana phu* Linn. Sa racine est grosse,
ridée et transversale; ses tiges sont rameuses ou bifurquées, et hautes
de trois pieds; ses feuilles caulinaires ailées, les radicales sans divisions, quelquefois en forme de lyre; ses fleurs triandriques, petites,
purpurines, disposées en manière d'ombelles aux sommités des tiges;
ses semences oblongues, plates et aigrettées. Cette plante est vivace,
et croît naturellement en Alsace, en Allemagne, dans les Alpes et sur
les hautes montagnes. On la cultive dans les jardins, sous le nom de
valériane franche, et on en fait à-peu-près le même usage en médecine que de la précédente, après laquelle elle est l'espèce du genre
la plus estimée. Sa racine a une odeur forte, désagréable, et une
saveur aromatique. Les *chats* aiment à se rouler sur cette plante
comme sur le *cataire*; on les en éloigne en enfonçant des épines dans
la terre autour de sa tige. Cette *valériane* et la *valériane officinale* se
multiplient par la division de leurs racines, au printemps ou en automne; cette dernière saison est préférable. Quand on veut avoir les
racines pour s'en servir, on les enlève après la chute des feuilles, et
on les fait sécher.

La VALÉRIANE TRIFIDE, *Valeriana tripteris* Linn., se trouve en
Suisse, en Autriche et dans les montagnes de la France. Elle est vivace,
a une racine très-aromatique, les fleurs triandriques, les feuilles radicales, en cœur et dentées, et celles de la tige ternées ou découpées
en trois segmens.

La VALÉRIANE CELTIQUE, *Valeriana celtica* Linn. Sa tige n'a pas
plus de quatre à cinq pouces; elle se traîne sur la terre et pousse des
racines à tous les nœuds. Ses feuilles sont très-entières, les radicales
ovales et obtuses; celles de la tige plus étroites. Ses fleurs triandriques,
sessiles et de couleur de chair, forment des ombelles nombreuses et
en grappe. On trouve cette plante, qui est vivace, sur les montagnes
de la Syrie, sur celles de l'Autriche, de la Suisse et du Dauphiné.
« Elle est, dit Miller, difficile à conserver dans un jardin, parce qu'elle
croît naturellement dans des lieux hérissés de rochers, garnis de
mousse et couverts de neige pendant six ou sept mois de l'année. Il
faut la placer dans une situation très-froide et un sol pierreux ».

« Sa racine (*Démonstr. élément. de Botan.*) est plus pénétrante
» que celle de la *valériane officinale*; sa saveur est vive et amère :
» c'est le nard celtique dont on transporte une étonnante quantité en
» Afrique et en Egypte, pour préparer des essences dont les peuples
» des pays chauds s'oignent le corps. Cette racine précieuse est négli-

» gée par nos médecins modernes. Des observations sûres lui accor-
» dent des propriétés décisives pour le traitement des maladies de
» nerfs ; son infusion augmente le cours des urines ; sa poudre est le
» meilleur stomachique que nous connoissions ».

La VALÉRIANE DES PYRÉNÉES, *Valeriana Pyrenaica* Linn. Cette
espèce croît sur les Pyrénées, est vivace, a des fleurs triandriques
qui paroissent en juin, et deux sortes de feuilles ; les intérieures en
cœur, dentées et pétiolées ; les supérieures à trois folioles ; ses semences sont couronnées d'un duvet. Elle se plaît à l'ombre et dans
un sol humide, et se multiplie par ses graines qu'il faut semer dès
qu'elles sont mûres.

La VALÉRIANE MACHE, *Valeriana locusta* Linn., connue ordinairement sous le seul nom de *mâche*, et appelée aussi *doucette*,
poule grasse, *salade de chanoine*, etc., a une racine menue, fibreuse,
blanchâtre, et des feuilles opposées, linéaires ou oblongues, assez
épaisses, molles, tendres, et communément entières. Du milieu des
feuilles, s'élève à la hauteur d'un demi-pied, une tige foible, ronde,
cannelée, creuse, noueuse et dichotome. Les fleurs qui sont triandriques et d'un blanc améthyste, viennent en petites ombelles aux
sommités des tiges, et se succèdent pendant tout l'été. Les fruits
varient.

Cette plante est annuelle ; elle croît en Europe dans les blés, dans
les vignes et sur les bords des chemins. On la cultive dans les jardins
potagers pour la manger en salade. Sa graine se sème depuis le milieu
d'août jusqu'à la mi-octobre dans une bonne terre meuble et amen-
dée. Il faut avoir soin de l'arroser jusqu'au temps des pluies. C'est à
l'entrée du printemps qu'elle est meilleure à manger. Elle est aimée
des chèvres et des moutons.

« Voilà encore une de ces plantes, dit un célèbre médecin, qui
détruit l'analogie botanique. Les *valérianes* sont odoriférantes ; celle-ci
est fade et sans odeur. On l'emploie quelquefois dans les bouillons de
veau ; elle est rafraîchissante et adoucissante ».

Lamarck compte sept variétés de *mâches*, savoir : la *mâche doucette* à fleurs simples ; la *mâche vésiculeuse* à calices enflés ; la *mâche
couronnée* à fruit à six dents ; la *mâche discoïde* à fruit à douze dents ;
la *mâche dentée*, dont la semence est couronnée de trois dents ; la
mâche rayonnée, dont une collerette environne les fleurs: enfin la
mâche naine à feuilles inférieures dentées, à feuilles supérieures
linéaires et multifides. On a fait un genre de cette espèce, sous le
nom de FÉDIE. *Voyez* ce mot.

La VALÉRIANE DE SIBÉRIE, *Valeriana Sibirica* Linn., est une
plante bisannuelle qui fleurit, produit des semences la seconde année, et périt ensuite. On la trouve en Sibérie. Ses tiges s'élèvent à
un pied de hauteur, et se garnissent de feuilles pinnatifides, composées de quatre ou cinq paires de lobes à pointe aiguë, avec un lobe
impair, large et découpé en trois ou cinq pointes; ces feuilles sont
opposées et sessiles. Les fleurs d'un jaune brillant, forment une espèce d'ombelle au haut de la tige et des rameaux ; elles ont quatre
étamines, et paroissent dans le mois de juillet. Les semences de cette
valériane sont adnées à une écaille ovale ; c'est en les mettant en

terre en automne, aussi-tôt qu'elles sont mûres, ou au printemps; qu'on multiplie la plante. Semée dans ces deux saisons et à demeure, elle peut réussir également.

Parmi les vingt espèces de *valérianes* dont il est fait mention dans la *Flore du Pérou*, il y en a de très-remarquables aux yeux des botanistes, mais qui ne présentent aucune importance sous le point de vue d'utilité. (D.)

VALÉRIANE GRECQUE. *Voyez* au mot POLÉMOINE. (B.)

VALÉRIANELLE. C'est la MACHE. *Voyez* ce mot et ceux de VALÉRIANE et de FÉDIE. (B.)

VALISNÈRE, *Valisneria*, genre de plantes à fleurs polypétalées, de la dioécie diandrie et de la famille des HYDROCHARIDÉES, dont le caractère consiste à voir les fleurs mâles portées sur une hampe courte, et composées d'un calice divisé en trois parties et de deux étamines, portées en grand nombre sur un spadix conique, petit, et entourées d'une spathe de deux ou quatre folioles; et les fleurs femelles solitaires sur une hampe très-longue, en spirale, entourées d'une spathe tubuleuse bifide, et composées d'un calice divisé en trois parties, d'une corolle de trois pétales linéaires, d'un ovaire inférieur à trois stigmates sessiles, bifides et munis d'un appendice dans leur partie moyenne.

Le fruit est une capsule cylindrique, tridentée, uniloculaire et polysperme.

Ce genre ne contient qu'une espèce, qui est figurée pl. 799 des *Illustrations* de Lamarck. Elle est vivace, et a toutes ses feuilles linéaires, lancéolées et radicales. Elle vient au fond des eaux dans presque toute l'Europe australe, mais comme elle n'a pas une apparence remarquable, elle paroît encore rare. On la rencontre aussi dans toute l'Asie, et souvent en si grande abondance, qu'elle couvre le fond des rivières.

La nature, qui a voulu que la fleur mâle de la *valisnère* fût à sa racine et sous l'eau, lui a donné la faculté de se détacher au moment de la fécondation, et d'aller s'épanouir, ou mieux crever à la surface de l'eau, où la fleur femelle est alors toujours épanouie et prête à recevoir le pollen vivifiant, par le moyen de sa hampe en spirale qui se tord ou détord à mesure que l'eau monte ou descend.

C'est en Italie qu'on a d'abord observé cette plante, qui a toujours excité l'enthousiasme des amis de la nature, et c'est dans le même pays que j'ai été à portée d'admirer son mécanisme. J'en ai rapporté des pieds vivans pour essayer de la naturaliser aux environs de Paris. (B.)

VALKUFFE, nom que donne Bruce à une espèce de

pentapète, qu'on cultive en Abyssinie, à raison de la grande beauté de ses fleurs. *Voyez* au mot PENTAPÈTE. (B.)

VALLARIS, *Valleris*, genre de plantes établi par Burmann, et qui ne diffère pas des PERGULAIRES. *Voyez* ce mot. (B.)

VALLÉE, *Vallea*, arbre à feuilles alternes, pétiolées, en cœur, très entières, velues en dessous, et accompagnées de stipules sessiles et réniformes, à fleurs rouges disposées sur une panicule de trois rangs de grappes, qui forme un genre dans la polyandrie monogynie.

Ce genre offre pour caractère un calice de trois ou quatre folioles ; une corolle de quatre à cinq pétales ; un grand nombre d'étamines ; un ovaire supérieur, surmonté d'un stigmate à quatre ou cinq divisions.

Le fruit est une capsule à deux loges et à plusieurs semences.

La *vallée* se trouve dans le Mexique et le Pérou. Ses caractères sont figurés pl. 14 de la *Flore* de ce dernier pays. (B.)

VALLÉE, espace de terrein ou de pays, compris entre deux chaînes de montagnes à-peu-près parallèles. Les *vallées* ont depuis une lieue jusqu'à 10 ou 15 de longueur, sur une largeur beaucoup moindre, mais au moins de plusieurs centaines de toises ; sans quoi, ce ne seroient plus des *vallées*, mais des *gorges*.

Pour l'ordinaire, les *vallées* ont la forme d'un immense canal, plus ou moins tortueux, dont le fond, presque toujours, est occupé par quelques rivières : leurs flancs sont arrosés par une multitude de sources et de ruisseaux qui découlent des montagnes collatérales. Aussi les *vallées* sont-elles renommées par leur fertilité et les agrémens de toute espèce qu'elles présentent. Elles sont plus chaudes, fort souvent, que les plaines des contrées voisines (Saussure a vu dans la *vallée* du Rhône, des plantes et des insectes des parties méridionales de la France); mais les ardeurs du soleil n'y sont point incommodes pour l'homme : des abris fréquens le rafraîchissent et le délassent. Tout le monde connoît la délicieuse vallée de Tempé en Thessalie, arrosée par le fleuve Penée, dont les rives charmantes ont été tant célébrées par les poètes. Mais ce qui vaut mieux encore, c'est cette riche et vaste *vallée* de quinze lieues de longueur, que traverse, embellit et féconde l'Allier, et qu'on nomme la *Limagne d'Auvergne*.

La vallée de Montmorency est célèbre par ses cerises et par le séjour de J. J. Rousseau.

Si les *vallées* sont aussi utiles qu'agréables à l'homme, en général, elles offrent un attrait de plus à l'observateur géologue, par la liaison intime qu'elles ont avec les montagnes, qui sont le grand objet de ses méditations.

On a cru long-temps que toutes les *vallées* étoient l'ouvrage des eaux; et Bourguet ayant observé quelques *vallées* qui, dans leurs sinuosités, offroient une correspondance constante entre les angles saillans d'un côté et les angles rentrans de l'autre, de manière que, malgré tous les détours, les deux côtés de la *vallée* étoient toujours parallèles, crut avoir trouvé dans ce fait la démonstration de cette hypothèse; Buffon saisit avidement cette idée, qui lui sembloit conforme à la marche simple de la nature, et il en fit la base de sa *Théorie des Montagnes*. Il supposa qu'elles avoient été, toutes sans exception, formées par des dépôts de la mer que les courans avoient sillonnés suivant leurs différentes directions.

Mais dès qu'on est venu à observer la structure intérieure des montagnes, et sur-tout des montagnes *primitives*, on a bientôt reconnu que cette théorie étoit inadmissible.

Les *vallées* qui présentent la correspondance des angles saillans et rentrans, ne se trouvent presque jamais qu'entre des montagnes secondaires d'une élévation médiocre, et sont, en effet, pour l'ordinaire, l'ouvrage des eaux qui, en descendant du sommet des montagnes primitives, ont sillonné les dépôts calcaires qui se trouvoient sur leurs flancs, et les lits qu'elles s'y sont creusés peu à peu, et qui, avec le temps, sont devenus des *vallées*, ont dû nécessairement avoir la même forme que tous les lits des rivières dont les rives sont nécessairement parallèles.

Mais il n'en est pas ainsi dans les *vallées* des chaînes *primitives*: rien n'est plus ordinaire que d'y voir, soit des angles saillans opposés l'un à l'autre et qui causent un étranglement, soit des angles rentrans sur les deux côtés en même temps, et qui forment un vaste bassin.

La structure intérieure des montagnes primitives (composées de couches d'autant plus verticales, qu'elles sont plus voisines de la partie centrale, et qui toutes sont inclinées vers le sommet), prouve que toutes ces couches furent d'abord dans une situation horizontale, et qu'elles sont devenues des montagnes, uniquement par le soulèvement spontané du granit qui les a soulevées elles-mêmes à la hauteur où nous les voyons. Les *vallées* qui se trouvent entre ces montagnes, ne sont donc autre chose que les portions de l'écorce du globe, qui ont été moins soulevées que les parties voisines.

Aussi voit-on toujours, dans ces *vallées*, qui n'ont pas été trop dénaturées par les eaux, que les mêmes couches de roches qui forment la courbure de leur fond, se relèvent sans aucune interruption sur les flancs des montagnes qui bordent la *vallée* à droite et à gauche.

Saussure divise les *vallées* en deux ordres différens : les *vallées longitudinales*, qui sont parallèles à la chaîne principale ; et les *vallées transversales*, qui la coupent à angles droits. On trouve aussi quelques *vallées* dont la direction est *oblique*.

Les grandes chaînes de montagnes sont ordinairement formées de plusieurs cordons parallèles à la crête centrale, qui est le cordon principal : les autres, comme autant de gradins, diminuent d'élévation à mesure qu'ils s'en éloignent. Ce sont les entre-deux de ces cordons qui forment les *vallées longitudinales*. Saussure cite la vallée du Rhône comme un des plus grands exemples des *vallées longitudinales*.

Les *vallées transversales* sont celles qui communiquent d'une *vallée longitudinale* à l'autre. Celles qui coupent l'arête principale, sont quelquefois presque horizontales, au moins dans un petit espace : ce sont ces échancrures qu'on appelle *col* dans les Alpes, et *port* dans les Pyrénées. Celles qui coupent les cordons collatéraux sont toujours en pente plus ou moins rapide ; et comme elles sont souvent l'ouvrage des eaux, elles offrent quelquefois des angles saillans et rentrans qui se correspondent, comme dans les montagnes secondaires ; mais il est évident que ce fait n'est qu'accidentel.

Un des caractères essentiels des *vallées longitudinales*, est que les montagnes qui les bordent, ont le plan de leurs couches parallèle à la direction de la *vallée* ; tandis qu'au contraire les *vallées transversales* coupent à angles droits le plan de ces mêmes couches.

Les Alpes présentent plusieurs *vallées longitudinales* : les Pyrénées n'offrent guère que des *vallées transversales*. La raison dé cette différence est probablement que la crête principale des Pyrénées s'élève d'une manière plus brusque, plus abrupte au-dessus des cordons inférieurs, que celle des Alpes ; et les eaux qui en descendoient en torrens impétueux, ont fini par forcer les différentes barrières que leur opposoient ces cordons, et par descendre en ligne droite et par la voie la plus courte jusque dans les plaines. Dans les Alpes, les courans moins violens ont suivi la route des *vallées longitudinales* que leur avoit tracée la nature. *Voyez* MONTAGNES, FLEUVES, GÉOLOGIE. (PAT)

VALLENIE, *Wallenia*, arbre à feuilles alternes, oblongues, obtuses, très-entières, épaisses, luisantes, fragiles, à fleurs petites, blanches, portées sur des grappes terminales, qui forme un genre dans la tétrandrie monogynie.

Ce genre offre pour caractère un calice à quatre divisions; une corolle tubulée à quatre divisions; quatre étamines; un ovaire supérieur, surmonté d'un seul style.

Le fruit est une baie monosperme.

La *vallenie* se trouve à la Jamaïque, et est figurée pl. 145 de l'histoire de cette île par Sloane. (B.)

VALLÈSE, *Vallesia*, arbrisseau à rameaux flexueux, à feuilles alternes, légèrement pétiolées, ovales. entières, brillantes, à fleurs blanchâtres disposées en panicule dichotome et terminale, qui forme un genre dans la pentandrie monogynie.

Ce genre offre pour caractère un calice persistant, trèspetit, à cinq divisions ovales, aiguës; une corolle infundibuliforme à tube cylindrique, long, à limbe divisé en cinq parties lancéolées et légèrement plissées; cinq étamines; un ovaire supérieur didyme, à style filiforme et à stigmate épais; deux drupes écartés, presque ovales, uniloculaires et monospermes.

La *vallèse* se rapproche si fort des RAUVOLFES (*Voyez* ce mot.), que Cavanilles l'a placée parmi eux sous le nom de *rauvolfe glabre*. (B.)

VALLON, petite vallée agréable et riante, bordée de coteaux, ou tout au plus de collines : l'entre-deux des grandes montagnes forme des *vallées ;* elles présentent quelquefois des enfoncemens latéraux, que leur peu d'étendue fait aussi appeler *vallon*. Voyez VALLÉE. (PAT.)

VALOS. On désigne ainsi, dans l'île de Ceylan, les *termès* du pays, et peut-être d'autres fourmis. (L.)

VALTHÈRE, *Waltheria*, genre de plantes à fleurs polypétalées, de la monadelphie pentandrie et de la famille des TILIACÉES, dont le caractère consiste en un calice double, l'extérieur de trois folioles unilatérales et caduques, l'intérieur turbiné, persistant, et à cinq divisions; une corolle de cinq pétales insérés à la base du tube staminifère; cinq étamines, dont les filets sont réunis en un tube; un ovaire supérieur, surmonté d'un style à plusieurs stigmates capillaires et courts.

Le fruit est une capsule membraneuse, uniloculaire et monosperme.

Ce genre est figuré pl. 570 des *Illustrations* de Lamarck, et fait partie de la *Sixième Dissertation* de Cavanilles. Il renferme des arbrisseaux à feuilles un peu épaisses, tomenteuses, à fleurs ramassées par petits paquets sessiles, ordinairement axillaires, de couleur jaune. On en compte six espèces, parmi lesquelles se distinguent

La VALTHÈRE D'AMÉRIQUE, qui a les feuilles ovales, plissées, inégalement dentées, velues, et les fleurs en tête pédonculée. Elle se trouve dans les îles de l'Amérique, et se cultive dans les jardins de Paris.

La VALTHÈRE LOPHANTHE a les feuilles presque rondes, en cœur, dentées, soyeuses, pétiolées, et les fleurs en tête pétiolée et imbriquées par des bractées. Elle se trouve dans les îles Marquises, et forme dans le *Prodrome* de Forster et dans Lamarck, un genre sous le nom de *lophanthe*. (B.)

VALVÉE, *Valvata*, genre de coquillages établi par Muller, et conservé par Draparnaud dans son *Tableau des Mollusques de France*. Il offre pour caractère un animal à deux tentacules sétacés, contractiles, oculés à leur base postérieure, et à musfle proboscidiforme; une coquille discoïde à ouverture ronde et à péristome continu.

Ce genre ne contient qu'une espèce, la VALVÉE PLANORBE, *Valvata cristata* Mull., qui est lisse, plane en dessus et ombiliquée en dessous. On la trouve dans les eaux stagnantes. Elle a un appendice tentaculiforme du côté droit du col, et le tube de ses branchies est garni, de chaque côté, de douze barbes. (B.)

VALVES. On donne ce nom aux parties dont les coquilles sont composées. Ainsi il y a des coquilles *univalves*, *bivalves* et *multivalves*. Voyez au mot COQUILLE. (B.)

VALVES (*botanique*), pièces de la capsule qui se séparent plus ou moins profondément, et qui se détachent presque toujours entièrement, lorsque ce péricarpe s'ouvre. *Voyez* les mots CAPSULE et FRUIT. (D.)

VAMPI, *Cookia*, grand arbre à écorce striée et verruqueuse, à feuilles alternes, pinnées, avec impaire, à folioles pétiolées, alternes, ovales-aiguës, parsemées de points; à fleurs transparentes, blanches, disposées en grappes paniculées terminales.

Cet arbre, qui est figuré pl. 354 des *Illustrations* de Lamarck, forme un genre qui offre pour caractère un calice très-petit divisé en cinq parties; une corolle de cinq pétales ouverts; dix étamines à filamens distincts et de la longueur de la corolle; un ovaire supérieur légèrement stipité, hérissé, à stigmate capité.

Le fruit est une baie ovoïde, veloutée, ponctuée, multiloculaire, à loges monospermes, quelquefois sujettes à avorter.

Sonnerat, à qui on doit la connoissance du *vampi*, dit que les Chinois le cultivent dans les cours de leurs maisons, et qu'ils en mangent les fruits, dont la pulpe est blanche et l'écorce jaune et lactescente.

Loureiro a donné le nom de *quinaire* à ce genre.

L'*aulaire* du même auteur ne paroît pas s'en éloigner beaucoup. (B.)

VAMPURN, nom spécifique d'une *couleuvre* d'Amérique. *Voyez* au mot COULEUVRE. (B.)

VAMPYRE (*Vespertilio spectrum* Linn., Erxleb.), quadrupède de l'ordre des CARNASSIERS, sous-ordre des CHEÏROPTÈRES, genre PHYLLOSTOME. *Voyez* ces mots.

Il a cinq pouces et demi de longueur; sa tête est très-alongée; son nez supporte une longue membrane infundibuliforme, presque conique, droite, terminée en dessus en forme de feuille lancéolée; ses oreilles sont ovales, leur oreillon est subulé, membraneux, de la longueur de l'oreille; il n'a pas de queue, et la membrane qui joint les deux cuisses n'est pas divisée; son corps est couvert de poils assez longs de couleur cendrée.

Ce *phyllostome*, qui habite l'Amérique méridionale, a, du moins si l'on en croit les rapports des voyageurs, la singulière et funeste habitude de sucer le sang des hommes et des animaux pendant qu'ils dorment, jusqu'au point de les épuiser et de les faire périr, sans leur causer assez de douleur pour les éveiller.

Daubenton pense que c'est avec sa langue garnie de papilles cornées dirigées en arrière, que le *vampyre* ouvre les vaisseaux sanguins des animaux endormis; car s'il employoit ses dents, qui sont très-fortes, l'homme le plus endormi, et les animaux sur-tout, dont le sommeil est léger, seroient infailliblement réveillés par la douleur de la morsure. (DESM.)

VAMPYRUS, le *vampyre* en latin. (S.)

VANCOLE ou VANCOHO, espèce de *scorpion* de l'île de Madagascar, l'*afer* probablement. (L.)

VANDOISE, nom spécifique d'un poisson du genre *cyprin*, *cyprinus leuciscus* Linn. *Voyez* au mot CYPRIN. (B.)

VANELLE, nom vulgaire du VANNEAU. *Voyez* ce mot. (VIEILL.)

VANET, nom vulgaire du VANNEAU. *Voyez* ce mot. (VIEILL.)

VANGA (*Lanius curvirostris* Lath., pl. enl. n° 528, ordre PIES, genre de la PIE-GRIÈCHE. *Voyez* ces mots.). Cette *pie-grièche*, que Buffon a rangée dans la famille des *bécardes*, est connue à Madagascar, sa patrie, sous le nom qu'on lui a conservé, et décrite par Brisson, sous la dénomination d'*écorcheur de Madagascar*. Elle est à-pen-près de la grosseur du *merle*, et a dix pouces de long ; le derrière de la tête d'un noir verdâtre ; le reste de la tête, la gorge, le cou, les parties inférieures et les couvertures du dessous de la queue d'un beau blanc ; le dessous du corps d'un noir changeant et vert ; les grandes couvertures des ailes terminées de blanc ; cette couleur couvre les pennes du côté interne, et est indiquée par une marque à l'extérieur des cinq premières, dont le fond est noir ; les pennes de la queue sont cendrées dans leur première moitié, ensuite noires et terminées de blanc ; les pieds couleur de plomb, les ongles noirâtres ; le bec est noir, et sa partie inférieure aussi crochue que la supérieure.

Latham décrit comme une variété de cette espèce une *pie-grièche* qui se trouve à la Nouvelle-Hollande ; elle diffère en ce que le noir du sommet de la tête descend jusqu'au-dessous des yeux, et en ce que le blanc n'occupe sur la tête que la base du bec et le front. (VIEILL.)

VANGERON. On donne ce nom à un poisson des lacs de Suisse, qui paroît être une espèce de *cyprin*, peut être le GARDON, *Cyprinus rutilus* Linn. *Voyez* au mot CYPRIN. (B.)

VANGUIER, *Vangueria*, arbre de moyenne grandeur, à feuilles opposées, pétiolées, ovales, glabres, très-entières, accompagnées de stipules, et à fleurs disposées en corymbes axillaires, qui forme un genre dans la pentandrie monogynie et dans la famille des RUBIACÉES.

Ce genre, qui est figuré pl. 159 des *Illustrations* de Lamarck, offre pour caractère un calice très-petit à cinq dents et ouvert ; une corolle petite, campanulée, globuleuse, à cinq divisions, velue intérieurement ; cinq étamines ; un ovaire inférieur surmonté d'un style à stigmate capité.

Le fruit est une baie pomiforme, ombiliquée, à cinq loges et à cinq semences en forme d'amandes.

Cet arbre vient de la Chine et autres parties orientales des Indes. On mange son fruit.

Wildenow pense que le genre *pentalobe* de Loureiro est le même que celui-ci. (B.)

VANG - VAN. Les nègres, dans quelques cantons de l'Afrique, appellent ainsi la *spatule*. (S.)

VANHOM, espèce de *curcuma* du Japon, dont on tire la même utilité que de celui de l'Inde. *Voyez* au mot CURCUMA. (B.)

VANIERE, *Vanieria*, genre de plantes établi par Loureiro dans la monoécie pentandrie. Il offre pour caractère un calice divisé en quatre parties ovales et charnues; point de corolle; cinq étamines bilobées, presque sessiles, attachées au calice dans les fleurs mâles; un ovaire supérieur comprimé, à style capillaire et à stigmate simple dans les fleurs femelles.

Le fruit est une semence renfermée dans le calice, qui s'est accru en forme de baie, et terminée par le style qui persiste. Ces fruits sont placés sur un réceptacle commun au nombre de dix à vingt, et forment par leur réunion une baie tuberculeuse percée de trous au sommet.

Loureiro mentionne deux espèces de *varière*. Ce sont des arbrisseaux, dont l'un est épineux et a les feuilles alternes, et l'autre est inerme et a les feuilles fasciculées. Ils se trouvent à la Chine et à la Cochinchine, où on mange leurs fruits, qui sont rouges et agréables au goût. (B.)

VANILLE, *Vanilla*, fruit du Vanillier. *Voyez* ce dernier mot. (D.)

VANILLIER, *Vanilla* Gærtn., Juss.; *Epidendrum vanilla* Linn. (*Gynandrie diandrie*), nom d'une plante sarmenteuse et étrangère, que Linnæus a comprise parmi les Angrecs (*Voyez* ce mot.), et dont Gærtner et Jussieu ont fait un genre dans la famille des Orchidées. Ce genre diffère des *angrecs* par sa capsule bivalve, et sur-tout par ses semences non arillées. Il ne renferme qu'une espèce, dont on connoît deux variétés principales, que plusieurs botanistes soupçonnent pourtant être des espèces distinctes. L'une de ces variétés est le *vanillier du Mexique*, l'autre le *vanillier de Saint-Domingue*.

Le Vanillier de Saint-Domingue, *Vanilla flore viridi et albo, fructu nigricante* Plum., gen. 25, ic. 180., a été décrit avec soin par Plumier. « Les deux racines de cette plante, dit-il, sont longues d'environ deux pieds, traçantes, presqu'aussi grosses que le petit doigt, d'un roux pâle, tendres et succulentes; elles ne poussent qu'une seule tige menue, de la même grosseur à-peu-près, et qui monte sur les plus grands arbres. Cette tige est cylindrique, verte, pleine intérieurement d'un suc visqueux, et remplie de nœuds, dont chacun donne naisssance à une feuille, et communément à une vrille.

» Ces feuilles sont alternes, ovales, oblongues, sessiles, très-entières, terminées en pointe, garnies de nervures longitudinales comme celles de certaines espèces de plantain, et concaves ou en gouttière à leur surface supérieure. Elles sont molles, un peu épaisses, lisses, d'un vert gai, et longues de neuf ou dix pouces, sur environ trois pouces de largeur. Les vrilles sont solitaires, simples, plus courtes que les feuilles, auxquelles elles sont presqu'opposées, et roulées en spirale vers leur sommet.

» Les fleurs naissent en grappes axillaires, situées dans la partie supérieure de la plante. Leur pédoncule commun est articulé, solitaire dans chaque aisselle, presqu'aussi long que la feuille qui l'accompagne, et soutient à chaque articulation une belle fleur, grande, irrégulière, blanche intérieurement et verdâtre en dehors. Elle est composée de six pétales, dont cinq plus grands sont presqu'égaux, très-ouverts, ondulés, souvent contournés ou roulés vers leur extrémité, et le sixième qui est un peu plus court que les autres et très-blanc, forme un cornet campanulé, presque comme une fleur de digitale, coupé obliquement et terminé en pointe.

» L'ovaire qui soutient cette fleur, et qui naît de l'aisselle d'une petite écaille spathacée, est long, cylindrique, charnu, vert, un peu tors, et ressemble à une trompe ou à une corne. Il devient ensuite un fruit long de six ou sept pouces, gros environ comme le petit doigt, charnu, pulpeux, à-peu-près cylindrique, noirâtre lorsqu'il est mûr, et s'ouvrant en deux comme une silique. Il est rempli d'une infinité de très-petites graines noires. Les fleurs et les fruits de cette plante sont sans odeur. Elle fleurit au mois de mai. On la trouve dans plusieurs endroits de l'île Saint-Domingue.

» Le VANILLIER DU MEXIQUE, *Vanilla Mexicana* Mill., *Dict.* n° 2, produit des fleurs d'un rouge noirâtre, auxquelles succèdent des siliques à-peu-près semblables à celles du *vanillier de Saint-Domingue*, pour la grandeur et la forme, mais qui ont une odeur agréable. Selon Fernandez les feuilles de cette plante sont longues de onze pouces, larges de six, et nerveuses comme des feuilles de *plantain*. Ce sont les fruits de ce *vanillier* qu'on nous apporte du Mexique et du Pérou, et qui servent à parfumer le chocolat. Ils portent le nom de *vanille*, qu'on donne aussi quelquefois à la plante.

» Ces fruits, tels qu'on les voit dans le commerce, sont des espèces de siliques ayant six ou sept pouces de longueur, d'un roux brun, un peu applaties d'un côté, larges de près de quatre lignes, et se divisant chacune dans leur longueur en deux valves, dont une un peu plus large que l'autre, a une arête ou une saillie longitudinale sur son dos, ce qui fait paroître chaque silique d'une forme légèrement triangulaire. Les battans de ces siliques sont un peu coriaces, cassans néanmoins, et ont un aspect gras et huileux. La pulpe qu'ils renferment est roussâtre, remplie d'une infinité de petits grains noirs, luisans; elle est un peu âcre, grasse, et a une odeur suave qui tient de celle du baume du Pérou.

» Dans le commerce on distingue trois sortes de *vanilles*; la première est appelée par les Espagnols *pomprona* ou *bova*, c'est-à-dire enflée ou bouffie; ses siliques sont grosses et courtes. La seconde ou celle du *leq*, qui est la légitime ou la marchande, a ses siliques plus longues et plus déliées. Enfin les siliques de la troisième qu'on appelle *simarona* ou *bâtarde*, sont les plus petites en tout sens.

» La seule *vanille* de *leq* est la bonne; elle doit être d'un rouge brun foncé, ni trop noire, ni trop rousse, ni trop gluante, ni trop desséchée; il faut que ses siliques paroissent pleines, et qu'un paquet de cinquante pèse plus de cinq onces; celle qui en pèse huit est la *sobrebuena*, l'excellente. L'odeur en doit être pénétrante et agréable ; quand on ouvre une de ces siliques bien conditionnée et fraîche, ou la trouve remplie d'une liqueur noire, huileuse et balsamique, où nagent une infinité de petits grains noirs, presqu'imperceptibles, et il en sort une odeur si vive, qu'elle assoupit et cause une sorte d'ivresse. Geoffroy dit qu'on ne doit point rejeter la *vanille* qui se trouve couverte d'une fleur saline, ou de pointes salines très-fines, entièrement semblables aux fleurs du *benjoin*. Cette fleur n'est autre chose qu'un sel essentiel, dont ce fruit est rempli, qui sort au-dehors, quand on l'apporte dans un temps trop chaud.

» La *pompona* a l'odeur plus forte, mais moins agréable ; elle donne des maux de tête, des vapeurs et des suffocations. La liqueur de la *pompona* est plus fluide, et ses grains sont plus gros; ils égalent presque ceux de la moutarde. La *simarona* est moins odorante : elle contient aussi moins de liqueur et de graines ». (*Extrait de la Nouvelle-Encyclopédie.*)

Bomare dit que certains marchands au Mexique, connoissant le prix qu'on attache en Europe à la *vanille*, ouvrent les gousses après les avoir cueillies, en retirent la pulpe aromatique, y substituent de petites pailles ou d'autres corps étrangers, en bouchent après les ouvertures avec un peu de colle, et les entremêlent ensuite avec la bonne *vanille*. D'autres, lorsque la *vanille* est trop desséchée, et qu'elle a perdu sa qualité en vieillissant, la mettent dans une huile qu'ils tirent des cerneaux de la noix d'*acajou*, mêlée avec du storax et du baume du Pérou. Cette fabrication qui la rajeunit et lui donne une bonne odeur, est assez difficile à reconnoître.

Le *vanillier* qui donne la *vanille* du commerce, croît naturellement dans la baie de Campêche, aux environ de Carthagène, sur la côte du Caraque, dans l'isthme de Panama, et même à Cayenne. On recueille son fruit dans toutes ces contrées. Les rejetons de cette plante, selon Miller, sont succulens, et peuvent se conserver frais pendant plusieurs mois; ce qui facilite leur transport. «J'en ai reçu, dit-il, quelques branches, » qui avoient été coupées par M. Robert Millar, à Campêche, d'où il » me les avoit envoyées en Angleterre, enveloppées dans du papier, » pour servir d'echantillons ; elles étoient cueillies depuis plus de six » mois lorsqu'elles me furent remises, et leurs feuilles et le papier » étoient pourris, à cause de l'humidité qu'elles contenoient : mais » comme les tiges étoient fraîches, j'ai planté sur-le-champ quelques-» unes de ces branches dans de petits pots, que j'ai plongés dans une » bonne couche chaude de tan, et elles ont bientôt poussé des feuilles » et des racines à chaque nœud. Mais comme ces plantes s'attachent » toujours aux troncs des arbres dans les bois où elles croissent natu-» rellement; il est très-difficile de les conserver, sans leur procurer » un pareil soutien : c'est pourquoi, pour les faire subsister en Eu-» rope, il faut les planter dans des caisses où il y ait quelqu'arbre » vigoureux d'Amérique, qui exige la serre chaude, et qui puisse » supporter des arrosemens fréquens, parce que le *vanillier* a besoin » de beaucoup d'eau en été, et qu'il ne profiteroit pas sans cela. Il » faut aussi qu'il soit placé à l'ombre des arbres : ainsi, en le plan-» tant à un pied de distance d'un *hermandia sonora*, dont les feuilles » sont très-larges et donnent beaucoup d'ombrage, il réussira mieux

» que s'il étoit placé seul dans un pot. Ces deux plantes s'accorderont
» bien ensemble , parce qu'elles exigent la même chaleur en hiver.

» Lorsqu'on veut multiplier le *vanillier* dans les pays chauds de
» l'Amérique , on se contente de le couper en morceaux de trois ou
» quatre nœuds de longueur, que l'on plante près des tiges des arbres
» dans les lieux bas et marecageux ; on arrache les autres plantes et
» les autres herbes qui pourroient leur nuire et les étouffer , avant
» qu'elles fussent bien enracinées : mais lorsque ces boutures ont
» poussé, et que leurs tiges sont fixées aux troncs des arbres , elles
» ne craignent plus le voisinage des mauvaises herbes ; cependant ,
» elles sont mieux nourries et plus vigoureuses quand elles en sont
» débarrassées ». (*Dict. des Jardin.*)

Le *vanillier* ne fleurit que lorsqu'il est devenu fort : mais lorsqu'il
a commencé à donner des fleurs et des fruits, il continue à en produire plusieurs années sans aucune culture.

Selon Geoffroy (*Mat. Méd.*), la récolte de la *vanille* se fait depuis
le commencement d'octobre jusqu'à la fin de décembre. Lorsque les
siliques sont mûres, les Mexicains les cueillent, les lient par les bouts, et
les mettent à l'ombre pendant quinze à vingt jours pour les faire sécher,
parce que leur eau de végétation surabondante pourroit les faire
pourrir ; ils les plongent après dans l'huile de noix *d'acajou*, pour les
rendre souples et les mieux conserver ; et ensuite ils en font des paquets de cinquante ou de cent, qu'ils répandent dans le commerce.

Selon Miller, le *vanillier* ne donne qu'une récolte par année, et
cette récolte se fait communément au mois de mai, avant que les fruits
soient parfaitement mûrs, sans quoi ils seroient d'une qualité inférieure. « On les recueille, dit-il, lorsqu'ils deviennent rouges et
qu'ils commencent à s'ouvrir : on les met en petits tas pour fermenter
pendant deux ou trois jours, comme on le pratique pour le *cacao* ;
on les étend ensuite au soleil, et lorsqu'ils sont à moitié secs, on les
applatit avec les mains et on les frotte avec de l'huile de *palma christi*
ou de *cacao* ; on les remet une seconde fois sécher au soleil, et on les
frotte encore d'huile, après quoi on en forme de petits paquets que
l'on couvre de roseaux des Indes pour les conserver ».

On voit que Geoffroy et Miller ne s'accordent point sur l'époque
de la récolte de la *vanille*, ni sur la manière dont elle est desséchée.
Peut-être la fait-on sécher tantôt à l'ombre, tantôt au soleil, et la
recueille-t-on dans diverses saisons de l'année, selon les pays et les
différens climats où elle vient.

On peut, dit Geoffroy, à l'aide de l'esprit-de-vin, extraire toute la
partie résineuse odorante de la *vanille ;* après cette extraction la silique
est entièrement inodore. Selon cet illustre médecin , la *vanille* échauffe
et fortifie l'estomac, chasse les vents, aide à la digestion , atténue les
humeurs visqueuses, provoque les urines et les règles, et facilite
l'accouchement ; il lui attribue aussi la propriété d'affermir la mémoire.
Vitet dit qu'elle ranime les forces vitales et musculaires, mais qu'elle
est nuisible aux tempéramens mélancoliques, bilieux et sanguins, et
dans les maladies convulsives, inflammatoires et fébriles. Selon
Bourgeois, elle est très-contraire aux femmes hystériques ; elle leur
cause des vapeurs, des angoisses, et même des sueurs froides. Chez

nous, on emploie rarement cette substance en médecine; mais les médecins espagnols de l'Amérique en font beaucoup d'usage. Dans ce pays comme en Europe, on en parfume le chocolat. (D)

VANNEAU (*Tringa*), genre de l'ordre des Echassiers. (*Voyez* ce mot.) *Caractères :* le bec droit, grêle; les narines petites; la langue mince; quatre doigts, trois en avant, un en arrière, tous divisés ou foiblement unis à leur base par une membrane; doigt postérieur touchant à peine à terre. Latham.

Linnæus a classé les *vanneaux armés* dans le genre *jacana* (*parra*).

Les *vanneaux* ont dans les caractères génériques, la forme générale du corps et les habitudes, de grands rapports avec les *pluviers*; mais ils ont quatre doigts, et les autres n'en ont que trois. Cette différence a paru suffisante pour les séparer. Parmi les *vanneaux*, il n'en est point qui ait plus d'analogie avec les *pluviers*, spécialement le *pluvier doré*, que l'oiseau auquel Buffon a imposé le nom de *vanneau-pluvier*; il sert d'intermédiaire à ces deux genres. Néanmoins, il ressemble plus au *pluvier* qu'au *vanneau :* il est vrai qu'il a quatre doigts, mais le postérieur est très-petit. Enfin, comme dit Buffon, c'est un *vanneau* d'après ce caractère, et un *pluvier* d'après ses couleurs et ses mœurs, car il ne porte dans son plumage aucune livrée du *vanneau*.

J'entends par ce mot *vanneau*, les oiseaux de ce genre qui ont le plus de rapports dans la conformation du bec et le genre de vie avec les *pluviers*, les *vanneaux* enfin dont Brisson a fait un genre particulier, mais non pas tous les oiseaux réunis par les méthodistes modernes sous le nom latin *tringa*, tels que les *chevaliers*, les *alouettes de mer*, les *maubêches*, les *bécasseaux*, les *combattans*, les *tourne-pierres* ou *coulons-chauds*, dont Brisson fait trois genres particuliers. Ces oiseaux peuvent bien être classés dans le même ordre, mais non pas dans le même genre, à cause des dissemblances frappantes qui se trouvent dans leurs habitudes et leurs mœurs; dissemblances nulles, il est vrai, aux yeux du méthodiste, qui cependant devroit y avoir égard lorsqu'il s'agit de réunir des espèces déjà disparates par les caractères qui servent de base à son système. Quoi qu'il en soit, Brisson a eu raison de faire de ces oiseaux trois genres distincts, puisque le *vanneau* proprement dit a le bec renflé vers le bout; les *bécasseaux*, *chevaliers* et autres cités ci-dessus, l'ont obtus et lisse à son extrémité et sans renflure; enfin, le bec du *tourne-pierre* ou *coulon-*

Deseve del.   Voysard Sculp.

1. Vanneau armé. 2. Vautours (le roi des)
3. Veuve au Collier d'or. 4. Zizi mâle.

chaud est plutôt courbé en en haut que droit, convexe en dessus, et comprimé par les côtés vers le bout.

La famille des *vanneaux* est répandue dans les trois continens ; par-tout ils fréquentent les terreins humides, et se nourrissent de vers et d'insectes.

Le VANNEAU (*Tringa vanellus* Lath., pl. enl., n° 242.) est à-peu-près de la grosseur d'un *pigeon*, et a douze pouces et demi de long ; le dessus de la tête, le devant du cou, le dessus du corps, les scapulaires, les couvertures des ailes sont d'un noir à reflets métalliques, changeant en vert et en rouge doré sur la tête et les ailes ; en vert doré sur le dos, le croupion et les grandes couvertures les plus proches du corps ; en couleur de cuivre de rosette sur quelques-unes des plumes scapulaires ; en violet sombre sur les moyennes et petites plumes qui recouvrent les pennes alaires, dont les quatre premières sont noires et terminées de gris-blanc : les six plus proches de la première teinte à l'extérieur ; les dix - sept suivantes n'ont de blanc qu'à leur origine ; enfin, cette dernière couleur s'etend sur les dix pennes intermédiaires de la queue jusqu'à la moitié de leur longueur, et sur presque la totalité des latérales ; dans le reste, toutes sont noires ; l'occiput est orné d'une huppe composée de cinq ou six plumes délicates, effilées, d'un beau noir, dont les deux supérieures couvrent les autres, et sont beaucoup plus longues ; les joues sont d'un roussâtre varié au-dessus des yeux de petites lignes longitudinales noirâtres ; au-dessous de l'œil passe une ligne de même couleur, et qui se termine à l'occiput ; le derrière du cou est cendré et à reflets verdâtres ; le reste du plumage d'un beau blanc ; le bec et les ongles sont noirs ; la partie nue de la jambe et les pieds d'un brun-rougeâtre.

La femelle a les couleurs plus foibles, une huppe plus courte et les parties noires mélangées de gris.

Le nom de *vanneau* imposé à cet oiseau dans les langues française, anglaise, et même en latin moderne, est tiré du bruit que font ses ailes en volant. Ce bruit est assez semblable à celui que fait le van qu'on agite pour secouer le blé. D'autres lui donnent le nom de *paon sauvage*, à cause de son aigrette et de la variété de ses reflets brillans ; enfin, on l'appelle encore *dix - huit*, d'après le cri qu'il fait entendre deux ou trois fois de suite en partant et par reprises dans son vol, et même pendant la nuit.

Les *vanneaux* doivent être regardés comme oiseaux de passage, quoiqu'on en voie dans toutes les saisons, mais c'est le très - petit nombre. Ils arrivent dans nos contrées peu de jours avant le printemps, se tiennent en bandes souvent très-nombreuses, fréquentent les prairies et les lieux frais, et se jettent au dégel dans les bles où ils cherchent les vers dont ils font leur principale nourriture, et qu'ils font sortir de terre par une singulière adresse.

« Le *vanneau*, dit Buffon, qui rencontre un de ces petits tas de terre en boulettes ou chapelets que le ver a rejetés en se vidant, le débarrasse d'abord légèrement, et ayant mis le trou à decouvert, il frappe à côté de la terre de son pied, et reste l'œil attentif et le corps immobile ; cette légère commotion suffit pour faire sortir le ver, qui, dès qu'il se montre, est enlevé d'un coup de bec. Le soir venu, ces oiseaux ont un autre manége : ils courent dans l'herbe, et sentent sous leurs pieds les vers qui sortent à la fraîcheur ; ils en font aussi une ample pâture, et vont ensuite se laver le bec et les pieds dans les petites mares ou dans les ruisseaux ».

Ces oiseaux ont le vol très-aisé, s'élèvent fort haut, et se jouent dans les airs de diverses manières. Aucun autre ne caracole ni ne voltige plus lestement. D'un naturel gai, le *vanneau* est sans cesse en mouvement posé à terre, il s'élance, bondit, et parcourt le terrein par petits vols coupés ; étant très-défiant, il se laisse approcher difficilement, et semble même distinguer de très-loin le chasseur qui ne le joint facilement que lorsqu'il fait un grand vent, car alors, il a peine à prendre son essor.

Les *vanneaux* qui se tiennent presque toujours en troupes très-nombreuses, ne se séparent que lorsque les premières chaleurs du printemps se font sentir ; alors, les mâles se livrent entr'eux de vifs combats pour le choix d'une compagne. L'apariage fait, chaque couple s'isole, et la femelle choisit une petite butte ou motte de terre élevée au-dessus du niveau d'un terrein humide pour y placer son nid ; elle le laisse entièrement à découvert : et pour en former l'emplacement, elle se contente de faire un petit rond dans l'herbe, qui se flétrit bientôt par l'incubation ; aussi, lorsqu'on découvre un nid dont l'herbe est encore fraîche, c'est un indice certain que les œufs n'ont point encore été couvés ; ils sont au nombre de trois ou quatre, d'un vert sombre et tachetés de noir. On les dit très-bons à manger ; et dans plusieurs endroits, sur-tout en Hollande, ils sont recherchés comme un mets délicat.

Les petits naissent après vingt jours d'incubation, courent dans l'herbe, et suivent leurs père et mère deux ou trois jours après leur naissance ; comme ils courent très-vite, il est difficile de les prendre sans chien. Ils sont couverts d'un duvet noirâtre, caché sous de longs poils blancs ; mais dès le mois de juillet ils prennent les couleurs des adultes. C'est alors que se fait la réunion générale des jeunes et des vieux, qui forment en peu de jours, des troupes de cinq à six cents ; alors ils errent dans les prairies, et se répandent après les pluies dans les terres labourées ; ils y restent jusqu'au mois d'octobre, époque où ils sont très-gras, parce qu'ils ont trouvé jusques-là la plus ample pâture ; mais ils maigrissent dès que les froids ont fait disparoître les vers et vermisseaux, et se portent dans le midi, qu'ils ne quittent qu'à la fin de l'hiver pour retourner dans leur pays natal.

Cette espèce de *vanneau* est répandue dans toute l'Europe. On la trouve au Kamtchatka, où le mois d'octobre s'appelle le mois des *vanneaux;* et c'est alors le temps de leur départ de cette contrée comme des nôtres. Pallas l'a rencontrée dans une grande partie du nord de l'Asie. Sonnini l'a vu dans les marécages de l'Egypte. D'autres voyageurs l'ont rencontré en Chine et dans diverses contrées de la Perse.

Il est aisé de nourrir les *vanneaux* en domesticité, en leur donnant du cœur de bœuf dépecé en filets. On peut même les conserver dans les jardins et les vergers, sans en prendre aucun soin : il suffit de leur amputer le fouet de l'aile, et de leur donner la liberté, ils vivront alors des vers et des limaçons qu'ils y trouveront assez abondamment si le terrein est bas et humide, et pourvu qu'ils n'y soient pas en trop grand nombre.

Chasse aux Vanneaux.

Ces oiseaux étant un gibier assez estimé lorsqu'ils sont gras, on leur fait la chasse de diverses manières. On les prend par volées au *filet aux alouettes*, mais à mailles plus larges; on le tend pour cela dans une prairie, et on place entre les nappes quelques *vanneaux* empaillés, la tête tournée au vent, et un ou deux de ces oiseaux vivans pour servir d'*appelans*; ou bien le chasseur caché dans une loge, imite leur cri de réclame avec un appeau fait d'un petit jet de vigne plié en double, et qui a pour languette une écorce de sarment. D'autres se servent d'un morceau de bois fendu, long de trois pouces et demi, et mettent dans la fente préparée pour cela, une feuille de lierre ou de laurier; ce qui suffit pour attirer la troupe entière dans les filets. Dans la Brie et la Champagne, on leur fait la chasse de nuit aux flambeaux; la lumière les reveille, et on prétend qu'elle les attire. Enfin, lorsqu'on les chasse au fusil, la *vache artificielle* est d'une grande ressource. Nous avons déjà parlé de ce piége à l'article de l'ÉTOURNEAU, mais nous ne sommes pas entrés dans les détails qui concernent sa construction.

La *vache artificielle* ne doit pas peser plus de dix-huit à vingt livres, afin qu'on puisse la porter sur les épaules avec des bretelles comme une hotte. Pour la construire, on commence par faire une cage ou châssis de bois léger de la longueur d'une vache, en la mesurant depuis les épaules jusqu'à la queue; au derrière de la cage et en dedans, doivent être attachés deux morceaux de bois de la longueur et de la forme des jambes d'une *vache*. Les quatre membres principaux de la cage ont deux pouces d'écarrissage, et les traverses sont proportionnées : tout doit être à tenons solidement emmanchés et collés, afin qu'en le portant, on n'entende pas le moindre criaillement. On attache sur le châssis quatre cercles, dont le diamètre est égal à la grosseur d'une *vache*; le premier doit être fort, et on le garnit de bourre pour que le porteur n'en soit point incommodé : on couvre, après cela, d'une toile légère tout le corps de la *vache*, et on la coud après chaque cercle, ou bien on la colle seulement; les cuisses et les jambes sont garnies de mousse ou de paille, et la queue se fait d'une corde effilée par un bout. Le tout doit être peint à l'huile, afin que la couleur ne puisse pas être détruite par les brouillards, rosées, etc., auxquels on est souvent exposé.

Le chasseur doit avoir un *pantalon* fait de toile de même couleur, sur lequel doit tomber le devant du cou de la *vache artificielle*, dont la tête doit se porter comme un *domino*. Elle est faite de carton, excepté les côtés qui doivent être souples, flexibles, afin que le chasseur puisse ajuster le gibier sans éprouver aucun obstacle. Il faut, lorsqu'on est vêtu du *domino*, pouvoir découvrir du premier coup d'œil, le canon du fusil horizontalement d'un bout à l'autre. Toute la tête de la *vache* se recouvre d'une toile peinte comme celle du corps; le cou doit être en dessus assez long pour pouvoir l'étendre de quelques pouces sur le dos , et les barbes sous lesquelles les bras du chasseur sont cachés, doivent passer la ceinture du *pantalon*. On peut y attacher des cornes naturelles , si on ne veut pas en faire d'artificielles.

Quoique la *vache* soit assez bien imitée pour faire illusion , même aux hommes , on n'approcheroit point encore du gibier , si on alloit à grands pas et en direction de son côté ; il faut l'approcher en tournant, et souvent baisser la tête pour imiter une *vache* qui paît ; on va d'autant plus doucement , que l'on est plus proche , sur-tout si c'est aux *oies sauvages* que l'on fait la chasse. On a soin de tourner le côté au gibier plus souvent que la tête , parce qu'étant obligé de laisser les yeux grands, ils pourroient se méfier du piége. Lorsqu'on est à portée du coup , on sort du corps de la *vache* , et tout en se retournant , sans trop se presser et sans marquer trop d'empressement , on peut tirer à coup sûr , soit au vol , soit à terre : il est bon d'avoir pour cette chasse un fusil double.

Le VANNEAU AUX AILES BLANCHES. J'ajouterai à la description de cet oiseau, dont par méprise on a fait un double emploi dans l'*Hist. nat. de Buffon*, edition de Sonnini, sous la dénomination de *beccasseau à ailes blanches*, que Latham fait mention de plusieurs variétés d'âge ou de sexe, dont l'une n'a point les petites couvertures des ailes blanches, mais d'un brun foncé; les quatre pennes intermédiaires de la queue sont d'un brun-noir : une autre a le dessus de la tête de cette dernière couleur , et une nuance ferrugineuse règne sur tout son plumage ; son bec et ses pieds sont jaunâtres ; dans d'autres , le bec est cendré ; les pieds sont d'un vert sombre, mais toutes ont les sourcils roux ou ferrugineux.

On trouve ces oiseaux dans les îles d'O-Tahiti et d'Eimo. On les désigne dans la première par le nom de *torowè* et dans la seconde , par celui de *tee-te*.

Le VANNEAU ARMÉ DE CAYENNE (*Tringa Cayanensis* Lath. ; *Parra Cay.* Linn. , pl. enl. , n° 836.). Ce *vanneau* se rapproche de celui d'Europe par le ton et la masse de ses couleurs , par sa taille et son aigrette , composée de cinq à six brins assez courts ; mais il est plus haut monté et armé d'un ergot à l'épaule ; il a le bec noir à sa pointe et rouge dans le reste de sa longueur ; le front et la gorge noirs ; le sinciput cendré ; l'occiput brun ; l'aigrette noirâtre ; une large bande noire sur la poitrine ; le ventre et le bas-ventre blancs ; le dos d'un pourpre verdâtre ; le bord de l'aile jusqu'aux épaules, blanc , ainsi que la première moitié des pennes de la queue, qui sont dans le reste noires et frangées de blanc à l'extrémité ; les pieds sont rougeâtres , et les ongles noirs.

Le VANNEAU ARMÉ DE GOA. *Voyez* VANNEAU ARMÉ DES INDES.

Le VANNEAU ARMÉ DES INDES (*Tringa Goensis* Lath. ; *Parra Goens.* Linn. , pl. enl. , n° 807.). Ce *vanneau*, que l'on trouve à Goa , est plus haut monté et a le corps plus mince que celui d'Europe ; il porte un petit ergot au pli de chaque aile ; l'œil paroît entouré d'une portion de cette membrane excroissante qu'on remarque plus ou moins dans la plupart des *vanneaux* et des *pluviers armés* ; celui-ci a treize pouces de longueur ; le bec noirâtre ; la tête et le cou noirs ; une strie blanche qui part des yeux , descend sur chaque côté du cou jusqu'à la poitrine, qui est blanche, ainsi que le reste du dessous du corps et les grandes couvertures des ailes; les petites et les moyennes sont d'un brun roux; les pennes noires: celles de la queue de cette couleur dans leur milieu, blanches dans leur premier tiers, et brunes à l'extrémité.

Le VANNEAU ARMÉ DE LA LOUISIANE (*Tringa Ludoviciana* Lath.; *Parra Ludov.* Linn., pl. enl., n° 835.) a la taille de notre *vanneau*, onze pouces de longueur; le bec orangé; la tête coiffée d'une double bandelette jaune posée latéralement, et qui, entourant l'œil, pend en bas et se termine en pointe: le pli de l'aile armé d'un ergot long de quatre lignes et terminé en pointe très-aiguë; le sommet de la tête noir; le reste et le dessus du corps d'un brun gris; le dessous d'un blanc jaunâtre; les pennes noires, mélangées plus ou moins de gris; la queue d'un jaune très-pâle et terminée de noir; les ongles de cette même couleur, et les pieds rouges.

Le *vanneau armé de Saint-Domingue* (*Parra Dominica* Linn.). Cet oiseau est regardé par Buffon et Latham comme une variété du précédent. Il a la tête, le derrière du cou et le dessus du corps d'un jaune pâle; le dessous d'un blanc jaunâtre tendant à la couleur rose; cette même teinte colore les barbes intérieures des plumes du dos et de la queue; le bec, la membrane de la tête et les pieds sont jaunes.

Le VANNEAU ARMÉ DU SÉNÉGAL (*Tringa Senegalla* Lath.; *Parra Seneg.* Linn., pl. enl., n° 362.) a la grosseur du nôtre, mais il est plus haut monté; le bec est jaunâtre et surmonté près du front d'une membrane jaune, mince, retombante et coupée en pointe de chaque côté; le front est blanc; la gorge noire; la tête, le dessus du cou et du corps, les scapulaires et les petites couvertures supérieures des ailes sont d'un gris brun: cette teinte s'éclaircit sur le devant du cou, la poitrine, le haut du ventre et les flancs; un blanc sale couvre le bas-ventre, les couvertures de la queue, les grandes des ailes les plus proches du corps; les plus éloignées sont noires; un mélange de blanchâtre, de noir et de gris brun domine sur les pennes; celles de la queue sont blanches dans leur première moitié, ensuite noires et terminées de roussâtre; le pli de l'aile est armé d'un petit éperon corné, long de deux lignes et terminé en pointe aiguë; la partie nue des jambes, les pieds sont d'un vert jaunâtre, et les ongles noirâtres; longueur, douze pouces.

« Dès que ces oiseaux, dit Adanson, voient un homme, ils se mettent à crier à toute force et à voltiger autour de lui, comme pour avertir les autres oiseaux, qui, dès qu'ils les entendent, prennent leur vol pour s'échapper: ces oiseaux sont les fléaux des chasseurs ». De là leur est venu le nom de *criard*, que leur ont donné les Français du Sénégal; les nègres les nomment *net-net*.

Le VANNEAU D'ASTRACAN (*Tringa fasciata* Lath.). Samuel Gmelin a rencontré cette espèce aux environs d'Astracan. Le bec, le dessus de la tête, l'occiput, le ventre et une raie qui passe derrière les yeux sont noirs; le front et la queue ont une teinte blanchâtre; sept pennes des ailes sont pareilles au ventre; le dos est cendré.

Le Vanneau austral (*Tringa australis* Lath.). Un cendré varié de brun et de jaune est répandu sur le cou, le dos, les scapulaires, les couvertures des ailes et le croupion, mais sur ce dernier il est rayé de noirâtre; les pennes alaires et caudales sont de cette dernière teinte; les couvertures de la queue s'étendent jusqu'à son extrémité; le bec et les pieds sont noirs; le sommet de la tête est rayé de brun.

On trouve cette espèce à Cayenne.

Latham lui rapporte un individu qu'il a reçu de la baie d'Hudson; il ne diffère que par un pouce de plus de longueur, et un bec un peu plus court.

Le Vanneau caronculé de la Nouvelle-Hollande (*Tringa lobata* Lath.). Cette espèce est une des plus grandes de ce genre; près de dix-neuf pouces font sa longueur; le bec est d'une teinte obscure; l'iris jaune; les côtés de la tête et le tour des yeux sont garnis d'une membrane jaune, caronculée et se terminant en pointe; le cou et tout le dessous du corps blancs; les flancs noirs; le dos et les ailes d'un brun olive teinté de jaunâtre; les pennes noires: celles de la queue de cette couleur vers l'extrémité qui est blanche; la partie nue des jambes et une petite partie des pieds, au-dessous du genou, sont roses; le reste est noir; le pli de l'aile est armé d'un fort éperon jaune.

On rencontre ce *vanneau* à la Nouvelle-Galle du Sud, mais assez rarement. *Nouvelle espèce.*

Le Vanneau cendré (*Tringa cinerea*) se trouve en Danemarck et à la baie d'Hudson, où les naturels le désignent par la dénomination de *sasqua pisqua nishish*. Il est un peu plus grand que celui du Canada; sa tête est cendrée et tachetée de noir; le cou rayé de noirâtre sur le même fond; le dos et les couvertures des ailes sont finement variés de taches demi-circulaires noires, cendrées et blanches; les couvertures de la queue rayées en travers de noir et de blanc; les pennes cendrées à bordure blanche; la poitrine et le ventre de cette dernière couleur, l'estomac est tacheté de noir; les pieds sont d'un vert sombre, et les doigts bordés d'une membrane dentelée. D'après ce caractère, cet oiseau se rapproche du *phalarope*.

Le Vanneau cendré du Canada (*Tringa Canadensis* Lath.) a la taille de la *grive* proprement dite, huit pouces et demi de longueur; le bec long de près d'un pouce et demi, rougeâtre à la base et noir dans le reste de son étendue; le plumage généralement d'un cendré sombre, approchant de la couleur de plomb; les plumes du dos entourées d'un cendré plus clair; les couvertures des ailes et la poitrine d'un blanc grisâtre; les trois premières pennes des ailes noirâtres, avec leur tige blanche: les trois suivantes terminées de cette même couleur, qui est tachetée de cendré à l'extérieur de trois autres, et couvre presqu'en entier la plus grande partie de celles qui restent, à l'exception de quelques-unes qui sont d'une teinte sombre uniforme; un blanc sale forme une tache entre le bec et l'œil et à l'origine de la gorge; le devant du cou est cendré; le ventre blanc, avec quelques taches noirâtres sur les côtés de la poitrine; mais ce qui distingue cet oiseau de ceux de son genre, c'est d'avoir les jambes couvertes de plumes jusqu'au talon et même au-dessous; les pieds sont courts et d'un jaune pâle.

Ce *vanneau* se trouve dans le Canada. *Nouvelle espèce* de Latham, second Suppl. *to the Gen. Synop.*

Le GRAND VANNEAU DE BOLOGNE (*Tringa Bononiensis* Lath.). Cet oiseau, qui n'est connu que par la courte notice et la figure qu'en a données Aldrovande, porte en Italie le nom de *ginochiella*. Tous les méthodistes s'accordent à dire qu'il est plus grand que le *vanneau* ordinaire; cependant, suivant l'observation de Buffon, la figure qu'en donne l'ornithologiste italien, et qu'il dit être de grandeur naturelle, le représente avec une taille inférieure; il est même très-douteux que ce soit réellement un *vanneau*, car si cette figure est exacte, il n'en a ni les pieds ni le bec; enfin, Aldrovande dit que le bec a la pointe aiguë, ce qui ne caractérise pas un oiseau de ce genre. Au reste, il a la tête et le dessus du corps de couleur marron; le dos, le croupion, les scapulaires, les couvertures supérieures des ailes et de la queue de couleur noire; la gorge, le devant du cou et la poitrine blanchâtres, variés de taches ferrugineuses: le reste du dessous du corps de la première teinte, mais uniforme; les pennes alaires et caudales noires; le bec noirâtre à son bout et jaune à son origine; la partie nue des jambes, les pieds d'un jaune d'ocre, et les ongles noirs.

Le VANNEAU GRIS. *Voyez* VANNEAU-PLUVIER.

Le VANNEAU D'ISLANDE (*Tringa Islandica* Lath.). Cet oiseau s'éloigne du genre du *vanneau* par la forme de son bec, qui est un peu incliné en en bas; sa longueur est de huit à dix pouces: la tête, le dessus du cou et le haut du dos sont d'un noirâtre tacheté de rouge; le devant du cou et la poitrine d'un cendré varié de jaunâtre et taché de noir; les petites couvertures des ailes cendrées; les pennes noirâtres; les secondaires terminées de blanc; les deux plumes du milieu de la queue pareilles à celles des ailes; les autres cendrées; les pieds longs et noirs; taille de la *tourterelle.*

Cette espèce, qui paroît en bandes nombreuses sur les côtes de l'Angleterre, se trouve aussi dans le Labrador et l'état de New-York. On la rencontre en Islande, et elle habite pendant l'été les pays que baignent la mer Caspienne, les bords du Tanaïs et l'embouchure du fleuve Choper.

Ce *vanneau* paroît être de la même espèce que la *petite bécasse-courlis (scolopax subarquata)* qu'a décrite Gmelin.

Le VANNEAU KEPTUSCHCA (*Tringa Keptuschca* Lath.). Ce *vanneau*, qui habite les marais de la Sibérie, a le corps cendré; le sommet de la tête noir; le ventre noirâtre; les parties postérieures roussâtres; telle est la courte notice que Lepéchin donne de cet oiseau. (*Iter. russ. Siber.*, tom. 2, p. 229.)

Le VANNEAU MARITIME (*Tringa maritima* Lath.). Taille de l'étourneau; parties supérieures variées de gris et de noir; milieu du dos teint de violet; devant du cou noirâtre; dessous du corps blanc; queue d'un brun sombre: les quatre pennes extérieures plus courtes que les autres, et bordées de blanc; pieds jaunes.

Cet oiseau, qui se trouve en Norwége, en Laponie et en Islande, fréquente les bords de la mer.

Le VANNEAU NOIR (*Tringa atra* Lath.) habite les bords du

Rhin. Il a la tête et le cou noirs ; les ailes et le dos brunâtres , mêlés de noir ; la poitrine et le ventre cendrés ; le croupion de cette même couleur , ondulée de blanc et de noir.

Le Vanneau ondé (*Tringa undata* Lath.). Le plumage de cet oiseau est généralement sombre et ondulé de jaune et de blanc ; cette dernière couleur termine les couvertures des ailes , les secondaires, et couvre le croupion ; la queue est cendrée et frangée de noir à son extrémité ; les pennes primaires ont leur tige blanche.

On trouve ce *vanneau* en Norwège et en Islande.

Le Vanneau a oreilles brunes (*Tringa aurita* Lath.). Une large tache brune couvre les oreilles de ce *vanneau* ; un trait blanc passe au-dessus des yeux ; les parties supérieures du corps sont d'un cendré ferrugineux , et variées de nombreuses lignes blanchâtres sur le dos et les couvertures des ailes , dont les bords sont blancs ; tout le dessous du corps est d'une teinte pâle , avec des raies moins apparentes ; les pennes alaires et caudales sont noirâtres , et les pieds d'un blanc sombre.

Cette *nouvelle espèce* se trouve à la Nouvelle-Galle du Sud

Le Vanneau aux pieds rouges (*Tringa erythropus* Lath.). Cet oiseau qu'a décrit Scopoli (*Ann.* 1, 146) , mais dont il ignore le pays natal , a plus de grosseur que le *paon de mer ;* le bec est noir ; le front d'un blanc roux , le dessus du corps et des ailes d'un brun cendré ; les pennes secondaires sont blanches ; les sept primaires noires ; le ventre est fuligineux ; le croupion est pareil au front , ainsi que la queue qui est de plus rayée transversalement de noir à son extrémité ; les pieds sont rouges.

Le Vanneau-pluvier (*Tringa squatarola* Lath. , pl. enl. n° 854.). Cet oiseau, que les naturalistes ont appelé tantôt *vanneau*, tantôt *pluvier*, n'est connu que sous ce dernier nom dans les marchés en gibier ; il est vrai qu'il a la plus grande analogie avec les *pluviers dorés ;* il va de compagnie avec eux , et Belon le prend pour l'*appelant* ou le *roi* de leurs bandes, d'après les chasseurs, qui disent que cet *appelant* est plus grand et a la voix plus forte que les autres ; en effet, il est un peu plus gros, et il a le bec à proportion plus long et plus fort. Cependant les *vanneaux-pluviers* forment aussi de petites bandes à part , et on les trouve pendant l'hiver plus communément que les autres. Ils fréquentent les mêmes contrées , et se trouvent aussi dans l'Amérique septentrionale : on en voit beaucoup en Sibérie ; ils y paroissent à l'automne en grandes troupes, venant de l'extrémité du Nord , où ils font leur ponte.

Longueur, dix pouces et demi ; bec noir ; tête, derrière du cou et parties supérieures du corps d'un gris brun , chaque plume bordée de blanchâtre ; gorge blanche ; devant du cou. poitrine , haut du ventre variés de blanc et de brun noirâtre ; la première couleur domine seule sur le bas-ventre : pennes des ailes d'un brun sombre , avec une tache blanche auprès de leur tige , vers les deux tiers de leur longueur ; pennes secondaires, les plus proches du corps , d'un gris-brun ; pennes de la queue blanches, avec des raies brunes transversales ; pieds et ongles noirâtres.

Le Vanneau suisse (*Tringa helvetica* Lath. , pl. enl. n° 85...)

est à-peu-près de la grosseur du *vanneau ordinaire* ; il a tout le dessus du corps taché de blanc et de noir ; le front blanc ; le sommet de la tête taché de noir ; les joues, le devant du cou, la poitrine et le ventre de cette dernière couleur ; le bas-ventre et les cuisses blanches ; les pennes des ailes noires ; celles de la queue variées de raies transversales noires et blanches, moins nombreuses sur les plus extérieures ; le bec et les pieds noirs ; tel est le plumage du mâle dans son habit d'été ; il ressemble en toute autre saison à la femelle qui a toutes les parties supérieures blanches et tachetées de brun noirâtre ; les côtés de la tête et le devant du cou blancs, variés de brun ; le ventre blanc, avec des raies longitudinales noires ; du reste, elle ressemble au mâle. Les jeunes ont dans leur plumage les plus grands rapports avec le *vanneau-pluvier*.

Cette espèce est répandue en France, en Russie, en Sibérie et dans le nord de l'Amérique septentrionale : quoiqu'on lui ait donné la dénomination de *vanneau suisse* ou *vanneau de Suisse*, on ignore quelle en est la vraie étymologie ; les uns l'attribuent à la bigarrure de son plumage, d'autres à ce qu'il se trouve en Suisse ; mais, comme on vient de le voir, il n'est pas particulier à ce pays.

Ces oiseaux ne se réunissent pas comme les *vanneaux* ordinaires en troupes nombreuses, on les voit plus souvent par couples ou par familles de cinq à six.

Le Vanneau uniforme (*Tringa uniformis* Lath.). Un cendré clair domine sur tout le plumage de cet oiseau, dont le bec est court et noir.

On le trouve en Islande.

Le Vanneau varié (*Tringa squatarola*, var., Lath. ; *Tringa varia* Linn., pl. enl. n° 923.). Cet oiseau est donné par Buffon comme une variété du *vanneau-pluvier* ; Latham est de son sentiment, mais Brisson en fait une espèce distincte ; cependant il y a de grands rapports entre ces deux races, dans les proportions et le fond du plumage. Celui-ci a un peu plus de grosseur ; la tête et tout le dessus du corps d'un brun varié de blanchâtre ; la gorge blanche ; les plumes du devant du cou d'un gris brun dans leur milieu et blanchâtres sur leurs bords ; le reste du dessous du corps blanc ; les pennes des ailes noirâtres et variées de taches blanchâtres ; les dix pennes intermédiaires de la queue rayées transversalement de brun sur un fond blanc ; les deux autres blanches et marquées d'une tache longitudinale brune sur leur côté extérieur ; le bec, les pieds et les ongles noirs.

La réunion d'oiseaux dissemblables dans les habitudes et même dans les caractères génériques, a jeté de la confusion dans le genre *tringa* ou du *vanneau*. On y trouve un grand nombre d'espèces données comme distinctes, mais qui ont des rapports très-grands entre elles, puisqu'elles ne diffèrent que par la distribution des couleurs, toujours différente dans les oiseaux de rivage. On ne peut donc s'empêcher de les regarder comme des variétés d'âge, ou de sexe, ou de saison. Je les désigne, il est vrai, par le nom de *vanneau*, mais elles peuvent de même se rapporter aux *chevaliers*, *bécasseaux*, *mau-*

bêches, et autres espèces réunies dans ce genre sous des noms particuliers ; telles sont sur-tout celles désignées ci-après.

Le *vanneau des bois* (*Tringa glareola* Lath.). Taille de l'*étourneau*; dos brun , tacheté de blanc ; croupion et ventre de cette dernière couleur ; pennes des ailes brunes ; secondaires tachetées de blanc ; queue rayée de brun et de blanc. On le trouve dans les bois de la Suède.

Le *vanneau de New-York* (*New-York sandpiper* Lath.). Petites couvertures des ailes noirâtres et bordées de blanc ; plumes du dos bordées de cendré sur le même fond ; secondaires pareilles ; couvertures de la queue rayées de noir et de blanc : devant du cou et du corps blanc ; poitrine tachetée de brun ; flancs rayés de la même couleur ; queue cendrée.

Le *vanneau rayé des îles Sandwik* (*Tringa virgata* Lath.). Taille de la *bécassine ;* bec noirâtre ; tête et cou blancs, avec des raies nombreuses longitudinales et noirâtres ; dos de cette dernière teinte ; chaque plume bordée de blanc ; scapulaires frangées et tachées de ferrugineux ; bord du dos et queue d'un cendré obscur ; couvertures des ailes d'un cendré plus clair ; pennes des ailes d'un brun sombre ; couvertures de la queue et tout le dessous du corps blancs ; flancs tachelés de noirâtre ; pieds teints de jaune sale.

Le *vanneau boréal* (*Tringa borealis* Lath.) se trouve à la baie du roi George. Bec et pieds d'un brun foncé ; plumage cendré en dessus , blanc en dessous ; taché d'une couleur plus pâle sur les côtes du cou ; strie blanche au-dessus des yeux ; ailes et queue noirâtres ; taille inconnue.

Le *vanneau de Terre-Neuve* (*Tringa Novæ-Terræ* Lath.). Grandeur inconnue ; bec noir ; dessus du cou et du corps noir ; chaque plume bordée de ferrugineux ; dessous d'un blanc cendré ; pennes des ailes et de la queue noires ; pieds cendrés.

Le *vanneau varié* (*Tringa variegata* Lath.). Taille du *cincle ;* plumage, en dessus , varié de brun , de noir et de roux ; front et gorge d'une teinte plus pâle ; devant du cou et poitrine d'un blanc sale , rayé longitudinalement de noir ; cuisses et milieu du ventre blancs ; queue courte et brune ; bec et pieds noirâtres.

On trouve cet oiseau à la baie du roi George.

Le *vanneau de Greenwich* (*Tringa Gronovicensis* Lath.). Taille du *chevalier ;* longueur, treize pouces ; bec noir ; dessus de la tête d'un brun rougeâtre, rayé de noir ; nuque et joues cendrées ; chaque plume noirâtre près de sa tige ; bas et dessus du cou, dos noirs, les plumes frangées de ferrugineux, et quelques-unes du dos terminées de même ; devant du cou cendré ; dessous du corps blanc , plus sombre sur la poitrine ; couvertures des ailes cendrées ; les grandes bordées de ferrugineux et terminées de blanc ; pennes secondaires et scapulaires noirâtres ; croupion et couvertures supérieures de la queue cendrés; pennes d'un cendré brun et frangées de ferrugineux ; pieds d'un vert olive. Latham regarde cet oiseau comme une nouvelle espèce qui a été trouvée en Angleterre au mois d'août.

Le *vanneau brun* (*Tringa fusca* Lath.). Bec noir ; tête, dessus du cou et du dos d'un brun tacheté de noir ; couvertures des ailes noirâtres et bordées de blanc; côtés du cou de cette dernière couleur et rayés de noir; ventre blanc; queue cendrée; pieds noirs.

Cet oiseau a été tué en Angleterre.

Enfin Latham décrit encore une autre oiseau qu'il appelle *black sandpiper* (Premier suppl., *To the gen. Synop.*), qui a été tué dans le comté de *Lincolnshire*. Il a l'iris jaune; le bec noirâtre; les narines noires; la tête blanche, tachetée de gris; le cou et le dos teints de brun, et d'un noir brillant sur quelques parties; les pennes des ailes noires, rayées de blanc vers la base; la gorge et le dessous du corps blancs, tachetés irrégulièrement de noir. Ces taches sont, les unes longitudinales, les autres presque rondes; la queue blanche, excepté les deux intermédiaires qui sont noires; les pieds d'un brun rougeâtre.

Cet oiseau est décrit comme espèce distincte dans la *Zool. Britan.*

(VIEILL.)

VANNELLUS, nom du *vanneau* en latin moderne. (S.)

VANNEREAU. *Voyez* VANNEAU. (VIEILL.)

VANNES (*fauconnerie*), pennes des ailes des oiseaux de vol. (S.)

VANSIRE (*Ustela galera* Linn.), quadrupède placé par des méthodistes modernes dans le genre des MANGOUSTES, famille des OURS, sous-ordre des PLANTIGRADES, ordre des CARNASSIERS. *Voyez* ces quatre mots. *Voyez* plus particulièrement l'article MANGOUSTE, dans lequel l'auteur établit que l'on a placé à tort, dans ce genre, le *vansire* et quelques autres quadrupèdes.

La ressemblance du *vansire* avec le *furet* l'a fait nommer, par M. Brisson, *furet de Java* (*Règne animal*); mais il existe entre ces deux animaux des disparités assez frappantes pour qu'il ne soit plus permis de les confondre. Les dents du *vansire* sont au nombre de trente-deux, six incisives à chaque mâchoire, quatre molaires de chaque côté, tant en haut qu'en bas, et quatre canines qui sont isolées. Il n'est pas plus gros que la *marte* et long de treize pouces, jusqu'à la naissance de la queue, laquelle est longue de deux pouces et demi; ses pieds sont partagés en cinq doigts bien séparés, et il marche en appuyant sur le talon; son poil est moins long que celui de la *fouine* et de la *marte*; sa couleur est uniformément d'un brun foncé.

C'est un quadrupède des parties méridionales de l'Afrique. On le trouve aussi dans l'île de Madagascar, dont les naturels l'appellent *vohang-shira*, d'où Buffon a fait le nom *vansire*. Si l'on doit s'en rapporter à Séba, cet animal existeroit également à Java, où il porte le nom de *kager-angan*; car on ne peut guère douter que la *belette de Java* indiquée par cet auteur, ne soit de la même espèce que le *vansire*.

Tout ce que l'on sait des habitudes naturelles du *vansire*, c'est qu'il aime beaucoup à se baigner dans les eaux qui sont à sa portée. (S.)

VANTANE, *Lemnescia*, genre de plantes à fleurs polypétalées, de la polyandrie monogynie, dont le caractère consiste en un calice de cinq dents ; une corolle de cinq pétales ; un tube en forme de coupe, portant un grand nombre d'étamines ; un ovaire supérieur, surmonté d'un style à stigmate obtus.

Le fruit est une capsule à cinq loges monospermes.

Ce genre, qui est figuré pl. 471 des *Illustrations* de Lamarck, renferme deux arbres à feuilles alternes et à fleurs disposées en corymbe terminal.

L'un, le VANTANE A GRANDES FLEURS, a les feuilles ovales, aiguës, et le germe glabre. Il a été trouvé par Aublet dans les forêts de la Guiane.

L'autre, le VANTANE A PETITES FLEURS, a les feuilles ovales, obtuses, et le germe lanugineux. Il a été trouvé par Leblond dans le même pays, et décrit par Lamarck dans le *Journal d'histoire naturelle*.

Ces deux arbres font un très-bel effet lorsqu'ils sont en fleurs. (B.)

VAPEURS, fluides qui doivent à la présence du calorique dont ils sont pénétrés, l'état *aériforme* où ils se trouvent, et qui, par la diminution de ce calorique, passent à l'état *liquide*, et enfin à l'état *solide*.

Les *vapeurs* diffèrent des *gaz*, en ce que ceux-ci contractent avec le calorique une union *permanente*, et qu'ils ne peuvent être réduits à l'état *liquide* ou *solide* que par le moyen des affinités chimiques. *Voyez* GAZ.

Les *vapeurs*, en général, ne sont autre chose que de l'eau volatilisée par la chaleur et plus ou moins dissoute dans l'air. Elles se manifestent souvent dans les hautes régions sous la forme de nuage ; et si nous ne les appercevons pas autour de nous, c'est qu'elles sont en molécules trop divisées pour être visibles ; mais leur présence est prouvée par les observations de l'hygromètre, qui toujours indique dans l'air un degré plus ou moins considérable d'humidité : quelquefois même il le montre au point de saturation complète, et cela par un temps serein et sans le moindre brouillard, ainsi que Saussure l'a observé plusieurs fois, même à de grandes hauteurs, et notamment sur le mont Breven, à une élévation de plus de mille toises, le 23 du mois de juillet. (§. 644.)

Ce sont ces *vapeurs*, mêlées avec d'autres fluides gazeux

qui entretiennent la vie et fournissent à l'accroissement des végétaux, en s'assimilant avec leur substance.

Ce sont ces mêmes *vapeurs aqueuses* répandues dans la moyenne région de l'atmosphère (soit d'une manière invisible, soit sous la forme de nuages), qui, puissamment attirées par les sommités des montagnes, viennent sans cesse se condenser contre les parois des rochers, dont la température approche du terme de la congélation; elles remplissent les innombrables fissures des roches feuilletées; elles s'y résolvent en eau, qui coule dans leurs interstices, pénètre facilement dans leur intérieur à la faveur de la situation presque verticale de leurs feuillets, et finit par sortir du sein de la montagne sous la forme d'un petit courant qui ne tarit jamais, parce que la cause qui le produit ne cesse jamais d'agir. C'est d'après ces principes que j'ai expliqué l'origine des Sources. *Voyez* ce mot.

Ce que Saussure et d'autres observateurs ont dit de l'attraction que les montagnes exercent sur les nuages, et de la disparition de ceux-ci dans le moment de leur contact avec les rochers, me sembloit conduire, d'une manière si simple et si évidente, à la véritable origine des sources, que j'ai dit au mot Fleuve (tom. 8, pag. 514.), *qu'il est aujourd'hui bien reconnu que toutes les sources tirent leur origine des* vapeurs *de l'atmosphère.*

Je me suis bien gardé de parler ni des *pluies*, ni de la *rosée*; attendu que sans le secours de ces deux météores, les *sources proprement dites* n'en existeroient pas moins; et ce n'est pas sans étonnement, je l'avoue, que j'ai vu dans quelques ouvrages de physique récemment imprimés, et que je vois encore dans un *Traité élémentaire de Physique* qui vient de paroître (sur la fin de 1803), que l'on attribue l'origine des sources aux pluies et aux rosées. Voici ce que je trouve dans ce livre (§. 331.): « L'eau s'élève de toutes » parts dans l'atmosphère par l'évaporation; celle de la mer » dépose son sel à mesure qu'elle cède à l'attraction de l'air; » *une partie des rosées et des pluies qui proviennent de ces* » *eaux tombent sur les sommets des montagnes;* ces sommets » paroissent même agir par affinité sur les nuages et les » fixer. On a observé qu'*un nuage qui rencontroit un pic* » *sur son passage*, s'effaçoit à mesure que ses différentes » parties approchoient du contact. Les eaux s'infiltrent *dans* » *les terres qui recouvrent les montagnes*, jusqu'à ce qu'elles » rencontrent un lit imperméable pour elles, et de-là elles » vont sourdre aux différens endroits de la pente et du pied

» de la montagne, où le lit qui les a reçues se montre à
» découvert.

» Dans les montagnes primitives, ajoute l'auteur, les eaux
» coulent le long des pierres dures qui composent comme la
» charpente de ces grandes masses, et de leur réunion se
» forment les torrens. Les montagnes secondaires, dont la
» matière est plus tendre et comme spongieuse, *laissent
» pénétrer les eaux à une plus grande profondeur*, où elles
» les arrêtent par des couches d'argile dont ces eaux suivent
» la pente, et c'est dans les joints des couches voisines que se
» trouvent les issues qui les répandent. Celles qui n'ont pas
» paru à la surface, continuent de couler dans le sein de la
» terre, où l'homme va les chercher par les ouvertures des
» puits qu'il creuse à côté de ses habitations ».

On voit que, dans cette explication, l'auteur ne dit pas
un mot des *vapeurs* de l'atmosphère, qui jouent néanmoins
le principal rôle dans ce phénomène ; car il faut de toute
nécessité une cause permanente pour produire un effet
continu, tel que l'écoulement perpétuel des sources : or, il
n'y a pas toujours *des nuages qui rencontrent des pics sur
leur passage*, et qui viennent s'y *effacer* (supposé même que
par cette expression équivoque, l'auteur entende qu'ils y
déposent leurs *vapeurs* sous la forme d'eau coulante). À
l'égard des pluies, elles seront bien plus rares encore ; ceux
qui ont fréquenté les hautes montagnes savent bien qu'on y
voit très-rarement d'autres pluies que des pluies d'orage,
dont les effets ne sauroient être que momentanés. Reste
donc la *rosée ;* mais comme ce n'est qu'une humidité pas-
sagère que le soleil du matin dissipe, on ne voit pas qu'elle
pût ni former sur les montagnes primitives les *torrens* dont
parle l'auteur, ni parvenir à de grandes profondeurs dans
les montagnes secondaires.

Il n'y a donc, je le répète, rien qui puisse alimenter les
sources, si ce n'est *une affluence non interrompue des vapeurs
de l'atmosphère* qui viennent imbiber, d'une humidité toujours également abondante et toujours nouvelle, les rochers
des hautes montagnes, et sur-tout les interstices des roches
feuilletées.

Au surplus, je remarquerai que l'explication donnée dans
le *Traité de Physique*, n'est autre chose qu'une traduction en
langage moderne de celle que donnoit, il y a deux siècles et
demi, Bernard de Palissy.

« Quand j'ai eu, dit-il, bien long-temps et de près con-
» sidéré la cause des sources des fontaines naturelles et le
» lieu de là où elles pouvoient sortir, enfin j'ai connu di-

» rectement qu'elles ne procédoient et *n'étoient engendrées*
» *sinon des pluies* ». (Pag. 273, édit. de Faujas.) Il explique
ensuite très-bien comment les eaux se réduisent en *vapeurs*,
comment ces *vapeurs* se résolvent en pluie, et comment
l'eau de la mer, en s'évaporant, n'enlève point de sel.
(*Ibid.* pag. 279 et 280.)

Il explique enfin pourquoi les sources se trouvent plutôt
dans les montagnes que par-tout ailleurs. Il compare les
roches dont elles sont composées à la charpente osseuse des
animaux, qui les maintient dans une situation élevée, et il
ajoute : « Ayant mis en la mémoire une telle considération,
» tu pourras connoître la cause pourquoi il y a plus de fon-
» taines et rivières procédantes des montagnes, que non pas
» du surplus de la terre, qui n'est autre chose, sinon que
» les roches ez montagnes retiennent les eaux des pluies
» comme feroit un vaisseau d'airain ; et lesdites eaux tom-
» bantes sur lesdites montagnes aux travers des terres et
» *fentes*, descendent toujours, et n'ont aucun arrest jusqu'à
» ce qu'elles aient trouvé quelque lieu foncé de pierre ou
» rocher bien contigu ou condensé ; et lors, elles se reposent
» sur un tel fond, et ayant trouvé quelque canal ou autre
» ouverture, elles sortent en fontaines ou en ruisseaux et
» fleuves, selon que l'ouverture et les réceptacles sont
» grands ». (*Ibid.* pag. 285.)

Il paroît que Palissy lui-même reconnoissoit l'insuffisance
de sa théorie ; car, quoiqu'il combattît le système des *cavernes
distillatoires*, qui étoit reçu de son temps, et qui fut renouvelé cent ans après par Descartes, il sentoit si bien qu'il devoit
y avoir, dans la formation des sources, une condensation
habituelle de *vapeurs*, qu'il finit par amalgamer ensemble sa
théorie avec celle qu'il combattoit. Après avoir expliqué à
son interlocuteur la condensation de l'eau des nuages en
pluie, il ajoute : « C'est pour te faire entendre que je ne nie
» pas que les eaux encloses dedans les cavernes et gouffres
» des montagnes, ne se puissent exhaler contre les rochers
» et voûtes qui sont au-dessus desdits gouffres ; mais je nie
» que ce soit la cause totale des sources des fontaines.

Quand Palissy tenoit ce langage, on voit qu'il sentoit fort
bien ce que méconnoissent encore quelques auteurs modernes,
c'est-à-dire qu'il existe une grande différence entre l'origine
des *sources des montagnes* (qui sont les sources proprement
dites) et celle des *eaux souterraines des plaines*, sur lesquelles
on creuse des puits.

Lorsqu'il considéroit par exemple que la source du Rhône
sort d'un rocher à six mille pieds d'élévation, et qu'elle a per-

pétuellement une température de 14 degrés, quoiqu'environnée de glaciers, il pouvoit dire : Voilà une source qui provient de la vapeur condensée des eaux qui bouillent dans le gouffre de la montagne, et qui conserve encore une partie de sa chaleur. (S'il se trompoit, ce n'étoit que sur le mode de la condensation, qui, au lieu de s'opérer dans le sein de la montagne, se fait à sa surface.)

Lorsqu'il se trouvoit ensuite au milieu des plaines de la Beauce, et qu'il voyoit le puits d'une ferme bâtie dans un local un peu creusé en bassin, il disoit : La source de ce puits tire son origine des eaux de pluie qui se sont infiltrées dans le sol, jusqu'à ce qu'elles aient été arrêtées par un fond solide.

Il auroit pu ajouter que les eaux qui alimentent la plupart des puits, ne méritent en aucune manière le nom de *source :* en effet, presque toutes les villes, et la plupart des villages, sont sur le bord ou dans le voisinage des rivières, et l'eau de leurs puits ne tire son origine ni des *vapeurs* de l'atmosphère, ni des *pluies* ou des *rosées ;* c'est tout simplement l'eau de la rivière qui s'est infiltrée à travers le sol. Elle est bonne, si ce sol est un gravier quartzeux, comme à Lyon. Elle est dure et séléniteuse, si le sol est gypseux, comme à Paris.

L'auteur du *Traité Élémentaire de Physique* n'admet aucune de ces distinctions : ce sont toujours les eaux venant des montagnes à travers les couches de pierre et d'argile qui *continuent de couler dans le sein de la terre, où l'homme va les chercher par les ouvertures des puits qu'il creuse à côté de ses habitations ;* et il finit par dire, *que l'explication qu'il vient de donner, ramène la nature à sa simplicité ordinaire.*

J'ai déjà remarqué au mot PÉTRIFICATION que cet auteur n'est jamais moins heureux que lorsqu'il veut être *simple.*

J'ai fait mention dans l'article GLACIER d'un fait singulier, qu'on peut expliquer, ce me semble, par la condensation des *vapeurs* de l'atmosphère : il s'agit des pierres qui reposent sur les *glaciers*, et qui paroissent s'élever successivement. Je pense qu'elles s'élèvent en effet : les *vapeurs* aqueuses contenues dans l'air se condensent contre la pierre, qui est à-peu-près à la température de la glace ; les gouttelettes qui en découlent s'insinuent sous la base de la pierre ; elles s'y congèlent pendant la nuit. En se congelant, elles augmentent de volume et soulèvent la pierre (on sait assez quels sont les efforts de cette dilatation). D'autres gouttelettes opèrent le même effet les nuits suivantes, et peu à peu l'exhaussement de la pierre devient très-sensible.

J'ai dit dans l'article Source que c'est la condensation des *vapeurs* et leur conversion en petits glaçons, qui entretient en grande partie les *glaciers*; et quoique la proposition ait l'air d'un paradoxe, je serois porté à croire que, pendant l'été, ils gagnent peut-être plus qu'ils ne perdent, et que pendant l'hiver ils perdent plus qu'ils ne gagnent. *Voyez* Glacier, Source et Fontaine. (Pat.)

VAQUE-PETOUE. C'est, en provençal, le nom du *troglodyte*. (S.)

VARAIRE, *Veratrum*, genre de plantes à fleurs incomplètes, de la polygamie monoécie et de la famille des Joncoïdes, dont le caractère présente une corolle de six pétales et six étamines dans les fleurs mâles, et de plus un ovaire trilobé, à trois styles courts, dont les stigmates sont simples, dans les hermaphrodites.

Le fruit est une capsule trilobée, polysperme, s'ouvrant dans chaque loge par une suture intérieure, et contenant un grand nombre de semences entourées d'un large rebord, et disposées sur deux rangs.

Ce genre, qui est figuré pl. 843 des *Illustrations* de Lamarck, renferme des plantes élevées, à feuilles ovales, nervées, à gaîne oblongue, entière, et à fleurs disposées en panicules. On en compte cinq à six espèces, dont les plus importantes à connoître sont:

La Varaire blanche, dont les grappes sont surcomposées, les corolles relevées et verdâtres. Elle est vivace, et se trouve dans les vallées des montagnes froides de l'Europe.

La Varaire noire, dont les grappes sont composées, les corolles très-ouvertes, et d'un rouge très-obscur. Elle est vivace, et se trouve sur les montagnes sèches des parties méridionales de l'Europe.

Ces deux plantes sont connues dans les boutiques des herboristes sous le nom d'*hellébore blanc*, et sont, dit-on, les véritables *hellébores* des anciens, très-différentes par conséquent de ce qu'on appelle *hellébore noir* dans les mêmes boutiques, c'est-à-dire de l'Hellébore fétide, *Helleborus fœtidus*. Voy. au mot Hellébore.

Les *hellébores blancs* ont une racine épaisse, charnue, jaunâtre en dehors, blanches en dedans, d'un goût âcre, amer et désagréable. Leur tige s'élève de trois à quatre pieds, leurs feuilles sont grandes, sillonnées, et leurs fleurs très-nombreuses. Ce seroient de superbes plantes si la beauté de leurs fleurs répondoit à celle de leur port. On ne fait usage que des racines en médecine. Elles sont un violent émétique pour les hommes et pour les animaux. On les emploie en lotion pour faire mourir les poux et guérir la gale des animaux.

Linnæus nous apprend que la seule odeur de ces plantes fait quelquefois vomir des personnes qui les arrachent. On en fait cependant usage dans le Nord contre l'hydropisie et les maladies vénériennes, et sur-tout, à l'imitation des anciens, contre la manie ; mais elles doivent être administrées par une main habile, sans quoi elles causeroient immanquablement des malheurs. (B.)

VARAUCOCO, arbrisseau des Indes, qui est radicant comme le *lierre*, dont le fruit est agréable au goût, et contient quatre noyaux. Il suinte de son écorce une résine rouge, qui a l'odeur de la laque. (B.)

VARDIOLE (*Muscicapa paradisi* Lath.). Cet oiseau, que Séba a décrit le premier, se trouve, dit-il, dans l'île de Papoë. Brisson en fait une *pie*, et Latham le rapporte, dans sa *Synonymie*, au *moucherolle huppé à tête couleur d'acier poli*. *Wardioe* est le nom qu'il porte dans son pays natal. Sa grosseur est celle du *merle* ; la tête, la gorge, le cou sont noirs et à reflets pourpres très-vifs ; tout le reste du plumage est blanc ; il faut cependant en excepter les grandes pennes des ailes, qui ont leurs barbes noires et les deux pennes intermédiaires de la queue, qui sont de cette couleur le long de la tige dans sa première moitié ; ces deux plumes excèdent de beaucoup les autres ; le bec est blanc, et garni à la base de sa partie supérieure, de petites plumes noires filiformes, qui reviennent en avant et couvrent les narines ; les yeux sont vifs et entourés de blanc ; les pieds courts et d'un rouge clair ; enfin, les ongles sont blancs. (VIEILL.)

VAREC, *Fucus*, genre de plantes cryptogames de la famille des ALGUES, qui offre des expansions membraneuses ou coriaces, la plupart ramifiées, souvent chargées de vésicules, et terminées par des renflemens dont les uns, hérissés dans leur intérieur de poils entrelacés, passent pour contenir les organes mâles, et les autres, gonflés d'une matière gélatineuse, dans laquelle sont nichés des globules perforés et monospermes, sont regardées comme les organes femelles.

Ce genre, qui est figuré pl. 880 des *Illustrations* de Lamarck, renferme des plantes qu'on ne trouve qu'au fond de la mer attachées par un empattement radiciforme, aux rochers qui bordent les côtes. Rien de plus varié que leur port, leurs formes et leur figure ; mais malgré les grandes différences qu'ils présentent, ils ont un air de famille qui les fait certainement rapporter au genre. Ils ne peuvent guère être

confondus qu'avec les ULVES et les CONFERVES, leurs voisines dans l'ordre des rapports. *Voyez* ces mots.

Les *varecs* sont ordinairement coriaces ou cartilagineux,
mais il s'en trouve de membraneux, de mucilagineux, et par
contre de ligneux. On a beaucoup disputé sur le mode de
leur multiplication depuis Réaumur, qui, dans les *Mémoires
de l'Académie* de 1711 et 1712, entra le premier dans la
carrière sur cet objet. On s'accorde assez généralement à
adopter l'opinion mentionnée plus haut, qui est celle de
Linnæus ; mais j'ai lieu de croire que ces plantes n'ont point
de véritables organes fructifères, c'est-à-dire que comme les
conferves, les *ulves* et les *champignons*, ils produisent des globules séminifères qui, en se séparant de leur mère, deviennent de nouvelles plantes. Dans quelques espèces ces globules
ne se développent qu'à l'extrémité des expansions, et sont
très-visibles à la vue simple. Dans d'autres, ils sont répandus
dans toute la plante. Ces dernières peuvent être ainsi regardées comme de véritables ULVES. (*Voyez* ce mot.) Au reste,
malgré le grand nombre d'écrits qu'on a sur les *varecs*, il
manque encore des données certaines sur cet objet.

Les *varecs* sont en général colorés en brun plus ou moins
clair, plus ou moins approchant du vert ou du rouge ; mais
il en est aussi de transparens comme de l'eau. Les rochers en
sont quelquefois couverts dans une épaisseur de plusieurs
pieds, et la mer, au voisinage des tropiques, dans une
étendue de plusieurs centaines de lieues. Ils servent de retraite à une immense quantité de petits poissons, de coquillages, de crustacés et de vers de tous genres. La mer les arrache dans ses jours d'agitation, et les transporte sur les
rivages, où ils sont recueillis, soit pour fumer les terres, ce à
quoi ils sont très-propres, soit pour en retirer, par la combustion, une soude très-utile aux arts.

Mais ce qu'on ignore presque généralement en France,
c'est que la plupart peuvent servir de nourriture à l'homme.
Dans l'Inde on en fait un grand usage sous ce rapport, soit
directement, soit indirectement, c'est-à-dire qu'on les ramasse dans la mer ou qu'on laisse ce soin aux *hirondelles*.
En effet, ces fameux nids d'*hirondelle*, que le luxe de la table
y recherche à si grands frais, ne sont autres que des *varecs* en
partie décomposés. (*Voyez* au mot HIRONDELLE.) En Europe
même on en mange de deux ou trois espèces, entr'autres le *sa-
charin*. Plusieurs peuvent sur-tout être avantageusement employés pour faire une espèce de gelée propre à donner de la
consistance aux sauces, ainsi que je m'en suis personnelle-
ment assuré.

Les bestiaux , sur-tout les *vaches* et les *moutons* , recherchent beaucoup ces plantes sur le bord de la mer, lorsqu'elles viennent d'y être jetées ; mais ils les repoussent dès
qu'elles commencent à s'altérer , ce qui arrive assez rapidement pendant l'été.

Desséchés à l'ombre , les *varecs* ne perdent pas entièrement
leur faculté végétative. On en a vu après un grand nombre
d'années de mort apparente , reprendre vie, et pousser de
nouveau lorsqu'on les remettoit dans l'eau salée. Ils peuvent
servir d'hygromètres lorsqu'ils ont été desséchés , ainsi que
Thore l'a prouvé dans le *Magasin encyclop.* de l'an 6 , p. 107.

Il est très-certain , ou mieux, je crois en avoir acquis la
preuve, que ces plantes se nourrissent par intussusception ,
c'est-à-dire par absorption des principes muqueux qui se
trouvent dans l'eau de la mer. Leurs racines ne servent à
autre chose qu'à les tenir fixés; ce n'est qu'un empattement
peu différent de celui des *alcyons* , des *sertulaires* , et autres
productions polypeuses. D'ailleurs, il est des *varecs* , tels que
le *flottant* , qui sont toujours libres à la surface de la mer, et
qui végètent aussi bien que ceux qui sont attachés à son
fond.

On remarque une immense disproportion entre la grandeur respective des *varecs*. Il en est qui ont à peine une ligne
de hauteur, et il en est qui (au rapport des voyageurs) ont
une lieue entière de long. Le *varec géant* , dont un morceau
mesuré a été trouvé de six cents pieds, n'est qu'un pygmée
vis-à-vis de ceux qui naissent dans les profondeurs de la mer
du Sud , et s'étendent à sa surface.

Beaucoup de *varecs* , sur-tout parmi ceux qui sont fort
longs ou qui sont destinés à nager, ont des vésicules creuses
qui les allègent et les soutiennent entre deux eaux ou à la
surface. Ces vésicules ont souvent été prises pour les organes
de la génération ; mais elles en sont fort distinguées, ainsi
qu'on peut s'en assurer sur le *varec vésiculeux* , si abondant
sur nos côtes , et qu'on apporte fréquemment à Paris dans les
paniers d'huîtres.

Lorsqu'on veut tirer un parti avantageux des *varecs* pour
l'engrais des terres, il ne faut pas simplement, comme on ne
le fait que trop souvent, les répandre sur le sol au moment
même de leur sortie de la mer. Il est bon de les laisser exposés
en tas à l'air, pour que les pluies lavent le sel dont ils sont im-
prégnés. Il est encore meilleur de les stratifier avec de la terre
végétale, et de les laisser pendant une année entière se con-
sumer ainsi lentement. On est certain que loin de porter sur
les champs où on les répandra ensuite , un principe d'infer-

tilité momentané, comme on l'a vu souvent dans la méthode vulgaire, ils produiront l'effet du meilleur fumier.

Lorsqu'on veut tirer parti des *varecs* pour faire de la soude, il faut les faire rapidement sécher au soleil et les amonceler sous des hangars ou sous des toits de paille, jusqu'à ce qu'on en ait une masse considérable. Alors on fera une fosse de cinq à six pieds de profondeur, proportionnée à la quantité qu'on doit brûler, mais toujours au moins du double plus longue que large. On met au fond quelques fagots de bois, et après qu'on y a mis le feu on les couvre de *varecs*. Il est indispensable, pour la richesse du produit, de graduer la combustion de manière qu'elle soit toujours sans flamme et la plus lente possible. Lorsqu'on peut mêler avec les *varecs* des branches de *soude* ou d'autres plantes marines, l'opération devient plus facile et plus complète. Après que toute la provision de *varec* est brûlée, on ferme la fosse; et lorsque la masse à demi-vitrifiée qu'elle contient, est complètement desséchée, on la brise en petits morceaux et on la met dans le commerce. *Voy.* au mot SOUDE.

Les botanistes ont décrit plus de cent cinquante espèces de *varecs*, et ce nombre est encore bien loin de celui de la nature. Gmelin est le premier auteur qui les ait bien figurés. On les divise en six sections, qui peut-être, un jour, feront autant de genres différens.

1°. Les *varecs vésiculeux*, c'est-à-dire qui sont chargés de vésicules, nichées dans la substance du feuillage, parmi lesquels il faut remarquer :

Le VAREC FLOTTANT, qui a les tiges filiformes, rameuses; les feuilles lancéolées, dentées, et les vésicules globuleuses et pédonculées. Il se trouve en immense quantité sur la mer Atlantique, dans le voisinage du Tropique, et même dans les mers des Indes et du Sud. Il forme des bancs quelquefois si serrés qu'ils retardent la navigation. Ils servent de retraite à une immensité de *sertulaires*, d'*hydres* et autres polypiers, ainsi que je l'ai observé. Il est bon à manger, et il est étonnant que les marins n'en fassent aucun usage.

Le VAREC DENTÉ a la tige applatie, dichotome, dentée sur ses bords; la fructification terminale et tuberculeuse. Il se trouve très-abondamment sur les côtes de France.

Le VAREC VÉSICULEUX a la tige applatie, dichotome, entière; des vésicules géminées, axillaires, et la fructification terminale et tuberculée. Il se trouve très-abondamment sur les côtes de France.

Le VAREC CÉRANOÏDE a la tige plane, dichotome, très-entière, ponctuée, et terminée par deux folioles tuberculeuses et fructifères. Il se trouve sur les côtes de France.

Le VAREC NOUEUX a la tige comprimée, dichotome; les feuilles distiques, entières, et les vésicules solitaires et ovoïdes. Il se trouve très-abondamment sur les côtes de France, et devient très-grand.

Le VAREC SILIQUEUX a la tige comprimée, rameuse; les feuilles distiques, alternes et entières ; la fructification terminale, oblongue et mucronée. Il se trouve sur les côtes de France, et se fait remarquer par ses fructifications nombreuses, qui ont toute l'apparence de siliques articulées. Il ne s'élève pas beaucoup.

Le VAREC FŒNICULACÉ, dont les tiges sont filiformes, très-rameuses ; les vésicules ovales et terminales ; les folioles subdivisées, obtuses et fructifères à leur extrémité. Il se trouve sur les côtes de France.

Le VAREC ÉPINEUX a les feuilles filiformes, comprimées, très-rameuses ; les dents marginales, subulées, alternes et droites. Il se trouve dans la mer du Nord.

Le VAREC DES CUISINES, *Fucus edulis* Rumphius, Amb. 6, tab. 74, n° 5, a les tiges cylindriques, glabres, rameuses ; les rameaux rapprochés, droits et bifides à leur extrémité. Il se trouve dans l'Inde, et sert, comme on l'a déjà dit, à la nourriture des hommes. Le commandeur de Suffren, qui étoit ami de la bonne chère, en avoit apporté à Paris une cargaison pour son usage, au retour de la belle campagne qu'il fit dans cette mer, et le faisoit employer à la confection de la sauce des mets qu'on servoit sur sa table.

2°. Les *varecs globifères*, c'est-à-dire qui sont chargés de globules simples, épars sur la plante. On y distingue :

Le VAREC FIL, dont la tige représente un fil simple très-long, un peu fragile et opaque. Il se trouve dans les mers du Nord.

Le VAREC GÉANT a la tige filiforme, comprimée, dichotome ; chaque branche terminée par une vésicule globuleuse, pédonculée, terminale, avec un crochet au-dessous. Il se trouve dans la haute mer, et acquiert une longueur immense, ainsi qu'il a déjà été dit.

Le VAREC PURPURIN a les tiges filiformes très-rameuses ; les rameaux alternes, ramassés et globulifères. Il se trouve dans les mers d'Europe. Il est souvent rouge.

Le VAREC PLUMEUX a les tiges cartilagineuses, lancéolées, bipinnées, plumeuses et très-rameuses. Il se trouve dans les mers d'Europe, et varie en rouge, en blanc sale et en brun clair. On le trouve souvent mêlé dans les boutiques de pharmacie, avec la *coralline rouge* ou *mousse de Corse*, mais il n'est pas probable qu'il jouisse des mêmes propriétés anthelmentiques.

Le VAREC CARTILAGINEUX a les tiges cartilagineuses, comprimées, bipinnées, et les découpures linéaires. Il se trouve dans les mers d'Europe, et est souvent rouge.

C'est principalement avec ces trois dernières espèces, qui ne s'élèvent que de trois à six pouces, dont la couleur est agréable à la vue, et les branches disposées en forme d'arbre, que l'on fait ces tableaux si communs dans les villes de l'intérieur, et encore plus sur les bords de la mer. Pour les exécuter comme il faut, on doit laver plusieurs fois les *varecs* qu'on y emploie dans de l'eau douce, et les étendre dans l'eau même sur un tamis, afin de pouvoir disposer les branches de la manière la plus avantageuse. On les laisse sécher en partie sur le tamis, ensuite on les transporte, après les avoir légèrement enduits d'une dissolution de gomme arabique, sur la feuille de papier où ils doivent figurer, et on les y comprime avec une planche unie ou un livre relié. Il est quelques-uns de ces tableaux composés de manière à produire un effet très-pittoresque, soit par le mélange des couleurs, soit par la délicatesse des formes.

3°. Les *varecs à pinceaux*, c'est-à-dire ceux qui ont des corpuscules ovales, terminés en pinceaux. On en compte trois espèces, toutes excessivement rares.

4°. Les *varecs membraneux*, ou qui offrent un feuillage transparent et coloré, tels que :

Le VAREC SANGUIN, qui a les feuilles ovales, oblongues, très-entières, pétiolées, et la tige cylindrique et rameuse. Il est commun sur les côtes d'Espagne et même de France.

5°. Les *varecs radicans*, dont les feuilles sortent immédiatement de la racine. On y compte :

Le VAREC PALMÉ, qui a les feuilles palmées et planes. Il se trouve dans les mers d'Europe, et se fait remarquer par sa couleur rouge.

Le VAREC ESCULENT a les feuilles simples, entières, ensiformes, et la base quadrangulaire. Il se trouve abondamment dans les mers d'Europe. On le mange habituellement dans le Nord, soit cru, soit cuit avec du bouillon ou du lait. On assure que c'est un bon manger. Je ne l'ai goûté que cru, et ne lui ai pas trouvé d'autre saveur que celle de la marée légèrement modifiée.

Le VAREC SACCHARIN a les feuilles presque simples, ensiformes, le pied cylindrique et très-court. Il se trouve dans les mers d'Europe, et se mange comme le précédent, avec lequel on le confond. Ils sont tous deux d'une belle couleur verte.

6°. Les *varecs* qui sont percés de trous. Il n'y en a que trois qui ne diffèrent des précédens, que parce qu'ils sont perforés d'outre en outre.

On trouve plusieurs espèces nouvelles de *varecs*, figurés dans les *Actes de la Société Linnéenne de Londres*, et dans la *Monographie de* ceux qui sont propres aux côtes d'Angleterre. On renvoie le lecteur à ce dernier ouvrage, comme au meilleur qui ait encore paru à leur sujet. (B.)

VARÉCA, *Vareca*, genre de plantes incomplétement connu, mais cependant mentionné dans Gærtner. Il offre pour fruit une baie supérieure, uniloculaire, composée de plusieurs cellules partielles, à l'intérieur desquelles sont attachées les semences. *Voyez* Gærtner, pl. 60.

Le *varéca* croît à Ceylan. (B.)

VARÉGO, nom qu'on donne en Ligurie à la *camelée*. On emploie dans ce pays la racine pilée de cette plante pour empoisonner les étangs et en prendre plus aisément les poissons. *Voyez* au mot CAMELÉE. (B.)

VARI, espèce de *makis*. Voyez MAKI-VARI. (S.)

VARIA ou VARIUS ; le *chardonneret* dans quelques auteurs latins, à cause de l'agréable variété de son plumage. *Voyez* CHARDONNERET. (S.)

VARI-COSSI. *Voyez* MAKI-VARI. (S.)

VARIÉTÉ. (*botanique*.) Voyez le mot INDIVIDU. (D.)

48

VARIÉTÉS; elles tiennent lieu d'espèces en minéralogie. (PAT.)

VARIOLAIRE, *Variolaria*, genre de plantes cryptogames, de la famille des CHAMPIGNONS, qui offre des fongosités coriaces, même ligneuses, tantôt formées de plusieurs loges réunies sous la forme d'un petit bouton, tantôt à une seule loge.

Les espèces de ce genre ne viennent jamais que sur les écorces des arbres morts ou mourans. Elles s'y implantent plus ou moins profondément et y restent enchâssées. Leurs semences, mêlées à un suc glaireux, occupent l'intérieur de leurs petites loges. Elles ne sont que très-imparfaitement ou même point du tout séparées des HYPOXYLONS. *Voy.* ce mot.

Ce genre a été appelé SPHÉRIE par les botanistes allemands, et il s'est considérablement modifié entre leurs mains, puisque dans Gmelin, par exemple, qui n'est que le copiste de Toode, au moyen de la réunion de quelques CLAVAIRES et quelques HYPOXYLES de Bulliard (*Voyez* ces mots.), il contient plus de quatre-vingts espèces.

Lamarck a adopté le mot de *sphérie*, mais il paroît s'être plus rapproché de Bulliard dans la fixation des espèces. On dit, il paroît, parce qu'on n'a pas encore le texte relatif à la planche 879 de ses *Illustrations*, où elles sont représentées.

Les *variolaires* sont extrêmement communes. Il est rare qu'on n'en trouve pas sur toutes les branches mortes qu'on ramasse dans une forêt, cependant on n'en compte que six espèces aux environs de Paris.

Ces espèces sont:

La VARIOLAIRE MÉLANOGRAME, qui est multiloculaire, d'un noir de suie, irrégulièrement bosselée, et dont les loges s'ouvrent. Elle se trouve sur le *charme*.

La VARIOLAIRE SPHÉROSPERME est en forme de coupe, comblée de petites graines sphériques et d'un noir luisant. Elle se trouve sur différens arbres, et unit tellement l'écorce au bois qu'on ne peut l'enlever sans la briser.

La VARIOLAIRE ELLIPTOSPERME est uniloculaire, noire en dessus, blanche en dessous, et ses semences sont elliptiques et brillantes. Elle se trouve sur plusieurs espèces de bois.

La VARIOLAIRE CÉRATOSPERME est multiloculaire, noire, inégale, luisante et ponctuée dans son milieu. Elle se trouve sur le *hêtre*.

La VARIOLAIRE SIMPLE est uniloculaire, presque ronde, un peu pointue. Elle se trouve éparse sur l'écorce du *hêtre*.

La VARIOLAIRE RIDÉE est uniloculaire, renflée, mince, brune, et disperse ses semences en peu d'instans. Elle se trouve sur l'écorce des bois blancs.

La VARIOLAIRE FUGACE est applatie, d'un brun noirâtre, granuleuse à sa surface, et disperse rapidement ses semences. Elle se trouve sur l'écorce des bois blancs.

Toutes ces *variolaires* sont figurées pl. 432 et 492 de l'ouvrage de Bulliard sur les *champignons* de la France.

Achard et Persoon ont appelé du même nom un autre genre, qu'ils ont formé aux dépens des *lichens* de Linnæus, et qui enlève quelques espèces au genre *lepronque* de Ventenat.

Ce genre a pour caractère des glomérules superficiels, farineux, convexes et remplis de poussière, devenant un peu concaves et scutelliformes après le dégagement de la poussière ; une croûte solide presque orbiculaire d'une étendue plus ou moins considérable. Il offre pour type les *lichens du hêtre* et *du charme*. Voyez aux mots LICHEN et LEPRONQUE. (B.)

VARIOLE (*Alauda rufa* Lath., fig. pl. enl. de l'*Hist. nat. de Buffon*, n° 738, fig. 1.), espèce d'ALOUETTE. (*Voyez* ce mot.) Commerson l'a observée en Amérique, dans le pays qu'arrose la rivière de la Plata, et Guenau de Montbeillard lui a donné le nom de *variole* à cause de l'émail très-varié et très-agréable de son plumage. Le devant de son cou, le dessus de sa tête et de son corps sont noirâtres et variés de différentes teintes de roux ; sa gorge et tout le dessous de son corps sont blanchâtres ; les grandes pennes de ses ailes sont grises, les moyennes brunes, et toutes bordées de roussâtre, de même que les pennes de la queue, à l'exception des deux extérieures de chaque côté, qui ont un liseré blanc ; le bec est brun, et les pieds sont d'un jaune lavé. Cette petite *alouette* n'a que cinq pouces un quart de long, depuis le bout du bec à celui de la queue. (S.)

VARIOLITES, pierres roulées qui présentent à leur surface de petites protubérances circulaires de deux ou trois lignes de diamètre, d'une couleur plus claire que le fond de la pierre, et auxquelles on a trouvé quelque ressemblance avec les grains de la petite vérole, d'où est venu le nom de *variolite*. Ces petites protubérances sont tantôt isolées et tantôt réunies en groupes ; et comme ces grains sont d'une substance plus dure que la pâte qui les enveloppe, ils résistent davantage au frottement ; de là vient qu'ils sont en saillie à la surface des pierres roulées.

Ces pierres sont des fragmens de roches glanduleuses primitives, de la même nature et de la même formation que le *porphyre :* elles ont de même, pour fond ou pâte, ou le trapp, ou la cornéenne, ou le grun-stein, ou le pétrosilex.

Dans les *variolites* comme dans les *porphyres*, ce sont quelques-uns des élémens de la pâte elle-même, dont les molécules, plus actives que le reste de la pâte, se sont réunies en petites masses par la force de leur affinité. La seule différence qu'il y ait, c'est que dans le *porphyre* ces molécules se sont trouvées disposées à former des *cristaux polyèdres*, et dans les *variolites*, des *cristaux sphériques*.

Si ce n'est pas là le langage des cristallographes, c'est au moins (à ce que je crois) celui de la nature ; car on voit par la forme constante de ces globules, qu'ils ne sont pas plus l'effet du hasard que toute autre cristallisation. Ils présentent ordinairement deux ou trois couches concentriques très-distinctes, très-régulières et très-nettement prononcées, souvent avec un petit point central d'une couleur différente. Il arrive même, ainsi que Saussure l'a observé, qu'il part de ce centre des rayons qui vont aboutir à tous les points de la circonférence (tout comme on l'observe dans les globules du *granit de Corse*, qui ne diffère des *variolites* que par le plus grand volume des parties qui le composent); aussi cet illustre observateur n'hésite-t-il pas de regarder les globules des *variolites* comme des véritables cristallisations.

Et ce qui achèveroit de le prouver, s'il en étoit besoin, c'est qu'il arrive quelquefois de voir dans la même pâte et des globules et des cristaux polyèdres ; de sorte que la roche est en même temps une roche glanduleuse et un *porphyre*. L'*ophite* ou *serpentin* offre souvent des globules très-réguliers et d'un beau vert. J'ai rapporté de Sibérie un *porphyre* qui vient d'une montagne appelée *Strelka* ou la *Flèche*, voisine de Sélenghinsk, dans lequel les globules verts sont presque aussi fréquens que les cristaux de *feld-spath*. Or il est bien évident que ces deux substances en se réunissant obéissoient à la même puissance, dont l'action n'a été que très-légèrement modifiée dans l'une et dans l'autre.

Variolites de la Durance.

Les plus belles *variolites*, celles qu'on voit dans toutes les collections de mineralogie, sont celles qu'on désigne sous le nom de *variolites de la Durance*, parce qu'on les trouve parmi les galets de cette rivière.

Saussure pense, comme Ferber, que la pâte de cette pierre est la même que celle du *serpentin* (ou *ophite*), et il donne en conséquence le nom d'*ophibase* à cette substance. La pâte des *variolites*, de même que celle du *serpentin*, est d'une couleur verte tirant sur le noir, presque sans éclat ; l'une et l'autre donnent beaucoup de feu contre l'acier, et se laissent pourtant un peu entamer à la lime : dans l'une et dans l'autre la pesanteur spécifique est la même ; au chalumeau l'une et l'autre se fondent en un émail noir et luisant, également attirable à l'aimant. (Cette substance est le *grun-stein* de Werner.)

Les grains de ces *variolites* sont d'une couleur blanche verdâtre, comme les cristaux de *feld-spath* dans le *serpentin ;* et Saussure les regarde comme étant parfaitement de la même nature ; il les rapporte à l'espèce qu'il a nommée *feld-spath gras.* Ils sont translucides, et leur cassure présente des lames triangulaires, qui divergent du centre à la circonférence.

Saussure observe qu'on voit souvent dans ces *variolites* des grains réunis comme ceux d'une petite vérole confluente ; et il ajoute, que ce phénomène n'est pas favorable à l'hypothèse de Daubenton qui les supposoit formés, chacun à part, dans des eaux tournoyantes : il avoit dit la même chose des globules du *granit de Corse ;* il est vrai que ce savant n'avoit observé le règne minéral que dans les cabinets.

On voit souvent dans la pâte de ces *variolites* des grains de *pyrite ;* et l'on sait que Latourrette y avoit trouvé des lames d'argent natif. (*Journ. de Phys.*, t. 4.)

Faujas de Saint-Fond et Guettard nous apprennent que les roches qui fournissent ces *variolites*, sont dans les montagnes qui bordent la vallée de Servière dans le Briançonnais, d'où leurs fragmens sont roulés dans la Durance par les torrens de cette vallée.

Variolites à base de Pétrosilex.

On trouve près de Fréjus une *variolite*, dont la pâte présente des couches parallèles, les unes vertes, les autres d'un violet pâle ; elle est translucide sur les bords, elle fait feu contre l'acier, et se fond au chalumeau, mais difficilement : Saussure la regarde comme un *pétrosilex* qui se rapproche de la nature du *silex.*

Les globules sont disséminés dans les couches des deux couleurs, et ceux qui se trouvent dans les couches violettes sont quelquefois enveloppés de la matière des couches vertes. Leur grosseur varie depuis celle d'un grain de millet jusqu'à celle d'un pois. Ils sont d'une couleur grise tirant sur le violet. Leur cassure offre, dans les uns des rayons divergens du centre à la circonférence ; dans les autres des cercles concentriques ; quelques-uns présentent les deux accidens réunis.

« Ces grains, dit Saussure, *portent donc l'empreinte de la cris-* » *tallisation*, et paroissent avoir été formés en même temps que la » pâte qui les lie. (§. 1449.)

Le même observateur a vu des *variolites* à base de *pétrosilex*, sur les bords de la Sésia, près de Verceil : leurs globules offroient trois ou quatre couches concentriques. (§. 1321.)

Variolite à base de horn-blende.

Les bords de l'Isère offrent une *variolite* dont la pâte est une *horn-blende* à lames planes, brillantes, un peu striées, d'un noir terne tirant sur le vert.

Les glandes d'une ou deux lignes de diamètre, sont, les unes arrondies, les autres tendant un peu à la forme rhomboïdale ; elles sont d'un blanc sale pointillé de vert, sur-tout vers le centre. Leur matière est un *feld-spath grenu :* les points verts sont de *horn-blende.*

On y voit aussi des glandes qui paroissent composées de *delphinite* ou *rayonnante vitreuse*, confusément cristallisée.

« Cette pierre, dit Saussure, contient donc tous les matériaux du » *granit oculé de Corse ;* il ne lui a manqué que plus de régularité » dans la cristallisation pour produire cette belle et singulière roche ». (§. 1577.)

Variolites du Drac.

Le *Drac* est un torrent qui prend sa source dans la partie supérieure de la vallée de Champoléon, où sont les montagnes dont il entraîne les debris jusque dans l'Isère, où il se jette un peu au-dessous de Grenoble. Ce sont ces pierres roulées auxquelles on donne le nom de *variolites ;* mais il me semble que tout concourt à prouver que cette substance n'appartient nullement aux roches primitives, et que c'est au contraire une vraie lave, et que le lieu d'où elle vient est un ancien volcan, ainsi que le pensoit le chevalier de Lamanon, cet observateur aussi plein de zèle que de lumières, qui a péri dans la malheureuse expédition de Lapeyrouse.

D'après la description que donne Saussure de ces *variolites*, la matière qui en forme la base est une *wacke* de couleur grise ou brune, dans laquelle sont disséminées quelques lames très-minces, les unes de *spath calcaire*, les autres de *feld-spath*.

Les grains que renferme cette pâle, sont ou arrondis ou ovales, de la grosseur d'un pois, plus ou moins. « La plupart, dit Saussure, » sont d'un *spath calcaire blanc ;* leurs parties discernables sont des » lames rhomboïdales, planes et brillantes. *La structure de ces grains* » *n'a donc aucun rapport avec celle des cellules qui les renferment,* » *puisqu'ils ne sont composés ni de couches concentriques à ces cel-* » *lules, ni de rayons convergens à leur centre* ».

Il ajoute que lorsqu'on fait dissoudre dans les acides la partie calcaire de ces grains, on voit quelques-unes de leurs cellules tapissées de petits cristaux quartzeux.

Il ajoute encore qu'outre les grains calcaires, il y en a de couleur verte, dont les uns sont de la nature de la *stéatite*, et les autres de *grun-erdé* ou *terre verte de Vérone*.

J'observerai d'abord que tous ces caractères annoncent une matière volcanique. 1°. La *wacke* est toujours un basalte ou une lave en décomposition. 2°. Saussure reconnoît que la formation des globules n'a rien de commun avec celle des alvéoles ; et en effet il est évident que ces alvéoles étoient antérieures au spath calcaire, puisqu'elles étoient déjà tapissées de cristaux quartzeux à l'époque de sa formation : or il n'y a jamais que les produits volcaniques qui aient de ces alvéoles sphéroïdales vides, qui sont des soufflures produites par les fluides expansibles pendant leur incandescence. 3°. La *terre verte de Vérone* ne se trouve que dans les anciennes matières volcaniques qui se décomposent. *Voyez* TERRE VERTE.

Au reste, comme dans une question de cette nature ce sont sur-tout les circonstances géologiques qui peuvent nous éclairer, jetons un coup-d'œil sur le lieu natal de ces pierres.

« C'est à M. le chevalier de Lamanon, dit Saussure, que l'on doit

» la connoissance des montagnes dont ces *variolites* sont les débris. Il
» regardoit ces pierres comme des laves, et il fut bien confirmé dans
» cette opinion, lorsqu'il vit dans les rochers où elles ont leur source,
» des *colonnes polyèdres taillées par la nature en forme de basalte* ».
(§. 1574.)

Il y avoit vu bien autre chose encore. Voici quelques mots de la
lettre qu'il écrivit à ce sujet, et qui se trouve dans les *Affiches de
Dauphiné* (n° 23, 10 octobre 1783).

« Mon goût pour l'Histoire naturelle m'a attiré pour la seconde fois
» dans vos montagnes; je viens d'y découvrir *un superbe volcan éteint*,
» qui ne le cède en rien à ceux du Vivarais et de l'Auvergne.... On
» y voit une masse de *basalte* qui, de la base au sommet, a plus de
» neuf cents toises de hauteur... J'y ai trouvé des *basaltes prisma-*
» *tiques*, des *laves spongieuses*... Je ferai connoître la marche que
» j'ai suivie pour parvenir à la découverte de ce volcan éteint, le
» *beau cratère qu'on y voit encore*, la *mine de pouzzolane* qui s'y
» trouve, des *pierres meulières volcaniques*, aussi bonnes que celles
» d'Agde en Languedoc, etc. ».

Si des faits aussi précis pouvoient être révoqués en doute, il suffi-
roit, pour les confirmer, de rappeler ce qu'écrivoit un mois après le
célèbre naturaliste Villars, qui fut sur les lieux avec mon respectable
ami Prunel Delière et le P. Ducros, pour vérifier la découverte de
Lamanon ; et comme il y avoit discordance dans les opinions, Villars
n'affirme rien d'une manière positive ; mais les faits qu'il rapporte
parlent suffisamment.

Il convient d'abord que le Drac roule une grande quantité de pierres
volcaniformes, et que le hameau du Châtelard est bâti sur un rocher
qui, *par sa couleur, imite les laves solides*.

Ce hameau est voisin du lieu nommé les *muandes* ou les *pâturages*
du *Tout-Rond*, dénomination qui vient de la forme du local, qui
est une enceinte circulaire environnée de montagnes. *Ces pâturages,*
dit Villars, *forment un grand bassin d'environ huit cents toises de
diamètre, ouvert au midi comme un plat à barbe.* (C'est cette enceinte
que Lamanon regardoit comme un cratère, et il paroît que ce n'étoit
pas sans raison.)

« Parvenu aux *muandes du Tout-Rond*, ajoute Villars, on s'élève
» sur le sommet du puits par le quartier appelé *Peyre-Neire* (Pierre-
» Noire), où l'on voit des couches, suivant l'inclinaison de la mon-
» tagne, *d'une terre rouge inattaquable aux acides, et semblable à la*
» *pouzzolane*, couverte par une plus grande couche en forme de brèche
» ou de poudingue... *Une troisième couche de rocher noirâtre ou brun,*
» *couleur de lave*, le plus souvent criblé à sa superficie par des pores
» arrondis de deux lignes jusqu'à six, remplis de spath calcaire... ».

Villars ajoute, que *ces couches se prolongent dans les montagnes
voisines; qu'elles imitent les matières volcaniques par leur couleur
et quelquefois par leur situation, et que Lamanon ne sera pas le seul
qui croira ces montagnes volcanisées.* (*Affiches de Dauphiné*, n° 27,
7 novembre 1783.)

Je laisse à juger maintenant s'il n'est pas infiniment probable que
Lamanon avoit raison de dire qu'il avoit découvert un volcan dans

les Alpes du Dauphiné, et que les prétendues *variolites du Drac* sont des produits de ce volcan.

Variolite de Sibérie.

J'ai trouvé sur le bord de l'Angara, près de sa sortie du lac Baïkal, une singulière espèce de *variolite* à fond blanc et globules noirs. La matière de la pâte est translucide; on voit qu'elle est composée d'un mélange de deux substances, qui paroissent être le *quartz* et le *feld-spath:* elle se fond au chalumeau, mais difficilement, et donne de vives étincelles contre l'acier.

Les grains sont sphériques, ils se touchent presque tous; ils sont d'un volume à-peu-près égal, et de la grosseur d'un grain de poivre. Dans la cassure fraîche, ils paroissent d'un tissu homogène; ceux de la surface qui ont éprouvé un commencement de décomposition, paroissent composés de plusieurs couches concentriques: leur matière semble être un mélange de cornéenne et de stéatite, avec quelques portions de la substance qui les enveloppe.

C'est la seule *variolite* que j'aie trouvée dans cette vaste contrée, à moins qu'on ne donne ce nom au *jaspe œillé* des monts *Oural*, dont j'ai parlé dans l'article JASPE. J'ai aussi plusieurs *amygdaloïdes* dans le goût des *variolites* du Drac; mais les circonstances locales m'ont semblé prouver avec évidence que c'étoient d'anciennes *laves:* je ne les ai point vues dans la Sibérie proprement dite, mais seulement dans la contrée plus orientale appelée *Daourie*, aux environs du fleuve Amour. *Voyez* AMYGDALOIDES et TOAD-STONE. (PAT.)

VARNAR, le *guêpier* en langue arabe. (S.)

VARYEY, nom que donne Bruce, dans son *Voyage en Abyssinie*, au SÉBESTIER. *Voyez* ce mot. (B.)

VASA (*Psittacus niger* Lath., pl. enl., n° 500, ordre PIES, genre du PERROQUET. *Voyez* ces mots.). Suivant Flaccourt, *vasa* est le nom que ce *perroquet* porte à Madagascar. Il a treize pouces et demi de longueur et un peu moins de grosseur que le *perroquet gris;* la tête, le cou et tout le corps sont d'un noir lavé d'une légère teinte de bleuâtre; les grandes couver-tures des ailes d'un cendré brun tirant sur le vert; les pennes de la même couleur du côté extérieur et d'un cendré brun uniforme du côté interne et en dessous; celles de la queue d'un noir tirant au bleu en dessus et d'un noir pur en dessous; l'œil est entouré d'une peau blanchâtre; le bec et l'espèce de cire qui en recouvre la base, sont d'un blanc légèrement teint de couleur de chair, les pieds rougeâtres et les ongles noirs. (VIEILL.)

VASE DE MER, limon gras et onctueux que la mer re-jette sur ses bords, ou qu'elle accumule dans les anses, les golfes, et autres endroits où ses eaux sont tranquilles. Cette *vase* est principalement composée de débris d'animaux ma-rins. Quand elle est exposée à l'air, elle répand cette odeur nauséabonde, connue sous le nom d'*odeur de marée*, et rend malsain le séjour des lieux où elle demeure à découvert. (Pat.)

VASES MYRRHINS ou MURRHINS. *Voyez* Mur-rhins. (Pat.)

VASSET. C'est ainsi qu'une coquille du genre des *sabots*, a été appelée par Adanson. C'est le *turbo afer* de Gmelin. *Voyez* au mot Sabot. (B.)

VATERIE, *Vateria*, nom d'un genre de plantes établi par Linnæus, et figuré par Lamarck pl. 475 de ses *Illustrations*. Valh ayant remarqué que ce genre étoit fondé sur une erreur d'observation, l'a réuni aux Ganitrrs. (*Voyez* ce mot.) Mais Loureiro, dans sa *Flore de la Cochinchine*, en a décrit une nouvelle espèce, dont le fruit est une capsule uniloculaire et monosperme, à trois lobes et à trois valves, ce qui semble exiger son rétablissement.

Cette *vaterie* est un grand arbre à rameaux flexueux, à feuilles alternes, lancéolées, très-entières, à fleurs petites, blanches, portées sur des grappes terminales, à capsules rouges, qu'on trouve dans les forêts de la Cochinchine, et dont le bois, qui est rouge et solide, sert à la construction des maisons. (B.)

VATIQUE, *Vatica*, arbre de la Chine, à rameaux striés ou anguleux et velus ; à feuilles alternes, pétiolées, en cœur-ovales, très-entières, glabres et nerveuses ; à fleurs disposées en panicules terminales, qui forme un genre dans la dodé-candrie monogynie.

Ce genre, qui est figuré pl. 397 des *Illustrations* de Lamarck, offre pour caractère un calice à cinq divisions ; une corolle de cinq pétales ; quinze anthères sessiles à quatre loges ; un ovaire supérieur à cinq angles, surmonté d'un style en spirale à stigmate obtus.

Le fruit est une capsule à trois loges à une seule semence.

Le *vatique* croît à la Chine, où il sert à des opérations de devination et de magie. (B.)

VATSONIE, *Watsonia*, genre établi par Miller, *Icon*. 198, tab. 297, n° 2, sur une plante que Linnæus a placée parmi les Antholises, sous le nom d'*antholyza merianella*; Wildenow, parmi les Glayeuls, sous le nom de *gladiolus merianellus*, genre que Lamarck a appelé Mérianelle. *Voyez* ces mots. (B.)

VAUCHERIE, *Vaucheria*, nom donné par Decandolle à un genre fait par Vaucher, aux dépens des Conferves de Linnæus. (*Voyez* ce mot.) Il offre pour caractère des filamens simples ou rameux, non cloisonnés, portant des bourgeons séminiformes, tantôt sessiles, tantôt pédonculés, sur leurs parois extérieures.

Vaucher a appelé ce genre *ectosperme* dans son travail sur les *conferves*, qui n'a paru que depuis l'impression de l'article Conferve, et dont on n'a point par conséquent pu faire usage pour sa rédaction. Il le divise en trois sections : les *ectospermes à un grain*, qui renferment trois espèces ; les *ectospermes à deux grains*, qui en renferment quatre, et les *ectospermes à plusieurs grains*, qui en renferment également quatre.

Les espèces de ce genre semblent prouver que l'opinion émise au mot Conferve, que les semences de ces plantes ne sont véritablement que des bourgeons séminiformes, n'est pas généralement fondée. En effet Vaucher a remarqué que la plupart avoient ou des globules ou des espèces de cornes distinctes des semences, et qui fournissoient une matière qu'on pouvoit regarder comme une poussière fécondante. Je ne chercherai point à jeter du doute sur l'exactitude de cette observation, et en conséquence je regarderai ce genre comme faisant le passage entre les plantes réellement pourvues de graines et celles qui composent la famille qu'on doit aujourd'hui appeler des *confervoïdes*. Je remarquerai seulement que les prétendues graines ont plusieurs fois germé sous les yeux du savant précité, et que souvent il leur a vu pousser des tiges par les deux bouts opposés, ce qui semble prouver que ce ne sont pas de véritables semences, car l'expérience prouve que la plumule pousse seule une tige et la radicule seule une racine. (*Voyez* au mot Semence.) Il faut attendre que les nombreuses observations de Draparnaud soient publiées pour fixer nos idées à cet égard, car Vaucher, prévenu qu'il devoit voir des graines, n'a peut-être pas porté assez de défiance dans les conclusions qu'il a tirées des faits.

Les espèces les plus communes de ce genre sont :

La Vaucherie ovoïde, qui a les semences solitaires, pédonculées ; le bourgeon séminiforme, ovale, articulé et pétiolé. Elle se rencontre très-fréquemment pendant l'hiver dans les eaux des marais. Ce que Vaucher appelle l'*anthère* est assez éloigné de la semence, pétiolée comme elle, mais elle n'est point articulée au tube, elle en est un prolongement. Cette anthère s'ouvre et se flétrit après avoir répandu sa poussière, tandis que la graine se détache sans s'ouvrir.

Cette espèce fait partie de celles confondues par Linnæus, sous le nom de *conferva fontinalis*. Elle est figurée n° 1 de l'ouvrage de Vaucher.

La Vaucherie a hameçon a les semences solitaires pédonculées, ovales, portées sur un filament recourbé, qui est l'anthère. Elle se trouve avec la précédente, mais plus rarement. Elle est figurée n° 2 du même ouvrage.

La VAUCHERIE TERRESTRE, *Byssus velutina* Linn., a les semences solitaires, applaties, pédonculées, portées sur leur anthère recourbée. Elle est figurée n° 5 de l'ouvrage précité. Cette espèce qu'on trouve en automne et en hiver dans les terrains humides, semble, encore plus que les autres, prouver, par sa manière d'être, que ce genre fait le passage entre les plantes plus parfaites et les véritables conferves.

La VAUCHERIE GAZONNÉE a deux semences terminales, sessiles, séparées par un filament recourbé qui est l'anthère. Elle se trouve sur le bord des fontaines et des autres eaux pures. Elle est figurée n° 4 de l'ouvrage de Vaucher.

La VAUCHERIE SESSILE a les semences conjuguées, solitaires, oblongues, sessiles, et une anthère intermédiaire recourbée. Elle est figurée n° 7 de l'ouvrage de Vaucher. Elle se trouve dans les fossés.

La VAUCHERIE A BOUQUETS a les semences ordinairement quaternées, ovales, pédonculées et une seule anthère. Elle est figurée n° 8 de l'ouvrage précité. Elle est des plus communes et se trouve dans tous les fossés au printemps.

La VAUCHERIE EN MASSUE a les extrémités terminées en massues qui donnent une poussière fécondante. Elle est figurée n° 10 de l'ouvrage de Vaucher, qui n'a pu observer ses graines, et qui soupçonne qu'elle est dioïque. Elle est très-commune dans les eaux des fontaines et des ruisseaux d'eau pure.

La VAUCHERIE A APPENDICES a des appendices séminiformes sans organes mâles. Elle est figurée n° 11 de l'ouvrage précité. Elle se trouve dans les eaux salées de la saline de Lons-le-Saulnier. Cette espèce paroît bien n'avoir pas d'anthères, et rentrer, en conséquence, complétement dans les véritables CONFERVES. *Voyez* ce mot et le mot OSCILLAIRE qui lui sert de complément. (B.)

VAUTOUR (*Vultur*), genre de l'ordre des OISEAUX DE PROIE. (*Voyez* ce mot.) *Caractères :* le bec droit, crochu seulement vers la pointe; tête dénuée de plumes dans la plupart; la peau qui recouvre l'occiput nue; langue charnue, souvent bifide à son extrémité. Pennant, dans son *Genera of birds*, ajoute que la base du bec est couverte d'une peau épaisse; que les narines diffèrent dans les espèces; que la langue est grande et charnue; que la tête, les joues et souvent le cou, sont nus dans des individus, et couverts dans d'autres de duvet ou de poils courts; que le cou est susceptible de rétraction; que le jabot est souvent proéminent sur la poitrine; que les pieds et les doigts sont couverts de grandes écailles; que le doigt extérieur est joint à l'intermédiaire par une forte membrane; que les ongles sont larges, peu crochus et comme émoussés; qu'enfin l'intérieur des ailes est couvert de duvet. LATHAM.

J'observerai que le bec, ainsi conformé, ne présente pas

de différence caractéristique entre le *vautour* et l'*aigle*, puisque celui de ce dernier ne se recourbe pas non plus à sa naissance. Quant au caractère tiré de la proéminence du jabot sur la poitrine, il est équivoque; car il est de ces oiseaux, le *griffon* par exemple, qui, bien loin d'avoir le jabot proéminent, l'a si rentré en dedans, qu'il y a au-dessous de son cou et à la place du jabot un creux assez grand pour y mettre le poing. Enfin, la peau épaisse qui recouvre la base du bec n'est pas un caractère assez tranchant pour distinguer les *vautours* des *faucons*. De tous les caractères tirés de la partie antérieure de ces oiseaux, le plus distinctif est la nudité plus ou moins grande de la tête et du cou. A cela, l'on peut ajouter qu'ils ont les yeux à fleur de tête, au lieu que les *aigles*, avec lesquels le vulgaire les confond, les ont enfoncés dans l'orbite. Ils en diffèrent encore, du moins le plus grand nombre, par leurs oreilles découvertes, par la forme de leurs ongles, ceux des *aigles* étant presque demi-circulaires, et par leurs jambes, dans la plupart dénuées de plumes. Mais outre ces caractères, qui ne sont que méthodiques, il en est de plus saillans, qui ne peuvent induire en erreur, puisqu'ils ne permettent pas de confondre les vrais *vautours* avec aucuns des autres oiseaux de proie. Leur port est incliné et à demi-horizontal, position qui indique la bassesse de leur nature, au lieu que l'*aigle* se tient fièrement droit et presque perpendiculaire sur ses pieds. S'ils sont à terre, où ils se tiennent communément, leurs ailes sont pendantes et leur queue traînante : aussi le bout des pennes est-il presque toujours usé. Leur vol est pesant, et ils ont beaucoup de peine à prendre leur plein essor. Enfin, ce sont les seuls oiseaux de proie qui volent et vivent en troupes.

Leur genre de vie, leurs mœurs et leurs habitudes présentent des caractères encore plus saillans. Les *vautours* sont lâches, infects, dégoûtans, bassement gourmands, voraces et cruels; ils ne combattent guère les vivans que quand ils ne peuvent s'assouvir sur les morts; encore se mettent-ils en nombre et plusieurs contre un, et il n'y a qu'eux qui s'acharnent sur les cadavres au point de les déchiqueter jusqu'aux os. La corruption, l'infection les attire au lieu de les repousser. Les *éperviers*, les *faucons*, et jusqu'aux plus petits oiseaux, montrent plus de courage, car ils chassent seuls; presque tous dédaignent la chair morte, et refusent celle qui est corrompue. Dans les oiseaux comparés aux quadrupèdes, le *vautour* semble réunir la force et la cruauté du *tigre* avec la lâcheté et la gourmandise du *chacal*, qui se met également en troupes pour dévorer les charognes et déterrer les cadavres, tandis que l'*aigle* a le courage, la noblesse, la magnanimité et la munificence du *lion*. BUFFON.

Doués d'un odorat très-fin, l'odeur de la chair corrompue les attire de très-loin; ils y volent en troupes, et toutes les espèces sont admises indistinctement à ce banquet dégoûtant. S'ils sont pressés par la faim, ils descendent près des habitations, et n'osent attaquer que les paisibles et timides habitans des basse-cours.

La famille des *vautours* est répandue également dans les trois continens, mais elle est plus nombreuse dans les pays méridionaux; cependant, ils ne paroissent pas redouter le froid et chercher la chaleur de préférence, puisqu'ils vivent dans nos pays septentrionaux en plus grand nombre sur les plus hautes montagnes, et ne descendent dans la plaine que rarement. Dans les pays chauds, tels que l'Egypte, le Pérou, la Guiane, le Brésil, où les *vautours* sont très-nombreux et d'une très-grande utilité, puisqu'ils nettoient la surface de la terre des immondices et des débris d'animaux morts, qui, en se corrompant, infecteroient l'atmosphère, on les voit plus souvent dans la plaine que sur les hautes montagnes; ils s'approchent des lieux habités, se répandent dès la pointe du jour dans les villes et villages, et rendent des services essentiels aux habitans, en se gorgeant de toutes les immondices qui sont dans les rues. Sous nos climats, les *vautours* habitent durant la belle saison, comme je l'ai dit, les montagnes les plus élevées, les plus désertes : c'est là, dit Belon, qu'ils bâtissent leur nid contre des rochers escarpés et dans des lieux inaccessibles. L'on n'est pas d'accord sur le nombre de leurs œufs; des auteurs leur en donnent deux, et d'autres plus. Par une suite de leur conformation, ils ne portent pas dans leurs serres la nourriture de leurs petits, comme les *aigles*, qui déchirent leur proie dans l'air même pour les distribuer à leur famille; mais ils en remplissent leur jabot, et la dégorgent ensuite dans le bec de chacun des petits. SONNINI. En hiver, ils fuient les glaces et les neiges, et vont le passer sous un climat plus doux.

Le VAUTOUR (*Vultur cinereus* Lath., pl. enl., nº 425.). Ce *vautour* a beaucoup de ressemblance avec le *vautour* ARRIAN (*Voy.* ce mot.), mais il en diffère, et des autres, par le long duvet brun qui couvre la tête et le cou; par une espèce de cravate blanche qui part des joues et qui borde de chaque côté le duvet brun et raz qui recouvre la partie antérieure du cou, et par ses doigts jaunes.

Il a trois pieds six pouces de longueur; le bec long de quatre pouces, et la queue d'un pied; sept pieds dix pouces d'envergure; tout le plumage d'un brun sombre dans des individus, noirâtre dans d'autres ; les pieds couverts jusqu'aux doigts de plumes brunes.

Le *vautour* se trouve sur les plus hautes montagnes de l'Europe et de l'Asie, et est connu en Arragon, sous le nom de *vuitre*. Lorsqu'il digère ou qu'il dort, son cou est rentré dans ses épaules, et sa tête est comme encapuchonnée par les plumes de la nuque.

Le VAUTOUR A AIGRETTES (*Vultur cristatus* Lath.). Il paroît très-douteux que cet oiseau, qui n'est connu que d'après Gesner, soit un véritable *vautour ;* ses habitudes, son genre de vie, sa manière de chasser, son goût pour les animaux vivants, indiqueroient plutôt un *aigle*. Quoi qu'il en soit, plus courageux que ces congénères, il poursuit les oiseaux de toute espèce, et en fait sa proie : il chasse aussi les *lièvres*, les *lapins*, les petits *renards*, les petits *faons* et n'épargne pas même le poisson ; non-seulement, il poursuit sa proie au vol en s'élançant du sommet d'un arbre ou de quelque rocher élevé, mais encore à la course ; car il marche bien, et fait des pas de quinze pouces d'étendue ; il mange aussi la chair, les entrailles des cadavres ; il est d'une telle férocité qu'on ne peut l'apprivoiser : quoique d'une extrême voracité, il peut supporter la faim pendant quatorze jours. On a trouvé ces oiseaux en Alsace, au mois de janvier 1513, et l'année suivante, on en trouva d'autres dans un nid qui étoit construit sur un gros chêne très-élevé, à quelque distance de la ville de Misen.

Ce *vautour* a le bec noir et crochu par le bout ; de vilains yeux ; le corps grand et fort ; les ailes larges ; la queue longue et droite, le plumage d'un roux-noirâtre ; les pieds jaunes, et près de six pieds de vol ; lorsqu'il est en repos à terre, ou perché, il redresse les plumes de sa tête qui lui font alors comme deux cornes que l'on n'apperçoit plus quand il vole.

Les Allemands l'appellent *hasengeier* (*vautour aux lièvres*) ; ils lui donnent encore d'autres noms. *Voyez l'Hist nat. de Buffon*, éd. de Sonnini.

Le VAUTOUR DES ALPES. *Voyez* VAUTOUR PERCNOPTÈRE.

Le VAUTOUR D'ARABIE. *Voyez* VAUTOUR MOINE et VAUTOUR proprement dit.

Le VAUTOUR ARMÉ (*Hist. nat. de Buffon*, édition de Sonnini.). Cet oiseau, dont parle un voyageur anglais, Brown, se trouve en Nubie, où l'espèce est très-nombreuse. Ce voyageur l'appelle *vautour à tête blanche*, et c'est à quoi se borne tout ce qu'il nous dit de son plumage ; mais ce *vautour* a un caractère particulier ; son aile est armée à son extrémité d'une excroissance cornée, ressemblante à l'éperon d'un vieux *coq*. Cette arme très-pointue et très-forte le rend redoutable à qui ose l'attaquer. Un fluide qui a l'odeur du musc, suinte de quelque partie de son corps et vraisemblablement des narines. Il est renommé par sa force étonnante et sa longévité dans le pays de Dar-Four, en Égypte, où l'on en voit par milliers.

Le VAUTOUR ARRIAN (*Vultur arrianus* Daudin.). Cette nouvelle espèce dont nous devons la connoissance aux recherches de Picot-Lapeyrouse, est connue sous ce nom dans plusieurs contrées des Pyrénées. Son port est ignoble ; son cou est arqué en avant ; quoique très-lâche, il se défend avec courage et avec opiniâtreté lorsqu'il est blessé. Elle n'est pas sédentaire sur les Pyrénées, car on en a tué dans les plaines des environs de Toulouse. *L'arrian* a trois pieds et demi de longueur et huit pieds et demi d'envergure; le plumage d'un brun très-foncé, excepté les pennes des ailes et de la queue qui sont noires; le bec noirâtre, et long de trois pouces six lignes; la tête couverte d'un duvet raz, brun, mélangé de roux; les oreilles découvertes; la gorge garnie de quelques poils longs et noirs; le cou absolument nu presque vers sa moitié, et d'un blanc bleuâtre; l'autre partie du cou entouré d'une sorte de fraise qui se jette en arrière, et qui est composée de plumes longues et étroites; au-dessous de cette fraise, le bas du cou est couvert d'un duvet long et épais par-derrière, très-raz et très-foncé par-devant; l'œsophage est proéminent; les pieds sont nus et bleuâtres.

Le Vautour barbu. C'est sous ce nom que Mauduyt a décrit le Gypaète des Alpes. *Voyez* ce mot.

Le Vautour du Bengale. *Voyez* Vautour d'Egypte.

Le Vautour blanc. *Voyez* Petit Vautour.

Le Vautour bora-morang (*Vultur audax* Lath.). *Boora-morang* est le nom de ce *vautour* de la Nouvelle-Hollande; sa taille est inconnue; mais il paroît être d'une très-grande espéce, puisqu'il tue les plus grands animaux, et qu'il ose même attaquer les hommes.

Il a le bec d'un jaune pâle et noir à sa pointe; les pieds couverts de plumes jusqu'aux doigts; les côtés de la tête dénués de plumes jusqu'au-delà des yeux, et d'une couleur très-pâle; les pennes des ailes et de la queue d'un brun obscur, et le reste du corps d'un brun presque noir. *Nouvelle espèce.*

Le Vautour du Brésil. *Voyez* Ururu.

Le Vautour brun. *Voyez* Vautour de Malte.

Le Vautour de la Californie (*Vultur Californianus* Lath.). Cet oiseau de proie, qui a été depuis peu rapporté de la Californie, a, dit Latham, beaucoup de rapports avec le *condor;* il en a presque la taille; son plumage est généralement noir; les pennes secondaires ont leur extrémité blanchâtre, et leurs couvertures tendent au brun; les ailes, lorsqu'elles sont en repos, s'étendent jusqu'au bout de la queue, dont les pennes sont égales entr'elles; la tête et le cou sont entièrement dénués de plumes, et de couleur rougeâtre; on remarque une raie noirâtre sur le front et deux autres sur l'occiput; le bec est d'une teinte pâle; le bas du cou est entouré d'un paquet de plumes courtes et noires, et le dessous du corps de plumes lâches, duveteuses et de même couleur; les pieds sont noirs. *Nouvelle espèce.*

Le Vautour cendré. *Voyez* Vautour proprement dit.

Le Vautour changoun. *Voyez* Changoun.

Le Vautour chasse fiente. *Voyez* Chasse fiente.

Le Vautour condor. J'ajouterai, à la description que Sonnini a faite de ce *vautour*, au mot Condor, que Latham le présente de nouveau dans son second suppl. *Tho the general Synopsis*, mais sous un plumage un peu différent et avec une espèce de couronne sur la tête. (*Voyez* pl. 122 de l'ouvrage cité.) L'individu qui a servi de modèle à celle peinture, est, ainsi que sa femelle, dans le Muséum Leverian, à Londres.

Le mâle a dix pieds d'envergure ; la tête et le cou couverts d'un duvet cendré ; une longue membrane caronculée, pareille à celle du *coq*, dentelée irrégulierement a son sommet, est posée sur le sommet de la tête. Il a, ainsi que le *roi des vautours*, une proeminence qui pend sur la poitrine ; son plumage est generalement noir ; une fraise ou une sorte de collier composé de poils blancs entoure le cou dans sa partie inférieure ; les plus petites couvertures des ailes sont toutes noires ; les moyennes ont du gris blanchâtre à leur extremité : cette couleur forme sur l'aile, lorsqu'elle est dans l'état de repos, une bande transversale : enfin les plus grandes couvertures sont moitié blanches et moitié noires ; ces deux couleurs se divisent obliquement ; les pennes primaires sont totalement noires : cette teinte termine les secondaires qu'un blanc grisâtre colore entierement ; les pennes de la queue sont coupées carrément à leur extrémité, et ont de longueur treize à quinze pouces ; de longues plumes couvrent les jambes ; les pieds sont bruns et très-forts ; les ongles emoussés et noirs ; le bec est de cette dernière couleur, terminé de blanc, et très-peu crochu : l'iris d'un roux brun ; les narines sont cachées dans un enfoncement qui est à la base du bec ; quand les ailes sont couchées le long du corps, le dos paroît tout blanc, quoiqu'il soit noir, parce qu'alors les couvertures le recouvrent en entier. La femelle ne diffère guere qu'en ce qu'elle est un peu plus petite.

Cette description indique un individu d'un plumage plus parfait que celui décrit par le Père Feuillée. (*Voyez* CONDOR) Ses couleurs ont des rapports avec une des variétés du *roi des vautours ;* mais on ne peut les confondre avec cet oiseau, quoiqu'il ait, ainsi que lui, une sorte de couronne, puisque ses ailes et sa queue ont beaucoup plus de longueur ; en outre, il est d'une taille bien superieure, et ses jambes sont couvertes de plumes longues, tandis qu'elles sont courtes dans l'autre.

Le VAUTOUR DORÉ. Buffon s'est mépris en donnant ce *vautour*, qui est le *gypaète* des Alpes, pour une simple variété du *griffon*, puisqu'on a reconnu que c'est une espéce distincte. C'est aux excellentes observations de M. de Lapeyrouse que nous devons cette distinction : avant lui, cet oiseau n'étoit indiqué par les ornithologistes que très-confusément, sur la foi de Gesner. *Voyez* GYPAÈTE DES ALPES.

Le VAUTOUR D'EGYPTE (*Vultur percnopterus*, var. Lath.). L'ornithologiste anglais trouve que ce *vautour* a de l'analogie avec le *vautour percnoptère*, puisqu'il en fait une variété ; Mauduyt le décrit dans l'*Encyc. méth.* sous le nom de *sacre d'Egypte*, d'après la dénomination que lui a imposée Belon ; mais il avoue qu'on doit plutôt le rayer de cette famille pour le ranger dans celle des *vautours*. Sonnini lui trouve beaucoup de rapports avec le *petit vautour* ou le *vautour de Norwège*, et de très-marqués avec l'*ourigourap* de Levaillant ; Latham rapporte ce dernier au *petit vautour*, ainsi que son *vautour du Bengale*. En donnant les descriptions de ces *vautours*, nous mettrons le lecteur dans le cas d'apprécier ces différens rapprochemens.

Cette espèce, que les Européens qui fréquentent l'Egypte connoissent sous la dénomination de *poule de Pharaon*, est nommée par les Turcs *akbobas*, c'est-à-dire *père blanc*; les Egyptiens et les Maures l'appellent *rachamah*, noms que l'on a appliqués mal-à-propos à plusieurs oiseaux d'un tout autre genre, comme le *pélican*, la *cigogne*, le *cygne*.

Ce *vautour*, tel que le décrit Brucé (*Voyage en Nubie et en Abyssinie*), a le bec très-fort, très-pointu, et le bout noir, sur la longueur d'environ trois quarts de pouce; le reste est couvert d'une membrane jaune et charnue qui l'enveloppe par-dessus et par-dessous, ainsi que le devant de la tête et le dessous de la gorge, et qui se termine en pointe très-aiguë au bas du cou. Cette membrane très-ridée a le dessous parsemé de quelques poils; les ouvertures des narines sont très-larges, ainsi que les orifices de l'oreille, qui ne sont recouverts par aucune espèce de plumes; depuis le milieu de la tête, où finit la membrane jaune, jusqu'à la queue, le corps est parfaitement blanc; mais les grandes plumes des ailes sont noires et au nombre de six; après celles-là, il y en a trois petites d'un gris de fer et plus claires; elles sont recouvertes par trois autres encore plus petites et semblables par la forme, mais dont la couleur est gris rouillé; les couvertures des grandes plumes des ailes ont le bout gris de fer de la longueur de cinq quarts de pouce, et le reste est parfaitement blanc.

La queue du *rachamah* est fort large et d'abord très-épaisse; mais elle va en diminuant et se termine en pointe, quoiqu'elle ne soit pas composée de grandes pennes et qu'elle ne dépasse pas le bout des ailes de plus d'un demi-pouce; sa cuisse est couverte d'un duvet très-doux jusqu'à la jointure de la jambe; ses jambes sont d'un blanc sale et presque couleur de chair, et elles sont couvertes de tubercules charnus et noirs; ses ongles sont noirs, très-forts et très-crochus. La femelle est brune.

Il cherche sans cesse les charognes les plus puantes; il exhale lui-même une odeur infecte, et dès qu'il est mort, il se putréfie. C'est un crime que de tuer ces oiseaux auprès du Caire.

A ces détails Sonnini ajoute que ces *vautours* ne sont point farouches en Egypte; on les y voit sur les terrasses des maisons, dans les villes les plus populeuses et les plus bruyantes, n'être point inquiets et vivre en toute sécurité au milieu des hommes qui les ménagent et les nourrissent avec soin; ils fréquentent aussi les déserts, et ils y dévorent les cadavres des hommes et des animaux qui périssent dans ces vastes espaces consacrés à la nudité et à la désolation de la plus aride stérilité. Ils ne quittent jamais l'Egypte; on les trouve aussi en Syrie et dans quelques autres contrées de la Turquie; mais ils y sont moins nombreux qu'en Egypte, parce qu'ils n'y jouissent pas des mêmes prérogatives, et qu'une antique considération n'y accompagne pas leur existence; car ils étoient des oiseaux sacrés chez les anciens Egyptiens.... Ils rendent en effet de très-grands services à cette contrée, en partageant avec d'autres oiseaux, également sacrés dans l'antiquité, le soin de la purger des rats et des reptiles qui abondent dans ce pays fécond et limoneux, et en dévorent les cadavres et les immondices qui, sous un ciel brûlant et sur une terre souvent humectée par les inondations du fleuve qui l'arrose, répandroient dans l'atmosphère des exhalaisons malfaisantes. Les campagnes de la Palestine demeureroient incultes et abandonnées, si ces *vautours* ne les débarrassoient d'une quantité prodigieuse de *rats* et de *souris* qui y pullulent.

L'*ourigourap* décrit par Levaillant dans son *Hist. nat. des Oiseaux d'Afrique*, et dont le nom signifie dans la langue des grands Namaquois, *corbeau blanc*, est appelé *hou-goop* par les Hottentots de la colonie du Cap de Bonne-Espérance, et *witte kraai* par les Européens, noms qui ont la même signification de *corbeau blanc*. Quoique cet oiseau ne soit point un *corbeau*, il en a la démarche et le vol, et à-peu-près la même manière de vivre.

Ce *vautour* a le front, le tour des yeux et les joues jusqu'aux oreilles nus et d'une couleur safranée plus vive à la base du bec; la gorge garnie d'un duvet rare et fin, qui laisse appercevoir la peau jaunâtre, ridée et capable d'une grande extension; le haut de sa tête et tout son cou couverts de plumes longues et effilées; le plumage généralement d'un blanc teinté de fauve; les grandes pennes des ailes noires; les moyennes de couleur fauve sur leur côté extérieur, et noirâtre sur l'intérieur; la queue étagée et d'un blanc roux; le bout du bec et les ongles noirâtres; les pieds d'un brun jaunâtre.

La femelle ne diffère du mâle qu'en ce qu'elle est un peu plus grande et que la couleur de la base du bec et celle de la tête sont moins rougeâtres et tirent davantage sur le jaune.

Le jeune a toute la partie nue de la tête et de la gorge couverte d'un duvet grisâtre, et dans la saison des amours, la couleur du bec du mâle est plus rouge que pendant le reste de l'année. La ponte, au rapport des Hottentots, est de trois et quelquefois de quatre œufs.

Les *ourigouraps* ne vivent point en troupes, à moins que quelque proie ne les attire et ne les réunisse; on ne les trouve que par paires; le mâle et la femelle ne se quittent jamais; ils construisent leurs nids dans les rochers.

Ces *vautours* sont rares aux environs du Cap de Bonne-Espérance, très-communs chez les petits Namaquois, et en bien plus grand nombre sur les bords de la rivière d'Orange et chez les grands Namaquois; ils sont peu farouches et se laissent aisément approcher. Les sauvages ne leur font aucun mal, parce qu'ils purgent leurs enceintes des immondices qui s'y trouvent toujours en abondance.

Le *vautour du Bengale* (*Vultur leucocephalus*, var.), figuré pl. 1 du *General synopsis* de Latham, a deux pieds six pouces de longueur; la base du bec couleur de plomb et la pointe noire; l'œil d'un brun foncé; la tête et le cou dénués de plumes, et seulement couverts d'un duvet de couleur brune; mais l'occiput, la gorge et le devant du cou sont totalement nus, d'un brun clair et quelque peu ridés; le bas du cou entouré d'une espèce de fraise composée de plumes courtes; le corps en dessus d'un brun noir, plus pâle sur les ailes; les pennes noires; le dessous du corps d'une teinte plus pâle, et les tiges des plumes blanches ou fauves: les plumes des jambes pareilles; les pieds d'un brun foncé et les ongles noirs.

Le Vautour fauve. *Voyez* Griffon.

Le Vautour de Gingi (*Vultur Ginginianus* Lath.). Nous devons la connoissance de ce *vautour* à Sonnerat, qui l'a décrit dans son *Voyage aux Indes et à la Chine*, tom. 2, pag. 124. Ce naturaliste nous apprend qu'il a la taille d'un *dindon ;* le front, la base du bec, les joues, la gorge, nus, et d'une couleur de chair un peu rougeâtre ; les plumes du derrière de la tête et du cou, longues, étroites et de couleur blanche ; les petites plumes des ailes, le dos, le ventre et la queue de la même couleur ; les grandes plumes des ailes noires ; l'iris rouge ; le bec et les pieds grisâtres.

Si on n'avoit égard, dit Sonnerat, qu'au caractère du bec, on ne pourroit placer cet oiseau dans le genre des *vautours ;* car son bec ressemble absolument à celui du *dindon ;* aussi les habitans de la côte de Coromandel, n'ayant égard qu'à cette forme, lui ont donné le nom de *dindon sauvage ;* mais il a tous les autres caractères du *vautour ;* les narines découvertes ; la base du bec couverte d'une peau nue ; l'espace qui est entre les narines et les yeux, garni d'un petit duvet qui ressemble à du poil.

Ce *vautour* a le vol rapide et léger, mais, ainsi que les autres, il est d'une insatiable gloutonnerie et sans courage ; il aime aussi beaucoup les reptiles ; il se tient presque toujours seul dans des endroits marécageux, et sur quelque terre, d'où il guette sa proie.

Une autre espèce de *vautour*, dont on parle dans les *Essais philosophiques sur les mœurs de divers oiseaux étrangers*, se trouve aussi dans les mêmes contrées. Le mâle a le plumage marbré de brun, et la femelle de gris de fer ; la tête et la moitié du cou sont nues, ridées, couvertes de tubercules d'un jaune rougeâtre, avec des poils entre chacune. On voit souvent ces *vautours* se rassembler en troupes de vingt à trente pour dévorer les animaux morts.

Le grand Vautour. *Voyez* Vautour proprement dit.

Le grand Vautour cendré. *Voyez* Vautour proprement dit.

Le grand Vautour des Indes (*Vultur Indicus* Lath.). Grosseur de l'*oie ;* tête couverte d'un petit duvet séparé, qui ressemble à du poil ; cou très-long à proportion du corps, garni de distance en distance de plumes très-fines, placées par petits paquets ; plumes de la poitrine, courtes, rudes et pareilles à un poil ras ; celles du bas du cou en arrière longues, étroites, terminées en pointe et d'un roux presque mordoré ; petites plumes des ailes, celles du dos et du croupion couleur de terre d'ombre, terminées par une bande d'une couleur beaucoup plus claire ; grandes pennes des ailes et de la queue noires ; iris rouge ; bec et pieds noirs.

Ces *vautours* très-voraces se tiennent pendant le jour sur les bords de la mer, pour prendre les poissons morts que les vagues jettent sur le rivage ; ils vivent généralement de chairs corrompues et déterrent les cadavres ; ils ont le vol lourd, quoiqu'ils aient les ailes fortes. (Sonnerat, *Voyage aux Indes et à la Chine*, pl. 105.)

Ces grands *vautours* des Indes ont la vue très-perçante et le sens de l'odorat exquis ; ils se rassemblent avec une promptitude remarquable dans les lieux où les hommes se dévouent à la mort et au carnage ; il en est de même lorsqu'un animal tombe mort ; il se présente à l'instant quelques *vautours* que l'on n'avoit point apperçus auparavant dans le voisinage ; de sorte que dans l'Inde ces oiseaux passent pour être doués d'un instinct prophétique, par lequel ils pressentent les combats, et sont avertis de la mort des animaux.

Le Vautour huppé. *Voyez* Vautour a aigrettes.

Le Vautour des Indes (*Voyez* le grand Vautour des Indes) ; c'est aussi dans Albin le nom du Roi des Vautours. *Voyez* ce mot.

Le Vautour jaune. *Voyez* Griffon.

Le Vautour jota. *Voyez* Jota.

Le Vautour aux lièvres. *Voyez* Vautour a aigrettes.

Le Vautour de Malte (*Vultur fuscus* Lath., pl. enl. 427.) est le *vautour brun* de Brisson ; sa grosseur est un peu supérieure à celle du *faisan ;* sa longueur de deux pieds et ses ailes pliées s'étendent jusqu'aux trois quarts de sa queue ; le dessus de la tête est couvert d'un duvet brun, et le cou revêtu de plumes étroites d'un brun noirâtre ; le reste du plumage d'une nuance de brun plus foncée et variée de quelques taches blanches sur les couvertures des ailes ; cette couleur termine trois ou quatre des grandes pennes, et est maculée de brun ; le bec est noir ; les pieds sont jaunâtres et les ongles noirâtres.

M. de Lapeyrouse fait mention de ce *vautour* sous le nom de *vilain ;* il a été vu sur les Pyrénées et quelquefois à Malte. Il est, suivant Sonnini, de la même espèce que celui d'Egypte.

Le Vautour moine (*Vultur monachus*). Ce *vautour*, ainsi désigné par Linnæus, à cause de l'espèce de capuchon formé par le long duvet de sa tête, a été donné par ce naturaliste et plusieurs autres comme espèce distincte du *vautour* proprement dit ; Lapeyrouse et Sonnini le rapportent à ce dernier : Levaillant l'a encore décrit et fait figurer dans ses *Oiseaux d'Afrique*, sous le nom de Chincou (*Voyez* ce mot.), et le donne pour un oiseau de la Chine ; cependant, dit Latham, on doit en douter, puisque c'est le même que le *vautour moine* de Linnæus ; le *vautour d'Arabie* de Brisson est l'individu figuré dans Edwards, pl. 290. Cette figure a donné lieu à la méprise de ceux qui en font une espèce distincte, en ce qu'elle représente la tête de l'oiseau chargée d'une espèce de callosité, tandis que dans la description du même auteur il est seulement question d'une huppe.

Le Vautour noir (*Vultur niger* Lath.). Buffon a fait une méprise en désignant ce *vautour* comme une variété du *griffon ;* mais c'est avec raison qu'il le rapporte au *vautour* proprement dit, dans l'article du Vautour a aigrettes ; puisque Belon, qui, le premier l'a indiqué, ne le sépare pas du *cendré*, qui est le *vautour commun ;* de plus, un excellent observateur, Picot Lapeyrouse, est du même sentiment. Brisson et Latham en font une espèce distincte.

Ce *vautour* est totalement noir, excepté sur les ailes et la queue qui sont brunes ; les pieds sont couverts de plumes jusqu'aux doigts, et sa taille égale celle du *vautour doré.* Latham.

Le Vautour de Norwège. *Voyez* Petit Vautour.

Le Vautour oricou. *Voyez* Oricou.

Le Vautour ourigourap. *Voyez* Vautour d'Égypte.

Le **Vautour papa**. *Voy.* Roi des Vautours, au mot Vautour.

Le **Vautour percnoptère** (*Vultur percnopterus* Lath. , pl. enl.
n°. 426.). Cette espèce que l'on voit en troupes nombreuses sur les Alpes
et les Pyrénées, les abandonne pendant l'hiver ; il paroît qu'elle est aussi
répandue en Afrique, puisque Levaillant dit l'avoir vue au Cap de
Bonne-Espérance sur la montagne de la Table, qu'elle ne quitte que
dans les grandes tempêtes du sud-est ; Sonnini l'a aussi rencontrée en
Égypte et dans le Levant, où les Turcs et les Grecs font grand cas de
sa graisse ; ils s'en servent comme d'un excellent topique pour appaiser les douleurs du rhumatisme. Son nom en grec moderne est
skania : celui de *percnoptère ,* tiré du grec ancien, a été adopté par
Buffon, pour le distinguer de tous les autres : les Catalans l'appellent
trencalos.

Ce *vautour ,* dit Aristote. a tous les vices de l'*aigle,* sans avoir aucune
de ses bonnes qualités, se laissant chasser et battre par les *corbeaux ,*
étant paresseux à la chasse, pesant au vol, toujours criant, lamen-
tant, toujours affamé et cherchant les cadavres. Outre cela, cet oiseau
d'une vilaine figure et mal proportionné, est dégoûtant par l'écoulement continuel d'une humeur qui sort de ses narines et de deux
autres trous qu'il a dans le bec , par lesquels s'écoule la salive.
Son jabot est proéminent, et lorsqu'il est à terre , il a, comme la
plupart des autres, l'habitude de tenir les ailes étendues.

Le mâle a trois pieds deux pouces de longueur et huit pieds d'envergure ; la femelle a six pouces de plus, et son envergure est de
neuf pieds. L'un et l'autre sont de couleur différente ; le mâle est
blanc et la femelle brune, mais seulement dans l'état d'adulte ; les
pennes des ailes et celles de la queue sont noires ; la tête est alongée ;
les yeux sont petits ; la tête et le cou, dégarnis de plumes, sont couverts d'un duvet ras, épais et très - blanc, au travers duquel l'on
apperçoit la couleur bleuâtre de la peau ; le duvet du jabot est brun,
encadré de blanc ; une espèce de cravate, composée de plumes longues, étroites et un peu roides, entoure le bas du cou ; les pieds
sont nus et d'un gris plombé.

Les jeunes sont d'une couleur pâle , tachetés de jaune et de brun
en dessus et jaunâtres en dessous.

Le **Petit Vautour** (*Vultur leucocephalus* Lath., pl. enl., n° 449.).
Buffon rapporte à cette espèce le *vautour à tête blanche* de Brisson ;
cependant il y a quelque différence entre ces deux oiseaux. Le dernier a le bec bleuâtre, terminé de noir ; l'iris d'un rouge sombre ; la
taille d'un grand *coq ;* le corps fuligineux, taché de couleur marron ;
la tête et le cou blancs avec des lignes brunes ; les pennes des ailes
moitié blanches, moitié noirâtres ; la queue blanche à la base, ensuite
brune, et blanchâtre à la pointe ; les pieds couverts de plumes d'un
jaune foncé.

Celui de Buffon, nommé dans la pl. enl. *vautour de Norwège,* varie
en ce que la tête et le cou sont dénués de plumes et d'une couleur
rougeâtre ; le corps presque entièrement blanc, excepté les pennes
qui sont noires ; le bec jaune, et noir à la pointe ; les pieds sont blancs,
et les ongles noirs.

Buffon lui rapporte encore le **Vautour d'Égypte** ; mais les autres naturalistes en font une espèce distincte. (*Voyez* ce mot.) Enfin nous devons à M. de Lapeyrouse de nouveaux renseignemens sur le *petit vautour*, qui paroissent assez précis pour distinguer cette espèce de toutes les autres.

Ce *vautour*, qu'on appelle *alimoche* dans le haut Cominges, a deux pieds deux pouces de longueur; cinq pieds d'envergure; le plumage d'un blanc sale mêlé de brun; les grandes pennes des ailes noires, les autres couleur de suie; la tête nue, jaune et parsemée d'un duvet blanc fort peu épais; le bec long de deux pouces et demi et de couleur de corne; une protubérance nue sur l'estomac de couleur de safran, ainsi que la membrane de la base du bec; les pieds nus, cendrés; les jambes déliées et plus longues que dans les autres espèces de *vautours*.

L'*alimoche* s'accommode de toute espèce de nourriture; il fait la guerre aux *lapins*, aux *rats*, aux petits oiseaux et même à la volaille; il vit en société avec les autres *vautours*, et, comme eux, se nourrit de charogne; il semble même renchérir en quelque sorte sur ces congénères, car il a une prédilection marquée pour les excrémens des hommes.

Cette espèce habite le sommet des hautes montagnes de l'Europe, les Alpes et les Pyrénées, au moins durant l'été; on le prend quelquefois à son passage au printemps, dans les plaines de nos contrées méridionales.

Le VAUTOUR PLAINTIF (*Vultur plancus* Lath. ; *Falco plancus* Linn., édit. 13.). Cet oiseau ayant la peau des joues, du tour des yeux et du devant du cou dénuée de plumes, Latham a trouvé ce caractère suffisant pour en faire un *vautour;* mais d'autres naturalistes trouvent que quelques places nues de la tête n'offrent point un rapprochement assez complet, lorsque d'autres caractères plus décidés s'y opposent.

Au reste, c'est au capitaine Cook que l'on doit la connoissance de cet *aigle* ou *vautour;* il l'a trouvé sur les rochers de la Terre-de-Feu, dans son second voyage autour du monde.

Sa tête est surmontée d'une huppe noire qui se courbe en arrière; un jaune orangé colore la peau nue des côtés de la tête, celle qui recouvre le bec presque jusqu'à sa pointe, et les pieds; des raies brunes en ondes se font remarquer sur la teinte grise du dessus du corps et de la poitrine; le dessous du corps est noir; les pennes des ailes sont brunes, à l'exception des quatre premières qui sont blanches, ainsi que celles de la queue, avec des bandes transversales, et leur extrémité est noire; le bec est de cette dernière couleur à sa pointe, et la longueur totale de l'oiseau est de vingt-cinq pouces.

Sonnini rapporte à cette espèce un *aigle* des îles Moluques, dont parle Dom Pernetty dans son *Voyage aux îles Malouines*. Voyez son édition de l'*Hist. nat. de Buffon*.

Le ROI DES VAUTOURS (*Vultur papa* Lath., pl. enl., n° 428.). Ce ne peut être d'après une taille et une force supérieure à celles des autres *vautours*, que les Européens ont donné à celui-ci le titre de *roi*, puisqu'il en est de plus forts et de plus grands que lui. Seroit-ce d'après sa beauté, car en effet il est le plus beau de tous, ou ne seroit-ce

pas plutôt son espèce de crête dentelée qui lui auroit mérité cette qua-
lification? caractère qui l'a distingué jusqu'à présent de tous les oiseaux
de son genre, dont la tête entière est privée de toute protubérance
saillante. Mais il ne seroit plus le seul, puisque depuis peu Latham
a décrit et fait figurer dans le second Suppl. *to the general Synopsis
of Birds*, un individu qu'il donne pour un *condor*, dont la tête est
aussi parée de cette espèce de diadème. (*Voyez* ci-dessus VAUTOUR
CONDOR.) Au reste, nous ne pouvons qu'hasarder des conjectures,
puisque personne ne paroît instruit des motifs qui ont décidé à lui
donner cette dénomination, plus convenable que le nom latin *papa*,
francisé depuis peu pour l'appliquer à un *vautour*.

Le *roi des vautours*, ou des *zopilotes*, comme l'appelle Navarette
(*Voyez Recueil des Voyages*, par Purchasse.), ou *roi des tzopilotes*,
nom que les Mexicains donnent à un *vautour*, ou enfin *roi des courou-
mons*, dénomination qu'il porte à Cayenne, a deux pieds deux à trois
pouces de longueur, depuis le bout du bec jusqu'à celui des pieds ou
de la queue, et de la grosseur d'un dindon femelle ; ses ailes sont moins
grandes à proportion que celles des autres *vautours*, et sa queue n'a
guère que huit pouces de long ; le bec est assez fort et épais, d'abord
droit et direct, et seulement crochu au bout ; des individus l'ont entièrement rouge, dans d'autres il ne l'est qu'à son extrémité et noir
dans son milieu ; la base du bec est environnée et couverte d'une
peau de couleur orangée, large et s'élevant de chaque côté jusqu'au
haut de la tête ; les narines, de forme oblongue, sont placées dans
cette peau, qui s'élève sur le front comme une crête dentelée, mobile,
et qui tombe indifféremment d'un côté ou de l'autre, selon le mouvement de la tête que fait l'oiseau ; une peau rouge écarlate entoure les
yeux, et l'iris est d'un gris de perle ; la tête et le cou sont dénués de
plumes, et couverts d'une peau de couleur de chair sur le haut de la
tête, d'un rouge vif sur le derrière, et plus terne sur le devant ; une
petite touffe de duvet noir s'élève au-dessous du derrière de la tête ;
une peau ridée de couleur brunâtre, mêlée de bleu et de rouge dans
sa partie postérieure, en sort, et s'étend de chaque côté sous la gorge ;
cette peau est rayée de petites lignes de duvet noir, et une tache d'un
pourpre brun se fait remarquer entre le bec et les yeux ; il y a sur
chaque côté de la partie supérieure du haut du cou une petite ligne
longitudinale de duvet noir, et l'espace contenu entre ces deux lignes
est d'un jaune terne ; les côtés du haut du cou sont d'une couleur
rouge, qui se change en descendant par nuances en jaune ; au-dessous
de la partie nue du cou est une espèce de fraise, formée par des
plumes douces assez longues et d'un cendré foncé ; ce collier, qui
entoure le cou entier et descend sur la poitrine, est assez ample pour
que l'oiseau puisse, en se resserrant, y cacher son cou et partie de sa
tête, comme dans un capuchon ; les plumes de la poitrine, du ventre,
des cuisses, des jambes et celles du dessous de la queue sont blanches
et teintes d'un peu d'aurore ; celles du croupion et du dessus de la
queue sont blanches dans des individus, noires dans d'autres ; les
pennes des ailes et de la queue sont de cette dernière couleur ; les
pieds et les ongles d'un blanc sale ou jaunâtres ; d'autres ont les ongles
noirâtres ou rougeâtres, et tous les ont fort courts et peu crochus.

On trouve dans cette espèce plusieurs variétés, probablement de sexe ou d'âge : les unes ont le dessus du corps de couleur cendrée-plombée foncée, et chaque plume est bordée d'une nuance plus claire ; les pennes des ailes d'un brun-noir, et les couvertures mélangées de blanc et de brun-noirâtre : d'autres ont le plumage en entier de cette dernière couleur. Mauduyt soupçonne que ce sont des jeunes.

Ce *vautour* est commun dans les contrées méridionales de l'Amérique. On le trouve au Pérou, à la Guiane et au Mexique : mais il ne faut pas le confondre avec le *cosquauhtli* de Hernandez, décrit par Laët, qui a les plumes noires par tout le corps, excepté au cou et autour de la poitrine où elles sont d'un noir-rougissant ; les ailes noires et mêlées de couleur cendrée, pourpre et fauve au reste ; les ongles sont recourbés ; le bec semblable au *papagais*, rouge au bout ; les trous des narines ouverts ; les yeux noirs ; les prunelles fauves : les paupières de couleur rouge, et le front d'un rouge de sang et rempli de plusieurs rides, lesquelles il fronce et ouvre à la façon des *coqs d'Inde*, où il y a quelque peu de poil crépu comme celui des nègres ; la queue est semblable à celle d'un *aigle*, noire dessus et cendrée dessous. Cette description de Laët ne convient point au *roi des vautours*, mais à l'*urubu* qui se trouve aussi au Mexique.

On trouve aussi ces *vautours* à la Floride, mais ils n'y paroissent guère que lorsque les plaines ont été brûlées soit par le tonnerre ou par le fait des Indiens qui mettent le feu aux herbes pour faire lever le gibier. On les voit alors arriver de fort loin, ils se rassemblent de tous côtés, s'approchent par degrés des plaines en feu, et descendent sur la terre encore couverte de cendres chaudes ; ils ramassent les *serpens* grillés, les *grenouilles*, les *lézards*, et en remplissent leur ample jabot. Il est alors aisé de les tuer ; ils sont si occupés de leur repas, qu'ils bravent tout danger et ne s'épouvantent de rien. Les Creeks ou Muscogulges, font leur étendard royal avec les plumes de la queue de cet oiseau auxquelles ils donnent un nom qui signifie *queue d'aigle*. Ils portent cet étendard quand ils vont à la guerre ; mais alors ils peignent une bande rouge entre les taches brunes. Dans les négociations et autres occasions pacifiques, ils le portent neuf, propre et blanc. (*Voyage dans les parties sud de l'Amérique septentrionale*, par William Bartram.)

Le roi des vautours vit, comme les autres, de proie morte, et n'attaque que les animaux les plus foibles, comme *rats*, *lézards*, *serpens* ; il se nourrit même des excrémens des animaux et des hommes : aussi, exhale-t-il une très-mauvaise odeur, et si tenace, qu'elle ne se perd pas même au bout de plus de vingt ans que la peau est desséchée.

Nota. On a mis par méprise le nom d'*urubu* à la pl. enl. citée ci-dessus ; c'est à celui de la pl. enl. n° 182 (*le vautour du Brésil*), qu'appartient ce nom.

Le V**AUTOUR ROYAL DE** P**ONDICHÉRY** (*Vultur Ponticerianus* Lath.). Sonnerat est encore le premier qui ait décrit ce vautour ; il lui donne la taille d'une très-grosse *oie* ; le bec court et très-crochu ; la base du bec couverte d'une peau nue ; les pieds courts et forts ; les ongles crochus : la tête et le cou nus, et en partie couverts d'un petit duvet ; le front plat ; la tête très-grosse ; une membrane fort mince sur le cou dénuée de plumes, d'une couleur rouge qui commence au-dessous des oreilles, s'élargit en s'arrondissant dans le milieu et s'étend jusqu'au bas du cou ; la tête, le cou et la poitrine de couleur de chair ; le derrière de la tête et l'espace entre les narines et les yeux, garnis d'un petit duvet ; le cou en devant et la poitrine aussi garnis de distance en distance de petites plumes fines de la même couleur, et placées par petits paquets ; le dos, le ventre, les ailes et la queue noirs ; l'iris rouge ; le bec noir et les pieds jaunes. (*Voyage aux Indes et à la Chine*, pl. 104.)

Cette espèce se trouve à Pondichéry et dans les contrées voisines.

Le VAUTOUR A TÊTE BLANCHE. *Voyez* PETIT VAUTOUR. (VIEILL.)

VAUTOUR DES AGNEAUX. *Voyez* GYPAÈTE DES ALPES. (S.)

VAUTOUR (GRAND) LANIER. C'est, dans Frisch, le *busard des marais*. Il est inutile de prévenir que cette dénomination est impropre, cet oiseau n'ayant point les caractères des *vautours*. Voyez BUSARD. (S.)

VAUTOUR LANIER MOYEN, dénomination mal-à-propos appliquée, par Frisch, au HARPAYE. *Voyez* ce mot. (S.)

VAUTOUR A PIEDS VELUS ou A CULOTTE DE PLUMES. Par cette dénomination composée, Frisch a désigné le FAUCON A TÊTE BLANCHE. *Voyez* ce mot. (S.)

VAUTOUR DES QUADRUPÈDES, dénomination donnée au *glouton*, à cause de sa voracité. *Voyez* GLOUTON. (S.)

VAUTOUR ROUGE ou COULEUR DE BRIQUE, est, dans Rzaczynsky (*Amt. Hist. nat. Pol.*), le même que le GRIFFON. *Voyez* ce mot. (S.)

VAUTOUR A TÊTE BLANCHE (*Vultur abicilla*). Othon Fabricius a désigné, par cette dénomination, le *pygargue*, parce que cet oiseau de proie a le front nu entre les yeux et les narines (*Fauna Groënlandica*); mais cet attribut ne suffit pas pour que l'on assimile le *pygargue* aux *vautours*, dont la tête entière est nue, ainsi qu'une partie du cou, et qui d'ailleurs diffèrent en beaucoup d'autres points du PYGARGUE. *Voyez* ce mot. (S.)

VAUTRAIT (*vénerie*), chasse des bêtes noires. L'équipage entretenu pour cette chasse se nomme aussi *vautrait*. (S.)

VAUTROT. *Voyez* GEAI. (VIEILL.)

VEAU, petit de la *vache* et du *taureau*. Voyez l'article de la VACHE. (S.)

VEAU MARIN, nom donné, par les navigateurs, au *phoque commun*. Voyez le mot PHOQUE. (S.)

VEAU DE MER. *Voyez* VEAU MARIN. (S.)

VEBÈRE, *Webera*, nom donné par Gmelin au MÉLIER d'Aublet. *Voyez* ce mot.

Schréber a donné le même nom à un autre genre de la pentandrie monogynie, qui offre pour caractère un calice très-petit à cinq divisions; une corolle monopétale à cinq divisions contournées; un ovaire supérieur à style élevé et à stigmate en massue.

Le fruit est une baie à deux loges monospermes.

Ce genre contient trois espèces, dont l'une est la RONDELÉTIE ASIATIQUE de Linnæus, qui est sans épines, dont les feuilles sont oblongues, aiguës, et les fleurs en corymbes terminaux. C'est un arbrisseau de l'Inde, figuré pl. 25 du second volume de Rhéède. *Voyez* au mot RONDELÉTIE.

L'autre est la VÉBÈRE TÉTRANDRE, qui est épineuse, dont les feuilles sont arrondies, les fleurs tétrandres, et forment de petits bouquets axillaires. C'est un arbrisseau qui a été décrit par Lamarck sous le nom de *cauti*, et par Burman sous celui de *gmeline*. Il croît sur la côte de Coromandel.

Enfin, Bridel a encore appelé de même un genre de la famille des MOUSSES, dont le caractère consiste à avoir des fleurs hermaphrodites; le péristome externe à seize dents acérées, et l'interne formé d'une membrane plissée en carène et munie de cils. Il a pour tipe le *bry penché* de Gmelin. *Voyez* au mot BRY et au mot MOUSSE. (B.)

VEDÈLE, *Wedelia*, genre de plantes établi par Jacquin aux dépens des *polymnies* de Linnæus. Il diffère de ce dernier genre, parce que ses semences sont aigrettées. *Voyez* au mot POLYMNIE. (B.)

VÉGÉTAL, VÉGÉTAUX, corps vivans non susceptibles de changer de place à volonté.

Nous considérons dans le *végétal*, 1°. les propriétés physiques, *forme*, *hauteur*, *périmètre*, *couleur*, et, pénétrant dans sa structure interne, nous examinerons la texture de l'épiderme, de l'écorce et de ses parties; 2°. celles du *liber*, de l'*aubier*, du *bois*, des *fibres*, des *vaisseaux propres*, *séveux*, *aériens*, du *canal médullaire* et ses *expansions*. Nous éclairant de l'observation et de l'étude de ces parties, nous arriverons naturellement aux fonctions des *végétaux*, telles que la *lignification*, l'*irritabilité*, la *sensibilité*, la *circulation*, la *respiration*, la *digestion*, la *nutrition*, les *sécrétions*, la *génération*; ces fonctions examinées, nous mettrons le *végétal* en contact avec tous les corps simples ou indécomposés qu'on appelle *élémentaires*, la *lumière*, le *calorique*, l'*oxigène*, l'*azote*, l'*hydrogène*, le *carbone*, les *terres*, les *sels*, les *substances âcres, irritantes, stupéfiantes*, et nous déduirons des phénomènes que nous présentera cette manière neuve de traiter ce beau sujet, des considérations utiles sur la pathologie végétale et la physique des plantes, pour éclairer, autant qu'il nous sera possible, les diverses parties de l'agriculture : nous tâcherons de démontrer aussi que la physique des *végétaux* est liée aux plus grands phénomènes de la nature, et que son étude approfondie donne la démonstration des vérités les plus utiles aux progrès des sciences naturelles.

§. I. Végétal considéré dans ses attributions particulières.

Propriétés physiques.

Nous ne pourrions écrire longuement sur les formes extérieures des plantes, ni sur leur structure intime, sans répéter ce que nous avons dit au mot Arbre, que nous avons traité dans ses rapports avec la physique générale ; de même que si nous eussions parlé de l'ensemble des *végétaux*, parce que nous avons pensé que dans un ouvrage destiné aux gens du monde, il falloit que le mot *arbre*, qui renferme la section la plus majestueuse des corps vivans non locomobiles, présentât de l'intérêt, et offrît quelques sujets de méditation sur les caractères de bien public que les grands *végétaux* offrent, dans l'état actuel des forêts, chez les peuples civilisés. Nous y renvoyons donc, ainsi qu'aux mots Fleurs, Feuilles, Graines, Semences, pour les détails anatomiques des diverses parties végétales. Les faits que nous avons consignés dans ces articles, aidés des travaux et des expériences des physiologistes des plantes qui nous ont précédés dans cette vaste et féconde carrière, éclairés par les recherches plus récentes de Saussure, de Sénébier, de Desfontaines, ou guidés par des travaux qui sont propres à mon frère *Henri* Tollard et à moi : ces faits, dis-je, doivent être connus de quiconque veut remonter à la source des phénomènes que présentent les fonctions végétales que nous allons examiner.

§. II. Des fonctions végétales.

On appelle *fonctions* l'exercice libre et facile de toute partie animée. L'ensemble des fonctions bien exécutées constitue la vie et la santé ; toute circonstance qui les augmente ou qui les diminue, donne lieu à l'état de maladie.

Nous ne nous occuperons ici que des fonctions se faisant bien, c'est-à-dire *opportunes*, pour constituer l'état de santé parfaite, ayant traité au mot ARBRE les fonctions lésées, c'est-à-dire les maladies des *végétaux*, que nous avons considérées d'une manière concise et analytique, autant qu'il nous a été possible. Nous y renvoyons encore le lecteur qui desire connoître l'histoire plus complète du *végétal*.

Nous aurions peut-être dû réduire les fonctions végétales à un moins grand nombre, parce que les phénomènes de la vie des plantes sont moins compliqués que dans les animaux : toutefois nous tâcherons de démontrer que les êtres végétaux possèdent toutes les fonctions des animaux, mais moins énergiquement, parce que leur organisation est *moins compliquée*.

En disant que les plantes possèdent, dans les proportions nécessaires à leur existence, toutes les fonctions de l'animal, ce n'est pas dire qu'elles en partagent aucune *faculté*; car celles-ci supposent une volonté, et les fonctions sont passives dans tous les corps vivans, animaux et plantes, c'est-à-dire indépendantes de la volonté. La volonté est l'apanage de l'homme; l'instinct seulement a été donné aux *bêtes* et aux *végétaux*.

Première fonction. Irritabilité.

L'*irritabilité* est une propriété de la fibre végétale, par laquelle elle se contracte sur elle-même, à la manière de la fibre animale touchée par un corps quelconque, comme on le remarque dans la *sensitive* (*mimosa pudica*) lorsqu'on la touche. Cette propriété se fait appercevoir même sans aucun contact, si ce n'est celui de la lumière, qui occasionne des mouvemens dans diverses parties végétales, comme le redressement des feuilles au lever du soleil. L'irritabilité végétale ne sauroit être niée d'après les phénomènes végétaux analogues à ce qu'on appelle *irritabilité* dans les corps animaux. Elle est beaucoup plus marquée dans certaines plantes que dans d'autres; elle est sur-tout remarquable dans l'*hedisarum girans*, le *cactus opuntia*, le *cistus helianthemum*, l'*amarillis formosissima*, &c. Elle est plus ou moins manifeste, non-seulement selon les espèces de plantes, mais encore selon les diverses parties d'un même *végétal*; elle existe par-tout, comme le prouve l'immersion d'eau froide sur une plante, dont toutes les parties se resserrent et prennent du ton. On fait cette expérience en ôtant en automne beaucoup de feuilles à une plante pour faire cesser ainsi sa végétation, et l'arrosant d'eau très-froide long-temps avant les froids, on l'habitue à contracter sa fibre et à ne pas geler, quoique abandonnée à elle-même, et sans cette précaution elle eût gelé. L'irritabilité est plus prononcée dans les organes de la fructification et à l'axe des feuilles qu'ailleurs.

Deuxième fonction. Sensibilité végétale.

On ne peut, en physiologie, admettre de correspondance d'action agréable ou pénible que par l'intermède des nerfs, et il semble d'abord que les *végétaux* qui en paroissent dépourvus, ne soient susceptibles d'aucune sensibilité ; cependant, si on considère que, dans les animaux, une foule de correspondances sympathiques ont lieu, sur-tout dans l'état pathologique, sans qu'on apperçoive les nerfs qui en sont conducteurs, on concevra que des phénomènes analogues peuvent avoir lieu dans les plantes dans un degré proportionné à leur susceptibilité, à leur capacité de sentir, de percevoir les impressions des objets extérieurs.

On ne refusera point d'admettre que les *végétaux* ne sont qu'une continuité de la chaîne qui lie tous les corps vivans ; ils jouissent donc des propriétés des autres corps organisés dans les proportions nécessaires à leur existence et à leur mode de vie.

J'appelle *sensibilité* la propriété de sentir, d'être affecté par les corps extérieurs sans que le corps sensible qui reçoit l'impression en raisonne l'effet : considérées sous ce point de vue, les plantes sentent, car ici sentir n'est pas juger, mais seulement percevoir. Lorsqu'une plante éprouve le besoin de la lumière, et qu'on la voit reverdir dès qu'elle est exposée à son action, n'est-ce pas le *stimulus* que le fluide lumineux exerce sur elle qui produit cet effet, et ne peut-on pas appeler *sentiment* cet irrésistible besoin qui la porte à le rechercher ? Lorsque la *sensitive*, arrosée avec une dissolution d'*opium*, perd tout mouvement, n'est-ce pas un sentiment éteint ? Enfin, lorsqu'on voit une foule de matières agir d'une manière différente sur la même plante, n'est-ce pas dans celle-ci autant de modes différens de sentir ? Mais à quel phénomène rapporter l'instinct qui porte les plantes à jeter de longues racines pour traverser un sol stérile, et aller loin de-là chercher une terre plus alimentaire ou à fuir un sol qui leur répugne, si ce n'est à la sensibilité ? Observez qu'on ne voit rien d'analogue dans les corps morts ou dans les minéraux, et que de tels phénomènes ne peuvent se rapporter aux attractions, qui ne s'exercent d'ailleurs que sur les corps privés de la vie ; il est vrai de dire que cette sorte de sensibilité, que nous supposons exister dans les *végétaux*, est quelquefois plus marquée en eux que la sensibilité de certains animaux, qui n'ont des attributions animales qu'une organisation très-simple, et dans lesquelles on trouve peu de fonctions, si ce n'est en raisonnant par analogie, tels sont les *oursins*, l'*étoile de mer*, les *polypes*, &c.

Troisième fonction. Respiration.

On peut dire que les plantes respirent, en ce qu'elles inspirent et expirent de l'air comme le font les animaux, mais d'une manière absolument inverse. Les *végétaux* absorbent le gaz acide carbonique et dégagent l'oxigène ; les animaux, au contraire, inspirent l'oxigène et dégagent de l'azote ; c'est par ces respirations éternelles, animales et végétales, que les deux grandes séries de corps organisés (*animaux* et *plantes*) se suffisent et concourent à leur vie mutuelle ; tel est au moins le résultat des expériences de Hales et d'Ingenhouz ; mais j'ai modifié ces propositions, fort du sentiment et des expériences de Spallanzani. *Voyez* à ce sujet le mot ARBRE.

Toutes les substances animales à l'état aériforme servent à la respiration végétale ; le gaz acide carbonique y joue le plus beau rôle, et des physiciens d'une grande autorité pensent qu'il est exclusif dans cette fonction. J'ai tenté de démontrer ailleurs que l'azote étoit aussi décomposée dans les feuilles (*poumons végétaux*), car on ne peut concevoir la nutrition végétale sur les hauteurs, où le gaz acide carbonique manque nécessairement, à cause de sa pesanteur spécifique, sans y faire concourir l'azote.

Quatrième fonction. Circulation.

La respiration suppose la circulation. L'air porté dans toutes les parties végétales y resserre les tubes végétaux, et les force ainsi à mouvoir les fluides qu'ils renferment. La circulation suppose elle-même des vaisseaux, et ceux-ci supposent des fluides qui les parcourent. *Voyez* au mot ARBRE l'histoire des vaisseaux, et au mot SÈVE celle des fluides.

Il n'y a pas de circulation totale dans les plantes, mais seulement deux mouvemens de fluides, le mouvement d'ascension de la sève montante, et le mouvement de la sève descendante : la circulation montante a sa source dans la terre, et l'autre circulation prend sa source dans l'humidité atmosphérique ; dans la première, les fluides sont aspirés par les racines ; dans la seconde ils sont aspirés de l'air par les feuilles.

Le mécanisme de ces deux phénomènes et les forces qui déterminent ce mouvement de fluides, sont encore inexpliqués, si ce n'est de dire que les fluides végétaux sont absorbés et charriés par une force vitale inconnue, inhérente à la plante.

Lorsque le célèbre Harvey eut confirmé la circulation du sang (déjà soupçonnée par Hippocrate), les physiologistes des plantes tentèrent de découvrir des phénomènes analogues dans les *végétaux*, et plusieurs supposèrent l'existence des valvules pour empêcher le retour des fluides; ils crurent appercevoir aussi des *anastomoses* entre les vaisseaux de la sève montante et ceux de la sève descendante, comme on en voit aux extrémités des artères et aux radicules des veines dans les animaux.

La circulation végétale diffère de la circulation animale, en ce que, dans la première, elle est entière, part et revient à la même source, tandis que dans la deuxième elle est partielle et a deux sources; il n'y a pas de circulation proprement dite dans les *végétaux*, mais seulement deux mouvemens des fluides, et ces mouvemens diffèrent encore selon les familles des plantes.

Cinquième fonction. Digestion.

Les sucs de la terre aspirés par les racines, et les fluides de l'atmosphère imbibés par les feuilles, sont digérés dans les utricules végétaux; là ils subissent des changemens de forme pour devenir alimentaires; l'eau se décompose et y fixe son hydrogène pour former les huiles et les résines; le gaz acide carbonique et d'autres substances s'y décomposent aussi et laissent du carbone qui forme le bois. L'oxigène, séparé de l'eau et de l'acide carbonique, s'échappe et va purifier l'air. Mais pour bien entendre ces combinaisons vitales, il faut savoir que l'eau est décomposable, et connoître la chimie végétale.

Les *végétaux* digèrent l'eau, l'acide carbonique, et beaucoup d'autres substances pour en composer des corps qu'on trouve en eux, soit qu'ils s'en échappent ou qu'ils proviennent de leur analyse, comme les sels, les gommes, le carbone, l'or, &c.

Sixième fonction. Nutrition.

La nutrition végétale est le produit de l'action des ENGRAIS. *Voyez* ce mot.

Les engrais sont les alimens végétaux, et ceux-ci sont d'autant mieux nourris que la digestion est plus complète;

les circonstances les plus favorables à la digestion, sont l'air libre et la lumière solaire.

Pour jeter plus de jour et mieux coordonner les idées sur la nutrition végétale, il faut parler de deux considérations importantes ; 1°. la susceptibilité ou force assimilatrice de chaque plante ; 2°. l'action des engrais ou alimens, et diviser ceux-ci en *engrais stimulans permanens*, dont l'action durable se fait longuement sentir ; telles sont certaines substances animales et végétales, quelques terres, les marnes, &c. ; en *engrais stimulans diffusibles*, dont l'action momentanée accélère la végétation d'une manière plus prompte, et tue les plantes, si elle est continuée dans de trop fortes proportions. Tels sont les sels de toutes espèces, les matières sur-oxigénées. Ces distinctions n'ont point encore été établies en physiologie végétale. J'en développerai les conséquences lorsque j'aurai terminé des expériences commencées à ce sujet.

Les seules substances qui proviennent des corps organisés nourrissent les plantes ; la terre n'est alimentaire pour les *végétaux* que par les débris qu'elle contient des corps qui ont vécu. Toute substance métallique répugne à l'estomac des plantes, et lorsque la sève y en fait pénétrer une, elles périssent. Les émanations métalliques suffisent pour les tuer ; exemple, les mines cachées sous une terre quelconque, qu'on sait être pour cela même frappée de stérilité.

Les terres chimiques pures seules n'ont aucune action sur la fibre végétale. Elles ne nourrissent pas les plantes. *Voyez*, pour les diverses périodes de la nutrition végétale, le mot ARBRE.

Septième fonction. Lignification.

Cette fonction est une conséquence nécessaire de la précédente. Le bois se forme, comme nous l'avons dit, avec le carbone que la digestion sépare des engrais, et que la nutrition assimile et dépose dans les moules organiques préexistans dans les *végétaux*. La *lignification* est d'autant plus complète que la nutrition a plus long-temps exercé son action, et que les parois des cellules du *moule organique* résistent davantage. *Voyez* au mot ARBRE, *accroissement des tiges*.

Huitième fonction. Sécrétions et Excrétions.

Les sécrétions végétales s'observent dans les divers phénomènes de la nutrition et de la digestion ; elles se remarquent encore dans les glandes qui sécrètent et excrètent diverses substances, selon les espèces et les parties végétales. Nous avons vu les feuilles sécréter l'oxigène. Les glandes du *citron* sécrètent l'essence du citron ; celles de l'*ortie* sécrètent l'humeur âcre qui produit un prurit ardent lorsqu'on touche cette plante.

Neuvième fonction. Génération.

Je n'ai point en vue d'énoncer ici les diverses hypothèses sur la *génération*. On peut consulter sur ce sujet le savant article de Virey. Je me bornerai seulement à esquisser les divers modes de reproduction et les principaux phénomènes qui les accompagnent.

La reproduction étant le but essentiel de la nature dans les corps organisés, toutes les forces vitales concourent d'une manière très-active à l'accomplir. Lorsque toutes les parties de la plante sont développées, ce n'est que l'appareil des nôces des plantes : la fécondation opérée, tout se flétrit, la vitalité de chaque partie refoule vers la semence pour la perfectionner, et celle-ci mûre, la plante meurt, parce que ses destins sont accomplis. La fonction de la reproduction est la plus constante et la plus indépendante des maladies des végétaux. Plus les plantes souffrent, et plus elles produisent de semences. Fatiguez un végétal par des *torsions* ou par un mauvais sol, il fera un dernier effort pour se jeter en fleurs et en semences, et assurer la propagation ultérieure de son espèce. Dans les années sèches, les tiges des céréales sont courtes, mais l'épi est long et ses bales sont pleines de semences ; mais cet empire de reproduction est une loi applicable même aux animaux, et on peut dire que tous les corps organisés sont d'autant plus avides de se reproduire, qu'ils touchent davantage à leur fin, et sur-tout à la mort accidentelle.

Les phénomènes dont la génération s'accompagne ont été décrits au mot BOTANIQUE, en parlant du système sexuel ; et pour ne pas me répéter ici, je renvoie le lecteur à ce que j'ai dit aux articles PISTIL et OVAIRE, en traitant le mot ARBRE. Il nous reste à considérer les divers modes de reproduction ; savoir : 1°. la *génération par semence* ; 2°. la *génération par gemmes.*

Génération par Semence.

Il est démontré que la seule manière d'obtenir des individus qui procèdent de toutes les attributions de l'espèce primitive, est le moyen des *semis* ; la raison en est que la semence est un œuf fécondé jouissant des influences séminales qui donnent par-tout le caractère de la force. La théorie et l'expérience étayent cette proposition, ainsi que j'ai tenté de le démontrer ailleurs. *Voyez* SEMIS.

VEG

Génération par Gemmes.

Cette sorte de reproduction est secondaire dans les *végétaux* ; c'est une branche mise en terre, séparée ou non séparée de la plante (*boutures* et *marcottes*). Le besoin toujours pressant de la reproduction sollicite les germes de sortir de l'écorce et de se dérouler pour former un autre végétal ; mais comme ces germes n'ont point été frappés par les influences séminales, ils produisent des plantes d'une fibre moins serrée, plus molle, et elles ne possèdent d'ailleurs plus la propriété de donner des semences fécondes ; aussi ce mode de reproduction ne convient-il qu'aux plantes qu'on veut conserver dans un état de dégradation, comme les fleurs doubles, les fruits agréables à manger, les légumes, et tout autre végétal modifié par la main industrieuse du cultivateur.

§. III.

Après avoir considéré le *végétal* dans toute la plénitude de la vie, jouissant de ses fonctions, il nous reste à le considérer en contact avec les divers corps qui l'environnent ; car si les fonctions supposent la vie, celle-ci suppose l'action des corps extérieurs pour la produire.

Végétaux exposés à la lumière.

La lumière est indispensable à la vie végétale ; toute plante qui en est privée s'étiole, blanchit et meurt. Ce sont les diverses modifications qu'on fait subir à l'action de la lumière sur les *vegétaux* qui déterminent en eux la maladie appelée *pléthore végétale*, qui les attendrit et augmente leur volume en même temps qu'elle diminue leur saveur, et les amène ainsi à l'état de *plantes potagères* ; exemple, les feuilles des *laitues* liées, le *cardon* qu'on fait blanchir à l'ombre, et la *chicorée amère*, qui s'étiole en longues feuilles blanches qui prennent le nom de *barbe de capucin.*

La *fibre végétale* est d'autant plus robuste, et les *végétaux* sont d'autant plus résineux, qu'ils perçoivent un plus grand nombre de rayons solaires. La lumière favorise la digestion végétale, et celle-ci ne se fait pas à l'ombre, car les *végétaux* exposés au soleil sécrètent de l'oxigène, et à l'ombre ils rejettent les gaz impurs, tels qu'ils les ont expirés.

Végétal en contact avec divers gaz simples et composés.

Une plante mise en contact avec l'oxigène, avec le gaz azote, avec le gaz acide carbonique, meurt ; avec une partie de gaz acide carbonique sur une d'air atmosphérique , les plantes périssent aussi ; avec vingt-cinq parties de ce gaz , elles vivent foiblement ; avec huit , elles végètent avec force.

Il résulte de ces expériences faites par M. de Saussure , que la végétation la plus forte est celle qui a lieu dans une terre tenant en dissolution de l'eau saturée d'acide carbonique , et dans une atmosphère chargée de ce gaz ; la pratique confirme ces résultats. La végétation est très-belle dans le voisinage des excavations et des grottes souterraines qui contiennent le gaz acide carbonique fixé là par sa pesanteur relative. Pour faire jeter plus promptement des racines aux branches des diverses plantes qu'on multiplie par boutures , il faut les placer sous une cloche dont l'air intérieur soit méphitisé avec le gaz acide carbonique dans la proportion de six à dix parties sur cent d'air atmosphérique; j'ai l'expérience qu'en modifiant ainsi l'air environnant ces boutures, elles réussissent plus facilement. Il faut aussi les garantir de la trop vive action de la lumière. J'ai fait enraciner des boutures des bois durs par ce procédé.

Il est souvent superflu de décanter du gaz acide carbonique sur les boutures; il suffit de leur ôter toute communication avec l'air extérieur , pour que celui qui se forme du terreau végétal dans lequel elles sont plantées , ne s'échappe pas. J'ai néanmoins éprouvé qu'il étoit avantageux de verser ce gaz dans la cloche par une ouverture supérieure pratiquée à ce dessein. On détermine encore le développement des racines des jeunes boutures en les arrosant d'eau saturée de gaz acide carbonique.

Les *végétaux* exposés aux émanations impures de toutes espèces , végètent mieux que dans l'air atmosphérique. Ces différences se remarquent sur le même *végétal*. Observez un arbre planté sur le bord d'un fumier , et vous verrez les rameaux dont les feuilles aspirent les émanations stercorales , plus robustes que ceux qui se portent du côté opposé.

Les *végétaux* qui aspirent et vivent le plus d'émanations impures , dégagent plus d'air pur ou oxigéné que les autres plantes. Il résulte de là la nécessité de planter des arbres dans les villes , les villages , et dans tous les lieux dont l'air est vicié par la respiration , les excrétions et désorganisations animales , puisque l'oxigène est le seul gaz qui puisse faire vivre l'homme et les bêtes , d'où naissent ces émanations impures, lesquelles seules peuvent aussi faire vivre les plantes ;

ainsi s'établit une dépendance mutuelle et réciproque entre les corps animaux et végétaux.

Végétal avec l'eau pure.

Une plante mise dans l'eau distillée et le sable lavé, végète et s'accroît en tout sens, sans que le sable diminue. L'eau seule la nourrit dans cette circonstance ; en se décomposant elle lui fournit les matériaux de sa structure ; ainsi l'eau se décompose et crée le bois, les gommes, les résines, le fer, les sels et l'or, qu'on trouve à l'analyse d'une plante nourrie de cette manière. Cette vérité prouve toute l'importance des grands réservoirs d'eau par tout pays cultivé, et toute l'utilité des irrigations, pour que l'agriculture triomphe de la mauvaise qualité et de l'aridité du sol. La terre n'est que le point d'appui des plantes, et celles-ci peuvent vivre et accomplir toute leur destinée avec de l'eau et des gaz. Si la plante attire quelques principes fixes, végétaux et animaux, c'est sans doute un bienfait pour elle, puisque ce sont des matières assimilées à son organisation ; mais ce n'est pas une nécessité, l'eau seule pouvant la nourrir.

Végétal avec les substances salines.

Les substances salines sont utiles dans les mélanges de terres ; elles excitent les racines, et le *stimulus* se propageant jusqu'aux parties supérieures de la plante, lui donne du ton. Il faut modérer les doses de sel pour fertiliser les terres, et calculer aussi la qualité du sol ; le sel commun et le plâtre conviennent dans les terres compactes, froides et visqueuses : on connoît les effets merveilleux de la *poudrette* (*stercor hominis*) sur la végétation, et cet effet se rapporte aux sels que cette matière desséchée contient. Pline avoit dit que cet engrais étoit le plus puissant de tous ; mais la substance saline dont l'effet est le plus marqué sur les plantes, est l'acide muriatique oxigéné (*esprit de sel*). L'emploi des substances salines réclame des soins, car, mêlées à la terre à trop fortes doses, elles corrodent ou brûlent le tissu végétal. On sait que les anciens saloient les terres de leurs ennemis dans l'intention de condamner le sol à la stérilité, et d'en bannir les peuples.

Végétal avec les terres chimiques pures.

Ces terres n'agissent sur la plante que dans l'état de combinaison saline ou savonneuse ; états qui constituent le *plâtre* et les *marnes*.

Végétal avec les métaux.

Les émanations métalliques pures n'ont aucune action sur la fibre ; mais les métaux oxidés ou portés à l'état de sels métalliques, tuent les plantes.

Végétal avec les fluides aqueux colorés.

Ces fluides s'élèvent dans les *végétaux*, parcourent leurs tubes, signalent leurs traces, et servent à l'étude de la physiologie végétale sans nuire aux plantes.

Végétal avec les matières narcotiques.

Arrosez la *sensitive* (*mimosa pudica*) et l'*hedisarum girans* avec une dissolution aqueuse d'opium pendant long-temps, ces plantes perdront leur sensibilité.

Végétal en contact avec les matières fétides et odorantes.

Une eau légèrement aromatique et servant à l'arrosement continuelle d'une plante, lui communique son odeur, de même qu'une plante élevée dans un sol fétide, les racines sur-tout, ont une saveur analogue à celle de ce sol ; exemple, les *pommes-de-terre* cultivées aux environs de Paris, dans le voisinage des voiries, et toutes les autres racines poussées à la végétation à forme de fumier. Mais pour que ces effets s'apperçoivent, il faut que les matières odorantes soient mêlées aux terres en très-grande proportion, et que les *végétaux* soient d'un tissu très-mol, car nous avons vu que le propre des *végétaux* étoit de se nourrir de ces matières impures.

Végétal mort. Analyse chimique.

Analyse par la voie humide. On obtient le muqueux, des matières colorantes, des extraits, des gommes, des résines, des huiles, des acides, de l'amidon, un *squelette continu dans toutes ses parties, et non articulé.*

Analyse par la voie sèche. On réduit par cette dernière analyse tous les produits obtenus par la voie humide en quatre principes élémentaires, savoir, l'*hydrogène*, l'*oxigène*, le *gaz acide carbonique*, un peu d'*azote* ; il reste un résidu composé de substances indécomposables, telles que les *sels fixes*, des *terres, des métaux*, la *soude*, la *potasse*, la *silice*, la *chaux*, le *fer*, l'*or*, &c.

§. IV. *VÉGÉTAL CONSIDÉRÉ DANS SES RAPPORTS AVEC LES ANIMAUX.*

Les anciens ont divisé tous les corps de la nature en trois règnes : *minéraux*, *végétaux* et *animaux*. Les minéraux croissent, a dit Linnæus, *crescunt* ; les végétaux *croissent et vivent*, *crescunt et vivunt* ; les animaux croissent, vivent et sentent, *crescunt, vivunt et sentiunt* ; mais ces divisions qui remontent au temps d'Aristote, ne peuvent être considérées que comme caractères secondaires, car les *végétaux* sentent, perçoivent, ont des appétences, et doivent être considérés comme faisant suite à la série des corps organisés animaux, dont ils ne sont qu'une modification. Les modernes ont donc divisé tous les corps naturels en deux grandes séries, connues sous les titres généraux de *corps organisés ou vivans et de corps inorganisés ou privés du mouvement vital.* Les *corps organisés* se distinguent par trois grands caractères, dont l'ensemble constitue la vie animale et végétale. Ces caractères sont : la *sensibilité*, la *caloricité* et la *motilité*, dont les foyers principaux sont pour les animaux, le *cerveau*, le *cœur*, les *poumons*, l'*estomac* ; pour les végétaux, les *feuilles*, le *collet des racines*, les *fleurs*, les *nœuds* et *articulations des feuilles*, ainsi que j'ai tenté de le démontrer ailleurs.

Il résulte de ces trois grands caractères les fonctions suivantes, communes à tous les êtres organisés : 1°. *l'absorption* ; 2°. *la circulation totale ou partielle* ; 3°. *les sécrétions* ; 4°. *la génération* ; 5°. *la nutrition.* Les corps inorganisés ne jouissent d'aucunes de ces propriétés : ils sont caractérisés par, 1°. *la force d'attraction* ; 2°. *la juxtaposition* ; 3°. *le retour à un état primitif.* Telles sont les différences les plus tranchées qui séparent les deux divisions des corps de la nature, considérés sous un point de vue général.

Examinons maintenant chacun de ces caractères avec plus de détails. En commençant par les corps vivans ou organisés, dont la mort donna successivement naissance aux corps privés de la vie ou inorganisés, comme le démontrent l'histoire naturelle souterraine et les grandes catastrophes dont la terre a été le théâtre. 1°. On appelle *sensibilité*, la faculté dont jouissent les corps d'être affectés par d'autres corps ; et on appelle *sentimentalité*, le produit ou l'exercice de cette faculté. La sensibilité est plus caractérisée dans les animaux que dans les plantes, où la sentimentalité ne paroît exister que sous le mode connu en physique animée sous le nom d'*irritabilité contractible organique insensible*, ce qui, pour le dire en passant, étaye l'opinion des modernes, qui pensent que l'irritabilité hallérienne n'est qu'une modification, n'est qu'un autre mode d'action de la sensibilité. 2°. La *caloricité*, en procédant analytiquement dans l'étude de l'animation d'un être, on voit qu'après la faculté de sentir ou susceptibilité de vivre, la caloricité se développe.

La caloricité est la propriété inhérente aux seuls corps organiques, d'entretenir en eux par l'action chimique et vitale de la respiration et de la digestion, une chaleur supérieure à celle des corps qui les environnent : cette propriété bien reconnue dans les animaux a été constatée aux plantes par des physiciens, dont l'auto-

rité eût prévalu, sans des expériences qui démontrent qu'en introduisant la boule d'un thermomètre dans un arbre, on reconnoît
qu'il existe en lui une chaleur supérieure à celle des corps qui l'environnent. Mais je suppose que l'expérience ne soit point encore
venue nous éclairer sur ce sujet. Le raisonnement ne nous porte-
roit-il pas à croire que les *végétaux* ont une caloricité supérieure
à celle des corps qui les environnent? l'uniformité de la nature seroit violée, a dit l'immortel Buffon, si ayant accordé à tous les animaux un degré de chaleur supérieur à celui des corps inorganisés, elle
l'avoit refusé aux *végétaux*, qui, comme les animaux, vivent. L'épiderme seul pourroit-il empêcher les fluides qui coulent dans l'écorce
qui le recouvre de geler? Les boutons pourroient-ils croître l'hiver,
et leur production molle et délicate supporter trente degrés de froid
dans le nord et vingt dans le climat de la France? l'enveloppe mince
qui les recouvre pourroit-elle, quoiqu'elle soit le plus souvent enduite d'une matière visqueuse et indissoluble dans l'eau; ces enveloppes, dis-je, si multipliées qu'on les suppose, pourroient-elles empêcher le gel des bourgeons, s'il n'y avoit dans les plants une chaleur supérieure à celle de l'atmosphère?

Ce n'est plus un problème à résoudre que de savoir si les plantes
ont une chaleur propre, l'observation et l'expérience ont décidé
l'affirmative. Mais si son existence est prouvée, on varie encore sur
l'explication de sa cause. Cherchons à la découvrir : il seroit inutile
de la chercher dans la décomposition de l'eau et de l'acide carbonique, absorbés par les feuilles et les racines, et décomposés ensuite
dans les filières végétales, puique ces phénomènes qu'on peut comparer à la décomposition des gaz dans la respiration animale, ne
pouvant s'observer en hiver sur des plantes, qui, dépourvues de
feuilles ont cependant une chaleur supérieure à celle des corps qui
les environnent; ainsi ce n'est pas dans la respiration végétale qu'il
faut chercher la cause de ce phénomène dans l'hiver, quoiqu'il soit
vrai de dire que dans cette saison le mouvement vital des plantes ait
toujours une certaine activité qui fait croître les racines et développer les bourgeons.

Une foule de phénomènes donnent l'explication de la chaleur des
plantes.

1°. La couleur sombre des plantes et leur qualité résineuse étant
le moyen dont se sert la nature pour leur combiner la lumière et
le calorique, on conçoit pourquoi le *végétal* est chaud, tandis que le
marbre est froid; la raison en est, que les corps huileux et résineux
ont une puisssance réfringente beaucoup plus considérable que les
corps inertes, selon les observations de Newton, et que par conséquent les *végétaux* qui seuls contiennent l'huile et la résine, absorbent plus de calorique et de lumière que les autres corps : maintenant si on considère que les substances résineuses sont mauvais conducteurs du calorique, on aura une cause suffisante de la chaleur
végétale.

2°. Le carbone étant *mauvais conducteur* du calorique et les plantes
en contenant beaucoup, sur-tout dans les parties extérieures, comme

l'épiderme , on trouve encore ici une cause de la chaleur dans les *végétaux.*

5°. La chaleur intérieure de la terre étant plus marquée en hiver que celle de l'atmosphère, facilite l'ascension des fluides , et entretient un mouvement organique qui produit de la chaleur.

Tels sont les principaux argumens énoncés par les physiciens en faveur de la chaleur des plantes : cherchons dans la cohésion vitale une autre cause de la chaleur des plantes ; l'arrangement de la fibre organique ; le reploiement de tant de vaisseaux dont toutes les parties vivantes sont composées ; cette trame indéfinie de fibres et de tubes que nous ne saurions poursuivre sans la rompre , ne peut-elle pas s'opposer jusqu'à un certain point à la dissipation du calorique et à l'action pénétrante des corps extérieurs ? mais cette cinquième considération rentre dans la première et la deuxième ; car si le tissu organique s'oppose à la dissipation du calorique , c'est à cause des corps résineux et carbonneux qui entrent dans sa composition. Si nous ajoutons à ces dispositions de tissu et de composition organiques , l'action active et non interrompue du principe qui anime les plantes dans toutes les saisons, nous aurons des raisons suffisantes de croire à la caloricité des *végétaux.*

Examinons maintenant le troisième caractère des corps organisés. Je veux dire la *motilité.*

La *motilité* résulte naturellement de la sensibilité et de la caloricité ; c'est la faculté de se locomouvoir en totalité, comme font les animaux ; ou partiellement, comme on l'observe dans les bras des *végétaux* qui s'agitent, tandis que les racines restent constamment attachées au sol.

Tels sont les trois grands caractères qui différencient les êtres organisés des minéraux. Je passe aux corps inertes.

Les corps inorganiques ou minéraux se reconnoissent à un seul caractère qu'on ne trouve pas dans les corps vivans ; c'est la cristallisation, selon l'attraction newtonienne, que l'action vitale ne balance pas en eux comme elle le fait dans les corps organisés : ce sont sans doute ces forces vitales , ces forces d'attraction , qui , luttant sans cesse dans les corps vivans, ont fait dire à BROWN *que la vie étoit un état violent et forcé.*

Tous les caractères que nous avons énoncés pour établir une différence entre les corps naturels , peuvent se réduire à deux. 1°. *Forme cristalline* pour les corps inorganisés. 2°. *Structure fibreuse et vasculaire* pour les corps organisés ; c'est sur ces deux bases que reposent toutes les vérités , toutes les hypothèses de la physique animée.

Si nous considérons maintenant le mode d'accroissement, on voit que les corps organisés croissent de l'extérieur à l'intérieur, car leur accroissement se fait par juxta-position de parties similaires qui viennent successivement s'adapter , selon les loix de l'affinité aux formes cristallines primitives qui se sous-divisent par l'imagination jusqu'au-delà des sens, selon les recherches des modernes qui ne sont que la démonstration de cet adage de l'antiquité, *simile venit ad simile :* axiome, qui, dans les écrits d'Hippocrate et d'Aristote, peignoit l'idée que ces pères des sciences avoient de l'accroissement de tous les corps de la nature inertes ou vivans.

Les corps organisés, au contraire, croissent de l'intérieur à l'extérieur, ainsi que la nutrition va nous le démontrer.

Soit qu'on dise avec Buffon qui a imité sur ce beau sujet les *homéoméries* d'Anaxagore, que les molécules organiques se combinent, s'arrangent de telle manière qu'elles forment un tout animé, quand elles se trouvent dans des circonstances favorables ; soit qu'on dise avec le métaphysicien Bonnet, ou qu'on partage les belles et ingénieuses hypothèses de Spallanzani ; soit, dis-je, que l'être animé, avant d'arriver à la vie, existe par molécules qui prennent par l'acte de la fécondation végétale et animale, les formes et les attributions des corps vivans, ou que ces êtres préexistent entiers avant la fécondation, et que, disséminés dans l'espace, ou emboîtés les uns dans les autres dans les ovaires végétaux et animaux, lesquels, par l'acte de l'évolution, les déroulent, les élèvent à la vie quand la force séminale ou d'autres circonstances viennent les stimuler : quelle que soit, dis-je, la valeur de ces hypothèses, il résulte pour nous, au sortir de ces explications métaphysiques, que l'être organisé se compose de fibres primitives qu'on doit considérer comme un ouvrage à réseau, lesquelles se distendent par la nutrition jusqu'au terme de leur distension et de leur capacité naturelles, pour former l'être animé jouissant de toutes les attributions de la vie. Mais l'action vitale continuant, la force assimilatrice continue nécessairement ; les matériaux de la vie s'accumulent, se compriment dans des fibres qui ne peuvent plus se distendre : alors cés fibres et les parties nutritives qu'elles renferment, se solidifient et prennent la consistance osseuse ou ligneuse, et produisent enfin la mort qui doit être considérée comme un effet nécessaire et inévitable de la marche successive et non interrompue de la nutrition. *Omnis progressio in qua non est causa aliqua ad regressum necessario finitur.* Voyez le mot Arbre.

Telle est l'explication de la proposition que j'ai émise, que les corps vivans croissent de l'intérieur à l'extérieur, par assimilation successive des sucs nutritifs, et par la distension progressive de tubes végétaux et animaux, tandis que les corps inorganisés, soumis à l'attraction newtonienne, croissent de l'extérieur à l'intérieur selon les loix de la cristallisation.

Après avoir considéré les différences de texture, les différences d'organisation et de nutrition des corps de la nature, jetons un coup d'œil sur les différences qu'ils offrent vus chimiquement.

Dans les corps inertes ou privés du mouvement organique, la chimie opère l'analyse et la synthèse ; elle décompose et recompose ; elle réunit par les procédés de nos laboratoires, la partie des corps qu'elle avoit désunis ; souvent elle crée de nouveaux composés qu'on ne trouve pas dans la nature, en combinant ensemble, par les affinités électives et complexes des corps mixtes, ternaires, quaternaires, etc., qui participent dans de justes proportions des qualités primitives des élémens qui les composent ou qui en acquièrent de nouvelles. De plus, ces corps privés du mouvement organique, obéissent tous aux affinités particulières, pour former des masses qui obéissent elles-mêmes à l'attraction universelle , sans qu'aucune force intérieure s'y oppose , sans qu'une force vitale balance ces loix d'attraction. Dans les corps organisés ou vivans, la chimie décompose, disons plutôt qu'elle détruit, qu'elle désorganise , et qu'elle calcule et apprécie d'une manière exacte les produits qui s'échappent des débris de l'organisation. Jamais elle ne recompose, en ses élémens primitifs, une partie organique la moins compliquée. Une force intérieure, inconnue , inhérente aux corps vivans, ou à leurs parties , arrête par-tout la chimie de nos laboratoires, quand elle veut pénétrer dans la chimie de l'organisation. Deux puissances luttent sans cesse dans les corps vivans , la puissance attractive de Newton et la force vitale ; et s'il paroît étrange de dire avec Brown, que la *vie est un état violent et forcé*, cette définition est au moins extrèmement juste ; car l'action de vivre n'est que la résistance d'une puissance inconnue, qui réside dans les plantes et les animaux , et qui lutte un moment contre les affinités et les attractions qui gouvernent les corps inertes , et établissent l'équilibre et l'harmonie de l'univers. La vie est un instrument dont la nature se sert pour solidifier les fluides aériformes et les fluides aqueux, pour créer les pierres, les terres et les métaux , et tous les autres corps fixes qui se juxta-posent sans cesse à la surface du globe, et se décomposent ensuite par des loix inconnues, pour donner naissance à d'autres corps organisés. Ainsi la nature, vue en grand, n'est qu'une succession continue de naissances et de morts.

Tels sont les traits les plus saillans , les caractères les plus prononcés qui différencient les corps organisés des corps inorganisés. Abandonnons les corps inertes qui ne font pas partie de la tâche que nous avons à remplir dans cet ouvrage ; examinons les différences que présentent entr'eux les corps organisés, *animaux* , *plantes*.

La longue série des corps organisés se sous-divise en deux classes : 1°. l'une est celle des animaux ; 2°. l'autre, celle des végétaux. — Nous avons vu les caractères qui leur sont communs. — La *sensibilité*, la *calorivité* , la *motilité*, et en dernière analyse de structure, la *forme vasculaire*.

Maintenant si nous examinons un animal et une plante en particulier , nous voyons que l'animal marche et que la plante reste attachée au sol. L'un exerce la locomotion , l'autre ne peut l'exécuter. Ces distinctions sont constantes et faciles à sentir : tout ce qu'on leur oppose est susceptible d'une réfutation complète. Ce seroit en vain qu'on opposeroit des *algues* et d'autres plantes cryptogames à cette proposition. Le *nostoc* et tous ses analogues, les *lichens gélatineux* et les nombreuses métamorphoses et les formes variées qu'affectent les *tremelles* dans toutes les périodes de leur existence, prouvent assez que ces productions, véritablement protées, sont moins des plantes que des réceptacles d'animaux microscopiques ; mais nous reviendrons sur ce sujet en parlant de la chaîne immense et non interrompue qui lie les corps de la nature.

Un caractère extrèmement important, et qu'il faut noter avec soin pour différencier les plantes des animaux , est que dans ceux-ci le diamètre des vaisseaux diffère de son volume, tandis que les tubes des végétaux observent le même calibre, quelle que soit la grandeur des plantes. Cette ténuité du système vasculaire retardera toujours les progrès de la physique végétale, et nous forcera peut-être dans les temps, à substituer des hypothèses à la démonstration exacte du mécanisme des mouvemens des fluides végétaux et de leurs fonctions.

Si nous considérons maintenant les corps organisés soumis aux réactifs, aux instrumens de la chimie de nos laboratoires, nous voyons que toutes les parties des animaux fournissent de l'azote, et que les *végétaux* au contraire fournissent de l'oxigène, de l'air vital plus ou moins pur. Telle est la règle qui subit, cependant, des exceptions; mais si quelques plantes dégagent de l'azote, elles ont d'autres caractères qui les éloignent de l'animalité; et si quelques animaux dégagent de l'oxigène, ils ont aussi des caractères suffisans pour les séparer de la végétabilité.

Les sécrétions animales sont fétides, impures, toujours mortelles pour les animaux, et toujours utiles pour les plantes qui s'en nourrissent, et qui purifient l'air atmosphérique par elles. Les sécrétions végétales sont utiles pour les animaux qui absorbent l'oxigène que les plantes aspirent, exposées aux rayons bienfaisans de la lumière solaire.

Il résulte en dernière considération, des différences dans les sécrétions et dans celles que la chimie nous fait connoître, 1°. que les animaux, considérés dans leur ensemble, sont plus azotés, et tendent plus à l'alkalescence ; 2°. que les *végétaux* considérés dans leur ensemble, sont plus oxigénés et tendent à l'accescence.

Quelle est la cause de l'abondance de l'azote dans les animaux qui n'aspirent jamais ce gaz et qui en fournissent cependant une grande quantité à l'analyse chimique ? Nous savons d'où provient l'oxigène si abondant dans les *végétaux* ; mais nous ignorons d'où provient l'azote des animaux. Y a-t-il dans l'économie animale un ordre particulier de vaisseaux azotifères ? Selon le soupçon de Bruguatelli, ces vaisseaux aspirent-ils l'air extérieur par la peau ou le séparent-ils de la masse d'air atmosphérique qui se présente soixante-quinze fois par minute dans les vésicules pulmonaires de l'homme, pour l'entretien de la vie ? Cet azote, à-peu-près aussi abondant dans les *frugivores* que dans les *carnivores*, est-il un produit de la vitalité, qui convertit en gaz les nourritures végétales dont les *herbivores* se nourrissent ? Cette conversion de matières végétales *oxidées* en matières animales *azotées*, explique comment les *végétaux* donnent naissance aux animaux, et comment la mort de ceux-ci explique la formation des minéraux.

Il nous reste maintenant une grande question à examiner. Quel est le point de séparation exacte, ou plutôt quels sont les traits d'union qui lient les plantes aux animaux ? Quel est le point du cercle de la nature où réside le passage des animaux aux plantes ?

Nous avons vu que les mêmes fonctions leur étoient communes, et que les nuances qu'on observe dans la manière d'être de ces fonctions, tenoient peut-être plus à l'insuffisance de nos connoissances qu'à l'organisation animale et végétale. Cherchons à approfondir une question tant de fois agitée, tant de fois combattue et toujours reproduite avec l'intérêt que présentent les grands sujets de la nature. Abordons la question ; le champ des hypothèses qu'elle présente est assez vaste pour que nous puissions nous y promener et disserter avec les naturalistes de tous les temps : *Deus tradidit mundum disputationi-bus*, etc. Arrachons, s'il nous est possible, un fragment du voîle épais qui couvre le sujet dans lequel nous osons entrer. Pénétrons avec les naturalistes de tous les siècles dans le sanctuaire de la nature ; pénétrons-y avec l'assurance qu'inspirent le sentiment du bien public et celui de la gloire. Commençons par cette partie peu connue de l'histoire naturelle organique dont les individus privés de la vie gisent ensevelis et confondus parmi les minéraux. Descendons dans les entrailles de la terre pour y observer la botanique et la zoologie souterraines. Des philosophes de l'antiquité ont prétendu que les matières qu'on appelle *pétrifications animales* ou *végétales*, ne provenoient pas des corps vivans : ils ont pensé que les pétrifications n'étoient que des formes analogues aux formes vivantes que la nature a voulu imprimer aux corps inertes, à l'argile, à la pierre et au carbone. Cette hypothèse, à laquelle il semble d'abord qu'on puisse ployer sa raison, mais qu'un examen attentif rejette, trouve peu de partisans de nos jours ; elle détruit la proposition des naturalistes modernes sur les deux grands caractères que nous avons établis pour différencier les corps vivans des corps inertes, puisque les substances de forme organique qu'on appelle *pétrifications*, se composent de matière inanimée, et n'observent ni la forme vasculaire des corps organisés, ni la forme cristalline des êtres inorganisés. Pourquoi, disent les partisans de cette hypothèse, la nature n'auroit-elle pas imprimé à la matière inerte les formes qu'elle a imprimées à la matière vivante ? Pourquoi supposer que ces masses inertes qu'on trouve dans les entrailles de la terre ayant des formes animales et végétales, proviennent d'êtres dont les analogues vivans n'existent plus ; tandis qu'on peut aussi bien supposer que la nature, extrèmement variée dans ses opérations, a créé des corps inorganiques doués des formes organiques extérieures des êtres vivans, sans jouir cependant de leur attribution, sans jouir des facultés que donne le feu de la vie ?

Nous ne nous attacherons pas à démontrer l'insuffisance de ces argumens, dont l'invraisemblance repose sur l'histoire géologique du globe. Loin de nous une hypothèse combattue par la philosophie ancienne et moderne, imaginée par des esprits excentriques, dont le scepticisme répugne à tout sentiment d'ordre et de régularité dans les œuvres de la nature ! Que ces hommes égarés par un pirrhonisme aveugle, et qui refusent d'admettre que les plantes et les animaux forment les minéraux ; que ces froids contemplateurs de la nature étudient l'histoire naturelle séculaire, et ils pourront alors franchir les bornes étroites d'une ponctualité scrupuleuse, qui rétrécit leur génie et enchaîne leur imagination. Quoi ! ces ossemens entiers, ces débris de l'ossature animale et végétale, les *palmiers*, les *rotans*, les empreintes de *poissons*, les *vers*, les *insectes*, les *conques* si multipliées ; les fruits de tant de formes, qui ont la dureté de la pierre, ne seroient pas les débris de l'organisation ? Je pense le contraire ; et quiconque a médité ce sujet, partage mon sentiment.

Pourquoi les fossiles végétaux qu'on rencontre le plus abondamment dans les entrailles de la terre, appartiennent-ils à la classe des plantes monocotylédones plus souvent qu'à celles dicotylédones ? La dureté, la compacité respective des corps ligneux dans ces deux séries de plantes en donnent-elles une raison suffisante ?

Abandonnons le sombre domaine de la botanique souterraine, pour venir nous délasser à la surface de la terre, dans l'étude et la contemplation de la série immense des plantes cryptogames qui cachent sa nudité en même temps qu'elles la fertilisent. Cherchons à découvrir dans la nombreuse famille des *algues* et des *champignons*, le point d'union des plantes aux animaux ; cherchons dans la chaîne indéfinie des corps naturels le point qui lie les corps organisés locomobiles, aux corps organisés non locomobiles.

Si nous jetons un regard attentif sur les *tremelles* qu'on regarde assez généralement comme des plantes, nous cherchons en vain en elles les attributions de la végétabilité : on n'y distingue aucune organisation vasculeuse ; on ne peut y découvrir les centres de vitalité que nous avons démontré exister dans les plantes ; il n'y a ni fleurs, ni racines, ni feuilles véritables ; un tissu mol et gélatineux les compose ; elles n'affectent aucune forme déterminée ; leur apparition à nos recherches est subordonnée à la circonstance d'un temps humide, qui les distend et nous les fait appercevoir. Enfin toutes les nuances de *tremelles* que Linnæus a décrites comme espèces, observées avec soin, ne paroissent être que le *nostoc*, qui se métamorphose à mesure qu'il vieillit, *ou qu'il change de localités*. Si on observe du *nostoc* dans un lieu bas et dont la surface soit couverte de pierres, on le voit prendre successivement la forme du *tremella lichenoides* de Linnæus, et continuant ses observations, on la voit participant des deux, c'est-à-dire une partie du *nostoc* passée à l'état de *tremella lichenoides* et une autre partie conservant encore sa forme. Enfin on voit le *nostoc* passer successivement aux formes de *lichen gélatineux*, *lichen crispus*, *lichen rupestris*, *tremella verrucosa*, *lichen fascicularis* ; et on observe celles-ci se changer elles-mêmes en d'autres plantes, et le *lichen granulatus*, naître du *lichen crispus*, etc. Le docteur Carradori a déterminé les circonstances favorables à ces métamorphoses, et n'a rien apperçu dans ces productions qui pût indiquer la présence des sexes. Les recherches de cet auteur ont jeté un grand jour sur la matière qu'il a traitée. On peut consulter l'analyse que nous avons donnée de son mémoire dans les *Annales de Chimie*. D'après les recherches du docteur Carradori et les travaux de ceux qui l'ont précédé dans ce vaste champ d'observations, nous sommes portés à rejeter les *tremelles* du domaine des *végétaux*. Les observations du célèbre Adanson qui a vu les filets du *nostoc* éprouver des mouvemens de dilatation et de contraction, celles de Félix Fontana, qui a démontré que ses filamens, ainsi que ceux de l'ergot, étoient de véritables animaux qui meurent et reviennent à la vie par la seule action de l'eau ; les recherches microscopiques de M. l'abbé Corti sur les *tremelles*, dans lesquelles il a vu des animaux faire des efforts pour s'éloigner de l'intérieur et s'arrêter vers les bords ; celles de M. Scherer, qui a observé le même phénomène sur les *tremelles* des eaux chaudes, tendent plus à constater l'animalité du *nostoc* et à le considérer comme une habitation de petits animaux, qu'à le classer parmi les plantes.

J'ai observé beaucoup de *tremelles* dans diverses circonstances, et jamais je n'y ai apperçu de racines ni de semences; j'ai vu ces plantes se mouvoir d'elles-mêmes à mesure que la chaleur solaire les desséchoit ; ce qui me porte à penser qu'il faut considérer ces prétendus *végétaux* comme un produit animal, comme étant l'habitation d'animaux microscopiques qui ont été observés par les ADANSON, les FONTANA, les CORTI, les SCHERER. D'autres considérations concourent encore à me déterminer ; c'est que le *nostoc* analysé chimiquement, fournit tous les produits ammoniacaux de l'animalité, et que plusieurs animaux du monde microscopique, tels que ceux qui habitent les grains ergotés du *seigle*, périssent et reviennent à la vie comme ceux qui habitent les *tremelles*, par la seule immersion de l'eau ou l'exposition à la chaleur solaire.

Avant de sortir de la famille des *algues*, considérons le genre *conferva*, connu dès le temps de Pline qui en fait mention. Plusieurs plantes de ce genre observées dans des vases d'eaux stagnantes dégagent une multitude d'insectes ailés très-petits qui s'élèvent dans l'air en phalanges confuses, et qui périssent peu d'heures après. J'ai mis dans un vase l'eau verdie par les *conferves* naissantes ; j'ai observé le vase pendant un mois plusieurs fois le jour, et j'ai vu des insectes nombreux en sortir à mesure que les *conferves* augmentoient la coloration de l'eau. Enfin les insectes cessèrent de naître, et la *conferve* cessa d'augmenter de volume à la superficie de l'eau.

Quant à la famille des *champignons*, trop peu connue sous les rapports physiologiques et sous le point de vue d'économie rurale, la considération de leur structure indique que ce sont des plantes dont les fonctions diffèrent des autres *végétaux*. Cependant l'électricité qui accélère la germination de toutes les semences végétales et qui hâte la végétation, tue constamment les germes des *champignons* et les *champignons* eux-mêmes nouvellement développés, phénomènes qui tendroient à les rapprocher des animaux, puisque les germes de ceux-ci, les œufs en général, périssent et ne peuvent éclore s'il survient un orage ou si on leur applique une électricité artificielle ; mais des considérations de structure les conservent à l'empire de Flore. *Voyez* CHAMPIGNON.

Il résulte de tout ce qui a été dit, que le passage des plantes aux animaux est insensible pour nos sens grossiers et nos instrumens les plus parfaits. Il seroit peu philosophique de dire qu'il y ait des êtres mixtes, des êtres imparfaits qui, participant des animaux et des plantes, établissent la continuité de la chaîne qui les lie. Une telle proposition détruiroit toutes les idées d'ordre et de régularité dans les opérations de la nature; il ne peut y avoir d'ébauches de corps organisés; tout a sa raison suffisante, a dit Bonnet. Les *tremelles*, les *conferves*, les *champignons*, la série innombrable des animaux que renferment les substances *lithophites* et *zoophites* qui tapissent le fond des eaux, qui nagent à leur surface ou qui sont attachées à la terre, ont toutes leur fin particulière et une perfection nécessaire à leur existence, pour jouer leur rôle et accomplir leur destinée dans le monde.

Il est donc vrai de dire que tous les êtres organisés ont été projetés dans le même moule plus ou moins modifié, selon les formes nécessaires à chacun d'eux, pour établir ainsi l'harmonie du monde animé. Depuis l'*éléphant* énorme jusqu'à l'animal microscopique, vingt-sept millions de fois plus petit qu'un *ciron*; depuis le vieux *cèdre* du Liban dont l'origine s'est effacée de la mémoire des hommes jusqu'à la plus petite plante, on ne voit qu'une modification du premier plan de la nature organisée. Tous les êtres vivans se touchent par des nuances insensibles, et forment une chaîne continue qui lie l'homme, les animaux et les plantes.

Si un examen exact de plusieurs *cryptogames* les sépare de l'empire de Flore, une foule de plantes de la même famille viennent en augmenter la tribu immense. Combien de plantes à peine visibles ou inconnues vivent aux dépens des parties des autres plantes, et les font périr en produisant des maladies de la peau végétale, de la même manière que l'*acarus scabiei*, et une foule d'autres insectes s'attachent au tissu animal pour produire les maladies cutanées ! Tout ce que l'œil apperçoit sur les tiges, sur les feuilles, sur les fruits, et qu'on nomme *taches*, sont autant de plantes différentes qui se multiplient d'autant plus vîte qu'elles sont plus petites, selon une loi constante de la nature, qui leur est commune avec les animaux. Les maladies connues en pathologie végétale sous les noms d'*albigo*, *dicterus*, de *macula rubiginosa*, de *tabes*, de *rubigo cerealium*, d'*ustilago cerealium*, sont dues à une foule de plantes cryptogames, dont la botanique microscopique s'enrichit tous les jours. La *rouille* des blés est l'effet de la présence du *reticularia segetum*; la feuille du *rosa arvensis* nourrit le *mucor rosarum*; le *bouleau* nourrit l'*æcidium betulini*; les feuilles du *charme* nourrissent la *spheria carpini* décrite par Hoffman; la *mousse* nourrit le *peziza glabra*; le *rubus idæus* nourrit l'*ascophora limbiflora*; les calices de la *rose blanche* et la surface inférieure de ses feuilles alimentent l'*ascophora disciflora* de Tode; les feuilles du *cnicus oleraceus* nourrissent le *mucor cniceus*; le *mucor aceri*, qui s'attache au parenchyme des feuilles du *sycomore*, fait périr cet arbre.

Chaque *végétal* a sa plante parasite plus ou moins apparente. Les *végétaux*, ainsi que les animaux, se sous-divisent au-delà du terme de nos sens. L'imagination, qui n'a pas de bornes, les conçoit aussi petits, aussi multipliés que la métaphysique puisse concevoir la divisibilité la plus indéfinie de la matière.

L'atmosphère tient en suspension les semences de plantes cryptogames et les œufs des animaux qui s'attachent et se développent partout; les *lichens* germent sur les pierres, s'y fixent, y enfoncent leurs suçoirs, et solidifient par le mécanisme de la vie les corps aériformes en humus végétal, qui doit servir de matrice à d'autres plantes. J'ai admiré ces phénomènes dans des positions où ces plantes cryptogames inconnues dans nos plaines fécondes commandent l'admiration; j'ai vu sur les Alpes et sur les Apennins la famille immense et indestructible des *lichens* de toutes couleurs, sur-tout les *lichens* de couleur d'ocre et de couleur jaune, que leur ténuité fait confondre au premier regard avec l'oxide de fer que les minéraux contiennent souvent. Il est à remarquer que les *lichens* sont très-peu communs sur les pierres granitiques et siliceuses, sans doute à cause de la plus grande dureté de ces pierres.

C'est ainsi qu'en étudiant l'histoire naturelle des plantes dans ses plus petits détails, le naturaliste, pressant la pensée, se transporte au-delà de tout ce que ses yeux contemplent, ose atteindre dans tous ses points le cercle immense de la nature, et se rendre raison des phénomènes imposans de la fertilité toujours croissante des terres incultes et abandonnées à elles-mêmes; c'est ainsi qu'il conçoit l'accrétion de la terre et la diminution visible des eaux de l'Océan, et la chaleur toujours croissante de la planète que nous habitons, par la solidification des corps aériformes, des corps aqueux.et de la matière de la lumière dans les viscères végétaux, tandis que la vie animale prépare et fournit la terre calcaire que la chimie hypothétique connoît en état de gaz sous le nom d'*azote;* c'est ainsi que, d'après l'examen approfondi de la nutrition et des fonctions de tous les corps vivans, il conçoit que les mines métalliques bitumineuses, schisteuses, proviennent des *végétaux*, et que les carrières granitiques et calcaires proviennent de l'organisation animale.

Il est facile de sentir, d'après ces vues générales des causes finales de l'organisation, que la connoissance de l'histoire naturelle est liée à la métaphysique, car c'est toujours des objets de la nature ou des idées purement sensibles, que l'entendement déduit ses notions les plus abstraites. L'histoire du monde est toute entière dans la moindre molécule animée, et l'étude d'une *mousse* vient nous dévoiler les vérités les plus obscures, parce que l'art d'observer n'est que l'attention appliquée à un objet particulier.

Nous avons vu les *végétaux* jouer le rôle le plus important dans la nature; nous les avons vu augmenter la température atmosphérique, fertiliser la terre, accroître son volume, et resserrer dans des bornes plus étroites les eaux de l'Océan; et nous vous avons suffisamment fait sentir l'importance d'une connoissance exacte de la physiologie végétale, pour éclairer l'agriculture, la médecine, la géologie, l'astronomie et la métaphysique.

Considérons maintenant les corps organiques sous un point de vue plus facile à saisir; considérons-les dans leurs rapports avec nos besoins, avec nos jouissances particulières; examinons-les dans les phénomènes qui lient leur existence à la nôtre, et réciproquement notre vie à la leur. Ce sujet est sans contredit l'un des plus beaux que présente la physiologie végétale: considérons l'analogie, les rapports, les traits de similarité qu'on observe entre la jeune plante nouvellement germée et l'animal qui n'a point encore surgi à la lumière; examinons les fœtus végétaux et animaux, comparés dans leurs modes de nutrition.

C'est un fait démontré, que les semences ne peuvent germer dans les gaz non respirables, comme l'hydrogène, l'azote et les gaz acides carboniques, mais seulement dans un air oxigéné, et l'expérience a démontré que les plantes arrivées à l'âge adulte, dégagent de l'oxigène; ainsi les *végétaux* portent en eux la cause qui doit les faire naître; leurs feuilles stimulées par la lumière solaire, produisent l'oxigène, qui doit être considéré comme la cause efficiente, comme la circonstance nécessaire qui donne à la jeune plante renfermée en petit dans les semences, la faculté de rompre ses entraves tégumenteuses pour s'élever à la vie. D'après cette idée, le *pollen* ou la poussière fécondante seroit la cause de la conception végétale dans les ovaires végétaux, et l'oxigène seroit la cause secondaire de la génération et la seule qui puisse déterminer l'évolution du germe. Ainsi la nature a voulu que les plantes qui dégagent de l'acide carbonique dans l'âge le plus tendre, dégageassent de l'oxigène dans l'âge adulte, parce que jusqu'à cette époque formant des semences, elles avoient besoin de produire aussi un gaz vivifiant pour les faire germer : ainsi l'oxigène que dégagent les plantes a encore un autre but que celui d'entretenir la respiration animale.

Il est digne de remarque, et sans doute très-intéressant pour l'hygiène, que la seule circonstance qui puisse faire vivre les animaux, soit aussi la seule qui puisse faire germer les plantes ; ainsi l'oxigène ôté de la nature, l'organisation cesseroit. Telle est la conséquence qu'une logique sévère doit inférer de l'examen de l'action de l'oxigène sur l'économie animale vivante et sur l'évolution végétale.

Il est à remarquer aussi que les circonstances qui favorisent l'accroissement des plantes dans l'âge adulte, leur deviennent nuisibles dans l'âge le plus tendre. Ainsi la plante qui vient de se dérouler et de s'élever à la lumière, se nourrit dans les premiers momens de sa vie aux dépens du périsperme albumineux de la semence de laquelle l'évolution la fait sortir ; de même que le fœtus se nourrit aux dépens des eaux de l'amnios, dans lesquelles il nage : la très-jeune plante ne peut respirer, et ne peut par conséquent décomposer et s'assimiler les alimens extérieurs des plantes adultes ; de même que le fœtus ne sauroit vivre avec les alimens des adultes.

Mais si les plantes et les animaux présentent quelques traits de similarité dans l'âge tendre, il en est bien autrement dans l'âge adulte, où tout ce qui nuit aux uns est utile aux autres, et réciproquement. Les matières excrémentitielles animales sont l'aliment des plantes, et les matières excrémentitielles végétales sont l'aliment des animaux ; et c'est dans le mode de respiration de ces deux séries de corps que se trouvent les preuves de cette proposition. La respiration animale produit le gaz acide carbonique qui nourrit les plantes, et les feuilles dégagent l'oxigène qui seul peut faire vivre les animaux ; mais il est remarquable que cet oxigène soit doué de la faculté exclusive de produire l'évolution végétale et l'entretien de la vie animale : ainsi on conçoit que les plantes pourroient exister sans les animaux, et que la vie de ceux-ci leur est subordonnée. Mais en poursuivant ce sujet, nous pourrions démontrer de la manière la plus rigoureuse que les plantes sont les êtres les plus importans de la nature ; on verroit les *végétaux* s'assimiler, et digérer les corps aériformes et aqueux, solidifier la matière de la lumière, passer dans les corps animaux, y subir des changemens, devenir la base solide de la charpente animale qui se juxta-pose sans cesse à la surface du globe.

Mais voulons-nous des preuves de ces propositions ? Esquissons quelques phénomènes qui lient les animaux aux plantes, et celles-ci aux animaux.

En général, on peut dire que toutes les circonstances favorables à la nutrition végétale sont défavorables à la nutrition animale ; ainsi les substances charbonnées, les gaz impurs, le gaz acide carbonique, l'hydrogène azoté, sulfuré, carboné, les émanations putrides, animales, les dissolutions impures qui flottent dans l'air, les gaz septiques, les miasmes de toute nature, les substances putréfiées, les matières excrementitielles animales, les substances organiques pourries, tout ce qui imprime un sentiment de dégoût, d'inappétence, tout ce qui répugne aux animaux, doit être considéré comme l'aliment le plus favorable à la vie végétale, et par conséquent comme délétère pour l'homme et les animaux.

Les *végétaux* dégagent de l'oxigène et absorbent le gaz acide carbonique ; tandis qu'au contraire, les animaux absorbent et expirent le gaz acide carbonique, et si on veut modifier cette proposition, qui se déduit d'expériences certaines, il résulte que les uns et les autres périssent : ainsi la vie des plantes est subordonnée à la vie animale, *et vice versâ*. Ces transitions éternelles des corps ou des produits animaux et végétaux les uns dans les autres, établissent une dépendance réciproque entre tous les êtres vivans ; des expériences faites en petit ont prouvé ces faits. Un animal sain et une plante saine, placés dans un vase perméable à la lumière et imperméable à l'air, se sont nourris mutuellement pendant un temps considérable. Le premier, par l'acte de la respiration, vicioit l'air, le combinoit à l'état de gaz acide carbonique, qui l'eût fait périr si le végétal, avide de ce gaz, ne l'eût absorbé et décomposé pour le ramener à l'état d'air respirable pour l'animal, qui le respirant une seconde fois, le dispose de nouveau à devenir le *pabulum* de la vie végétale.

Tels sont les résultats des expériences des Hales, de Bonnet, de Priestley et de Sénebier, sur les sécrétions végétales ; résultats que nous avons voulu présenter, mais qu'une suite d'expériences faites par Saussure fils et par Spallanzani modifient.

Ce n'est, disent ces naturalistes, que lorsque la lumière solaire plane avec intensité sur les *végétaux*, que ceux-ci dégagent de l'oxigène. Les expériences de Spallanzani démontrent que dans la circonstance de l'action des rayons solaires ils en dégagent très-peu, et comme ils n'en dégagent jamais la nuit, ni dans un jour sombre ou pluvieux, et qu'au contraire, il est démontré qu'ils dégagent dans ces circonstances de l'acide carbonique, il résulte, calcul fait, qu'ils fournissent beaucoup plus d'acide carbonique que d'oxigène ; ainsi il faudra chercher ailleurs que dans les plantes la source de l'air vital. Le célèbre naturaliste de l'école de Pavie, dont l'imagination étoit aussi ardente que ses expériences étoient certaines, se demandoit si les eaux de la mer ne se décomposoient pas pour produire l'air vital ; et il avoit entrepris la solution de cette question importante, lorsqu'une mort imprévue vint l'enlever aux sciences et aux lettres.

Toutefois nous devons observer que, quoique des expériences faites par des physiciens célèbres aient établi toutes les propositions et les conclusions que nous venons d'énoncer, on ne doit point encore les considérer comme règles générales, parce que les expériences n'ont été faites que sur quelques *végétaux*, et que les conséquences qu'on en a inférées ne peuvent être proposées comme loix applicables à tous. *Voyez* pour la continuation de ce sujet, les considérations de Henri Tollard mon frère, §. III. (C. TOLLARD aîné.)

§. III. *VÉGÉTAUX CONSIDÉRÉS COMME CRÉATEURS DES MINÉRAUX.*

C'est une proposition généralement admise comme vraie que les corps inorganisés proviennent des corps organisés, animaux ou plantes. L'étude de la nature dans ses éternels effets, a donné lieu aux naturalistes d'établir cette assertion, comme un axiome en histoire naturelle.

La géologie a fourni les hypothèses, sur lesquelles cet axiome se fonde; mais ses preuves reposent plus particulièrement sur les phénomènes subséquens du mouvement organique, sur la nutrition en général.

La fonction importante de la nutrition assimile aux êtres vivans des substances alimentaires fluides et aériformes, qu'un mécanisme vital inconnu transforme et solidifie en substances inertes, qu'on trouve dans la composition organique des plantes et des animaux. Tels sont la *chaux*, le *carbone*, le *fer*, l'*or*, diverses substances salines simples, binaires et ternaires, etc.

Le terme de la vie arrivé, la désorganisation de ces êtres rend à la nature les diverses parties dont ils se composent, soit que ces parties séparées de l'atmosphère ou des alimens n'aient subi aucun changement, ou qu'elles aient été modifiées, composées ou décomposées par les forces vitales.

Cette désorganisation achevée, les substances qui, avant cette analyse spontanée, composoient l'être animé, sont attirées selon les loix des attractions vers leurs analogues, forment la terre que nous habitons et l'espace qui nous environne : ainsi la chaux que l'action vitale prépare plus abondamment, et les diverses substances salines se juxta-posent aux montagnes où on voit tant de traces de destructions animales.

Le carbone forme les mines bitumineuses où on voit encore l'empreinte d'espèces de plantes, dont les pareilles inconnues parmi nous, attestent assez les grandes catastrophes dont la terre a été le théâtre.

Le fer, l'or et les autres métaux sont attirés molécules à molécules vers les masses métalliques pures ou oxydées répandues dans la nature.

L'hydrogène le plus léger des fluides atmosphériques s'élève dans les régions célestes où les anciens philosophes l'ont connu sous le nom d'*éther*. Et là, si une étincelle électrique vient l'allumer, il forme en se combinant à l'oxygène les détonnations qui produisent les pluies d'orages.

L'azote et l'oxygène moins légers que l'hydrogène occupent la région moyenne de l'atmosphère.

Le gaz acide carbonique, le plus pesant de tous, se fixe à la surface de la terre pour la fertiliser; parce qu'il est le *pabulum* de la vie végétale.

C'est ainsi que des débris de l'organisation se composent les êtres inorganisés. Mais, c'est sur-tout dans la composion des montagnes calcaires et des mines charbonneuses qu'il faut observer les eflets de la chimie de la nature, dont le temps et l'espace seuls ont pu nous fournir les résultats. C'est dans l'étude de la botanique et de la zoologie souterraines qu'on trouve la démonstration de cette hypothèse (si toutefois une hypothèse est une démonstration).

D'après ce qui a été dit, il faut admettre cette conséquence, que tous les corps de la nature passent successivement de l'état de tissu vasculaire qui appartient aux seuls corps vivans à celui de cristallisation qui est une attribution exclusive de la matière inerte. Mais cette conséquence trouve sa preuve dans l'observation des diverses époques de l'ossification et de la lignification.

Un tissu mou et vasculaire compose un jeune animal ou une plante, qui, depuis peu de temps, a subi l'évolution. La nutrition remplit peu-à-peu les mailles de ce tissu ; et quand tous les vaisseaux qui la composent sont pleins, la nutrition faisant ses derniers efforts les engorge, les obstrue, les ossifie, les oblitère ; enfin voilà l'être organisé devenu une matière inorganique; ou, en d'autres termes, voilà la mort naturelle. Ainsi tous les efforts de la vie tendent à amener la mort, et celle-ci n'est qu'une conséquence du mouvement des organes.

Il faudroit maintenant à l'appui de ce que je viens d'énoncer sinon des faits plus sensibles, au moins plus démonstratifs, car on peut objecter que les corps inorganisés qu'on trouve dans les corps vivans y ont été portés par les divers canaux de la nutrition. Une telle objection est insoluble, car pour la résoudre complètement, il faudroit voir la nature procéder à la formation du tissu ligneux ou de la trame osseuse ; et ce n'est que par abstraction que nous raisonnons sur la formation des solides vivans ; tout ce que nous savons sur cet objet est hypothétique. Mais quelle science n'a pas ses obscurités? Faut-il donc, parce que la synthèse nous manque pour faire un corps animé, désespérer de connoître jamais les ressorts de la vie ? Ce n'est que par des idées abstraites et en s'élevant par l'imagination au-delà des sens, qu'on peut appercevoir le jeu de l'organisation, ses effets peu sensibles et ses résultats. Toutefois ce sujet n'est peut-être pas entièrement hypothétique ; des expériences ont appris qu'un animal nourri alternativement d'alimens colorés et non colorés, a formé des couches osseuses alternativement blanches et rouges ; or la matière calcaire qui composoit les os ne pouvant être présumée exister antérieurement dans ces alimens, il est démontré ou au moins très-vraisemblable que cette matière a été composée dans les viscères animaux.

Une plante élevée et nourrie dans des vases remplis d'eau distillée seule, a fourni à l'analyse chimique tous les produits fixes, volatils et fluides qu'on retrouve dans la même espèce de plante qui a végété dans la terre. La physique végétale et la chimie expliquent ce phénomène, en disant que l'eau absorbée se décompose pour fournir son hydrogène qui forme le solide végétal, tandis que son oxigène s'exhale pour purifier l'air.

C'est une vérité bien constatée en physique végétale, que le gaz acide carbonique dépose son carbone dans les plantes, et que son oxigène s'exhale pour le même but que celui de la décomposition de l'eau dans les utricules des plantes.

Quant à l'azote si abondant dans la nature, Chaptal dit, que les

plantes l'absorbent et qu'elles le rendent à l'air ; je pense non-seulement qu'elles l'absorbent, mais encore qu'elles le digèrent en partie pour s'en nourrir et le solidifier en elles.

Quoique ces idées de transformation de la matière par les forces
organiques paroissent d'abord paradoxales , elles deviennent fami-
lières à quiconque étudie la physiologie des plantes.

Voilà donc des gaz qui se convertissent en bois , en gommes , en
résines , en sels , etc. , par l'acte de la végétation.

Je passe aux animaux. L'organisation ici étant plus compliquée ,
on ne peut expliquer chimiquement la formation des os ; parce que
le mécanisme de l'élaboration vitale de la matière osseuse nous est
inconnu et que les élémens de la chaux qui entrent pour une partie
dans la composition osseuse n'ont été qu'apperçus et non démontrés
par les efforts des chimistes. Ainsi dans l'état actuel de la physique
animale , on est réduit à dire que les molécules osseuses se séparent
du sang pour se déposer molécules à molécules dans un cylindre
membraneux , état primitif des os.

Pour éclairer cette question , il faudroit qu'il fût prouvé que l'azote
entre dans la composition de la chaux , selon le soupçon des chimistes
modernes , et particulièrement de Fourcroy ; alors on expliqueroit
plus facilement comment les animaux , dans lesquels l'azote prédo-
mine , préparent la chaux qui est la base solide de leur squelette.

Sous ce point de vue , et d'après ce que je viens de dire , la physique des plantes est plus avancée que la physique des animaux.

D'après ce qui a été exposé , on conçoit pourquoi la matière calcaire et la matière charbonneuse sont les deux substances les plus
abondamment répandues dans la nature. Si rien n'arrête les progrès
rapides de la chimie animale et de la physique végétale , il sera démontré un jour que ces deux substances se composent par la vie , et que
peut-être elles se décomposent ensuite en tous les corps, que nous
appelons *élémentaires*. Cette assertion acquerra d'autant plus de force ,
qu'on décomposera un plus grand nombre de corps encore indécomposés.

Je termine en rapportant quelques observations qui viennent à
l'appui de ce que j'ai dit. On sait que les canaux s'obstruent en peu
d'années par des plantes aquatiques , qui se convertissent en tourbe ,
dans laquelle on trouve abondamment de l'oxide de fer. Cette tourbe
ôtée , les canaux s'obstruent de nouveau par une autre tourbe où le fer
est encore manifeste en très-grande quantité. On peut conclure de
cette observation , que les plantes composent ce fer avec d'autant plus
de fondement , que le sol environnant ne contient aucun indice d'oxide
de ce métal , et cette dernière circonstance se rencontre souvent.

La couleur rouge que les feuilles prennent en automne , ne pro-
vient-elle pas de la présence de l'oxide de fer , de même que de celle
d'un acide ou d'une matière colorante ?

Les plantes marécageuses , comme les *splagnum*, les *phellandrium*,
les nombreux *carex*, forment-elles dans leurs viscères le fer qu'elles
contiennent , ou le tirent-elles du sol où elles sont fixées ?

C'est un phénomène digne d'attention , que les feuilles prennent
une couleur rouge au temps de leur caducité. Je suis porté à croire

que cette couleur est due à l'oxide de fer que la présence moindre des fluides vitaux a mis à nu dans un temps où les vaisseaux de communication du pétiole avec la tige sont oblitérés, parce qu'alors la vie végétale est languissante. Ce seroit une expérience à faire, de s'assurer si les feuilles du printemps contiennent de l'oxide de fer, et si les feuilles automnales devenues rouges dans la même plante, contiennent ce métal plus abondamment. On remarque en général qu'au printemps, saison dans laquelle les feuilles ne sont pas encore colorées, la vase dans laquelle elles croissent est moins rouge qu'en automne, saison dans laquelle les feuilles ont acquis toute leur force de végétation. Ne semble-t-il pas qu'à cette époque où l'action vitale cesse dans les plantes herbacées, leurs débris tombent sur la vase qu'ils colorent en rouge par l'oxide de fer que la vie a préparé et que la mort sépare?

Ces conjectures me paroissent nécessaires à méditer pour éclairer une question tant agitée parmi les naturalistes; savoir: si les plantes préparent les substances métalliques.

Si on m'objectoit que ces données sont hypothétiques, je répondrois que ce n'a été le plus souvent que par des hypothèses qu'on s'est élevé aux découvertes les plus utiles: enfin je dirois avec Bonnet, l'un des plus grands génies de ce siècle, qu'*il vaut mieux que la raison s'écarte quelquefois en cherchant la vérité, que si elle étoit moins ardente à la chercher.* (Henri Tollard.)

VÉGÉTATIONS MINÉRALES. *Voyez* Dendrites et Stalagmites. (Pat.)

VÉGÉTAUX PÉTRIFIÉS. On les trouve principalement dans les terreins sablonneux. *Voyez* Bois agatisé, Bois pétrifié, et les articles Fossiles, Pétrification, Houille, Tripoli. (Pat.)

VEIGÈLE, *Weigelia*, arbuste à rameaux tétragones, à feuilles opposées, pétiolées, ovales, aiguës, dentées, veinées, velues sur les veines, et à fleurs rouges, ordinairement trois ensemble sur un même pédoncule dans les aisselles des feuilles et à l'extrémité des rameaux, qui forme un genre dans la pentandrie monogynie.

Ce genre offre pour caractère un calice à cinq divisions subulées et droites; une corolle monopétale, infundibuliforme, à tube velu intérieurement, à limbe divisé en cinq parties obtuses; cinq étamines; un ovaire supérieur tétragone, tronqué, glabre, à style sortant de la base de l'ovaire, et à stigmate pelté plane.

Le fruit est une semence nue.

Le *veigèle* croît au Japon. Il est figuré pl. 105 des *Illustrations* de Lamarck. (B.)

VEINE DE MÉDINE. C'est le Dragoneau de Médine. *Voyez* ce mot. (B.)

VEINES DES ANIMAUX, *Venæ*, φλέϐες. Ce sont des

canaux membraneux de différens diamètres, destinés à rapporter au cœur le sang de tout le corps. Elles reprennent, aux extrémités des plus petites artères, le sang dont elles ont arrosé tous les organes, et le font remonter, au moyen de valvules placées à diverses distances, à l'oreillette et au ventricule droits du cœur. La tension et la fermeté des fibres musculaires dans la jeunesse, aide le sang veineux à remonter vers le cœur, et la force avec laquelle le sang artériel est poussé jusqu'aux plus fines artères, contribue peut-être à refouler cette liqueur dans les rameaux veineux, car ceux-ci n'ont point de pulsation et de contraction sur eux-mêmes comme les artères; et leurs valvules empêchent le sang de redescendre. Quand on veut remplir les *veines* de sang, on les lie dans les parties supérieures, comme dans la saignée; au contraire, ce même moyen empêche le sang artériel de descendre dans les membres, et on le met en usage pour prévenir les hémorragies dans les amputations.

Nous disons aux mots ARTÈRES, CIRCULATION, CŒUR et SANG, quelles sont les différences entre le sang artériel et le sang veineux. On pourra les consulter.

Lorsque le sang veineux est parvenu au ventricule droit du cœur par la *veine sous-clavière*, il est renvoyé aux poumons par l'artère pulmonaire. C'est dans ce viscère qu'il subit un grand changement par l'action de l'air. (*Voyez* RESPIRATION et POUMONS.) Il devient d'un rouge plus vif, et prend toutes les qualités du sang artériel; il sort ensuite des poumons par la *veine artérieuse* ou *pulmonaire*, et se rend au ventricule gauche du cœur, lequel le renvoie à toutes les parties du corps par les artères.

Le sang artériel est destiné à porter la nourriture aux différens organes du corps : les *veines* rapportant ce même sang appauvri par la perte de ses qualités nutritives, reçoivent le chyle, la lymphe et les autres humeurs capables de réparer ces qualités; l'assimilation exacte, la sanguification, ne s'opèrent que dans les poumons. Le système veineux restitue ce que le système artériel dépense. Dans la jeunesse, le système artériel agissant avec force, porte beaucoup de nourriture aux organes, de sorte que l'accroissement est rapide; et le sang veineux ne pourroit pas suffire à cette grande dépense, si les jeunes animaux ne mangeoient pas abondamment. Au contraire, dans la vieillesse l'action du système artériel se ralentit par la rigidité que ces organes ont acquise, de sorte que le sang veineux s'enrichit et s'augmente de tout ce que le sang artériel ne dépense pas. Aussi, c'est à cet âge qu'arrive la pléthore veineuse, et qu'il ne se fait plus d'accroisement, et c'est encore par cette raison que les vieillards ont moins de besoin de manger que les jeunes gens. L'abondance du sang veineux dans les vieillards les rend sujets aux engorgemens de la *veine porte*, aux congestions sanguines du mésentère et du bas-ventre, aux hémorroïdes et aux varices. Ils ont le foie, la rate et les principaux viscères, remplis d'un sang noir, épais, stagnant, que les anciens paroissent avoir regardé comme l'*atrabile*. Le foie étoit, selon eux, le commun rendez-vous du système veineux, et le cœur, celui du système artériel; mais si le foyer principal du sang noir et veineux est le foie et quelques autres viscères du bas-ventre; le foyer du sang rouge et artériel est les poumons et les principaux organes de la poitrine. De ceux-ci dépend la vigueur, l'accroissement du corps; des premiers viennent la foiblesse, les incommodités du vieil âge, et quelquefois la vivacité de l'esprit. (*V.*)

VEINES DE BOIS. On donne ce nom, dans l'art de l'ébénisterie, aux bandes ou rayures colorées, droites ou courbes, plus ou moins larges, plus ou moins claires, qu'on apperçoit à la surface d'un bois poli, et qui tranchent avec le fond de sa couleur. Ces sortes de *veines* ajoutent beaucoup à la beauté des bois employés soit massifs, soit en placage. Le *noyer*, l'*acajou* et le *mancenillier* en ont de très-sensibles; dans ce dernier bois sur-tout, elles sont si multipliées et disposées si irrégulièrement, qu'une table de *mancenillier* ressemble à une table de marbre brun veiné. Quand, pour faire des meubles tels que des armoires, des bureaux, des commodes, &c. l'ébéniste assemble plusieurs pièces du même bois ou de bois différens, son art et son adresse consistent à assortir ces pièces de manière que les *veines* différentes qui se trouvent dans leur tissu, présentent, par leur mélange et leur rapport, un coup d'œil agréable. Quelquefois, au moyen de ces *veines* on imite, dans le placage, des desseins grossiers. La manière dont elles se forment dans le bois n'est pas facile à expliquer. Lorsqu'il est dans toute sa fraîcheur et qu'il vient d'être poli, les *veines* qu'il offre alors sont moins apparentes ou plus claires qu'au bout de quelques années; leur couleur propre se renforce à mesure que le bois vieillit; et ce changement a lieu beaucoup plutôt quand les meubles d'ébénisterie restent continuellement exposés au grand jour; ce qui semble prouver que les *veines* dont il s'agit sont dues en partie à l'influence de la lumière. *Voyez* les articles ARBRE, BOIS et VÉGÉTAUX.

Les feuilles ont aussi leurs *veines*. Ce sont de petits filets plus ou moins déliés qui forment, par leurs différentes direc-

tions et par leur croisement, une espèce de réseau entre les nervures principales qu'on remarque à la surface des feuilles.
(D.)

VEINES MÉTALLIQUES. *Voyez* FILONS et MINES.
(PAT.)

VEILLE (*fauconnerie*). On *veille* un oiseau de vol quand, pour le dresser, on l'empêche de dormir. (S.)

VEIRAT. C'est le nom des petits *maquereaux* sur quelques ports de mer. *Voyez* au mot MAQUEREAU. (B.)

VEISSIE, *Weissia,* genre de plantes cryptogames de la famille des MOUSSES, introduit par Bridel, et dont le caractère consiste à avoir un péristome de seize dents ; des fleurs dioïques ; les mâles en tête. Il a pour type le *bry paludeux* de Linnæus. *Voyez* au mot BRY et au mot MOUSSE. (B.)

VÉLAGUE, *Velaga,* genre établi par Gærtner aux dépens des *pentapètes* de Linnæus. C'est le même que le PTÉROSPERME de Schreber. *Voyez* ce mot. (B.)

VELANI, nom oriental d'une espèce de *chêne,* dont on emploie la cupule du gland dans la teinture noire. *Voyez* au mot CHÈNE. (B.)

VELAR, *Erysimum,* genre de plantes à fleurs polypétalées, de la tétradynamie siliqueuse et de la famille des CRUCIFÈRES, dont le caractère consiste en un calice de quatre folioles conniventes ou fermées ; une corolle de quatre pétales ; six étamines, dont deux plus courtes ; un ovaire supérieur, accompagné de deux glandes et surmonté d'un style à stigmate capité.

Le fruit est une silique quadrigone.

Ce genre, qui est figuré pl. 564 des *Illustrations* de Lamarck, renferme des plantes à feuilles alternes, entières ou dentées, et à fleurs disposées en épis terminal. On en compte une quinzaine d'espèces, la plupart d'Europe, et dont les plus communes ou les plus importantes à connoître sont :

Le VELAR DES BOUTIQUES, qui a les siliques rapprochées des épis, et les feuilles irrégulièrement dentées et comme rongées. Il est annuel, et se trouve par toute l'Europe, autour des villes et des villages, sur les vieux murs, parmi les décombres. On l'appelle vulgairement la *tortelle,* l'*herbe du chantre.* Les feuilles ont une saveur salée, gluante, et s'emploient en décoction dans la toux invétérée, dans l'enrouement et l'extinction de voix. On en prépare un sirop, appelé *sirop du chantre,* parce qu'il est souvent utile à ceux qu'un excès de chant a fatigués. On en fait moins usage aujourd'hui qu'autrefois. Ventenat croit qu'il faut le rapporter aux SYSIMBRES. *Voyez* ce mot.

Le VELAR DU CHARPENTIER, *Erysimum barbarea* Linn., a les

feuilles inférieures en lyre, à lobe terminal arrondi, et les supérieures presque ovales et dentées. Il est vivace, et se trouve par toute l'Europe, sur le bord des fossés, le long des ruisseaux, dans les champs un peu humides. Il est vulgairement connu sous le nom d'*herbe aux charpentiers* ou d'*herbe de Sainte-Barbe*. Il reste vert pendant l'hiver, et passe pour détersif et vulnéraire. On s'en sert fréquemment dans les campagnes pour accélérer la guérison des blessures.

Le VELAR ALLIAIRE a les feuilles en cœur. Il est vivace, et se trouve en Europe dans les lieux ombragés et cultivés, c'est-à-dire dans les bosquets des jardins et les parcs. Il s'élève d'un à deux pieds, et ses larges feuilles ont une odeur d'ail très-marquée. Les *vaches* et les *poules* qui en mangent donnent du lait et des œufs qui ont son odeur. On l'ordonne en décoction dans l'asthme et les coliques venteuses, et en cataplasme contre la gangrène. (B.)

VELELLE, *Velella*, genre de vers radiaires qui offre pour caractère un corps libre, elliptique, cartilagineux intérieurement, gélatineux à l'extérieur, ayant sur son dos une crête élevée et tranchante insérée obliquement, et, en dessous, une bouche centrale.

Ce genre n'est composé que de deux espèces, dont l'une avoit été placée par Linnæus parmi les *méduses*, et l'autre, par Forskal, parmi les *holoturies*; il a aussi beaucoup de rapports avec les *physalides*, avec qui il est confondu par les matelots, sous le nom de *frégate* ou de *galère*. Il est appelée *valette* dans la Méditerranée.

Les *velelles* sont ovales et applaties. Au-dessus de leur dos est une membrane de la largeur du corps, élevée, roide, qui leur sert comme de voile pour se conduire sur la surface des eaux. Cette membrane ressemble à une crête, et ne tient au corps que par son milieu, ses extrémités étant libres, ce qui donne à ces animaux les moyens de s'orienter à leur volonté.

Du reste, ces *velelles* ont la conformation des *méduses*; elles sont gélatineuses, phosphoriques, et causent, comme elles, des démangeaisons lorsqu'on les touche. Leur bouche est placée de même : ainsi, tout ce qu'on a dit de général à l'article de ces dernières, leur convient. (*V.* au mot MÉDUSE.) On les mange frites sur la Méditerranée, au rapport de Forskal.

La VELELLE MUTIQUE est ovale et striée concentriquement. Elle a été figurée par Brown, *Hist. nat. de la Jamaïque*. Elle se trouve sur l'Atlantique et la Méditerranée.

La VELELLE TENTACULÉE est ovale et a des tentacules blancs autour de la bouche. Elle est figurée dans Forskal, *Fauna Arabica*, tab. 26, fig. K, et dans l'*Encyclopédie*, partie des *Vers*, pl. 90, fig. 3 et 4. Elle se trouve sur la Méditerranée. (B.)

VELÈZE, *Velezia*, plante herbacée à tige très-rameuse, dichotome, à feuilles alternes, linéaires, à fleurs axillaires

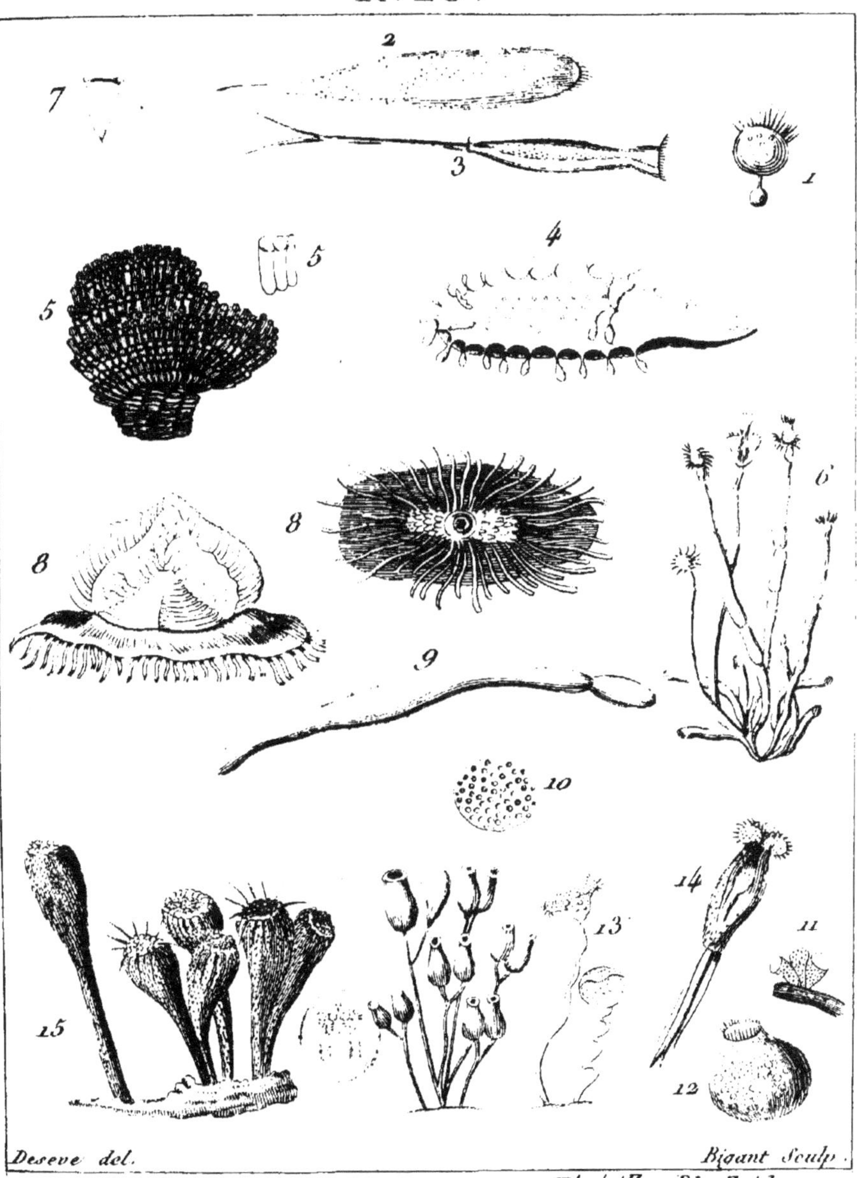

Deseve del.

Bigant Sculp.

1. Trichode comete.
2. Trichode poisson.
3. Trichode longue queue.
4. Tritonie clavigere.
5. Tubipore musique.
6. Tubulaire entiere.
7. Vaginelle déprimée.
8. Vellelle tentaculée.
9. Vérétille Phalloïde.
10. Volvoce spherule.
11. Vorticelle limacine.
12. Vorticelle utriculée.
13. Vorticelle hémispherique.
14. Vorticelle rotatoire.
15. Zoanthe d'ellis.

11

presque sessiles, qui forme un genre dans la pentandrie di-gynie et dans la famille des CARYOPHYLLÉES.

Ce genre offre pour caractère un calice tubuleux, alongé, grêle, à cinq dents; une corolle de cinq pétales onguiculés, très-courts, à onglets filiformes, à lames échancrées; cinq étamines; un ovaire supérieur, surmonté de deux styles.

Le fruit est une capsule cylindrique, uniloculaire, qua-drivalve au sommet.

La *velèze* est annuelle, et se trouve très-abondamment dans les champs des parties méridionales de l'Europe. (B.)

VELLA, *Vella*, genre de plantes à fleurs polypétalées, de la tétradynamie siliculeuse et de la famille des CRUCI-FÈRES, qui offre pour caractère un calice de quatre folioles droites; une corolle de quatre pétales onguiculés, ouverts au sommet; six étamines, dont deux plus courtes; un ovaire supérieur oblong, surmonté d'un style à stigmate en tête.

Le fruit est une silicule globuleuse, à cloison plane, ob-tuse, deux fois plus longue que les valves, et à loges oligo-spermes.

Ce genre, qui est figuré pl. 555 des *Illustrations* de La-marck, renferme deux espèces.

L'une, le VELLA ANNUEL, a les feuilles pinnatifides et les siliques pendantes. Il est annuel et vient en Espagne.

L'autre, le VELLA FAUX CYTISE, a les feuilles entières, presque ovales, ciliées, et les siliques droites. Il est frutescent, et se trouve aussi en Espagne. (B.)

VELLÈJE, *Velleïa*, genre de plantes établi par Smith dans la pentandrie monogynie et dans la famille des CAMPA-NULACÉES. Il offre pour caractère un calice de trois folioles; une corolle tubuleuse, à limbe à quatre divisions ouvertes; une capsule supérieure, uniloculaire, à quatre valves, et contenant un grand nombre de semences imbriquées.

Ce genre est très-voisin des GOODÉNIES et des SCÆVOLES. (*Voyez* ces mots.) Il renferme une plante sans tige qu'on trouve en Australasie. (B.)

VELOURS ANGLOIS, nom donné par les marchands à une coquille du genre *cône*, qui a été figurée pl. 17, fig. C de la *Conchyliologie* de Favanne, et qui vient de la mer du Sud. *Voyez* au mot CÔNE. (B.)

VELOURS VERT de Geoffroy. C'est le *gribouri soyeux*. *Voyez* GRIBOURI. (O.)

VELTHEIME, *Veltheimia*, genre de plantes à fleurs incomplètes, de l'hexandrie monogynie, qui a été établi par Gleditsch, aux dépens des *aletris* de Linnæus. Il présente pour caractère une corolle tubulée, à cinq dents ; point de calice ; six étamines insérées au tube de la corolle ; un ovaire surmonté d'un seul style.

Le fruit est une capsule à trois loges monospermes et à trois ailes membraneuses.

On compte quatre espèces à ce genre, toutes propres au Cap de Bonne-Espérance. Les deux plus connues sont :

Le VELTHEIME A FEUILLES VERTES, qui a les feuilles lancéolées, plissées, ondulées, obtuses, les divisions des fleurs arrondies et droites. C'est l'*aletris du Cap* de Linnæus. (*Voyez* au mot ALETRIS.) On le cultive fréquemment dans les jardins. Sa racine est charnue et sa hampe contournée.

La VELTHEIME UVAIRE a les feuilles ensiformes carénées et la hampe alongée. C'est l'*aloe uvaria* de Linnæus. (**B.**)

VELU, nom spécifique d'un poisson du genre BALISTE, *Balistes tomentosus* Linn. *Voyez* ce mot. (B.)

VELUE, nom donné par Goëdart à une *chenille* qui paroît être celle du *bombix caja*. (L.)

VELVOTTE, nom vulgaire d'une espèce de *linaire* commune dans les champs. *Voyez* au mot LINAIRE. (B.)

VENAISON (*vénerie*), chair et graisse du *cerf*. Lorsqu'il a beaucoup d'embonpoint ou de *venaison*, il est plus facile à forcer et meilleur à manger. Les *cerfs de dix cors* et les vieux *cerfs* sont ceux qui ont le plus de *venaison ;* mais au temps du rut, elle contracte une odeur et un goût très-désagréables. *Voyez* CERF. (S.)

VENANA, *Venana*, arbre à feuilles alternes, ovales, rétuses, coriaces, glabres, à fleurs disposées en grappes lâches, terminales, sessiles et réunies au sommet de pédoncules très-larges et comprimés.

Cet arbre, qui forme un genre dans la pentandrie monogynie, et qui est figuré pl. 131 des *Illustrations* de Lamarck, offre pour caractère un calice court à cinq lobes ; une corolle de cinq pétales ovales, arrondis ; cinq étamines fertiles et un grand nombre de filamens stériles ; un ovaire supérieur, surmonté d'un style à stigmate obtus, presque trigone.

Le fruit est inconnu.

Le *venana* croît à Madagascar. (B.)

VENCU, nom chinois du JAMBOSIER. *Voyez* ce mot. (B.)

VENDANGETTE. *Voy.* GRIVE et MAUVIS. (VIEILL.)

VENDLANDE, *Wendlandia*, arbrisseau grimpant à rameaux cylindriques, striés, velus dans leur jeunesse, à feuilles alternes, pétiolées, ovales en cœur, glanduleuses, mucronées, très-entières, veinées, un peu velues en-dessous, et à fleurs petites, blanches, velues à l'extérieur, naissant sur de petites grappes axillaires et velues.

Cet arbrisseau forme, dans l'hexandrie hexagynie, un genre qui a pour caractère un calice de six folioles; une corolle de six pétales; six étamines; six ovaires supérieurs.

Le fruit est composé de six capsules uniloculaires et monospermes.

La *vendlande* se trouve en Caroline. (B.)

VÉNÉRICARDE, *Venericardia*, genre de testacés fossiles de la classe des BIVALVES, qui offre pour type caractéristique une coquille suborbiculaire, inéquilatérale, munie de côtes longitudinales à l'extérieur, ayant deux dents cardinales obliques non divergentes.

Ce genre a été établi par Lamarck. Il comprend deux coquilles fossiles qu'on trouve aux environs de Paris, et qui sont remarquables par leur épaisseur. L'une, la VÉNÉRICARDE IMBRIQUÉE, est figurée dans la *Conchyliologie* de Lister, tab. 497, fig. 52, et l'autre, la VÉNÉRICARDE A CÔTES APPLATIES, l'est dans les *Fossiles* de Knorr, vol. 2, tab. 23, fig. 5. (B.)

VÉNERIE. Lorsque, dans le premier âge du monde, la terre étoit encore couverte de forêts et de landes habitées par une multitude d'animaux, l'homme, encore en petit nombre et ne formant que des hordes rares et éparses, n'avoit pas besoin d'user de stratagêmes pour surprendre et tuer les bêtes sauvages, dont la chair lui servoit de nourriture et la peau de vêtemens; elles ne le fuyoient point, elles partageoient avec lui les fruits d'une végétation vigoureuse, comme elles voulurent partager ses récoltes dès qu'il fut devenu cultivateur; et le plus souvent alors il fut dans la nécessité de s'en défendre, loin d'être forcé de les chercher et de les attaquer. C'est ainsi que dans les vastes solitudes de quelques contrées méridionales de l'Amérique, où des forêts épaisses et aussi anciennes que le globe, entretiennent une fraîcheur et une ombre éternelles, le sauvage, disséminé sur un sol que la nature a peuplé d'une foule innombrable de ses productions et qu'elle semble s'être réservé comme son propre domaine, sans crainte comme sans ambition, n'y détruit les êtres vivans dont il est entouré que pour ses besoins; il ne prend aucun plaisir à les tuer; il ne les harcèle pas inutilement, et leur multiplication est pour lui un vrai bienfait de la nature, auquel il n'a garde de s'opposer. Les armes qu'il emploie ne portent point au loin la terreur par des explosions retentissantes; il va seul, sa marche est légère; ses pieds, qu'aucune chaussure ne contraint jamais et presque aussi flexibles que ses mains, ne décèlent pas son approche par un bruit inquiétant; son corps absolument nu, se glisse avec aisance et souplesse entre les branches des arbres et les lianes, les fait à peine plier et n'avertit pas de son passage; le gibier est percé de ses flèches avant d'avoir été effrayé, et les mêmes traits atteindront d'autres animaux avec une égale facilité.

A mesure que, sur notre continent, les hommes ont formé de grandes réunions, les défrichemens ont dépouillé la terre de ses antiques futaies; des besoins réels ou factices ont commandé autour de ces sociétés tous les genres de destructions. Les animaux sauvages poursuivis de tous côtés par des attroupemens bruyans et nombreux, n'eurent plus pour refuge que l'enceinte de quelques bois, au lieu des immenses forêts qui leur servoient de demeure; ils cessèrent d'y trouver la tranquillité, et ils passèrent du calme de la solitude aux agitations d'une existence inquiète et continuellement menacée; le soin de leur propre conservation les rendit farouches à l'excès et aiguisa pour ainsi dire leur instinct; ils opposèrent la ruse à la force, et l'homme eût renoncé à les atteindre, s'il n'eût appelé à son aide une de leurs espèces, dont il sut mettre à profit le naturel carnassier, perfectionner l'intelligence, diriger la docilité, au point de la priver de toute volonté pour la soumettre absolument à la sienne. Des meutes de *chiens*, divisées en cohortes actives, devinrent les ennemis implacables des animaux dont ils partageoient naguère la vie sauvage et agitée. Il s'établit une sorte d'association guerrière entre l'homme et le *chien*; afin de rendre leur course moins inégale, le premier se servit encore des *chevaux*; la chasse cessa d'être un objet utile; l'appareil dont on l'environna en fit un des apanages du luxe et de la puissance; on lui traça des loix, des formules, une étiquette; et ce qui n'est que l'effet tout simple du besoin dans l'homme de la nature, devint chez les nations civilisées un art et presqu'une science, à laquelle on a donné le nom de *vénerie*.

Et cet art fut en honneur dès les temps les plus anciens; la mythologie le consacra en lui donnant des dieux pour inventeurs et pour protecteurs; Apollon et Diane l'enseignèrent à Chiron pour récompenser sa justice, et Diane fut considérée comme la déesse des chasseurs. C'étoit pour les Grecs une occupation, à laquelle ils attachoient beaucoup d'importance; Persée passoit chez eux pour le plus ancien des chasseurs; Alexandre, Cyrus, et d'autres grands hommes de la Grèce, firent de la chasse un exercice favori, et Xénophon, aussi renommé par ses talens militaires que par son savoir, exilé après sa fameuse retraite des Dix-Mille, composa les *Cynégétiques* ou *Traité de la Chasse,* sur les bords de la Selenonte, non loin du mont Pholoë, dont les forêts nourrissoient une quantité de *cerfs* et de *sangliers,* et près de la statue même de Diane. Les Romains s'adonnèrent aussi à la chasse et en firent une affaire importante : c'étoit l'amusement de la jeunesse de Rome. Emilius donna au jeune Scipion un équipage de chasse semblable à ceux des rois de Macédoine. Jules César, Pompée étoient de grands chasseurs. Plusieurs auteurs, tant grecs que romains, ont fait l'éloge de la chasse ; Pline y voit l'origine des états monarchiques ; mais l'homme sensible y appercevra d'une manière plus certaine, avec J. J. Rousseau, un exercice qui endurcit le cœur aussi bien que le corps.

Mais ce n'est ni l'éloge ni la critique de la chasse que j'ai entrepris d'écrire ; un ouvrage de la nature de celui-ci ne comporte pas ces sortes de discussions, et je dois me borner à tracer rapidement les principaux détails de la *vénerie,* telle qu'on la pratique de nos jours.

La *vénerie* proprement dite, est la chasse qui se fait avec une meute de *chiens courans* et un équipage, au *cerf,* au *chevreuil,* au *daim,* &c. ; on l'appelle aussi *chasse à cors et à cris,* et encore *chasse royale,* parce que dans les pays soumis au régime féodal, elle est réservée aux princes et aux souverains. L'équipage particulier à la chasse du *sanglier* se nomme *vautrait,* et celui qui sert pour le *loup,* prend la dénomination de *louveterie.* Je réunirai dans cet article ces trois espèces de chasses qui se font avec des *chiens courans,* et j'ajouterai même quelques renseignemens au sujet de la chasse la plus à la portée du plus grand nombre et qui est aussi la plus commune, celle aux *chiens d'arrêt* ou *chiens couchans.*

La plupart des termes en usage en *vénerie* ayant été expliqués dans ce Dictionnaire à leur ordre alphabétique, je ne répéterai point ici leur signification ; l'on n'y trouvera que celle des mots qui n'ont pas fait le sujet d'articles particuliers.

Choix des Chiens pour la Vénerie proprement dite.

Le succès de la chasse dépend de la bonne composition de la *meute.* Les Grecs disoient que de mauvais *chiens* peuvent dégoûter de la chasse ceux même qui l'aiment le plus; aussi apportoient-ils une grande attention dans le choix de leurs *chiens:* les qualités qu'ils exigeoient sont rapportées par Xénophon. « D'abord, dit-il, il faut que les *chiens* » de chasse soient grands, qu'ils aient la tête légère, courte et ner-» veuse; le bas du front marqué de rides; les yeux élevés, noirs, » brillans ; le front haut et large ; les interstices prononcés; les oreilles » grandes, minces, sans poil par-derrière; le cou long, souple, rond ;

» la poitrine large, assez charnue où elle quitte les épaules; les omo-
» plates un peu distantes l'une de l'autre; le train de devant court,
» droit, rond, musclé; les jointures droites; les côtes pas tout-à-fait
» plates, mais se dirigeant d'abord transversalement: les reins charnus,
» ni trop longs ni trop courts; les flancs ni trop mous ni trop fermes,
» ni trop grands ni trop petits; les hanches arrondies, charnues en
» arrière, assez épaisses par le haut et comme se rapprochant inté-
» rieurement; que le bas-ventre et les parties adjacentes soient mollettes;
» la queue longue, droite et fine; les cuisses fermes; les *hypocalies*
» (les testicules) ronds, bien compactes: le train de derrière beaucoup
» plus haut que l'avant-train, et cependant dans une juste proportion;
» les pieds arrondis.

    » De pareils *chiens* annonceront de la force, seront toujours bien
» proportionnés, alertes, gais et *bien en gueule*. Il faut que les *chiens*
» quètent en quittant promptement les sentiers battus, tenant toujours
» le nez contre terre, montrant de la joie aussi-tôt qu'ils ont saisi la
» trace, rabattant les oreilles, portant les yeux çà et là, frappant de
» leur queue, qu'ils roulent et déroulent, et s'avançant tous ensemble
» sur la trace du gibier.

    » Quant à la couleur des *chiens*, il faut qu'elle ne soit ni rousse,
» ni noire, ni tout-à-fait blanche; ces couleurs annoncent un animal
» vulgaire, sauvage et non de bonne race. Les roux et les noirs doivent
» avoir un poil blanc aux environs du front; les blancs seront mar-
» qués de roux au front; je veux un poil droit et long au haut des
» cuisses, de même qu'aux reins et à la queue, mais plus court sur
» le dos ». (*Traité de la Chasse de Xénophon*, traduction de M. Gail,
chap. 4.)

    Les auteurs modernes qui ont écrit sur la *vénerie*, n'ont presque
rien ajouté au portrait que Xénophon a fait d'un bon *chien courant;*
mais il n'est pas inutile d'observer que la couleur des *chiens* à laquelle
les anciens, comme la plupart des modernes, ont voulu que l'on
s'attachât, n'influe point sur la bonté de ces animaux, de même que
la couleur du poil n'est point un indice des bonnes ou des mauvaises qualités du *cheval* et du *bœuf*, ainsi qu'on l'a faussement prétendu. Les *chiens* blancs, sans être les meilleurs, sont néanmoins les
plus beaux; ils ont d'ailleurs un avantage, c'est qu'ils s'apperçoivent
de fort loin, au lieu que l'on ne distingue pas aussi aisément ceux
dont la robe a une teinte plus sombre.

    L'on sent bien que tous ces signes extérieurs de la bonté d'un *chien*
ne doivent pas être pris d'une manière absolue; il peut arriver qu'un
chien qui réunit ces indices soit mauvais, tandis qu'un autre dont les
formes n'ont pas une belle apparence, ait d'excellentes qualités. Afin
qu'une meute soit belle dans son ensemble, il faut que les *chiens* qui
la composent aient la même taille, ou, pour parler le langage de la
vénerie, qu'ils soient *bien roulés*. Leur hauteur ordinaire est de vingt-
deux à vingt-trois pouces; il y en a plus au-dessous qu'au-dessus de
cette taille. Les beaux *chiens* de la grande *meute* du roi de France
étoient hauts de vingt-quatre à vingt-cinq pouces. Ce qui importe le
plus, c'est que les *chiens* de la même *meute* soient tous du même *pied*
ou de la même vitesse,

L'article **Chien** de ce Dictionnaire renferme quelques indications au sujet des diverses races de *chiens courans*. Chaque pays en a de différentes, *mille canum patriæ*, dit Gratius (cyn. vers. 144). Je n'entreprendrai pas de décrire toutes ces nuances: on en comptoit trois principales à Lacédémone: la première et la plus renommée étoit celle du pays même; la seconde provenoit d'un *chien* de Lacédémone et d'un *molosse;*

> Nam, qualis molossus au! fulvus lacon
> Amica vis pastoribus.
> Horat. ep. 6.

la troisième étoit produite par le mélange de la race du pays avec l'espèce du *renard*. Xénophon ne fait mention que de deux races de *chiens*, les *castorides* et les *alopécides*, toutes deux originaires de la Laconie, et dont le mélange produisit de nombreuses variétés. Il en est arrivé de même des deux races principales connues de nos jours, celle de France et celle d'Angleterre; il est résulté de leur croisement une multitude de nuances dans lesquelles on démêle à peine les races dont elles dérivent.

Les *chiens* que les Anglais nomment *chiens du cerf*, n'ont pas moins de vingt-quatre pouces de hauteur, et l'on peut les regarder comme les meilleurs de l'Europe, lorsqu'ils sont bien dressés. Ils ont le sentiment exquis, la voix bonne et forte, beaucoup de vigueur, et une très-grande vitesse. L'on donne la préférence à ceux qui viennent du nord de l'Angleterre. La plus grande et la plus belle race de cette île s'appelle *race royale;* les *chiens* de cette race sont blancs et marquetés de noir; viennent ensuite les *beaubis*, puis les *tigrés*, parmi lesquels on distingue encore les *grands* et les *petits*.

Il y a aussi trois races principales de *chiens courans* en France; mais comme on les a mêlées avec les races anglaises, il n'est plus possible de se reconnoître au milieu de la confusion qui est résultée de mélanges successifs.

Du Chenil.

Le lieu où sont renfermés les *chiens* de chasse se nomme *chenil*. Il doit être proportionné au nombre des *chiens* que l'on y nourrit; les portes et les fenêtres du bâtiment doivent être tournées vers le nord ou l'orient, l'exposition du midi ne vaut rien. L'air est nécessaire à la bonne santé des *chiens* au *chenil*, de même qu'à celle des *chevaux* et des *bœufs* tenus à l'étable. Au lieu de carreaux aux fenêtres, il seroit bon, ce me semble, de les boucher seulement avec un canevas clair, qui n'empêcheroit pas la libre circulation de l'air et ne permettroit pas l'entrée aux mouches dont les *chiens* sont fort tourmentés en été. La chambre où ces animaux sont logés, sera élevée de trois pieds au-dessus du sol, et dans son pourtour on construira, à un pied de terre, des espèces de bancs, profonds de deux pieds et demi, avec un rebord de quatre à cinq pouces, pour empêcher la paille de tomber; ce sont les lits des *chiens:* on y fait plusieurs petits trous pour laisser passer l'urine des *chiens* fatigués ou paresseux. Les murailles du *chenil* doivent être recrépies avec soin et blanchies souvent, afin que les insectes rongeurs ne puissent y pulluler.

XXIII.
H

Dafouilloux conseille de bâtir deux chambres, l'une plus spacieuse que l'autre, et dans laquelle il y ait une cheminée grande et large, pour y faire du feu quand le froid est rigoureux ou quand les *chiens* reviennent mouillés de la chasse. L'on a conservé cet usage en France jusqu'au règne de Louis xiv. Il y avoit dans les *chenils* de Versailles de grandes cheminées, environnées de grillages de fer ; mais depuis long-temps on ne s'en servoit plus. Cependant cette méthode ne peut que contribuer à entretenir la santé et la vigueur des *chiens*, qui de leur nature sont très-sensibles au froid, sur-tout lorsqu'il est mêlé d'humidité.

Une grande cour bien applanie devant la chambre des *chiens* est très-utile ; elle leur sert de préau, où ils vont quand ils veulent s'ébattre au soleil. Cette précaution, à laquelle nos anciens veneurs ne man-quoient jamais, empêchoit les *chiens* de devenir galeux, et c'est à tort qu'on ne la suit plus aussi généralement. Un ruisseau d'eau vive doit traverser la cour ; il faut du moins qu'il y ait une fontaine qui verse ses eaux dans une auge en pierre d'un pied et demi de haut, et que l'on nettoie souvent. Si l'on ne peut avoir ni ruisseau ni fontaine, on donnera à boire aux *chiens* dans des baquets, que l'on a soin de tenir propres, et jamais dans des vases de cuivre ; l'on fera bien aussi de ficher en terre, dans la cour, plusieurs bâtons entourés de paille, contre lesquels les *chiens* viennent pisser, ce qui les empêche de mouiller la paille de leurs bancs. Nos veneurs actuels rejettent ces dispositions employées par leurs prédécesseurs, parce qu'ils prétendent que les *chiens*, en jouant ou se battant, ou en sortant de leur chambre avec précipitation, peuvent se faire différentes blessures.

De la nourriture des Chiens et des soins qu'ils exigent.

Quoique, généralement parlant, l'on ne fasse pas beaucoup d'atten-tion au choix de la nourriture que l'on donne aux *chiens*, il est néan-moins certain que la négligence sur ce sujet peut occasionner la ruine entière de la *meute*. Anciennement les *chiens* de la *vénerie* du roi de France mangeoient du plus beau et du meilleur pain de froment ; aujourd'hui on les nourrit pour l'ordinaire avec du pain d'orge pure. Dans plusieurs pays on leur donne de la farine d'avoine, à laquelle le son est mêlé, et que l'on détrempe dans des lavures ; la portion de cette farine est d'une jointée pour chaque *chien*. Quelle que soit celle que l'on emploie, il faut veiller à ce qu'elle ne soit point échauffée, et que l'eau qu'on y mêle soit pure ; le pain doit être bien cuit, et on ne le présente jamais aux *chiens* au moment qu'il sort du four.

Il y a des équipages où les *chiens* ont de la soupe tous les jours ; dans d'autres on ne leur en fait que de deux jours l'un, et le jour d'inter-valle on leur présente du pain, rompu ou découpé en petits morceaux. On ne les fait jamais manger dans leur chambre, mais on les fait sortir dans la cour, où sont des baquets ou des auges en bois qui con-tiennent le pain ou la soupe : ils mangent deux fois le jour. Quand ils doivent chasser, on ne leur laisse prendre le matin que le quart de la ration ordinaire, afin qu'ils ne soient pas trop remplis et trop lourds ; mais le soir on leur prépare une bonne soupe, après-laquelle vient la *curée*. **Des** valets de *chiens* doivent toujours assister à ces repas, fouet ou houssine en main, afin de corriger les *chiens* hargneux qui se jettent sur les autres et les empêchent de manger.

Lorsqu'il se trouve quelques-uns de ces animaux trop chargés d'embonpoint pour bien chasser, on les retient dans la chambre pendant que les autres mangent, ce qui s'appelle *mettre au gras*, et on ne les lâche qu'au bout de quelques instans. Si au contraire il y en a de trop maigres, on les fait manger à part, et on leur donne quelque nourriture plus succulente, telle que de la soupe, du lait, du bouillon et même de la viande.

Voici en abrégé ce qui se pratiquoit à Versailles pour le service de la *vénerie* du roi. En été, les valets de *chiens* doivent se trouver au *chenil* à cinq heures du matin, pour faire sortir et promener les *limiers*, les *lices* en chaleur et les *chiens* boiteux ou malades. Le valet de *chiens* qui sort de garde et qui a passé la nuit dans le *chenil*, est chargé de le bien nettoyer et balayer, de mettre la paille des bancs par terre et de la paille fraîche sur les bancs, de nettoyer et vider les baquets et les auges. Le valet qui prend la garde, aide son camarade à nétoyer et à enlever les fumiers, ainsi qu'à mettre de l'eau fraîche dans toutes les auges. A six heures on promène la *meute*; on lient les *chiens* ensemble le plus qu'il est possible, excepté ceux qui se vident ou qui mangent de l'herbe, ce qu'il faut leur laisser faire.

Celui qui a la direction de la *meute*, examine les *chiens* boiteux et ceux qui paroissent tristes; il regarde si ces derniers ont la *gueule bonne*: pour cela on leur lave les lèvres, et si on y remarque une pâleur qui n'est pas ordinaire, on est assuré qu'ils sont malades, et on ne les mène point à la chasse jusqu'à ce qu'ils soient bien refaits et rétablis.

Après avoir fait promener les *chiens* pendant environ une heure, on les ramène au *chenil*. Chaque valet a une étrille, une brosse, un peigne, des ciseaux et une couple; il prend un *chien* avec sa couple, lui place les deux pieds de devant sur le bord du banc, commence à le bien peigner, à rebrousser les poils d'un bout à l'autre; ensuite il le brosse par tout le corps, lui passe la main sous le ventre, entre les cuisses, pour voir s'il n'y a pas quelqu'ordure, qu'il a soin d'ôter; il examine aussi si le *chien* n'a point de *dentlées*, c'est-à-dire de coups de dents de la nuit; s'il en trouve, ou un commencement de dartre, il coupe le poil autour du mal pour le panser. A chaque *chien* on doit bien nétoyer la brosse sur l'étrille.

Quand ce pansement de la main est terminé, on donne le premier repas, après lequel l'on soigne les estropiés et les malades. On laisse les *chiens* tranquilles jusqu'à cinq heures du soir, qu'on recommence les mêmes fonctions, à l'exception du pansement de la main, qui ne doit se faire que le matin. En hiver, on ne les promène qu'à huit heures du matin, et le soir à trois heures.

C'est le premier valet qui est chargé du pansement des malades et des blessés, sous les yeux et les ordres du directeur de la *meute*, qui lui-même est tenu de rendre compte au commandant, auquel il fait part de tous les détails qui concernent le service de la *meute*, et dont il prend les ordres.

Des maladies des Chiens.

Si l'on ne néglige aucune des précautions qui viennent d'être indiquées ; si sur-tout on pratique régulièrement le pansement de la main, non moins utile à la conservation des *chiens* qu'à celle des *chevaux* et des *bêtes à cornes*, les épizooties ne viendront presque jamais exercer leurs ravages dans les *meutes*, et les autres maladies s'y déclareront très-rarement. Les soins que les anciens veneurs prenoient des *chiens*, prolongeoient leurs services et leur vie fort au-delà du terme, où, dans nos *véneries*, ces animaux cessent d'être bons à la chasse. C'est beaucoup quand nos *chiens courans* conservent leur vigueur jusqu'à six ans ; autrefois ils duroient neuf années en force et en bonté. C'est principalement au printemps et à l'automne qu'ils exigent des soins plus particuliers.

La plus terrible des maladies auxquelles le *chien* soit sujet, est la *rage* ; il en a déjà été question à l'article du CHIEN. *Voyez* ce mot.

Une maladie moins funeste dans ses effets, mais très-destructive de l'espèce du *chien*, est celle que l'on nomme communément la *maladie des chiens*. Elle n'est connue que depuis environ quarante ans ; elle se manifesta en France pour la première fois en 1763 ; elle avoit commencé en Angleterre, et se répandit dans toute l'Europe. A l'époque de l'invasion de cette maladie contagieuse, toutes les *meutes* en furent attaquées ; et la plupart des *chiens*, non-seulement de chasse, mais encore ceux de basse-cour, de bouchers, de bergers et même ceux de chambre, en périrent ; la moitié des *meutes* du roi fut la victime du mal. Il a beaucoup d'analogie avec la *morve des chevaux*, et les chasseurs polonais lui donnent le même nom. C'est une inflammation violente de la membrane pituitaire qui se propage avec rapidité dans les parties environnantes. Le *chien* éprouve d'abord un éternument qui est bientôt suivi d'un écoulement de matière purulente par les yeux et par le nez ; l'animal est triste, abattu, dégoûté, souvent il tourne sur lui-même, il donne de la tête contre ce qui se rencontre ; la gangrène se déclare, et le *chien* meurt.

Cette espèce de morve est contagieuse. Dès que l'on s'apperçoit qu'un *chien* commence à en être attaqué, l'on doit le séparer des autres, et parfumer le *chenil* de la manière prescrite à l'article du TAUREAU, pour désinfecter les étables. Il ne faut pas même que les personnes qui soignent les *chiens* malades approchent de ceux qui sont bien portans.

On a essayé une quantité de remèdes contre cette maladie, et presque tous ont été insuffisans. Parmi ceux qui ont eu quelques succès, l'on doit compter l'*éther vitriolique* ; j'en ai éprouvé l'efficacité sur mes propres *chiens* ; mais il faut administrer ce remède au commencement de la maladie, et ne pas attendre qu'elle ait atteint son dernier période. On mêle trente gouttes d'éther avec un demi-setier de lait dans une bouteille à large ouverture ; on agite fortement la bouteille en tenant l'ouverture bouchée, afin d'empêcher l'évaporation. L'on fait avaler ce mélange aux *chiens* malades ; quelques-uns le boivent d'eux-mêmes. Vingt-quatre heures après, il s'opère un changement total, et au bout de quelques jours le mal est entièrement guéri. L'on peut hâter l'effet de ce remède en faisant renifler au *chien* de l'*eau de luce*, qui est un mélange d'éther vitriolique et d'huile de succin, et qui provoque une évacuation très-abondante par les narines.

Ce moyen curatif d'une maladie extrêmement dangereuse pour les *chiens* étant le seul que j'aie éprouvé et qui m'ait réussi, je ne puis que rapporter quelques autres remèdes non moins efficaces sans doute, puisqu'ils sont présentés par des hommes recommandables. M. Gouri de Champgrand, auteur d'un *Traité de Vénerie et de Chasse*, dit que de tous les remèdes que l'on a essayés contre la *morve* des *chiens*, celui qui lui a paru le meilleur et qui en a guéri un plus grand nombre, est, après leur avoir fait prendre deux ou trois grains d'émétique, de les tenir bien chaudement, et de leur seringuer, plusieurs fois par jour, dans le nez, du vinaigre dans lequel on a mis infuser du tabac.

MM. Desgraviers, anciens commandans des *véneries* du prince de Conty, à qui l'on doit un petit, mais très-bon livre, intitulé l'*Art du valet de limier*, imprimé en 1784, ont annoncé comme certain, d'après une longue suite d'épreuves, un traitement pour la maladie des *chiens* jetans et toussans. Un pareil témoignage mérite toute confiance, et c'est rendre service aux propriétaires de *chiens*, aussi bien qu'entrer dans les vues de MM. Desgraviers, que donner une plus grande publicité à leur méthode.

Il faut, disent ces habiles veneurs, traiter la maladie dès qu'elle est déclarée, et la suivre avec exactitude ; sans quoi, si vous lui laissez faire des progrès, elle deviendra beaucoup plus difficile à guérir, et souvent même incurable. Ayez donc le plus grand soin, dès que vous vous appercevrez qu'un *chien* tousse et jette, de le séparer et de parfumer le *chenil* d'herbes aromatiques, en y joignant de la graine de *genièvre* et de la *sabine*, et cela pendant plusieurs jours, pour épurer l'air du chenil, et le préserver de la contagion. (*Nota* que le moyen de désinfecter les étables, indiqué à l'article du TAUREAU, est bien préférable à la combustion de quelques plantes, qui ne purifie point l'air.) Injectez encore du vinaigre dans le nez de tous vos *chiens* également pendant plusieurs jours, et observez qu'il ne faut point les saigner.

Si la maladie est bien forte dans le *chien* que vous allez traiter, il faut commencer par lui passer un séton au-dessous de chaque oreille : on le graissera tous les jours deux fois de suppuratif, pour attirer l'humeur et décharger le cerveau : on le laisse jusqu'à parfaite guérison. Mettez dans une fiole du fort vinaigre, joignez-y deux bonnes pincées de *poivre* et de l'*ail* bien écrasé : versez de ce vinaigre trois fois par jour dans le nez de votre *chien*, d'abord le matin ; et voici comme il faut s'y prendre : Une personne lui tient les pattes de devant d'une main, de l'autre main lui lève le nez, tandis qu'une seconde personne mettra du vinaigre dans le creux de sa main, et le renversant sur les narines du *chien*, introduit le vinaigre dans les nazeaux ; ce qui excite, par le picottement du poivre, un grand éternument, et force le *chien* à expectorer l'humeur qui lui bouche la respiration : cela étant fait, vous laissez le *chien* en liberté se promener sur l'herbe, ce qui l'excitera à éternuer encore davantage. L'éternument fini, vous lui donnez un lavement de décoction d'orge, le promenez pendant une demi-heure ; après, vous lui faites prendre quatre grains de soufre doré d'antimoine de la seconde lotion, que vous délayez dans un demi-verre d'eau. A midi, du vinaigre dans le nez, un quart-d'heure de promenade, et en rentrant un peu de soupe claire ; le soir, du vinaigre. Le second jour, le matin, un lavement, une demi-heure de promenade, et en rentrant, quatre grains de turbit minéral, que vous délayez de même : le reste de la journée, comme le premier jour ; pour boisson, pendant la maladie du *chien*, du petit-lait ou de l'eau blanche, dans laquelle vous mettrez une ou deux cuillerées de miel, selon la quantité d'eau. Le troisième jour, au matin, le vinaigre, un lavement, demi-heure de promenade, et en rentrant une médecine de suie, qui se fait ainsi : Prenez de la suie de la grosseur d'un œuf : mettez-la infuser dans un demi-setier d'eau, et faites prendre ce mélange au *chien* le lendemain matin ; à midi, le vinaigre, un quart-d'heure de promenade, et peu de soupe ; le soir, un lavement, du vinaigre, demi-heure de promenade, et une seconde médecine de suie en rentrant. Le quatrième jour, laissez reposer le *chien :* vous ne lui ferez point prendre de médecine : vous ferez le surplus de ce que nous venons d'indiquer ; et si le *chien* ne boit pas bien son eau blanche, vous lui en ferez prendre malgré lui deux verres à demi-heure de ses lavemens, en y joignant du miel. Vous recommencerez le cinquieme jour comme au premier, et continuerez comme les jours suivans ; et quand il y aura un mieux sensible, vous cesserez l'usage du soufre et du turbit ; laissez du repos au *chien*, en lui donnant simplement, un jour, des lavemens ; un autre jour, une once de manne ; un autre jour, une médecine de suie, en continuant le vinaigre jusqu'à parfaite guérison, et vous lui augmenterez son manger. Le *chien* étant totalement guéri, vous le laisserez reposer pendant cinq à six jours ; après quoi, vous le purgerez pour une dernière fois, et le remettrez à sa nourriture ordinaire au bout de quinze jours de guérison totale ; pour lors vous saignerez le *chien*. Il faut faire faire quarantaine aux *chiens* qui ont été malades, avant que de les remettre avec les autres ; cela n'empêche pas qu'au bout de trois semaines de guérison, leur ayant bien fait prendre l'air et parfumé leur chenil, vous ne puissiez les mener à la chasse avec ceux qui n'ont point eu la maladie, les mettant toujours seuls en rentrant au chenil, pour achever leur temps.

Enfin les *Mémoires de la Société d'Agriculture, Arts et Commerce des Ardennes*, ont présenté plus récemment deux méthodes pour le traitement de la *maladie des chiens*. Le premier, qui est de M. Grunwald, secrétaire perpétuel de la même société, et que l'expérience répétée plusieurs fois l'autorise à conseiller avec confiance, consiste en ce qui suit :

Quand on s'apperçoit qu'un *chien* fait souvent des efforts comme pour arracher quelque chose de la gorge, qu'il est triste, qu'il reste plus volontiers couché que d'ordinaire, qu'il est pesant à se lever quand on l'appelle, qu'il a le nez blanc et sec, les oreilles chaudes, etc. ; il faut recourir, sur-le-champ, au vomitif. Trois grains de tartre émétique dans du lait, sont la dose régulière pour un *chien* de moyenne taille. Souvent ce remède seul suffit pour le garantir, si l'on s'y prend à temps ; mais si, au bout de deux ou trois jours, on voit que le *chien* a les yeux cernés, chassieux, les nazeaux humides, coulans, et qu'il continue de râcler, il faut lui préparer une pâte avec du beurre frais et de la fleur de soufre, autant qu'on peut y en faire entrer sans la rendre trop sèche : on en donnera trois ou quatre fois par jour, gros comme une noix muscade ou une petite noix ; ces bols doivent le purger doucement, et il faut en continuer l'usage, en en augmentant peu à peu le volume ou le nombre des doses, jusqu'à parfaite guérison. Une chose bien essentielle à remarquer, est qu'il ne faut pas s'en laisser imposer par les apparences de mieux qu'on observe quelquefois au malade. L'espérance illusoire que l'on conçoit mal-à-propos, et sans être fondée, fait périr tous les jours les *chiens* qu'on seroit le plus intéressé et le plus curieux de conserver.

Si le *chien* jette déjà par le nez une mucosité jaune, épaisse, abondante, il faut, outre le vomitif et les bols de soufre, lui faire passer un large séton le plus près de la tête qu'on peut. Le premier maréchal-ferrant à portée est capable de faire cette opération. Il faut que le *chien* porte ce séton jusqu'à ce que sa convalescence soit bien affermie.

Au moyen de ce traitement, M. Grunwald a guéri des *chiens* qui ne vouloient presque plus se lever, ni boire, ni manger ; qui ne faisoient que se traîner, en se culbutant de droite et de gauche, à cause de la pesanteur de la tête, dont les nazeaux étoient presque bouchés par la mucosité desséchée, les yeux couverts, le nez affilé, etc.

Quelquefois la maladie se jette sur le train de derrière ; et dans ce cas on est souvent le jouet de l'attente de la guérison. On la verra se réaliser, si l'on fait avaler au *chien* malade, soir et matin, d'abord gros comme une lentille, et en augmentant peu à peu le volume, jusqu'à celui d'un gros pois, de foie de soufre, pétri avec un peu de mie de pain. Dans le commencement, il faut faire avaler de force ces boulettes ; mais au bout d'un jour ou deux, la répugnance se passe. Tout berger, ou maître de *chien*, peut préparer le foie de soufre, en faisant fondre ensemble, dans une petite casserollette de terre vernissée, deux parties de fleur de soufre et une partie de potasse : on remue le mélange avec un petit bâton de bois, jusqu'à ce que tout soit bien mêlé, d'une couleur aurore plus ou moins foncée, et en petits grumeaux ; il faut prendre garde que le soufre ne prenne feu.

Autre traitement de la même maladie, par M. Cassan, pharmacien en chef de l'hôpital militaire de Mezières, et membre de la Société d'Agriculture des Ardennes.

On reconnoît que le *chien* gagne la maladie, à son air triste, à la présence d'une matière blanche qui lui découle du coin de l'œil, à une humeur visqueuse qui lui bouche les narines : quand il en est déjà attaqué, il chancèle, sait à peine se soutenir, se traine, maigrit considérablement, prend des crampes et finit par mourir. Plusieurs de ces *chiens* ouverts ont présenté le poumon abcédé et le foie enflammé.

Les moyens suivans ont constamment réussi dans la cure de cette maladie.

L'animal sera purgé avec deux parties de soufre sublimé (*fleur de soufre*), et une partie de *jalap* en poudre, dont on formera un bol, avec quantité suffisante de miel : on lui fait boire, dans la matinée, du lait ou de l'eau de son. La dose, pour un *chien* ordinaire, est de deux gros de fleur de *soufre* et d'un gros de *jalap*.

Dès le lendemain on le mettra à l'usage de l'opiat suivant, pris une fois le jour, à la grosseur d'une noisette : on le répète, en laissant un jour d'intervalle.

Prenez *muriate de mercure doux* (mercure doux), demi-gros ; *poudre d'acore odorant*, deux gros ; *poudre de rhubarbe*, une once ; *térébenthine de Venise*, une once ; *jaune d'œuf*, n° 1 ; *miel blanc*, q. s.

Formez un opiat de moyenne consistance, dont la dose se règle sur la taille du *chien*.

On pratique sur le cou de l'animal, à deux doigts en arrière, et un peu en dessous de l'oreille, un séton. Pour cet effet, le poil sera coupé le plus ras possible ; et au moyen d'un cartelet, on lui passe un cordon plat, de quatre lignes de large, imprégné de beurre, dans lequel on mélangera dix-huit à vingt grains de poudre de cantharides par once.

Il faut observer que l'établissement du séton n'est nécessaire que dans les cas qui résistent aux remèdes précédens et aux fumigations dont nous allons parler. Ces cas sont très-rares et ne se rencontrent pas une fois sur dix.

Les fumigations annoncées se feront tous les soirs, avec de la racine séchée et pulvérisée d'*ellébore pied de griffon*. Pour cela on renferme le *chien* dans un petit espace, dans lequel on place un couvet, sur lequel on projette de cette racine, de façon à saturer l'atmosphère du lieu, et forcer l'animal à en respirer la vapeur.

Il faut, pendant tout le traitement, le garantir de tout refroidissement, et ne lui donner d'autre nourriture que de la soupe, et de l'eau de son pour boisson. Ce traitement dure ordinairement quinze jours plus ou moins.

Je me suis étendu au sujet de l'épizootie, communément appelée *maladie des chiens*, parce qu'elle est extrêmement funeste à cette espèce d'animaux, et qu'elle se manifeste assez souvent, sans néanmoins que l'on puisse regarder ses retours comme périodiques. Je serai plus court dans l'énumération et les moyens curatifs des autres maladies.

Lorsqu'il s'agit de faire avaler quelque breuvage à un *chien*, on tient ordinairement l'animal entre les jambes et on lui ouvre la gueule pour y verser le liquide. Une autre méthode est recommandée par MM. Desgraviers : on met le breuvage dans une fiole comme celle à orgeat, et au lieu d'ouvrir la gueule du *chien*, on en tire à soi les coins d'un côté, de façon qu'ils fassent entonnoir : l'on y verse tout doucement le liquide, avec la précaution de s'arrêter quand le *chien* tousse, et de le laisser reprendre.

La saignée des *chiens* se fait avec la lancette ou la flamme, et aux mêmes veines que les *chevaux*. On ne leur tire pour l'ordinaire que deux onces de sang.

Si l'on veut connoître l'état du pouls d'un *chien*, on le tâte à l'artère du dedans de la cuisse.

Veut-on purger les *chiens* ? s'il ne s'agit que d'une indisposition légère ou de les préparer à quelque traitement, il suffira de leur donner de la soupe faite avec une tête de mouton et deux onces de fleur de soufre. Une autre purgation a été indiquée précédemment dans le traitement de MM. Desgraviers pour la *maladie des chiens*. On purge aussi avec une once de *manne*, fondue sur un feu doux dans une suffisante quantité d'eau. Dufouilloux prescrit la recette suivante : prenez une once et demie de *casse* bien mondée ; deux gros et demi de *staphisaigre* en poudre, et autant de *scammonée*, préparée dans du vinaigre blanc ; quatre onces d'huile d'olive ; mêlez le tout ensemble sur un feu doux. Cette formule est celle d'un fort purgatif, aussi Dufouilloux le conseille-t-il comme un préliminaire dans le traitement de la rage ; mais dans les cas ordinaires l'on n'emploiera que les purgations dont on a parlé précédemment.

Dans les différentes maladies des *chiens*, on leur fait prendre des lavemens que l'on compose avec les mêmes plantes et les mêmes drogues que dans la médecine humaine, mais à moindre dose. Le lavement le plus convenable pour guérir les *tranchées* des *chiens*, qui sont quelquefois si aiguës qu'ils se mordent les flancs, hurlent et se roulent à terre, se fait avec de l'eau chaude, dans laquelle on fait fondre deux chandelles pour trois lavemens. On promène le *chien* malade, et si au bout d'un quart-d'heure, il ne paroît pas soulagé, on lui donne un second lavement et même un troisième. En général, ces lavemens font un très-bon effet dans presque toutes les maladies des *chiens*, et l'on ne sauroit trop les employer.

Les *chiens* sont sujets aux *vers*, et on leur en voit quelquefois sortir du fondement. Du jus d'*absinthe*, de l'*aloès hépatique*, de la *staphisaigre* de chacun deux dragmes, une dragme de *corne de cerf* brûlée, autant de *soufre*, le tout mêlé avec un demi-verre d'huile de noix, forment un bon vermifuge.

La *rétention d'urine* se guérit par une potion faite avec des feuilles de *guimauve*, des *asperges*, des racines de *fenouil* et de *ronces*, à poids égal, et bouillies dans du vin blanc jusqu'à la réduction du tiers.

Pour guérir les *chiens* du *flux de sang* qui est, pour ces animaux une maladie contagieuse, on leur donne de la bonne soupe, dans laquelle on mêle de la *terre sigillée*, ou l'on fait une bouillie fort épaisse avec de la farine de *fèves*, à laquelle on ajoute aussi de la *terre sigillée*.

Les maladies inflammatoires des *chiens* se reconnoissent à une forte fièvre, au battement des flancs, à la lividité des lèvres et des gencives, à la perte de l'appétit, à la maigreur. Dès le moment que ces symptômes se montrent, saignez deux fois le *chien* à deux jours différens. Si les saignées ne procurent pas de soulagement, faites-lui prendre un bain d'eau tiède, deux fois par jour, pendant une demi-heure. Pour ce bain, couchez l'animal dans un baquet, de façon qu'il ait de l'eau par-dessus le dos ; tenez-lui d'une main la tête hors de l'eau continuellement, et frottez-lui le ventre et les reins. Au bout d'une demi-heure laissez-le se lever, se promener et se coucher au soleil si c'est l'été ; mais l'hiver tenez-le dans un lieu chaud et point exposé au vent ; avant de le faire sortir tout-à-fait de l'eau, faites-lui prendre un bon setier de bouillon léger. Donnez-lui à midi un lavement rafraîchissant, et un quart-d'heure après un verre du breuvage suivant : Prenez une poignée de farine d'orge, délayez-la dans de l'eau près du feu, laissez-lui jeter un bouillon, et passez par un linge ; dans un verre de cette eau blanche, faites fondre du miel de la grosseur d'un œuf, et faites avaler au *chien*. Vous pouvez aussi lui donner de cette eau en lavement. A trois heures le second bain, et sur les cinq à six heures un bouillon. Purgez de deux jours l'un avec un bol composé de blanc de baleine, de fleur de soufre, de gomme adragant, de miel de Narbonne, de chaque un gros ; roulez ce bol dans le blanc de baleine, et le faites avaler au *chien* en lui jetant un peu d'eau dans la gueule. Quand la fièvre commence à tomber, donnez par gradation des bouillons plus nourrissans, diminuez le nombre des bains, et augmentez la nourriture jusqu'à faire manger de petits morceaux de viande ; lorsque le *chien* sera guéri, purgez-le avec deux onces de casse mondée, et faites-lui manger de la bonne soupe. (*Extrait de l'Art du valet de limier.*)

Les *chiens* ont quelquefois des attaques d'*épilepsie :* pendant l'accès on leur perce une oreille avec une lancette ou un canif bien aiguisé.

La grande chaleur fait tomber à la chasse ces animaux en *défaillance.* Pour les faire revenir, il suffit de les jeter à l'eau, ou si l'on est loin d'un ruisseau ou d'une mare, on leur ouvre la veine.

De tous les maux extérieurs des *chiens*, la *gale* est le plus commun. Pour la guérir, il est à propos de saigner et de purger le *chien* qui en est attaqué, puis on le frotte chaudement avec de l'huile de noix, du vieux oing et du soufre incorporés ensemble. Le cambouis des roues des forges est aussi un fort bon liniment, on le fait chauffer, on en frotte le *chien* que l'on ne lave que trois jours après. Lorsque la gale est invétérée, l'on emploie l'onguent suivant, que les anciens veneurs ont recommandé : Prenez trois livres de noix, une livre et demie d'huile de cade, deux livres de vieux oing, trois livres de miel commun et une livre et demie de vinaigre ; faites bouillir le tout ensemble, jusqu'à réduction de moitié ; ajoutez poix et résine, de chaque deux livres et demie, cire neuve demi-livre ; faites fondre le tout ensemble en remuant toujours avec un bâton, et quand tout est fondu, vous le retirez du feu et y jetez une livre et demie de soufre, deux livres de couperose, douze onces de verdet, remuez le tout jusqu'à ce qu'il soit froid. Avant de frotter les *chiens* de cet onguent, lavez-les avec de l'eau et du sel, puis frottez-les près d'un grand feu, afin que l'onguent pénètre mieux dans le cuir. Cela fait, attachez-les devant le feu avec une chaîne de fer pendant une heure et demie, et placez à leur portée un vase plein d'eau ; nourrissez-les ensuite de bonne soupe et de chair de mouton bouillie avec un peu de soufre. Laissez l'onguent sur le *chien* pendant quatre ou cinq jours, après lesquels vous le lavez avec de l'eau de savon.

On a annoncé, en 1796, un procédé fort simple, employé, dit-on, avec succès pour guérir la gale des *chiens*. On prend de la *raie* sèche et fumée, telle qu'on la vend desséchée dans tous les lieux qui ne sont pas trop éloignés de la mer, et de préférence l'espèce que l'on appelle *raie bouclée ;* on la fait bouillir dans de l'eau commune, jusqu'à ce qu'elle soit réduite en bouillie, dont on frotte fortement le *chien* malade. L'on a vu guérir, par ce moyen, dès la première friction, un *chien* attaqué d'une gale qui avoit résisté à d'autres remèdes.

Un onguent fort usité pour guérir la gale des *chiens* se fait avec trois livres d'huile de noix ou de navette (pour six *chiens*) que l'on met dans une chaudière de fonte sur un feu doux ; quand elle est chaude, mais pas au point de brûler le soufre, on y jette petit à petit six onces de fleur de soufre, en remuant continuellement avec une spatule de bois ; on ajoute environ une once de noix-de-galle pulvérisée et tamisée, que l'on jette petit à petit en remuant toujours, et ensuite un coup de poudre à tirer, une demi-poignée de sel et une demi-once d'alun. Pour connoître si cet onguent est cuit à son point, on en laisse tomber sur un tuileau quelques gouttes qui prennent la consistance du suif ; autrement l'huile s'étendra ; dans ce dernier cas, il faut remettre la chaudière sur le feu pour achever la cuisson. Après avoir saigné les *chiens* galeux, on les tient enfermés pendant trois jours, sans changer leur paille ; on leur donne deux fois par jour de l'eau fraîche, et tous les jours à midi de la soupe, à laquelle on ajoute pendant deux jours une once de fleur de soufre pour chaque *chien ;* on les frotte de l'onguent le quatrième jour, puis on les savonne, et on leur donne de la paille fraîche.

Les *dartres* se guérissent en les frottant, après avoir enlevé le poil, avec de la lessive, du vinaigre et du sel, jusqu'à ce qu'elles saignent ; alors on y applique quelqu'onguent approprié. Si le mal est invétéré et rebelle, il faut saigner le *chien* et lui faire boire du petit-lait.

Il survient quelquefois des *loupes* en diverses parties du corps des *chiens ;* si elles se trouvent en des endroits où la quantité des nerfs et des veines ne rende pas l'opération dangereuse, on fera bien de les extirper ; autrement on tâchera de les résoudre avec quelqu'emplâtre fondant.

Quand les oreilles d'un *chien* coulent, on y insinue avec une plume ou le bout du doigt, de l'huile de laurier tiède, et on les bouche en-suite avec du coton ; ou bien on seringue dans l'oreille malade de l'eau-de-vie et de l'eau par partie égale, et tièdes. Les *chancres* aux oreilles cèdent quelquefois à l'inflammation d'une traînée de poudre à tirer, que l'on répand sur le mal. S'il est opiniâtre, prenez une demi-once de savon, autant d'huile de tartre, de soufre, de verdet et de sel ammoniac ; incorporez le tout avec du vinaigre blanc et de l'eau-forte ; mettez de ce mélange sur le chancre pendant neuf matins de suite. L'orpiment jaune pulvérisé, se met aussi avec succès sur les chancres. Il y a de ces maux qui sont si rebelles à tous les remèdes, qu'il faut couper l'oreille qui en est rongée.

On fait périr les *puces* et autres insectes qui tourmentent les *chiens,* en les lavant avec une lessive faite de cendre de sarment, de deux poignées de feuilles de *lierre,* de *patience* et de *mentha* bouillies ensemble, et à laquelle on ajoute deux onces de *staphisaigre* en poudre, deux onces de savon, une once de *safran*, une poignée de sel. Du lait et de l'huile de noix, mêlés ensemble et un peu chauds, dont on frotte les *chiens*, les délivrent des puces. Pour empêcher les mouches de s'attacher aux plaies des *chiens*, on les bassine avec du jus de *morelle*.

Un *chien aggravé* est celui dont les pieds fatigués par une marche longue pendant une grande sécheresse, par des chasses dans un terrain sablonneux, pierreux, échauffé, ou pendant la neige et les glaces, sont devenus douloureux, engorgés, rouges, enflammés, crevassés, dont la sole au-dessous des pieds a été usée, amincie, etc. Cette maladie peut être comparée à celle qu'on appelle *cloche* ou *cloque* dans l'homme, et qui se forme sous la plante des pieds après une marche pénible : elle a aussi quelque ressemblance avec la *fourbure des chevaux*, et elle produit les mêmes effets ; il se forme des cloques ou ampoules sous la sole du *chien* comme sous la sole du *cheval*. Il se dépose une plus ou moins grande sérosité sous cette partie ; les ergots tombent quelquefois ; les jambes deviennent roides et paralytiques. Si le mal est léger, le *chien* se guérit lui-même en léchant continuellement ses pattes ; mais si les accidens sont plus graves, si les crevasses des pieds sont saignantes ou laissent échapper une sérosité qui annonce toujours l'inflammation, si l'animal est toujours couché, s'il crie, s'il se plaint et écarte les jambes, il faut avoir recours à des remèdes dont voici le plus usité : Prenez douze jaunes d'œufs, délayez-les dans quatre onces de suc de *piloselle* ou dans autant de vinaigre, pour en former une espèce de liniment, auquel on ajoutera quelques pincées de suie de cheminée réduite en poudre très-fine ; on frottera avec ce mélange les pieds du *chien*, et on en imbibera des linges pour les envelopper. Ce remède a été rectifié par MM. Desgraviers ; ils prescrivent le blanc d'une demi-douzaine d'œufs au lieu de jaunes ; on les met dans un pot avec de la suie et du bon vinaigre ; on bat le tout ensemble, et l'on trempe les pattes du *chien* dans le pot. D'autres, après avoir lavé les crevasses des pieds avec du vin chaud, prennent un *oignon blanc* qu'ils pilent avec une poignée de sel et de suie de cheminée, pour en exprimer le jus sur les crevasses. Il y en a qui appliquent dessus et dessous les pieds du sel de tartre dissous dans l'eau. Plusieurs font dissoudre deux onces de sel ammoniac dans une pinte d'eau, ils y ajoutent un demi-setier d'eau-de-vie, et bassinent les parties malades avec cette liqueur, dont l'application est douloureuse, mais dont l'effet est très-prompt.

Voici la recette d'un baume excellent pour les *coupures*, les *écorchures*, l'*échauffement* des pieds et les *blessures* des *chiens*, extraite de l'*Art du valet de limier*. Prenez deux livres de lard, le plus vieux et le plus rance ; coupez-le par tranches, et faites-le fondre dans un poêlon ; à mesure que le lard fond, versez-le à travers un tamis, dans un pot de terre vernissé ; avant que la graisse soit figée, joignez-y baume du *Pérou*, huile de *baume* et huile de *laurier*, de chaque une demi-once, et remuez le tout avec un bâton. Gardez cet onguent pour le besoin, plus il est vieux, meilleur il est.

L'*étrafflure* est une espèce d'effort que le *chien* se donne à l'une

des jambes de derrière; alors il la lève en l'air, et ne peut la poser à
terre. Si l'on tarde à y apporter remède, il se forme une exostose, et
la cuisse maigrit et se dessèche. On saigne le *chien étrufflé* au cou;
on prend de son sang dans une assiette, on le remue pour l'empêcher
de se cailler trop vite, et l'on y ajoute un peu d'essence de térébenthine. On couche le *chien* sur le côté sain; on tend la jambe malade,
et on la frotte fortement et à plusieurs reprises; ensuite on verse
petit à petit le sang et l'essence, en frottant toujours. On coupe légèrement avec un bistouri le dessous de la patte saine, au talon et aux
deux pinces, afin d'obliger le *chien* à se poser plus promptement sur
la patte malade. On le laisse pendant vingt-quatre heures, au bout
desquelles on ravive le mélange avec de l'eau-de-vie camphrée ou de
fort vinaigre, et on répète le pansement. Si, au bout de deux fois
vingt-quatre heures, le *chien* ne se pose pas tout-à-fait bien sur sa
patte, on y applique, après l'avoir frottée quelque temps pour
l'échauffer, de l'onguent nervin de la grosseur du pouce, auquel on
mêle un peu d'huile de laurier. Il ne faut se servir de ce liniment que
deux ou trois fois au plus, à trois jours de distance l'un de l'autre;
dans l'intervalle, on peut employer l'huile de laurier pure. S'il n'y a
point d'inflammation le lendemain du premier pansement, il suffit de
le continuer seulement avec de l'eau-de-vie camphrée. Quand la cuisse
et la jambe sont déjà tombées en atrophie, on les frotte avec de la
bière, que l'on fait chauffer dans une assiette de terre, avec un peu
de moelle de *cerf* et de beurre frais.

De grandes fatigues occasionnent un *gonflement des jointures* des
chiens; ces grosseurs, d'abord molles, se durcissent insensiblement,
et finissent par rendre les *chiens* boiteux et estropiés. On applique le
feu sur le mal en patte d'oie et deux petits boutons de feu au-dessous
du ligament; on panse avec un onguent suppuratif. Il est bon de faire
précéder l'application du feu par une saignée, et d'y joindre l'usage
des lavemens.

Il se forme quelquefois une *tumeur* à la gorge des *chiens*; on la
graisse avec de l'huile de camomille, et on lave l'animal avec du vinaigre et du sel.

Mais les accidens les plus fréquens auxquels sont exposés les *chiens
de vénerie*, sont les blessures qu'ils reçoivent par les andouillers des
cerfs ou les défenses des *sangliers*. J'ai donné plus haut la composition d'un onguent très-propre à guérir ces sortes de blessures. Le jus
de feuilles de choux rouges passe aussi pour un remède non moins
efficace, quoique beaucoup plus simple. Si les boyaux sortent par
l'ouverture, il faut les repousser doucement avec la main frottée
d'huile ou de graisse, mettre dans la plaie une tranche mince de lard
gras, recoudre la plaie et la tenir toujours grasse, afin d'engager le
chien à la lécher. Lorsqu'il n'y a que contusion, on rase le poil et
on applique un emplâtre bien chaud, fait avec de la poix de Bourgogne mêlée à de l'huile rosat et étendue sur de la toile : on laisse cet
emplâtre jusqu'à ce qu'il tombe.

Je terminerai ici le chapitre des maladies des *chiens*; je me suis
borné à parler de celles dont ils sont le plus fréquemment atteints : ils
en ont encore qui leur sont communes avec les autres animaux do-

mestiques, car la domesticité, qui est un état hors de nature, produit un grand nombre de maux, et ce seroit passer les bornes de cet article que de le grossir de leur énumération complète.

De la lice et de la manière d'élever les jeunes Chiens.

Du choix des *chiennes* de chasse ou des *lices* dépend la bonne composition d'une *meute* ; mais leur nombre doit y être fort au-dessous de celui des mâles. Sur cinquante *chiens*, par exemple, dont une *meute* est formée, six *lices* au plus sont nécessaires ; plus nombreuses, elles mettroient le désordre dans le *chenil* ; d'ailleurs elles sont inutiles pour la chasse, lorsqu'elles sont pleines ou qu'elles nourrissent leurs petits. L'époque de la chaleur des *chiennes*, la durée de leur gestation, leur portée, etc. sont autant de sujets qui ont été traités dans l'Histoire naturelle du CHIEN. *Voyez* ce mot.

Il faut choisir la *lice portière*, c'est-à-dire celle dont on veut tirer race, parmi les plus belles, les plus fortes et les mieux proportionnées dans toutes leurs dimensions; elle doit avoir les flancs grands et larges. Dès qu'on s'apperçoit qu'elle entre en chaleur, on la met dans un chenil à part, et ce n'est que le sixième ou septième jour que l'on renferme avec elle le *chien* qu'on lui destine. Il est important de ne pas la laisser couvrir à sa première chaleur par un *chien* de mauvaise race, car les veneurs prétendent avoir remarqué que de quelque mâle qu'une *lice* soit alors couverte, ses autres portées se ressentent de ce premier accouplement, et il s'y trouve des petits *chiens* qui ont de la ressemblance avec le père de la première litée. Un jeune mâle est préférable à un vieux, si l'on veut avoir des *chiens* légers et ardens. L'on ne fait pas cas en général des produits de la première portée, ils sont moins forts que ceux qui viennent ensuite, et, ajoute-t-on, plus sujets à la rage.

On laisse pour l'ordinaire le mâle enfermé pendant deux heures avec la femelle, et on lui fait réitérer sa visite trois jours de suite. Quand la chaleur de la *chienne* est passée, on la remet au chenil commun, et on ne la fait pas chasser de quelques jours. Elle peut ensuite chasser pendant un mois ; mais aussi-tôt que l'on s'apperçoit que son ventre *avale*, c'est-à-dire qu'il grossit, on la laisse en liberté dans la cour ; on augmente sa nourriture, et on lui donne tous les jours de la soupe.

Il y a des *chiennes* qui sont d'une complexion froide et qui n'entrent en chaleur que rarement. Le breuvage suivant est très-propre à les provoquer et à les rendre ardentes : c'est Jacques Dufouilloux, l'un de nos plus anciens et de nos meilleurs auteurs de *vénerie*, qui en a donné la recette. Prenez deux gousses d'*ail*, du *castoreum*, du jus de cresson alénois, et une douzaine de *cantharides*; faites bouillir le tout dans une pinte d'eau avec de la chair de *mouton*, et faites-en boire deux ou trois fois en potage à la *lice*, qui viendra bientôt en chaleur. L'on peut user du même procédé pour réchauffer un *chien* trop lent ou trop affoibli. Mais un moyen plus naturel et peut-être plus sûr de parvenir à mettre ces animaux en chaleur, c'est d'enfermer ensemble les mâles et les femelles dans un même chenil.

Les petits *chiens* qui viennent sur la fin d'octobre sont difficiles à élever à cause du froid, aussi bien que ceux dont la naissance a lieu en juillet et août, par rapport à la grande chaleur et aux *mouches*, aux *puces* et autres insectes qui les tourmentent. La saison la plus favorable aux petits *chiens* est le printemps. S'ils viennent en hiver, on les met sur la paille dans un endroit bien chaud; et si c'est en été, on les place en lieu frais et assez obscur, pour que les *mouches* n'y pénètrent pas. Si les *puces* ou d'autres insectes les dévorent, on pourra les frotter deux fois la semaine avec de l'huile de noix, mêlée et battue avec du safran en poudre. On ne conserve pas tous les *chiens* que la *lice* a mis bas, et l'on doit se contenter de lui en laisser nourrir trois ou quatre; la mère et les enfans s'en trouveront beaucoup mieux.

Lorsque les *chiens* sont nés, laissez-les sous la mère, gardez-vous bien de les mettre sous une autre *chienne*; un lait et des soins étrangers nuiroient à leur accroissement : rien qui leur fasse autant de bien que le lait de leur mère, que son haleine, ses soins et ses tendres caresses (**Xénophon**, *Traité de la Chasse*, traduction de M. Gail). Ces conseils donnés par un ancien sont encore les meilleurs à suivre; cependant l'on est assez généralement dans l'usage de retirer à la mère ses petits au bout de deux mois, et de les donner à élever dans les villages. On a commencé, dès qu'ils ont trois semaines, à les habituer à prendre de la nourriture, en mettant près d'eux un plat de lait, auquel on ajoute de la mie de pain quand ils sont âgés d'un mois. Mais si l'on peut laisser à la mère le soin de ses petits, ils deviendront plus beaux et plus vigoureux.

Un usage dont je ne conçois pas le motif, et que je regarde néanmoins comme inutile, est celui d'*éverrer* les jeunes *chiens* au moment où on les sépare de la mère, quinze jours après leur naissance, selon Dufouilloux. Cette opération consiste à leur ôter un petit nerf qui est sous la langue, et que des gens peu instruits prennent pour un *ver*. Les chasseurs prétendent que ce nerf empêche les *chiens* de manger, contribue à les faire devenir étiques, et leur laisse des dispositions à la rage. J'ai élevé de jeunes *chiens courans*, sans permettre qu'on les *éverrât*; ils sont devenus très-beaux, et n'ont éprouvé aucun accident. Voici, au reste, la manière dont on s'y prend pour retrancher ce prétendu *ver* de la langue des *chiens*. On saisit l'animal par les deux pattes de devant, en le tenant soulevé; une autre personne placée derrière son dos lui ouvre la gueule, y passe un torchon en travers, et prend de chacune de ses mains une oreille qu'elle tient avec son torchon, ce qui empêche le *chien* de tourner la tête à droite ou à gauche. Alors celui qui va *éverrer*, prend avec un linge blanc la langue du *chien*, la retourne, en tient les deux bords, et passe un doigt en dessous dans le milieu, pour servir d'appui. Il fend la langue un peu en long avec un bistouri ou un canif immédiatement sur le milieu du nerf qui est placé sous la langue auprès du filet, puis avec un petit morceau de bois ou le manche de l'instrument que l'on passe entre la langue et le nerf, il arrache celui-ci, qui a quelque ressemblance à un *ver* pointu par les deux bouts et long d'un pouce. Cette opération est précédée par une autre plus simple, mais non moins inutile; c'est de couper le bout de la queue aux petits *chiens*.

D'autres leur font subir une troisième opération, en leur coupant le tendon au-dessous de l'oreille, afin qu'elle tombe bien. N'est-ce donc pas assez de tourmenter ces intéressans animaux pendant le cours de leur vie, en les empêchant de suivre leurs appétits, dès qu'ils ne tournent pas à notre utilité ou à notre agrément, sans les mutiler dès leur naissance par des pratiques sans but réel, et qui ne laissent pas d'être douloureuses ?

Les anciens qui s'occupoient beaucoup de l'éducation des *chiens*, jugeoient que les petits qui s'attachoient aux mamelons les plus antérieurs, devenoient plus forts et plus vigoureux que les autres. Ils avoient aussi quelques autres indices, tels que la couleur du palais, noire dans les bons *chiens*, rouge dans les mauvais; mais ces conjectures n'ont rien de fondé, et l'on ne doit point s'y arrêter. Ce n'est guère qu'à l'âge de trois ou quatre mois qu'il est possible de prendre quelque idée, par les formes extérieures, de ce que promet un *chien*; l'on peut espérer qu'il sera bon, s'il a les nazeaux ouverts, les oreilles longues, larges et épaisses, le poil de dessous le ventre gros et rude.

A la campagne, on nourrit les jeunes *chiens* que l'on a séparés de leur mère avec du pain de froment, du laitage et de la soupe; on ne leur laisse point manger de charogne, ni courir dans les garennes; on ne les enferme pas, et en vivant au milieu des basse-cours, ils se familiarisent avec les autres animaux domestiques, et ne sont pas tentés de les poursuivre, de même qu'ils s'accoutument aux intempéries de l'atmosphère, par leurs courses fréquentes dans les campagnes. Ce sont les seuls momens heureux de la vie du *chien*; à peine a-t-il atteint l'âge de dix mois, ou tout au plus d'un an, qu'on l'amène au *chenil* et que commence le plus rude apprentissage, dont l'exercice, ainsi que la contrainte la plus sévère et l'esclavage le plus complet, ne se terminent qu'à la mort de l'animal.

Si l'on ne veut pas conserver de *chiens* d'une portée, on les jette aussi-tôt que la *lice* a mis bas; et pour lui faire passer le lait, on frotte deux fois par jour ses mamelles avec de la terre franche délayée dans du vinaigre; sous quelques jours le lait passera, sans accident. Les colliers de liége que l'on a coutume de mettre aux *chiennes* dans la vue de leur faire perdre le lait, ne paroissent pas avoir grande vertu, et on leur attribue, ce me semble, des effets qui ne sont dus qu'aux efforts de la nature.

Dans le cas où le lait seroit coagulé et formeroit des duretés aux mamelles de la *lice*, il faudroit les oindre de graisse dans laquelle on auroit fait frire une poignée de *séneçon*: on réitère cette onction plusieurs jours de suite.

Le nombre de *chiennes* ne devant pas être considérable dans un équipage de *vénerie*, on pourra les conserver, sans que cela dérange, en *coupant* celles dont on ne veut pas tirer race; cette opération doit se faire, autant qu'il est possible, avant que les *chiennes* aient porté, et même avant qu'elles aient été couvertes; l'époque la plus favorable est quinze jours après la chaleur. Ces *chiennes* coupées chassent aussi bien, mais durent plus long-temps que celles que l'on fait porter.

De la manière de dresser les jeunes Chiens courans.

C'est, comme il vient d'être dit, à dix mois ou à un an que l'on retire les jeunes *chiens courans* des endroits où on les a élevés, et qu'on se dispose à les dresser. Il est avantageux de les tenir ensemble dans un même *chenil.* Le *piqueur* ou le valet chargé de leur éducation, doit être intelligent, doux, patient et aimant les *chiens*. Avec ces qualités, il viendra aisément à bout de dresser ces jeunes animaux. Personne n'a mieux présenté les règles de cet art, que MM. Desgraviers. « Le » *piqueur* aura grand soin de ne pas laisser faire un pas aux *chiens*, » même de leur laisser prendre leur repas, sans commandement. Il » commencera donc par les accoutumer aux différentes intonations » usitées à la chasse, pour en exiger des signes d'obéissance, soit en » modérant leur ardeur, soit en leur donnant quelque liberté. Pour » cet effet, ce même homme ayant, aux heures du devoir, fait mettre » l'auge garnie de pain, en dehors et à dix pas de la porte, l'entr'ou- » vrira, et passant par l'ouverture la gaule qu'il a en main, il la re- » muera si bien, que tous les *chiens* qui viennent pour forcer rece- » vront un coup de gaule sur le nez. Bientôt, avec de la douceur et » de la patience, et avec l'aide de la gaule toujours agitée, il ouvrira » la porte toute grande, et se tenant dans le milieu, il empêchera les » *chiens* de sortir. Lorsqu'en entr'ouvrant la porte, et leur criant, » *derrière*, il est parvenu à ce qu'il n'y en ait pas un seul qui bouge, » alors il leur tournera le dos et les laissera sortir pour manger, en » leur disant, *allons, allons.*

» Cette leçon répétée soir et matin pendant plusieurs jours, et les » premières intonations bien comprises par la jeune *meute*, il procé- » dera à la faire rester sur les bancs du chenil, en lui criant, *derrière*, » pendant qu'il y fait entrer l'auge. Lorsqu'il la verra bien affermie » dans cette nouvelle leçon, il en augmentera la difficulté, en se ser- » vant des termes *tahiau, derrière,* et *allons,* avant qu'elle mange. » Insensiblement il l'amènera à ne pas bouger de dessus ses bancs, au » seul mouvement du bras, du mouchoir ou du fouet, quoiqu'il ait » feint de se retourner, et lorsque ne se retournant qu'à demi, il fait » agir un de ces moyens d'obéissance contraires à sa conversion.

» Quand vous voyez vos *chiens* moins farouches, et qu'ils connois- » sent mieux les personnes qui en ont soin, pour lors, matin et soir, » si même trois fois par jour, vous êtes pressé de votre remonte, » vous les faites coupler et conduire au-dehors, d'abord dans un en- » droit où on ne court pas le risque de les perdre, tel qu'un champ » fermé entre deux haies. Quatre hommes les accompagnent, un de- » vant, un derrière, et les deux autres de chaque côté. Le premier » jour, on les mène droit devant eux, et l'homme qui est en tête doit » les appeler souvent à lui par le terme usité, *hau, hau, hau.* Le » second jour, on varie l'instruction, en allant aussi de droite et de » gauche du chemin que l'on suit, en se servant toujours des mêmes » termes. Le troisième jour, on décrit un demi-cercle, tantôt sur une » main, tantôt sur l'autre, en joignant aux termes ci-dessus exprimés, » celui de *ha au retour, ha au retour;* on parvient à décrire le cercle

» entier. Le retour fini, on les arrête de temps en temps en place,
» en leur criant, *derrière*, et en repartant par *allons*.

» Quand vos *chiens* sont stylés à ces premières instructions, vous
» leur faites exécuter un retour entier ; vous y parviendrez en les
» arrêtant ferme en place. L'homme de la queue de votre meute
» vient se mettre en avant de celui qui est à la tête ; les deux des
» ailes ne bougent. Alors le piqueur de la tête passe au travers de
» ses *chiens*, en leur disant, *ha au retour*, et en faisant claquer ses
» doigts ; l'autre frappe de sa gaule ou de son fouet à terre, pour les
» empêcher de passer en avant, et les renvoie à celui qui les appelle,
» en leur disant, *allez au retour*. Par-là vous les accoutumerez à bien
» comprendre ce terme, pour lequel ils doivent faire volte-face, terme
» très-essentiel et très-utile à la chasse. Vous vous bornez à ces leçons
» jusqu'à ce que vos jeunes élèves y soient confirmés, et les exécutent
» avec facilité et intelligence. De là, vous passez à leur faire pratiquer
» le retour en place. Pour cette manœuvre, celui qui est à la tête arrête
» les *chiens*, en les prévenant par *tout bellement* prononcé d'une in-
» tonation plus douce que *derrière*, laquelle étant faite pour imprimer
» de la crainte et obtenir une exécution prompte, doit être articulée for-
» tement. Une fois arrêtés, celui qui est par-derrière, et d'abord très-
» près d'eux, les appelle par les mots, *hau, hau, hau*. Si-tôt qu'ils com-
» mencent à tourner la tête, à l'instant il leur crie, *au retour, au retour*,
» et il marche aussi-tôt après sa demi-conversion. Vous répétez de même
» cette leçon jusqu'à ce que vos *chiens* n'y fassent aucune faute. Vous
» supprimez ensuite le terme, *hau, hau*, et vous les amènerez à faire
» le retour, l'homme se tenant à une distance plus éloignée, de façon
» cependant à en être entendu. Quand vos *chiens* conçoivent parfai-
» tement tout ce qui leur a été enseigné ci-dessus, on leur fait répéter
» dans une même leçon toutes les manœuvres apprises en plusieurs :
» alors vous les instruisez à arrêter, quoique l'homme de la tête con-
» tinue de marcher en avant ; dans cette leçon, l'homme de la tête
» arrête ses *chiens*, en leur criant, *derrière*, et en leur faisant face ;
» il s'éloigne ensuite à reculons, en les contenant en place par le terme
» *derrière*. (Si un *chien* se porte en avant, il le nomme par son nom,
» en lui criant, *derrière* ; un des hommes d'aile lui répète de même
» son nom, et, s'il n'obéit pas, avance et lui fait sentir son fouet, en lui
» criant, *derrière*, et y joignant, *rentre à la meute*.) Lorsque tous
» sont attentifs, ce même chef se retourne, les appelle, en leur di-
» sant, *allons, allons, hau, hau, hau*. Arrivés à lui, il leur fait
» face tout de suite, crie *derrière*, et fait claquer ses doigts pour les
» egayer ; puis il se retourne encore, en les appelant par *allons* et
» *tout bellement* Cette leçon, pratiquée de cette manière plusieurs
» jours de suite, et bien exécutée, on la varie encore. L'homme de
» tête, tout en marchant, et sans se retourner, prévient ses *chiens*
» par les termes, *tout bellement, tout bellement*, et *derrière*, et con-
» tinue son chemin. Les deux hommes d'aile doivent avoir grand soin,
» dans cet instant, de contenir exactement les *chiens*, nommant tou-
» jours par son nom, et en corrigeant celui qui tombe en faute.
» Quand tous sont tranquilles, l'homme de tête appelle à lui, et leur
» fait face lorsqu'ils le joignent.

» Vous vous assurerez d'une docilité plus parfaite encore , si
» l'homme de la tête, marchant et ne commandant pas , l'homme de
» la queue, par les termes *tout bellement* et *derrière*, articulés d'un
» ton ferme et bref , prévient ses *chiens* et les arrête , quoique le pre-
» mier continue d'aller en avant et ne doive suspendre sa marche
» qu'au commandement du second, à l'effet de se retourner à demi ,
» d'appeler à lui et de faire face.

» Vos élèves ayant été arrêtés de cette manière par le piqueur de la
» queue, repartant au commandement de celui de la tête en branle
» pour le rejoindre, celui-là les prévient une seconde fois par les
» mêmes termes de *tout bellement , derrière*, et les arrête dans leur
» plus grande course, malgré la progression continue de celui-ci.

» Tout ceci bien conçu, bien exécuté, et qui dénote par conséquent,
» et la prompte soumission de votre jeune meute et sa compréhension
» aux intonations, vous la perfectionnerez par des retours en place ,
» commandés alternativement par les hommes de tête et de queue. A
» cet effet, le dernier la laissant, elle et ses trois autres conducteurs ,
» filer devant lui jusqu'à la distance de cinquante à soixante pas, la
» rappelle alors au retour : le premier qui , à l'instant de ce rappel, a
» fait volte-face , et reste immobile pendant que cette jeune meute exé-
» cute le mouvement qui lui a été ordonné, attend qu'elle soit à dix pas
» de celui qui le lui a fait pour lui crier *derrière* : aussi-tôt qu'elle est
» arrêtée, il la rappelle au retour ; arrivée à dix pas de lui, l'autre re-
» nouvelle les mêmes commandemens. Pendant cette manœuvre ré-
» pétée plusieurs fois alternativement par les hommes de tête et de
» queue, ceux d'ailes, qui sont aussi stationnaires, se bornent à dire
» à la jeune meute, tandis qu'elle passe et repasse devant eux , *allez au*
» *retour.*

» Une fois bien confirmée dans les retours alternatifs , vous en ren-
» dez l'exécution plus difficile, en l'obligeant à former son arrêt aussi
» promptement que s'il avoit été ordonné à la voix, par le simple
» mouvement du bras ou du mouchoir d'un des hommes d'ailes , ou
» de son chef , quand elle est à quelque distance de celui-ci; mouve-
» mens qui ne sont pas nouveaux pour elle, puisqu'ils lui ont été
» enseignés dans le chenil dès les premières leçons de son instruction,
» et auxquels elle doit obéir aussi promptement qu'aux commande-
» mens de la voix.

» Vos *chiens* familiarisés avec leurs guides , et comprenant bien
» leurs gestes et leurs intonations, vous les accoutumerez à aller à
» l'*ébat* sans être couplés , avec la précaution toutefois de ne décou-
» pler qu'à fur et à mesure les plus sages et les moins hagards. Vous
» les promenerez d'abord dans des endroits où ils ne puissent pas se
» perdre, ni être détournés par quelques objets de l'attention qu'on
» leur demande ; vous les transporterez ensuite sur toutes sortes de
» terreins, afin de les habituer à exécuter leurs différentes leçons, et
» à être maintenus dans la même docilité parmi la variété des objets
» qui se présenteront à eux, et par-là vous vous assurerez de cette par-
» faite obéissance qui est le principal agrément de la chasse, et que
«vous n'obtiendrez jamais dans des *ébats* renfermés, que nous re-

» gardons avec juste raison comme très-mauvais, même pour un équi-
» page formé.

» Quand vous jugez vos *chiens* suffisamment instruits de toutes ces
» leçons aux intonations de la voix, vous les leur faites pratiquer au
» son de la trompe, en suivant la même gradation dans cette nou-
» velle instruction. Vous les arrêtez d'abord à la voix, l'homme de
» tête s'éloigne d'eux, et, par un *requête*, les appelle à lui. Vous leur
» demandez de même des retours (ce qui est l'*hourvari* usité à la
» chasse). quand ils s'y sont affermis, vous les arrêtez de temps à
» autre, en leur criant, *derrière, tahiau*, comme si vous les arrêtiez
» en chasse : vous leur sonnez fanfare, et après cela vous les faites
» repartir par *allons, tout bellement*, ou un *requête*.

» Vos *chiens* aussi bien stylés que nous le desirons, et devant être
» découplés, vous pratiquez à cheval, au pas et au petit trot, avec
» le même nombre d'hommes et sur les mêmes terreins, tout ce que
» vous leur avez fait faire journellement étant à pied, en vous ser-
» vant d'abord de la voix, puis après de la trompe. Vous éviterez,
» sur toutes choses, de ne jamais leur donner d'ardeur ; vous aurez
» soin de les prévenir toujours sur le premier objet capable de les
» enlever, par, *tout bellement, derrière, fi-de-ça*, et vous ferez des-
» cendre de cheval, pour corriger sur-le-champ celui qui s'animera.

» Supposant vos *chiens* parfaitement confirmés dans tout ce qui leur
» a été enseigné ci-dessus, soit à pied, soit à cheval, vous entreprenez
» une besogne plus difficile encore, mais la plus propre à obtenir de
» ces jeunes animaux toute la sagesse à laquelle nous voulons les ame-
» ner : c'est de les promener dans les plaines et au milieu des *lièvres*,
» sans prendre de l'ardeur. Vous les faites donc coupler par bandes
» de six ou huit au plus, conduites par des valets de *chiens* à pied :
» vous entrez dans la plaine la mieux meublée de *lièvres*, vous es-
» pacez vos hommes à cent pas l'un de l'autre, et vous les faites che-
» miner ainsi : au premier *lièvre* qui part, ces jeunes *chiens* ne de-
» mandent pas mieux que de courir après ; chaque valet de *chien* re-
» marque ceux qui ont l'oreille la plus haute, il tombe dessus à coups
» de fouet, en leur criant : *ha hey, fi les vilains, ha hey derrière*, les
» mène sur la voie, et continue son chemin. A chaque nouvelle faute,
» il recommence la même correction, jusqu'à ce que sa harde recule
» au lieu d'avancer, quand elle voit partir un *lièvre*. Cette leçon étant
» répétée deux jours de suite, vous pourrez promener vos *chiens*
» étant simplement couplés. Celui qui sera à leur tête aura l'œil bien
» attentif à distinguer tous les *lièvres* qui partiront devant lui ; du mo-
» ment qu'il en appercevra un, de près comme de loin, il préviendra
» ses *chiens*, en leur criant : *tout bellement, fi-de-çà, derrière ha hey*.
» Il se dérangera de devant eux, afin de leur découvrir la plaine, et s'il
» y en a un qui léve seulement l'oreille, il ne l'épargnera pas. Par
» cette méthode, vous parviendrez à habituer vos *chiens*, étant même
» découplés, à passer dans les plaines et au milieu des *lièvres* sans
» pour ainsi dire y faire attention.

» Ces promenades ayant réussi selon vos desirs, vous les ferez ré-
» péter avec vos valets à cheval ; si par hasard vos *chiens* s'empor-
» toient, et qu'au lieu de pouvoir les arrêter, ils s'en retournassent

» au chenil, il faudroit les ramener tout de suite dans la plaine, et les
» faire promener en couple, et avec des hommes à pied qui les cor-
» rigeroient vertement au premier signe d'ardeur, et sur-tout ceux
» qu'on auroit remarqué avoir entraîné les autres dans leur indocilité.

» La quarantaine étant bien avancée, vous ferez mener en hardes vos
» jeunes *chiens* à la chasse, pour qu'ils s'accoutument à prendre hauteur
» du pays et de la rentrée du chenil. Si les valets qui les promènent,
» ayant eu soin de les tenir derrière eux pendant toute la chasse, de
» les faire taire au premier cri, de les maintenir dans une exacte obéis-
» sance, peuvent arriver à *ta mort*, cet *halali* leur donne déjà une
» connoissance de l'animal qu'ils doivent chasser.

» Après deux ou trois de ces chasses-promenades, vous partagerez
» en deux bandes égales vos jeunes *chiens*, que vous sous-diviserez deux
» par deux dans vos hardes basses, pour être découplés avec elles.
» Chacune de ces moitiés ne chassera que de deux chasses l'une, afin
» qu'elles n'acquièrent jamais assez d'haleine pour maîtriser vos vieux
» *chiens*. A mesure qu'elles tiendront mieux la voie, et qu'elles pren-
» dront plus de train, vous les remonterez d'harde en harde, jusqu'à
» votre vieille meute, avec l'attention toutefois d'avoir celle-ci com-
» posée de la moitié au moins de vieux *chiens*. La composition de
» vos hardes restera ainsi l'espace de trois mois au moins, et vous ne
» mettrez de *meute* vos jeunes *chiens* que lorsqu'ils n'auront plus be-
» soin de conducteurs.

» Si votre remonte n'est pas considérable, il est possible de la
» former de cette manière, sans déranger votre meute ancienne : si
» elle l'est, et qu'on soit amateur d'avoir et de conserver un excel-
» lent équipage, on choisira un petit nombre des *chiens* assez vites
» et bien chassans pour dresser les jeunes, et quand ceux-ci seront
» dociles et bien chassans, on les réunira à la *meute* : par ce moyen,
» on ne dérange rien et on jouit de ses travaux.

» Il faut, pour bien chasser, égaliser le pied de ses *chiens*, descen-
» dre d'une harde, ou mettre à celle de dessous ceux qui baissent de
» train, parce qu'un bon *chien* fera bien chasser à lui seul cinquante
» *chiens* médiocres, s'il tient la tête des hardes découplées, tandis que
» le meilleur des *chiens* devient pitoyable ou se crève, s'il n'en peut
» soutenir la vîtesse. Un bon *chien* doit donc être la clef de sa meute,
» doit être ménagé, et mis à une harde où il ait la supériorité de
» vîtesse sur elle et sur tout ce qui est découplé ». (*L'Art du Valet
de limier.*)

La chasse du printemps est la meilleure pour achever de dresser
les jeunes *chiens courans*. Ceux qui sont destinés à chasser une espèce
de gibier, ne doivent pas attaquer d'autres espèces ; il faut même
qu'ils les regardent avec indifférence. Pour parvenir à les rendre dociles sur ce point, on les promène couplés et en *hardes* (plusieurs
couples de *chiens* attachés ensemble se nomment *harde*), dans les endroits où il y a beaucoup de gibier. On leur en fait voir, à la chasse
duquel ils ne sont pas destinés, et si quelques-uns d'entr'eux s'animent et crient, on les corrige, puis on les mène sur la voie en leur
répétant : *tout bellement, fi ha hey, derrière*, et l'on continue son
chemin. Cette leçon doit se faire tous les jours, jusqu'à ce que les

chiens soient fermes à ne *rabattre* que les voies de l'animal qu'ils doivent chasser. Bientôt ils regarderont les autres animaux avec indifférence.

Du Limier.

C'est du *limier* que dépend le succès de la chasse ; c'est lui qui sert à reconnoître le lieu où le gibier s'est retiré, qui en suit la trace sans bruit, et sert à le lancer ; c'est le chien de confiance du *veneur*. Les *limiers* forment une race particulière, qui est fort belle en Normandie. Ils sont ordinairement d'un gris tirant sur le brun, ou noirs marqués de feu, avec du blanc sur la poitrine, hauts de vingt à vingt-deux pouces, épais, vigoureux et même méchans ; leur tête est grosse et carrée ; leurs oreilles sont longues et larges, et leurs reins sont bien faits.

L'éducation du *limier* exige des soins et des connoissances de la part du *veneur*. Il ne faut pas le mener avant qu'il ait quinze ou seize mois, et encore faut-il qu'il soit formé et en bon état. Cependant, l'on ne doit pas attendre qu'il ait plus de deux ans, parce qu'alors il seroit très-difficile à former. Quand on le mène au bois, on lui met un large collier qui s'appelle *botte ;* et la longue corde que l'on y attache se nomme *trait*. La saison la plus convenable pour commencer à dresser le *limier*, est l'automne. Si à la première fois qu'on le mène, il ne veut pas se *rabattre*, c'est-à-dire, donner quelque connoissance du gibier, il faut lui faire voir quelques animaux, le mettre dans la voie, et s'il s'en *rabat*, le bien caresser. Si, après l'avoir conduit plusieurs fois, il ne veut ni suivre ni se *rabattre*, il faudra l'associer avec un *limier* dressé, qui excitera son ardeur. Mais si cette épreuve ne réussissoit pas, on lui *avalera la botte*, ce qui signifie qu'on lui ôtera son collier, et qu'on lui laissera la liberté de chasser à sa fantaisie l'animal sur les voies duquel on l'a mis. L'on ne doit pas se décourager de voir un *limier* se dresser difficilement. L'on a remarqué que les *limiers* tardifs, pourvu qu'ils soient de bonne race, se déclarent au moment qu'on s'y attend le moins, et servent plus long-temps que d'autres. D'un autre côté, quelque disposition que montre un jeune *limier*, il ne mérite confiance qu'après avoir été mené pendant une année entière, et régulièrement deux fois la semaine.

Quand le *limier* que l'on dresse commence à se *rabattre*, il faut l'arrêter de temps en temps pour l'affermir sur la voie, et lui apprendre à suivre juste. Quand il reste ferme dans la voie, l'on doit raccourcir le trait jusqu'à la plate-longe pour le bien caresser ; détourner ensuite des animaux, et les lancer pour lui donner du plaisir ; enfin, le ménager, en ne lui permettant pas de trop longues *suites*, qui pourroient l'excéder et le rebuter.

Si un *limier* que l'on dresse pour le *cerf* se *rabat* d'un animal d'espèce différente, on le retire des voies, on le gronde, et même on lui donne un coup de trait. Mais les corrections seront rares, sur-tout si le *chien* est d'un naturel craintif ; elles ne doivent jamais être trop rudes, et ne point aller jusqu'à la brutalité, ainsi que cela n'arrive que trop souvent.

Il ne faut pas trop presser le jeune *limier ;* on lui laisse le temps de mettre le nez à terre, de tâter de côté et d'autre. S'il porte le nez haut, soit parce qu'il a vu les animaux, soit parce qu'il va au vent, on l'arrête en lui donnant un coup de *trait ;* cette allure le feroit passer par-dessus les voies sans en *rabattre.* Si, dans les commencemens, le jeune *limier* donne de la voix lorsqu'il suit la piste du gibier, il faut le laisser faire ; mais quand il est tout-à-fait dans les voies, on l'empêche de crier, en le retenant, lui donnant des saccades et même des coups de *trait ;* on le caresse s'il s'appaise, mais on redouble les avertissemens et les corrections, s'il continue à donner de la voix, la première qualité du *limier* étant d'être *secret.* Le meilleur moyen de le rendre muet lorsqu'il est en vigueur, est de lui donner de longues *suites* tant au *droit* qu'au *contre-pied.* Les *suites* au *contre-pied* ont le double avantage de calmer son ardeur et de lui rendre le nez plus fin. Cependant, on le retirera quand l'on s'appercevra qu'il se *rabat* de voies un peu vieilles ; l'on doit être satisfait s'il se *rabat* de voies de trois ou quatre heures au plus.

Pour faire suivre à volonté le jeune *limier* au *contre-pied* comme au *droit,* on le laisse aller lorsqu'il se *rabat* jusqu'au bout de son trait, puis on l'arrête ferme dans la voie, et on le fait revenir pour se *rabattre* également du côté opposé où on l'arrête de même ; s'il s'arrête ferme dans la voie, on l'encourage par des caresses.

Le *limier* qui marche toujours devant celui qui le mène, ne doit pas tirer trop fort sur son *trait ;* il suffit que ce *trait* soit assez tendu pour ne pas traîner à terre. L'on modère la trop grande ardeur du *limier,* en l'arrêtant de temps en temps par de légères saccades.

On nomme *valet de limier,* le veneur qui conduit le *limier ;* il a besoin d'expérience et d'activité. Si le lieu désigné pour une grande chasse est éloigné, le *valet de limier* ira coucher *sur le pays,* c'est-à-dire dans le canton où il doit commencer sa quête ; il se lèvera de grand matin, mettra la *botte* à son *limier,* lui donnera du pain, ne le tiendra pas de trop court, ne le rudoiera pas ; et arrivé au bois, le mettra en quête en l'encourageant, en lui répétant, mais à demi-voix, les termes d'usage : *va outre, mentor...; va outre...; allez devant, mentor;... allez ;... trouvez l'ami, trouve ;... hou, l'ami, hou, hou, l'au, l'au.* Si le *limier* paroît rencontrer et se *rabattre,* on lui dit : *qu'est-ce que c'est que ça, mentor?... qu'est-ce que c'est que ça, l'ami?... hou, garre à toi ;... là, valet, là.* Si le *chien* se *rabat* d'un autre animal que de celui pour lequel il est destiné, on le retire par une saccade, en le grondant et lui disant : *fouais, mâtin, fouais, vilain.* Mais s'il se *rabat* sur la voie de l'animal que l'on cherche, on lui parle ainsi : *y va là sûrement, l'ami ;... volcelets, mentor ;... y après ;... y après.* On continue à l'encourager en répétant : *après, après, velai, après, l'ami ;... il dit vrai ;... après, après.* Si le *limier,* en suivant les *voies,* a vent de l'animal, s'il leve le nez et souffle, on lui racourcit le trait en lui disant : *tout couais. mentor, tout couais ;...* et on le retire de peur qu'il ne fasse lever l'animal. Il y a des *limiers* si ardens, que l'on est quelquefois obligé de les emporter hors de l'enceinte. Le *valet de limier* marquera, chemin faisant, la voie de l'animal par des *brisées* ou des branches cassées et jetées à terre, le gros bout tourné du côté où va l'animal.

L'enceinte faite, le *veneur* revient à sa première *brisée*, en suivant le *contre-pied* de l'animal, et en s'assurant de sa nature en revoyant sa *voie* et ses *fumées*. Si l'animal est détourné près d'un chemin ou de tout autre lieu où il pourroit être inquiété, le *valet de limier* le garde, sinon, quand il l'a bien *rembûché* ou *détourné* il va au rendez-vous, et fait son rapport.

Des chevaux de Vénerie.

Dans les grands équipages de *vénerie*, il y a toujours un certain nombre de *chevaux* destinés aux chasseurs, aux officiers de la *vénerie*, aux *piqueurs* ou *veneurs* qui appuient les *chiens* de près, qui ont soin de la *meute* et conduisent la chasse ; enfin, à quelques *valets de limiers* et de *chiens*. L'on ne comptoit pas moins de trois cents chevaux à Versailles, pour le service des deux *meutes* du *cerf* seulement ; il est vrai que dans cette quantité, étoient compris les *chevaux* neufs et ceux de carrosse et de chaise.

Les *chevaux* dont on se sert pour chasser avec des *chiens courans*, doivent avoir la taille légère une grande vîtesse, et les jambes très-sûres. Quoique la finesse de la bouche soit une qualité nécessaire à un *cheval de chasse*, il ne faut pas néanmoins qu'elle ait trop de délicatesse, parce que les branches des arbres qui frappent à chaque instant la bride, tracasseroient sans cesse le *cheval* et son cavalier. Par la même raison, le premier doit avoir les membres assez robustes pour faire plier sans peine les plus grosses branches qui se rencontrent sur son passage, et qui incommoderoient fort et ruineroient bientôt un *cheval* trop fin.

L'Angleterre fournit une excellente race de *chevaux de chasse* ; il y en a aussi de très-bons en Normandie. On en élevoit d'une race distinguée dans les haras de la Gatine ; mais la guerre civile qui a désolé si long-temps cette malheureuse contrée, les a détruits.

La nourriture des *chevaux* de la *vénerie* du roi se composoit d'un boisseau d'avoine par jour, mesure de Paris, en deux ordinaires, d'une botte de foin et d'une botte de paille, chacune du poids de dix à onze livres.

Il est inutile de dire que le *cheval de chasse* doit être fait au bruit et au feu, et dressé de manière que l'on puisse tirer en selle un coup de fusil sans qu'il bouge.

Chasse du Cerf.

La chasse du *cerf* est la plus belle et la plus noble ; elle est une image de la guerre ; aussi fut-elle en tout temps le délassement chéri des plus grands capitaines. Alexandre se plaisoit à s'y exercer dans les intervalles de ses travaux militaires : on rapporte que ce conquérant possédoit un vieux *chien*, en qui il avoit une si grande confiance, qu'il le faisoit porter à la chasse ; lorsque la *meute* tomboit en défaut ou qu'elle éprouvoit quelqu'embarras, on mettoit le *chien* à terre ; il faisoit des coups de maître, après quoi il étoit soigneusement reporté au logis et bien traité.

De même que la guerre, la chasse du *cerf* a ses reconnoissances son infanterie, sa cavalerie, ses troupes légères, sa musique, ses attaques, ses ruses, ses poursuites, ses points de ralliement ; le chasseur comme le guerrier a besoin, par l'appareil, l'agitation et le fracas, d'étourdir sa sensibilité, pour qu'elle ne s'arrête point sur des victoires toujours souillées de sang et arrosées de larmes.

J'ai présenté à l'article du CERF, le précis de la chasse que l'on fait à cet animal avec des *chiens courans*. Il ne me reste plus qu'à rapporter les termes dont on se sert pour diriger et encourager les *chiens*, aussi bien que quelques autres accessoires de cette chasse.

Tout son succès et tous ses agrémens dépendent des connoissances et de l'expérience des *piqueurs*. Le nombre des *chiens* nécessaire ne peut se déterminer ; il dépend de l'opulence du maître de la *meute*. On sépare la *meute* en plusieurs relais, que l'on distribue aux endroits que la connoissance du *pays* aura fait désigner.

Ceux qui *piqueront de meute*, c'est-à-dire les *piqueurs* chargés de faire chasser les *chiens*, portent un *cor de chasse* qui s'appelle *trompe en vénerie*, et dont ils sonnent différens tons, selon les circonstances. Dès que les *chiens* auront donné, les *piqueurs* leur diront à haute voix : *il va là chiens, il va là haha ;* ils sonneront en même temps trois mots du gros ton ou du premier grêle de la *trompe*, et crieront et sonneront ainsi de temps en temps pour animer les *chiens* et pour faire connoître à ceux qui sont à la chasse que l'on court toujours le *cerf de meute*, c'est-à-dire celui que l'on a détourné et attaqué.

Si ce *cerf* fait bondir le *change*, et qu'il s'en sépare après s'être fait chasser avec lui, les *piqueurs* se partagent pour suivre les *chiens* qui font deux chasses, et les appuient de la voix seulement jusqu'au premier endroit propre à *revoir* ou appercevoir son pied ; alors le *piqueur* qui aura *revu* du *cerf de meute* sonnera, et les autres rompront leurs *chiens* pour les rallier à ceux qui le chassent.

Quand le *cerf* passe à un *relais*, le *piqueur* qui en est chargé découple ses *chiens* et les fait donner, lorsque les trois quarts environ de la *meute* est passée ; il les accompagne et se tient le plus qu'il lui est possible à côté d'eux.

Si le *cerf* fait un *retour*, ou revient sur lui par les mêmes *voies*, on fait aussi revenir les *chiens* en leur criant : *hourvari, hourvari, tayau ; hourva, tayau, velecy, revari*, et l'on appelle les meilleurs *chiens* par leur nom : *hau* (le nom du *chien*), *hau, velecy, aller, tayau, hourvary*. Les *piqueurs* sonneront en même temps le retour, et lorsque leurs *chiens* seront retournés sur les *voies*, ils leur crieront : *ha, il s'en va là, tou tou, il s'en reva là, ha ha ;* sonneront trois mots, et répéteront en chassant : *il fuit là, chiens, il fuit là, ha ha.*

On a observé que tous les *retours* du *cerf* dans la même chasse se font dans le même sens, c'est-à-dire que si, au premier *retour*, l'animal a tourné à droite, il prendra la droite dans tous les autres.

A l'instant où le *piqueur* revoit des suites du *cerf*, il crie : *velecy fuyant, il dit vrai, volecelets, volecelets*, et lorsqu'il revoit du *retour : voleci revari, volecelets ;* puis sans s'arrêter où il est entré, il fait reprendre la *voie* aux *chiens* en sonnant trois mots de la *trompe*. S'il voit le *cerf*, il doit crier : *tayau, tayau*, sonner quelques fanfares et attendre les *chiens*. Quand ils auront pris les *voies*, le *piqueur* leur dira : *il s'en va là, chiens, il s'en va là, ha ha, il perce tou tou*, puis il sonnera pour le *chien*.

Quand le *cerf* n'est pas trop pressé par les *chiens*, comme cela arrive principalement lorsqu'on chasse avec des *chiens* anglais, qui dans les bois fourrés ne vont qu'au trot ou au petit galop et à la file, il ne manque pas de faire beaucoup de ruses que d'habiles *piqueurs* doivent savoir démêler. Les *chiens* indiquent que le *change* est bondi, en portant le nez aux branches et n'osant presque plus donner de la voix ; alors on leur dit, pour qu'ils ne s'emportent pas : *alai là, lai-là, tout bellement*. Quand ils se trouvent en defaut, un *piqueur* cherche à *revoir*, et dès qu'il a *revu*, il crie : *volecelets*, et sonne pour appeler les autres *piqueurs* et les *chiens*. Si le *cerf* est rentré dans le fort, on dit aux *chiens* : *ha il retourne là, chiens, il retourne là*, et on sonne pour les animer dans ces nouvelles *voies* ; on rallie les traîneurs par ces mots : *ha velecy, tou tou, velecy*.

Si des *chiens* sont séparés des autres, on les arrête, en leur criant : *derrière, derrière*, pour attendre le reste de la *meute*. Lorsque le *cerf* suit le long d'un chemin, on leur dit : *volecelets la voie, volecelets* ; quand il quitte le chemin pour entrer dans le fort : *ha il retourne là, chiens, il retourne là, ha ha* ; lorsqu'il longe un ruisseau ou qu'il bat l'eau dans un étang ou dans une rivière : *il bat l'eau, tou tou, il bat l'eau* ; s'il est dans l'étang ou dans la rivière et tient ou rend les *abois* : *halle à lui, halle à lui* ; enfin pour réjouir et animer les *chiens* : *ha halle, halle, halle*.

Chasse du Chevreuil.

La chasse du *chevreuil* se conduit de la même manière que celle du *cerf* ; mais lorsqu'on le détourne, il ne faut pas que le *limier* donne le moindre coup de voix, ni même qu'il souffle trop fort, parce que le *chevreuil* croyant être poursuivi par le *chien*, percerait en avant, et serait très-difficile à *rembûcher*. Les *piqueurs* se servent des mêmes termes pour guider leurs *chiens* que dans la chasse du *cerf* ; mais ils doivent les moins animer et échauffer, et leur crier souvent : *bellement, sagement, ça va, chiens, ça va, ah, il fuit là, ha ha*. Par la même raison ils ne doivent pas beaucoup sonner. Il faut moins de relais pour la chasse du *chevreuil* que pour celle du *cerf*, et un équipage moins nombreux ; cette chasse est aussi pour l'ordinaire beaucoup moins fatigante. Du reste, *voyez* l'article du CHEVREUIL.

Chasse du Daim.

Il n'y a presque point d'espèce de *chiens courans* qui ne chasse le *daim*. L'Angleterre est le pays où il y a le plus de *daims* et où leur chasse est la plus fréquente ; elle se fait de la même façon que celle du *cerf*. *Voyez* le mot DAIM.

Du Vautrait.

L'équipage destiné à la chasse du *sanglier* se nomme *vautrait* ; il forme une division distincte dans les grandes *véneries*, et il a des officiers et des employés particuliers. Les grands équipages du *vautrait* ont pour l'ordinaire une *meute* de trente ou quarante *chiens ;* les *piqueurs* et les valets doivent être très-entendus. Cette chasse est extrêmement pénible ; les *veneurs* sont obligés de crier sans cesse pour faire suivre les *chiens*, qui se rebutent souvent, sur-tout quand ils suivent un vieux *sanglier*. On choisit des chevaux ardens et vigoureux, et ceux qui les montent ne doivent pas craindre les branches dans les grands forts de la forêt où ils sont obligés de percer.

Il est très-difficile d'avoir des *limiers* biens dressés pour la chasse du *sanglier*, et cette instruction exige beaucoup de soin et de patience. Ce n'est pas qu'un jeune *limier* ne veuille d'abord des *voies* de l'animal, mais son odeur le rebute quelquefois, et les lieux fourrés et marécageux qu'il traverse le découragent. Du reste, le *sanglier* se détourne comme le *cerf.* Voyez aussi l'article du SANGLIER.

Dans le rapport que fait le *valet de limier*, il doit faire mention de l'âge du *sanglier*, de sa taille et de ses marques distinctives. Le rapport fait et les relais distribués comme pour la chasse du *cerf*, avec cette différence qu'on les place à portée des forts et des endroits fourrés, le *veneur* qui a fait le rapport se met en tête des *chiens* de *meute*, parce que c'est à ses *brisées* que l'on va. Quand les *piqueurs* auront bien *revu*, par les traces, de quelle nature est l'animal, celui qui laisse courre mettra son *limier* sur les *voies* aux *brisées*, avancera de dix pas, et dira à son *chien : hau valet hau va, à rigaut, après, après, hau, hau ;* et lorsque le *limier* commencera à suivre les traces de la *bête*, il lui criera : *veleci aller avant, veleci aller, après, après valet.* Si le *sanglier* tourne dans le fort, on fait revenir le *limier* pour rechercher les *voies*, en disant : *hourva hourva hau l'ami, va outre ;* et aller devant, en répétant : *hau rigaut, hourva hourva, veleci mon petit.* Quand le *limier* est retombé sur les *voies*, on l'encourage par ces mots : *après mon valet, après hou hou.* Enfin dès que le *piqueur* aura *revu*, il criera souvent : *veleci aller, veleci aller,* jusqu'à ce que le *sanglier* soit lancé. Le piqueur qui a laissé courre sonnera pour faire découpler les *chiens ;* alors tous les *piqueurs* sonneront aussi et piqueront à la queue des *chiens* le plus près possible, sans craindre de passer par les forts, en répétant : *hou, hou, veleci aller, il dit vrai veleci aller,* et ne cessant de sonner pour *chiens*, comme à la chasse du *cerf.* Si les *chiens* tombent en défaut, on continue à crier et à sonner pendant quelque temps, de peur que le *sanglier* ne tienne contre les *chiens* et ne les charge. Les *piqueurs* ne doivent donc pas quitter leurs *chiens ;* et s'ils voient le *sanglier* par corps, ils crient *velelau, veleci aller, veleci aller.*

Un *sanglier* ne se force pas aussi aisément qu'un *cerf*, et quelque bon que soit un équipage, il est rare que le temps de la chasse ne dure au moins quatre ou cinq heures. Quelquefois on arrête l'animal par un coup de fusil, ou on le coiffe avec des *dogues* et des *lévriers*, que l'on nomme *lévriers d'attache.* Des chasses ont duré pendant deux jours entiers, et encore n'a-t-on pris l'animal qu'en le tuant à coups de fusil le troisième jour.

Lorsque le *sanglier* se sent poussé aux dernières extrémités, il ne perce plus en avant, ne fait plus que tourner, bat long-temps le même canton, et cherche toujours à se mêler avec quelques *bêtes de compagnie*. Quand il est sur ses *fins*, il écume beaucoup, ne peut plus aller que par sauts, se jette dans une mare ou se met le cul dans une cépée, fait face aux *chiens*, et leur tient tête avec une fureur incroyable. C'est alors que les *piqueurs* doivent le plus appuyer leurs *chiens* et tâcher de faire repartir l'animal ; mais lorsqu'il tient aux *abois*, il est bon d'empêcher les *chiens* d'en approcher de trop près ; les *piqueurs* doivent entrer dans le fort avec précaution ; l'un d'eux met pied à terre, avance vers le *sanglier*, et lui plonge son couteau de chasse au défaut de l'épaule. Mais il faut que le *piqueur* qui porte le coup soit alerte et s'esquive à l'instant d'un autre côté, parce que le *sanglier* tourne toujours du côté où il se sent blessé. Si cependant le *sanglier* est furieux au point qu'il y ait à craindre pour les *veneurs* et pour les *chiens*, il est à propos de le tuer d'un coup de fusil ou de pistolet ; c'est un droit ou honneur réservé au commandant de l'équipage, et il n'a lieu qu'à la dernière extrémité. Les *piqueurs* sonneront aussi-tôt la mort de l'animal, le laisseront fouler par les *chiens*, les y enhardiront même, en leur disant : *hou hou , petits veleci , veleci donc , mes toutous*.

Après avoir coupé les *suites* ou les testicules du *sanglier*, qui feroient contracter à sa chair une très-mauvaise odeur, on lève la *trace* ou pied droit de devant, on la remet au commandant, qui la présente au maître de l'équipage, et on emporte le *sanglier*. Avant de partir, on visite les *chiens* et l'on panse les blessés ; les *veneurs* doivent être munis d'aiguilles, de fil et de tout ce qui est nécesaire pour ces pansemens.

Les *chiens* ne mangent pas la chair du *sanglier* avec autant d'avidité que celle du *cerf* ; il ne faut même jamais leur en présenter de crue ; lorsqu'on leur fait la *curée* du *sanglier*, on ne leur donne que les épaules et les *dedans* coupés par morceaux et bouillis dans de l'eau pour être mêlés à la *mouée* ; mais on ne donne, pour l'ordinaire, aux *chiens* que la *fressure*, cuite avec de la graisse, de l'eau et du pain. Pendant la *curée* l'on sonne de la *trompe* autour des *chiens*, et on les caresse en se servant des mêmes termes qu'à la chasse.

Dans plusieurs pays, on attache des grelots au cou des *chiens* qui chassent le *sanglier* et le *loup*. Lorsqu'on ne veut point forcer le *sanglier*, mais seulement le *tirer*, un équipage devient inutile ; il suffit d'avoir un ou deux *limiers* et quelques bons *chiens*. L'on peut même ne se servir que de *mâtins* avec lesquels des gardes-chasse traversent les forts où se tiennent les *sangliers*, et par cette espèce de *traque* les renvoient vers les tireurs postés vis-à-vis, mais toujours à bon vent.

Il se fait en Allemagne de très-belles chasses aux *sangliers*, de même qu'aux *cerfs*, avec des toiles. J'ai assisté dans ma jeunesse à plusieurs de ces chasses aux environs de Lunéville, pendant le règne trop court de Stanislas le *Bienfaisant*. On forme une enceinte avec des toiles et des fourches autour des forts où les *sangliers* auront été détournés. Un *veneur* prend les *voies* au *rembûchement* avec son *limier*, et le suit jusqu'à ce qu'il ait lancé. On découple d'abord cinq à six *chiens courans* sur les *voies* ; ce nombre suffit si l'on chasse de grands *sangliers* ; mais si ce sont des *bêtes de compagnie*, on amène toute la *meute*. Dans le premier cas, il est bon de joindre aux *chiens courans* quelques *corneaux*, qui sont issus de l'union de la race du *mâtin* avec celle du *chien courant;* ces animaux, extrêmement vifs, presseront les *sangliers* et leur feront parcourir l'enceinte. L'on appuie fortement les *chiens* de la voix et de la *trompe*, et on les suit de près, afin d'empêcher que les *sangliers* ne leur fassent tête. Après les avoir fait chasser quelque temps, on lâche de grands *mâtins*, ou des *dogues*, ou des *lévriers d'attache*, qui se jettent sur les *sangliers* avec fureur. Les *veneurs* s'avancent; l'un perce l'animal de son couteau de chasse au défaut de l'épaule; les autres, armés de bâtons, sont prêts à le recevoir s'il veut se jeter sur celui qui l'a percé, lui portent des coups sur le *boutoir*, et lui présentent toujours un bout de bâton pour le repousser, jusqu'à ce qu'ils l'aient mis à mort. Lorsqu'on a pris le nombre de *sangliers* que l'on veut, on sonne la retraite.

De la Louveterie.

Dans les *véneries*, l'équipage pour courir le *loup* se distingue et se sépare des autres; il porte le nom de *louveterie*, et ceux qui y sont employés se nomment *louvetiers*. J'ai traité assez amplement de cette espéce de chasse, pour ne rien ajouter à ce que j'en ai dit à l'article du LOUP. Il en est de même de la chasse du LIÈVRE, du RENARD et du BLAIREAU, aux articles desquels je renvoie le lecteur.

Du Chien couchant, et de la manière de le dresser.

La chasse au *chien couchant* est beaucoup plus commune que celle aux *chiens courans;* elle n'exige point d'appareil, ni de dépense, elle est, par conséquent, à la portée du plus grand nombre. Mais si cette chasse est plus facile pour le chasseur, elle est aussi plus fructueuse, et, pour me servir de l'expression consacrée dans le code des chasses, plus *cuisinière;* aussi les réglemens l'ont-ils proscrite. L'ordonnance de Henri III, en 1578, la défend sous peine de punition corporelle pour les roturiers, et d'encourir la disgrace du roi pour les nobles. L'article 6 de l'ordonnance de 1607 l'interdit pareillement à toutes personnes, parce que, y est-il dit, *la chasse du chien couchant fait qu'il ne se trouve presque plus de perdrix et de cailles.* Enfin la derniére ordonnance que nous ayons sur le fait des chasses, celle de 1669, défend la chasse au *chien couchant* en tous lieux. Cependant, toutes ces défenses n'ont point empêché que cette espèce de chasse ne fût pratiquée généralement; et quoique plutôt tolérée que permise, on a chassé *en tous lieux au chien couchant.*

On se sert ordinairement de deux races de *chiens* pour chasser de cette manière; du BRAQUE et de l'ÉPAGNEUL. *Voyez* ces mots, et l'article CHIEN. Ces animaux se nomment *chiens couchans, chiens d'arrêt, chiens de plaine, chiens fermes.*

Il est important de se procurer des *chiens* de bonne race, si l'on veut jouir de tout l'agrément que comporte la chasse de plaine; plusieurs forment naturellement l'*arrêt*, et c'est autant de temps gagné sur leur instruction. Elle doit commencer par apprendre au *chien* à rapporter.

On l'y accoutume dès qu'il a cinq ou six mois, et comme en jouant, dans la maison même. Si cette instruction de douceur ne suffit pas, on attend que le *chien* ait un an. L'on se sert alors du *collier de force*. C'est un collier de cuir, dans lequel on pique une quarantaine de petits clous, par-dessus la tête desquels on coud un autre morceau de cuir, afin qu'ils ne reculent pas lorsqu'on les fait peser sur le cou du *chien* ; à chacun des bouts de ce collier il y a un anneau ; car si l'on y mettoit une boucle comme aux colliers ordinaires, il piqueroit continuellement le *chien* qui ne distingueroit plus s'il fait bien ou mal. Quelquefois le *collier de force* est fait avec du gros fil d'archal armé de pointes. L'on passe dans les anneaux du collier le bout d'un cordeau avec une boucle lâche, de sorte qu'en le tirant à soi, les anneaux se rapprochent et resserrent le collier, dont alors les clous appuient sur le cou du *chien*, et l'avertissent de sa faute. On jette devant lui un morceau de bois long à quatre faces, que l'on appelle *moulinet*, parce qu'il y a vers chaque extrémité quatre petites chevilles implantées, et on lui dit : *apporte*. Si le *chien* va chercher le *moulinet*, on le caresse ; s'il n'y va pas, on l'y conduit en tirant doucement le collier ; s'il ne ramasse pas lui-même le *moulinet*, on lui amène doucement le nez dessus, on le lui met de force dans la gueule en lui tenant la main sous la mâchoire inférieure, et de l'autre main on tire le *chien* à soi en lui répétant : *apporte, apporte ici, haut :* cinq ou six leçons suffisent communément pour apprendre un *chien* à rapporter.

Pour qu'un *chien* ne gâte pas ou ne déchire pas les vêtemens d'un chasseur en sautant à lui quand il rapporte, et même pour qu'il ne fasse pas partir le fusil, comme cela est arrivé quelquefois, on lui apprend à s'asseoir, et à se tenir sur son cul, le nez et les pattes de devant en l'air, mais le dos tourné au chasseur. Lorsque le *chien* a appris à venir près de son maître en lui disant, *ici à moi*, on le fait mettre *sur le cul*, c'est l'expression dont on se sert en lui parlant ; puis on lui fait lever l'avant-train et tourner le dos. On le caresse tandis qu'il a le *moulinet* dans la gueule, et on doit l'habituer à ne le lâcher que quand on lui a dit : *donne*.

Il est nécessaire d'observer que le *moulinet* doit avoir sur ses angles des dents comme celles d'une scie ; elles servent à deux choses : la première à forcer le *chien* à recevoir le *moulinet* dans la gueule, en le lui frottant légèrement contre les dents, et la seconde à l'empêcher de prendre l'habitude de trop serrer entre les dents ce qu'il doit rapporter et de gâter le gibier.

Aussi-tôt que le *chien* rapporte bien le *moulinet*, on lui fait rapporter une pelote de linge, sur laquelle on a cousu des ailes de *perdrix*, puis une peau de *lièvre*, à chaque bout de laquelle on attache une pierre, afin d'accoutumer le *chien* à prendre le *lièvre* tué par le milieu du corps. Enfin, lorsqu'il est bien instruit à tout rapporter, on le mène en plaine.

Les auteurs de l'*Art du Valet de limier* recommandent une seconde leçon : c'est de faire mettre le *chien* à terre, c'est-à-dire, couché sur son ventre, les deux jambes de derrière ployées sous lui, et les deux de devant alongées. On l'habitue insensiblement, et sans grande

résistance de sa part, à se mettre tout de suite en cette posture au
mot, *à terre*, prononcé d'un ton de voix fort et qui imprime la crainte,
puis en élevant les bras comme si on alloit tirer. Petit à petit, il
prend une telle habitude à l'aspect de ce mouvement des bras , que
l'on parvient à ne plus employer la parole, et qu'au simple mouvement, sans le mot, *à terre*, le *chien* se couche. De ces leçons, on
retire l'avantage que dès la première fois, lorsqu'un *lièvre* ou une
perdrix partiront devant le *chien*, et qu'il s'échappera à courir après,
le seul mot, *à terre*, prononcé d'une voix forte, l'arrêtera sur cul
et lui coupera, pour ainsi dire, les jambes, tant ce mot aura acquis
d'autorité sur lui. Si pourtant l'ardeur l'emporte aux premières fois,
le châtiment et la leçon répétée l'empêcheront de retomber dans la
même faute. Mais ce n'est pas assez que le *chien* se mette prestement
à terre, il faut encore qu'il y soit inébranlable, jusqu'à ce que la
parole de son maître lui permette de se retirer. On l'y fixe ainsi en
se promenant, et courant tantôt près, tantôt loin, par gradation;
l'utilité de la constance de cette attitude est d'empêcher le *chien* de
troubler le chasseur. Bien affermi dans cette leçon, il faut lui apprendre à venir vers son maître d'un pas plus ou moins prompt, selon
qu'après l'avoir appelé par ces mots, *à moi*, on se sert de ceux-ci:
tout doucement, au petit pas. On le fait donc coucher à terre, comme
on l'a dit plus haut; on s'éloigne de lui, d'abord à une petite distance,
ensuite à une plus grande, et prononçant alternativement ces divers
mots, mais ceux, *au petit pas*, d'une intonation plus forte. On
modère ainsi sa marche, on l'accoutume à s'approcher à pas comptés
et à se régler toujours sur l'ordre qu'il entend. Le but de cette leçon
est de lui apprendre à suivre posément une pièce de gibier. Cette
méthode de dresser les *chiens couchans*, que l'on doit à MM. Desgraviers, est, sans doute, très-avantageuse et mérite d'être généralement suivie.

La plupart des jeunes *chiens* courent après les *volailles*, les *moutons* et les autres animaux domestiques. Si les corrections ne suffisent
pas pour leur faire perdre cette mauvaise habitude, voici comme on
s'y prend pour les en dégoûter. On fend un petit bâton par le bout,
de manière à y passer la queue du *chien*, et on l'y serre avec une
ficelle assez fortement pour qu'il ressente de la douleur; à l'autre
bout, on attache une *poule* par le gras de l'aile près du corps, et on
lâche le *chien*, qui se met à courir, à cause de la douleur qu'il ressent à la queue, et qu'il croit occasionnée par la *poule*. A force de
la traîner, il la tue, et las de courir, il va se cacher; on détache
alors le bâton, et on lui bat le museau avec la *poule*. Pour le corriger de courir après les *moutons*, on le couple avec un *bélier*, puis
on les lâche en fouettant le *chien* aussi long-temps qu'on peut le suivre.
Ses cris font d'abord peur au *bélier*, qui court à toutes jambes, et
l'entraîne; mais il se rassure ensuite, et le charge à coups de tête.

J'ai dit que plusieurs *chiens* de bonne race arrêtent le gibier naturellement. Ceux en qui l'on ne rencontre pas cet avantage, doivent
être dressés à arrêter. L'on commence par quelques leçons à la maison,
en tenant le *chien* par la peau du cou, plaçant à terre devant son nez
un morceau de pain, et lui disant d'un ton dur, *tout beau*, s'il met

de l'ardeur à se jeter sur le pain, on le châtie, et on ne lui permet de le prendre que lorsqu'on lui dit : *pille.* On répète la même leçon jusqu'à ce qu'il *garde* bien, sans qu'on ait besoin de le tenir, et qu'il laisse faire autour de lui plusieurs tours, sans se jeter sur le pain, auquel il ne doit toucher qu'au commandement, *pille.*

Il est essentiel, avant de mettre le *chien* en chasse, de l'avoir accoutumé à l'obéissance en tout point. Par exemple, en se promenant avec lui autour de la maison, on le rappelle, s'il s'écarte, par ces mots : *ici, à moi ;* et si on veut qu'il suive pas à pas, on lui crie : *derrière.* Une observation non moins importante, c'est que tous les genres d'instruction ne doivent être donnés au jeune *chien* que par la même personne.

La saison la plus favorable pour dresser le *chien* à la campagne, est le commencement du printemps, époque où la terre est plus découverte, et où les *perdrix* appariées *tiennent* mieux, c'est-à-dire, ne partent pas aussi aisément que dans les autres temps de l'année. Le *chien* a le collier de force, auquel est attaché un cordeau long de vingt à vingt-cinq brasses, qu'on laisse traîner de manière à être maître de le saisir à propos ; si le *chien* s'écarte trop, on le retire ; s'il court après les premières *perdrix* qui partent, ou seulement s'il les pousse, ce que l'on appelle *bourrer le gibier,* on lui donne des saccades, et on lui crie : *tout beau, tout beau ;* s'il arrête le gibier, on l'encourage par des caresses, mais on ne le laisse pas chasser sans cordeau avant qu'il ne soit bien affermi dans son arrêt. J'ai eu une excellente *chienne de plaine,* dont les arrêts étoient si fermes et si constans, qu'en me promenant avec elle sans arme, je pouvois, dès qu'elle avoit formé un arrêt, aller tout à mon aise chercher mon fusil, à quelque distance que je fusse de la maison, et retrouver ma *chienne* dans la même position.

Le *chien* qui arrête est immobile, a une patte en l'air et la queue roidie, sans aucun mouvement, tandis que quand il quête, il remue la queue sans cesse. Un *chien* en quête doit porter le nez haut ; celui qui *fouille,* c'est-à-dire, qui a le nez en terre, ne sera jamais qu'un mauvais *chien d'arrêt,* si l'on ne peut parvenir à lui faire perdre cette habitude, en le grondant, le châtiant même, et lui criant : *haut le nez.* Le jeune *chien* court après les *alouettes* et les petits oiseaux ; on lui dit alors : *fi l'alouette, haut le nez,* et on lui donne quelques saccades du collier de force. La plupart des *chiens pointent* les *alouettes,* c'est-à-dire, qu'ils forment un commencement d'arrêt sur ces oiseaux ; on les avertit de leur faute, qui est plus commune dans le temps où les *alouettes* sont en amour, ou, comme disent les chasseurs, quand elles ont le *pied chaud,* par les mêmes mots : *fi l'alouette, haut le nez.*

Il est beaucoup plus difficile d'empêcher les *chiens* de *bourrer* le *lièvre* que la *perdrix.* Ceux que l'on mène au bois ont presque tous cette mauvaise habitude. Les *épagneuls* vont plus volontiers à l'eau que les *braques,* et ce n'est qu'avec de la patience et petit à petit qu'on les accoutume à aller chercher le gibier dans les étangs ou les rivières.

En général, il faut plus de douceur que de rudesse pour dresser

les jeunes *chiens couchans*. Les mauvais traitemens les rebutent; ce
sont néanmoins ceux que mettent de préférence en usage les gens qui
font profession de dresser les *chiens*, ainsi que beaucoup de chasseurs ; ils n'épargnent ni les coups de bâton, ni les coups de pied,
ni même quelquefois les coups de fusil. J'ai vu de misérables *chiens*,
à la suite d'une faute légère et des châtimens les plus barbares, laissés
pour morts sur la place, et n'user du peu de force qui leur reve-
noit, que pour se traîner en gémissant aux pieds de leur bourreau
et lui prodiguer jusqu'à leur dernier soupir les marques de la plus
vive et de la plus tendre affection. La plume tombe des mains, en
traçant tant de bonté d'une part et tant de cruauté de l'autre, et lorsqu'on est forcé de parler de certains êtres qui déshonorent et révol-
tent l'humanité, l'on est tenté de croire que l'on en est à l'histoire
du *tigre*. (S.)

VÉNÉTOU. *Voyez* JACAMAR A BEC BLANC. (VIEILL.)

VENGERON. *Voyez* VANGERON. (B.)

VENGOLINE (*Fringilla engolensis* Lath., ordre PASSE-
REAUX, genre du PINSON. *Voyez* ces mots.). Cet oiseau que
les Portugais appellent *benguelinha*, se trouve sur la côte
d'Angola en Afrique. Son chant, dit Daines Barrington, est
supérieur à celui de tous les oiseaux chanteurs de l'Asie, de
l'Afrique et de l'Amérique, excepté toutefois celui du *moqueur*.

La *vengoline* a le dessus de la tête, le cou et toutes les parties
supérieures du corps variés de brun foncé et de brun clair ;
le croupion et les couvertures du dessus de la queue jaunes ;
les couvertures des ailes, les pennes et celles de la queue
brunes, bordées et terminées de gris clair ; les côtés de la tête
d'un roux clair ; un trait brun sur les yeux ; le dessous du
corps tacheté de brun sur un fond plus clair ; les pieds et les
ongles de cette dernière couleur ; le bec brun, et la taille de
la *linotte*. Cet oiseau est figuré dans Edwards, pl. 179, *fig. inf.*,
et regardé par cet auteur comme la femelle de celui qu'il a
représenté sur la même planche, *fig. sup.*, et qu'il nomme
négral ou *tobaque ;* mais comme tous les deux chantent agréablement, il est probable que ce sont deux mâles, et que le
premier est moins avancé en âge, puisque ses couleurs sont
moins vives.

Le *tobaque* a le bec entouré vers sa base d'une bordure
noire, étroite sur le front, qui passe au-dessous des yeux, où
l'on remarque, ainsi qu'au-dessus, des taches blanches sur le
bord de la couleur noire, et descend sur les côtés de la gorge
vers son origine ; la tête, le cou, le dos et les petites couvertures des ailes d'un cendré brunâtre varié de taches obscures ;
les autres couvertures et les pennes sont de la même couleur
et frangées de jaune ; le dessous du corps et les plumes qui re-

couvrent la queue au-dessous d'un orangé terne uniforme, plus clair sur la poitrine, et prenant une nuance sombre sur les parties postérieures ; le croupion et les couvertures du dessus de la queue d'un jaune brillant ; les pieds et les ongles de couleur de chair. (VIEILL.)

VENIMEUSE, nom d'un poisson, du *perca venenosa* de Linnæus, figuré dans Catesby, et qui passe pour causer la mort à ceux qui en mangent. C'est un SPARE dans Lacépède. *Voyez* ce mot. (B.)

VENIN, *Venenum*. Voyez POISON. (B.)

VENT, air animé d'un mouvement plus ou moins rapide, suivant une direction déterminée.

Les *vents* prennent différens noms, soit par rapport à leur direction, soit par rapport aux différens points de l'horizon d'où ils soufflent. Celui qui souffle du nord vers le sud, se nomme *vent du nord;* celui qui souffle du sud vers le nord, s'appelle *vent du sud;* celui qui souffle d'orient en occident, se nomme *vent d'est;* celui qui souffle d'occident en orient, porte le nom de *vent d'ouest*.

On divise les *vents* en généraux ou constans, en périodiques ou réglés et en variables.

Les *vents généraux* ou *constans* soufflent toujours du même côté : tels sont les *vents alisés;* qui se font remarquer entre les deux tropiques, et qui soufflent constamment d'orient en occident. Cette direction des *vents alisés* souffre néanmoins de légères variations, suivant les différentes déclinaisons du soleil.

Les *vents périodiques* ou *réglés* soufflent périodiquement d'un point de l'horizon dans un certain temps, et d'un autre point dans un autre temps : tels sont les *moussons* qui soufflent du sud-est depuis le mois d'octobre (brumaire) jusqu'au mois de mai (floréal), et du nord-ouest depuis le mois de mai jusqu'au mois d'octobre, entre la côte de Zanguebar et l'île de Madagascar : tels sont aussi les *vents* de terre et de mer, qui soufflent, le matin, de la mer à la terre, et le soir, de la terre à la mer.

Les *vents variables* soufflent, tantôt d'un côté, tantôt d'un autre ; ils ne sont soumis à aucune loi par rapport aux lieux ni par rapport aux temps. Leur direction, leur durée et la vîtesse qui les anime, éprouvent de grandes et fréquentes variations.

L'attraction du soleil et de la lune fait éprouver aux eaux de la mer des oscillations périodiques. (*Voyez* le mot LUNE.) Avant de parvenir à l'océan, cette attraction a à traverser l'atmosphère, qui doit sans doute en ressentir les effets, être soumise à des mouvemens semblables à ceux de la mer, et éprouver, ainsi que le mercure du baromètre, des agitations qui, quoique légères en elles-mêmes, peuvent s'accroître très-sensiblement par l'influence des circonstances locales.

Nous pouvons donc regarder l'attraction du soleil et de la lune comme une des causes qui donnent naissance aux *vents* dont notre atmosphère est le théâtre ; mais l'action de ces astres ne produit, ni dans la mer, ni dans l'atmosphère, aucun mouvement constant d'orient en occident ; d'où il résulte que les *vents alisés* ne peuvent lui devoir leur origine.

Ces *vents* ont très-probablement pour cause la dilatation qu'éprouve l'air par l'action de la chaleur ; car il est évident que la chaleur du soleil, que nous supposons pour plus de simplicité dans le plan de l'équateur, raréfie les colonnes d'air et les élève au-dessus de leur niveau ; d'où il résulte qu'elles doivent retomber par leur poids, et se porter vers les pôles dans la partie supérieure de l'atmosphère ; mais dans le même temps il doit survenir dans la partie inférieure un nouvel air frais, qui, arrivant des climats situés vers les pôles, remplace celui qui a été raréfié à l'équateur : il se forme donc deux courans d'air opposés, l'un dans la partie inférieure, et l'autre dans la partie supérieure de l'atmosphère ; mais la vîtesse réelle de l'air, due à la rotation de la terre, est d'autant plus petite qu'il est plus près du pôle ; d'où il résulte qu'en s'avançant vers l'équateur, il doit tourner avec plus de lenteur que les parties correspondantes de la terre. Les corps situés à la surface de la terre doivent donc le choquer avec l'excès de leur vîtesse, et en éprouver par sa réaction une résistance opposée à leur mouvement de rotation ; et conséquemment pour l'observateur qui se croit en repos, l'air doit paroître souffler dans un sens directement contraire à celui de la rotation de la terre, c'est-à-dire d'orient en occident.

Un grand nombre de causes différentes peuvent déterminer une rupture d'équilibre dans les colonnes d'air qui composent l'atmosphère, et se compliquer dans la production des *vents* dont elle nous offre le spectacle. Il suffit pour s'en convaincre de considérer un instant le passage du fluide électrique de l'atmosphère à la terre et de la terre à l'atmosphère ; l'immense quantité de vapeurs dont elle se charge et se décharge alternativement ; l'influence de la chaleur et du froid sur son ressort et sa fluidité ; enfin les changemens que la rotation de la terre produit dans la vîtesse relative de ses molécules. En nous éclairant sur la grande variété des oscillations de l'atmosphère, ces considérations font sentir en même temps la difficulté de les soumettre à une loi invariable.

Quelques physiciens se sont occupés d'estimer la vîtesse du *vent*, en lui donnant des corps légers à emporter, et en mesurant l'espace qu'il leur faisoit parcourir dans un temps déterminé ; mais les résultats de leurs expériences sont bien loin d'être satisfaisans. Mariotte a trouvé que la vîtesse du *vent* le plus impétueux est de trente-deux pieds par seconde, et Derham l'a trouvée de soixante-six pieds en pareil temps, c'est-à-dire environ une fois plus grande. Il faut en conclure que ces deux physiciens n'avoient point de règle sûre pour juger quel est le *vent* le plus impétueux, et probablement le premier a pris pour le plus fort de tous un *vent* qui pouvoit l'être une fois davantage.

On a imaginé des instrumens propres à mesurer la direction, la durée et la vîtesse du *vent*, et on leur a donné le nom d'*anémomètre*.

Le plus simple de tous, et en même temps le plus imparfait, est une *girouette*, telle que celles qu'on établit sur les clochers ; elle marque la direction et la durée du *vent*, mais jamais sa vîtesse ; encore même ne connoît-on par ce moyen que les *vents* qui soufflent à la hauteur où ces girouettes sont placées ; et Wolf assure, d'après une longue suite d'observations, que les *vents* plus élevés qui poussent les nuages, sont différens de ceux qui font tourner les girouettes.

L'anémomètre le plus parfait et le plus ingénieux est celui qui est décrit avec détail dans les *Recueils académiques* de l'année 1754 : non-seulement il marque la vîtesse et la direction du *vent*, mais il en tient compte pour l'observateur absent, et l'on voit après vingt-quatre heures quels *vents* ont régné, et quelles ont été pendant cet espace de temps la durée et la vîtesse de chacun.

Les *Transactions philosophiques* renferment aussi la description d'un *anémomètre*, qui consiste en une plaque mobile sur le limbe gradué d'un quart de cercle. Le *vent* est supposé souffler perpendiculairement contre cette plaque mobile, et sa force est indiquée par le nombre des degrés qu'il lui fait parcourir. (Lib.)

VENTENATE, *Ventenata*, genre de plantes établi par Kœlère pour placer quelques espèces des genres *brome*, *fétuque* et *avoine*, qui s'écartent un peu des autres. Il offre pour caractère la bale florale inférieure sessile et portant une arête à son sommet, tandis que l'autre bale est supérieure, pédicellée, et porte son arête sur le dos ; les arêtes des troisième et quatrième bales, lorsqu'elles existent, partent du bas.

Ce genre a pour type le *brome triflore* et l'*avoine douteuse.* Voyez aux mots Brome, Avoine et Fétuque. (B.)

VENTENATIE, *Ventenatia*, genre de plantes établi par Cavanilles dans la pentandrie monogynie. Il offre pour caractère un calice double, l'extérieur imbriqué, l'intérieur à cinq folioles ; une corolle monopétale infundibuliforme, à tube ventru en dessus, à limbe à cinq divisions lancéolées et velues en dedans ; cinq étamines en parties adnées au tube de la corolle ; un ovaire supérieur ovale entouré d'une membrane persistante, surmonté d'un style filiforme à stigmate velu.

Le fruit est une noix globuleuse à cinq loges monospermes.

Ce genre renferme deux espèces : ce sont des arbrisseaux à feuilles alternes et à fleurs axillaires.

L'une, la Ventenatie couchée, *Ventenatia humifusa*, a les feuilles linéaires, éparses, et à peine velues sur leurs bords. Elle est figurée pl. 348 des *Icones plantarum* de Cavanilles.

L'autre, la Ventenatie rampante, *Ventenatia procumbens*, a les feuilles linéaires, lancéolées et très-fortement ciliées. Elle est figurée pl. 349 du même ouvrage.

Toutes deux viennent de la Nouvelle-Hollande. (B.)

VENTILAGE, *Ventilago*, arbrisseau grimpant à feuilles alternes, ovales, aiguës ; à fleurs verdâtres, petites et disposées en panicule terminale, qui forme un genre dans la pentandrie monogynie.

Ce genre offre pour caractère un calice tubuleux ; une corolle de cinq pétales insérés au calice et garnis d'autant d'écailles à leur base ; cinq étamines ; un ovaire supérieur à un seul style.

Le fruit est une samare monosperme avec un prolongement membraneux à son sommet.

Le *ventilage* croît dans l'Inde. Il est figuré tab. 2 du cinquième volume de Rumphius. On emploie ses branches, qui sont éminemment flexibles, pour faire des nasses à prendre du poisson et même des cordes pour amarer les vaisseaux dans le port. Elles sont incorruptibles dans l'eau de la mer. (B.)

VENTOU. *Voyez* Ouantou. (Vieill.)

VENTRU, nom spécifique d'un poisson du genre Cycloptère. *Voyez* ce mot. (B.)

VENTURON (*Fringilla citrinella* Lath., ordre Passereaux, genre du Pinson. *Voyez* ces mots.). Ce *serin* se trouve dans toute l'Italie, en Grèce, en Turquie, en Autriche, en Provence, en Languedoc et en Catalogne, mais il y a des années où il est fort rare dans nos contrees méridionales et particulièrement à Marseille. Son chant, agréable et varié, est moins beau et moins clair que celui du *canari*.

Si cet oiseau est le même que le *verzellino* d'Olina, il seroit indigène à l'Italie ; il fait son nid, selon cet auteur, non-seulement à la campagne, mais encore dans les jardins, sur les arbres touffus, particulièrement sur les *cyprès* ; le construit de laine, de crin et de plumes ; sa ponte est de quatre à cinq œufs.

Le *venturon* est plus petit que le *serin des Canaries* ; un mélange de brun et de vert jaunâtre couvre la tête, le derrière du cou, le dos et les plumes scapulaires ; la couleur brune occupe le milieu de chaque plume ; la gorge, le devant du cou, la poitrine, le haut du ventre et les flancs sont d'un vert jaune ; cette teinte est plus claire sur le croupion et les couvertures de dessus de la queue, dont les inférieures sont blanchâtres, ainsi que le reste du ventre et les jambes ; les petites couvertures des ailes sont vertes, les grandes noirâtres et bordées de vert, de même que les pennes alaires et caudales ; la queue est un peu fourchue ; le bec brun ; les pieds sont de couleur de chair pâle, et les ongles noirâtres. (VIEILL.)

VÉNUS, *Venus*, genre de testacés de la classe des BIVALVES, dont le caractère présente une coquille régulière, suborbiculaire, pourvue d'une lunule, d'un corcelet, de trois dents cardinales rapprochées, et quelquefois d'une ou deux dents latérales.

Les coquilles qui composent ce genre sont appelées *cames* par Adanson et Dargenville, dans les ouvrages desquels elles sont réunies avec quelques véritables CAMES et avec des DONACES et des MACTRES. (*Voyez* ces mots.) Leurs valves sont ordinairement très-bombées, épaisses, constamment égales, se joignent avec la plus grande exactitude, approchent de la forme triangulaire. Leurs sommets sont saillans, recourbés. Du point de réunion de ces sommets, en devant, commence à chaque valve une fossette courbe, où est placé le ligament, et qui s'étend plus ou moins, suivant les espèces. Ces fossettes, lorsque la coquille est fermée, ont tout-à-fait l'apparence des parties extérieures de la génération dans les femmes ; de là le nom de *vulva* que Linnæus leur a donné, et que les naturalistes français ont traduit par le mot *corcelet*, à raison de la délicatesse de la langue. De l'autre côté des sommets est un autre enfoncement circulaire, ovale ou lancéolé, que Linnæus a appelé *anus* et les français *lunule*.

La charnière est, dans les *vénus*, plus épaisse que dans les autres coquilles. Elle est formée par trois dents principales, dont les latérales sont plus ou moins divergentes, et dans

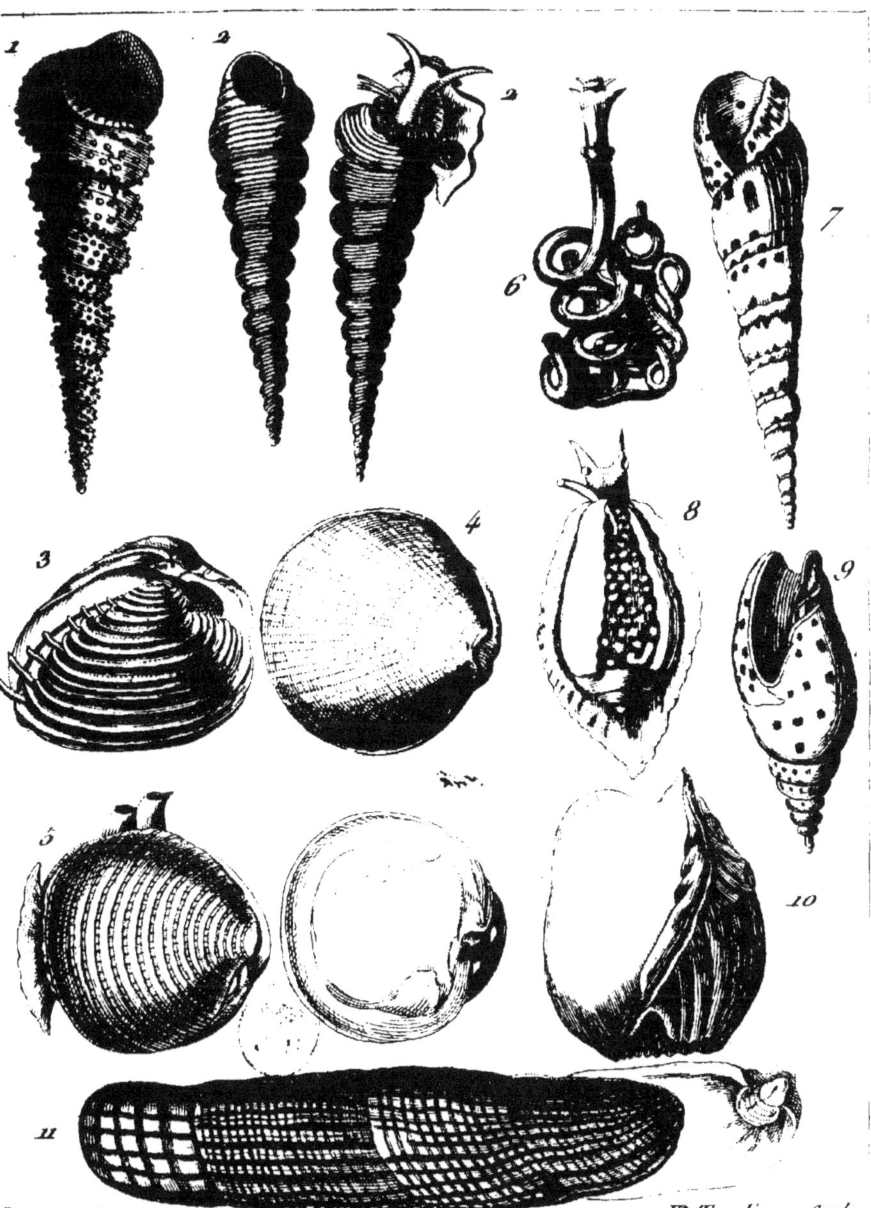

Deseve del.   P.e Tardieu Sculp.

1. Turrilite tuberculeuse.   5. Venus cloniss̃e.   9. Volute épiscopale.
2. Turritelle tarriere.   6. Vermiculaire vermet.   10. Volute yet.
3. Venus dioné.   7. Vis savat.   11. Vulselle lingulée.
4. Venus codock.   8. Volute porcelaine.

quelques espèces par une ou deux dents de plus, isolées, soit sur la même valve, soit sur les deux.

L'animal qui habite les *vénus* est presque semblable à celui des *donaces*, des *cames* et genres voisins. Son manteau est tantôt court, tantôt assez long pour couvrir la totalité des siphons. La *vénus palourde* offre un exemple des premiers, et la *vénus patagau*, des seconds. Les deux siphons sont inégàux en largeur et souvent en longueur, membraneux, et ciliés à leur sommet. L'un sert à recevoir les alimens, et l'autre à expulser les matières fécales. Quelques espèces ont un pied conique, d'autres n'en ont point du tout.

Poli, dans son important ouvrage sur les testacés des mers des Deux-Siciles, forme deux genres parmi les animaux des *vénus*; l'un, qu'il appelle *calliste*, appartient aussi à la plupart des *cames*; et l'autre, qu'il appelle *arthémis*, a pour type la *vénus exolète*. Voyez aux mots CALLISTE et ARTHÉMIS.

Les *vénus* se plaisent dans les fonds vaseux, sur les sables faciles à labourer. Elles s'y creusent des retraites en repliant leur pied, et en le relevant ensuite par un mouvement brusque, qui chasse au loin la boue qui se trouve dans sa direction. Quelquefois dans les temps calmes, on les voit nager sur la surface des eaux, une des valves servant de bateau, et l'autre de voile. On ignore les moyens qu'elles emploient pour se rendre légères, car, dans l'état ordinaire, elles paroissent incapables, par leur pesanteur, de faire cette manœuvre. Elles sont assez communes sur les côtes des mers d'Europe, où on les mange comme les *moules*. On en trouve quelquefois de fossiles.

Ce genre est fort nombreux en espèces, puisqu'on en compte plus de cent cinquante. Lamarck l'a divisé en deux autres, VÉNUS et MÉRÉTRICE (*Voyez* ces mots.), et Linnæus y a formé deux sections, dont la seconde est subdivisée en trois autres.

1°. Les *vénus à corcelet accompagné d'épines*, parmi lesquelles les plus communes ou les plus remarquables sont :

La VÉNUS DIONÉ, qui est presque en cœur, sillonnée transversalement, et dont le tour du corcelet est épineux. Elle est figurée dans Dargenville, pl. 21, fig. 1, et dans l'*Histoire naturelle des Coquillages*, faisant suite au *Buffon*, édition de Deterville, pl. 19, n° 2. Elle se trouve dans les mers d'Amérique.

La VÉNUS PAPHIE est presque en cœur, a des rides épaisses, celles des environs du corcelet plus petites, et sa lèvre n'est pas simple. Elle est figurée dans Dargenville, pl. 21, lettre B, et se trouve dans les mers d'Amérique.

2°. Les *vénus sans épines et presque en cœur*, parmi lesquelles on peut principalement noter :

La Vénus clonisse, *Venus verrucosa* Linn., qui est striée par des sillons membraneux, verruqueux, principalement en devant, et dont les bords sont crénelés. Elle est figurée dans Adanson, pl. 16, fig. 1, dans l'*Histoire naturelle des Coquillages*, faisant suite au *Buffon*, édition de Deterville, pl. 19, fig. 4 et 5, et avec son animal, pl. 21, n° 18 de l'ouvrage de Poli ci-dessus cité. Cet animal est une Calliste. (*Voy.* ce mot.) Elle se trouve dans les mers d'Europe.

La Vénus mercenaire qui est solide, transverse, unie, légèrement striée, dont le bord est crénelé, le dedans violet et la lunule ovale. Elle se trouve dans les mers d'Europe, et fossile en France.

La Vénus chione est transversalement rugueuse, et ses dents cardinales postérieures sont lancéolées. Elle est figurée dans Dargenville, pl. 21, fig. C, et avec son animal et des détails anatomiques fort étendus, pl. 20 de l'ouvrage de Poli ci-dessus cité. Cet animal est du genre Calliste. (*Voyez* ce mot.) Elle se trouve dans les mers d'Europe.

La Vénus poule qui est radiée, dont les stries sont comprimées, inégales, dont le bord est crénelé et la dent cardinale très-petite. Elle est figurée dans Lister, tab. 282, n° 120, et dans Poli, pl. 22, n° 6. On trouve dans le texte de ce dernier une description anatomique de son animal, qui est une Calliste. *Voyez* ce mot.

La Vénus soyeuse est renflée, très-luisante, finement striée en travers, souvent radiée de blanc, a le bord antérieur un peu plus épais, quelquefois violet. Elle est figurée dans Gualtiéri, tab. 88, fig. V, et avec son animal, pl. 21, n°s 1, 2 et 3 de l'ouvrage de Poli précité. C'est une Calliste (*Voyez* ce mot.), dont cet auteur donne une description anatomique abrégée.

La Vénus déflorée est ovale, un peu applatie, antérieurement prolongée et dilatée, postérieurement amincie et arrondie, longitudinalement rugueuse, avec le milieu de la fente du corcelet noir. Elle est figurée dans Gualtiéri, tab. 85, fig. G, et avec son animal, qui est une Calliste (*Voyez* ce mot.), pl. 21, n°s 16 et 17 de l'ouvrage de Poli cité plus haut.

La Vénus jouret est unie, et a des taches éparses et peu marquées. Elle est figurée dans Adanson, pl. 17, n° 15, et se trouve dans les mers d'Afrique et d'Amérique.

La Vénus courtisane qui est unie, dont le corcelet est brun, bossu, la fente du corcelet très-ouverte, et la lunule peu marquée. Elle est figurée dans Dargenville, pl. 21, fig. F, et se trouve dans la mer des Indes. Elle forme le type du genre *mérétrice* de Lamarck.

La Vénus méroé est ovale, applatie, striée transversalement, et a la suture postérieure bâillante. Elle est figurée dans Dargenville, *Zoomorphose*, pl. 12, fig. B, et se trouve dans les mers des Indes et de l'Amérique.

La Vénus pitar, *Venus Islandica*, est striée transversalement, rude, a la fente du corcelet très-ouverte et point de lunule. Elle est figurée dans Adanson, pl. 16, n° 7, et se trouve dans les mers d'Europe et d'Afrique.

La Vénus frangée est ovale, bossue, striée longitudinalement, sillonnée transversalement, et son bord est crénelé. Elle est figurée dans Dargenville, pl. 21, fig. G, et se trouve dans la mer des Indes.

5°. Les *vénus sans épines et arrondies*, où on remarque spécialement :

La Vénus codock, *Venus tigrina*, qui est en forme de lentille, qui a des stries crénelées en sautoir, la lunule enfoncée et ovale. Elle est figurée dans Adanson, pl. 16, fig. 3, dans Dargenville, pl. 21, fig. F, et dans l'*Histoire naturelle des Coquillages*, faisant suite au *Buffon*, édition de Deterville, pl. 19, fig. 3. Elle se trouve dans les mers d'Asie, d'Afrique et d'Amérique.

La Vénus pensylvanique est en forme de lentille, rude au toucher, blanche, et a antérieurement un sillon longitudinal de chaque côté. Elle est figurée dans Dargenville, pl. 21, fig. N, et se trouve sur les côtes de l'Amérique.

La Vénus cotan, *Venus exsoleta* Linn., est en forme de lentille, striée transversalement, pâle, un peu radiée, et a la lunule en cœur. Elle est figurée dans Adanson, pl. 16, n° 4, et avec son animal, qui est une Arthemis (*Voyez* ce mot.), pl. 21, n°s 9, 10 et 11 de l'ouvrage de Poli, cité plus haut; on trouve aussi dans le texte des détails sur son anatomie. Elle se trouve sur les côtes d'Europe et d'Afrique.

La Vénus boréale est en forme de lentille, a des stries transverses, membraneuses, écartées et relevées. Elle est figurée dans Gualtiéri, pl. 75, lettre S. Elle se trouve dans les mers d'Europe.

La Vénus écrite est en forme de lentille, striée, et forme postérieurement un angle droit. Elle est figurée dans Dargenville, pl. 24, fig. M, et se trouve dans la mer des Indes.

La Vénus dosin, *Venus concentrica*, est blanche, presque orbiculaire, comprimée, a des stries concentriques, le bord entier et la lunule en cœur. Elle est figurée dans Adanson, pl. 16, fig. 5. Elle se trouve sur les côtes d'Afrique et d'Amérique.

La Vénus patagau est blanche, radiée, striée en arc, avec de grandes taches grises, alternes vers le haut. Elle est figurée dans la *Zoomorphose* de Dargenville, pl. 5, lettre G. Elle se trouve sur les côtes de France, et se mange.

La Vénus felan est mince, demi-transparente, unie, blanche, avec deux dents cardinales seulement à chaque valve. Elle est figurée dans Adanson, pl. 16, et se trouve sur les côtes d'Afrique.

La Vénus movin est d'un fauve clair, sillonnée extérieurement et intérieurement de stries longitudinales fines. Elle est figurée dans Adanson, pl. 18, n° 4. Elle se trouve sur les côtes d'Afrique.

La Vénus jujon est orbiculaire, comprimée, blanche, a des sillons longitudinaux, arrondis en sautoir, avec des stries transverses. Elle est figurée dans Adanson, pl. 18, fig. 5, et se trouve sur les côtes d'Afrique.

4°. Les *vénus sans épines, ovales et presque anguleuses au-dessus de la fente du corcelet*, où on remarque :

La Vénus litterée, qui a des stries transverses, ondulées. Elle est figurée dans Dargenville, pl. 21, lettre A, et dans l'*Histoire naturelle des Coquillages*, faisant suite au *Buffon*, édition de Deterville,

pl. 19, fig. 1. Elle se trouve dans la mer des Indes et dans la Méditerranée, au rapport de Poli, qui l'a aussi figurée pl. 21, nos 12 et 13.

La Vénus géographique qui est mince, striée en sautoir, blanche,
réticulée de brun, et dont les côtés sont inégaux. Elle est figurée dans
Gualtiéri, pl. 86, fig. H. Elle se trouve dans la Méditerranée.

La Vénus trillissée est ovale antérieurement, anguleuse et striée
en sautoir. Elle est figurée dans Gualtiéri, pl. 85, lettre E, et se trouve
dans la Méditerranée.

La Vénus gordet, *Venus Afra*, est sillonnée, a la lunule excavée,
rugueuse, en cœur. Elle est figurée pl. 16, n° 6 de l'ouvrage d'Adanson, et se trouve sur les côtes d'Afrique.

La Vénus calcinelle, *Venus dealbata*, est ovale, mince, applatie
et blanche. Elle est figurée dans Adanson, pl. 17, fig. 18, et se trouve
sur les côtes du Sénégal. (B.)

VÉNUS. *Voyez* le mot Planète. (Lib.)

VÉNUS ATTRAPE-MOUCHE. C'est la Dionée. *Voy.*
ce mot. (B.)

VER APHIDIVORE. C'est la larve de l'Hémerobe
perle. *Voyez* ce mot. (B.)

VER ASSASSIN. C'est la larve du *grand hydrophylle*.
Voyez au mot Hydrophylle. (B.)

VER BLANC. Les agriculteurs donnent ce nom à la larve
du Hanneton. *Voyez* ce mot. (O.)

VER DU CHARDON HÉMORROIDAL. C'est la larve
du *cynips serratulæ* Linn. *Voyez* au mot Diplolèpe et au
mot Galle. (B.)

VER COQUIN. On donne vulgairement ce nom, dans les
pays de vignobles, à la larve de la *pyrale de la vigne*, figurée
par moi dans les *Trimestres de la Société d'Agriculture de
Paris*. Cette larve cause souvent de grands dommages aux
vignes. Voy. au mot Pyrale et au mot Vigne. (B.)

VER CUCURBITAIN, espèce de *tenia*, propre à l'homme.
Voyez au mot Tenia. (B.)

VER DES DIGUES. On a ainsi appelé le *taret*, parce
qu'il ronge les digues. *Voy.* au mot Taret. (B.)

VER DES ENFANS. C'est principalement l'Ascaride.
Voyez ce mot. (B.)

VER DE L'ÉPHÉMÈRE. *Voy.* Éphémère. (L.)

VER A FOURREAU CONIQUE, nom donné par Dicquemare à une espèce de Sabelle qu'il a figurée dans
le *Journal de Physique* de juillet 1779. *Voy.* ce mot. (B.)

VER DE FROMAGE. On donne ce nom aux larves de
diverses espèces de *mouches* qui vivent aux dépens du fromage. *Voy.* au mot Mouche. (B.)

VER DES GALLES. C'est la larve des *diplolèpes* qui ont
produit les *galles*. Voyez au mot Galle et au mot Diplolèpe. (B.)

VER DE GUINÉE. C'est le **Dragoneau de Médine.** *Voyez* ce mot. (B.)

VER DU HAVRE. Dicquemare a donné ce nom à l'*arénicole* des pêcheurs qui se trouve sur toutes les côtes de France. *Voy.* au mot **Arénicole.** (B.)

VER HEXAPODE, nom donné aux *poux* des oiseaux, ou *ricins.* (L.)

VER HOTTENTOT. On a donné ce nom à la larve du **Criocère** de l'asperge. *Voyez* ce mot. (B.)

VER INFUSOIRE. *Voyez* au mot **Animalcule.** (B.)

VER DES INTESTINS DES CHEVAUX. *Voy.* **Oestre.** (L.)

VER SANS JAMBES, ENNEMI DES PUCERONS, larves de *syrphes* qui se nourrissent de *pucerons.* Voyez **Syrphe.** (L.)

VER LION, nom donné à la larve du *rhagion ver-lion.* Voyez **Rhagion.** (L.)

VER LUISANT. C'est le nom qu'on a donné vulgairement aux insectes qui répandoient, pendant la nuit, une lumière phosphorique. *Voyez* **Lampyre, Taupin** et **Fulgore.** (O.)

VER DE MAI. On donne ce nom, dans quelques campagnes, au *meloé proscarabé,* parce qu'il paroît au mois de mai. *Voyez* au mot **Proscarabé.** (B.)

VER MÉDUSE. Dicquemare a donné ce nom à une espèce d'*amphitrite* qu'il a observée sur une écaille d'*huître,* et qu'il a décrite dans le *Journal de Physique.* Voyez au mot **Amphitrite.** (B.)

VER DE MER INTESTIFORME. Dicquemare, dans le *Journal de Physique* de décembre 1779, décrit et figure, sous ce nom, un *ver* qui a douze pieds de long, la grosseur d'une plume d'*oie,* et qu'il a trouvé dans la rade du Havre. Ce *ver* paroît se rapprocher beaucoup des *lombrics;* mais on ne peut décider cependant, d'après la description, s'il appartient à ce genre, ni à quel autre. Il a besoin d'être observé de nouveau par un naturaliste systématique. (B.)

VER MERDIVORE. C'est la larve de la *mouche merdivore.* Voyez au mot **Mouche.** (B.)

VER MINEUR DE FEUILLES ou **MINEUR,** nom donné par Réaumur à des *chenilles* (Voyez **Teigne.**) ou à des larves de mouches qui vivent dans l'intérieur des feuilles et se nourrissent du *parenchyme.* (L.)

VER DE LA MOUCHE ASILE. Swammerdam donne

ce nom à la larve du *stratiome cameleon.* Voyez Stratiome. (L.)

VER DE LA MOUCHE ÉPHÉMÈRE, nom donné aux
larves d'Ephémères. (L.)

VER DE LA MOUCHE STERCORAIRE, larve de la
mouche stercoraire. (L.)

VER DU NEZ DES MOUTONS. Le plus communément
on appelle ainsi la larve de *l'oestre* des *moutons;* mais aussi
quelquefois on trouve dans le nez de ce quadrupède de
véritables *vers intestinaux.* Voyez au mot Oestre et au mot
Mouton. (B.)

VER DES NOISETTES, larve d'insectes qui vivent dans
les *noisettes.* Celles qui habitent les *noisettes* nouvellement
cueillies et leur écorce membraneuse, sont toujours, à ce que
l'on croit, des *coléoptères* (*curculio nucum* Linn.). Celles qui
viennent dans les *noisettes* sèches et dépouillées de leur enveloppe, de même que les larves des amandes et des semences
oléagineuses, sont presque toujours des *chenilles.* On obtient
l'insecte parfait qui sort de ces *noisettes,* en mettant les
fruits que l'on soupçonne gâtés sur du sable humide, afin
que la larve puisse s'y enfoncer et s'y métamorphoser. (L.)

VER DES OLIVES, larve d'une espèce de *mouche* qui se
nourrit de la chair de *l'olive,* dont le corps est blanchâtre,
divisé en cinq anneaux, ayant à la tête une sorte de trompe
formée de deux crochets bruns, avec lesquels elle entame la substance charnue de ce fruit; elle s'y insinue peu à peu et en
laisse souvent à sec le noyau. Elle pousse toujours ses excrémens vers le trou où elle est entrée, afin de se faire un rempart
contre les *fourmis ;* celles-ci cependant viennent à bout de
la saisir, en se glissant dans un autre trou, que la larve est
obligée de faire après avoir épuisé les sucs environnans du
trou par où elle a d'abord pénétré. Cette larve passe trois mois
dans cet état, se met en nymphe, et reste sous cette forme
depuis le 10 novembre jusqu'au 15 décembre. Elle devient
alors une *mouche* délicate, petite, veloutée, de couleur
dorée. Cette *mouche,* après avoir été fécondée, dépose ses
œufs dans les gerçures de l'écorce de *l'olivier,* et meurt ordinairement dans le lieu même où elle a rempli les devoirs de
mère. Les œufs éclosent en mai, et les larves rampent sur
l'arbre, s'attachent d'abord aux feuilles, et ensuite aux fruits.
On applique avec un pinceau du goudron tiède au - dessous
des fourches de chaque branche *d'olivier,* pour empêcher les
larves de gagner ces branches. Nous devons ces observations
à M. Sieuve, qui a fait une étude particulière des *oliviers.*
Voyez aussi Mouche de l'olivier. (L.)

VER OMBILICAL. Il est possible et même probable qu'il soit sorti des *vers intestinaux* par le nombril des enfans, sur-tout des *crinons*, qui, comme on sait, percent la chair ; mais quand on dit que ce *ver* vient chaque soir manger un *goujon* qu'on a appliqué sur le nombril du malade, et qu'on le fait mourir avec un cataplasme de miel, dans lequel on a introduit du verre pilé, c'est une absurdité. (B.)

VER DU PALMISTE. C'est la larve du *charanson* du *palmier*, qu'on recherche comme un manger délicat. *Voy.* au mot Charanson. (B.)

VER PLAT. On donne assez communément ce nom au Ténia. *Voyez* ce mot. (B.)

VER POLYPE. Réaumur a donné ce nom à une larve de *tipule*. On l'applique aussi généralement aux *polypes*. Voyez aux mots Tipule, Ver et Polype. (B.)

VER DE PORC. Godard donne ce nom à la larve du *syrpha apiforme*, parce qu'elle se trouve dans les égoûts et les latrines. *Voyez* au mot Syrphe. (B.)

VER A QUEUE DE RAT. C'est la larve des *syrphes* qui vivent dans les eaux corrompues. *Voyez* au mot Syrphe. (B.)

VER RONGEUR DES VAISSEAUX. C'est le Taret. *Voy.* ce mot. (B.)

VER ROUGE. On a donné ce nom à la larve du *clairon apiaire*, qui vit aux dépens des abeilles maçonnes. *Voyez* au mot Clairon et au mot Abeille. (B.)

VER A SOIE. C'est la larve ou la chenille de la Bombice du murier. *Voyez* cet article. (B.)

VER SOLITAIRE. On a ainsi appelé les différentes espèces de *ténia* qui vivent dans les intestins de l'homme, parce qu'on a cru qu'ils y étoient toujours solitaires. *Voyez* au mot Ténia. (B.)

VER SPERMATIQUE. On a donné ce nom aux molécules organiques qu'on a cru voir dans la semence des animaux, ainsi qu'aux animalcules putridineux qui s'y forment et qu'on a souvent pris pour les premiers. *Voyez* au mot Animalcule. (B.)

VER STERCORAIRE. On appelle ainsi la larve de la Mouche stercoraire. *Voyez* ce mot. (B.)

VER SUBLINGUAL, nom d'une *hydatide* qui se montre quelquefois sous la langue des *chiens*. Il est probable que c'est une espèce qui n'a pas encore été décrite par les naturalistes. (B.)

VER DE TERRE. C'est le Lombric terrestre. *Voyez* ce mot. (B.)

VER TESTACÉ. On appelle ainsi les coquillages. *Voyez* au mot Ver et au mot Coquillage. (B.)

VER DU TRÈFLE. C'est la larve de la *chrysomèle obscure* qui ronge le *trèfle* au collet de la racine, et cause de grands dommages aux cultivateurs lorsqu'il devient trop abondant. *Voyez* au mot Chrysomèle et au mot Trèfle. (B.)

VER DES TRUFFES. C'est la larve d'une *mouche* et d'une *tipule* qui vit aux dépens des *truffes comestibles*. Voyez au mot Truffe. (B.)

VER TUBICOLE. *Voyez* aux mots Vermisseau de mer et Tubulaire. (B.)

VER DES TUMEURS DES BÊTES A CORNE. C'est la larve de l'*oestre des bœufs*. Voyez au mot Oestre. (B.)

VER TURC. Quelques cultivateurs appellent de ce nom la larve du *hanneton vulgaire*. Voyez Hanneton. (O.)

VER A TUYAU. On appelle ainsi le *taret*, parce qu'il se forme un tuyau dans le bois qu'il a percé. *Voyez* le mot Taret. (B.)

VER D'URINE, nom donné par Goëdart à la larve d'une *mouche* qui vit dans l'*urine*. (L.)

VER DES VAISSEAUX. C'est encore le Taret. *Voyez* ce mot. (B.)

VER DU VINAIGRE, larve d'une *mouche* qui vit dans le *vinaigre*, dans le vin qu'on laisse pendant quelque temps à découvert. Cette larve est très-petite, ressemble à un petit *ver* ou à un petit *serpent*, et se meut avec beaucoup d'agilité. *Voy.* Mouche du vinaigre. (L.)

VER ET MOUCHE DU VOUÈDE ou DU PASTEL, insecte dont M. Marcgrave fait mention. Sa larve se trouve dans la *vouède* qu'on a pilée et qui se putréfie. Elle a environ deux lignes de long, se nourrit de la matière de la plante, en prend la couleur ou devient bleue, et passe à l'état de nymphe.

Cette nymphe est brune, et se métamorphose en une *mouche* dont le corps est fort long. (L.)

VER ZOOPHITE, nom d'une division des *vers* de Linnæus. *Voyez* au mot Ver et au mot Zoophite. (B.)

VERBESINE, *Verbesina*, genre de plantes à fleurs composées de la syngénésie polygamie superflue, et de la famille des Corymbifères, dont le caractère consiste en un calice polyphylle, sur une double rangée presque égale, rarement monophylle; un réceptacle garni de paillettes, et supportant dans son centre des fleurons hermaphrodites, et à sa circonférence des demi-fleurons peu nombreux, femelles fertiles.

Le fruit est composé de plusieurs semences surmontées de deux ou trois arêtes persistantes.

Ce genre, qui est figuré pl. 686 des *Illustrations* de La-marck, renferme une douzaine de plantes herbacées ou fru-tescentes, à feuilles rudes au toucher, alternes ou opposées, et à fleurs axillaires ou terminales propres aux parties les plus chaudes de l'Amérique ou de l'Inde, parmi lesquelles deux seules sont cultivées dans les jardins de Paris.

L'une, la Verbesine ailée, a les feuilles alternes, dé-currentes, ondulées et obtuses. Elle est vivace, et se trouve dans l'Amérique méridionale.

L'autre, la Verbesine nodiflore, a les feuilles opposées, ovales, dentées. Elle est annuelle, et se trouve dans les îles de l'Amérique. Gærtner en a fait un genre sous le nom de Sy-nedrelle. *Voyez* ce mot.

Swartz a fait un genre de la *verbesine lavenie*, sous le nom de Lavenie. C'est le même que l'Adenostema de Forster. *Voyez* ces mots. (B.)

VERD. *Voyez* Vert. (Pat.)

VERD-BLANC. On a donné ce nom au Spare galiléen. *Voyez* ce mot. (B.)

VERD-BRUNET (*Fringilla butyracea* Lath., pl. enl. n° 341, fig. 1, ordre Passereaux, genre du Pinson. *Voy.* ces mots.). Cet oiseau a la taille du *serin*, quatre pouces et demi de longueur; le bec noirâtre; l'iris couleur de noi-sette; le dessus de la tête, du cou et du corps, les plumes scapulaires et les couvertures supérieures de la queue, d'un vert brun très-foncé; le croupion et toutes les parties infé-rieures jaunes; un trait de cette couleur au-dessus des yeux; un autre de teinte olivâtre qui passe à travers; enfin, un troisième au-dessous, qui est noir; les pennes des ailes pa-reilles au dos; la queue fourchue et de même couleur; les pieds bruns. Edwards a fait figurer, pl. 84, un oiseau de la même espèce, qui diffère en ce que le vert prend une teinte olivâtre qui s'étend sur le croupion, et en ce que les pennes des ailes sont bordées de blanc. Ce *pinson*, suivant Edwards, surpasse le *canari* par la beauté de sa voix. On le trouve dans l'Inde et au Cap de Bonne-Espérance.

Je crois que les méthodistes modernes font un double emploi, en plaçant parmi les *gros-becs* (*loxia butyracea* Lath.) un oiseau qui a les plus grands rapports avec le précédent. Il a le front jaune, un trait au-dessus des yeux, et les tempes de même couleur ; le dessus du corps vert et tacheté de brun ; le dessous jaune ; la queue noirâtre , terminée de blanc , et la taille du *tarin.* Celui que l'on suppose la femelle a le bas-ventre blanchâtre ; les pennes des ailes d'un brun foncé et bordées de jaune, excepté les primaires ; les petites couvertures noires et bordées de vert ; les grandes bordées de brun ; le bec et les pieds d'une teinte pâle.

(VIEILL.)

VERD-DORÉ (*Turdus œneus* Lath. , pl. enl. n° 220 , genre de la GRIVE, ordre PASSEREAUX. *Voyez* ces mots.). Cet oiseau , décrit par Brisson sous la dénomination de *merle à longue queue du Sénégal ,* a en effet la queue très-longue, puisqu'elle prend onze pouces des dix-huit qui font sa longueur totale ; le dessus et les côtés de la tête sont d'un noirâtre doré ; le reste du plumage est d'un *vert de canard ,* changeant en violet sur le croupion , à reflets dorés sur le ventre et les deux pennes du milieu de la queue ; ces pennes sont plus longues que les latérales, qui vont toutes en diminuant par paires ; le bec , les pieds et les ongles sont noirs.

La femelle est plus petite que le mâle ; sa queue est plus courte ; ses couleurs sont moins riches et moins brillantes.

Ces *merles* se trouvent non-seulement au Sénégal, mais au pays des Grands-Namaquois, vers les terres du Cap de Bonne-Espérance. Ils se réunissent en troupes nombreuses pendant les mois de juillet et d'août , se tiennent sur les arbres et les buissons des campagnes, et jamais dans les bois. Ils se nourrissent de fruits , d'insectes et de vers , qu'ils cherchent à terre et dans les plantes basses, en sautant et relevant leur queue à la manière des *pies.* (VIEILL.)

VERD-DORÉ, *Trochilus.* Cet oiseau me paroît être le même que celui que j'ai décrit sous la dénomination d'OISEAU-MOUCHE A GORGE VERTE. *Voyez* ce mot. (VIEILL.)

VERD-DORÉ A QUEUE BLANCHE ET VERTE (*Trochilus viridis , Oiseaux dorés ,* pl. 41 des *Oiseaux-mouches,* ordre PIES , genre du COLIBRI. *Voyez* ces mots.). Cette espèce, que j'ai fait connoître, se trouve à la Guiane ; mais elle y est très-rare. Longueur, environ quatre pouces et demi ; bec un peu courbé, noir en dessus et à la pointe, blanc en dessous ; dessus de la tête d'un brun verdâtre ; ligne blanche au-dessus des yeux ; cou, dos, croupion et couvertures supérieures de la queue d'un vert doré très-éclatant ; gorge et poitrine d'un vert jaune à reflets très-brillans ; ventre vert doré dans sa partie antérieure, d'un gris brillant mélangé de vert dans sa partie inférieure ; couvertures du dessous de la queue blanches et dorées à leur extrémité ; pennes des ailes d'un brun roux ; candales larges, mélangées de vert et de blanc, à l'exception des intermédiaires, qui sont entièrement vertes ; pieds de couleur jaunâtre ; queue arrondie à sa pointe. (VIEILL.)

VERD-MONTANT. C'est ainsi que l'on désigne dans l'Orléanois le BRUANT et le VERDIER *Voyez* ces mots.
(VIEILL.)

VERD-PERLÉ (*Trochilus dominicus* Lath.. genre du COLIBRI, ordre PIES. *Voyez* ces mots.). Ce *colibri* n'est point un oiseau adulte, mais un jeune de l'espèce du *hausse-col vert*. Ce seroit un des plus petits *colibris*, si, comme dit Buffon, il n'est guère plus grand que l'*oiseau-mouche huppé* ; mais il y a erreur, car il a près de quatre pouces et demi de long, et l'*oiseau-mouche huppé* n'a guère que trois pouces ; le dessus de la tête, du corps et de la queue sont d'un vert doré, changeant en couleur de cuivre de rosette ; la gorge, le devant du cou et le dessous du corps, d'un gris blanc ; les grandes couvertures et les pennes des ailes d'un brun violet ; les deux pennes intermédiaires noirâtres, à reflets verts ; les latérales d'un noir changeant en couleur d'acier poli à leur origine et vers leur extrémité, qui est blanche ; le milieu est d'un marron pourpré ; le bec, les pieds et les ongles sont bruns.

On trouve ce *colibri* à Saint-Domingue. (VIEILL.)

VERD-PLEIN. L'on désigne ainsi une variété du CHARDONNERET. *Voyez* ce mot. (VIEILL.)

VERD DE VESSIE, couleur verte que l'on prépare avec les fruits d'une espèce de NERPRUN. *Voyez* ce mot. (B.)

VERDAL, VERDALE, VERDAT, noms vulgaires du BRUANT et du VERDIER. *Voyez* ces mots. (VIEILL.)

VERDANGE. C'est ainsi que se nomme, en Périgord, le BRUANT. *Voyez* ce mot. (S.)

VERDAUGE. C'est le *cochevis* en Périgord. *Voyez* COCHEVIS. (S.)

VERDAT. *Voyez* BRUANT. (VIEILL.)

VERDE-DI-CORSICA, roche composée de *smaragdite* et de *jade*, qui se trouve principalement dans l'île de Corse, d'où elle a tiré son nom. *Voyez* VERT-DE-CORSE. (PAT.)

VERDELAT. *Voyez* BRUANT. (VIEILL.)

VERDÈRE. *Voyez* VERDIER. (VIEILL.)

VERDEREUILE. C'est le *verdier* en vieux français du temps de Belon. *Voyez* VERDIER. (S.)

VERDERIN (*Loxia dominicensis* Lath., pl. enl. n° 341, fig. 2, ordre Passereaux, genre du Gros-bec. *Voyez* ces mots.). Ce *verdier de Saint-Domingue* a le tour des yeux d'un blanc verdâtre ; toutes les plumes du dessus du corps, les pennes moyennes des ailes, leurs couvertures et les pennes de la queue, d'un vert brun bordé d'une teinte plus claire ; les pennes primaires des ailes noires ; la gorge et tout le dessous du corps jusqu'aux jambes, d'un roux sombre moucheté de brun ; le bas-ventre et les couvertures inférieures de la queue d'un blanc assez pur. (Vieill.)

VERDEROUX (*Tanagra Guianensis* Lath., ordre Passereaux, genre du Tangara. *Voy.* ces mots.). Levaillant a décrit, dans son *Histoire naturelle des Oiseaux d'Afrique*, une *pie-grièche* désignée par le nom de *sourciroux*, qui lui paroît être le même oiseau que le *verderoux*, parce qu'elle lui ressemble parfaitement dans son plumage ; mais il ne s'ensuit pas de ce qu'une *pie-grièche* d'Afrique a des couleurs pareilles à celles d'un *tangara* trouvé à la Guiane, et reconnu pour tel par un naturaliste éclairé, Sonnini, elle doive être le même oiseau : un tel rapprochement doit étonner de la part de cet infatigable ornithologiste.

Le *verderoux* a cinq pouces quatre lignes de long ; tout le plumage d'un vert plus ou moins foncé, à l'exception du front, qui est roux, et de deux bandes de cette couleur qui s'étendent sur les côtés de la tête et descendent en arrière jusqu'à la naissance du cou ; le reste de la tête est gris cendré.

(Vieill.)

VERDET. Daubenton a ainsi nommé l'*ésoce cayman*, figuré dans Catesby, 2, tab. 30, qu'il prend pour une espèce distincte de celui décrit dans Linnæus. *Voyez* au mot Esoce. (B.)

VERDET. *Voyez* Vert-de-gris et Cuivre. (Pat.)

VERDET MINÉRAL. On a quelquefois donné ce nom à la *mine de cuivre soyeuse.* Voyez Cuivre. (Pat.)

VERDEYRE, le *verdier* en Savoie. (S.)

VERDIER (*Loxia chloris* Lath., pl. enl. n° 167, fig. 2, ordre Passereaux, genre du Gros-bec. *Voyez* ces mots.). Dans beaucoup d'endroits, l'on confond tellement cet oiseau avec le *bruant*, qu'on leur donne les mêmes noms ; néanmoins il en diffère non-seulement dans le plumage et les habitudes, mais encore dans la conformation du bec, qui est privé spécialement du tubercule osseux, qu'on remarque dans l'intérieur de celui du vrai *bruant*.

Le *verdier* est de la grosseur du *moineau franc*, et long

de cinq pouces et demi ; la tête, le derrière et les côtés du cou, le dos, les plumes scapulaires, sont d'un vert d'olive ombré de gris cendré ; cette dernière teinte disparoit presqu'en totalité vers le milieu du printemps, particulièrement sur l'oiseau avancé en âge ; une tache d'un cendré foncé est entre le bec et l'œil, et le bord des yeux est jaune ; le croupion, les couvertures du dessus de la queue, la gorge, le devant du cou, la poitrine et le haut du ventre, sont du même vert que le dessus du corps, mais il est relevé par une teinte d'un beau jaune ; il devient blanc jaunâtre sur les autres parties postérieures, et est mélangé de jaune et de cendré sur les couvertures inférieures de la queue, dont les quatre pennes intermédiaires sont noirâtres, bordées de vert olive à l'extérieur, et cendrées à leur bout ; les autres ont du jaune à leur origine, du cendré sur les bords, du noirâtre en dedans et à l'extrémité ; les pennes primaires de l'aile sont jaunes du côté extérieur, et noirâtres du côté interne ; la queue est fourchue ; le bec est couleur de chair dans l'été, brun en dessus dans l'hiver ; les pieds sont d'un brun rougeâtre, et les ongles gris.

La femelle diffère en ce que la couleur brune domine sur les parties supérieures, et qu'une teinte olivâtre remplace le jaune des parties inférieures ; son bec est brun, et ses pieds sont gris.

Les jeunes, avant leur première mue, n'ont que les pennes des ailes et de la queue colorées comme les vieux ; tout leur plumage est en dessus d'un brun cendé de verdâtre sale, excepté sur le croupion, où cette dernière couleur est uniforme, et en dessous d'un blanc lavé de jaunâtre, varié de taches brunes longitudinales ; le bec est brun, excepté à la base de la mandibule inférieure, où il est couleur de corne ; les pieds et les ongles sont d'un brun clair.

Ces oiseaux se plaisent dans les bois, dans les jardins et les vergers, cherchent dans l'hiver les arbres toujours verts, les chênes touffus qui conservent leurs feuilles, quoique desséchées, pour y passer la nuit. On voit ces *verdiers* pendant toute l'année, mais tous ne sont pas sédentaires ; une partie voyage à l'automne, et passe dans le Sud : ils paroissent alors aux îles de l'Archipel, où on les appelle *langara*. Cette espèce, répandue dans toute l'Europe, se trouve encore en Sibérie et au Kamtchatka. Elle construit son nid sur les arbres, le place à une hauteur médiocre, et même dans les grands buissons ; elle le compose d'herbes sèches et de mousse en dehors, de poil, de laine et de plumes en dedans. La ponte est de quatre à six œufs tachetés de rouge-brun sur un fond blanc. La femelle couve avec un tel attachement, qu'on la prend quelquefois sur le nid. Le mâle ne partage pas l'incubation, comme le dit Buffon, mais il a pour sa compagne les plus grandes attentions, pourvoit à ses besoins en lui apportant la nourriture qui lui convient, et la lui dégorgeant comme font les *serins*. Outre cela, il veille à sa sûreté et à celle de sa jeune famille, en se tenant toujours aux environs du nid et l'avertissant du danger par un cri plaintif; il la réjouit par son ramage lorsque rien ne l'inquiète. Mauduyt se trompe, lorsqu'il dit que cet oiseau n'a point de chant; il en a un qu'il ne fait guère entendre, il est vrai, que dans la saison des amours, lorsqu'il est en liberté, mais pendant beaucoup plus de temps en captivité. Il chante posé et en volant, sur-tout de cette dernière manière, lorsqu'il cherche une compagne ou lorsqu'elle couve: on le voit alors se jouer dans l'air, voltiger et décrire des cercles autour du nid, s'élever par petits bonds, et retomber comme sur lui-même en battant des ailes avec des mouvemens qu'il ne fait que dans cette saison.

D'un naturel doux et familier, les *verdiers* s'apprivoisent facilement, et s'apparient volontiers avec les *serins*. Ils se façonnent à toutes les petites manœuvres de la galère et autres avec autant d'adresse que les *chardonnerets*. On les trouve très-souvent, à l'automne, mêlés avec les autres petits oiseaux granivores; comme eux, ils vivent de différentes graines; ils préfèrent celles de *scorsonère* et de *salsifis*, et pincent, ainsi que les *bouvreuils* et les *pinsons d'Ardennes*, les boutons des arbres, entr'autres ceux du *marsaule*. Ils vivent aussi, dit-on, de *chenilles*, de *fourmis*, de *sauterelles*, &c. ce que j'ai peine à croire, car ils refusent en captivité toute espèce d'insectes.

On leur fait la chasse de diverses manières, plutôt pour en faire des oiseaux de cage que pour leur chair, car elle a ordinairement beaucoup d'amertume.

Chasse aux Verdiers.

On les prend aux *gluaux*, et aux *raquettes* ou *sauterelles*, particulièrement à l'entrée des bois, pendant les mois d'août et de septembre; ils viennent aussi à l'*arbrot*, si on y met des appelans de leur espèce (*Voyez* pour cette chasse le mot BOUVREUIL); plus tard, on les prend à la *tendue d'hiver* (*Voyez* BRUANT.); au *filet retz saillant* (*Voyez* CHARDONNERET); et enfin à la *chouette*. Pour cette chasse, qu'on fait depuis le passage des *becfigues* jusqu'à la fin de l'hiver, on doit choisir un endroit où il y ait des haies, des bosquets et des buissons; le choix fait, on fiche un bâton ou un pieu en terre à une distance de vingt-cinq brasses des haies ou du bosquet auquel on a attaché une *chouette* vivante avec une ficelle longue de trois doigts, et on le place sur le pieu ou bien sur une petite cage attachée au bâton, qui doit être élevé de terre d'environ une brasse et demie. Une *chouette* propre à cette chasse doit être instruite à sauter continuellement de la cage ou du pieu à terre, et de la terre à la cage ; ce mouvement continuel est nécessaire pour attirer beaucoup d'oiseaux. On doit aussi, pour se procurer une chasse plus abondante, mettre dans la cage un appelant qui, par ses cris, fait approcher les autres que l'on prend avec des gluaux fichés dans des bâtons creux ; le bois de *sureau* est très-propre pour cela : ces bâtons sont longs d'environ deux brasses, et se posent dans des haies et des buissons, de manière que les baguettes engluées sortent en dehors du côté de la *chouette*, et soient à la distance d'environ huit à dix brasses l'un de l'autre. Si l'oiseleur s'apperçoit que la *chouette* ne se donne pas assez de mouvement, il la force de sautiller, soit en lui jetant des mottes de terre, soit en lui faisant signe de la main. On prend non-seulement des *verdiers* à cette chasse, mais encore tous les petits oiseaux qui viennent à la pipée.

Le VERDIER BUISSONNIER. *Voyez* BRUANT.

Le VERDIER DU CAP DE BONNE-ESPÉRANCE. *Voy.* VERD-BRUNET.

Le VERDIER DE LA CHINE (*Loxia Sinensis* Lath.). M. Sonnerat qui, le premier, a fait connoître cet oiseau, dit qu'il a du rapport avec le *verdier* de Brisson ; la tête et le cou sont d'un gris verdâtre ; le dos et les petites plumes des ailes d'un brun clair, excepté celles du bord de l'aile, qui sont noires ; les moins longues des grandes pennes sont de cette couleur du côté intérieur, et d'un gris roux du côté extérieur ; les plumes grandes sont jaunes jusqu'à la moitié, noires dans le reste de leur longueur, et terminées par une bande grise demi-circulaire ; le ventre est d'un roux terreux ; les couvertures de la queue en dessous sont jaunes ; les pennes noires, terminées par une bande blanche ; le bec et les pieds d'un jaune verdâtre.

Le VERDIER DE HAIE. *Voyez* ZIZI.

Le VERDIER DES NIDS. *Voyez* VERT-BRUNET.

Le VERDIER DES INDES. *Voyez* VERD-BRUNET.

Le VERDIER DE JAVA. *Voyez* TOUPET BLEU.

Le VERDIER DE LA LOUISIANE. *Voyez* PAPE.

Le VERDIER DES OISELEURS est le BRUANT. *Voyez* ce mot.

Le VERDIER-PAILLET, nom donné à quelques BRUANTS, à cause de la couleur de paille dont est teint leur plumage. *Voyez* ce mot.

Le VERDIER DE PRÉ. *Voyez* PROYER.

Le PETIT VERDIER DES INDES. *Voyez* PAREMENT BLEU.

Le VERDIER DE SAINT-DOMINGUE. *Voyez* VERDERIN.

Le VERDIER SANS VERT (*Loxia Africana* Lath., ordre PASSEREAUX, genre du GROS-BEC. *Voyez* ces mots.) a la gorge et le dessous du corps blancs ; la poitrine variée de brun ; le dessus de la tête et du corps mêlé de gris et de brun-verdâtre ; une teinte de roux au bas du dos et sur les couvertures inférieures et supérieures de la queue : celles des ailes d'un roux décidé ; les grandes couvertures, les grandes pennes et les latérales de la queue bordées de blanc-roussâtre : la plus extérieure de ces dernières, terminée par une tache blanche. Longueur totale, six pouces quatre lignes.

Ce *verdier* a été apporté du Cap de Bonne-Espérance par Sonnerat.

Le VERDIER SONETTE. *Voyez* BRUANT-FOU.

Le VERDIER TERRIER. *Voyez* BRUANT.

Le VERDIER A TÊTE ROUGE. *Voyez* ROUVERDIN.

Le VERDIER A TÊTE ROUSSE (*Loxia ochrocephala* Daudin.) est à-peu-près de la grosseur du nôtre, et long d'un peu plus de cinq pouces ; le sommet de la tête et le haut du cou sont d'un roussâtre rembruni ; la gorge et le devant du cou d'un vert d'olive, plus foncé sur le dos ; les parties inférieures du corps d'une teinte jaunâtre, plus pâle sur le ventre ; les grandes couvertures des ailes brunes, avec une bordure jaunâtre ; une tache jaune est sur le milieu de la troisième, quatrième, cinquième et sixième penne ; la queue noirâtre et terminée de cendré ; le bec noirâtre et d'un gris pâle à la base de sa partie inférieure ; les pieds sont d'un brun clair, et les ongles noirâtres.

Cet oiseau a été pris vivant sur la côte de la Cochinchine. (VIEILL.)

VERDIER, nom spécifique d'un poisson du genre CARANX. *Voyez* ce mot. (B.)

VERDIÈRE. Les Lorrains appellent ainsi le VERDIER. *Voyez* ce mot. (S.)

VERDIÈRE DES PRÉS. C'est le nom du *proyer* en Lorraine. *Voy.* PROYER. (S.)

VERDIN (*Turdus Cochinchinensis* Lath.; *Oiseaux dorés*, pl. 77 et 78, tom. 2 ; ordre PASSEREAUX, genre de la GRIVE. *Voyez* ces mots.). Il paroît certain que le *petit merle de la côte du Malabar*, de Sonnerat, est de l'espèce de celui-ci ; c'est donc mal-à-propos que les méthodistes modernes les présentent comme deux races distinctes ; cet individu a été rapporté de la Cochinchine, ce qui indique que ces oiseaux sont répandus dans plusieurs contrées de l'Inde. Un vert brillant teint son plumage ; cette couleur prend une belle nuance olive sur la tête, un ton plus clair sur la poitrine et sur le ventre, tire un peu sur le bleu vers la queue, borde les ailes à l'extérieur, qui sont brunes du côté interne, et couvre la queue, dont le dessous est gris ; un trait noir sépare le bec de l'œil ; un noir velouté pare la gorge, s'étend sur les côtés et borde la bande lilas qui part de la base du bec en forme de moustache ; une sorte d'épaulette d'un bleu céleste se fait remarquer à la partie antérieure de l'aile ; le bec est noir, filé en pointe aiguë, arqué et échancré à l'extrémité des deux mandibules ; les pieds sont noirâtres, et les ongles très-crochus. Grosseur du *moineau*, mais taille plus alongée ; longueur totale, près de six pouces.

La femelle diffère par sa couleur verte moins éclatante ; de plus, elle est privée des moustaches lilas et de la tache noire que le mâle a entre le bec et l'œil ; enfin, la gorge, au lieu d'être noire, est d'une teinte de vert-de-gris; les épaulettes sont moins grandes et d'un bleu pâle. (VIEILL.)

VERDIN, nom du BRUANT et du VERDIER en différens cantons. *Voyez* ces mots. (VIEILL.)

VERDINÈRE (*Fringilla bicolor* Lath., ordre PASSEREAUX, genre du PINSON. *Voyez* ces mots.). Cet oiseau est de la grosseur du *serin*, et n'a guère que quatre pouces de longueur; le bec, la tête, la gorge et la poitrine sont d'un beau noir; le reste du plumage est d'un vert sale.

On le trouve très-communément dans les îles de Bahama; il chante perché à la cime des arbustes, et répète toujours la même phrase, comme fait notre *pinson*. Le plumage du *verdinère* est sujet à varier; on en voit qui ont le ventre cendré et les couvertures inférieures de la queue teintes de rouge. Ces individus se trouvent à la Jamaïque; d'autres ont la tête, le haut du cou et le dos cendrés; d'autres ont le dessus du corps olive, le dessous cendré; les pennes des ailes et de la queue noirâtres, et bordées d'olive. Ces dissemblances dans le plumage me paroissent dues à l'âge et au sexe. (VIEILL.)

VERDIRE, dénomination vulgaire du *verdier* en quelques cantons de la France. (S.)

VERDOIE. *Voy.* BRUANT. C'est son nom en Poitou.
(VIEILL.)

VERDON, VERDONE. *Voyez* VERDIER. (VIEILL.)

VERDON. C'est, dans Albin, la *fauvette d'hiver.* Voyez l'article des FAUVETTES. (S.)

VERDONE. On appelle ainsi, dans quelques endroits, le LABRE LOURD. *Voyez* ce mot. (B.)

VERDUN. C'est, dans Belon, le VERDIER. *Voyez* ce mot.
(VIEILL.)

VERDURE D'HIVER. On nomme ainsi la PYROLE dans quelques cantons, parce qu'elle subsiste verte pendant tout l'hiver. *Voyez* ce mot. (B.)

VÉRÉTILLE, *Veretillum*, genre de polypiers libres, ayant une tige cylindracée, simple, sans ailerons ni crêtes, recouverte d'une membrane charnue et sensible, et parsemée de polypes à huit tentacules ciliés.

Ce genre a été établi par Cuvier aux dépens des *pennatules* de Linnæus, ou plutôt de Pallas, qui a décrit mieux que ses prédécesseurs deux des espèces qu'il renferme. L'une de ces espèces vient de la Méditerranée, et est mentionnée dans Rondelet sous le nom de *malum insanum*, et par Ellis sous celui de *pennatule digitiforme*.

Les *vérétilles* diffèrent beaucoup par la forme des *pennatules*, mais elles s'en rapprochent par la manière dont elles sont constituées. Elles s'éloignent des *alcyons*, avec qui on pourroit les réunir, d'après quelques rapports, parce qu'elles ont dans leur intérieur un axe osseux qui manque à ces derniers. Elles sont libres, et ont la faculté locomotive comme les *pennatules* ; mais l'organisation de ces dernières rend sensibles les moyens qu'elles emploient pour en user, tandis qu'il faut supposer que les *vérétilles* nagent par un mouvement vermiculaire que leur épaisseur, leur peu de longueur et leur os intérieur ne déterminent pas à croire très-facile. On dit *supposer*, car, depuis Rondelet, aucun naturaliste n'a examiné ces animaux vivans, excepté Cuvier, qui n'a pas encore publié le résultat de ses observations à leur égard.

Le corps des *vérétilles* est mou, caverneux et fibreux. Sa surface extérieure est garnie de mamelons irrégulièrement placés, et d'où sortent des polypes dont le tube est court et les tentacules ciliés. Ces tentacules sont au nombre de huit, applatis et pointus à leur sommet.

Pallas a vu, dans l'intérieur de la membrane extérieure des *vérétilles*, des globules de la grosseur d'une graine de pavot, qu'il soupçonne être des œufs.

Il paroît que ce polype composé jouit, plus que beaucoup d'autres, de cette vie commune, qui est propre aux animaux de cette division, et, en conséquence, on devoit desirer que quelque physiologiste habile fût mis à portée de faire des expériences propres à nous donner une idée de ses effets sur la masse entière et sur chaque individu en particulier. C'est ce qu'on dit qu'a fait Cuvier.

On connoît quatre espèces de *vérétilles*, dont trois se trouvent dans les mers d'Europe. Les deux plus connues sont la VÉRÉTILLE CYNOMORE, qui est cylindrique, atténuée aux deux bouts, et dont les polypes ont des tentacules larges, à courts cils. Elle est figurée dans les *Mélanges zoologiques* de Pallas, pl. 13, n°s 1 et 4, et la VÉRÉTILLE PHALLOÏDE, qui est cylindrique, claviforme, dont les polypes ont les tentacules étroits et à longs cils. Elle est figurée dans le même ouvrage, pl. 13, n°s 5 à 9, et dans l'*Histoire naturelle des Vers*, faisant suite au *Buffon*, édition de Deterville. Elle vient de la mer des Indes. (B.)

VERGADELLE. On donne ce nom, dans quelques ports de mer, aux jeunes SPARES CANTHÈRE, et dans d'autres au GADE MERLUCHE. *Voyez* ces mots. (B.)

VERGE D'AARON. C'est une baguette de *coudrier* que quelques personnes emploient d'une manière presque surnaturelle. Elles prétendent que cette baguette, portée dans les mains d'une certaine manière, leur indique, par ses mouvemens, les lieux où il y a de l'eau, des minéraux, et où sont cachés des trésors. (B.)

VERGE A BERGER. *Voyez* au mot THLASPI BOURSE A BERGER. (B.)

VERGE DE JACOB. Les jardiniers appellent ainsi l'ASPHODÈLE JAUNE. *Voyez* ce mot. (B.)

VERGE D'OR, *Solidago*, genre de plantes à fleurs composées, de la syngénésie polygamie superflue. et de la famille des CORYMBIFÈRES, dont le caractère consiste en un calice imbriqué d'écailles oblongues, conniventes, inégales ; un réceptacle nu, supportant un petit nombre de fleurons hermaphrodites et de demi-fleurons femelles fertiles, constamment de couleur jaune.

Le fruit est composé de semences à aigrettes simples et sessiles.

Ce genre, qui est figuré pl. 680 des *Illustrations* de Lamarck, se rapproche beaucoup des *astères* et aussi des *aulnées*. Il diffère des premiers par la couleur, et un moindre nombre de fleurons et de demi-fleurons dans chaque fleur. Il ne diffère des secondes que par la petitesse des mêmes fleurs. Ce sont des plantes ordinairement fort élevées, dont les feuilles sont alternes et les fleurs disposées en panicules. On en compte une quarantaine d'espèces, qui se conviennent très-bien par leur aspect général, et qui, à deux ou trois près, naturelles à l'Europe, sont originaires de l'Amérique septentrionale.

La seule espèce commune parmi celles d'Europe, est la VERGE D'OR DES BOIS, *Solidago virga aurea* Linn., qui a la tige légèrement géniculée, anguleuse, et les fleurs en grappes paniculées, droites, et rapprochées de la tige. Elle est vivace, et se trouve dans les bois et les pâturages. Elle s'élève à trois ou quatre pieds, et embellit les lieux où elle se trouve pendant toute l'automne. Sa racine est traçante et aromatique ; ses fleurs n'ont aucune odeur. On emploie ses feuilles et ses fleurons en infusion théïforme. On les fait entrer dans les *falltrancks* de Suisse. Elles passent pour vulnéraires, astringentes, et on les ordonne dans les maladies des reins et de la vessie, contre les hydropisies naissantes, &c.

Parmi celles de l'Amérique septentrionale, il faut distinguer :

La VERGE D'OR TOUJOURS VERTE, dont les feuilles sont lancéolées, presque charnues, très-unies et luisantes, et dont la panicule est en corymbe. Elle est vivace et se trouve dans les bons terrains de la Caroline, où je l'ai fréquemment observée. Elle s'élève à cinq ou six pieds.

La Verge d'or du Canada, dont les feuilles sont dentées, tri-nervées, rudes au toucher, dont les fleurs sont relevées et disposées en grappes recourbées, formant un corymbe paniculé. Elle est vivace, se trouve au Canada, et s'élève de quatre à cinq pieds.

La Verge d'or très-élevée a les feuilles dentées, sans nervures, les fleurs relevées et disposées en grappes recourbées, formant un corymbe paniculé. Elle se trouve dans l'Amérique septentrionale, et s'élève à sept à huit pieds.

La Verge d'or a larges feuilles a la tige droite; les feuilles ovales, aiguës, dentées, et les grappes latérales simples.

Ces quatre espèces, et quelquefois d'autres qui en diffèrent peu, sont habituellement cultivées dans les jardins d'ornement, à raison de l'élégance de leur port et de la durée de leurs fleurs. Elle y forme des touffes d'un aspect très-agréable pendant une partie de l'été, et sur-tout pendant l'automne, époque de sa floraison. On la multiplie très-aisément de drageons enracinés. En effet, ses touffes tendent très-rapidement à s'augmenter, et on est même chaque année obligé d'en arrêter la propagation, pour peu que le terrain soit bon. Il ne faut pas, au reste, croire qu'elle ne vienne bien que dans les jardins bien fumés : toute terre lui est bonne, et la plus sablonneuse est même préférable, en ce qu'elle y pousse moins de feuilles et plus de fleurs.

On appelle aussi *verge d'or*, le Séneçon doré et la Vergerette visqueuse. *Voyez* ces mots. (B.)

VERGE SANGUINE. C'est le Cornouiller sanguin. *Voyez* ce mot. (B.)

VERGEROLLE, *Erigeron,* genre de plantes à fleurs composées, de la syngénésie polygamie superflue et de la famille des Corymbifères, qui offre pour caractère un calice oblong, formé d'écailles imbriquées, étroites, inégales; un réceptacle nu, garni dans son disque de fleurons hermaphrodites, et à sa circonférence de demi-fleurons linéaires, femelles fertiles.

Le fruit est composé de semences à aigrettes simples et sessiles.

Ce genre, qui est figuré pl. 681 des *Illustrations* de Lamarck, renferme des plantes à feuilles opposées, à fleurs disposées en corymbes terminaux, à demi-fleurons, tantôt blanchâtres, tantôt purpurins, tantôt jaunes, qui ne diffèrent que fort peu des *aulnées,* et qu'on confond très-facilement à l'aspect avec les *conyzes.* On en compte plus de trente espèces, la plupart propres aux pays chauds, dont les plus importantes à connoître sont, parmi celles d'Europe :

La Vergerolle visqueuse, qui a les pédoncules latéraux uniflores, les feuilles lancéolées, denticulées, réfléchies à leur base. Elle est vivace, se trouve en Europe sur le bord des champs, dans les pâturages, s'élève à deux à trois pieds, et se cultive quelquefois pour l'agrément.

La VERGEROLLE ODORANTE a les feuilles presque linéaires, très-entières, les grappes latérales et multiflores. Elle est annuelle, s'élève à deux ou trois pieds, et se trouve dans les environs des villages, sur le bord des chemins. Elle répand une odeur résineuse désagréable, et est vulgairement connue sous le nom de *vergerette* ou *herbe aux punaises*, parce qu'on croit, dans les campagnes, que son odeur chasse les *punaises* des lits. On en met chaque été dans les armoires où l'on serre les habits de laine et les fourrures, dans la persuasion qu'elle chasse également les *teignes* et autres insectes qui les mangent. J'ai vérifié ce fait et l'ai trouvé faux.

La VERGEROLLE DU CANADA a les tiges hérissées, les feuilles lancéolées, ciliées, et les fleurs disposées en panicule. Elle est annuelle, s'élève de deux ou trois pieds, et est originaire de l'Amérique septentrionale, mais couvre aujourd'hui des cantons entiers de l'Europe. Elle a été apportée en France dès la découverte du Canada, avec les peaux de *castors*, qu'elle servoit à emballer. Elle préfère les pays sablonneux et arides. On peut la brûler avantageusement au moment de sa floraison, pour faire de la potasse.

La VERGEROLLE ACRE a les pédoncules alternes et uniflores. Elle se trouve dans les lieux sablonneux et arides. Ses feuilles, mâchées, sont très-âcres.

La VERGEROLLE DES ALPES a la tige souvent uniflore, le calice velu, et les feuilles obtuses, velues en dessous. Elle est vivace, et se trouve sur les montagnes froides. (B)

VERGLAS. On a donné ce nom à la *glace* qui s'étend et s'attache sur les pavés, en prenant une face très-lisse, ce qui fait que les hommes, les chevaux, &c. marchent avec peine, et ont à craindre à chaque instant le danger d'une chute. On évite ce fâcheux accident en répandant sur le pavé de la paille, du fumier, de la cendre, &c. (LIB.)

VERGNE, nom vulgaire de l'*aulne* dans une partie de la France. *Voyez* au mot AULNE. (B.)

VERGO, nom vulgaire de la *scienne umbre* dans quelques ports de mer. *Voyez* au mot SCIENNE. (B.)

VERGUETTE. (*Voyez* DRAINE.) Cet oiseau porte ce nom dans le Bugey, où le *gui*, dont il se nourrit, se nomme *verguet*. (VIEILL.)

VERINE, nom d'une qualité de *tabac*. *Voyez* au mot NICOTIANE. (B.)

VERJUS, nom d'une variété de *raisin* qui est très-acide, et dont on emploie le jus en médecine et dans les assaisonnemens. On en fait quelquefois des confitures. On appelle ainsi, par suite du même nom, les *raisins verts*. Voyez au mot VIGNE. (B.)

VERMEILLE, nom qu'on donne, dans le commerce de la bijouterie, tantôt à un *rubis spinelle* d'une couleur rouge écarlate, tantôt à un *grenat* dont la couleur rouge tire un peu sur l'orangé. La première de ces *gemmes* est la *vermeille orientale*; la seconde est la *vermeille commune* ou *occidentale*.

On donne aussi le nom de *vermeille* à l'*hyacinthe*, lorsque sa couleur, naturellement jaune orangé, se trouve mêlée d'une teinte de rouge. *Voy.* HYACINTHE, GRENAT et RUBIS. (PAT.)

VERMET. *Voyez* au mot VERMICULAIRE. (B.)

VERMICHEL, nom d'une pâte faite avec du gruau de froment, pâte que l'on pétrit fort dure, que l'on sale légèrement, et à laquelle on ajoute quelquefois quelques pincées de safran en poudre, et qu'ensuite on transforme en cylindres contournés, plus ou moins gros, ou en rubans, par le moyen d'une presse percée de trous.

Le *macaroni*, le *kagne*, le *lazagne* et le *patre*, ne sont que des espèces de *vermichel*.

Le *vermichel* est l'objet d'une fabrique assez considérable, qui a d'abord pris naissance en Italie, mais qui s'étend de jour en jour dans les autres parties de l'Europe. Le meilleur est celui qui est fait avec le *blé dur* ou *blé à chaume solide*. Voyez au mot BLÉ.

On mange le *vermichel* en potage ou au lait, de différentes autres manières, telles que celle qu'on appelle *macaroni*.

La *semouille* n'est pas un *vermichel*, comme quelques personnes le croyent; c'est simplement un *gruau* à grains égaux. *Voyez* au mot BLÉ. (B.)

VERMICULAIRE, *Vermicularia*, genre de testacés de la classe des UNIVALVES, dont le caractère présente une coquille tubulée, tortillée irrégulièrement en spirale, ordinairement adhérente, et garnie d'une ouverture operculée.

Ce genre, formé par Adanson, avoit été mal-à-propos réuni aux *serpules* par Linnæus, puisque les animaux qui les habitent sont de véritables *limaçons*, tandis que ceux des *serpules* sont des TÉRÉBRELLES. *Voyez* ce mot.

Les *vermiculaires* sont donc des coquillages presque cylindriques, très-alongés, irrégulièrement contournés, le plus souvent réunis et entrelacés. Leurs spires sont contournées de droite à gauche, évidées par-tout, attachées par leur partie inférieure, relevées et libres dans leur partie supérieure.

L'animal qui les habite est voisin de celui des *bulimes* par ses deux tentacules en languette, munis d'un œil à leur base extérieure ; mais il en diffère essentiellement par sa bouche, prolongée en une trompe cylindrique, garnie de plusieurs rangées de dents crochues, et de plus par un opercule rond, très-mince, qu'il peut retirer avec lui dans l'intérieur du tube.

Les *vermiculaires* couvrent souvent les rochers dans des étendues considérables ; mais on ne les trouve que dans les mers des pays chauds. On en connoît six espèces, toutes décrites et figurées dans l'ouvrage d'Adanson sur les coquillages du Sénégal.

Les trois plus communes de ces espèces sont :

La VERMICULAIRE VERMET, qui est réunie en société, cannelée en long et ridée en large, dont le tube est supérieurement droit, inférieurement à spire aiguë, et a de cinq à dix tours. Elle est figurée dans Dargenville, pl. 4, fig. 1, et dans l'*Histoire naturelle des Coquillages*, faisant suite au *Buffon*, édition de Deterville, pl. 41, fig. 5. Elle se trouve dans la Méditerranée et sur la côte d'Afrique.

La VERMICULAIRE MASSIER, *Vermicularia arenaria*, est solitaire, articulée, entière, striée longitudinalement et transversalement. Elle est figurée dans Dargenville, pl. 4, fig. H. Elle se trouve sur la côte d'Afrique et dans la mer des Indes.

La VERMICULAIRE LIPSE, *Vermicularia glomerata*, est réunie en société ; son tube est supérieurement droit, inférieurement à trois tours de spire, et ridé transversalement. Elle est figurée dans Dargenville, pl. 4, fig. G. Elle se trouve dans toutes les mers. (B.)

VERMICULAIRE, *Vermicularia*, genre de plantes cryptogames, de la famille des CHAMPIGNONS, établi par Tood. Il présente une fongosité globuleuse, sessile, contenant des corpuscules vermiformes, libres, et remplis de semence.

Ce genre contient trois espèces, qui sont figurées tab. 6 de l'ouvrage de ce botaniste sur les *champignons* de Mecklembourg. Ce sont de très-petits *champignons* qui paroissent avoir beaucoup de rapports extérieurs avec les SPHÉROCARPES. *Voy.* ce mot. (B.)

VERMICULAIRE BRULANTE. *Voyez* au mot ORPIN. (B.)

VERMICULITE. C'est la VERMICULAIRE VERMET devenue fossile. *Voyez* ce mot. (B.)

VERMICULITES. On a donné ce nom aux enveloppes pierreuses, fossiles, de différentes espèces de vers marins d'une forme cylindrique, et pour l'ordinaire groupées en faisceaux. (PAT.)

VERMIFUGUE, *Vermifuga*, plante herbacée du Pérou qui forme un genre dans la *Flore* de ce pays par Ruiz et Pavon, mais qui ne paroît pas devoir être séparé des MILLERIES. *Voyez* ce mot. (B.)

VERMILLER (*vénerie.*); c'est lorsque le *sanglier* fouille en terre pour y chercher des *vers*. (S.)

VERMILLON D'ESPAGNE. C'est la fleur du CARTHAME. *Voyez* ce mot. (B.)

VERMILLON DE PROVENCE. C'est le KERMÈS. *Voyez* ce mot. (B.)

VERMILLON NATIF. On a quelquefois donné ce nom au *cinabre* ou *sulfure natif de mercure*, lorsqu'il se trouve dans un état pulvérulent et d'une belle couleur rouge : c'est ce qu'on nomme aussi *fleurs de cinabre*. Voy. MERCURE et CINABRE. (PAT.)

VERMINE, mot dont l'on se sert pour indiquer les *poux* qui affligent l'homme. (L.)

VERMISSEAUX DE MER. Les anciens naturalistes donnoient ce nom aux testacés, dont la coquille est très-longue et contournée, soit sur elle-même, soit sur d'autres *vermisseaux* de même espèce, soit sur des corps étrangers ; ainsi les *serpules*, les *spirorbes*, les *vermiculaires* sont des *vermisseaux de mer*. Aujourd'hui que la science a pris de la fixité, on n'emploie plus guère ce mot, on doit même le proscrire complètement du langage de l'histoire naturelle, comme ne donnant que des notions vagues et souvent même fausses. Les *vermisseaux de mer* se distinguoient des TUYAUX DE MER (*Voyez* ce mot.), en ce que ces derniers étoient simples et jamais contournés. (B.)

VERNE, nom vulgaire de *l'aulne* dans quelques parties de la France. *Voyez* au mot AULNE et au mot BOULEAU. (B.)

VERNICIER, *Vernicia*, grand arbre à feuilles éparses, pétiolées, en cœur aigu, très-entières, ondulées, glabres, avec deux glandes perforées à l'insertion de leur pétiole ; à fleurs blanches, portées sur des pédoncules rameux, courts et terminaux, qui forme un genre dans la monoécie monadelphie.

Ce genre offre pour caractère un calice tubuleux à deux divisions arrondies ; une corolle de cinq pétales oblongs ; dix étamines réunies à leur base dans les fleurs mâles ; un ovaire supérieur presque rond, trilobé, à stigmates obtus, sessiles, trifides dans les fleurs femelles.

Le fruit est une noix osseuse, obtusément trigone, rugueuse, triloculaire, monosperme, contenant une amande ovale, oblongue.

Le *vernicier* se trouve dans les montagnes de la Chine et de la Cochinchine. Il a quelques rapports avec les MANCENILLIERS. (*Voyez* ce mot.) Son bois est fort propre à la charpente, mais ce n'est pas sous ce rapport qu'il est le plus précieux aux yeux des habitans des pays où il se trouve. On tire abondamment de l'amande de son fruit une huile jaune, demi-transparente, qui sert à peindre le bois et autres objets qui sont exposés à l'air, et qu'on mêle avec le véritable vernis pour le rendre plus fluide. *Voyez* au mot AUGIE. (B.)

VERNIS. On donne ce nom, dans les arts, à toute matière liquide, appliquée par couches à la surface des corps, et qui a la propriété, après sa dessication, de les garantir des influences de l'air et de l'eau, et de les rendre luisans sans détruire leur poli et sans masquer ni altérer leurs couleurs. C'est ainsi qu'on vernit les métaux et les bois pour les préserver de la rouille et de la pourriture.

Les Chinois et les Japonois ont fait usage du *vernis* très-long-temps avant nous. Les missionnaires envoyés en Chine furent les premiers qui, dans le quinzième siècle, donnèrent une connoissance confuse du *vernis* dont on se servoit en ce pays. Dans le dix-septième siècle, les Pères Martino-Martini et Kircher en parlèrent avec plus de détail ; et le premier Français qui mit à profit les notions encore vagues de ces missionnaires, fut le Père Jamart, hermite, de l'ordre de Saint-Augustin, qui composa un *vernis* différent, il est vrai, de celui de la Chine, mais qui, en ayant toute l'apparence, passa pour tel et fut très-recherché. Dès qu'il en eut publié la composition, beaucoup de particuliers cherchèrent à le perfectionner et à en composer de nouveaux, au moyen des différentes combinaisons des gommes, des résines, des bitumes, &c. Enfin le Père d'Incarville nous apprit, dans un Mémoire rédigé en Chine même, que le *vernis* employé par les Chinois, à couvrir les lambris, les planchers de leurs maisons et la plupart de leurs meubles, étoit produit par un arbre qu'ils appellent *tsichou* ou *tai-chu*, ce qui signifie *arbre du vernis*. Les botanistes n'ont pas su d'abord à quel genre de plantes et à quelle famille appartenoit cet arbre ;

mais il est aujourd'hui reconnu que c'est l'*augie*, ou une espèce de *badamier* de la famille des *éléagnoïdes*. Le *vernis du Japon* provient d'un Sumac. *Voyez* ce dernier mot, et les mots Badamier et Augie.

Il résulte de la définition que j'ai donnée du *vernis*, qu'il doit être inattaquable par l'eau, transparent et durable; qu'il doit s'étendre facilement, sécher de même, et ne laisser, lorsqu'il est sec, ni aucun pore ni écaille. Or, les résines et les bitumes réunissent ces propriétés; ce sont ces matières aussi qui font la base des *vernis*; mais il faut les disposer à ces usages, en les dissolvant, en les divisant le plus qu'il est possible, et en les combinant de manière que les vices de celles qui sont sujettes à s'écailler soient corrigés par d'autres.

« On peut, dit Chaptal (*Elémens de Chimie*), dissoudre
» les résines par trois agens : 1°. par l'huile fixe ; 2°. par
» l'huile volatile ; 3°. par l'alcohol ; et c'est ce qui forme trois
» espèces de vernis : *vernis gras, vernis à l'essence, vernis à*
» *l'esprit-de-vin.*

» Avant de dissoudre une résine dans une huile fixe, il
» faut la rendre *siccative*, c'est-à-dire qu'il faut lui donner la
» propriété de sécher facilement. A cet effet, on la fait
» bouillir avec des oxides métalliques. Pour aider la dessi-
» cation de ce *vernis*, il est nécessaire d'y ajouter de l'huile
» de térébenthine.

» Les *vernis à l'essence* sont une dissolution de résine dans
» l'essence de térébenthine. On applique le *vernis*, et l'es-
» sence se dissipe. On ne les emploie que pour vernir les
» tableaux.

» Lorsqu'on dissout les résines par l'alcohol, alors les *ver-*
» *nis* sont très-siccatifs et sujets à se gercer; mais on y re-
» médie en ajoutant à la composition un peu de térében-
» thine, qui leur donne de l'éclat et du liant.

» Pour colorer les *vernis*, on emploie les résines colorées,
» telles que la *gomme-gutte*, le *sang-dragon*, &c.

» Pour lustrer les *vernis*, on se sert de la *pierre-ponce por-*
» *phyrisée*, trempée dans l'eau; on la passe avec un linge ;
» on frotte l'ouvrage avec un drap blanc imbibé d'huile ou
» de tripoli; on essuie ensuite avec des linges doux; et quand
» il est sec, on décrasse avec de la poudre d'amidon, et on
» frotte avec la paume de la main ».

Ainsi deux choses essentielles entrent dans la composition du *vernis*, les matières qui en font la base, et les liquides qui, en étendant ces matières, servent d'intermède pour pouvoir les appliquer aisément sur la surface des corps. Si

les substances qui sont la base du *vernis*, après avoir été li-
quéfiées par l'action du feu, pouvoient, étant refroidies,
persévérer dans cet état, et ne point reprendre leur solidité,
il seroit inutile d'y ajouter aucuns liquides; on ne s'en sert
que pour maintenir ces substances dans un état permanent
de fluidité et pour les rendre d'une extension facile. Il faut
donc que les liquides dont il s'agit puissent souffrir l'infusion et l'incorporation des matières auxquelles on les mêle.
Mais cela ne suffit pas; il faut encore qu'ils puissent se déflegmer entièrement, car le *vernis* ne peut souffrir aucune
humidité aqueuse. L'*esprit-de-vin*, l'*huile de lin* dégraissée
et l'*essence* ou *huile de térébenthine* sont les liquides les
plus propres à remplir ces conditions.

L'*esprit-de-vin*, dégagé de toutes ses parties aqueuses et
rectifié, est la base de tous les *vernis* clairs; il les rend brillans, légers et limpides: s'il ne leur donne pas la solidité,
c'est qu'il ne peut communiquer ce qu'il n'a pas. Sa facile
évaporation l'empêche de pouvoir s'unir avec les bitumes
et de certaines résines, qu'il faut soumettre à une violente
action du feu pour les liquéfier; car, avant qu'ils soient en
cet état, il disparoît: de même, on ne peut pas l'incorporer
lorsqu'on a torréfié ces matières à feu nu, parce qu'alors il
s'enflamme et s'échappe. Aussi a-t-on été obligé de chercher
d'autres liquides pour donner à ces corps durs de la fluidité, et on a renoncé à faire des *vernis* avec ces matières.

Pour connoître si l'esprit-de-vin qu'on destine au *vernis*
peut être employé, on en verse un peu dans une cuiller
d'argent, sur une pincée de poudre à tirer, et on y met
ensuite le feu avec une allumette. Si le feu allume la poudre,
l'esprit-de-vin est bon; mais si la poudre reste dans la cuiller
sans s'enflammer, alors c'est la preuve que l'esprit-de-vin
contient encore des parties aqueuses; il faut alors le distiller de nouveau pour le déflegmer entièrement. Quoique
le procédé ci-dessus soit suffisant pour indiquer le degré de
rectification de l'alcohol qu'on veut employer, on sera beaucoup plus sûr en prenant une éprouvette jaugée, tenant
une certaine quantité d'un esprit-de-vin reconnu parfait:
si celui qu'on examine n'est pas aussi léger, il n'est pas assez
rectifié.

L'*huile* est le liquide nécessaire aux *vernis* gras. La meilleure qu'on puisse employer pour l'art du vernisseur, est
l'huile de lin, ou à son défaut celle de noix ou d'œillet;
mais celles-ci lui sont inférieures en qualité.

L'huile que les ouvriers appellent improprement *huile
grasse*, et qu'ils emploient dans les couleurs et *vernis*, est

celle qui a été préparée, dégraissée et clarifiée. Vingt-quatre heures après qu'elle est dégraissée, il doit se former à sa surface une pellicule lui servant d'enduit : si on n'apperçoit pas cette pellicule, c'est la preuve que cette huile n'est pas assez desséchée, et qu'elle n'a pas acquis assez de corps.

Réaumur, dans les *Mémoires de l'Académie*, parle d'une huile tellement dégraissée, qu'il en faisoit des *vernis* en bâton. Il convient lui-même que ces sortes de *vernis* ne pouvoient servir qu'à quelques usages particuliers ; il n'est pas nécessaire que l'huile employée par les vernisseurs soit portée à ce degré de solidité.

Après avoir dégraissé l'huile de lin, on doit encore, pour la beauté du *vernis*, la blanchir le plus qu'il est possible, en l'exposant pendant un été au soleil, dans une cuvette de plomb : plus elle est ancienne, meilleure elle est, parce que, dans les temps de repos, elle dépose toujours un peu, et devient plus claire.

L'huile de navette ou d'aspic, et sur-tout l'huile d'olive, ne sont pas bonnes pour les *vernis*, parce qu'elles ne peuvent jamais s'épaissir ni se dégraisser.

L'*essence* ou *huile de térébenthine* employée dans les *vernis*, doit être bien rectifiée et ne point contenir de flegme. Il faut la choisir claire comme de l'eau, d'une odeur forte, pénétrante et désagréable : elle surnage l'esprit-de-vin, avec lequel elle ne se mêle qu'en les amalgamant bien ensemble.

Les solides qui composent la base des *vernis* sont, comme je l'ai dit, les résines et les bitumes. Les gommes n'y sont pas propres, parce que l'eau les dissout facilement.

Ces trois substances sont tantôt simples, tantôt liées l'une à l'autre ; il y a des gommes pures, des gommes-résines, des résines pures et bitumineuses, enfin des bitumes. On trouvera à leurs lettres, dans ce Dictionnaire, la définition de ces substances, avec leurs propriétés générales et particulières, leurs espèces et les différences qu'on remarque entre elles.

Parmi les résines, il y a un choix à faire pour les *vernis* ; on n'y emploie jamais du *storax*, de l'*oliban*, du *labdanum*, de la *caragne*, ni les *résines de cèdre*, de *gayac*, *olampi* et *tacamaque*, appelées improprement *gommes* dans le commerce. Celles dont font usage les vernisseurs, sont : la *résine élémi*, la *résine* ou *gomme-gutte*, le *benjoin*, le *camphre*, le *sandaraque*, le *mastic*, le *sang-dragon*, la *résine* ou *gomme-laque*, quelquefois nommée simplement la *laque*, et enfin la *résine copal*.

La *résine élémi* doit être choisie sèche en dehors, mollasse en dedans, de couleur blanche tirant sur le vert. Elle fond dans l'esprit-de-vin. On s'en sert pour les *vernis* clairs, qu'elle rend plus lians, plus propres à souffrir le poli, et auxquels elle donne du corps. On falsifie quelquefois cette résine avec du *galipot* et de la résine appelée *picea*.

La *résine gutte* donne aux *vernis* du corps, du brillant et une couleur jaune citron ; elle sert communément pour faire du *vernis à l'or*, s'emploie et se fond dans l'esprit-de-vin. Il faut, quand on la casse, qu'elle soit lisse, unie, et qu'elle ne soit pas spongieuse, pour qu'elle puisse servir.

Le *benjoin* est une résine dont il y a deux sortes, l'une en larmes et l'autre en masse ; la première est préférable ; mais comme elle est rare et par conséquent fort chère, on n'en fait point usage ; on lui substitue la dernière. L'une et l'autre pourroient être employées au *vernis*, si elles ne lui donnoient pas de l'odeur et un ton roussâtre. Le *camphre* ne sert dans le *vernis* à l'esprit-de-vin, que pour le rendre liant et l'empêcher de gercer ; mais il faut en mettre peu.

Le *sandaraque* est la base de tous les *vernis* à l'esprit-de-vin, excepté néanmoins de ceux qui se font à la gomme-laque. Il entre aussi dans les *vernis* gras.

Le *mastic* se distingue dans les boutiques, en mâle et en femelle. Le mâle en larmes est le meilleur ; il s'emploie dans tous les *vernis* ; sa propriété est de les rendre lians et moins secs ; ils souffrent mieux le poli, quand on y a incorporé du mastic. Le mastic est beaucoup plus cher que le sandaraque ; on mêle souvent de ce dernier avec l'autre : on peut les reconnoître, en ce que le mastic fond dans l'essence, et que le sandaraque n'y fond pas ; on les reconnoît encore en mettant l'une et l'autre de ces substances sur la langue ; celle qui l'empâte est du mastic, et celle qui se grumèle est du sandaraque.

Il y a plusieurs espèces de *sang-dragon*. Le meilleur est celui qui est pur, naturel et en masse, tel qu'il découle de l'arbre. On y apperçoit des parties terreuses, des pailles et des matières hétérogènes. Celui qu'on vend en aveline est fondu et composé ; il s'apprête à Marseille. Le sang-dragon n'est bon que pour donner un beau coloris ; il s'emploie dans les *vernis* à l'or, à l'esprit-de-vin, à l'huile et à l'essence, et fond également dans ces trois liquides.

La *laque* ou *gomme-laque* est excellente pour vernir les fonds noirs ou bruns. Elle donne de la dureté et du coloris au *vernis* ; mais si on en employoit une trop grande quantité, portant avec elle une teinte rouge, elle lui communiqueroit cette couleur, qui voileroit et terniroit les teintes sur lesquelles on l'appliqueroit. Elle s'emploie plus communément dans l'esprit-de-vin que dans l'huile.

La *résine copal*, par sa blancheur, sa transparence et son éclat, l'emporte sur toutes les résines qui servent aux *vernis*. On a cru long-temps qu'elle étoit indissoluble à l'esprit-de-vin, et pour la maintenir dans un état de fluidité, on employoit des huiles qui l'obscurcissoient toujours un peu. Mais l'expérience, ou plutôt le hasard, a découvert que le *copal* se dissolvoit à froid dans l'alcohol. Cette dissolution est très-prompte, puisqu'elle s'opère dans deux ou trois minutes. Le *vernis* en est fort limpide et fort dur.

Parmi les matières bitumineuses, le *succin* ou *ambre jaune*, et l'*asphalte* ou *bitume de Judée*, sont celles qui entrent le plus ordinairement dans la composition des *vernis*.

M. Neumann dit que les Hollandais font passer pour du *succin*, une résine nommée *gomme de look*, qui vient de l'Amérique. Quand cette résine est seule, on peut la reconnoître aux caractères suivans : elle est peu électrique ; son odeur n'est pas celle du *succin ;* mise dans l'esprit-de-vin, elle perd beaucoup de sa substance ; elle ne donne pas de sel volatil par la distillation. Quand elle se trouve mêlée avec du véritable *ambre*, et en morceaux de volume égal, il est très-difficile de la distinguer ; aussi est-ce de cette manière que les Hollandais ont coutume de l'exposer en vente.

Le *succin* doit être choisi en beaux morceaux durs, clairs, se liquéfiant au feu et s'y enflammant. Il sert aux plus beaux *vernis* en bois, et ces *vernis* sont plus solides et plus durables que ceux faits de *copal*.

L'*asphalte* qui sert aux *vernis* est d'un beau noir, luisant, compacte, plus dur que la poix, n'ayant d'odeur que lorsqu'on l'approche du feu ; il faut prendre garde qu'il ne soit mélangé avec de la poix, ce qu'on reconnoîtra par l'odeur. Celui qu'on vend dans le commerce est presque toujours le *caput mortuum* de la rectification de l'huile de *succin*. L'*asphalte* fond dans l'huile ; on l'emploie à faire des *vernis* gras, noirs, et pour faire des mordans. Etant noir de sa nature, il ne peut servir à faire des *vernis* à tableaux, ni pour des fonds colorés ; par conséquent, il ne doit jamais s'employer avec le *copal*, qui est une résine blanche et transparente.

On trouvera dans la *Nouvelle Encyclopédie* (*Dict. des Arts et Métiers*), d'où j'ai extrait une partie de cet article, de plus grands détails sur ce qui en fait l'objet. (**D.**)

VERNIS DU CANADA. C'est le Sumach radicant. *Voyez* ce mot. (**B.**)

VERNIS DE LA CHINE. C'est l'AUGIE. *Voy.* ce mot. (B.)

VERNIS DU JAPON. C'est le SUMACH AU VERNIS. *Voy.* ce mot. (B.)

VERNIX. C'est le THUYA A LA SANDARAQUE. *Voyez* ce mot. (B.)

VERNONIE , *Vernonia* , genre de plantes établi par Schreber pour placer quelques espèces du genre SERRATULE de Linnæus, qui ne conviennent pas aux autres. *Voy.* ce mot.

Il présente pour caractère un calice commun imbriqué ; un réceptacle nu couvert de points enfoncés ; tous les fleurons hermaphrodites et à stigmate bifide ; des semences surmontées de poils soyeux.

Ce genre , que Walter avoit confondu avec les *chryso-comes* , renferme, dans la *Flore de l'Amérique septentrionale* par Michaux, cinq espèces, dont les plus importantes à connoître sont :

La VERNONIE ÉLEVÉE, dont la tige est haute de deux à trois pieds, anguleuse, velue ; les feuilles radicales lancéolées , dentées, et les écailles du calice mutiques. C'est le *serratula prealta* de Linnæus. Elle se trouve en Caroline, dans les lieux humides et ombragés.

La VERNONIE DE NEW-YORK a la tige haute de cinq à six pieds ; les feuilles lancéolées , longues et dentées ; les écailles du calice aristées. C'est le *serratula novaboracensis* de Linnæus. On la trouve sur le bord des marais, dans les lieux découverts.

J'ai fréquemment observé ces deux plantes en Caroline. La seconde se cultive depuis long-temps en Europe, dans les jardins de botanique. (B.)

VÉROLE , nom marchand d'une coquille du genre des *porcelaines* , qui est blanche, avec des tubercules imitant des grains de petite-vérole. *Voyez* au mot PORCELAINE. (B.)

VÉRON , nom spécifique d'un poisson du genre *cyprin.* C'est le *cyprinus phoximus* de Linnæus. *Voy.* au mot CYPRIN et au mot VAIRON. (B.)

VÉRONIQUE, *Veronica* , genre de plantes à fleurs mono-pétalées, de la diandrie monogynie, et de la famille des RHYNANTHOÏDES, dont le caractère consiste en un calice à quatre ou cinq divisions ; une corolle en roue, à quatre lobes inégaux ; deux étamines ; un ovaire supérieur surmonté d'un style à stigmate capité.

Le fruit est une capsule échancrée au sommet.

Ce genre, qui est figuré pl. 13 des *Illustrations* de Lamarck, renferme des plantes herbacées ou suffrutescentes, à feuilles

opposées ou verticillées ; à fleurs disposées en épis terminaux
ou axillaires, quelquefois à feuilles alternes et à fleurs axillaires et solitaires.

On en compte une soixantaine d'espèces, la plupart propres
à l'Europe. On les divise en trois sections. Les plus importantes à connoître ou les plus communes sont :

1°. Parmi celles qui ont les fleurs en épis :

La Véronique en épis, qui a l'épi terminal ; les feuilles opposées
crénelées, obtuses, la tige très-simple et ascendante. Elle est vivace, et se trouve très-communément dans les bois sablonneux, sur
les pâturages secs. C'est une plante d'un pied au plus de haut, dont
les épis de fleurs bleues forment un effet fort agréable. On l'emploie
quelquefois en médecine.

La Véronique maritime a l'épi terminal ; les feuilles presque en
cœur, lancéolées inégalement, dentées. Elle est vivace, et se trouve
sur les sables des bords de la mer.

La Véronique officinale a les épis latéraux pédonculés ; les
feuilles opposées, ovales, presque rondes, velues ; la tige couchée
et velue. Elle est vivace, et se trouve très-abondamment par toute
l'Europe dans les taillis, sur les pâturages des montagnes, même le
long des haies. On l'appelle vulgairement la *véronique mâle* ou *thé
d'Europe*. Elle est fort célèbre en médecine. Elle est amère, et passe
pour sudorifique, vulnéraire, diurétique et astringente. On en fait
un sirop qu'on recommande dans la toux sèche, l'enrouement,
l'asthme, le crachement de sang et l'ulcère du poumon. Sa décoction
s'emploie dans la jaunisse, la gravelle, les obstructions et autres maladies analogues. Quelques personnes la préconisent outre mesure,
mais cependant on n'en fait plus un usage aussi fréquent qu'autrefois. Son infusion en guise de *thé* n'est point désagréable, et
s'emploie utilement dans la plupart des cas où le *thé de Chine* est
indiqué.

2°. Parmi celles qui ont les fleurs disposées en corymbes ou en
grappes :

La Véronique saxatile, qui a les corymbes terminaux, les
feuilles elliptiques, obtuses, très-entières et ciliées ; les folioles calicinales obtuses, et les tiges légèrement frutescentes. Elle est vivace,
et se trouve sur les montagnes pierreuses de l'intérieur de la France.
Elle a été long-temps confondue avec les *véroniques fruticuleuse* et
alpine, qui sont beaucoup plus rares.

La Véronique a feuilles de serpolet a les grappes terminales,
presque en épis ; les feuilles ovales, glabres et crénelées. Elle est vivace,
et se trouve très-abondamment dans les bois, les terres en friche ; le
long des chemins et des haies. On l'emploie quelquefois en médecine.

La Véronique aquatique, *Veronica beccabunga*, a les grappes
latérales ; les feuilles ovales, planes, et la tige rampante. Elle est vivace,
et se trouve dans toute l'Europe sur le bord des fontaines, et dans les
ruisseaux qui gèlent rarement. On l'appelle vulgairement le *béca-
bunga*. On en fait un grand usage comme antiscorbutique. Elle est
très-rafraîchissante mangée en salade. Elle adoucit singulièrement

l'*oseille*, avec laquelle on la fait cuire. En général elle peut être mêlée avec utilité dans tous les potages , dont le goût est assez relevé pour étouffer celui qu'elle a naturellement , et qui ne plaît pas à tout le monde.

La Véronique mucronée , *Veronica anagallis* , a les grappes latérales ; les feuilles lancéolées, pointues, dentées , et la tige droite. Elle est annuelle, et se trouve très-abondamment dans les fossés , sur le bord des mares et autres lieux où l'eau séjourne une partie de l'année. On l'emploie en médecine sous le même point de vue que la précédente.

La Véronique scutellate a les grappes latérales alternes , les fleurs recourbées , et les feuilles linéaires entières. Elle est vivace , et se trouve en Europe dans les lieux où l'eau a séjourné une partie de l'hiver.

La Véronique teucriette a les grappes latérales très-longues ; les feuilles ovales , rugueuses , dentées , obtuses , et les tiges couchées. Elle est vivace , et se trouve par toute l'Europe dans les bois et les pâturages secs , où elle produit un effet agréable par ses grappes de fleurs bleues. On l'emploie quelquefois en médecine.

La Véronique petit chêne , *Veronica chamædrys* , qui a les fleurs en grappes latérales ; les feuilles ovales , sessiles , rugueuses , dentées ; et la tige garnie de poils de deux côtés opposés. Elle est vivace , et se trouve dans les mêmes lieux que la précédente , à laquelle elle ressemble beaucoup. Ses deux rangs de poils sont le meilleur caractère qu'on puisse employer pour la distinguer. On en fait aussi quelquefois usage en médecine.

3°. Parmi celles qui ont les fleurs axillaires et solitaires :

La Véronique agreste , qui a les fleurs pédonculées ; les feuilles en cœur pétiolées , et la tige pubescente. Elle est annuelle , et se trouve quelquefois très-abondamment dans les champs cultivés.

La Véronique des champs a les fleurs sessiles , ainsi que les feuilles , et la tige velue. Elle est annuelle , et se trouve dans les champs. Elle est par-tout très-commune.

La Véronique a feuilles de lierre a les fleurs solitaires ; les feuilles en cœur , planes , à cinq lobes plus courts que le pédoncule , et les folioles du calice ovales. Elle est annuelle , et se trouve dans les champs.

La Véronique triphylle a les fleurs solitaires , pédonculées ; les fleurs divisées en digitations , et la tige étalée. Elle est annuelle , et se trouve dans les champs.

La Véronique printanière a les fleurs solitaires , presque sessiles ; les feuilles divisées en digitations ; celles du sommet entières , et la tige grêle. Elle est annuelle , et se trouve dans les champs.

Toutes les espèces de cette division fleurissent de très-bonne heure , et semblent n'être que des variétés les unes des autres. (B.)

VÉROU-PATRA , nom que l'*autruche* porte à Madagascar , suivant Flaccourt. *Voyez* Autruche. (S.)

VERQUETTE. C'est, en Bugey, le nom de la Draine. *Voyez* ce mot. (S.)

VERRAT, mâle dans la race du *cochon domestique*. Voy. au mot Cochon. (S.)

VERRAT DE MER, nom spécifique d'un poisson du genre Lutjan. *Voyez* ce mot. (B.)

VERRE DE MOSCOVIE. On a donné ce nom au *mica* en grandes lames, qu'on trouve dans quelques montagnes granitiques de la Russie septentrionale et sur-tout en Sibérie. Cette dénomination très-impropre, quant à la nature de cette substance minérale, vient de ce qu'elle est employée au lieu de verre pour les carreaux de fenêtres.

On a beaucoup exagéré la grandeur de ces feuillets de *mica*, en confondant avec notre *aune* celle de Russie, qui n'a que vingt-cinq pouces. Il est infiniment rare d'en trouver qui excèdent un pied en tout sens. La grandeur de ceux qu'on emploie n'est que d'environ neuf pouces sur six. On en fait usage pour les fenêtres des vaisseaux de guerre : ils ont l'avantage de ne pas se briser par l'explosion du canon. *Voyez* Mica. (Pat.)

VERRE NATUREL. *Voyez* Verre de volcan, Pierre de Gallinace et Agate d'Islande. (Pat.)

VERRE DE VOLCAN, matière complètement vitrifiée que rejettent certains volcans, sur-tout ceux qui se trouvent dans des îles d'une grandeur médiocre. Ce *verre* est rarement blanc et transparent ; c'est communément une espèce d'émail noirâtre ou vert, ou de différentes couleurs. Il est plus dur que l'émail artificiel, et communément il fait feu contre l'acier.

On voit dans les îles Eoliennes des matières vitrifiées qui ont formé de vastes courans, comme les laves ordinaires. La montagne *della Castagna* dans l'île de Lipari, qui forme dans la mer un promontoire de trois mille toises de circuit, offre des torrens de matière vitreuse, que Spallanzani compare à un grand fleuve qui se précipiteroit par une pente rapide, et qui seroit glacé subitement. Il y a plusieurs courans les uns sur les autres, dont l'épaisseur varie depuis un pied jusqu'à douze.

Le *verre de volcan* se trouve souvent en petits globules, et quelquefois en boules de plusieurs pieds de diamètre, dans des courans composés de pierre-ponce et d'autres matières à demi-vitrifiées. On peut penser que les petits globules ont été lancés par le volcan tels qu'ils sont; mais à l'égard des grosses masses sphériques, il n'est guère possible de faire la même supposition ; car si elles avoient été encore molles, elles se seroient déformées en retombant, et si elles avoient acquis de la solidité par le refroidissement, le choc de leur chute les eût brisées. Il est plus probable que ces masses globuleuses se sont formées dans le sein même du courant où elles se trouvent, par cette sorte de cristallisation qui a produit tant de corps sphériques dans le règne minéral.

J'ai rapporté de Sibérie des globules de *verre volcanique* qui se trouvent dans une colline, au bord du golfe de Kamtchatka, près du port d'Okhotsk. Cette colline volcanique, nommée *Marikan*, est formée d'un sable blanc vitreux fort singulier : il ressemble au premier coup-d'œil à un sable coquillier ; il est tout composé de fragmens d'un blanc nacré, convexes d'un côté et concaves de l'autre. Ce sont les débris de petits globules de *verre* de la grosseur d'un pois, parfaitement semblables à des perles, et qui sont entièrement composés de couches concentriques de la plus grande ténuité. Ils sont opaques, mais les feuillets qui les composent sont parfaitement transparens ; et rien n'annonce que ce tissu lamelleux soit un effet de la décomposition : ce qui me feroit conclure, par analogie, que les boules de basalte qui sont également composées de couches concentriques, ont naturellement cette structure depuis leur formation.

Ce sable contient deux autres sortes de globules vitreux fort différens, dont le tissu est plein et la cassure conchoïde : les uns sont limpides et n'ont que le volume d'une noisette ; les autres présentent un émail panaché de rouge et de noir ; ceux-ci sont un peu plus gros, mais ils n'excèdent pas le volume d'un petit œuf. *Voyez* MARÉKANITE.

Le *verre volcanique* est quelquefois lancé hors du cratère sous la forme de longs filamens, comme on l'a vu à l'île de Bourbon, dans les éruptions du 14 mai 1766 et 17 juillet 1791. Ces filamens, de deux à trois pieds de longueur, étoient parsemés d'espace en espace de petits nœuds vitreux ; il paroît que c'étoient des globules que leur état de fluidité parfaite avoit agglutinés les uns aux autres, et que la force d'impulsion avoit écartés sans rompre la matière qui les unissoit. On a trouvé de ces filamens sur les arbres à dix lieues du volcan, où le vent les avoit transportés.

Dolomieu a observé à Vulcano, l'une des îles Eoliennes, une lave grise caverneuse, dont les soufflures étoient remplies de filamens vitreux en flocons si légers, que le souffle les faisoit disparoître.

L'Islande est très-riche en *verre volcanique*, et la matière noire qu'on nomme improprement *agathe d'Islande*, est un émail qu'on trouve parmi les immenses éjections plus ou moins vitrifiées, qui sont le produit du mont Hecla et des autres volcans de cette île.

La *pierre de gallinace*, regardée par Caylus comme la *pierre obsidienne* des anciens, est aussi un émail de volcan de couleur noire ou d'un vert noirâtre, qui se trouve dans la province de Quito au Pérou, et dont les anciens habitans avoient su former des miroirs plans et même convexes, connus sous le nom de *miroir des Incas*. Les Espagnols l'ont appelé *piedra de gallinazo*, à cause de sa couleur verte tirant sur le noir, semblable à celle du *gallinazo*, qui est le vautour *aura*. La hache que portoient les Incas étoit aussi faite de la même matière. (*Ulloa*, *Mém.*, t. II, p. 463.)

Nota. (Ce fait sembleroit douteux, si l'on ne consultoit que l'analogie ; car toutes les haches non métalliques ont toujours été faites de pierres de la nature du *basalte* et de la *cornéenne*, qui ont non-seulement de la dureté, mais surtout beaucoup de *tenacité* ; et il n'y en a point au contraire qui fût plus facile à briser que la *pierre de gallinace*, qui n'est autre chose qu'un *verre*. Si le fait est exact, il faudroit y supposer une allégorie, et faire dire aux Péruviens que, dans la main de leurs Incas, la hache n'étoit que le signe de l'autorité, sans devenir jamais l'instrument de l'oppression.)

Faujas a trouvé du *verre noir de volcan* à Chenavari près de Rochemaure, sur la rive droite du Rhône ; mais ce *verre* a des bulles sphériques, d'environ une ligne de diamètre ; il a d'ailleurs la dureté et les autres propriétés de l'*agathe d'Islande*.

Les volcans des îles sont beaucoup plus féconds en matières vitreuses que ceux qui sont sur le continent, parce que la mer qui enveloppe leur base de toutes parts, leur fournit avec profusion le fluide électrique qui est la principale cause de l'activité des feux volcaniques. *Voyez* VOLCANS. (PAT.)

VERRES, nom latin du *Verrat*. Voyez COCHON. (S.)

VERRUCAIRE, *Verrucaria*, genre de plantes établi par Hoffmann aux dépens des *lichens* de Linnæus. Il rentre dans le genre *lepronque* de Ventenat. C'est celui appelé *sphérie* par Weigel. Il est figuré pl. 11 des *Plantæ lichenosæ* du premier de ces auteurs. *Voyez* aux mots LICHEN et LEPRONQUE. (B.)

VERRUE, nom spécifique d'un poisson du genre PLATISTE. *Voyez* ce mot. (B.)

VERS. Dans l'enfance de l'étude de l'histoire naturelle on a donné ce nom à tous les êtres qui étoient longs et mous, par comparaison avec les *vers de terre* ou *lombrics* qui le portoient spécialement ; par conséquent les larves des insectes étoient des *vers*, et le sont même encore pour la plus grande partie des hommes.

Lorsque Linnæus entreprit sa grande réforme dans la zoologie, il appliqua le nom de *vers* à la classe qui, les larves des insectes exceptées, contenoit le plus d'animaux en possession de s'appeler ainsi, et sa définition a été adoptée par tous les naturalistes systématiques, jusqu'à Lamarck, qui a cru devoir former dans les *vers* des auteurs antérieurs, une section sous le nom de *vers proprement dits*.

Cette section, qui mérite peut-être le nom de *classe*, comprend les animaux sans vertèbres, à corps alongé, mou, contractile, articulé ou partagé par des rides transversales plus ou moins distinctes, et à tête cohérente, c'est-à-dire unie intimement au corps. Ils n'offrent ni corcelet distinct ni pattes articulées, et ne subissent point de métamorphose.

Cette définition circonscrit les *vers proprement dits* dans leurs véritables limites ; elle embrasse un assez grand nombre de genres de Linnæus. Les animaux qui les forment se subdivisent naturellement à raison de leur habitation en *vers extérieurs*, c'est-à-dire qui vivent dans la terre ou dans l'eau, et en *vers intestins* ou *intestinaux*, c'est-à-dire qui ne se trouvent jamais que dans le corps des animaux.

La manière d'être des espèces de ces deux divisions est si différente, qu'on est tenté d'en former deux classes distinctes, mais les nombreux rapports de leur organisation ne permettent pas même d'y penser lorsqu'on les étudie avec quelque soin.

Il y a des *vers* constamment nus, d'autres qui habitent dans des fourreaux ou des tubes qu'ils se construisent, soit avec des matières de leur propre transsudation, soit en agglutinant, avec ces matières ou avec de la soie, différens corps autour d'eux. Ceux qui vivent dans ces tubes n'y sont pas tous attachés comme les mollusques testacés ou animaux des coquillages, la plus grande partie en sort et y rentre à volonté. Il n'y a peut-être même que les *serpules* et les *spirorbes* qui ne soient pas dans ce cas.

Parmi les *vers* qui vivent habituellement dans la terre ou dans les eaux, il en est qui ont des organes extérieurs, il en est qui n'en ont point. Cette considération a servi à Lamarck pour les diviser en deux sections. Les premiers sont donc plus composés que les seconds, comme les seconds le sont plus que les *vers intestins* ; ainsi ils ont des yeux pour la plupart, des mâchoires cornées ou osseuses, et des branchies externes très-remarquables.

Les *vers*, privés des pattes écailleuses ou membraneuses

qu'on remarque dans les larves des insectes, des *chenilles*, par exemple, se traînent ou rampent sur le ventre, les uns à l'aide des poils ou soies roides dont ils sont recouverts en tout ou en partie, comme dans les *aphrodites*, les *lombrics*, &c.; les autres par le moyen des deux extrémités de leur corps, qu'ils appliquent alternativement sur le plan qu'ils veulent parcourir, comme les *sangsues*, les *tenia*, &c.

Deux ordres de muscles, selon Cuvier, servent aux mouvemens des premiers.

Les uns s'étendent dans toute la longueur de leur corps et forment quatre faisceaux principaux, dont deux appartiennent au ventre et deux au dos. Ces quatre muscles constituent pour ainsi dire la masse du corps. On les trouve immédiatement au-dessous de la peau. Leurs fibres sont parallèles, mais leur longueur n'excède pas celle des anneaux; ils sont interrompus dans les plis de chacun d'eux par des espèces d'intersections que produit un tissu cellulaire serré. C'est à l'intérieur qu'on reconnoît plus manifestement l'organisation de ces muscles. On voit qu'ils sont séparés par une ligne longitudinale et enveloppés dans des espèces de poches d'un tissu cellulaire très-serré, qui répondent à chaque anneau du corps. Ces quatre muscles produisent les grands mouvemens. Quand ceux du dos, par exemple, se contractent en tout ou en partie, ils relèvent la portion du corps à laquelle ils appartiennent; le même effet, mais en sens contraire, est produit par l'action contractile des muscles du ventre.

Le second ordre des muscles des *vers* est spécialement consacré au mouvement des épines ou soies roides. Leur nombre est égal à celui des faisceaux de ces épines ou soies. Ainsi faire connoître l'un d'eux, c'est la même chose que si on les décrivoit tous.

Lorsqu'on a ouvert un *ver* de cet ordre, qu'on l'a vidé et retourné, on voit que chaque faisceau de poils est reçu dans la concavité d'un cône charnu, dont la base est attachée aux muscles longitudinaux, et dont le sommet se fixe à l'extrémité interne des poils. Toutes les fibres qui forment ce cône sont longitudinales, mais enveloppées par un tissu cellulaire serré. Par leur contraction elles tirent les poils au-dehors et dans le sens qu'elles déterminent. Cette première sorte de muscles qui appartient à chacun des faisceaux de poils pourroit être appelée, dit Cuvier, *protracteur des épines*.

Le mouvement par lequel les épines sorties peuvent rentrer dans l'intérieur, est produit par une autre sorte de muscles, qu'on doit nommer *rétracteurs*. Ils ont beaucoup moins de fibres que les premiers, aussi leur action doit-elle être foible ; ils sont couchés sur la surface interne des muscles longs, à peu de distance des trous dont ceux-ci sont percés pour laisser passer les poils, et ils s'insèrent au faisceau même des épines, à-peu-près à la hauteur où celles-ci doivent entrer dans l'intérieur. On conçoit que lorsque les muscles protracteurs se contractent, ils poussent au-dehors le rétracteur, qui, lorsque celui-ci se contracte à son tour, tend à reprendre le parallélisme de ses fibres, et tire ainsi les épines en dedans.

C'est à l'aide de ces muscles ou des épines qu'ils meuvent, que ces *vers* changent lentement de lieu.

Une autre famille de *vers*, dépourvus d'épines ou de soies, n'a pas la même organisation musculaire ; aussi sa manière de ramper diffère-t-elle beaucoup de celle des premiers.

Ces *vers* se traînent à l'aide des deux extrémités de leur corps, qu'ils appliquent alternativement sur le plan qu'ils veulent parcourir. En conséquence ils ont la tête et la queue terminées par une espèce de disque charnu, contractile, qui ressemble un peu à ceux des *sèches*. L'organisation de ces deux disques, qui font l'office de ventouse ou de suçoir, n'est pas facile à déterminer, car lorsque la peau qui les recouvre est enlevée, on n'y voit que des fibres très-déliées, diversement entrelacées. Quoique ces *vers* soient très-contractiles, on a cependant beaucoup de peine à reconnoître les muscles qui meuvent leur corps. En effet toute leur peau peut être regardée comme un muscle ou une espèce de sac charnu, à fibres circulaires et longitudinales, qui renferme les viscères, les vaisseaux et les glandes. Cette peau musculaire est épaisse et recouverte intérieurement par un tissu cellulaire très-serré et très-solide.

Lorsque le *ver* veut changer de lieu, son corps s'appuie sur une de ses extrémités, à l'aide de la ventouse qui la termine ; ensuite il contracte isolément les fibres circulaires de sa peau, alors son corps diminue de diamètre et s'alonge. Quand son extrémité libre est ainsi parvenue au point sur lequel le *ver* a voulu la porter, il l'y applique, et le suçoir s'y colle pour devenir le point fixe d'un autre mouvement ; car l'animal après avoir détaché le premier suçoir mis en usage, le ramène vers le second, à l'aide des fibres longitudinales de sa peau, et ainsi de suite.

Voilà le mécanisme de la progression des *vers*, dont la *sangsue* peut être regardée comme le type.

Le second ordre des *vers* qui ne marchent qu'en s'appliquant par les deux extrémités de leur corps, comprend le plus grand nombre des intestinaux. Ceux-ci ne sont pas aussi contractiles que les *sangsues*, et leurs mouvemens sont plus lents ; leur tête, au lieu d'être terminée par un disque, est* quelquefois armée de crochets, à l'aide desquels ils se cramponnent sur les parties qu'ils sucent, tels sont les *ténia* et les *échinorinques*, &c. La disposition des crochets et leur courbure varient beaucoup.

L'organisation des nerfs des *vers* présente dans quelques espèces un système très-distinct, et dans d'autres elle devient si obscure, qu'on a peine à en reconnoître l'existence.

Dans l'*aphrodite* on voit immédiatement derrière les tentacules, placés au-dessus de la bouche, un gros ganglion nerveux, qui est le cerveau ; il a la forme d'un cœur, dont la partie la plus large est bilobée et regarde en arrière ; il donne naissance à deux cordons qui se réunissent et se séparent quatorze fois, et donnent chaque fois naissance à des faisceaux de nerfs, qui vont porter la sensibilité à toutes les parties de l'animal.

Dans les *sangsues*, le système nerveux est formé par un seul cordon, composé de vingt-trois ganglions, qui remplissent les mêmes usages que ceux de l'*aphrodite*.

Dans le *lombric*, il n'y a qu'un gros cordon, dont les ganglions sont à peine apparens, mais qui part d'un cerveau formé de deux tubercules rapprochés.

Dans les *néréides* et les *amphinomes*, on trouve, sous la peau du ventre, un cordon longitudinal qu'on pourroit regarder comme nerveux, mais où on ne remarque pas de filets latéraux.

Dans l'*ascaride*, il paroît qu'il y a deux cordons nerveux qui se réunissent au-dessus de l'œsophage. D'abord, on n'y remarque que quelques points granuleux ; mais ils augmentent graduellement à mesure que les nerfs descendent, de manière qu'ils sont garnis vers le milieu du corps de gros ganglions carrés, fort rapprochés, qui diminuent de même jusqu'à l'anus.

On n'a pas encore pu découvrir les nerfs dans les *douves*, les *échinorinques* et autres *vers intestinaux ;* mais l'analogie conduit à croire qu'ils existent, et suivent une marche analogue à celle qu'ils ont dans l'*ascaride*.

On peut voir, dans les *Leçons anatomiques* de Cuvier, les détails de cette organisation, qui, ainsi que l'observe ce savant, donne un cerveau particulier à chacune des articulations des *vers* qu'on vient de passer en revue, et sans doute de leurs congénères. On doit conclure de cette remarque, que les *vers* n'ont pas un centre unique de vie, comme les autres animaux, que leur *vitalité* est répandue dans tout leur corps : et, en effet, on sait qu'ils ont, pour la plupart, la vie très-tenace, qu'on peut les couper en plusieurs morceaux sans qu'ils meurent, et qu'il faut presque anéantir leur organisation pour les faire arriver au terme où tendent tous les êtres animés.

Les organes des sens sont extrêmement peu prononcés dans les *vers*. Quelques-uns ont des yeux, comme on l'a observé; mais ils sont immobiles et très-petits. Le sens du goût doit exister, mais c'est d'une manière si obscure, qu'on ne peut le reconnoître. On ignore s'ils ont d'autres sens, ou mieux il y a lieu de croire que tous les autres sens se confondent dans celui du toucher.

Les moyens de respiration des *vers* varient beaucoup dans les espèces; mais ils sont, en général, par-tout basés sur deux seuls principes : dans les uns, tels que tous les *intestinaux* et les *sangsues*, les poumons consistent en un ou deux vaisseaux longitudinaux, tantôt simples, tantôt étranglés, desquels partent à chaque articulation, de chaque côté, tantôt deux, tantôt un plus grand nombre de tuyaux, qui vont aboutir à la peau à des trous qu'on appelle *trachées*. Dans les autres, dans ceux qui vivent dans la mer, les poumons ont souvent la même forme; mais leurs tuyaux latéraux vont aboutir à la peau à un organe souvent très-composé, qu'on a appelé des *branchies*, dont l'usage est le même que celui des branchies des poissons, c'est-à-dire qu'il sert à séparer de l'eau l'air nécessaire à la conservation des animaux qui en sont pourvus. Ces organes ont été décrits extérieurement par beaucoup de naturalistes, et intérieurement par Cuvier.

Ce célèbre anatomiste a prouvé, que dans ces sortes d'animaux, le sang seul est en mouvement; ce sang, qui est rouge, et non pas blanc, comme on l'a cru jusqu'à lui, va chercher l'air ou l'eau par l'extrémité de ces branchies, et revient dans le corps après s'en être saturé.

Le cœur, dans les *vers* où il a été observé, se trouve ordinairement à la partie antérieure du corps. Il en part un ou deux vaisseaux principaux qui s'étendent dans la longueur du corps, et donnent des rameaux à toutes ses parties. Son mouvement de systole et de diastole est très-visible dans les grandes espèces, telles que l'Arénicole et le Lombric ordinaire. *Voyez* ces mots, et un extrait du travail de Cuvier, inséré dans le n° 64 du *Bulletin des Sciences*.

Les intestins des *vers* ne consistent, en général, qu'en un canal qui est tantôt droit, tantôt contourné sur lui-même, et qui aboutit d'un côté à l'estomac ou à la bouche, et de l'autre à l'anus. Cet estomac n'est qu'une expansion de l'intestin, quelquefois simple, d'autres fois double, et même multiple.

Les *vers* sont généralement ovipares et hermaphrodites; mais il en est beaucoup d'androgynes. Plusieurs jouissent, de plus, de la faculté de régénérer leurs parties tronquées, même plusieurs fois. On a même prétendu que, coupés en deux ou plusieurs morceaux, chaque morceau devenoit un animal complet : mais, comme on le verra dans les *Généralités des Genres*, à qui on a plus particulièrement appliqué ce phénomène, qu'il n'est pas encore prouvé d'une manière irrécusable.

Les organes de la génération sont, dans la plupart des *vers*, d'une très-grande simplicité; dans d'autres, ils sont plus compliqués. Ceux des hermaphrodites consistent en deux ovaires et un utérus pour les parties femelles, et en une ou deux verges, avec les vaisseaux spermatiques, pour les organes mâles. Dans quelques espèces, la verge paroît sortir en se déroulant comme les cornes des *hélices*. Les œufs éclosent, soit dedans, soit dehors du sein maternel. Dans les *vers androgynes*, on ne trouve pas d'organes mâles de la génération : mais on voit des œufs, soit dans les ovaires, soit nageant dans une liqueur particulière : tels sont la plupart des *vers à branchies* et les *ténia*. Ces animaux paroissent donc se suffire à eux-mêmes, ainsi que les *mollusques acéphales*.

Tous les *vers* qui vivent dans les eaux et dans la terre, pondent leurs œufs au printemps. Ceux qui se trouvent dans le corps des animaux peuvent sans doute produire en tout temps, puisqu'ils existent dans une température perpétuellement égale. On est fort peu avancé dans l'observation des faits qui concernent cette partie de l'histoire des *vers*, et on doit en recommander l'étude à ceux que leur position met à portée de s'y livrer.

Il ne faut pas un très-grand degré de chaleur pour faire mourir les *vers* ; mais ils soutiennent aisément un très-grand froid. Ils ont cela de commun avec tous les animaux à sang froid. Ils sont, en général, très-sensibles aux divers changemens de l'air, et cherchent, en s'élevant ou s'enfonçant dans l'eau ou la terre, à se tenir toujours à la même température. L'état électrique de l'air a aussi une action puissante sur eux, et ils succombent souvent à son intensité et à sa durée.

Les *vers marins*, et même les *lombrics*, jettent souvent pendant les ténèbres un éclat phosphorique, ce qui indique une organisation particulière. C'est en partie à eux qu'on doit la lumière que rend l'eau de la mer. Cette propriété cesse à la mort de l'animal. Elle est donc un produit de sa vitalité. On n'a pas encore d'opinion, fondée, sur les causes de cette phosphorescence.

La couleur des *vers* qui ont des branchies est quelquefois éclatante et métallique ; celle des *vers intestinaux* est toujours pâle. On conçoit bien la cause de la couleur de ces derniers, c'est un véritable étiolement ; mais celle des premiers est encore un mystère.

Les *vers intestinaux*, dont il a déjà été question plusieurs fois, exigent qu'on en parle ici d'une manière particulière. Toutes les classes du règne animal sont leur proie, et entr'autres celle des animaux à sang blanc, sur-tout celle des poissons.

L'homme, dès sa naissance, est attaqué par eux : on a vu même des enfans en rendre avec leur méconium. Les uns vivent en troupes dans ses intestins, les autres en moins grand nombre; mais il n'en est point qui n'y soit jamais que solitaire, comme le nom des espèces du genre *ténia* l'indique. Ces derniers sont souvent plusieurs ensemble, chez l'homme comme chez les animaux.

Les divers genres de *vers intestinaux* ont tous une manière propre d'agir, et de tout temps la médecine s'est occupée des moyens de débarrasser l'homme ou les animaux domestiques de ces hôtes dangereux, ou pour le moins incommodes ; mais ils n'ont pas été étudiés par les médecins, et ce n'est que depuis peu d'années que les naturalistes ont fixé leur nature d'une manière positive.

Quoique Linnæus, et après lui tous les autres naturalistes, aient appelé ces *vers, intestinaux*, ce n'est pas seulement dans les intestins qu'ils habitent; on les trouve aussi sur le foie, la rate, le poumon, le cerveau, dans la graisse, le tissu cellulaire, même l'intérieur des muscles, comme on le verra à leurs divers articles. Ils sont souvent d'une grandeur démesurée, et meurent tous peu de temps après qu'ils sont tirés du lieu de leur domicile. Ils ne sont point digérés, quoiqu'ils s'avancent quelquefois jusque dans l'estomac; leur peau coriace et enduite d'une substance muqueuse, leur vie tenace qui lutte sans cesse contre l'action des sucs digestifs, les en défendent.

On a beaucoup disserté sur les moyens que la nature emploie pour introduire les *vers intestinaux* dans le corps des animaux, sur-tout ceux qui, comme les *hydatides*, vivent dans le foie, la rate, &c. Les systêmes qu'on a imaginés pour expliquer les faits résultans de l'observation, ont été

détruits successivement les uns par les autres ; et un esprit
juste, qu'aucune passion n'égare, est encore aujourd'hui
forcé d'avouer son ignorance à cet égard. Il faut donc
attendre que quelques personnes, zélées pour les progrès de
la science, consacrent un certain nombre d'années à des
recherches dirigées vers ce but.

En effet, on peut supposer que les œufs des *ascarides*, des
ténia et autres *vers* qui ne se trouvent que dans les intestins,
y ont été apportés du dehors ; mais on ne peut faire la même
supposition pour les diverses espèces du genre *hydatide* dont
il vient d'être parlé. C'est donc dans le ventre de leur mère
que les animaux prennent le germe de ces *hydatides* ; c'est
donc en disséquant les fétus des animaux, qui, comme les
lièvres, sont très-sujets aux *vers* de ce genre, qu'on peut se
procurer quelques lumières.

Les *vers intestinaux* sont presque tous regardés comme
ovipares par les naturalistes, et en effet on leur trouve souvent des œufs. La plupart, comme on l'a dit, sont hermaphrodites ; mais cependant il en est quelques-uns qui, tels
que l'*ascaride lombric*, ont les sexes séparés.

On a prétendu que les *vers intestinaux* articulés, tels que
les *ténia*, pouvoient se reproduire par la séparation de leurs
anneaux. On peut douter de ce fait ; mais il est certain que
tant que la tête, jointe aux premiers anneaux, reste dans le
corps, il se fait une reproduction continuelle des anneaux
qu'on enlève.

C'est dans les animaux de ce genre, au milieu de chacun
de leurs anneaux, qu'on remarque ces singulières rosettes
que Linnæus a appelées des *ovaires*, et au milieu desquelles
est un trou par où sont censés sortir les œufs.

La bouche, ou mieux les parties qui entourent la bouche
dans les *vers intestinaux*, varient beaucoup pour la forme,
quoiqu'en général plus simple que dans les *vers extérieurs*.
C'est d'elles que l'on tire les caractères des genres.

Les genres des *vers extérieurs* sont au nombre de dix-
sept ; savoir :

Ceux qui ont des organes extérieurs et qui sont nus :
Aphrodite, Amphinome, Arénicole, Nayade, Lombric,
Thalassème.

Ceux qui n'ont point d'organes extérieurs et qui se logent
dans un fourreau : Néréïde, Polydore, Amphitrite, Serpule, Spirorbe, Spiroglyphe, Dentale, Vaginelle.

Ceux qui n'ont point d'organes extérieurs : Dragoneau,
Sangsue, Planaire.

Les genres des *vers intestinaux* sont au nombre de vingt-trois ; savoir :

Ceux qui se logent dans les intestins : Fasciole, Ligule, Ténia, Échinorinque, Massette, Géroflée, Strongle, Cucullan, Trichure, Ascaride, Fissule, Alyselminthe, Rhytelminthe, Monostome et Distome.

Ceux qui se logent dans les chairs : Linguatule, Hydatide, Tentaculaire, Crinon, Filaire, Polystome, Polycéphale. *Voyez* ces différens mots.

Les pêcheurs qui emploient beaucoup d'espèces de *vers* pour amorcer leurs hameçons, appellent de ce nom tout animal alongé qui est propre au même objet. Ainsi, les larves de *mouches* qu'on trouve dans les charognes, sous le fumier, dans la tannée, sont pour eux des *vers*. Il en est de même des *arénicoles* qu'ils prennent dans le sable des bords de la mer aux basses marées, et qu'ils appellent *vers blancs ;* des *néréides*, qu'ils cherchent dans les interstices et sous les pierres aux mêmes époques, et qu'ils appellent *vers rouges*.

Les pêcheurs d'eau douce appellent principalement *vers*, le véritable *ver de terre*, c'est-à-dire le *lombric*. Ils en font des amas qu'ils conservent, avec de la terre, dans des vases de bois, pour en avoir toujours de prêts au besoin. Plusieurs ont, ou prétendent avoir, des secrets pour les améliorer, pour les rendre plus aptes à attirer les poissons. J'ai vu sur la Saône employer assez généralement le résidu de la fabrication de l'huile de chénevis, que l'on appelle *pain de chénevis*. (*Voyez* au mot Chanvre.) On le mettoit avec la terre humide, où l'on avoit accumulé les *vers*, afin de les engraisser et de leur donner une odeur ou une saveur agréable aux poissons. Dans d'autres endroits, on emploie de la viande hachée, de la crème, des œufs, au même usage. Tous ces moyens augmentant la matière nutritive que les *lombrics* tirent de la terre, concourent sans doute à les faire grossir, et ne doivent pas, en conséquence, être négligés. Il est encore reconnu que les odeurs fortes, telles que le *camphre*, l'*huile d'aspic*, le *fenouil*, &c. se communiquent aux *vers* et augmentent l'empressement que les poissons ont de les manger. Il est donc bon de ne pas non plus négliger de les employer.

Quelques pêcheurs prétendent que tous les *vers* doivent être mis à dégorger dans l'eau avant d'être employés ; mais cette pratique ne paroît pas fondée sur de bonnes raisons, est contradictoire avec ce qu'on vient de dire, et je ne me suis jamais bien trouvé de l'avoir employée. (B.)

VERS. Ce mot est, dans Réaumur et plusieurs auteurs, synonyme de celui de LARVE. *Voyez* ce mot. (L.)

VERS ECHINODERMES. *Voy.* au mot ECHINODERME. (B.)

VERS DES PÊCHEURS. On donne principalement ce nom au LOMBRIC TERRESTRE, à l'ARÉNICOLE DES PÊCHEURS et à la larve de la MOUCHE DES CHAROGNES, mais presque toutes les espèces de larves peuvent être employées à la pêche et prendre par conséquent cette dénomination. *Voyez* aux mots ci-dessus. (B.)

VERSEAU, nom du onzième signe du zodiaque. Cette constellation renferme quarante-deux étoiles remarquables ; savoir : quatre de la troisième grandeur, sept de la quatrième, vingt-trois de la cinquième et huit de la sixième. *Voyez* le mot CONSTELLATION. (LIB.)

VERSICOLOR (*Corvus versicolor* Lath., ordre PIES, genre du CORBEAU. *Voyez* ces mots.). Latham ayant décrit cet oiseau d'après un dessin, n'a pu constater sa taille ; c'est, dit-il, une grande espèce qui a le bec fort, caractérisé comme celui du *corbeau*, mais moins gros ; tout son plumage est d'un brun sombre à reflets bleus et rougeâtres, selon les aspects de la lumière ; le bec et les pieds sont noirs. *Nouvelle espèce.* (VIEILL.)

VERT ANTIQUE ou VERT D'EGYPTE, *marbre-brèche* composé, 1°. de petites masses d'une belle couleur vert-d'émeraude, qui paroissent être de la *smaragdite* plus ou moins mêlée de parties calcaires. 2°. De petites masses de la même substance de couleur gris-de-lin. 3°. De petites masses blanches purement calcaires, grenues, pénétrées sur leurs bords, de la couleur verte de la *smaragdite*. 4°. Des veines et de petites masses de *serpentine*. 5°. De petites masses de *spath chatoyant* ou *schiller spath*, disséminées dans la *serpentine*.

C'est ainsi du moins que m'ont paru composées les quatre superbes colonnes dite de *vert antique*, qui décorent le salon du Laocoon dans le Musée Napoléon. Elles ont dix pieds neuf pouces trois lignes de hauteur, non compris la base et le chapiteau, sur quinze pouces trois quarts de diamètre, et sont d'une seule pièce.

On trouve un marbre semblable dans les montagnes des environs de Carare sur la côte de Toscane, près de la côte de Gênes.

On voit que ce marbre est, en quelque sorte, un *vert de Corse* mélangé de fragmens de *marbre blanc* et de *serpentine* ; et l'on reconnoît à la manière dont s'est fait ce mélange (ou les veines de *serpentine* embrassent les autres fragmens plus ou moins arrondis), que les matières qui composent cette brèche, étoient dans un état de mollesse lorsqu'elle a été formée. *Voy.* BRÈCHE et VERT DE CORSE. (PAT.)

VERT-D'AZUR. Quelques naturalistes ont donné ce nom au *vert de montagne* ou *carbonate de cuivre vert*, lorsqu'il se trouve mêlé avec l'*azur de cuivre compacte* ou *pierre d'Arménie*, qui est un carbonate de cuivre bleu. *Voyez* CUIVRE.

(PAT.)

VERT – CAMPAN, marbre primitif qu'on tire de la vallée de Campan dans les Pyrénées. *Voyez* l'article MARBRE.

(PAT.)

VERT-DE-CORSE, *Verde-di-Corsica* des Italiens; c'est une roche primitive formée d'un mélange de *smaragdite* et de *jade-lémanite*. La *smaragdite* y est tantôt sous sa belle couleur vert-d'émeraude, tantôt d'une couleur grise éclatante : le *jade* y est blanc ou légèrement coloré d'une teinte de lilas. Cette roche se trouve dans les montagnes de serpentine et d'autres pierres magnésiennes de l'île de Corse; Saussure l'a observée en fragmens roulés dans les environs du lac de Genève, et parmi les galets de la Durance; ainsi nous sommes assurés de la posséder dans nos Alpes, mais on n'a pas encore découvert son gîte. Le même observateur en a trouvé au pied de la montagne de serpentine appelée *le Musinet*, près de Turin, des blocs considérables qui n'avoient point été roulés et qui paroissoient avoir été détachés de cette montagne. Elle existe aussi dans les montagnes de la côte de Gênes; et il paroit que c'est une suite non interrompue de cette roche qui se prolonge depuis les environs du lac de Genève jusques dans l'île de Corse.

On fait avec cette pierre des tables de la plus grande beauté : comme celles qu'on voit dans la chapelle Médicis à Florence.

On a offert en 1800, à l'admiration publique, dans le salon d'exposition des tableaux, plusieurs tables de cette précieuse matière, qui avoient jusqu'à quatre pieds de longueur, et où l'art embellissoit encore l'ouvrage de la nature : elles étoient incrustées en mosaïque de Florence représentant des vases et autres objets, avec les couleurs naturelles de toutes les variétés de *jaspes*, d'*agates*, de *lapis* et d'autres pierres de cette nature : l'une de ces magnifiques tables décore aujourd'hui la salle d'audience du ministre de l'intérieur.

(PAT.)

VERT-DE-CUIVRE. On a quelquefois donné ce nom à la *mine de cuivre soyeuse.* Voyez CUIVRE et MALACHITE.

(PAT.)

VERT-D'EGYPTE, marbre antique qu'on tiroit d'Egypte : on en a découvert de semblable, et peut-être plus beau, dans les montagnes de Carare. *Voyez* VERT ANTIQUE. (PAT.)

VERT-DE-GRIS ou **VERDET**, combinaison de l'*oxide de cuivre* avec l'*acide du vinaigre*. Le *vert-de-gris* est fort employé dans les arts, sur-tout en teinture et en peinture.

Le *vert-de-gris* se préparoit autrefois uniquement à Montpellier, d'après l'opinion où l'on étoit que ses caves étoient seules propres à cette opération ; mais aujourd'hui l'on en fabrique à Grenoble et ailleurs.

« Le procédé qu'on suit à Montpellier consiste à faire fermenter des râfles de raisin avec de la vinasse : on met ensuite ces râfles couche par couche avec des lames de cuivre de six pouces de long sur cinq de large, on les laisse là quelque temps, on les retire, on les met *au relai* dans un coin de la cave, où on les asperge encore de vinasse ; là le *verdet* se gonfle, et on le râcle ensuite : le *verdet* est mis dans des sacs de peau, dans lesquels on l'expédie pour l'étranger.

A Grenoble, on emploie le vinaigre tout fait ; on en arrose les lames de cuivre. (*Chimie de Chaptal*, tom. II, pag. 560.)

On donne le nom de *vert-de-gris* à la rouille de cuivre verdâtre qui se forme accidentellement à la surface des vases de cuivre, et qui en rend l'usage si dangereux. On donne, dans le commerce, le nom de *verdet* à celui qui est fabriqué pour être employé dans les arts. *Voyez* CUIVRE. (PAT.)

VERT-DE-MONTAGNE, carbonate de cuivre vert : il est tantôt compacte et tantôt pulvérulent : il est ordinairement mêlé de parties terreuses. *Voyez* CUIVRE. (PAT.)

VERT-DE-TERRE ou **VERT-D'EAU**. On a quelquefois donné ce nom à la *pierre d'Arménie*, lorsqu'elle présente un mélange de *carbonate vert* et de *carbonate bleu de cuivre*. Voyez CUIVRE. (PAT.

VERTAGUS (*Canis vertagus*) ; dénomination latine que Rai et Linnæus ont donnée au *chien basset à jambes torses*. Voyez l'article du CHIEN. (S.)

VERTÈBRES. Ce sont les os qui composent la colonne de l'épine dorsale chez l'homme, les quadrupèdes, les cétacés, les oiseaux, les reptiles, les serpens et les poissons ; c'est aussi à cause de ce caractère que plusieurs naturalistes les ont nommés *animaux vertébrés*, pour les distinguer des mollusques, des coquillages, des insectes, des vers et des zoophytes qui, n'ayant point de colonne vertébrale et de squelette osseux intérieur, sont des *animaux invertébrés*. (*Voy.* le mot

Animal.) Il faut remarquer cependant que ce caractère, quelque précis qu'il soit, ne présente qu'une distinction anatomique entre les animaux ; mais il ne spécifie pas leur degré d'animalité, comme les caractères pris du système nerveux, puisque c'est principalement d'après celui-ci qu'on peut s'assurer si un animal est plus parfait, plus sensible qu'un autre. Au contraire, l'existence des *vertèbres* dans les animaux à sang rouge, n'a rapport qu'à la force et à la facilité de leurs mouvemens, mais l'animalité d'un être se mesure bien plus par sa faculté de sentir que par celle de se mouvoir, vu que certains animaux qui ne se meuvent presque pas sont pourtant fort sensibles, tandis que certaines plantes peuvent se mouvoir, sans donner pour cela des preuves de sentiment.

Les *vertèbres* sont destinées à soutenir la charpente du corps des plus grandes et des plus parfaites espèces d'animaux. La colonne vertébrale qu'elles forment est composée d'un grand nombre de pièces posées en pile les unes sur les autres, et mobiles entr'elles par le moyen de cartilages interposés. Cet arrangement étoit nécessaire, parce qu'une colonne épinière d'une seule pièce eût forcé l'homme ou l'animal à rester roide comme un pieu, et ne lui eût pas laissé la faculté de se ployer en divers sens. Aussi le mot de *vertèbre* vient de *vertere*, c'est-à - dire *tourner* ou se *mouvoir* réciproquement l'un sur l'autre.

Le nombre et la forme des *vertèbres* varient suivant leur lieu et suivant l'espèce des animaux auxquels elles appartiennent. L'*épine dorsale* se distingue en cinq régions dans l'homme et les quadrupèdes. 1°. La région cervicale. 2°. La région dorsale. 3°. La région lombaire. 4°. La région pelvienne ou sacrée. 5°. La région caudale ou celle du coccyx.

Dans l'homme et les quadrupèdes vivipares (excepté le *paresseux* à trois doigts, *bradypus tridactylus* et l'*échidné*, qui ont neuf *vertèbres cervicales*) il n'y en a que sept. La première, qui supporte immédiatement la tête, et qu'on a nommée *atlas* par comparaison à l'Atlas que la fable dit soutenir l'Olympe, s'articule avec l'*axis* ou l'*odontoïde*, seconde *vertèbre*. Dans la *girafe* et les *chameaux* qui ont un grand cou, il n'y a que sept *vertèbres cervicales*, mais elles sont beaucoup plus grandes que celles des animaux à col court, tels que l'*éléphant* et les *cétacés*. Ces derniers en ont souvent deux ou trois soudées ensemble, et comme enkylosées. Il y a dans l'homme douze *vertèbres dorsales*, cinq *lombaires* et cinq *sacrées*, qui sont soudées ensemble de manière à ne former qu'un seul os, qui est le *sacrum*. Les *ver-*

tèbres coccygiennes, nulles dans la *roussette*, au nombre de trois ou quatre dans l'homme, sont bien plus nombreuses chez les animaux pourvus d'une longue queue. Ainsi le *coaïta*, espèce de *sapajou* à queue prenante, a trente-deux *vertèbres caudales*, le *fourmilier* en a quarante, et le *phatagin* quarante-cinq. Le *lion* et le *chat* n'en ont que vingt-deux à vingt-trois, ainsi que les *souris* et l'*éléphant*.

En général, toutes les *vertèbres* ont antérieurement un trou qui forme un canal, par lequel passe la moelle épinière, et des trous plus petits pour la sortie des paires de nerfs qui se distribuent aux différens muscles. Elles sont munies en outre d'apophyses ou de proéminences osseuses, soit transverses, soit épineuses, pour donner des attaches à des ligamens et aux muscles inter-épineux. Toutes sont revêtues d'un cartilage élastique formé de cercles concentriques, et qui s'appliquent l'un contre l'autre pour faciliter le jeu réciproque de ces pièces. Des fibres tendineuses recouvrent toute la portion antérieure du corps des *vertèbres*, et un tissu ligamenteux est tendu dans l'intérieur du canal vertébral, par où la moelle alongée pénètre depuis l'apophyse odontoïde jusqu'à l'os *sacrum*.

Chez les oiseaux, le nombre des *vertèbres cervicales* est plus considérable que dans les quadrupèdes ; les oiseaux rapaces en ont de onze à quatorze, mais les *grues* et la *cigogne au long bec emmanché d'un long cou* en ont dix-neuf. Toutefois il n'y a que le *cygne* qui en ait jusqu'à vingt-trois ; car l'*autruche* n'en a que dix huit, comme le *phœnicoptère*. Les articulations de ces *vertèbres* jouent bien plus facilement dans les oiseaux que dans les quadrupèdes ; aussi peuvent-ils mouvoir et tourner leur cou en tout sens ; au contraire, les *vertèbres dorsales* des oiseaux sont fixées et si roides, qu'elles ne permettent pas la moindre inflexion au corps, de sorte qu'on pourroit croire que le cou, employant toute la faculté mobile des *vertèbres*, n'en a point laissé au dos. Cette disposition immobile du dos est avantageuse, en ce qu'elle offre un point d'appui fixe et constant aux efforts que l'animal est obligé de faire en volant ; de-là vient que chez les oiseaux qui ne peuvent voler, tels que l'*autruche*, le *casoar* et d'autres gallinacés, l'épine dorsale conserve encore quelque flexibilité. Chez les espèces d'oiseaux grimpeurs qui appuient leur queue contre les troncs des arbres, il y a un plus grand nombre de *vertèbres coccygiennes* que dans les autres.

La plupart des *tortues* et des *lézards* ont aussi sept ou huit *vertèbres cervicales*, comme les quadrupèdes, excepté le *caméléon*, qui n'en a que trois, et la *salamandre* une. Chez les *serpens*, le squelette consiste principalement dans les *vertèbres*; aussi en ont-ils un fort grand nombre. Suivant Moyse Charas, la *vipère* a près de cent quarante *vertèbres* portant des côtes, et en outre, plus de cinquante *vertèbres* à la queue. Le *serpent à lunettes* (*coluber naja* Linn.) a cent quatre-vingt-douze *vertèbres* portant des côtes et soixante-trois *vertèbres caudales*; mais la *couleuvre à collier* en a deux cent quatre de la première espèce, et cent douze de la seconde. La *couleuvre* commune en a deux cent quarante-quatre, et plus de soixante caudales. Celui qui a le plus de *vertèbres* portant des côtes, est le *serpent devin* (*boa constrictor* Linn.), chez lequel on en compte deux cent cinquante-deux, il en a cinquante-deux caudales.

Indépendamment de ce grand nombre de *vertèbres*, les *serpens* ont l'épine dorsale extrèmement flexible, et chacune de ces *vertèbres* s'articule très-librement avec les autres, de manière que leurs mouvemens ont beaucoup plus d'étendue que dans les autres animaux. Les *salamandres* et les *grenouilles* n'ayant point de côtes, leurs *vertèbres dorsales* ne diffèrent en aucune manière des autres, car dans l'homme, les quadrupèdes, les oiseaux, &c. les *vertèbres* auxquelles s'articulent les côtes, se distinguent par une forme particulière et par leurs facettes articulaires.

On remarque une particularité dans les *vertèbres* des poissons. C'est qu'elles s'articulent entr'elles par des cavités coniques correspondantes; celles-ci contiennent une matière cartilagineuse disposée en cercles concentriques; et des naturalistes assurent que le nombre des années du poisson égale celui de ces couches cartilagineuses. Les apophyses épineuses des *vertèbres* des poissons, sont plus ou moins alongées et aplaties, suivant les espèces. Dans les *raies*, les *vertèbres cervicales* sont soudées ensemble. L'*anguille* qui, à quelques égards, se rapproche des *serpens*, a, comme eux, un assez grand nombre de *vertèbres*; on en compte cent quinze, et le *hareng* est l'un des poissons chez lequel on trouve le plus grand nombre de *vertèbres dorsales*, car il en a trente-huit, avec dix-huit caudales, au lieu que le *merlan* a deux *vertèbres cervicales*, dix-sept dorsales, quatre lombaires et trente-deux caudales. Au reste, ce nombre peut varier.

La force des reins chez les quadrupèdes, paroît beaucoup dépendre de la grandeur des apophyses transverses des *vertèbres lombaires*; c'est pour cela qu'on en remarque de grandes dans le *bœuf*, le *cheval* et les autres bêtes de somme. Chez les espèces qui ont la tête grosse et pesante, les apophyses des *vertèbres dorsales* sont longues, afin de fournir une attache plus forte au ligament cervical qui est destiné à soutenir le poids de la tête. C'est ainsi qu'elles sont grandes chez l'*éléphant*, le *rhinocéros*, le *chameau*, la *girafe*, le *bœuf* et la plupart des ruminans.

Peut-être que cette pile osseuse, interrompue par des cartilages intermédiaires, qui forme la colonne vertébrale des animaux, a quelque rapport avec la pile galvanique inventée par le physicien Volta. (*Voyez* GALVANISME.) Il ne seroit pas impossible que, dans le corps vivant, des os ainsi superposés et séparés par des cartilages faisant la fonction de cartons humides, avec un cordon nerveux qui, descendant dans toute leur longueur, établit ainsi une communication de l'une à l'autre extrémité; il ne seroit pas hors de vraisemblance, dis-je, que l'électricité animale ou galvanique n'y jouât quelque rôle. On pourroit, par diverses expériences, s'assurer de ceci; car on sait qu'un animal périt sur-le-champ lorsqu'on interrompt cette communication vitale, en introduisant un stylet dans la moelle alongée, et l'on cause la paralysie des parties inférieures en froissant ou détruisant ce cordon médullaire dans la région des lombes ou de l'os *sacrum*. (V.)

VERTÈBRES FOSSILES. Elles se trouvent plus fréquemment que les autres parties du squelette des animaux, parce que leur forme raccourcie les rend moins sujettes à être brisées. On a plusieurs fois trouvé en Sibérie des *vertèbres* d'*éléphans*. On voit beaucoup de *vertèbres* de *crocodiles* dans la montagne de Saint-Pierre de Maestricht, dont Faujas vient de publier une magnifique description. Dans les *ichtyolythes* du mont Bolca, les *vertèbres* sont, pour la plupart, converties en spath calcaire. *Voyez* FOSSILES. (PAT.)

VERTEBRITES. On a quelquefois donné ce nom aux *vertèbres fossiles*. Voyez FOSSILES, ICHTYOLYTHES, ENTROQUES. (PAT.)

VERTICILLAIRE, *Verticillaria*, arbre du Pérou, qui forme un genre dans la polyandrie monogynie. Il offre pour caractère un calice de six folioles ovales, persistantes et colorées; point de corolle; un grand nombre d'étamines; un ovaire supérieur, oblong, hérissé de tubercules à stigmate sessile, concave et trilobé; une capsule oblongue, un peu trigone, tuberculée, triloculaire, trivalve, renfermant une seule semence oblongue. (B.)

VERTUMNE, espèce de PAPILLON. *Voyez* cet article.
(L.)

VERVEINE, *Verbena*, genre de plantes à fleurs mono-

pétalées, de la diandrie monogynie et de la famille des Py-
RÉNACÉES, dont le caractère consiste en un calice persistant
à cinq dents, dont une tronquée ; une corolle infundibuliforme, courbée, à limbe à cinq divisions inégales ; deux ou
quatre étamines non saillantes ; un ovaire supérieur, surmonté d'un style à stigmate obtus.

Le fruit consiste en quatre semences nues, agglutinées par
un tissu réticulaire.

Ce genre, qui est figuré pl. 17 des *Illustrations* de Lamarck, renferme des plantes herbacées ou frutescentes, à
feuilles opposées et à fleurs disposées en épis munis de
bractées.

On en compte plus de vingt espèces, dont les unes n'ont
que deux et les autres ont quatre étamines.

Parmi les premières, il n'en est aucune d'Europe ni aucune remarquable par quelques propriétés particulières ;
mais on doit mentionner la VERVEINE DU MEXIQUE, qui a
les épis de fleurs lâches, et dont le calice est hérissé, parce
qu'elle se cultive dans les jardins de botanique et sert de type
au nouveau genre RAPANE. (*Voyez* ce mot.) Elle se trouve
dans le Mexique et en Caroline, et s'élève de deux à trois
pieds.

Parmi les secondes, on doit particulièrement citer :

La VERVEINE OFFICINALE, dont les épis sont filiformes, paniculés, les feuilles plusieurs fois subdivisées, et les tiges solitaires.
Elle est annuelle, se trouve dans toute l'Europe dans le voisinage
des villages, sur le bord des chemins, etc. et s'élève jusqu'à deux à
trois pieds. Du temps des Gaulois elle étoit réputée sacrée, et on lui
attribuoit des vertus superstitieuses et absurdes. On ne la cueilloit
qu'avec des cérémonies religieuses imposantes. Aujourd'hui les médecins éclairés n'en font plus aucun usage ; mais dans les campagnes
elle jouit encore d'une grande considération. On la fait infuser dans
du vin contre la jaunisse, les pâles couleurs, les maux de gorge, les
ulcères de la bouche ; on la donne en poudre dans l'hydropisie et les
ulcères. Ses feuilles, pilées, passent pour spécifiques dans la pleu-
résie, la goutte, la migraine, etc. On emploie enfin son eau distillée dans les inflammations des yeux, et pour donner du lait aux
nourrices. Dans les lieux où elle est commune, on doit, pour en tirer
parti, l'arracher à la fin de l'été, et la brûler lentement dans une
fosse creusée en terre. Elle fournira des cendres fort riches en alcali
ou potasse, que l'on emploiera utilement dans les lessives.

La VERVEINE A TROIS FEUILLES a les fleurs paniculées, les feuilles
ternées, et la tige frutescente. Elle est figurée tab. 11 des *Stirpes* de
l'Héritier, et vient du Chili. Elle est, depuis quelques années, très-
cultivée dans les jardins, à raison de l'odeur suave de ses fleurs,
odeur approchante de celle du citron. On en fait une infusion théi-
forme des plus agréables, quand elle n'est pas trop chargée. On la

multiplie très-facilement par marcottes, et même de bouture, pourvu qu'on les mette sous un châssis à couche. Elle a besoin d'être mise à l'abri de la gelée pendant l'hiver.

La Verveine aublétie a les fleurs lâches, solitaires ; les feuilles trifides et profondément dentées. Elle est annuelle et se trouve en Caroline, où je l'ai observée. On en fait un genre sous le nom d'*aublet* et sous celui de *glandulaire*. On l'a aussi appelée *verveine à longues fleurs*, à raison de la longueur du tube de sa corolle.

La Verveine globiflore et la Verveine nodiflore. La première est un arbrisseau à feuilles lancéolées et odorantes ; la seconde est une plante rampante, qui n'est remarquable que parce qu'elle se trouve dans toutes les parties du monde où le climat est chaud et humide. Elle fait partie du genre *zapane*. (B.)

VERVEINE PUANTE. C'est la Petivère. *Voyez* ce mot. (B.)

VERVEINE DE SAINT-DOMINGUE. C'est un Héliotrope. *Voyez* ce mot. (B.)

VERVELLE ou **VERVEILLE** (*fauconnerie*), anneau ou petite plaque de métal, que l'on attache aux pieds des oiseaux de vol, et qui porte l'empreinte des armoiries ou du chiffre du maître. (S.)

VERVEX, le *bélier* en latin. (S.)

VESCE, *Vicia* Linn. (*Diadelphie décandrie*), genre de plantes de la famille des Légumineuses, qui offre pour caractère, un calice en tube et à cinq dents, les supérieures plus courtes ; une corolle papilionacée, à étendard ovale, large vers le bas, dentelé au sommet et réfléchi sur ses bords, à ailes presqu'en forme de cœur et plus courtes que l'étendard, à carène plus courte que les ailes, et dont la partie inférieure est divisée en deux ; dix étamines, neuf réunies, la dixième séparée, toutes terminées par des anthères droites et à quatre sillons ; un ovaire long et comprimé, soutenant un style mince qui forme un angle droit avec lui, et dont le stigmate est obtus et velu en dessous ; une gousse oblongue, plus ou moins applatie, uniloculaire, bivalve, contenant plusieurs semences rondes.

Ce genre, figuré pl. 634 des *Illustrations* de Lamarck, comprend des plantes herbacées, les unes vivaces, les autres annuelles ou bisannuelles, la plupart indigènes à l'Europe. Ces plantes ont une tige ordinairement grimpante, souvent grêle ; des feuilles ailées sans impaire, à folioles nombreuses, et terminées par des vrilles perpendiculaires ; des stipules petites et distinctes des pétioles ; des fleurs placées aux aisselles des feuilles, tantôt sessiles, et alors au nombre d'une à trois, tantôt pédonculées et disposées en épi.

On compte environ vint-cinq à vingt-huit espèces de *vesces*,

presque toutes également propres à la nourriture des bestiaux. Cependant on n'en cultive ordinairement que deux
dans nos campagnes, et elles sont annuelles. Les espèces
vivaces et bisannuelles sont entièrement négligées. Quelle
en peut être la raison ? « Elle n'est pas difficile à trouver,
dit Thouin (*Mémoires sur les Vesces vivaces et sarmenteuses*, inséré dans ceux de la *Société d'Agriculture de Paris*, année 1788, trim. d'été). Toutes les *vesces* vivaces sont
des plantes plus ou moins foibles, qui ne peuvent s'élever et
se soutenir sans des supports naturels ou artificiels. A la
vérité les espèces annuelles que l'on cultive ne sont pas plus
fortes, et leurs tiges sont également couchées sur la terre, et
se redressent seulement dans la moitié de leur longueur ;
mais on les sème et on les recueille souvent dans l'espace de
six mois, et alors l'humidité n'a pas le temps de les gâter ;
elle leur est encore moins nuisible, si on les fait manger vertes
aux animaux. Les réserve-t-on pour le produit des semences ?
Il importe peu que la majeure partie des tiges ait perdu ses
feuilles ; et si on les destine à servir d'engrais, il est encore
plus indifférent que leurs fanes se conservent en bon état,
puisque le soc de la charrue vient les détruire et les enfouir,
dès qu'elles sont parvenues à leur croissance.

» Il n'en est pas de même, ajoute Thouin, des espèces vivaces dont l'usage le plus précieux seroit de fournir des fourrages abondans. Ces plantes, abandonnées à elles-mêmes, se
couchent à terre et s'étendent à de grandes distances ; leurs
tiges, entassées les unes sur les autres, se dépouillent de leurs
feuilles, jaunissent par le défaut d'air. et se gâtent par l'humidité ; seulement à sept ou huit pouces de l'extrémité, ces tiges
se redressent et conservent leur belle verdure : ainsi les trois
quarts et demi de ce fourrage seroient non-seulement perdus,
mais contribueroient encore à gâter le reste.

» Pour remédier à ces inconvéniens, on a proposé de se
servir de rames pour soutenir les plantes de cette nature ; mais
ce moyen n'est point praticable dans plusieurs pays où le bois
manque ; d'ailleurs c'est une main-d'œuvre de plus ; pour
couper le fourrage, on ne peut point employer la faux. Il
faut se servir de la faucille ; et quand il est coupé, il est difficile de le séparer des rames, à cause des vrilles dont les *vesces*
sont munies. Ces raisons, et quelques autres moins importantes, ont empêché, jusqu'à présent, qu'on ne fît usage des
plantes grimpantes dans les prairies artificielles. Cependant
il y auroit une manière avantageuse de les cultiver.

» Les *vesces* vivaces et bisannuelles croissent assez indistinctement dans toutes sortes de terreins et à toutes les expo-

sitions ; mais à raison de leur foiblesse, elles préfèrent de croître dans le voisinage des plantes vivaces, et particuliè-rement des arbrisseaux, à l'aide desquels elles puissent se soutenir et s'élever ; c'est pourquoi on les rencontre plus fréquemment dans les haies et sur les bords des bois ; il est plus rare de les trouver en rase campagne, parce que les bestiaux, qui les mangent avec plaisir, ne leur laissent pas le temps de croître, à plus forte raison de produire des graines qui serviroient à leur multiplication, et si d'un autre côté les labours ne les faisoient pas périr. Dans les prairies naturelles, elles croissent plus volontiers et se conservent plus long-temps, parce que, si elles sont soumises à des coupes réglées qui empêchent la maturité de leurs graines, et par conséquent leur multiplication, elles repoussent chaque année de leurs racines. Jusqu'à présent, les oiseaux seuls ont pris soin de faire les semis, lesquels ne réussissent qu'autant que le hasard les place convenablement. Connoissant donc les raisons qui les font réussir, il n'est pas difficile d'imaginer un procédé qui soit analogue à la nature de ces plantes.

» Nous proposons donc de semer les *vesces* vivaces avec d'autres plantes vivaces (à tiges droites) douées des qualités propres à faire de bon fourrage, en observant d'appareiller des plantes dont les racines soient traçantes, avec d'autres qui soient pivotantes, afin qu'en croissant à différentes profondeurs, elles puissent trouver leur subsistance sans s'incommoder mutuellement. Si on mélange ces plantes avec soin, toutes deux croîtront également bien sans se nuire, et l'une servira de soutien à l'autre, sans qu'on soit obligé d'employer des moyens artificiels. Il résultera encore un avantage de la réunion de ces deux sortes de végétaux.

» On sait que les plantes vivaces qui s'élèvent droites à une certaine hauteur, ont, en général, des tiges fortes qui, devenant ligneuses par le bas, sont trop dures pour être mangées par les bestiaux, sur-tout lorsqu'elles sont sèches, et alors il y a beaucoup de déchet dans les foins qu'elles fournissent. Les plantes grimpantes, au contraire, ont des tiges grêles qui ont à-peu-près le même diamètre aux deux extrémités, quoiqu'elles aient souvent cinq, huit et douze pieds de long, comme celles du genre des *vesces* ; celles-ci sont facilement broyées et en tout temps par les dents des bestiaux ; ce seroit donc diminuer la perte et le déchet que de les réunir ; mais il est possible de porter l'attention encore plus loin.

» Il en est des plantes qui servent à la nourriture des animaux, comme de celles qui nourrissent les hommes ; elles ont des saveurs comme des qualités différentes qui les rendent plus ou moins agréables, plus ou moins nutritives. Si elles réunissent en elles seules les meilleures qualités, alors elles sont sujettes à produire des effets fâcheux ; les *trèfles* et les *luzernes* en fournissent des exemples, lorsqu'on les donne inconsidérément aux bestiaux, et qu'on n'a pas l'attention de couper cette nourriture avec d'autres fourrages moins succulens ou échauffans. Il convient donc d'unir, autant qu'il est possible, deux plantes dont les qualités soient tem-pérées l'une par l'autre, et produisent un aliment sain et agréable. On ne doit pas perdre de vue cet objet, lorsqu'il s'agit de faire le mélange des graines qui doivent former la prairie qu'on veut établir.

» On doit convenir cependant que ce procédé n'est pas aussi simple dans la pratique qui l'est dans la théorie. Quoi-que le nombre des plantes qui sont employées dans la com-position des prairies artificielles soit très-petit, nous ne con-noissons qu'imparfaitement quelques-unes de leurs pro-priétés et presqu'aucune de leurs vertus ; et cependant il se-roit nécessaire de connoître les unes et les autres pour faire un juste mélange des plantes ; cet objet, qui devroit faire la base des recherches des agriculteurs, ouvriroit un bien vaste champ à l'art de former des prairies artificielles, puisqu'aux plantes vivaces à tiges droites déjà employées à cet usage, on pourroit ajouter toutes celles qui sont grimpantes, dont on ne peut tirer aucun parti. Ces dernières, pour la plupart, sont d'un produit très-considérable. Le seul genre des *vesces* nous en offre six espèces différentes ; savoir : les *vicia pisi-formis, dumetorum, sylvatica, cassubica, cracca* et *sepium* de Linnæus. Presque toutes ces espèces sont originaires de l'Europe tempérée ; elles croissent dans les bois, le long des haies, et souvent en rase campagne ; leurs tiges tendres et dé-liées sont garnies d'un grand nombre de feuilles succulentes ; elles se fanent très-promptement et fournissent un fourrage tout aussi propre à nourrir les bestiaux lorsqu'il est vert que lorsqu'il est sec. Ces plantes pourroient être semées avec les *luzernes*, les *trèfles*, les *sainfoins*, le *galega*, et plusieurs plantes vivaces de la famille des GRAMINÉES, dont les tiges s'élèvent droites ».

Dans l'intéressant mémoire dont je viens de transcrire un fragment, et que je regrette de ne pouvoir faire connoître au lecteur tout entier, Thouin propose aussi de mêler deux plantes de Sibérie, de la culture desquelles il s'occupe depuis plusieurs années. L'une de ces plantes est le *mélilot à fleur blanche*, et l'autre est la *vesce bisannuelle*. Voyez l'article

Mélilot, où je présente les avantages qu'offriroit le mélange de ces plantes dans le même champ.

Après ces observations générales sur les *vesces*, il convient d'en décrire les espèces les plus intéressantes. J'en fais deux divisions, l'une des espèces vivaces ou bisannuelles, l'autre des espèces annuelles.

Espèces vivaces ou bisannuelles.

Il y en a sept remarquables : ce sont les Vesces *multiflore*, *des buissons*, *des haies*, *de Cassubie*, *pisiforme*, *des forêts*, et la *vesce bisannuelle*.

La Vesce multiflore ou a épis, *Vicia cracca* Linn., est une plante vivace qui croît en Europe dans les lieux incultes, dans les champs, dans les blés et au bord des bois ; elle est nuisible au blé, parce que, formant des touffes assez considérables, elle l'empêche de se relever lorsqu'il est couché, et le fait pourrir. Sa tige est foible et demande un soutien ; elle s'élève à deux ou trois pieds de hauteur, et se garnit de feuilles composées de neuf à douze paires de folioles lancéolées, étroites et un peu velues. Les stipules sont entières. Des aisselles des feuilles sortent de longs pédoncules, au haut desquels les fleurs, jusqu'au nombre de trente, sont disposées en épi, les unes sur les autres et d'un seul côté ; ces fleurs sont pourpres, violettes, quelquefois blanches : elles donnent naissance à des légumes comprimés, remplis de semences qui mûrissent en automne.

Cette *vesce* est un des meilleurs fourrages. Tous les bestiaux la mangent.

La Vesce des buissons, *Vicia dumetorum* Linn., a une tige très-haute et rameuse ; des vrilles portant plusieurs folioles oblongues, ovales, réfléchies et pointues ; des stipules dentées ; des pédoncules garnis de plusieurs fleurs violettes ou pourpres ; des légumes noirs, en grappe et pendans. Les *vaches*, les *chèvres*, les *moutons* et les *chevaux* mangent cette plante, qui croît dans les bois, les haies, les buissons, les broussailles et les lieux couverts. Elle est vivace et d'Europe, fleurit tout l'été, fournit un bon pâturage, et peut remplacer la *vesce* cultivée.

La Vesce des haies, *Vicia sepium* Linn., vient à-peu-près dans les mêmes lieux que la précédente, et acquiert environ la même hauteur. Elle en diffère par ses stipules petites et finement dentées, et par ses pédoncules très-courts, portant quatre fleurs d'un bleu veiné, ou blanches, auxquelles succèdent quatre gousses courtes, droites et redressées, noirâtres dans leur maturité. Elle est vivace et fleurit pendant une grande partie de l'été. C'est encore un excellent fourrage. Les *pigeons* aiment sa semence.

La Vesce de Cassubie, *Vicia Cassubica* Linn., est ainsi appelée parce qu'elle est originaire du ci-devant duché de Cassubie, dans la Poméranie prussienne, sur la mer Baltique ; on la trouve aussi aux environs de Berlin. C'est une plante vivace, dont la racine est ligneuse et rampante ; ses tiges traînent sur la terre et ont environ trois pieds de longueur ; leur partie inférieure devient ligneuse vers l'automne, mais elles périssent en hiver jusqu'à la racine. Ses feuilles sont accompagnées de stipules entières, et composées de dix paires de folioles ovales et à pointe aiguë; ses fleurs sont axillaires, d'un bleu pâle et en épis courts, formés d'environ six fleurs qui paroissent en juillet, et auxquelles succèdent des légumes lisses et courts comme ceux des lentilles, renfermant trois ou quatre semences.

Cette *vesce* est très-bonne pour le bétail. On peut la semer de très-bonne heure, la faire pâturer par les *moutons* dès le printemps, lorsqu'elle sera assez grand; et, dès qu'elle ne fournira plus, labourer et ensemencer aussi-tôt le même terrein de *vesce* d'été mêlée avec de la *navette*, pour la faire manger en verd en juillet et août.

La Vesce des forêts, *Vicia sylvatica* Linn., a une tige anguleuse, grimpante, s'élevant au moyen des vrilles, jusqu'à sept à huit pieds; des feuilles composées de douze à seize folioles ovales et unies; des stipules dentelées; des pédoncules axillaires, portant une douzaine de fleurs pendantes et disposées en épis; ces fleurs sont blanches, à lignes bleues, ou d'un bleu pâle, et paroissent en juillet. Cette plante répand une odeur désagréable. Cependant elle peut être mêlée à d'autres plantes pour former des prairies artificielles. Elle croît dans les bois de l'Europe.

La Vesce pisiforme, *Vicia pisiformis* Linn., a des pédoncules alongés et multiflores; des fleurs d'un jaune blanchâtre; des folioles ovales, et dont les plus basses sont sessiles. Cette espèce peut être cultivée aussi pour fourrage.

La Vesce bisannuelle ou de Sibérie, *Vicia biennis* Linn., est originaire du Nord de l'Europe et de Sibérie. Sa tige s'élève beaucoup et se garnit de feuilles nombreuses dont le pétiole est sillonné, et dont les folioles, au nombre de dix à douze, sont lancéolées et glabres. Ses fleurs sont d'un bleu-clair, forment des épis au haut de longs pédoncules. Son fruit est court, comprimé; il renferme trois ou quatre semences rondes. Cette espèce est celle dont j'ai déjà parlé, et que Thouin propose de marier avec le *mélilot blanc*.

Espèces annuelles.

On doit placer en tête la Vesce commune ou cultivée, *Vicia sativa* Linn. Cette plante étoit connue des anciens qui l'employoient aux mêmes usages que nous, c'est-à-dire, à nourrir les bestiaux et à fertiliser la terre. Elle s'élève à un ou deux pieds. Ses tiges sont anguleuses, velues, rameuses et en partie droites; ses feuilles alternes, composées de dix à douze folioles très-entières et presque sessiles; ses stipules marquées d'une tache noire; ses fleurs réunies deux à deux, axillaires, grandes environ comme les folioles, et de couleur bleue; ses gousses droites, sessiles et disposées par paires; ses semences obrondes et noires.

Culture. On sème la *vesce* dans deux saisons, en automne et au printemps. Le semis d'automne est plus avantageux, sur-tout quand il est fait en août ou immédiatement après la moisson. Les *vesces* semées à cette époque, poussent bientôt après, et peuvent se fortifier avant l'hiver, ce qui les rend plus propres à résister au froid que celles qui sont semées plus tard. D'ailleurs, elles donnent du fourrage au printemps beaucoup plutôt ; et si on les destine à fournir des graines, ces graines mûrissant de bonne heure en été, les plantes peuvent être coupées et engrangées dans un beau temps. Le semis du printemps doit avoir lieu dans les premiers jours de cette saison. Il faut choisir une terre meuble et fraîche, qui n'ait pas rapporté l'année précédente des plantes de la même famille. Elle doit être préparée par deux labours et épierrée.

On sème ordinairement la *vesce* à la volée, et on l'enterre légèrement avec la herse. Cette méthode est bonne pour les *vesces* destinées à produire du fourrage au printemps ; mais celles dont on veut recueillir de la graine, doivent être semées en rigoles, comme on le pratique pour les *pois*. Les vrilles que porte cette plante, annonçant le besoin qu'elle a de soutien, il est convenable de mêler à sa semence un dixième ou un douzième de *seigle*, *d'orge* ou *d'avoine* ; c'est la saison, le climat, la nature de la terre et l'exposition, qui détermineront le choix du grain.

Les *vesces* semées en rigoles et dans l'automne, exigent un soin auquel il ne faut pas manquer. Vers la fin d'octobre, lorsqu'elles ont acquis assez de force, on relève la terre sur les plantes, par un temps sec, et aussi haut qu'il est possible, de manière cependant que leurs sommets n'en soient pas couverts ; cette précaution les garantit de la gelée. En même temps, on détruit toutes les mauvaises herbes, par un labour fait entre les rangs. Au mois de mars, on renouvelle ces deux façons ; les plantes en deviennent plus vigoureuses ; bientôt elles s'étendent, se rencontrent, et couvrent tout le terrein. Celles qu'on sème au printemps ne prennent jamais autant de force, et fleurissent d'ailleurs fort tard.

On cultive la *vesce*, ou pour l'employer en fourrage, ou pour en recueillir la graine, ou pour enterrer la plante par un labour, et en former un engrais. L'objet qu'on se propose, détermine le moment où il convient de la couper. Destine-t-on la *vesce* au fourrage ? il faut la faucher lorsque sa graine est fanée et avant qu'elle soit mûre. Si on veut en récolter la graine sèche, soit pour semence, soit pour la nourriture des *pigeons*, ou pour être distribuée pendant l'hiver aux *bêtes à laine*, dans du *son* avec de *l'avoine*, on doit alors attendre que les gousses aient pris une couleur brune. Dans l'une et l'autre récolte, il faut choisir une suite des beaux jours ; ne point laisser la *vesce* dans le champ, et l'engranger tout de suite, c'est-à-dire, aussi-tôt qu'elle est sèche. Moins la plante sera de temps à faner, moins il y aura de perte et plus le fourrage et la graine seront d'une bonne qualité.

Quand on veut faire servir la *vesce* à fertiliser un sol, il est inutile de la semer en rigoles comme il a été dit. Il suffit de la semer à la volée, et plus ou moins dru. Le moment de l'enfouir est celui où elle est en pleine fleur : plutôt, il y auroit perte, elle donneroit moins d'engrais ; plus tard, la plante desséchée en partie ne contiendroit plus la quantité de parties humides et nécessaires pour la faire fermenter et opérer sa conversion en terre végétale. On l'enfouit sans la faucher ou après l'avoir fauchée, selon qu'elle a été plus ou moins clair semée, et que la terre a plus ou moins de fond. « Lorsque sa fane est épaisse (*Cours d'Agr.*), et couvre toute la surface du champ, il est avantageux de la faucher, ou du moins de l'affaisser avec le rouleau avant de l'enfouir ; autrement le soc, sans cesse embarrassé dans sa marche, forceroit le laboureur à un surcroît de travail long et pénible, et la petite quantité de terre rabattue par le versoir, seroit insuffisante pour couvrir la totalité de la plante. Or, on sait que tout ce qui excède la surface d'un champ, en fait d'engrais, se dessèche à l'air en pure perte, et sans qu'il en puisse résulter le moindre avantage ».

La *vesce* n'est pas difficile sur le choix du terrein. Elle réussit, dit Miller, dans le sable le plus léger. Cependant, dans une terre de bonne qualité, elle vient plus haute et plus forte, plus touffue, et son produit est beaucoup plus considérable.

On ne doit point alterner le même champ avec cette plante deux fois de suite ; elle ne rendroit pas la seconde fois moitié autant que la première. « Quand le sol en est débarrassé (*Cours d'Agr.*), ce qui a lieu ordinairement vers la fin de juin, on doit donner aussi-tôt un coup de charrue, et semer dans les terres meubles, des *navets* ou *turneps*, et dans celles qui ont un peu plus de ténacité, des *choux-raves* ou des *choux-navets*. Si le champ a été bien fumé, bien labouré, avant de recevoir la semence de *vesce*, si les *navets* ou *choux-raves* sont ensuite soignés, c'est-à-dire éclaircis, sarclés et binés à temps, non-seulement la récolte des racines sera abondante, mais dès le printemps suivant, on les remplacera avantageusement, et sur un seul labour, par de l'*orge* ou de l'*avoine* dans laquelle on sèmera du *trèfle* ».

Usages économiques. Tout le monde sait que la graine de *vesce* est une des nourritures favorites des pigeons, qui semblent la préférer à tout autre grain. Sa tige et ses graines forment aussi un aliment précieux pour hiverner les *bêtes à laine*, sur-tout si on a mêlé à la semence une certaine quantité de *pois* gris, d'*orge* ou d'*avoine*. La *vesce* concourt aussi à maintenir en bon état les chevaux et les bœufs, même pendant la durée des plus grands travaux. Quand on la leur distribue pour suppléer l'*orge* ou l'*avoine*, il ne faut point la battre, ou ne la battre que légèrement. Si on la leur donne comme fourrage simple, il suffit de leur en présenter les tiges et les fanes. On réserve alors la graine pour semer, ou pour les *pigeons*.

La *vesce* d'automne peut être pâturée au commencement du printemps dans le champ même où elle a crû. Cette herbe est alors d'une grande ressource pour le sevrage des *agneaux* ; elle augmente le lait des *vaches* et des *brebis* nourrices, et dispose les unes et les autres à passer sans danger des alimens secs aux fourrages verds. Dans cet état, elle peut concourir, avec l'*orge* et l'*avoine*, à engraisser les bestiaux destinés à la boucherie.

Il ne faut pas croire que la graine de *vesce* convienne indistinctement à tous les animaux de basse-cour. Elle est nuisible aux *canards*, aux jeunes *dindons* et sur-tout aux *poules*. Elle est aussi préjudiciable aux *cochons* ; à mesure qu'ils s'en nourrissent, leur chair disparoît.

On s'est trouvé quelquefois réduit à faire du pain avec la semence de *vesce*, comme en 1709 ; mais ce pain est de très-mauvaise digestion ; malgré cela, dit Willemet, les paysans suisses en font du pain, ou sans mélange, ou en y ajoutant du *seigle*. La décoction de la graine de *vesce* a une saveur douce et styptique ; en Angleterre, les nour-rices la donnent pour boisson aux enfans, chez qui elles veulent fa-voriser l'éruption de la petite-vérole ou de la rougeole. La farine de *vesce* est résolutive ; on l'emploie en cataplasme.

La *vesce commune* a quelques variétés. L'une d'elles est la *vesce blanche* (*vicia sativa alba*), ainsi nommée, parce que ses fleurs et ses semences sont blanches. Cette différence est constante. Cette *vesce* est aussi aisée à cultiver que la précédente ; elle est plus succulente, et donne un meilleur fourrage, moins abondant, il est vrai, mais plus délicat.

La *vesce* connue sous le nom vulgaire de *lentille du Canada*, est encore une variété intéressante de la *vesce cultivée* (ou peut-être une espèce distincte). « Elle fait un bon fourrage. (*Instruct. de la Com-*
» *mission d'Agriculture et des Arts, sur la culture des Plantes lé-*
» *gumineuses.*) Son grain se mange sec, comme les *lentilles*, soit en-
» tier, soit en purée. Aucune semence légumineuse ne fournit une
» farine plus propre à entrer dans la composition du pain. Un setier,
» du poids de 240 à 250 livres, donne au moins 200 livres de fa-
» rine. Pour la faire entrer dans le pain, on l'allieroit avec deux
» tiers de *froment* ou deux tiers de *seigle*, ou avec un quart de *seigle*,
» un quart de *froment* et un quart d'*orge*. La terre qui convient à la
» *lentille* est propre à cette espèce de *vesce ;* on la cultive de même ;
» elle craint moins le froid ».

Sonnini a publié un très-bon Mémoire sur la culture et les avan-tages de cette plante. « Elle réussit, dit-il, dans les terres les plus
» maigres et les moins fertiles, et fournit au moins trois coupes
» abondantes d'un excellent fourrage, ainsi que des grains propres à
» la nourriture des hommes et des animaux. On la sème au mois de
» mars. Un champ sur lequel on aura moissonné l'année précédente,
» que l'on ne fumera point, et auquel on donne un seul labour, à
» l'instant même de la semaille, suffit à sa culture. Une fois semée et
» recouverte par la herse, elle ne demande plus aucunes façons ; on
» l'abandonne alors à elle-même jusqu'au moment des récoltes. Son
» rapport ne le cède point à celui de la plupart des plantes à fourrage,
» et son usage n'est pas moins précieux pour nos campagnes. Cette
» *vesce*, ajoute Sonnini, est si peu difficile sur le choix du terrein,
» qu'elle croît même sur le sol de la plus mauvaise nature. J'avois
» dans ma terre de Lironcour en Lorraine, un bout de champ où le
» sol avoit été enlevé en grande partie par un torrent, et dont la sur-
» face étoit couverte de petites pierres amenées par les eaux. J'essayai
» en vain d'y semer les plantes qui passent pour les moins délicates ;
» aucune ne produisit : j'y semai la *lentille du Canada*, et elle vint
» très-bien. Depuis cinq ans, j'en ai couvert constamment ce même
» terrein, sans y mettre aucune espèce d'engrais, et je ne me suis
» point apperçu que les récoltes diminuassent de rapport. Elle m'a
» aussi très-bien réussi sur la cime argileuse d'une colline où l'on
» avoit planté des *vignes*, que l'on avoit été obligé d'abandonner par
» la difficulté de la culture, et par le dépérissement successif des
» ceps ».

Les autres espèces annuelles de *vesces* qu'il importe de connoître, sont :

La Vesce jaune, *Vicia lutea* Linn. Elle se trouve en France, en Allemagne, en Italie, en Espagne et dans l'Orient. Elle offre un excellent aliment au bétail ; mais elle est d'un petit rapport ; sa fane nourrit peu et passe vite. Elle a des folioles ovales, échancrées ; des fleurs et des fruits sessiles, les fleurs solitaires, d'un jaune pâle et à étendard glabre, les fruits velus et recourbés.

La Vesce de Nissole, *Vicia Nissoliana* Linn., originaire de l'Orient, et apportée en Europe par Nissole, botaniste français, dont on lui a donné le nom. On l'appelle aussi *vesce orientale*. Elle s'élève beaucoup plus que la *vesce* commune, a des folioles oblongues, des stipules entières, des pédoncules chargés de plusieurs fleurs rougeâtres, des gousses velues et très-courtes. En fourrage, elle plaît aux bestiaux, et mérite par cette raison d'être cultivée.

La Vesce du Bengale, *Vicia Benghalensis* Linn. Celle-ci fournit aussi une fane avantageuse pour le fourrage qui se tient verd long-temps. On la cultive aussi aisément que la *vesce* ordinaire. On la trouve, dit Willemet, aux îles d'Hières en Provence. Ses folioles et ses stipules sont entières ; ses légumes un peu redressés ; et ses fleurs, d'un rouge foncé, sont portées par de longs pédoncules axillaires et multiflores. (D.)

VÉSICAIRE, *Vesicaria*, genre de plantes établi par Tournefort et renouvelé par les botanistes modernes. Il renferme quelques espèces d'*alysses*, telles que les *sinuée*, *vésicaire*, *deltoïde*, &c. dont la silicule est gonflée, globuleuse ou vésiculeuse, et les semences planes et munies d'un large rebord, ou arrondies et nues. (*Voyez* au mot Alysse.) Toutes les espèces de ce genre sont propres aux parties méridionales de l'Europe ou à l'orient. (B.)

VÉSICANS. Cuvier et Duméril, dans leurs *leçons d'anatomie comparée*, ont établi, sous ce nom, une famille d'insectes dont les caractères sont : antennes variables ; à élytres molles. Elle comprend les genres Méloé, Lytte, Mylabre, Cérocome, Notoxe, Cardinale, Lagrie, Cistèle, Œdémère. (O.)

VÉSICULE AÉRIENNE. C'est un organe placé sous la colonne vertébrale de la plupart des poissons, et qui contient de l'air, destiné à les rendre plus ou moins légers, selon qu'ils veulent monter ou descendre. *Voyez* au mot Poisson. (B.)

VÉSICULEUX, *Inflata*, famille d'insectes de l'ordre des Diptères, et dont les caractères sont : trompe cylindrique, toujours saillante, courbée sous le corps, et renfermant un suçoir de plus de deux soies, ou nulle ; antennes de deux pièces, très-petites, avec une soie ; corps court, ramassé ; abdomen très-grand, enflé ; ailes petites, inclinées.

Ces insectes ont le corps court, large, presque glabre ; la tête fort petite, basse, globuleuse, entièrement occupée par les yeux ; trois petits yeux lisses ; le corcelet rond, très-convexe ; les ailes petites, un peu inclinées sur les côtés ; les cuillerons grands, couvrant les balanciers ; l'abdomen paroissant cubique ou presque rond, très-volumineux, comme vide ; les pattes menues, sans épines aux jambes ; les tarses à deux crochets et trois pelotes sensibles.

Cette famille est formée des genres OGCODE et CYRTE. Les premiers se tiennent dans les lieux aquatiques ; les seconds voltigent autour des fleurs, dans les lieux un peu élevés, exposés au soleil, et font entendre un petit bourdonnement de même que les *bombyles*. Ces insectes font partie des *syrphes* de M. Fabricius. (L.)

VESPARIA, dénomination latine, employée par Aldrovande, pour désigner le GUÊPIER. *Voyez* ce mot. (S.)

VESPERTILIO. C'est le nom latin de la CHAUVE-SOURIS. *Voyez* ce mot. (DESM.)

VESPERTILIO INGENS. C'est, dans Clusius, la désignation de la ROUSSETTE. *Voyez* ce mot. (S.)

VESPERTILION, nom spécifique d'un poisson du genre LOPHIE. *Voyez* ce mot. (B.)

VESSE-LOUP, *Lycoperdon*, genre de plantes cryptogames de la famille des CHAMPIGNONS, qui offre pour caractère un sphéroïde nu ou entouré d'un volva épais s'ouvrant en forme d'étoile, sessile ou stipité, lisse ou rugueux, d'abord solide et charnu intérieurement, ensuite creux et lançant, par une ouverture qui se fait au sommet, une poussière séminale très-abondante qui étoit attachée à des filamens.

Les *vesses-loups* sont ordinairement fort grosses, et toujours, ou presque toujours, solitaires. Leur forme varie. Il y en a de rondes, de turbinées, &c. ; quelques-unes sont sessiles, la plupart ont leur base amincie en pédicule, même un véritable pédicule. Elles se rapprochent des *réticulaires*, des *sphérocarpes* et des *capillines*, mais elles n'ont jamais une membrane pour base, et s'ouvrent toujours au sommet. Elles se rapprochent également des *truffes*. Toutes, à l'exception d'une seule, naissent sur la terre, et se remplissent de poussière à l'époque de la maturité. *Voy.* aux mots SPHÉROCARPE, CAPILLINE et TRUFFE.

Ce genre, qui est figuré pl. 887 des *Illustrations* de Lamarck, a, depuis la dernière édition du *Systema vegetabilium* de Linnæus, considérablement augmenté en espèces, quoiqu'on lui ait fait supporter de nombreuses soustractions pour former les genres nouveaux cités plus haut. En ce moment, il contient une cinquantaine d'espèces, presque toutes d'Europe, dont une douzaine se trouvent aux environs de Paris, et sont figurées dans l'*Herbier de la France*, par Bulliard. Les plus communes de ces dernières sont :

La VESSE-LOUP PROTÉE, qui est d'une forme arrondie et turbinée, ou dont la base se prolonge en pédicule. Elle varie considérablement par l'âge et par le lieu où elle croit. On en trouve rarement deux de parfaitement semblables ; c'est ce qui lui a fait donner le nom de *protée*. Elle ne vient que sur la terre. Dans sa jeunesse, elle est blanche ; dans sa vieillesse, d'un brun plus ou moins clair, sa chair a intérieurement les mêmes couleurs.

Elle est très-commune sur les pâturages secs, dans les bois sablonneux. On peut en faire de l'*amadou*.

La VESSE-LOUP DES BOUVIERS est constamment d'une forme arrondie ; sa chair, d'abord blanche, devient ensuite d'un jaune verdâtre, puis d'un gris tirant sur le brun. Elle a une racine fort petite, relativement à sa grosseur, qui excède souvent la tête d'un homme. Elle ne vient jamais que sur la terre, et est presque toujours emportée par les vents avant sa maturité complète.

Lorsque cette *vesse-loup* a répandu sa poussière, il reste une base filandreuse et mollasse, qui a la plus grande analogie avec l'*amadou*, et qu'on peut très-facilement rendre propre au même usage en la coupant par tranches de deux lignes d'épaisseur, et en trempant ces tranches, enfilées par une ficelle, dans de l'eau où on aura mis une petite quantité de poudre de chasse et de farine ; on augmente la quantité de poudre ou de farine, selon que l'on s'apperçoit, après la dessication des tranches, qu'elles ne prennent pas assez bien l'étincelle ou qu'elles se consument trop vite.

Cette *vesse-loup*, ainsi que toutes les autres, prise intérieurement, est un dangereux poison : ses semences, ou sa poussière, lancée dans les yeux, peut produire une inflammation et même l'ophthalmie ; mais on s'en sert très-utilement, comme astringent ou au moins comme corps spongieux, pour arrêter les hémorrhagies produites par des blessures, pour dessécher les ulcères purulens, etc. Elle est dans plusieurs cas préférable à l'*amadou* pour ces usages.

La VESSE-LOUP VERRUQUEUSE se reconnoît facilement à la forme arrondie et tuberculée de son péricarpe, à sa racine composée d'appendices membraneuses, et à son collet plissé ; elle est d'abord blanche et devient d'un brun foncé ; elle a de grosses semences. Elle est très-commune.

La VESSE-LOUP ORANGÉE se rapproche beaucoup de la précédente par sa forme et sa consistance ; mais elle est en général plus grosse et d'un jaune vif.

La VESSE-LOUP CISELÉE est pour l'ordinaire fort grosse, d'une forme turbinée, et tient fortement à la terre ; son péricarpe est chargé de pointes élargies à leur base ; sa chair, d'abord blanche, prend avec l'âge une teinte jaunâtre, qui devient enfin brune.

La Vesse-loup étoilée a un volva ou une enveloppe qui la couvre dans sa jeunesse. Elle croît dans la terre, et lorsqu'elle en sort, aux approches de sa maturité, son volva se déchire en cinq ou six endroits, et reste étendu sur la terre en forme d'étoile. Elle est très-commune dans les bois sablonneux, sur les pâturages secs et arides.

Bulliard observe que la *vesse-loup étoilée* mérite toute l'attention des physiciens par la singularité de son organisation, la manière vraiment curieuse dont elle sort de terre, en cramponnant les divisions de son volva coriace et élastique, et par sa faculté hygrométrique. Woodward a fait sur elle une dissertation dans le second vol. des *Actes de la Société Linnéenne de Londres*, de laquelle il résulte que quatre espèces bien distinctes ont été confondues sous ce nom.

La Vesse-loup pédiculée a son péricarpe rond et longuement pédiculé ; sa chair, d'abord blanche, devient brune par l'effet de l'âge. Elle n'est pas rare dans les bois sablonneux.

La Vesse-loup épidendre est fort petite, ronde, et ne vient que sur le bois mort ; elle est d'abord rouge, et devient ensuite brune. Quoiqu'elle s'ouvre constamment par son sommet, elle semble avoir plus de rapports avec les *sphérocarpes* qu'avec les *vesses-loups*.

J'ai figuré, pl. 11 des *Actes de la Société d'Histoire naturelle de Paris*, une *vesse-loup* du Sénégal qui a plus d'un pied de haut ; a une grosse tête ovale, terminée par les restes d'un volva ; une tige torse, et une racine tubéreuse ; mais on pourroit également la placer parmi les *capillines*, car elle répand ses semences par des déchirures latérales. Cette espèce pourroit être appelée *capilline gigantesque*. (*Voyez* au mot CAPILLINE.) Je l'ai appelée *lycoperdon axatum*, parce que sa tige se prolonge dans la tête et va s'attacher à son sommet.

J'ai rapporté de la Caroline trois espèces de ce genre, remarquables par leur organisation.

L'une, la Vesse-loup transversaire, est presque sessile, en massue, et sa tige se prolonge intérieurement jusqu'à son sommet. Elle est haute de deux à trois pouces. Elle se rapproche beaucoup de la précédente par sa constitution, mais en diffère par sa forme et sa grandeur.

L'autre, la Vesse-loup hétérogène, a la tige composée d'une grande quantité de fibres élastiques, irrégulièrement anastomosées, solides, de couleur jaune sale, laissant voir des lacunes semblables à celles des MORILLES (*Voyez* ce mot.), formant par leur réunion une masse d'un pouce de haut sur huit lignes de large. Sur cette tige est une tête sphérique, glabre, moins grosse qu'elle, entourée d'un volva qui se déchire par le bas en huit ou dix divisions, et tombe par l'effet de la maturité ; elle est terminée par une ouverture à six dents, qui est celle d'un sac intérieur où sont renfermées des semences jaunes.

Cette espèce, qui mériteroit certainement de faire un genre, est très-remarquable par la forme de sa tige, par la position de son volva et de ses semences.

Enfin la dernière, la Vesse-loup en soucoupe, *Lycoperdon cya-*

thiforme, est concave supérieurement, d'un blanc violâtre, et ne s'ouvre point naturellement. Du reste, elle ressemble beaucoup aux *vesses-loups protéiforme* et des *bouviers*; elle se rapproche sur-tout beaucoup de la *vesse-loup applatie*, figurée par Desfontaines dans sa *Flore Atlantique*. (B.)

VESSIE, *Vesica urinaria*. C'est un organe membraneux, creux, ayant à-peu-près la forme d'une poire, et situé dans la cavité du bassin pour recevoir l'urine et la transmettre au-dehors. La *vessie* est placée sur l'intestin *rectum*, elle a des attaches, 1°. avec l'os *pubis* par la membrane du péritoine; 2°. avec les parties de la génération par l'urèthre; 3°. avec le nombril par l'ouraque et les artères ombilicales; 4°. enfin chez les hommes avec l'intestin *rectum*, et chez les femmes avec le *vagin*.

La capacité de la *vessie* varie suivant son état de distension; elle peut contenir près d'une pinte d'urine lorsqu'elle est bien remplie; mais cette grande dilatation lui fait perdre son ressort, et cause souvent des rétentions d'urine, parce qu'elle ne peut plus chasser le liquide qu'elle contient et se resserrer sur elle-même.

La *vessie*, à son fond, reçoit les deux uretères ou conduits qui lui apportent l'urine sécrétée par les reins. L'urèthre est ce canal membraneux par lequel la *vessie* se décharge au-dehors. Il a un sphincter formé de fibres circulaires placées vers le col de la *vessie*, pour en fermer l'orifice et empêcher l'urine de s'écouler incessamment; ce qui arrive lorsque ce muscle est paralysé.

On remarque trois sortes de membranes dans la *vessie*, la première, qui est continue au péritoine, présente un tissu cellulaire graisseux, sur-tout vers le sommet ou le fond de la vessie; la seconde membrane est composée de fibres musculaires tant longitudinales que transverses, et la troisième, appelée *nerveuse*, sécrète une humeur muqueuse, sur-tout vers le col de la *vessie*. Des branches du nerf trisplanchnique ou intercostal, et quelques rameaux nerveux sortis de l'os *sacrum*, viennent se rendre dans cet organe; il reçoit des vaisseaux artériels et veineux des branches hypogastriques, ombilicales et hémorrhoïdales; dans les femmes, il s'y rend aussi quelques rameaux des vaisseaux utérins.

Comme l'urèthre n'est guère longue que de deux doigts chez les femmes, les graviers de la *vessie* sortent plus aisément chez elles que dans les hommes, dont l'urèthre est plus longue et plus étroite; aussi sont-elles moins sujettes qu'eux à la pierre.

On sait que les oiseaux n'ont point de *vessie urinaire*; leurs urelères viennent se rendre immédiatement dans le cloaque commun. Les *grenouilles* et *crapauds*, les *tortues*, ont une espèce de *vessie*, mais les autres reptiles et la plupart des poissons en sont privés. Ce qu'on nomme *vessie* chez les poissons, est une espèce de sac destiné à contenir de l'air pour alléger le corps de l'animal et le faire nager avec plus de facilité, mais non pas pour recevoir de l'urine. Aussi la plupart des poissons sont pourvus de cette *vessie natatoire* (*Voyez* le mot Poisson.), et les espèces qui, comme les *limandes*, les *soles*, les *turbots*, les *raies*, &c. sont très-applaties, n'ont point de ces *vessies aériennes*; ce qui ne leur permet pas de nager avec autant de facilité que les autres poissons. (V.)

VESSIE DE MER. On donne souvent ce nom à la Physalide, et même à la Velelle. *Voyez* ces mots. (B.)

VÉSUVIENNE (Werner), — Hyacinthe du Vésuve (Romé - Delisle), — Hyacinthine (Lamétherie), — Idocrase (Haüy).

Cette substance se trouve quelquefois en masses irrégulières, mais ordinairement cristallisée, dans les cavités des matières volcaniques, où elle est presque toujours groupée et fort rarement solitaire.

Sa forme est un parallélipipède rectangulaire (ou à-peu-près), tronqué sur tous ses bords ; de sorte qu'il présente un prisme octogone terminé par des pyramides à quatre faces tronquées près de leurs bases ; les faces des pyramides répondent à celles du prisme. La hauteur de ce prisme n'excède pas de beaucoup son diamètre ; il se rapproche souvent de la forme cubique, et se convertit même en *table*, par un raccourcissement extrême.

Sa couleur est brunâtre, tirant tantôt sur le rouge et tantôt sur le vert.

Les faces du prisme sont légèrement striées (en longueur, suivant Brochant) : elles ont l'éclat vitreux.

La cassure est inégale, un peu lamelleuse ; peu éclatante.

La *vésuvienne* est quelquefois demi-transparente ; mais plus souvent elle n'est que translucide sur les bords, et même tout-à-fait opaque.

Elle est aigre et assez dure pour rayer le verre, mais elle se brise facilement sous le marteau.

Sa pesanteur spécifique varie de 3,000 à 3,400.

Exposée à la flamme du chalumeau, elle s'y fond en un verre jaunâtre.

La *vésuvienne* n'a d'abord été observée que dans les produits du Vésuve, où elle se trouve fréquemment ; mais on en a découvert aussi en Sibérie. Lorsque, pendant mon voyage dans cette contrée, je me trouvois en 1780 à Kolyvan sur l'Ob, M. Rénowantz, qui a été ensuite professeur de minéralogie à Pétersbourg, m'en fit voir qu'il avoit reçues de Kiaghta, ville limitrophe entre la Sibérie orientale et la Tartarie chinoise; mais il ne put savoir le lieu de leur origine. Celle dont il voulut bien me faire présent, est isolée et parfaitement cristallisée; elle a neuf lignes de longueur sur cinq de diamètre; elle est de couleur de café et à-peu-près opaque : le prisme est sensiblement rhomboïdal à l'œil et même au tact; et le goniomètre indique plusieurs degrés de différence entre les angles. Les quatre faces latérales du prisme sont légèrement, mais très-visiblement, striées *en travers*. Du reste, ce cristal a tous les autres caractères de la *vésuvienne*; et lorsqu'à mon retour en 1787 je l'ai fait voir aux minéralogistes de Paris, ils n'ont pas hésité à le reconnoître pour tel.

En 1790 M. Laxmann, membre de l'Académie de Pétersbourg, a découvert des *vésuviennes* dans la partie nord-est de la Sibérie, près de la rivière Viloui, qui a son embouchure dans la rive gauche de la Léna (lat. 64, longit. 144); cette rivière est appelée, dans quelques cartes, Vouloui. (C'est sur ses bords que fut trouvé, en 1771, le fameux *rhinocéros* dont le corps étoit conservé tout entier depuis une longue série de siècles, dans un terrein glacé. *Voyez* Fossiles.)

Klaproth a fait l'analyse de la *vésuvienne* d'Europe et de celle de Sibérie, et j'observerai que, d'après ces analyses et celle que Vauquelin a faite de la *mélanite*, qui est aussi une cristallisation volcanique d'Italie, celle-ci auroit les plus grands rapports avec la *vésuvienne* : elle contient, il est vrai, beaucoup plus de fer; mais on sait bien que la présence de ce métal, dans les cristaux pierreux, n'est regardée par les cristallographes que comme *une souillure*.

	Vés. du Vésuve.	Vés. de Sibérie.	Mélanite.
Silice........	35,50	42	35
Chaux......	33	34	32
Alumine....	22,25	16,25	0
Oxide de fer.	7,5	5,50	24
Ox. de mang.	0,25	un peu	1,5

J'observerai encore que le professeur Haüy donne à la *résuvienne* le nom d'*idocrase*, qui veut dire *figure mixte* (on pourroit même dire *figure banale*); car on la retrouve dans un grand nombre de substances minérales, qui toutes mériteroient à ce titre de porter le même nom. Ceci prouve combien les formes cristallines sont insignifiantes pour déterminer les minéraux.

D'après l'opinion si long-temps admise (quoique si peu vraisemblable) de la *préexistence* des cristaux contenus dans les laves et autres matières volcaniques, plusieurs naturalistes disent encore aujourd'hui, que la *vésuvienne* est une substance *primitive* ; mais sans répéter ici ce que j'ai déjà dit au mot LEUCITE, je remarquerai qu'il suffit pour s'assurer que la *vésuvienne* est bien certainement un produit immédiat des volcans, c'est qu'il a été démontré par Buch, Salmon et autres observateurs également éclairés, que la *leucite* se formoit dans la lave même. Or, rien n'est plus commun que de voir un grand nombre de ces *leucites*, tellement encastrées, enveloppées dans la substance des *vésuviennes*, qu'il est impossible de ne pas reconnoître que la formation des unes et des autres a été simultanée ; et conséquemment, que la *vésuvienne* est, comme je l'ai dit, *un produit immédiat des volcans*. Voyez AUGITE, LEUCITE et LAVES. (PAT.)

VÉTADE, nom donné par Rondelet à une coquille du genre des VÉNUS. *Voyez* ce mot. (B.)

VÉTAN. Adanson a donné ce nom à une coquille du Sénégal, du genre des *huîtres*, qui se rapproche infiniment de l'*huître commune* (*ostrea edulis* Linn.). *Voyez* au mot HUÎTRE. (B.)

VETTI-VETTO, l'une des dénominations vulgaires du *pouillot* ou *chantre*, dans l'Orléanais, selon M. Salerne. *Voy.* POUILLOT. (S.)

VETULA. Linnæus désigne ainsi l'OISEAU DE PLUIE. *Voyez* ce mot. (S.)

VEUVE : tel est le nom d'une belle famille d'oiseaux que l'on trouve non-seulement en Afrique, mais encore dans l'Asie jusqu'aux îles Philippines. Mais ce nom de *veuve* qui paroît bien leur convenir, soit à cause du noir qui domine dans leur plumage, soit à cause de leur longue queue traînante, ne leur a été imposé que par une méprise. Les Portugais les appelèrent d'abord *oiseaux de Whidha*, c'est-à-dire de *Juida*, royaume d'Afrique, où ils sont très-communs ; la ressemblance de ce mot avec celui qui signifie *veuve* en langue portugaise, aura pu tromper des étrangers qui auront pris l'un pour l'autre, et cette erreur se sera accréditée d'autant plus aisément, que le nom de *veuve* paroissoit, à plusieurs égards, fait pour ces oiseaux. MONTBEILLARD.

Les *veuves* sont aisées à reconnoître, c'est-à-dire les mâles, car les femelles ne sont jamais parées de ce supplément de

plumes longues à la queue, et même les mâles ne l'ont que
dans une saison ; et cette saison varie pour les jeunes mâles,
suivant l'époque de leur naissance, et pour les adultes, selon
le climat qu'ils habitent ; mais ordinairement la première
mue, celle où les *veuves* mâles prennent leurs belles couleurs,
se parent de leurs longues plumes et font entendre leur ramage, se fait au printemps, et la seconde à l'automne, ou
pour mieux dire aux époques qui répondent à-peu-près à
ces deux saisons. Ces deux mues ont lieu pour les mâles et les
femelles. Après la dernière, les mâles diffèrent si peu de
leurs compagnes, qu'on les confond souvent quand on n'a
pas une certaine connoissance de ces oiseaux ; elle ne s'acquiert
que par l'habitude de les voir souvent et de les comparer les
uns aux autres. Les femelles, qui, comme je l'ai dit, subissent aussi deux mues, n'éprouvent pas de changement
notable dans les couleurs de leur plumage ; cependant, en
vieillissant, il en est qui prennent des teintes presque pareilles
à celles du mâle ; nous devons cette observation à Mauduyt,
qui a eu long-temps de ces oiseaux vivans.

« A mesure, dit-il, qu'une femelle, qui a vécu neuf à dix
ans, avançoit en âge, elle devenoit moins semblable à son
mâle dans son plumage d'hiver, et se rapprochoit davantage
de lui dans son plumage d'été, en sorte que dans les dernières années cette femelle paroissoit en tout temps un mâle
dans son plumage d'été, mais cependant un mâle moins
beau, et d'ailleurs elle n'a point eu de longues plumes à la
queue ». Les individus dont il est question appartenoient à
l'espèce de la *veuve à collier d'or.*

Dans les *veuves*, les mâles, parés de leurs couleurs d'été,
sont remarquables par la longueur de leur *fausse-queue* ; je dis
fausse-queue, parce que la véritable existe sous celle-là, et lui
sert comme de support, si ce n'est dans les *veuves mouchetées*
et *dominicaines*. Cette fausse-queue est formée, dans un nombre plus ou moins grand, de plumes qui paroissent faire partie des couvertures supérieures de la vraie queue, et qui se développent en largeur et en longueur beaucoup plus dans ces
oiseaux que dans les autres, et que dans leurs femelles en tout
temps ; mais cette augmentation n'a lieu, comme je l'ai dit,
que dans la saison des amours : hors cette époque, ces plumes
ne diffèrent en rien des autres.

Les *veuves*, suivant les voyageurs, n'emploient que du
coton à la construction de leur nid, et ce nid a deux étages ;
le mâle habite l'étage supérieur, et la femelle couve dans celui
d'en bas ; mais un nid ainsi construit est-il le travail de toutes
les *veuves*, ou n'appartient-il qu'à une seule espèce, et quelle

est cette espèce? c'est sur quoi se taisent les voyageurs, les naturalistes, et même les curieux Hollandais, qui ont, dit-on, fait couver ces oiseaux en captivité.

Brisson, Montbeillard et d'autres ornithologistes français, ont rangé les *veuves* dans le genre des *moineaux* et des *pinsons*; mais les méthodistes modernes les ont classées avec les *bruants*; cependant elles paroissent avoir plus d'analogie avec les premiers qu'avec les derniers.

La Veuve proprement dite de Brisson, est la Veuve au collier d'or. *Voyez* ce mot.

La Veuve a ailes rouges. *Voyez* Veuve a épaulettes.

La Veuve d'Angola. *Voyez* Veuve mouchetée.

La Veuve au collier d'or (*Emberiza paradisea* Lath., pl. enl. n° 194.). La dénomination qu'a imposée Montbeillard à cette *veuve*, vient d'une espèce de demi-collier d'un jaune doré qu'elle porte sur le derrière du cou : ce collier n'est pas de cette couleur dans toutes, plusieurs l'ont d'un brun plus ou moins roux ou d'un orangé pâle. Sa grosseur est à-peu-près celle d'un fort *serin*; la tête, la gorge, le devant du cou, le dos, les ailes et la queue sont d'un beau noir; la poitrine est d'un marron brillant, le ventre, les côtés, le bas-ventre et les cuisses sont blancs; dans des individus le bas-ventre et les cuisses sont noirâtres; dans d'autres les plumes des jambes noires et terminées de roussâtre; les couvertures inférieures de la queue, ou totalement noires, ou noirâtres et terminées de blanc; les pennes primaires des ailes ont à l'extérieur un lizeré blanc; celles de la vraie queue sont noires, ainsi que les quatre de la fausse queue; mais deux de ces dernières ont une position verticale, sont opposées l'une à l'autre par leur surface extérieure, et comme cannelées; elles sont renfermées entre les deux plus longues, et n'ont guère que quatre pouces de longueur : mais elles sont plus larges, et se terminent tout d'un coup par un filet délié, long de plus d'un pouce; les deux autres plumes sont de la même couleur, paroissent comme ondées et moirées, sont relevées à leur origine, ensuite recourbées et inclinées en arrière; elles ont onze pouces de long, neuf lignes de largeur près du croupion, et se réduisent à trois vers leur pointe (ces dimensions varient dans des individus); enfin quelques barbes de ces plumes ont des filets très-déliés, très-longs, plus ou moins nombreux; le bec est noir, et les pieds sont de couleur de chair. Tel est le mâle dans la saison des amours, mais lorsqu'il quitte ses longues plumes, son plumage brillant disparoît avec elles; alors la tête est variée de blanc et de noir : la poitrine, le dos et les couvertures supérieures des ailes sont d'un orangé terne, moucheté de noirâtre; les pennes des ailes et de la queue d'un brun très-foncé; le ventre et tout le reste du dessous du corps restent blancs; le bec et les pieds pâlissent.

La femelle a des couleurs encore plus ternes; ce qui est orangé dans le mâle, est d'un roux blanc sale; le noir est remplacé par du brun, et le blanc est moins pur; sa taille est aussi un peu inférieure.

Le mâle a un ramage que Mauduyt trouve assez agréable, mais

qui m'a paru un peu aigre , quoiqu'assez varié ; il le fait entendre
avec plus de force lorsqu'il est décoré de sa belle parure, et même
en volant si on le tient dans une grande volière. On trouve ces *veuves*
sur la côte occidentale de l'Afrique, au Sénégal et dans le royaume
d'Angola.

Jusqu'à présent on n'a pu faire couver ces oiseaux en France , mais
je crois que cela vient de ce qu'on ne leur procure pas une chaleur
suffisante, et qui les rapproche de celle de leur pays natal. Ils sont
d'un naturel gai , familier, et peu difficiles sur la nourriture : du
millet et de l'*alpiste* leur suffisent , avec quelques herbes rafraichis-
santes , telles que le *mouron* et la *chicorée* : ils ne demandent que des
soins et quelques précautions indispensables pour multiplier et s'acclimater, comme de les tenir dans une serre chaude, plantée d'arbres
toujours verds , et échauffée de vingt à vingt-cinq degrés de chaleur.
La femelle peut pondre à des degrés inférieurs, mais elle ne fait
point de nid, et se refuse aux desirs du mâle; les degrés que j'indique seront suffisans pour la mettre en amour.

J'observerai que la femelle du *moineau du Brésil*, ou pour mieux
dire du *comba-sou*, qui n'est point un oiseau du Brésil, mais du Sénégal, a dans son plumage la plus grande analogie avec la femelle de
la *veuve au collier d'or*, et qu'on la vend souvent pour elle ou pour un
jeune mâle ; mais on reconnoîtra aisément cette supercherie, lorsqu'on saura que celle-ci a une forme plus alongée, et la queue plus
longue.

La VEUVE DE LA CÔTE D'AFRIQUE. *Foy*. VEUVE A QUATRE BRINS.

La VEUVE DOMINICAINE (*Emberiza serena* Lath.). Un beau noir
et un blanc pur dominent seuls sur le plumage de cette *veuve* : le
premier occupe le dessus de la tête, le haut du dos, les pennes des
ailes et de la queue ; tombe du dos en forme de bandelette sur chaque côté de la poitrine, vers le haut de l'aile; est indiqué par un point
à la naissance de la gorge, par des taches assez larges sur le bas du
dos, par de plus petites sur le croupion et sur les couvertures des
ailes, et s'étend obliquement sur les petites pennes de la queue du
côté extérieur; le second est répandu sur le devant du cou, la gorge,
tout le dessous du corps et les côtés de la tête, au-dessous des yeux;
forme un demi-collier assez large sur le derrière du cou , et borde
l'œil ; le bec est rouge, et les pieds sont noirs ; sa grosseur est
à-peu-près celle du *serin* ; les quatre plumes du milieu de la queue
sont d'un beau noir, longues de sept à huit pouces, et d'une conformation particulière ; elles sont disposées en forme de tuiles creuses,
dont l'arête seroit fort relevée, et superposées depuis leur naissance jusqu'à leur pointe ; elles s'emboîtent tellement l'une dans l'autre qu'elles
ne présentent que deux pennes, et qu'il les faut séparer pour reconnoître qu'il y en a quatre ; la penne supérieure dépasse l'inférieure
d'environ six lignes, et cette longueur un peu plus grande contribue
encore plus à la méprise de tous les ornithologistes, qui ne donnent
à cette espèce que deux longues plumes à la queue. Tel est l'individu
mâle que j'ai sous les yeux , mais sa description ne peut convenir en
totalité à plusieurs autres , dont les couleurs ne sont pas tout-à-fait
distribuées de même , et dont le blanc est moins pur , ou plutôt terni

de rougeâtre ; cette teinte borde les pennes secondaires des ailes les plus proches du corps, se mele au blanc du demi-collier des côtés du cou, de la gorge et de la poitrine. Sur d'autres mâles le bas du dos et le croupion sont variés confusément de gris sale et de noirâtre ; les longues pennes de la queue n'excèdent que de deux pouces un quart les autres qui sont un peu étagées ; je crois que le peu de longueur de ces plumes, et la couleur blanche salie de roussâtre, indiquent des oiseaux qui ne sont pas encore parvenus à leur entière perfection. Lorsque les mâles sont dans leur habit d'hiver, tout leur plumage est moucheté en dessus de noirâtre, sans moucheture en dessous et sur les petites couvertures des ailes, dont les pennes, et celles de la queue sont brunes.

La femelle, comme dans les autres *veuves*, est privée des quatre longues plumes, et a les plus grands rapports avec le mâle en mue, mais ses couleurs sont plus ternes.

Si l'on rapproche cette *veuve* de la *veuve mouchetée* qui se trouve aussi dans le royaume d'Angola, l'on ne peut guère s'empêcher de les regarder comme oiseaux de même espèce. (*Voyez* ci-après sa description.) Cependant, pour bien juger de leur identité, il faut les avoir observées dans leur pays natal. Il est très-rare d'en voir de vivantes en France.

Levaillant nous assure qu'on rencontre aussi la *veuve dominicaine* au Cap de Bonne-Espérance, où dans une certaine saison une seule sert de conductrice à chaque bande de *senegalis* et *bengalis ;* elle se tient sur un buisson à portée de la troupe qui cherche sa nourriture à terre, et dès qu'elle s'envole, toute la bande la suit. Cette observation peut aussi s'appliquer à la *veuve au collier d'or*, qui, au Sénégal, a la même habitude ; cependant ces oiseaux forment aussi des bandes particulières qui ne sont composées que d'individus de leur espèce.

La VEUVE A ÉPAULETTES (*Emberiza longicauda* Lath., pl. enl. nº 635.). Un noir velouté est la couleur dominante de cette grande *veuve* dont la grosseur approche de celle du *gros-bec*, et qui a dix-neuf à vingt pouces de longueur du bout du bec à l'extrémité des plus longues plumes de la queue : une sorte d'épaulette d'un beau rouge dans sa partie supérieure, et d'un blanc pur dans le bas, tranche agréablement sur l'uniformité des ailes qui sont noires, ainsi que toutes les plumes caudales ; le bec est de cette dernière couleur, et les pieds sont bruns.

Cette *veuve* a réellement une double queue : la supérieure est composée de six plumes, dont les plus longues ont treize pouces, l'inférieure en a douze à-peu-près égales, mais assez longues ; toutes s'élèvent verticalement, se courbent et s'inclinent en arrière. Elle ne porte cet ornement, sa belle couleur noire et ses épaulettes, que dans la saison des amours, qui dure environ six mois. Après ce temps, il est très-difficile de la reconnoître pour le même oiseau, car sa livrée d'hiver est totalement différente ; sa queue n'est composée que de douze pennes un peu étagées, dont le plan est horizontal. Les plumes de la tête sont d'un brun noirâtre dans leur milieu, et d'un blanc roussâtre sur les côtés : celles du dessus du corps sont pareilles, mais la teinte du milieu est moins sombre ; les couvertures des ailes,

les pennes et celles de la queue sont brunes ; cette couleur est entourée sur les premières du même blanc sale qui borde les pennes caudales, entoure l'œil et est variée sur toutes les parties inférieures de taches brunes longitudinales ; le bec est en dessus de couleur de corne rembrunie ; les pieds sont jaunâtres. Il doit en être de cette espèce comme des autres ; la femelle et les jeunes doivent porter ce sombre plumage.

Levaillant nous assure que la femelle de la *veuve à épaulettes* jouit d'un privilège que la nature a refusé aux femelles des autres espèces auxquelles elle a bien accordé, à un certain âge, les couleurs du mâle, mais qu'elle a privées de la fausse queue. Dans celle-ci, au contraire, lorsqu'elle a perdu la faculté de se reproduire, la queue, suivant ce voyageur, toujours courte auparavant, s'alonge, et d'horizontale qu'elle étoit devient verticale ; mais il ne nous dit pas si les pennes augmentent en nombre et se portent à celui de dix-huit comme dans le mâle. Elle jouit encore d'un autre attribut, « c'est de se revêtir toujours, ajoute-t-il, de l'uniforme que celui-ci avoit arboré passagèrement dans les jours de ses plaisirs ». De là il résulte que, pendant les six mois où le mâle est dans son habit d'hiver, les individus qu'on rencontre avec cet uniforme, sont certainement de vieilles femelles déguisées sous l'habit des mâles, et qu'il faut chercher ceux-ci sous le costume des femelles. A cette assertion bien extraordinaire joignons un fait qui ne l'est pas moins, et qui est unique dans les petits oiseaux ; mais qui oseroit le révoquer en doute ? Levaillant en fait le récit après l'avoir *lu dans le grand livre de la nature.*

« Cette espèce, dit-il, vit en société dans une sorte de république, et se construit des nids très-rapprochés les uns des autres ». Elle a cela de commun avec beaucoup d'autres, mais voici le merveilleux. « Ordinairement, ajoute-t-il, la société est composée à-peu-près de quatre-vingts femelles ; mais soit que par une loi particulière de la nature, il éclose beaucoup plus de femelles que de mâles, soit par quelque autre raison que j'ignore, il n'y a jamais pour ce nombre de femelles que douze ou quinze mâles qui leur servent en commun ». (*Second voyage dans l'intérieur de l'Afrique par le Cap de Bonne-Espérance*, tom. 3, pag. 383 et suivantes) Comme parmi ces mâles il doit se trouver de ces femelles déguisées, on doit encore réduire ce nombre déjà très-petit. N'en seroit-il pas de ces *veuves* comme de celles *au collier d'or* qui n'ont pas besoin de leur habit de noces pour féconder leurs femelles ? mais c'est ce que paroît ignorer cet observateur, puisqu'il n'en parle pas.

La Veuve éteinte (*Emberiza psitacea* Lath.). C'est d'après sa longue queue traînante que Montbeillard a placé cet oiseau parmi les *veuves* ; Séba, qui le premier en a parlé, en fait un *pinson* ; Albin, un *friquet* ; Brisson, un *linot* ; Linnæus et les méthodistes modernes, un *bruant*. Il résulte de cette différence dans les opinions que cet oiseau n'est guère connu ; c'est à Séba qu'on en doit la description, et il le dit du Brésil. A l'exception de la base du bec qui est entourée de plumes d'un rouge clair, et des ailes qui sont variées de ce même rouge et de jaune, tout son plumage est d'un brun cendré ; elle n'a que deux longues pennes à la queue ; ces pennes sont les intermédiaires et ont le triple de la longueur du corps, elles prennent naissance au croupion, et sont terminées de rouge bai.

La VEUVE EN FEU (*Emberiza Panayensis* Lath., pl. enl. n° 647). Cette *veuve*, qu'a fait connoître Sonnerat, se trouve à l'île Panay : un beau noir velouté colore tout son plumage, à l'exception d'une large plaque d'un rouge vif qu'elle a sur la poitrine ; sa grosseur est celle de la *veuve au collier d'or*, et sa longueur, du bout du bec à l'extrémité des quatre longues plumes qui accompagnent la queue, est de douze pouces ; ces quatre plumes là dépassent de plus du double de sa longueur, vont toujours en diminant de largeur, et finissent en pointe ; le bec et les pieds sont noirs.

La GRANDE VEUVE (*Emberiza vidua* Lath.). Cette *veuve*, que l'on ne connoît que d'après Aldrovande (tom. 2, pag. 565), est de la grosseur du *moineau franc* ; elle a la tête d'un noir changeant en vert et en bleu ; le derrière du cou, le dos, le croupion, les plumes scapulaires, les couvertures du dessus de la queue et les plus petites du dessus des ailes pareils à la tête ; la gorge, le devant du cou, le dessous du corps, les couvertures inférieures de la queue blanchâtres ; les moyennes et grandes couvertures noires ; les premières terminées de blanc, les autres de jaunâtre, ce qui forme deux bandes transversales sur les ailes ; les pennes sont noires en dessus et cendrées en dessous ; les petites pennes de la queue blanchâtres ; les quatre grandes noires, très-étroites et longues de neuf pouces ; les pieds variés de noir et de blanc, et les ongles noirs ; le bec est rouge.

Il en est de cette *veuve* comme de la *veuve mouchetée* ; Montbeillard veut que les quatre longues plumes forment une double queue, et s'appuie sur ce qu'Aldrovande a dit positivement que cet oiseau a une double queue comme le *paon* mâle ; Brisson les donne comme les intermédiaires de la véritable queue ; c'est aussi l'opinion de Latham ; mais je dois faire remarquer que l'ornithologiste anglais ne décrit pas tout-à-fait le même oiseau, et qu'il donne pour cette *veuve* un individu qui a de grands rapports avec la *veuve dominicaine*, qui n'a réellement point de fausse queue ; elle est, dit-il, plus petite que le *moineau*, et a le bec rouge ; la tête et toutes les parties supérieures d'un noir verdâtre ; les côtés de la tête et le dessous du corps d'un blanc sale ; le noir descend sur chaque côté du cou et forme un demi-collier ; une bande blanche traverse les couvertures des ailes ; les pennes sont frangées de brun ; les petites pennes de la queue sont noires en dehors et blanches en dedans ; ces couleurs s'étendent obliquement ; les quatre grandes pennes du milieu de la queue sont noires, les deux du milieu ont dix pouces, et les deux autres neuf ; les pieds sont noirs.

La GRANDE VEUVE D'ANGOLA. *Voyez* VEUVE AU COLLIER D'OR.

La VEUVE DE L'ÎLE PANAY. *Voyez* VEUVE EN FEU.

La VEUVE MOUCHETÉE (*Emberiza principalis* Lath.). Cette *veuve*, que l'on ne connoît que d'après Edwards (pl. 270), est de la grosseur de la *dominicaine* ; elle a le bec rouge ; les pieds de couleur de chair ; le sommet de la tête, le derrière du cou, le dos, le croupion et les ailes d'un brun vif tirant sur l'orangé ; chaque plume est noire dans son milieu ; l'estomac de la même teinte orangée, mais plus pâle et sans aches ; les côtés de la tête, les petites couvertures des ailes, le ventre, es plumes des jambes et les couvertures inférieures de la queue sont blancs ; les pennes courtes de la queue d'un brun obscur, bordées d'un brun plus clair à l'extérieur, et marquées de blanc du côté interne ; les quatre grandes, dont les deux du milieu ont environ dix lignes de plus que les deux autres, tombent sur les petites, les dépassent de près de six pouces, dans la figure qu'en donne Edwards, et sont d'un noir très-foncé. Ces longues plumes, dit ce naturaliste, qui a vu cet oiseau vivant, reviennent très-vite, après être tombées par la mue, tout au contraire des autres *veuves*.

Montbeillard pense que ces quatre longues plumes ne font point partie de la vraie queue, mais qu'elles forment une espèce de fausse queue qui passe sur la première ; il s'appuie sur ce qu'Edwards dit qu'elles tombent sur les pennes de la queue. Brisson les regarde comme les quatre intermédiaires des pennes de la véritable queue, dont elles complètent le nombre de douze ; c'est aussi le sentiment de Latham, qui regarde cet oiseau comme étant de l'espèce de la *grande veuve*. J'ajouterai à cela que la *veuve dominicaine* que je possède, n'a réellement que douze pennes à la queue, en y comprenant les quatre longues, qui me semblent être les intermédiaires et partir du même point que les autres ; de plus, il est très – vraisemblable que cette *veuve mouchetée* est de la même espèce et habite les mêmes contrées.

La PETITE VEUVE. *Voyez* VEUVE DOMINICAINE.

La VEUVE A POITRINE ROUGE. *Voyez* VEUVE EN FEU.

La VEUVE A QUATRE BRINS (*Emberiza regia* Lath.. pl. enl., n° 8, fig. 1.). De toutes les *veuves*, celle-ci mérite la préférence par le charme de sa voix, sa propreté, sa forme élégante ; tout plaît dans elle ; mais on doit la tenir dans une grande volière, si l'on veut jouir de tous ses agrémens ; il faut qu'elle puisse développer la souplesse, les graces de ses mouvemens, et se livrer à son naturel vif et gai ; rien ne la réjouit tant que de pouvoir se baigner à son aise ; son chant, ses cris indiquent sa joie dès qu'on lui présente de l'eau fraiche et limpide ; ce n'est point dans le silence qu'elle se baigne, mais en chantant. On conserve facilement ces jolies *veuves* en France, en les nourrissant de millet. J'en ai possédé plusieurs, dont une a vécu dix ans. Mais il est très-difficile, si on ne leur procure une chaleur assez forte, de les faire multiplier dans nos climats tempérés : les mâles sont très-disposés à s'apparier ; mais les femelles, du moins celles que j'ai eues, se sont toujours refusées à leurs agaceries. La température qui peut leur convenir pour se reproduire, doit être au moins à 25 degrés de chaleur ; une volière en forme de serre, et plantée d'arbres toujours verds, dans laquelle ils se plaisent plus qu'ailleurs, est un moyen certain pour exciter leurs desirs amoureux et les faire multiplier ; mais, comme je l'ai déjà dit, il faut des soins, de la persévérance, et sur-tout étudier le goût, les inclinations de tous les charmans oiseaux d'Afrique que l'on nous apporte vivans, afin de leur procurer tout ce qui peut leur plaire et même leur être nécessaire pour construire, placer leur nid et soigner leur jeune famille.

Quatre longs brins noirs, dénués de barbes jusqu'à deux pouces de leur extrémité qui en est garnie et qui finit en pointe, naissent au—

dessus de sa queue ; un beau noir règne sur la tête, le dos, le croupion, les pennes des ailes et de la queue ; il est égayé par le rouge vif qui colore le bec, les pieds, et par la nuance aurore qui couvre les joues, la gorge, la poitrine, le ventre ; cette teinte forme un demi-collier plus ou moins large derrière le cou ; le bas-ventre et les couvertures inférieures de la queue sont d'un blanc pur. Cette couleur est sale sur le mâle en mue ; la teinte aurore est remplacée par un roux terne, et tout le plumage est varié de gris et de brun par taches plus ou moins grandes, oblongues et longitudinales ; le mâle est privé alors de ses longs brins ; les pennes des ailes et de la queue sont brunes et bordées de blanc roussâtre ; le bec et les pieds ont perdu leur couleur rouge, et son ramage a disparu avec sa belle parure.

La femelle n'a dans aucun temps la fausse queue ni les couleurs brillantes du mâle : elle mue cependant deux fois ; mais elle porte, après l'une et l'autre mue, le plumage indiqué ci-dessus. Ces oiseaux sont d'une grosseur inférieure à celle du *serin*. Le mâle a de douze à treize pouces de long, pris du bout du bec à l'extrémité des brins : dans des individus ces quatre plumes sont d'égale longueur entre elles ; dans d'autres, il y en a deux plus courtes ; enfin ces variations sont purement accidentelles, puisqu'on les a remarquées dans le même individu après diverses mues.

On voit rarement de ces *veuves* vivantes en France ; elles sont plus communes à Lisbonne. On les rencontre sur les côtes d'Afrique ; mais il paroît qu'elles n'habitent pas le Sénégal, du moins on ne les voyoit jamais parmi la grande quantité d'oiseaux vivans qu'on apportoit autrefois de cette contrée. Toutes celles que j'ai possédées venoient du Portugal, où elles avoient été apportées de la côte d'Afrique.

La VEUVE A QUEUE EN SOIE. *Voyez* VEUVE A QUATRE BRINS.

(VIEILL.)

VEUVE. On appelle ainsi, chez les marchands, une coquille du genre des SABOTS ; c'est le *turbo cochlus* de Linnæus. *Voyez* au mot SABOT.

C'est aussi le nom vulgaire d'une espèce de *scabieuse* dont la fleur est d'un brun noirâtre. *Voyez* au mot SCABIEUSE. (B.)

VIANDE. On désigne sous ce nom les parties molles, la chair, et sur-tout les muscles de ceux des quadrupèdes, des oiseaux et des poissons que les hommes ont reconnus propres à leur servir de nourriture.

Ces muscles des animaux sont des faisceaux de fibres formés d'une substance parenchymateuse dans laquelle se trouvent contenues différentes humeurs, les unes concrètes, les autres fluides, qu'on peut considérer comme des matériaux immédiats, et que les chimistes obtiennent de la manière suivante :

Ils lavent la *viande* à l'eau froide, qui lui enlève une substance rouge et blanche qu'on nomme *lymphe*.

Ils la font digérer dans l'alcool, qui se charge d'une sorte de matière extractive et d'une substance saline.

Enfin, ils la traitent par ébullition dans l'eau ; celle-ci en dissout une matière gélatineuse, et les portions albumineuses extractives et salines qui ont échappé à l'action de l'eau froide et à celle de l'alcool.

La *viande*, ainsi privée de ce qu'elle avoit de soluble dans ces deux menstrues, n'est plus qu'un résidu fibreux, blanc, insipide, qui, séché, brûle en se contractant, et donne, par la distillation à la cornue, de l'huile fétide et du carbonate d'ammoniaque.

Veulent-ils obtenir à part les substances dissoutes, ils chauffent l'eau chargée de la lymphe ; celle-ci se coagule ; ils la retirent par le filtre ; ensuite en soumettant à une évaporation lente :

1°. La liqueur filtrée, il leur reste la matière saline qu'elle contenoit.

2°. La liqueur alcoolique, elle laisse un extrait coloré.

3°. La décoction, ils ont une substance gélatineuse et de la graisse qui nage à sa surface, et qu'ils séparent concrète par le refroidissement.

Tous ces matériaux immédiats de la *viande* leur paroissent avoir été formés par le muqueux végétal, et en effet le muqueux étant sous les noms de *mucoso-sucré*, de *gomme* et d'*amidon*, le principe alimentaire par excellence, parfaitement distinct des matières acides, amères, aromatiques, extractives, mais bien certainement inalimenteuses, avec lesquelles il est mêlé dans les végétaux, il est évident que lui seul, en passant dans les animaux, y subit les changemens capables de le faire devenir successivement *chyle*, *matière gélatineuse*, *matière lymphatique*, et enfin *matière plastique* ou *fibrine*. Il est évident que ces différentes matières jouissent de la faculté de nourrir comme le muqueux végétal lui-même ; elles représentent les divers degrés d'animalisation de celui-ci, comme les trois variétés observées dans le muqueux végétal font connoître les divers états d'élaboration qu'il a reçus dans le système végétal, et par sa combinaison avec plusieurs substances étrangères.

Cependant, en réfléchissant sur les différentes substances qui entrent dans la composition des animaux en général, nous sommes autorisés à penser qu'elles ne sauroient provenir immédiatement des alimens dont ils ont été nourris, puisque, malgré leur variété infinie, quelle qu'en soit l'origine, ces substances fournissent constamment dans l'analyse les mêmes principes ; ils paroissent si nécessaires à leur constitution, qu'ils ne pourroient exister sans leur concours ; il faut donc que la nature en ait confié la fabrication à des machines ouvrières, ou organes qui, dans ce travail perpétuel, remplissent une des principales fonctions de la vie, l'assimilation. Ainsi nous voyons la structure de chaque individu végétal agir à-peu-près de la même manière sans l'influence directe du sol qui lui a servi de berceau et d'appui.

On sait maintenant que le même carré d'une terre parfaitement lessivée, et arrosée de temps à autre avec de l'eau distillée, conserve aux plantes qu'on y a ensemencées, leurs caractères spécifiques et indélébiles, d'autant mieux prononcés que le sol réunit le plus de moyens physiques et mécaniques pour les opérer ; que la proportion des parties qui les constituent varie à raison des agens qui ont concouru à leur développement, et du moule qui les a reçus, élaborés, assimilés, appropriés, pour créer enfin ces ordres de combinaisons, nuancées à l'infini par leurs formes, par leurs propriétés, et connues sous la dénomination générique d'*huile*, de *sel* et de *mucilage*.

Or, quand bien même ces combinaisons existeroient déjà toutes formées dans le sol, il n'y auroit tout au plus que leurs élémens constitutifs qui agiroient dans l'acte de la végétation, puisque l'air et l'eau ne s'introduisent dans la texture des plantes qu'après avoir subi également des changemens dans leur composition. C'est donc en vain qu'on s'est mis à la torture pour chercher ces combinaisons dans les terres, dans les engrais et dans l'atmosphère, et expliquer la cause de leur existence dans les plantes.

Il en est de même des alimens et boissons qui servent à l'entretien des êtres animés, lorsqu'on a voulu rendre raison de la transformation de leurs parties en chyle, en sang, en bile et en urine, sans changer de nature. Il faut nécessairement, avant de subir cette transformation, qu'elles passent par toutes les périodes de la décomposition, et que les matériaux gazeux qui en résultent subissent l'appropriation dans l'organe qui doit les corporifier et former ces principes secondaires dans des proportions analogues à la constitution physique habituelle, ou viciée par quelques altérations morbifiques. Combien d'observations en effet qui prouvent que l'organisation fabrique tout-à-coup une foule de matières plus ou moins composées, dont les sécrétions sont surchargées au point qu'on voit des individus rendre du fer et du sucre par les urines, expectorer le soufre et la soude, et fournir, par les voies de la transpiration, des sels ammoniacaux, comme nous l'avons déjà fait observer, mon collègue

Deyeux et moi , à la fin de notre Mémoire sur la nature du sang. Il n'est pas douteux que le règne animal n'ait , comme le règne végétal , le pouvoir de créer de l'esprit recteur , des huiles essentielles , des huiles grasses et des résines ; des alcalis et des acides , des sels essentiels , des sels neutres et des terres ; de l'albumine et de la gélatine , de la fibrine , du soufre et du fer. Mais quel est cet art sublime qui produit toutes ces combinaisons ? Par quel mécanisme ces transformations , ces assimilations , ces modifications s'exécutent-elles continuellement et avec tant d'harmonie dans l'économie végétale et animale ? Voilà des secrets que la nature ne nous a pas permis de pénétrer ; en un mot , ce sont les problêmes de la végétation et de l'animalisation qui restent à résoudre.

Qualités des Viandes.

Malgré l'analogie reconnue depuis long-temps entre la substance gélatineuse des animaux et la substance muqueuse des végétaux , malgré la disposition de nos organes digestifs et notre appétit , qui nous portent en général à rechercher et à choisir également les parties des végétaux et des animaux dans lesquelles ces deux substances sont en plus grande abondance et dans l'état le plus parfait , les philosophes ne sont pas encore d'accord sur la nourriture qui convient le mieux à l'espèce humaine, et ils ont souvent agité la question de savoir dans quel règne cette nourriture devoit être prise de préférence. Les uns voulurent qu'elle fût bornée au régime végétal, dans la persuasion où ils étoient que les végétaux constituoient la seule nourriture des premiers hommes , et parce qu'ils voyoient qu'il existe encore des peuples qui ne vivent que de végétaux.

Les autres pensoient autrement, par la raison qu'ils savoient qu'il y a aussi des peuplades entières pour lesquelles la *viande* est le seul aliment.

Le sentiment le plus généralement adopté aujourd'hui par les médecins qui ont parfaitement connu les inconvéniens respectifs de la nourriture végétale et de la nourriture animale , prises séparément, et par les naturalistes qui ont examiné la structure particulière de nos organes , le sentiment enfin le mieux appuyé par l'expérience, c'est que l'homme , d'après la structure de ses dents et de son estomac, étant destiné par la nature à se nourrir à-la-fois d'animaux et de végétaux , doit employer un régime mixte , mais de manière qu'il fasse une consommation de *viande* très-considérable au Nord et dans les saisons froides , moins grande dans les climats et les saisons tempérés, et infiniment petite dans les contrées très-chaudes et dans les saisons qui procurent ailleurs une température analogue à la leur (1).

Tout concourt à fixer de cette manière ce régime mixte; en effet, dans le Nord, la *viande*, quoique plus molle, moins élaborée, augmente la circulation, les forces vitales; elle rend les habitudes plus propres à supporter le froid; cette contrée est d'ailleurs presque dépourvue de végétaux. Dans les régions tempérées, les *viandes* sont à la vérité au plus haut point de perfection, mais les végétaux y présentent aussi une nourriture non moins saine, non moins agréable.

Dans les pays chauds, les *viandes* sont compactes, sèches, difficiles à digérer; elles disposent nos humeurs au scorbut, à la putréfaction, et notre caractère à la férocité, tandis que dans ces pays on trouve en abondance des fruits remplis d'un suc acide qui rafraîchit le sang et tempère son effervescence, ou un suc sucré qui nourrit agréablement, et change l'état du système nerveux.

Mais en admettant généralement pour nourriture propre et fondamentale de l'homme en santé un mélange de substances animales et végétales, nous n'entendons pas conseiller ce régime mixte à l'homme dans l'état de maladie. C'est aux médecins à décider les cas dans lesquels la nourriture végétale ou la nourriture animale convient le mieux.

Distinction des différentes Viandes.

La *viande* des différens animaux varie suivant leur espèce, leur âge, leur sexe, leur état sauvage ou domestique, la quantité et la nature des alimens dont ils ont été nourris, l'embonpoint qu'ils ont acquis ou l'état de maigreur dans lequel ils sont tombés, suivant qu'ils sont pourvus ou privés des organes de la génération, ou enfin suivant le climat et le milieu qu'ils habitent.

Ainsi la *viande* est dense, compacte et désagréable dans les animaux carnivores; tendre, délicate dans les animaux herbivores ou frugivores; molle, grasse dans les animaux sédentaires; ferme, maigre dans ceux qui prennent beaucoup d'exercice; gélatineuse dans les jeunes animaux; dure, fibreuse dans les vieux; semblable dans les animaux des deux sexes, pendant qu'ils sont jeunes, d'un tissu toujours moins serré dans les femelles que dans les mâles; plus grasse, plus savoureuse dans les animaux privés des organes de la génération que dans ceux qui les ont conservés; sèche et coriace dans les animaux maigres; plus molle et moins fibreuse dans

---

(1) *Voyez* la Dissertation de Virey, *Journal de Médecine*, an VII.

ceux qui sont engraissés ; plus légère , plus facile à digérer, moins nourrissante dans les oiseaux que dans les quadrupèdes, mais aussi succulente que celle de ces derniers, quand les oiseaux ont subi l'opération de la castration ; plus ferme dans les parties les plus exercées de ces oiseaux, comme les cuisses, quand ils marchent plus qu'ils ne volent, comme les ailes, quand ils volent plus souvent qu'ils ne marchent ; enfin, elle est huileuse dans les oiseaux qui vivent de poissons et dans les poissons eux-mêmes ; de-là une multitude innombrable d'espèces, de nuances et de qualités de *viande* qui offrent aux hommes des alimens plus ou moins sains, plus ou moins savoureux.

Quelques auteurs ont rangé les *viandes* en deux grandes classes, sous les dénominations de *viande blanche* et de *viande noire*. Les uns comprennent dans la première celle des animaux domestiques, comme le *veau*, le *bœuf*, le *mouton*, le *cochon*, les *oiseaux de basse-cour*, les *poules ordinaires*, les *poules d'Inde*.

La seconde embrasse les animaux sauvages, le *daim*, le *cerf*, le *chevreuil*, le *lièvre*, le *sanglier*, &c. parmi les quadrupèdes ; la *perdrix*, la *bécasse*, &c. parmi les oiseaux.

Les autres les connoissent sous d'autres dénominations ; ils appellent *viande de boucherie* ou *grosse viande*, celle des quadrupèdes domestiques ; *viande de volaille*, celle des oiseaux de basse-cour ; *viande de grosse venaison*, celle des bêtes fauves, de gibier à poil, celles de *lièvre* et de *lapin* ; *viande de gibier à plume*, celle des oiseaux sauvages ; les uns et les autres distinguent les *viandes* en faites et non faites : ces dernières sont celles des animaux encore jeunes ; les premières appartiennent aux animaux qui ont atteint leur accroissement.

Quant à celle des poissons, on se contente de distinguer ceux-ci en *poissons d'eau douce* et en *poissons de mer*.

On désignoit encore, chez certains peuples, les animaux purs et immondes ; à la vérité on n'étoit pas toujours d'accord sur ceux qui devoient être rangés dans l'une ou dans l'autre de ces deux classes, puisqu'en Egypte il y avoit des gens qui ne mangeoient point de *mouton*, tandis que d'autres s'en nourrissoient sans scrupule. Mais, toute superstition à part, il paroît qu'on a cru devoir défendre, d'après quelques préjugés, l'usage des *viandes*, comme celles de *porc*, de *cheval*, d'*âne*, de *lièvre*, et sur-tout comme celle des *bêtes rousses* et des oiseaux de proie.

Les différentes espèces de *viandes* usitées parmi nous ont chacune leurs saisons pour être servies dans le meilleur état sur nos tables, à l'exception du *bœuf* et du *mouton*, qui se mangent en tout temps (1); c'est ainsi qu'on y voit au printemps paroître le *veau* pris sous la mère, l'*agneau de lait*, les *dindoneaux*, les *poulets de graine*, les *pigeons de volière*, les *cannetons*, les *oisons*, les *peintadeaux*, les *levrauts*, les *lapereaux*, les *marcassins*, les *chevreaux*, &c. l'*alose*, la *truite*, le *saumon*, la *lote*, &c.

Pendant l'été, on garnit les tables avec abondance de volaille, de gibier de toute espèce, et avec parcimonie de poisson de mer et de rivière.

Pendant l'automne et l'hiver, on y prodigue le *mouton des Ardennes*, de *Rheims* et de *Présalé*, le *veau de Pontoise* et le *porc frais*, toutes les espèces de volailles, tout le gros gibier, tout le gibier à poil et à plume, tous les meilleurs poissons de rivière et de mer.

On a encore la précaution de ne manger les différens animaux que dans les saisons où ils sont plus agréables au goût, on a celle de les choisir élevés et nourris dans les pays qui leur sont le plus avantageux, tant par la nature du climat qu'à cause de la nourriture excellente qu'ils y trouvent; c'est ainsi qu'à Paris on préfère les *bœufs* de Normandie, de l'Auvergne et du Limousin, aux mêmes animaux tirés de loin.

On ne se borne pas même à ce choix, car quoique toutes les parties de la plupart des animaux puissent être mangées, on ne sert sur la table des riches que celles qui sont les plus savoureuses; telles sont pour le *bœuf* la cervelle, la langue, le palais, les rognons, la queue, la culotte, le filet, &c.

Pour le *mouton*, le gigot, le carré, l'épaule, le collet, &c.

Pour le *veau*, la tête, la cervelle, les yeux, les oreilles, la langue, les pieds, le riz, la longe, &c.

Pour le *cochon* et le *sanglier*, la hure, le carré, le filet, le jambon, &c.

Pour les *levrauts* et *lapereaux*, le filet; enfin, pour les *bêtes fauves*, les parties de derrière.

Quant aux oiseaux et aux poissons, comme on les sert souvent entiers, c'est à table qu'on en choisit les morceaux les plus délicats.

---

(1) Dans les pays méridionaux, où l'on mange beaucoup de *mouton*, j'ai vu bien des personnes délicates refuser d'en manger pendant les mois d'août, de septembre, d'octobre et de novembre, sous prétexte qu'en automne cette *viande* avoit l'odeur de suif; dans d'autres pays, on n'en mange pas au printemps (en avril et mai).

Ceux de la volaille qui doivent être présentés comme tels aux convives, sont les ailes, les cuisses et le croupion ; ceux du *faisan* sont les blancs de l'estomac, ceux de la *bécasse* sont les cuisses ; ceux des *oiseaux de rivières* sont les aiguillettes.

Ceux des *poissons* sont les laites, &c.

En général, tous les animaux ne doivent être mangés ni trop jeunes ni trop vieux ; dans le premier cas, leur *viande*, trop gélatineuse, est sans goût, et, dans le second, elle a une saveur forte et est très-coriace ; pour n'être pas trompé sur l'âge des animaux qui ne se développent pas sous nos yeux, on a cherché à le reconnoître à des signes certains.

Lorsque les *levrauts* et les *lapereaux* ont au-dessous des jointures des pattes de devant une grosseur faite comme une petite lentille, qu'ils ont le nez plus pointu et l'oreille plus tendre, on est assuré qu'ils sont de l'année.

A l'égard des *perdreaux*, dès que la première plume de l'aile est pointue, qu'ils ont le bec et les pattes noires, c'est une marque qu'il ne faut pas encore les placer au rang des *perdrix*.

Des différens moyens de conserver la *Viande*.

Il est des circonstances où dans l'impossibilité de fournir à un certain nombre d'hommes de la *viande* fraîche en proportion de sa consommation, on a besoin de la remplacer par celle qu'on a amenée par des moyens particuliers à un état propre à la conserver un temps plus ou moins long.

La *viande*, mise dans un lieu frais et sec, où par conséquent elle est à l'abri de la chaleur et de l'humidité, deux puissans agens de la putréfaction, se conserve un certain temps. Exposée même à une température au-dessous de la glace, elle reste constamment dans le même état de fraîcheur, où elle étoit à l'instant où la gelée l'a surprise ; c'est ainsi que les habitans du Canada gardent leur *viande* pendant le fort de l'hiver.

Les soldats à qui on distribue de la *viande* pour huit ou dix jours ont coutume de lui faire éprouver une légère dessiccation préalable au feu et à la fumée, ce qu'on appelle *boucanner* ; ils parviennent, par ce moyen, à la manger le dixième jour, sinon aussi délicate, au moins aussi saine que lorsqu'elle est fraîche.

Ce moyen est celui qu'emploient les Lapons pour conserver la *viande* et le *poisson*, excepté que destinant les substances animales à une plus longue durée que celle qui suffit aux *viandes* de nos soldats, ils poussent plus loin la dessication.

Il y a une trentaine d'années que M. Cazalés, professeur de physique et de chimie à Bordeaux, a présenté un procédé pour dessécher le *bœuf*. Voici en quoi il consiste :

On met la *viande* de *bœuf* non soufflée, désossée, découpée en morceaux de plusieurs livres, dans une étuve de huit pieds de long sur quatre de large, sur cinq pieds et demi de hauteur, et à l'aide de deux poiles, on porte la température à cinquante-cinq degrés du thermomètre de Réaumur, et on la soutient pendant soixante-douze heures.

La *viande* desséchée acquiert la couleur de la *viande* cuite : on la plonge dans une dissolution de gelée faite avec les os, ayant une consistance de sirop, on la reporte à l'étuve, l'humidité s'évapore et la *viande* reste recouverte d'une espèce de vernis qu'on pourroit remplacer avec avantage par celui que donne le blanc d'œuf desséché.

Pour faire du bouillon avec cette *viande*, on la passe à l'eau qui lui enlève son vernis, on jette cette eau, ensuite on met la *viande* à tremper pendant douze heures dans l'eau destinée à faire le bouillon ; une ébullition de trois à quatre minutes suffit pour opérer la cuisson de la *viande*, on ajoute du sel et un clou de gérofle. Le bouillon est presqu'aussi agréable que celui de la *viande* fraîche, et la *viande* presqu'aussi tendre.

Le *bœuf* de Hambourg se prépare en exposant la *viande* à la fumée après l'avoir saupoudrée de sel, et forcé le sel à pénétrer dans l'intérieur des morceaux à l'aide d'une forte compression.

Lorsqu'on prépare de la *viande* pour la provision d'une maison, on prend une livre de sel et une once de salpêtre pour quatorze ou quinze livres de *viande*, dépouillée de sang et desséchée ; on frotte les morceaux avec le sel, on les laisse pendant un mois les uns sur les autres dans un saloir, avec la précaution de les retourner tous les huit jours. Au bout d'un mois, on essuie ces morceaux de *viande*, on absorbe l'humidité avec du son, et on les suspend dans l'intérieur de la cheminée de la cuisine ou dans une étuve.

Si la *viande* est destinée à être envoyée dans les pays chauds ou à passer les mers, on double la quantité de sel et on arrange les morceaux suffisamment secs avec de la sciure de bois dans des barils qu'on remplit et qu'on ferme avec soin.

Les *bœufs* étant égorgés et dépouillés de leurs peaux, on les vide, on sépare la tête et les pieds, on désosse la *viande*, on la laisse se mortifier pendant deux jours, on la découpe en morceaux de cinq à six livres, on les frotte avec du sel mêlé à une petite quantité de salpêtre, on les place dans des baquets de bois, on les charge d'un poids considérable qui en exprime une liqueur rougeâtre, à laquelle on procure un écoulement en débouchant le fond du baquet.

On retire la *viande* des baquets, pour la placer sur des planches, on les frotte de nouveau avec du sel pilé sans mélange de salpêtre, et ensuite on l'arrange dans des barils, en isolant chaque morceau avec du sel.

Les barils pleins, on les ferme, ensuite on prend la liqueur exprimée par la première opération, on la fait bouillir, on l'écume, on la concentre et on la verse refroidie, et en plusieurs fois dans le baril par l'ouverture du bondon, et lorsqu'on est assuré qu'il n'existe dans le baril aucun vide, on le bouche.

C'est par des procédés à-peu-près semblables qu'on est parvenu à saler non-seulement les *viandes* des autres quadrupèdes, mais encore des oiseaux, et même celles des poissons. *Voyez* aux mots COCHON, DINDONS, OIES et CANARD.

Les Mahométans conservent leurs *viandes*, et les Africains celle de *chameau*, à-peu-près aussi de la même manière : ils leur donnent un quart de cuisson dans du beurre fondu, ils ne les salent et ne les assaisonnent que comme pour l'usage journalier, ils les laissent refroidir, l'arrangent dans des jarres de terre, versent dessus le beurre tiède, et ils ferment exactement les vases, ayant soin chaque fois qu'ils en tirent un morceau de *viande*, que le reste soit bien couvert de beurre.

Dans les pays où l'huile est commune, on s'en sert pour conserver la *viande* et certains poissons, le *thon*, par exemple : le procédé consiste à découper la *viande* d'un *bœuf* bien saigné, et dès qu'il est tué, à arranger aussi-tôt les morceaux dans des *jarres*, ou mieux encore dans des bocaux de verre, à y verser assez d'huile d'olive fraîche pour que toute la *viande* en soit noyée et couverte ; les bocaux parfaitement remplis, on les ferme avec un bouchon de liége, luté avec une pâte de craie et d'huile qui forme le mastic des liquoristes. Un de ces bocaux ouvert après cinquante jours de navigation, la *viande* s'est trouvée non altérée. Lavée, pressée et battue dans l'eau pour la débarrasser de l'huile, cuite ensuite, elle flattoit encore le goût et l'odorat.

Dans l'Inde, on soumet souvent le poisson à la préparation suivante : on le nettoie, on le découpe par tranches, on le saupoudre de sel, de poivre, on le met dans un vase entre des couches de tamarins ; quelquefois on ajoute aux ingrédiens précédens du *piment*, de l'*ail*, de la *moutarde* et même de l'*assa fœtida*.

On conserve encore les *viandes* à l'aide de plusieurs liqueurs : celle qu'on nomme *saumure*, et qu'on emploie pour le *bœuf*, le *mouton* et le *cochon*, se prépare en faisant bouillir quatre livres de sel marin, une livre et demie de sucre, deux onces de salpêtre dans trente-quatre livres d'eau, on écume et on retire du feu ; on verse cette liqueur refroidie sur la *viande* dépouillée de sang, et frottée avec du sel.

On vante encore un moyen merveilleux, l'acide muriatique étendu dans une quantité d'eau suffisante pour conserver les *viandes*, pour leur donner un goût agréable, et les rendre propres à être digérées facilement.

On a laissé de la *viande* pendant neuf mois dans l'alcool à treize degrés ; au bout de ce temps, elle a fourni de fort bon bouillon.

On peut conserver la *viande* huit à dix jours, et même rétablir celle qui est altérée, en la lavant deux à trois fois par jour avec de l'eau saturée d'acide carbonique, ou en l'exposant au gaz carbonique dans une cuve en fermentation. Les personnes qui habitent la campagne ont sous la main le lait caillé, qui produit le même effet. Cette liqueur, lorsqu'on n'est pas obligé de garder trop long-temps la *viande*, est infiniment avantageuse, parce qu'elle n'en altère en rien la saveur.

On a encore par-tout un moyen simple de rétablir les *viandes* qui commencent à se gâter ; il consiste à les faire bouillir avec un nouet de charbon, ou à plonger dans le bouillon qui les cuit un charbon ardent. Tout le monde sait également qu'en plongeant une croûte de pain bien grillée dans du beurre rance, on lui enlève l'odeur et la saveur désagréable qui lui est particulière.

Conservation des parties nutritives extraites des Viandes et autres parties des animaux.

Les produits obtenus des animaux par l'action combinée du calorique et de l'eau, rapprochés par l'évaporation de ce liquide sous une consistance solide ou presque solide, peuvent se conserver long-temps. Ces produits varient suivant les parties des animaux qu'on a fait bouillir dans l'eau.

Les uns sont un mélange de substance gélatineuse, saline et extractive, contenu dans les *viandes*, et que nous avons dit en être les principaux matériaux immédiats; ils ressemblent aux extraits savonneux des végétaux.

Les autres, dus aux parties tendineuses, ligamenteuses, membraneuses et osseuses des animaux, ne contiennent guère que la substance gélatineuse; ils sont analogues aux extraits muqueux des végétaux.

Les premiers sont connus sous les noms de *bouillons secs* ou de *tablettes de bouillon*, parce qu'ils ne sont en effet que les bouillons dont nous avons déjà parlé, réduits à l'état solide.

Les derniers, lorsqu'ils ont une consistance tremblante, portent le nom de *gelée*, et lorsqu'ils sont solides, ceux de *gélatine* ou de *colle-forte*.

Bouillons secs ou *tablettes de bouillon.*

Prenez quatre pieds de *veau*, douze livres de cuisse de *bœuf*, trois livres de rouelle de *veau*, dix livres de gigot de *mouton* ; faites cuire à petit feu dans suffisante quantité d'eau ; écumez à diverses reprises ; passez le bouillon avec expression ; faites bouillir une seconde fois le marc dans de nouvelle eau ; passez, réunissez les liqueurs ; laissez-les refroidir ; séparez la graisse ; clarifiez avec cinq à six blancs d'œufs ; filtrez à travers un blanchet ; évaporez jusqu'en consistance convenable ; alors coulez sur une pierre unie ; divisez par tablettes ; faites-les sécher à l'étuve, et enfin conservez-les dans des bouteilles que vous boucherez exactement.

La quantité de ces tablettes est d'une demi-once par bouillon, en y ajoutant un peu de sel, qu'on ne fait pas entrer dans les tablettes, parce qu'il les rendroit susceptibles d'attirer l'humidité de l'air.

Il est important que ces tablettes soient faites avec soin, que les matériaux immédiats de la *viande* qu'elles contiennent n'aient été altérés ni par la décoction ni par l'évaporation, sinon la solution d'une de ces tablettes dans l'eau au lieu d'être un bouillon savoureux, n'offre qu'un breuvage âcre et désagréable, comparable à du jus ou coulis étendu.

On peut composer ces tablettes avec toutes les substances animales qui entrent dans la confection des bouillons que nous prenons, soit en santé, soit en maladie, et même n'excepter des *viandes* en général que celles dans lesquelles la matière nourricière passant dans le corps de plusieurs animaux, s'est altérée et a acquis une telle disposition à se corrompre, qu'elle a déjà un degré sensible de fétidité, comme dans les animaux carnassiers. On peut donc les faire avec la simple décoction des os; mais alors les tablettes auront l'inconvénient des bouillons d'os, celui de ne contenir qu'un des principes immédiats de la *viande*, au lieu d'être la réunion de tous ceux que l'eau peut en dissoudre.

Les tablettes qui seroient préparées avec ces différentes *viandes*, présenteroient des différences marquées dans leur couleur, leur odeur et leur saveur, ce qui les empêcheroit de ressembler aux bouillons des malades, qui ne sont presque que gélatineux : mais elles n'en seroient pas moins utiles dans une infinité de circonstances. A la suite, par exemple, d'un corps de troupes, elles offriroient au soldat gravement blessé un restaurant, qui, concurremment avec un peu de vin, relèveroit momentanément ses forces épuisées par une grande effusion de sang, et le mettroit en état de soutenir le transport à l'hôpital le plus voisin.

La facilité de conserver les tablettes de bouillon en bon état pendant quatre ou cinq ans, la faculté qu'elles ont d'être très-nourrissantes, les rend principalement avantageuses dans les cas où il est important de réduire sous le plus petit volume possible tous les genres d'approvisionnemens alimentaires, comme dans les places fortes et dans les vaisseaux.

Non-seulement on les fait dissoudre dans l'eau pour se procurer du bouillon, mais elles servent encore et beaucoup mieux que la graisse, l'huile et le beurre à apprêter le ris et les légumes, tant parce qu'elles leur donnent une saveur plus agréable que parce qu'elles ajoutent à leurs propriétés alimentaires.

Après avoir fait connoître le parti qu'on peut tirer des tablettes de bouillon, il est à propos d'avertir qu'il ne convient pas d'en adopter l'usage dans les hôpitaux, comme on l'a proposé souvent.

1°. Parce que le bouillon qu'elles fournissent, quoique bon et sain pour les gens en santé, est plus âcre, plus échauffant que celui qu'on prépare pour les malades avec de la *viande* fraîche.

2°. Parce qu'après leur avoir distribué le bouillon fait avec ces tablettes au lieu de celui confectionné avec de la *viande* fraîche, les convalescens et les servans des hôpitaux ne trouvent plus la portion qui leur revient en *viande* cuite après la confection de ce dernier.

A ces tablettes de bouillon on a proposé de substituer, sous le nom de *bouillon incorruptible*, un extrait liquide de *viande*; mais cette substitution, quoique avantageuse sous quelque rapport, n'a point été adoptée, par les raisons qu'on n'a point déterminé le degré de concentration que devoit avoir cet extrait, et qu'il y avoit lieu de craindre que la fragilité des bouteilles dans lesquelles on auroit été obligé de le renfermer, ne diminuât considérablement l'approvisionnement sur lequel on devoit compter.

On a encore présenté au ministre de la guerre, comme objet d'approvisionnement utile, un autre extrait liquide de *viande*, qui, disoit-on, à l'instar du *soui du Japon* ou *de la Chine*, qu'on sait être l'extrait liquide des jambons et des *perdrix*, assaisonné avec des épices, pouvoit servir d'assaisonnement et remplacer sel , poivre , beurre ou graisse dans l'apprêt des herbages et des légumes.

Il paroît que cet extrait étoit un composé de tous les résidus de jus des *viandes* pris chez les cuisiniers , de toutes les sauces dans lesquelles les charcutiers avoient fait cuire leurs jambons ; mais comme , avant leur réunion , plusieurs de ces jus ou sauces avoient souffert quelque altération , cette liqueur rapprochée ne parut pas remplir les promesses de l'auteur. Et en effet , pour qu'un extrait d'une *viande* quelconque , bien salé , bien assaisonné , ou une liqueur enfin bien semblable au *soui* , pût servir à apprêter des herbages ou des légumes de manière à leur procurer une saveur agréable , il faudroit qu'il fût préparé avec des matières premières de la meilleure qualité , et avec le même soin que le plus excellent jus de *viande* ; mais alors il reviendroit à un prix bien supérieur à celui auquel on offroit l'extrait en question , et ne seroit plus une invention économique.

Ces deux propositions faites par M. Le Rouge , n'en sont pas moins dignes de la reconnoissance du gouvernement envers leur auteur.

Extraits gélatineux , sous forme sèche.

Nous avons dit qu'on préparoit pour les malades , des bouillons et des gelées avec les *viandes* des jeunes animaux , parce qu'elles sont peu abondantes en substance extractive.

Pour obtenir l'extrait gélatineux sec qui va nous occuper , et pour l'avoir plus pur et plus propre à être employé comme médicament , on choisit diverses parties des animaux qui soient encore plus dépouillées que les autres de matières extractives , comme les parties membraneuses , ligamenteuses , cartilagineuses , et les substances osseuses. Cet extrait qu'on connoît sous le nom de *gélatine* , est préparé ainsi :

On fait bouillir à petit feu toutes ces substances dans l'eau : celles qui sont molles , sans les soumettre à aucune préparation ; celles qui sont solides : la corne de cerf , l'ivoire , après les avoir râpées ; les os , après les avoir pulvérisés à l'aide d'un pilon ou d'une meule.

La liqueur chargée par cette ébullition qu'on prolonge et qu'on répète pour les substances osseuses , qu'on clarifie et qu'on concentre par l'évaporation , devient une pâte qu'on étend sur une pierre unie qu'on divise en tablettes , et qu'on achève de sécher à l'étuve.

C'est cette gélatine ainsi préparée , qu'il faut employer comme médicament. C'est elle qui unie à partie égale de sucre , et légèrement aromatisée , forme le fébrifuge de M. Séguin.

Colle-forte.

La *gélatine* qu'on emploie dans les arts , et qui porte dans le commerce le nom de *colle-forte* , est exactement de la même nature que la précédente ; mais les matières qui la fournissent ne sont ordinairement ni aussi fraîches , ni traitées avec autant de soin. On emploie pour l'obtenir , les rognures de cuir de *bœuf* , de *veau* , de *mouton* , de *cheval* , etc. Les parties tendineuses connues sous le nom *nerf-de-*

bœuf, toutes les decoupures qu'on ramasse chez les parcheminiers, les cribliers, les gautiers, mégissiers, peaussiers et fourreurs.

Il suffit de faire bouillir ces matières dans l'eau, d'évaporer la décoction, jusqu'à ce qu'après l'avoir coulée sur une pierre, elle puisse, en se refroidissant, prendre une consistance presque solide, former une masse étendue qu'on divise par tablettes, lesquelles sont ensuite séchées à l'air sur des châssis de filets.

Colle-forte obtenue des os.

On sait que Duhamel avoit essayé de faire de la colle avec des os, Spielmann en avoit retiré par la simple ébullition, non-seulement des os et de la corne de *cerf*, mais encore du pied d'*élan*, des dents de *sanglier*, de *cheval-marin*, des mâchoires de *brochet*, des *cloportes*, de la *vipère*, etc. Ces extraits étoient connus, et tous les chimistes étoient persuadés de la possibilité de l'extraire de ces matières.

Cette extraction a été tentée de nouveau par Granet, qui pensa à tirer parti de toutes les rognures et sciures d'os, provenant, tant de ceux dont on prépare les moules de bouton, que de ceux dont on fait les manches de couteau, les étuis, etc. Il auroit même pu employer les os durs de *cheval* que l'on brûle ordinairement dans les voiries, s'il avoit eu sous la main les moyens de les dégraisser et de les diviser à peu de frais.

Le procédé qu'il a employé pour cette fabrication, a été répété par des commissaires; il en résulte que six livres de râpure d'os ou d'ivoire trempées pendant vingt-quatre heures, bouillies pendant neuf heures dans suffisante quantité d'eau; la décoction reposée pendant une nuit, tirée à clair le lendemain, évaporée, reposée, coulée dans des moules, se prend en une gelée ferme qui, divisée en tablettes qu'on fait sécher, fournit une livre d'excellente colle.

En général, les *colles-fortes* varient entr'elles par la couleur, l'odeur et la ténacité suivant les matières dont on les a obtenues et suivant aussi les procédés qu'on a employés pour les faire. De-là les colles de Flandre, d'Angleterre, de Paris, etc.; de-là, la préférence que les différens artistes donnent à telle ou telle colle : le doreur, par exemple, à la colle d'*anguille*; le peintre, à celle de rognures de gants et de parchemin; le marchand de vin, à la colle de *poisson*.

Préparation des Viandes.

Les préparations qu'on fait subir aux *viandes* pour les rendre propres à paroître sur nos tables, sont du ressort de la cuisine, de cet art connu de temps immémorial, inventé par le besoin, perfectionné par le luxe et l'intempérance, porté de nos jours, et sur-tout par les Français au plus haut degré de raffinement, et qui seroit en effet très-utile à la société, si, destiné à conserver, à perfectionner, à apprêter les alimens, il s'occupoit autant à les rendre sains qu'il cherche à les rendre agréables.

Ces préparations sont trop nombreuses pour pouvoir être décrites ici. Il seroit même superflu de ne faire que les passer en revue. Nous nous bornerons donc aux opérations par lesquelles on se procure ceux de ces mets si communs, et dont on ne se lasse presque jamais; savoir : le bouilli, le rôti, un ragoût, des bouillons, des jus ou coulis de *viandes* et de gélée.

Nous pouvons même réduire à deux principales ces diverses opérations : la cuisson des *viandes* par la voie sèche et la cuisson des *viandes* par la voie humide ; mais avant de les y soumettre, il y a une sorte d'opération préliminaire dont il faut parler : elle se nomme *mortification*, et peut être comparée à la légère percussion, au moyen de laquelle on hâte après la cueillette des fruits, le moment de les manger. Elle consiste à leur faire perdre quelque gaz par une sorte de fermentation dont les degrés varient suivant l'espèce de *viande*, et suivant le goût de ceux qui doivent la manger.

Pour cet effet, on l'expose à l'air pendant un temps déterminé par la température de l'atmosphère. Quelquefois avant cette exposition, on la plonge dans de la saumure. Cette exposition à l'air, pour le *bœuf*, par exemple, doit durer quatre à cinq jours en hiver, deux ou trois au printemps et en automne, et un jour en été.

Le gibier sur-tout a besoin d'être mortifié : trop frais, il est insipide ; il n'est bon que lorsque la vapeur ou le fumet qui s'en exhale, a du montant sans être désagréable.

Quand on a tué la volaille, il faut avoir soin d'enlever le canal intestinal, parce que déjà rempli de gaz hydrogène sulfuré, il pénétreroit le tissu de la chair par son séjour dans la cavité abdominale, hâteroit sa putréfaction, et communiqueroit à la *viande* une odeur désagréable.

Le but qu'on se propose en employant cette fermentation, avec la précaution de ne pas la pousser trop loin, est de rendre la *viande* plus savoureuse, et de la disposer à être plus aisément pénétrée par les sucs gastriques.

C'est pour atteindre un but semblable que dans les substances végétales qui doivent nous servir d'aliment ou de boisson, nous développons un commencement de fermentation que nous avons également l'art d'arrêter à propos.

A la campagne, pour suppléer à la mortification de la volaille qu'on veut manger de suite, on lui fait boire du vinaigre avant de la tuer. Elle en est beaucoup plus tendre.

Cuisson des Viandes par la voie sèche.

Il existe quatre manières de leur procurer cette cuisson.

1°. En les exposant sans eau à l'action du calorique dans un four, soit à nu, soit renfermées dans de la pâte de *froment*, de *seigle* ou d'*orge*.

2°. En les plaçant sur un gril posé sur des charbons ardens.

3°. En les faisant frire dans une poêle avec de la graisse ou de l'huile.

4°. En les mettant en morceaux assez considérables à une broche qui, en tournant devant le feu, présente leurs surfaces à son action, laquelle ne doit être, ni assez violente pour les brûler, ni assez prolongée pour les dessécher.

Cuisson des Viandes par la voie humide.

On désigne sous le nom de *bouilli* toute *viande* cuite dans l'eau au moyen d'une légère ébullition, sans autre assaisonnement qu'un peu de sel et quelquefois des légumes ou des racines potagères ; et sous celui de bouillon, les décoctions des *viandes* qui, pendant leur cuisson dans l'eau, se sont chargées des parties gélatineuses, extractives et salines qu'elles contiennent.

On connoît sous la dénomination de *jus*, une espèce de bouillon plus rapproché que le bouillon ordinaire, tant parce qu'on a employé pour les préparer une plus grande quantité de *viande*, que parce que cette *viande* a non-seulement reçu une coction plus prolongée et une division plus considérable, mais encore une forte expression.

Les *gelées* sont une autre espèce de bouillon préparé avec des *viandes* plus muqueuses que celles qui fournissent le jus, que d'ailleurs on clarifie et on rapproche au point de se concréter par le repos et le refroidissement.

On appelle *ragoûts* toutes *viandes* cuites ou servies avec des liqueurs plus ou moins épaises, plus ou moins composées d'ingrédiens propres à en relever le goût et à leur donner plus d'agrément ou à ajouter à leurs qualités nutritives. Ces liqueurs portent le nom de *sauce*, de *coulis ;* elles ont pour base des substances grasses, des acides végétaux, des sucs de *viandes ;* et pour assaisonnement, le sel et des aromates ou indigènes ou exotiques.

On mange la chair de *vache* au lieu de celle de *bœuf*, mais la première est plus dure, plus maigre, et par conséquent plus sèche et plus fibreuse. Cependant les bouchers en vendent quelquefois pour du *bœuf*, même à Paris, où la plus grande partie de la *viande* qui s'y consomme est du *bœuf ;* mais comme ils ont soin de choisir des *vaches* jeunes et grasses, peu de personnes s'apperçoivent de la fraude, qui alors devient indifférente. La *viande* de *vache* a toujours plus de couleur, et le bouillon en est moins savoureux.

Une règle dont ne devroit jamais se départir quiconque fait cuire la *viande* par la voie sèche ou par la voie humide, c'est de ne pas employer un degré de chaleur trop considérable, sans quoi elle perd de sa couleur, de sa saveur, de ses facultés nutritives, et ne conserve plus qu'un caractère d'âcreté ; un rôti, des côtelettes, un potage, un bouilli, un ragoût préparés lentement et à petit feu, ne sont nullement comparables aux mêmes mets qu'on obtient en brusquant la cuisson.

Préparation des bouillons.

Faites bouillir une livre de *bœuf* dans une livre d'eau, écumez, salez, conduisez ensuite le feu de manière que la liqueur ne fasse que frémir, et continuez-le jusqu'à ce que la *viande* soit suffisamment cuite. Si on a saisi le juste point de cuisson, la *viande* se trouvera très-succulente et elle sera très-tendre, sur-tout si, pour la manger, on la coupe dans son fil ; le bouillon sera aussi très-savoureux.

Lorsqu'on emploie moitié moins de *viande* pour la même quantité d'eau, on a un bouillon léger, plus propre aux malades; mais en général, pour le préparer, il est essentiel de choisir la *viande* des jeunes animaux, parce que n'étant point aussi complètement animalisée, le bouillon qui en résulte passe moins vite à la fermentation putride que celui des animaux adultes et formés.

Parmi les bouillons destinés aux malades, sont comptés ceux faits avec les os mis en pâte, après avoir déjà bouilli dans de l'eau seuls ou avec de la *viande*. Ceux de *veau*, de *poulet*, se préparent à la maison; quant à ceux de *tortues*, de *vipères*, de *grenouilles*, etc. ils exigent quelques soins, et ce sont les pharmaciens qui les préparent.

Des Bouillons pour potage.

Prenez la *viande* de *bœuf* la plus succulente, la culotte, par exemple : faites bouillir, dans poids égal d'eau de rivière; écumez et salez, ensuite ajoutez des racines et plantes potagères épluchées, et cuisez à petit feu comme pour le bouillon simple. Le *bœuf*, le *mouton* et le *porc*, font ordinairement la base des potages; mais on augmente souvent leur saveur et leurs qualités nutritives par l'addition des vieilles volailles ou avec des purées de semences légumineuses; on les colore avec des racines qu'on grille ou avec du caramel.

Des Jus de viande.

On les obtient par les mêmes procédés que les bouillons, excepté qu'au moyen d'une division plus considérable et d'une cuisson plus longue, on épuise davantage les *viandes* faites qui les fournissent particulièrement, qu'on les exprime pour avoir tout ce que l'eau a pu en dissoudre. Ainsi chargés d'une matière extractive plus abondante, les jus sont plus âcres, plus échauffans que les bouillons ordinaires.

Des Gelées.

Prenez un *chapon* découpé par quartiers, deux pieds de *veau*, un petit gigot de *mouton* : faites bouillir à petit feu dans une marmite d'étain fermant de manière à empêcher une trop grande évaporation; passez la décoction; laissez-la refroidir pour en séparer la graisse qui se rassemble à la surface et y devient concrète; clarifiez la liqueur avec des blancs d'œufs, après avoir ajouté une demi-livre de sucre; écumez; rapprochez-la au point convenable; coulez par un blanchet sur lequel vous aurez mis de la cannelle ou une autre substance aromatique. La liqueur refroidie se fige et prend l'état de gelée.

Cette gelée coupée par morceaux et mise dans un plat, le moindre mouvement qu'on lui imprime la rend tremblante; pressée dans les doigts, elle se fond, s'échappe, en y laissant une petite portion qui les rend collans.

Les os et la corne de *cerf* fournissent par le même procédé, mais par un feu plus prolongé, une gelée qui ne diffère de la précédente que parce qu'elle est dépourvue de substance extractive.

Des Ragoûts.

Prenez deux *poulets* plumés, flamblés, épluchés, vidés, coupés par quartiers, dégorgés dans de l'eau tiède et égouttés sur un tamis ; mettez-les, ainsi que les abattis, dans une casserole avec du lard, du beurre, du persil et de la ciboule hachés, du laurier, du thym, des clous de girofle et des champignons : cuisez, et lorsque le ragoût est prêt à être servi, ajoutez trois jaunes d'œufs délayés avec un peu de vin blanc ou du verjus pour liaison.

Les différens procédés imaginés pour cuire les *viandes*, présentent les phénomènes suivans :

1°. Les quatre premiers moyens de leur administrer le calorique, déterminent les liqueurs qu'elles contiennent à se raréfier, à réagir sur les solides et à en opérer le ramollissement.

2°. L'évaporation que ce calorique sembleroit devoir occasionner, est empêchée en grande partie, tant par la graisse dont on couvre ou dont on arrose leur surface, que par la solidité que les *viandes* acquièrent à l'extérieur lors de la première impression de la chaleur.

3°. Cette action du calorique qui durcit et rissole leur surface, exalte aussi dans la matière extractive une saveur de sucre ou de caramel très-sensible, malgré l'âcreté, l'amertume et la salure qui l'accompagnent.

4°. Dans la confection des bouillons, des jus, des gelées, le calorique coagule d'abord l'albumine ; il la sépare sous forme d'écume, et aide ensuite l'eau à dissoudre la substance gélatineuse plus abondante dans les jeunes animaux que dans les vieux, puis la substance extractive qui communique aux bouillons la couleur qu'on leur remarque.

5°. Pour avoir un excellent bouilli, pour rendre le tissu de la *viande* plus tendre, plus facile à digérer et plus nourrissant, le meilleur secret, c'est de le cuire à un feu très-modéré ; et pour le trouver plus délicieux, il faut non-seulement le couper dans son fil, mais encore manger de préférence la chair la plus voisine des os.

6°. Le calorique développe dans toutes ces *viandes* une odeur particulière, cette odeur qui n'est qu'une modification de celle qui réside dans une des humeurs de chaque animal vivant, et qui, sans être très-sensible pour les hommes, excepté dans le *musc*, la *civette*, le *bouc*, le *castor*, etc. frappe cependant l'odorat du *chien*, de manière à lui faire reconnoître son maître, ainsi que le gibier qu'il poursuit.

7°. Parmi les assaisonnemens prodigués dans les ragoûts, il en est d'alimentaires, comme le beurre, la crème, l'huile, le sucre, etc. Il en est d'irritans, d'incendiaires, comme les aromates. Ceux-ci sont plus propres à exciter la gourmandise qu'à contenter l'appétit ; mais quelquefois ils sont très-utiles pour corriger ou masquer les défauts de certains alimens et en rendre la digestion plus facile. C'est ainsi que d'un bouillon d'os, qui n'est qu'une dissolution de colle-forte sans goût, sans couleur et sans odeur, M. Cadet de Vaux parvient, par l'addition d'une certaine quantité de légumes, d'un oignon grillé et piqué de girofle, de sucre brûlé ou d'une croûte de pain rôti, à préparer un potage à-peu-près aussi savoureux, aussi coloré, aussi odorant que celui fait avec le bouillon de la *viande* des animaux adultes.

Dangers à éviter dans la préparation des Viandes.

Avant qu'on s'avisât de cuire de la *viande* enfermée dans de la pâte qui, grossière d'abord, est maintenant délicate, on les mettoit dans des pots vernissés de différentes formes, qu'on couvroit, qu'on luttoit et qu'on plaçoit ou dans un four ou sur un feu étouffé. Puis, la *viande* étant cuite, on la conservoit dans ces mêmes pots jusqu'à ce qu'elle fût consommée pour les besoins des habitans de la maison.

Cette pratique étoit dangereuse, en ce que la graisse de la *viande* agissoit sur le vernis, dissolvoit l'oxide de plomb dont il étoit composé, et devenoit un poison d'autant plus actif, qu'elle séjournoit plus long-temps dans le pot.

Ceux qui tiendroient encore à ce mauvais mode de conservation, ne doivent pas balancer de l'abandonner.

La *viande* peut devenir insalubre par les combustibles qui la cuisent, ou à la fumée desquels on l'expose pour être séchée ou boucannée.

On a remarqué que le bois de *garou*, par exemple, lui communiquoit une propriété délétère, et on sait que le pain cuit dans un four chauffé avec des treillages peints avec des oxides de plomb ou de cuivre, a considérablement nui à la santé de ceux qui en ont mangé.

Il n'est que trop ordinaire, sur-tout dans les villes très-peuplées, de mettre en vente la *viande* d'animaux morts de maladies contagieuses; mais, comme l'usage de cette *viande* pourroit entraîner des inconvéniens, la police doit veiller avec soin pour les prévenir. A la vérité, il convient aussi de l'éclairer sur ce point de salubrité publique.

On ne seroit pas fondé à regarder comme dangereux l'usage de la *viande* d'animaux morts subitement par une cause quelconque, ou qu'on tue quand il leur est arrivé quelque accident ou qu'ils sont affectés d'une maladie inflammatoire, parce que la chair ne semble participer en rien de leurs affections; qu'il n'y a alors que les viscères dans lesquels a été le foyer du mal, qui pourroient être suivis d'inconvéniens dans leur emploi comme nourriture.

Quand le prix de la *viande* est à un taux très-élevé, on est moins scrupuleux sur le choix des bêtes à tuer et sur l'emploi de celles qui sont mortes; mais des recherches très-multipliées, faites par des médecins chez les indigens qui font habituellement une grande consommation de basse *viande*, à cause du bon marché, n'ont fait rien connoître qu'on pût raisonnablement attribuer à cet aliment. Plusieurs, au contraire, ont cité des exemples qui tendoient à prouver l'innocuité de cette *viande*.

Les maladies chroniques, telles que la *pourriture* dans le *mouton*, la *pommelière* ou la *phthisie pulmonaire* dans les *vaches*, la *ladrerie* dans le *cochon*, ne paroissent pas non plus avoir d'influence marquée sur la qualité de la *viande* ; on remarque seulement que quand ces maladies sont parvenues à un certain période, la chair est décolorée, fade, gélatineuse, passant plus facilement à la décomposition, et moins susceptible par conséquent d'être conservée ; mais il n'existe aucune expérience positive qui atteste qu'elle a produit de mauvais effets dans son usage.

On trouve dans les *Annales des Facultés de Médecine*, consultées par leurs gouvernemens respectifs sur les effets de la *viande* provenant d'animaux tués à cause de la maladie épizootique, une multitude de faits qui inspirent à cet égard la plus grande sécurité. Je me dispenserai de les citer, pour arriver à des événemens qui se sont pour ainsi dire passés sous nos yeux.

Dans l'instruction publiée sur la maladie inflammatoire épizootique qui a régné en 1795, MM. Huzard et Desplas, après avoir établi que cette maladie n'étoit pas contagieuse des animaux à l'homme; que la *viande* de ceux tués ou morts n'avoit incommodé en aucune manière les ouvriers qui en avoient mangé, ils ajoutent que, dans les ouvertures nombreuses qu'ils ont faites de ces animaux, la *viande* leur a paru toujours fort saine; qu'ils n'ont trouvé d'autres traces de la maladie que dans la poitrine, le foie, le bas-ventre et l'arrière-bouche. Mais nous ne poursuivrons pas plus loin l'examen de cette question, étrangère en quelque sorte à celle que nous venons d'envisager dans cet article. (PARM.)

VIANDIS (*vénerie*). C'est la pâture des *bêtes fauves*. On dit qu'un *cerf* va *viander*, lorsqu'il va pâturer pendant la nuit dans les terres ensemencées qui, en terme de vénerie, se nomment *gagnages*. (S.)

VIBRION, *Vibrio*, genre de vers polypes amorphes, qui renferme des animalcules très-simples, cylindriques et longs.

Ce genre ne peut être confondu avec aucun autre de la classe des MICROSCOPIQUES. Une des espèces qui le composent est fort célèbre par les observations auxquelles elle a donné lieu. C'est le *vibrion anguille*, cause première de la maladie du blé appelée *rachitisme*, et dont il a été parlé en détail à l'article des ANIMALCULES INFUSOIRES. (*Voyez* ce mot.) Une autre, le *vibrion vinaigre*, est assez grosse pour être observée à la vue simple. Une troisième, le *vibrion porte-pieu*, présente une particularité remarquable : il est semblable à un pieu ; les individus se tiennent toujours unis aux autres individus, tantôt par toute leur longueur, tantôt par leur extrémité seulement, tantôt enfin par tous les points intermédiaires. On peut voir, dans Müller, la figure de quelques-unes de ces positions.

Les mouvemens des *vibrions*, en général, sont ou circulaires, ou tremblans, suivant les espèces, dont on connoît une trentaine, parmi lesquelles les plus dignes d'attention ou les plus communes, sont :

Le VIBRION ANGUILLE, qui est filiforme, égal, peu flexible, et dont l'extrémité postérieure est atténuée. Il est figuré pl. 4, fig. 16-26 de l'*Encyclopédie méthodique*, partie des *Vers*. On le trouve dans l'eau douce et salée, le vinaigre, les infusions de farine et le *blé rachitique*. Il se peut que plusieurs espèces soient ici confondues ; mais elles conviennent par le caractère de manière à ne pouvoir être séparées.

Le VIBRION BAGUETTE est linéaire, égal, et a l'extrémité tronquée. Il est figuré dans l'*Encyclopédie*, pl. 3, fig. 4, et se trouve dans l'eau gardée long-temps.

Le VIBRION SERPENT est filiforme, tourné en spirale obtuse. Il est figuré dans l'*Encyclopédie*, pl. 3, fig. 9. Il se trouve dans l'eau des rivières.

Le VIBRION PORTE-PIEU est jaunâtre, linéaire, et forme plusieurs figures par sa réunion avec d'autres individus. Il se trouve dans l'intérieur de l'*ulve dilatée*. Il est figuré pl. 3, fig. 16-20 de l'*Encyclopédie méthodique*.

Le VIBRION MARTEAU est linéaire, et est terminé à la base par un globule et au sommet par une traverse. Il est figuré pl. 4, fig. 7 de l'*Encyclopédie*, et se trouve dans l'eau de puits.

Le VIBRION JARS est elliptique, a le cou long, et un tubercule sur le dos. Il est figuré dans l'*Encyclopédie*, pl. 5, fig. 7 et 11. Il se trouve dans les eaux où croît la *lenticule*.

Le VIBRION INTERMÉDIAIRE est membraneux ; son extrémité antérieure est rétrécie, et la postérieure un peu aiguë. Il est figuré dans l'*Encyclopédie*, pl. 5, fig. 19 et 20. Il se trouve dans l'infusion de l'*ulve linze*.

Le VIBRION NACELLE est ovale, bombé, terminé en avant par un cou court et diaphane. Il est figuré dans l'*Encyclopédie*, pl. 6, fig. 27. Il se trouve dans les eaux stagnantes. (B.)

VICE-AMIRAL, coquille du genre *cône*, qui a été figurée par Dargenville, *Supplément*, pl. 1, lettre K, et qui vient de la mer des Indes. (*Voy.* au mot CÔNE.) On appelle encore de ce nom deux autres coquilles du même genre, figurées pl. 12, lettre H du même ouvrage, et pl. 1, lettre L du *Supplément*. (B.)

VICICILIN. C'est ainsi que Gomara désigne l'*oiseau-mouche* dans son *Histoire générale des Indes*. Voy. OISEAU-MOUCHE. (S.)

VICOGNE. *Voyez* Vigogne. (S.)

VICUNA, nom que la *vigogne* porte au Pérou. (S.)

VIDECOQ, est, dans Belon, la Bécasse. *Voyez* ce mot.

(Vieill.)

VIE. Quelle est cette puissance inconnue dans son essence, qui organise, qui meut, qui répare et perpétue les innombrables créatures qui peuplent la terre et qui embellissent les différens domaines de la nature ? C'est la vie, cet être fugitif que nous n'appercevons que dans ses effets, que nous ne pouvons pas imiter, qui fuit sous le scalpel curieux, et qui échappe même à l'œil attentif de la pensée. Ici cesse l'empire de la matière : ici le naturaliste qui contemple la structure des productions organisées, qui rassemble leurs cadavres immobiles dans son cabinet, ou son herbier, qui ne voit rien que des figures inanimées, des débris que le temps dissout lentement, ne peut admirer les causes profondes qui ont été les semences de leur *vie*, de leur organisation, de leurs habitudes, et de tout ce qui les distingue des masses informes de la terre. Ce n'est point l'étude de la conformation bizarre de certains animaux, des formes multipliées des plantes, ni même ces brillantes apparences des être créés, qui fait la véritable science ; c'est la connoissance de la *vie* et des mœurs, des allures, des mouvemens, de l'instinct et de l'amour, de la nutrition et des diverses fonctions des productions organisées, qui est la véritable base de l'histoire naturelle. Voilà la science sublime qui ne s'apprend ni dans les cabinets et les magasins où sont entassés des êtres morts, dégradés, insensibles, ni même dans les livres ; voilà celle qui charme le contemplateur, de la plus pure et la plus douce volupté qui puisse entrer dans le cœur de l'homme simple. Qu'importent ces brillans amas de cadavres empaillés, ces postures forcées, cette froide et insignifiante immobilité qu'on va visiter dans les Musées ? Ce n'est pas ainsi qu'est la nature ? Est-on bien avancé pour connoître la configuration extérieure d'un animal rare, d'une plante curieuse ? Quel fruit, quelle conséquence en tirera-t-on ? Comment devinerez-vous les usages merveilleux de cet organe grossier que vous daignez regarder à peine ? Les reflets brillans des ailes d'un papillon, les vives couleurs d'un oiseau, l'émail des fleurs, éblouissent la vue sans pénétrer l'ame, sans la nourrir de ces grandes et ravissantes vérités qu'on trouve dans la contemplation des êtres vivans. C'est ici la seule étude digne d'une ame noble et sensée ; c'est ainsi qu'il est beau de s'élever, par de hautes conceptions, aux mystères les plus profonds de la nature, et à cet Être des êtres dont la main toute-puissante verse sur le monde des trésors inépuisables de *vie* et de perfection.

Nous avons dit ci-devant, à l'article des Corps organisés (qu'il est bon de consulter), que les seuls animaux et végétaux étoient pourvus de la *vie*, et qu'elle n'existoit jamais sans l'organisation. Ces deux manières d'être sont constamment simultanées, et lorsqu'on les sépare, elles se détruisent aussi-tôt d'elles-mêmes. C'est donc dans l'ensemble de l'organisation que réside la *vie*; car si l'on sépare un membre, une portion d'un *individu* vivant, cette partie cesse de vivre, elle ne participe plus à l'ensemble vital. Voilà la raison de l'*individualité* des êtres animés.

On ne peut pas refuser la prérogative de la *vie* aux plantes, car elles en ont une véritable, puisqu'elles sont organisées, qu'elles se nourrissent, s'accroissent, se perpétuent et meurent. Comment pourroit-on mourir, en effet, si l'on n'avoit pas de *vie* ?

Mais qu'est-ce que la *vie*? Quel est ce principe qui anime les êtres organisés? Est-ce une espèce d'ame? Oui, sans doute, la *vie* ou l'*ame physique* est la même chose dans la plante comme dans l'animal. Le vulgaire se représente l'ame ou le principe vital du corps organisé sous la forme d'un corps, tandis que ce n'est en effet qu'un ensemble de fonctions et de forces. Dira-t-on, par exemple, que la force qui fait tomber cette pierre, est un corps particulier qui l'attire vers le centre de la terre ? Non, ce n'est que l'action d'une loi de la nature. Il en est de même de la *vie*; elle n'est que le résultat des fonctions dont la nature a chargé chaque créature organisée.

Cependant, nous ne connoissons que le produit des fonctions vitales, sans pouvoir pénétrer l'essence même de la force qui les met en jeu, et cette force se mêle à toutes les actions des corps organisés, de telle sorte qu'elles en sont sans cesse modifiées. Bien différentes des matières brutes, les productions animées suivent des loix particulières de mouvement, et leur état n'est jamais invariable et régulier comme dans les premières. Tant qu'un être vit, il marche sans cesse vers sa destruction ; il s'accroît, il diminue, il se nourrit, se répare, se renouvelle, se reproduit et périt. Il change sans cesser d'être le même, et cette *vie* qui le maintient, qui le conserve, finit et l'abandonne à la mort. A peine la *vie* a-t-elle quitté le corps, que celui-ci se corrompt, se putréfie, se sépare en molécules qui vont nourrir de nouveaux corps vivans. C'est ainsi que la matière organisée circule d'êtres en êtres ; qu'après avoir servi à un principe vital, elle retourne à un autre, et passe incessamment de la mort à la *vie*. Nous sommes donc des foyers, des centres momentanés de matière organique, des ombres passagères, des figures fugitives d'un même moule; nous rassemblons un instant des molécules organisées pour les disperser ensuite, et la nature immobile et éternelle nous voit passer comme ces nuages légers que les vents transportent au loin dans le vague des airs, tantôt rassemblés, et bientôt écartés pour toujours.

La *vie* peut être passive et cachée dans un être, par exemple dans les graines des plantes, avant leur germination, dans les œufs des oiseaux, des reptiles, des insectes, dans la plante et l'animal engourdis par le froid de l'hiver. Alors il n'existe pas de mouvement sensible; il y a une interruption, un sommeil profond; l'organisation n'est point altérée; c'est, pour ainsi dire, une horloge dont le ressort n'est pas tendu, mais qui peut se remonter d'elle-même dans des circonstances favorables.

Au contraire, la *vie* active déploie sans relâche tous ses ressorts; elle met en jeu les solides et les fluides qui composent tout corps organisé. Ceux-ci n'entrent en mouvement que par l'action des solides qui reçoivent plus immédiatement l'impulsion vitale; car la *vie* exige un mouvement continuel, soit de réparation, soit de destruction, ou plutôt d'*assimilation* et d'*excrétion*. Pour cet objet, il y a des humeurs qui sont les agens perpétuels de ces deux grandes fonctions organiques; et comme il existe deux ordres d'actions, il s'ensuit qu'il y a deux genres principaux d'humeurs, 1°. celles qui servent à l'assimilation, et 2°. celles qui sont excrétées. Les premières réparent les organes qui se détruisent, et les secondes rejettent, repoussent au-dehors les molécules usées des organes. Les unes sont donc des ministres de *vie*, et les autres des ministres de *mort*.

Les humeurs vivifiantes possèdent nécessairement les élémens de la *vie*, puisqu'elles la sustentent ou même la reproduisent. Comment la liqueur séminale ne contiendroit-elle pas des principes de *vie*, puisqu'elle la donne à un nouvel être? Comment le sang qui renouvelle des organes vieillis, qui ranime les membres mourans, n'auroit-il pas des germes de *vie*? Tout est animé dans un corps plein de *vie*; chaque partie est douée de sa portion d'ame pour exécuter ses fonctions; chacune forme un enchaînement, un système dépendant de l'ensemble; chaque organe a sa vitalité propre, sa nutrition, son assimilation, son excrétion, subordonnées au tout, comme dans un état bien constitué chaque homme a ses droits propres , mais unis aux droits communs de la nation, et les uns ne peuvent exister indépendamment des autres.

Les humeurs inanimées d'un corps animé sont incessamment rejetées au-dehors, comme le mucus du nez, l'urine, la matière de la transpiration pulmonaire ou cutanée dans les animaux, et la transpiration par les feuilles, les écorces, les glandes et les poils dans les plantes. Ce qui est inanimé ne reste point dans le système vivant : la *vie* est incompatible avec la *mort*.

En général , la *vie* éprouve de continuelles variations. Elle en a trois générales : la première est la jeunesse, pendant laquelle elle est foible , mais augmente chaque jour ; la deuxième est l'âge fait, qui est le temps de la plus grande activité vitale ; et la troisième est l'état de vieillesse , qui est un affoiblissement graduel de la *vie*. Ces variations existent successivement dans tous les corps organisés ; mais il en est d'autres purement individuelles qui dépendent du sexe, des tempéramens ou constitutions , et des maladies. Tous ces changemens dans la force et la durée de la *vie*, n'empêchent jamais l'action des causes générales qui font vivre et mourir toute créature animée.

On peut partager la *vie* des êtres organisés suivant la généralité des fonctions qu'elle exerce. C'est ainsi que plus une fonction vitale sera répandue dans le système des corps animés , plus elle sera essentielle et fondamentale pour leur existence. Il est évident , par exemple , que la *vie intellectuelle* n'est pas indispensable aux êtres organisés , puisqu'il n'y a que quelques espèces , et sur-tout l'homme, qui en soient pourvus. Tout le reste des productions animées qui en est privé, n'en existe pas moins parfaitement, et les hommes idiots n'ont pas une force vitale moins énergique que les hommes du plus grand génie et de la plus sublime raison.

De même la *vie sensitive* ou *animale* n'est pas essentiellement nécessaire aux êtres, puisque les plantes vivent sans en être douées, et les animaux eux-mêmes ne jouissent de cette *vie sensitive* que par intervalles. C'est ainsi que l'animal qui dort n'a plus la *vie sensitive;* il ne jouit pas actuellement de sa sensibilité, il n'a plus de relations avec les êtres qui l'entourent, il ne sent plus. La sensation n'est donc pas l'essence de la *vie fondamentale* et *universelle*.

Quelle est donc cette *vie primitive ?* C'est la *vie de végétation;* la seule qui préside à l'organisation , à l'assimilation , à la reproduction. En effet, toute plante, tout animal, quels qu'ils soient, tout être organisé enfin jouit de cette *vie végétative*, et en exerce toutes les fonctions. Depuis l'homme jusqu'au polype, depuis l'arbre jusqu'à la moisissure, tout est rempli de ce principe vital qui suffit pour engendrer, organiser, accroître et renouveler les êtres.

La *vie végétative* se partage en deux ordres de fonctions : les premières ont rapport avec la génération, et les secondes avec la nutrition, de sorte que la *vie végétative* est un mélange de la *vie générative* et de la *vie nutritive* ; celle-ci ne tient qu'à l'individu, l'autre appartient à l'espèce entière et à l'immortalité. La *vie générative* est donc l'élément radical des autres fonctions vitales, puisqu'elle est la commune source de l'existence de tous les êtres. Aucun corps organisé n'existe que par l'acte de la reproduction d'un corps semblable. Tout quadrupède, tout oiseau, tout reptile, poisson, mollusque, tout insecte, ver, zoophyte, enfin toute plante, depuis le *chêne* jusqu'à la *truffe* et au *lichen*, sont engendrés d'êtres semblables à eux. C'est une vérité confirmée aujourd'hui par toutes les observations faites sur la nature vivante. Comment un corps pourvu d'organes si ingénieusement conformés, seroit-il le résultat du hasard aveugle et de la désorganisation ? Comment la *vie*, l'instinct, le sentiment, sortiroient-ils du sein de la mort ? A quoi serviroient des organes de génération dans les êtres qu'on croit engendrés par la corruption ? Il ne faut qu'un peu de bon sens pour voir toute l'absurdité de ceux qui supposent la génération par corruption ; on trouvera la plus entière conviction du contraire dans les observations de Rédi, Swammerdam, Réaumur, Spallanzani, Bonnet, O. F. Müller, &c. Il suffit de dire ici que les insectes qu'on voit éclore dans la viande pourrie, le fromage, &c. sont produits par les œufs des mouches déposés par elles dans ces matières, afin que le ver ou la larve qui sort de ces œufs y trouve son aliment, et puisse enfin se transformer en mouche semblable à celle qui l'a produite.

Puisque tout corps organisé reçoit la *vie* et l'organisation de ses pères, et qu'il les transmet à ses descendans, l'existence ne lui appartient pas en propre ; il n'en est, pour ainsi dire, que le dépositaire, l'usufruitier. La *vie* est donc du domaine de l'espèce, non de l'individu qui la reçoit par la génération, et cette fonction étant universelle dans les corps organisés, est la source de leur existence. Il me paroît donc naturel de la regarder comme l'essence de la *vie*. Ainsi la génération, c'est-à-dire, cet amour universel qui produit l'organisation de tous les êtres de la nature, est l'essence de la *vie* elle-même. Nous naissons par l'amour; c'est par l'amour que nous donnons l'être; c'est lui qui allume le flambeau de notre *vie*; elle est l'amour même. N'est-ce pas dans l'âge de l'amour ou de la génération que nous avons le plus de forces, de vigueur, d'énergie et de vitalité? Et quand nous ne sommes plus capables d'engendrer, c'est-à-dire d'aimer, nous tombons dans l'anéantissement de la mort. C'est pour cette cause que les excès dans l'acte de la génération, épuisent tant les sources de notre *vie*, et nous causent souvent la mort, parce que c'est la substance même de notre *vie* que nous communiquons par la génération, et plus nous en donnons, moins il nous en doit rester. Cette remarque est applicable à tous les animaux et à toutes les plantes. Les reproductions qui se font de bouture ou par division, comme chez les zoophytes et plusieurs végétaux, ne sont que la même loi de génération, dont le mode est changé suivant la constitution particulière de chaque être organisé.

Il ne faut pas penser que cette fonction de vitalité générative ne réside que dans les organes de la reproduction; au contraire, elle est enracinée dans le sein des plus importans viscères de l'être animé; car la castration peut ôter à un animal, à une plante, la faculté de se reproduire, sans leur ôter le principe de leur *vie générative* qu'ils ont reçue de leurs pères; à la vérité, cette sorte de mutilation dégrade excessivement ces êtres, et souvent leur cause la mort; mais l'effet qu'elle produit est communément local, de sorte qu'on n'en peut rien conclure contre le principe que nous avons établi.

Cependant cette *vitalité organisatrice* ou *générative* ne peut demeurer inactive; elle a besoin d'organiser. Il est donc nécessaire qu'un nouveau genre de fonctions lui apporte des corps étrangers, pour les assimiler à la nature de chaque organe; c'est l'ouvrage de la *vie nutritive* qui est toujours simultanée à la *vie primitive*, qui la soutient constamment, et qui semble n'en être qu'une dépendance, une véritable émanation. Cette *vie nutritive* choisit les substances capables d'alimenter, c'est-à-dire susceptibles de s'organiser, et rejette toutes les autres. Ce choix est l'une des plus admirables facultés de l'être vivant; car la plante sait, de même que l'animal, prendre ce qui lui convient, et rejeter ce qui lui est nuisible. Par exemple, ses racines ne pompent point certaines liqueurs dans lesquelles on les trempe, tandis qu'elles sucent avidement des sucs plus appropriés à leur nature, ou riches en molécules nutritives ; il seroit impossible de rendre raison de cette prédilection inconnue, par des causes purement mécaniques ; il est donc forcé de recourir à la puissance de l'instinct, qui n'est autre chose qu'une sorte de *faim* dirigée et éclairée par l'organisation. Tous les penchans ou les appétits naturels des êtres animés émanent du principe élémentaire de la *vie*, et sont au nombre de trois. Le premier, duquel dépendent les deux autres, est l'amour de soi, non pas ce penchant intellectuel et moral de l'ame qui se repaît de vanités ou des illusions de l'orgueil, mais cet instinct physique qui cherche son bien-être et sa propre conservation, qui fuit ce qui blesse, qui s'oppose à la destruction de chaque individu végétal et animal. Le second est l'amour, c'est-à-dire ce desir général, cette tendance commune de tout être pour sa propagation ou sa multiplication, effet universel de toute matière vivante. Enfin, le troisième est la faim ou le desir de réparer ses pertes continuelles par la nutrition. Nous trouvons dans tous les corps organisés ces trois sortes d'appétits qui tirent leur origine de la même source, qui est la *vie ;* sans eux, elle ne pourroit exister ; ce sont ses soutiens, ou pour mieux dire ses bras.

Nous ne répéterons pas ici ce que nous avons dit aux articles *corps organisés* et *alimens* sur la nutrition et sur les matières alimentaires, car chacun de ces objets est traité en son lieu. Nous rappellerons seulement que la même force qui fait vivre, est celle qui transforme une matière hétérogène en organes vivans, et qu'il n'y a point de véritable aliment hors des substances organisées. Nous ferons seulement remarquer ici que les deux fonctions de la *vie végétative*, que nous avons désignées sous le titre de *vies secondaires*, ayant rapport 1°. à l'organisation (*vie générative*) ; 2°. à l'assimilation (*vie nutritive*), nous remarquerons, dis-je, que ces fonctions sont universelles dans les corps vivans et exclusives à eux seuls, de sorte qu'elles sont le fondement même de leur existence. Mais comme elles se perpétuent par la propagation, elles se montrent indépendantes des individus, et ne paroissent être en effet que des loix générales de la nature, qui changent sans cesse la matière organisée, qui la moulent pour la détruire et la reconstruire, sans s'attacher à l'individu, loix qui tendent à immortaliser les espèces, seul objet digne de la sollicitude de la nature.

Après cette *vie* universelle et fondamentale, existent des *vies* sur-ajoutées qui sont seulement partielles dans le système des corps organisés, et qui n'ont même qu'une durée intermittente et des forces irrégulières. Ces *vies* plus extérieures et moins radicales ne se trouvent dans aucun des végétaux, mais elles sont uniquement affectées aux animaux et servent de caractères pour séparer ces deux grandes branches des êtres organisés; ce sont donc des *vies* seulement animales. En effet, nous avons nommé *vie végétative* la *vie* radicale de toute organisation divisée en deux fonctions qui se trouvent dans chaque être vivant sans exception; nous appellerons *vie sensitive* celle qui distingue les corps des animaux, parce que, si la première sert à faire végéter ou organiser les êtres, la seconde est uniquement destinée à leur donner la sensibilité, caractère principal du règne animal.

La *vie sensitive* ou *animale* est ainsi celle qui donne aux êtres la perception des objets qui les environnent, qui produit chez eux les phénomènes du mouvement, et par conséquent de la volonté; car il est évident que pour agir ou se mouvoir, il faut vouloir quelque chose, puisqu'il est impossible de supposer qu'on veuille se mouvoir sans quelque raison déterminante. Or, pour vouloir, il faut nécessairement connoître, et il n'y a point de connoissance sans la perception; mais cette dernière est le seul résultat de la sensibilité. On apperçoit donc ici la chaîne de gradation qui lie tous ces objets à l'action de la *vie sensitive* ou *nerveuse*. Ce sont en effet les nerfs seuls qui sont le fondement de cette *vie*, aussi se trouvent-ils uniquement dans le règne animal. La *vie sensitive* a ses momens d'interruption et de repos; elle n'est pas toujours en action comme la *vie végétative*, mais elle se lasse et s'use, de manière qu'elle a besoin d'un temps d'inaction pour se réparer, sans que la *vie végétative* cesse ses fonctions. Voilà la cause du sommeil et du repos des animaux. Leur *vie sensitive* dort et se répare à loisir.

Quelques animaux d'une organisation très-compliquée, tels que l'homme, plusieurs quadrupèdes et oiseaux, ont leur *vie sensitive* plus parfaite que tous les autres, de sorte qu'elle n'est pas seulement physique, mais s'étend aussi dans l'empire du moral et dans un ordre de sensations et d'idées, plus vastes, plus générales, plus abstraites. Voilà le domaine de la raison ou la *vie intellectuelle* qui tire notre existence du simple rang de la brute pour la rendre en quelque manière rivale de la nature, digne d'admirer, de comprendre ses sublimes ouvrages. C'est elle seule qui nous a conquis le sceptre du monde.

En général, la *vie fondamentale* est la plus durable, car elle n'abandonne jamais les êtres sans qu'ils périssent; mais sa durée naturelle est proportionnée à son accroissement;

ainsi, plus un être s'accroît promptement, plus sa *vie* sera courte.

La *vie sensitive* se développe postérieurement à la *vie végétative*, et s'accroît depuis la naissance jusqu'à l'âge adulte de l'animal, puis décroît et meurt avant la *vie végétative*. La *vie intellectuelle* est la moins durable de toutes, car elle ne se montre à son plus haut période que dans la plus grande force des autres *vies;* elle naît tard et périt promptement. C'est ainsi que plus une *vie* est générale dans le système des corps organisés, plus elle est durable. D'ailleurs, la *vie végétative* paroît être en égale quantité dans tous les êtres, proportionnellement à leur masse; elle existe spécialement aussi dans chaque organe, et universellement dans l'ensemble. En effet, chaque organe a sa quantité de *vie*, qu'il tient du centre vital ou de l'ensemble; mais ce centre domine sur les vitalités partielles de chaque organe des créatures animées, de même que celles-ci influent sur la vitalité du centre.

L'objet le plus admirable dans l'examen de la *vie*, est cette prévoyance étonnante qu'elle montre dans tous ses besoins, dans ses affections, sa reproduction, son instinct, ses facultés organisatrices et ses maladies. Toujours elle cherche son utilité, son bien, son unique avantage par des moyens ingénieux et cachés, par une intelligence supérieure à notre foible jugement. Voilà la principale raison qui nous force à reconnoître dans l'univers une profonde et sage Providence qui gouverne tout ce qui existe, et qui préside à la formation, à la *vie* et à la destruction de tous les êtres. *Voyez* les articles CORPS ORGANISÉS, NATURE, ANIMAL, SENSIBILITÉ, GÉNÉRATION, ALIMENT, MORT, &c. (V.)

VIEILLARD ou SINGE VIEILLARD, est la *mône*, espèce de *guenon* commune dans la Mauritanie et les climats les plus chauds de l'Asie. C'est la *simia mona* de Linnæus. Ce *singe* est d'un caractère fort doux et docile, quoique vif; il est très-caressant, et supporte assez facilement la température froide de nos contrées. (*Voyez* MÔNE et SINGE.) Il y a d'autres espèces qui ont aussi l'air de *vieillards*, comme la *mône*, laquelle a une barbe grise et une sorte de chevelure blanche sur la tête, de même que les hommes d'âge; tel est le lowando (*simia veter* Linn.); mais celui-ci a la barbe noire. (V.)

VIEILLARD A AILES ROUSSES (*Cuculus Americanus* Lath., pl. imp. en coul. de mon *Hist. des Oiseaux de l'Am. sept.*, genre COUCOU, de l'ordre des PIES. *Voyez* ces mots.). Quoique Montbeillard ait donné cet oiseau pour une variété du *coucou* dit le *vieillard*, on ne peut disconvenir, d'après sa taille, ses habitudes, et même son plumage, qu'il ne soit d'une espèce très-distincte. Ce *coucou* qui, pendant toute la belle saison, habite les États-Unis, se plaît dans les bois les plus épais et les plus sombres. Cependant il s'approche et fréquente les vergers dans la maturité des fruits, sur-tout de ceux à noyaux, comme cerises, merises, &c. dont il se nourrit alors, ainsi que de diverses baies molles; à leur défaut il vit d'insectes. Nous avons vu que le *vieillard* ne fuit point à l'approche de l'homme; celui-ci, au contraire, le redoute et l'évite en se cachant entre les branches les plus feuillées. Son nid est composé de rameaux et de racines, et sa ponte de quatre œufs d'un blanc bleuâtre.

Longueur, neuf pouces huit lignes; bec brun en dessus et à la pointe, jaunâtre en dessous; sommet de la tête et parties supérieures du corps gris, à reflets verdâtres, roux et bleuâtres; bord des tiges des grandes pennes alaires d'une teinte cannelle; pennes intermédiaires de la queue pareilles au dos; toutes les autres noires, bordées de gris et terminées de blanc; dessous du corps d'un joli gris blanc; pieds noirs. Il n'y a point de différence entre le mâle et la femelle.

Le PETIT VIEILLARD (*Cuculus seniculus* Lath.; *Cucul. minor* Linn., éd. 13, pl. enl., n° 813.). Le collaborateur de Buffon a encore donné cet oiseau pour une variété du *coucou* dit le *vieillard*; mais on s'est assuré depuis que c'est une espèce particulière. Il a le dessus du corps et des ailes d'un gris cendré léger; une bande longitudinale d'un gris plus foncé part du coin de l'œil et s'étend sur les tempes; le dessous du corps et des ailes est jaune; les pennes de la queue, à l'exception des deux du milieu colorées de gris, sont bleuâtres en dessus et en dessous, et terminées de blanc; les pieds noirâtres.

Les teintes de la femelle sont plus claires; la gorge et le haut de la poitrine sont de couleur blanche. (VIEILL.)

VIEILLE MEUTE (*vénerie.*), premier relais de *chiens courans*, que l'on fait donner après les *chiens de meute.* (S.)

VIELLE, nom spécifique d'un poisson du genre BALISTE. *Voyez* ce mot.

A l'embouchure de la Seine, le LABRE NEUSTRIEN est appelé *grande vielle.* Voy. au mot LABRE. (B.)

VIELLE RIDÉE, nom que les marchands donnent à une coquille du genre des *vénus,* qui est figurée pl. 21, lettre B de la *Conchyliologie* de Dargenville. C'est la *vénus paphie.* On donne aussi ce nom à la *vénus disère.* Voyez au mot VÉNUS. (B.)

VIELLEUR, nom donné à une espèce de *cigale (tetti-*

gonia tibicen Fab.), parce que le bruit qu'elle fait résonner imite le son d'une vielle. *Voy.* mademoiselle Mérian, *Insectes de Surinam*. (L.)

VIERGE. On a donné ce nom au sixième signe du zodiaque. Cette constellation renferme quarante-cinq étoiles remarquables; savoir, une de la première grandeur, cinq de la troisième, six de la quatrième, onze de la cinquième, et vingt-deux de la sixième. *Voyez* CONSTELLATION. (LIB.)

VIEUSSEUXIE, *Vieusseuxia*, genre de plantes de la triandrie monogynie et de la famille des *iridées*, d'abord indiqué par Delaroche, et depuis fixé par Décandolle, n° 74 du *Bulletin des Sciences*, par la Société philomatique.

Ce genre ne diffère des IRIS (*Voyez* ce mot.) que parce que ses étamines sont monadelphes. La corolle des espèces qui le composent, et qui jusqu'à présent ont fait partie des *iris*, est absolument dépourvue de tube, et a les divisions très-profondes, et alternativement grandes et petites. Les premières, qui sont extérieures, ont une tache colorée à leur base. Le style est terminé par trois stigmates pétaliformes. Chaque plante ne porte qu'une ou deux fleurs et un petit nombre de feuilles.

Décandolle rapporte sept espèces à ce genre, toutes, excepté une, propres au Cap de Bonne-Espérance. La plus intéressante à connoître, et en même temps la plus commune dans nos jardins de botanique, est la *vieusseuxie fugace*, qui a les découpures intérieures de la corolle linéaires, les extérieures sans barbes, et les stigmates plus grands que les étamines. C'est la *morée fugace* de Jacquin; l'*iris comestible* de Linn. *Voyez* au mot IRIS. (B.)

VIEUX-OING, graisse de *cochon* qui n'est pas fondue; on la bat sur un billot avec une masse de bois, jusqu'à ce qu'elle puisse se pétrir; on en fait des pains, que l'on enveloppe de vessie de *cochon*, et que l'on conserve dans un lieu frais. Le *vieux-oing* sert à graisser les essieux des voitures. (S.)

VIF-ARGENT. *Voy.* MERCURE. (PAT.)

VIGILANT DU BRÉSIL, dénomination sous laquelle l'on montroit, à Paris, un *raton*, en 1776. *Voyez* RATON. (S.)

VIGNE. La connoissance de cet arbrisseau sarmenteux, originaire de Perse, remonte à la plus haute antiquité; il étoit en si grande vénération parmi les premiers peuples de la terre, qu'ils ont déifié ceux auxquels ils en attribuoient la découverte; et les Romains estimoient tellement la *vigne*, que l'on voit par les loix justiniennes, que quiconque seroit atteint et convaincu d'avoir coupé un cep, étoit condamné au fouet, à avoir le poing coupé, et à la restitution pécuniaire du doub. ou dommage occasionné. Nous ne réclamerons pas de punitions aussi rigoureuses contre ceux qui arrachent journellement les jeunes arbres des grandes routes, mais il est bien temps que notre législation s'occupe à mettre un frein à ce délit rural, et que le gouvernement encourage, de la manière la plus prompte et la plus efficace, les plantations trop négligées en France.

La *vigne* (*vitis vinifera*) est placée par Tournefort dans la deuxième section de la vingt-unième classe, qui comprend les arbres et arbrisseaux à fleur rosacée, dont le pistil devient une baie ou une grappe composée de plusieurs baies. Dans le système de Linnæus, elle est classée dans la *pentandrie monogynie*, c'est-à-dire avec les plantes dont les fleurs hermaphrodites ont cinq étamines et un pistil. Selon Jussieu, elle fait partie de la treizième classe, ordre douzième.

Sa fleur, rosacée, est composée de cinq pétales, qui, vers leur sommet, se rapprochent d'un calice à peine visible, divisé en cinq petits onglets. Le pistil, couronné d'un stigmate obtus, sort du milieu du calice. L'embryon devient une baie ronde, dans laquelle on trouveroit constamment cinq semences, si une, deux et quelquefois trois d'entr'elles n'avortoient. Les fleurs, disposées en grappes, sont opposées aux feuilles ; et celles-ci, alternes, grandes, palmées, découpées en plusieurs lobes, et le plus souvent dentées dans leur pourtour, tiennent au sarment par un long pétiole. Ses branches, comme celles de la plupart des plantes sarmenteuses, sont armées de vrilles tournées en spirales, qui leur servent à s'accrocher aux corps ligneux qu'elles peuvent atteindre, pour se soulever et éviter aux grappes le contact immédiat de la terre, dont l'humidité pourriroit souvent les baies avant la maturité des semences.

La racine-mère plonge en terre ; elle s'y divise en bifurcations, d'où sortent de nouvelles racines, la plupart si ténues, si déliées, qu'on leur donne le nom de capillaires. Les grosses racines servent à assujétir la plante en terre ; les autres y sucent une partie des alimens propres à nourrir la plante. La tige qu'elles produisent est toujours couverte d'aspérités : elle donne naissance à de gros nœuds, plus ou moins éloignés les uns des autres, et à une écorce de couleur brune, si foiblement adhérente au *liber*, qu'elle s'en détache continuellement, soit en écailles, soit en longs filamens. Ce fréquent changement des parties corticales annonce que son bois ne peut avoir d'aubier, et par conséquent que toute la partie ligneuse du pourtour est d'une grande densité. En effet les tiges de la *vigne* sont propres, comme les bois les plus durs, à recevoir au tour toutes les formes qu'on veut lui donner, sur-tout quand elles sont vieilles et qu'elles ont acquis le volume auquel elles sont susceptibles de parvenir. Cette vieillesse et ce volume sont quelquefois très-extraordinaires. Un cep de *vigne* abandonné à la nature, placé dans un terrein et dans un climat qui lui conviennent, avoisiné d'appuis propres à le seconder dans ses élans, acquiert un volume énorme et parvient à la plus étonnante longévité. Il en est tout autrement de la *vigne* qu'on taille ou dont on retranche les sarmens. La sève employée à leur renouvellement se porte avec rapidité et pour ainsi dire sans mesure vers les extrémités, et la tige n'a plus rien d'extraordinaire ni dans son port ni dans sa durée. Il en est ainsi de tous les arbres : ceux qu'on est dans l'usage d'élaguer, n'acquièrent jamais le volume de ceux dont les branches vieillissent avec la tige.

Les anciens naturalistes et les voyageurs modernes sont d'accord entr'eux sur la longue vie et sur les étonnantes proportions de la *vigne* dans son état agreste. Strabon rapporte qu'on voyoit dans la Margiane des ceps d'une telle grosseur, que deux hommes pouvoient à peine en embrasser la tige. Pline nous dit que les anciens l'avoient classée parmi les arbres à cause du volume auquel elle est susceptible de parvenir. Les modernes savent que les grandes portes de la cathédrale de Ravenne sont construites en bois de *vigne*, dont les planches ont plus de deux toises de hauteur sur dix à douze pouces de largeur. Il n'y a pas long-temps qu'on a vu dans le château de Versailles et dans celui d'Écouen d'assez grandes tables formées d'une seule planche de ce bois.

La *vigne sauvage*, peu délicate sur le choix du terrein, l'est un peu plus sur celui du climat. Elle croît spontanément dans toutes les parties tempérées de l'hémisphère septentrional. On la rencontre assez fréquemment en Europe, dans son état agreste, jusqu'au 45e degré de latitude. En France, elle se trouve éparse çà et là dans la plupart de nos cantons méridionaux. C'est la *vigne sauvage* qui, dans le département des Landes, forme presque toutes les haies qui bordent les belles rives de l'Adour.

L'homme, dans les climats tempérés, a su tirer de ce végétal un produit bien autrement avantageux que celui qu'il lui offroit comme plante forestière. Son fruit, le *raisin*, est un excellent comestible quand il est parvenu au degré d'une maturité parfaite, et aussi après qu'on lui a fait subir une longue et soigneuse dessication. Ainsi préparé, celui-ci est connu dans le commerce sous le nom de *raisin de caisse*. Le jus exprimé des baies de la *vigne* devient, par l'effet d'une fermentation artistement dirigée, une liqueur tellement flatteuse au palais et si bien appropriée à la constitution des hommes, qu'il a été employé comme un appât irrésistible pour soumettre des nations invincibles par la force des armes. Son usage modéré est un des moyens les plus sûrs de maintenir l'homme en santé et de prolonger la durée de ses forces et de sa vie. On obtient du vin, par la distillation, son esprit ardent, et cet esprit plus ou moins rectifié par l'application des moyens chimiques, reçoit les noms d'*eau-de-vie*, d'*esprit-de-vin* ou *alcool*. On sait combien ils sont fréquemment employés dans les arts et dans les usages de la vie. Il est un autre produit de la *vigne* peut-être plus important encore, parce que la nécessité d'en user le rapproche davantage de nos premiers besoins : c'est le *vinaigre*. Il est l'effet de la seconde fermentation que subit le moût du raisin, et qu'on appelle *fermentation acéteuse*. On est encore redevable à la *vigne* du tartre et des cendres gravelées dont la circulation est immense dans le commerce.

L'Europe est redevable à l'Asie, non-seulement de la civilisation et des arts, mais encore de la plupart de ses plantes graminées et potagères, de plusieurs espèces de fruits et spécialement de la *vigne*. Les Phéniciens, qui parcouroient souvent les côtes de la Méditerranée, introduisirent sa culture dans la Grèce, dans les îles de l'Archipel, dans la Sicile, enfin en Italie et dans le territoire de Marseille. Cette culture, une fois parvenue en Provence, s'étendit bientôt sur les coteaux du Rhône, de la Saône, de la Garonne, de la Dordogne, dans les territoires de Dijon, vers les rives de la Marne et même de la Moselle. Son succès ne fut pas égal dans toutes nos provinces, puisqu'on n'a pu réussir à obtenir de bons vins des *vignes* plantées dans les parties les plus étendues de la Bretagne, de la Picardie, dans les deux Normandies, dans la Marche, &c. ; mais la réputation dont jouissent la plupart de nos crus vignobles, la grande consommation qui se fait de leurs produits dans l'intérieur de la France et chez l'étranger, prouvent, sans réplique, que nos ancêtres acquirent une source féconde de richesse agricole.

Ils ne tardèrent pas à en faire la remarque ; car on voit dans les anciennes ordonnances des premiers ducs de Bourgogne, combien ils se flattoient d'être qualifiés *seigneurs immédiats des meilleurs vins de la Chrétienté, à cause de leur bon pays de Bourgogne, plus famé et renommé que tout autre en croît de bons vins.* Les princes de l'Europe, au rapport de Paradin, désignoient souvent le duc de Bourgogne sous le le titre du *prince des bons vins.*

Il ne tarda pas à s'élever une certaine rivalité d'industrie, d'émulation et de renommée entre les vins de Bourgogne et ceux de Champagne, rivalité qui dégénéra depuis en une lutte assez ridicule, puisqu'elle fut le sujet d'une thèse sérieusement soutenue et gravement écoutée aux Écoles de médecine de Paris, en 1652. Quarante ans après, la Bourgogne produisit un nouveau champion; le gant est jeté une seconde fois aux Rhémois. Ceux-ci le relèvent, et font à leur tour soutenir une thèse dans les écoles de leur Faculté, où le champion retorque contre la Bourgogne toutes les injures que l'agresseur avoit prodiguées à la Champagne. Le docteur Salins, doyen des médecins de Beaune, fut chargé de la réplique, et son ouvrage eut un tel succès, qu'il fut réimprimé cinq fois dans l'espace de quatre années.

Les vignobles des environs de Paris avoient aussi des prétentions à la renommée. Ce genre de culture s'y étoit d'autant plus multiplié, que les rois de France l'avoient introduit dans leurs domaines. Les capitulaires de Charlemagne fournissent la preuve qu'il y avoit des vignobles attachés à chacun des palais qu'ils habitoient, avec un pressoir et tous les instrumens nécessaires à la fabrication des vins. On y voit le souverain lui-même entrer, sur cette espèce d'administration, dans les plus grands détails avec ses économes. L'enclos du Louvre, comme les autres maisons royales, a renfermé des *vignes,* puisqu'en 1160, Louis-le-Jeune assigna annuellement, sur leur produit, six muids de vin au curé de Saint-Nicolas.

L'espace auquel nous sommes bornés ici, ne nous permettant pas de citer nominativement tous les fameux crus vignobles de France, dont la liste est immense, et seroit susceptible d'être beaucoup plus étendue, si on y faisoit entrer ceux qui mériteroient d'y être admis, parce qu'il ne leur manque que d'être plus connus : nous nous bornerons à suppléer par un mot au silence que les écrivains ont gardé sur les *vignes* du territoire bordelais. Leur produit ayant été pendant plusieurs siècles, étant encore de nos jours, plutôt un objet de commerce extérieur très-important, que de consommation intérieure, il n'est pas surprenant que les auteurs qui les connoissoient peu n'en aient parlé que très-succinctement.

Cependant Ausone, qui vivoit au quatrième siècle, lui donne des éloges dans plusieurs de ses écrits. Matthieu Pàris, parlant des dispositions de mécontentement et d'aigreur où étoit la Gascogne, en 1251, contre les Anglais leurs dom.-

nateurs, dit que cette province se seroit soustraite dès-lors à l'obéissance de Henri iii, si elle n'eût eu besoin de l'Angleterre pour le débit de ses vins. Il est constaté par un registre des droits de la douane de Bordeaux, que, dans le cours de l'année 1350, il sortit du port de cette ville cent quarante-un navires chargés de treize mille quatre cent vingt-neuf tonneaux de vin (le tonneau est composé de quatre barriques, et chaque barrique contient deux cents pintes), qui avoient produit 5,104 livres 16 sous de droits, *monnoie bordelaise.* En 1372, dit Froissard, on vit arriver à Bordeaux, *toutes d'une flotte, bien deux cents voiles et nefs de marchands qui alloient aux vins.* Cette vieille réputation s'est si bien soutenue, que dans les années qui viennent de s'écouler, les vins des premiers crus de Bordeaux ont été vendus tout frais jusqu'à 2,500 livres le tonneau. Le *minimum* est de 1,500 livres lorsque le temps n'a pas été favorable à la végétation de la *vigne.*

En consultant les plus sages calculs faits avant la révolution sur le produit territorial des *vignes* de France, on remarque que huit cent mille hectares sont consacrés à leur culture. Chaque hectare donne, année commune, de douze à quatorze barriques; chaque barrique représentant la valeur de 45 francs 25 centimes. Le revenu brut de cette seule branche d'agriculture s'élève à la somme de 761,270,000 francs. Ce produit est immense, et d'autant plus avantageux, qu'il ne peut nuire à la reproduction de la denrée la plus précieuse, à celle du blé, puisque le terrein qui lui est propre ne convient nullement à la *vigne.*

Si l'on parcourt les tableaux des douanes, on s'assure que nul genre de commerce avec l'étranger n'a été aussi favorable à la France que celui qui a pour objet l'exportation des vins, eaux-de-vie, liqueurs et vinaigres. Cette branche de commerce a presque doublé dans un espace de soixante ans, depuis 1720 jusqu'en 1790; et les résultats de 1790, comparés avec ceux de 1778, attestent qu'en douze ans seulement, ce commerce s'est accru de 18,944,225 livres.

Des espèces et variétés.

La nature propage par la semence l'espèce qui lui appartient. Les variétés qui sont, pour ainsi dire des jeux de la nature, ne se perpétuent pas constamment par la semence : souvent elles engendrent un grand nombre de variétés nouvelles qui se rapprochent plus ou moins de la souche ou de la mère plante. Voilà pourquoi les botanistes qui n'ont voulu donner que les caractères qui se renouvellent par la semence, n'ont décrit, pour les *vignes,* que la *vitis vinifera,* de même qu'ils ont borné la description du *pommier* au *pyrus malus.*

Les cultivateurs suivent un autre principe : leur art ayant pour objet non-seulement de multiplier les espèces par la semence , mais de rendre constans les caractères des races ou variétés, par le moyen des boutures et des marcottes, ou provins et de la greffe ; ils donnent le nom d'espèces aux individus qu'ils reproduisent par chacune de ces méthodes. Toutefois la loi de la nature met souvent des bornes au pouvoir de l'art : voilà pourquoi la propagation d'une variété ou d'une espèce , agricolement parlant , arrive elle-même après la succession de plusieurs années , soit par l'effet d'un changement de sol et de climat , soit par une culture moins soignée , à dégénérer en une variété nouvelle. On ne doit pas être étonné de trouver dans nos *vignes* un nombre presque infini de variétés , en supposant même que les souches primitives ou les races secondaires aient été originairement restreintes à un petit nombre. En effet, à l'époque où cette culture se propagea en deçà des Alpes , les ceps qu'on y transporta pouvoient avoir déjà subi d'étonnantes modifications dans leurs formes, et , par conséquent, dans les qualités de leurs fruits. puisqu'ils avoient passé de la Grèce en Sicile, de la Sicile en Italie ; et si on ajoute à ces premières causes des variétés les effets des transplantations qui ont dû avoir lieu en France, pour étendre cette culture depuis les bouches du Rhône jusqu'aux rives du Rhin et de la Moselle ; c'est-à-dire dans une étendue de plus de cent cinquante lieues, qui présente des sols et des climats si divers, on ne peut douter que la plupart de ces plants n'aient éprouvé dans ce long trajet d'étonnantes diversités dans leur manière d'être, les unes en dégénérant, les autres peut-être en se régénérant. D'après la même observation , on ne doit pas être surpris non plus de l'étonnante diversité des races, dont nos vignobles sont composés ; plusieurs œnologistes en ont évalué le nombre à plusieurs centaines. Il est vrai que la différence des noms que portent les mêmes cépages, et qui varie souvent d'un vignoble à l'autre , auroit bien pu donner lieu à cette exagération sur le nombre. On auroit beaucoup de peine à motiver la différence de ces noms : quelques individus ont sans doute emprunté le leur des noms des particuliers qui les ont introduits dans leurs cantons, et d'autres les tiennent de celui des vignobles d'où ils ont été tirés immédiatement à l'époque de leur transplantation dans une autre province, comme le *maurillon de Bourgogne* est appelé *bourguignon* en Auvergne, et *auvernat* dans l'Orléanais ; sans doute parce que l'Auvergne aura tiré le *maurillon* directement de la Bourgogne, et qu'ensuite elle l'aura transmis à l'Orléanais. La même raison peut être alléguée pour les races qu'on nomme en différens lieux , le *Maroc*, le *Grec* , le *Corinthe* , le *Cioutat* , le *Pouilli* , l'*Auxerrois*, le *Languedoc* , le *Cahors*, le *Bordelais* , le *Rochelais* , etc. , etc. Mais il en est dont la bizarrerie des noms est telle , qu'on chercheroit en vain à leur assigner une origine vraisemblable. Quoi qu'il en soit , voici la liste des plus connus : nous avons joint à chaque race les noms vulgaires qu'il a été possible de recueillir sur chacune.

La VIGNE SAUVAGE, *Vitis silvestris*. C'est la *vigne* redevenue sauvage ou inculte. Il est à présumer qu'étant cultivée elle acquerroit à la longue les qualités dont elle est dépourvue dans son état agreste, qu'on obtiendroit de ses baies le muqueux sucré, sans lequel le jus du *raisin* ne peut être converti en *vin*.

Le MAURILLON HATIF, *Vitis præcox Columellæ*. C'est le *raisin* le plus précoce de notre climat. Son fruit contracte la couleur noire long-temps avant sa maturité ; ses grains sont petits, ronds, peu serrés ; leur eau peu sucrée, presqu'insipide ; ses grappes sont petites de même que ses feuilles. Celles-ci sont d'un vert clair en dessus et en dessous, et terminées par une dentelure peu aiguë. Ce *raisin* n'a d'autre mérite que sa précocité. Noms vulgaires : *Tarney-courant, amaroy, raisin de Saint-Jean, de la Madeleine, de juillet, jouanens négrés.*

Le MEUNIER, *Vitis subhirsuta* C. B. P., *Vitis lanata* (*Carol. Steph.*), le plus hâtif après le précédent : ses grains sont noirs, gros et médiocrement serrés : ses feuilles sont couvertes d'une matière blanche, cotonneuse qui le fait distinguer de très-loin. Noms vulgaires : *Maurillon taconné, fromenté, resseau, farineux noir, savagnien noir, noirin.*

Le SAVAGNIEN BLANC, *Vitis subhirsuta, acino albo*. Cette variété blanche ne diffère du précédent que par sa couleur et le volume de sa grappe. Noms vulgaires : *Unin blanc, matinié.*

Le MAURILLON ou PINEAU DE BOURGOGNE, *Vitis præcox Columellæ, acinis dulcibus nigricantibus*. Le *maurillon* qui forme la plus grande partie des bons plants de Bourgogne ne doit pas être confondu avec le *franc pineau*. C'est à sa couleur de maure qu'il faut sans douter rapporter sa première dénomination, ainsi que celle de plusieurs autres raisins noirs qui ne sont pas le vrai *pineau*, quoiqu'on leur en donne le nom dans plusieurs vignobles. Le *maurillon*, qui forme la plus grande partie des bons plants en Bourgogne, a ses grappes et ses baies peu grosses, ses grains peu serrés et assez agréables au goût. Le cep, les sarmens, les feuilles et le fruit n'annoncent pas une forte végétation. Noms vulgaires : *Maurillon noir, auvernat, pineau bourguignon, pimbart, manosquin, mérille, noirien, gribulot noir, massoutet.*

Le MAURILLON BLANC, *Vitis præcox acino rotundo, albo, flavescenti et dulci*. Il a la grappe plus alongée que le précédent et composée de grapillons : sa feuille est verte en dessus, blanchâtre et drapée en dessous. Noms vulgaires : *Mélier, daunerie, maurillon blanc, daune* et quelquefois *mornain*, quoiqu'il y ait d'autres races de ce nom.

Le FRANC PINEAU, *Vitis acinis minoribus, oblongis, dulcissimis confertim botry adnascentibus*. Cette phrase de Garidel décrit parfaitement le *franc pineau*, le *maurillon* par excellence : ses grappes sont petites, coniques, portées par un pédoncule très-court ; le grain oblong et serré est d'un rouge incarnat à son orifice. Le *pineau* est peu productif ; mais son fruit est excellent, et donne les vins les plus délicats de Bourgogne. Noms vulgaires : *Bon plant, raisin de Bourgogne, pineau, franc pineau, maurillon noir, pinet, pignolet, bouchil, rinaut, chauché noir.*

Le BOURGUIGNON NOIR, *Vitis acino minus acuto, nigro et dulci*. Cette variété fait encore partie des *maurillons noirs*. Il y a quelqu'analogie entre la forme de son grain et celle du précédent ; mais il est moins oblong et moins serré : ses pétioles sont courts et très-rouges. Noms vulgaires : *Bourguignon noir, plant de roi, damas, grosse serine, pied rouge, côte rouge, boucarès, étrange gourdoux.*

Le Griset blanc, *Vitis acinis dulcibus et griseis.* On le croit une variété du *franc pineau.* Sa grappe est courte, inégale; grains ronds, assez serrés, d'une saveur douce et parfumée. Ce raisin est grisâtre. Il y avoit autrefois des *vignes* entières formées de ce cépage, qui compose encore une grande partie du bon vignoble de Pouilli. Noms vulgaires : *Pineau gris, ringris, malvoisie, pouilli, griset blanc, le joli, gennetin-fromenteau, auvernat gris, bureau.*

Le Sauvignon, *Vitis serotina, acinis minoribus, acutis, flavo-albidis, dulcissimis.* Ce raisin produisant peu, on a négligé de le renouveler dans les *vignes.* Il imprimoit au *vin* un goût particulier très-agréable. Sa grappe est courte, d'un blanc qui tire sur le jaune, sur-tout vers le côté du soleil. A l'époque de sa maturité il se couvre de petits points briquetés, qui lui donnent un caractère naturel constant. On le croit encore une variété du *pineau.* Noms vulgaires : *Maurillon blanc, sauvignen, sucrin, fié.*

Rochelle noire et blanche, *Vitis acino nigro (et albo), molli minus suavi.* Race très-commune au nord-ouest de la France. Ce n'est pas celle que préfèrent ceux des cultivateurs qui aiment mieux la qualité que la quantité du produit. Noms vulgaires : *Viganne, faigneau, morvégué, gamé, murleau.*

Le Teinturier, *Vitis acino nigro, rotundo, duriusculo, succo nigro labia inficienti.* On ne cultive ce cépage que pour donner de la couleur au vin. Cuvé seul il donne une liqueur âpre, austère, de mauvais goût. Noms vulgaires : *Tinteau, gros noir, mouvé, noir d'Espagne, teinturin, noireau, morien, Portugal, Alicante.*

Le Ramonat, *Vitis uva perampla, acinis nigricantibus majoribus.* Il a beaucoup d'analogie avec le précédent ; mais son jus est moins noir; ses baies, ses grappes, ses feuilles ont plus d'ampleur. Noms vulgaires : *Neigrier, gros noir d'Espagne, raisin d'Alicante, de Lombardie.*

Le Raisin perle, *Vitis pergulana, uva perampla, acino oblongo, duro, majori et subviridi.* Le grain de ce *raisin* est oblong ; sa grappe formée de plusieurs grapillons, semble supporter avec peine le poids des grains. Noms vulgaires : *Rognon de coq, pendouleau, barlantine.*

Le Mélier, *Vitis uva longiori, acino rubescenti et dulci.* Sa grappe ressemble beaucoup à celle du *chasselas* ; mais la couleur qu'il prend du côté du soleil est plutôt rousse que jaune, et ses feuilles naissantes ne se font point remarquer par cette espèce d'auréole, dont sont teintes les jeunes feuilles du chasselas. Noms vulgaires : *Morna, chasselas, blanc de bonelle.*

Rochelle verte, *Vitis acino rotundo, albido, dulci-acido.* Ce raisin est de moyenne grosseur; peau molle ; grains serrés: il a un goût acide, douceâtre, peu agréable. Noms vulgaires : *Sauvignon vert, folle blanche, mélier-vert, roumain, blanc-berdet, enrageat.*

Le Chasselas doré de Bar-sur-Aube, *Vitis acino medio, rotundo, ex albido flavescente.* Grosse grappe formée de grains inégaux. La *blanquette* ou la *doune* en sont une variété. La peau des unes et

des autres est dure, jaunâtre dans sa maturité, et prend au soleil une
couleur ambrée. C'est un *raisin* très-bon à manger ; mais il produit
un *vin* foible, parce que le tartre lui manque.

Le CHASSELAS ROUGE, *Vitis acino medio, rotundo, rubello*. Variété du précédent ; vert clair du côté de l'ombre, teint de rouge du côté du soleil.

Le CHASSELAS MUSQUÉ, *Vitis acino rotundo, albido, moschato*. Il ne s'ambre point au soleil. Sa maturité est plus tardive que celle du *chasselas doré*. Tous sont excellens, et mûrissent parfaitement, même au nord de la France.

Le CIOTAT, RAISIN D'AUTRICHE, *Vitis folio laciniato, acino medio, rotundo, albido*. D'après sa couleur et son goût, il devroit faire partie des *chasselas* ; mais ses feuilles sont palmées et laciniées en cinq parties.

La PERSILIADE ou le CIOTAT, *Vitis apii folio, acino medio, rotundo, rubro*, variété du précédent ; mais ses grains sont rouges et ressemblent à la feuille du *persil*.

Le MUSCAT BLANC, *Vitis apiana, acino medio, subrotundo, albido, moschato*. Ce *raisin* porte des grappes longues, étroites et terminées en pointe, parce que les grains qui les forment sont très-serrés. Ce fruit est excellent ; mais il ne parvient à une maturité parfaite que dans nos cantons du midi.

Le MUSCAT ROUGE, *Vitis apiana, acino medio, rotundo, rubro, moschato*, variété du précédent ; ses grains sont moins serrés ; aussi mûrit-il plutôt.

Le MUSCAT VIOLET, *Vitis apiana, acino magno, oblongo, violaceo, moschato*. Seconde variété du *muscat* ; mêmes proportions que celles du précédent.

Le MUSCAT D'ALEXANDRIE, *Vitis apiana, acino magno, subrotundo, nigricante, moschato*. La saveur de celui-ci est très-musquée ; il ressemble peu aux autres *muscats* : il doit être exposé en treilles, même dans nos cantons méridionaux.

Le CORINTHE BLANC, *Vitis acino minimo, rotundo, albino, sine nucleis*. On le nomme aussi *raisin de passe, passerille*, parce qu'on lui tord la queue pour le faire sécher.

Le VERJUS, *Vitis acino majore, ovato, è viridi flavescente, burdigalensis dicta*. C'est le *bordelais* ; on peut lui assimiler le *prunelas* ou *chalosse*. Il mûrit si complètement dans le territoire de Bordeaux, que le grain se détache souvent de la grappe avant les vendanges.

RAISIN D'ALEP ou de SUISSE, *Vitis acino rotundo, medio bipartito nigro, bipartito albido*. Grain panaché, sujet à dégénérer. Ce *raisin* n'a d'autre mérite que le mélange de ses couleurs.

Verjus.

Parmi les espèces de *raisins* cultivées, il en est une qui, dans les cantons du centre et du nord de la France, ne parvient jamais qu'à une maturité imparfaite ; on la nomme *verjus* : elle est désignée aussi sous les noms de *bordelais* et *bourdelas*. Son suc est d'un grand usage dans la cuisine.

Si le hasard est la cause vraisemblable de l'art de convertir en *vinaigre* les *vins* qu'on remarquoit tourner à l'aigre, la simple observation a dû, long-temps avant qu'on perfectionnât l'art du vinaigrier, apprendre que certains fruits ou conservent une saveur aigrelette, agréable, ou la possèdent avant d'acquérir leur parfaite maturité. Les *groseilles*, l'*épine-vinette*, et sur-tout le *raisin*, avant de tourner, ont ce goût acide.

Un pepin de ce *raisin*, semé il y a plusieurs années dans le jardin très-connu du chevalier Jansen, à Chaillot, près Paris, a produit une variété dont le fruit parvient à la maturité la plus complète ; ses sarmens poussent avec une vigueur extrême, et couvrent déjà une grande étendue de muraille. Le fruit de cette variété est excellent ; mais, comme l'observe M. Dussieux, elle porte, on ne sait pas trop pourquoi, le nom de *vigne aspirante*.

Le *verjus* ne sauroit être considéré à la rigueur comme un véritable *vinaigre*, puisqu'il n'est pas le produit de la fermentation acéteuse ; c'est un acide malique plus ou moins pur, que la pression sépare des *raisins* encore verds, et qu'on fait dépurer par un léger mouvement de fermentation vineuse.

Cet acide n'existe pas seulement dans le *verjus*, il se trouve encore dans le moût des autres espèces de *raisins*, d'autant moins abondamment qu'elles sont plus mûres. Les liqueurs fermentées, telles que le *cidre*, le *poiré*, la *bière*, etc. contiennent également l'acide malique, et M. Chaptal la rencontre jusque dans la mélasse ; c'est même pour le saturer complètement qu'on emploie la chaux, les cendres ou d'autres bases terreuses ou alcalines dans la purification du sucre : le même chimiste a remarqué que les *vins* qui contiennent le plus d'acide malique, fournissent les plus mauvaises qualités d'*eaux-de-vie*.

Le suc de *verjus* n'est pas difficile à faire ; il s'agit seulement de prendre le *raisin* qui porte ordinairement ce nom, de l'écraser encore verd, et de le laisser ainsi fermenter dans un vaisseau à découvert environ trois semaines ; après on exprime le suc par le moyen d'une presse ; on le laisse dépurer pendant vingt-quatre heures ; on le filtre à travers le papier, et on le conserve pour les différens usages en mettant une couche d'huile par-dessus.

On fait avec le suc du *verjus* plusieurs mets assez recherchés ; ils portent son nom. Si on l'a laissé exposé au soleil sur plusieurs assiettes, jusqu'à ce qu'il soit desséché, et que l'extrait qui en résulte soit conservé dans des bouteilles bien fermées, on peut, avec quelques grains de cet extrait, assaisonner des œufs dans toutes les saisons.

On prépare en outre avec le *verjus* un sirop fort agréable, en faisant fondre vingt-huit onces de sucre dans une livre d'acide : il est très-rafraîchissant.

Plantation de la Vigne.

C'est entre le 40 et 50ᵉ degré de latitude qu'on peut se promettre une culture avantageuse de la *vigne* ; c'est aussi entre ces deux termes que se trouvent les vignobles les plus renommés et les plus riches en *vins* : au-delà, le raisin ne mûrit point complètement ; il n'y reçoit ni l'arome ou le parfum , ni le muqueux doux ou le principe sucré qui doivent le caractériser.

C'est sur-tout en France que cette production végétale prospère le mieux , qu'elle fournit les *vins* les plus variés , les plus agréables , les plus spiritueux , et forme la branche la plus fructueuse du commerce ; aussi rien d'aussi avantageux que d'y soutenir la réputation dont ils jouissent chez l'étranger.

Pour parvenir à ce but , il faut , 1°. cultiver dans chaque province propre à la *vigne* , les espèces qui y réussissent le mieux , et sur-tout celles dont les *raisins* mûrissent en même temps , sinon l'un est passé et souvent pourri avant que l'autre ait acquis le véritable point de maturité. 2°. Transporter plutôt les plants du Nord dans le Midi , que ceux du Midi dans les contrées du Nord , parce que les *raisins* du Midi ne mûrissent dans le Nord que lorsque les chaleurs de l'été ont été très-considérables. 3°. Choisir pour la *vigne* les terreins qui lui conviennent sous le rapport de la qualité ; ils sont ou calcaires , ou sablonneux , ou caillonteux , ou volcanisés , ou résultans du détritus des granits ; ils sont sur-tout de nature sèche et légère , propres à réfléchir les rayons du soleil , à prendre facilement la chaleur et à la conserver long-temps ; à permettre mieux que tout autre aux racines de s'étendre , à l'eau de les humecter sans les noyer et les pourrir , à l'air de les pénétrer et de les vivifier. 4°. Préférer pour la *vigne* l'exposition qui est entre le levant et le midi , sur des collines situées au-dessus d'une grande plaine dans laquelle coule une rivière , les autres expositions , à quelques exceptions près , étant plus ou moins désavantageuses. 5°. Il faut donner à la *vigne* toutes les façons à temps oportuns , pour rendre la terre perméable aux influences des météores salutaires ; sarcler pour en extirper toutes les plantes qui vivent à ses dépens ; n'y employer pour engrais que du fumier réduit à l'état de terreau ; l'attacher à des échalas dans les cantons septentrionaux pour la mettre à même de profiter , malgré les rapprochemens des ceps , de toute la chaleur du soleil ; enfin , elle doit être plantée , taillée , labourée , fumée , binée , sarclée , tiercée , ébourgeonnée et rognée d'après les meilleurs procédés connus.

Bornons-nous à dire un mot sur chacune de ces opérations , car notre intention n'est point de développer ici les principes de l'art du vigneron , ce n'est pas du moins là l'objet que nous nous sommes proposé ; cette tâche , délicate sans doute en raison du grand intérêt que les Français doivent y attacher , a été supérieurement remplie par M. Dussieux , dans le dixième volume du *Cours complet d'Agriculture* , par Rozier.

Un reproche que semblent mériter ceux qui ont écrit avant lui sur la *vigne* , c'est d'avoir eu en vue de se procurer beaucoup de *raisins* ; mais , comme le dit M. Dussieux lui-même , ce n'étoit pas la peine de faire des livres pour remplir une pareille tâche , car la *vigne* est tellement vivace de sa nature , que , secondée par la culture , les accidens à part , elle donne les récoltes les plus abondantes. Plantez en bonne terre , fumez souvent , labourez trois ou quatre fois l'année , taillez long et vous aurez du *raisin* en quantité. M. Dussieux a suivi une marche différente ; il s'est plus occupé de la qualité des fruits que de leur abondance, et au lieu de s'amuser à décrire tous les procédés, toutes les méthodes applicables à la culture de la *vigne*, dans toutes les circonstances, dans tous les terreins et à toutes les expositions, il s'est borné à établir clairement les principes généraux d'où dérivent les modifications dont cette culture est susceptible. Son article VIGNE devient un Traité complet ; il a des droits à la confiance du public, et nous conseillons aux propriétaires, pour leur intérêt, de le consulter.

Il n'est pas douteux que le but de tout cultivateur de *vigne* ne soit d'en obtenir une liqueur de qualité, un *vin* franc, généreux et propre à se garder. Pour cela, il faut préférer un terrein plutôt graveleux que glaiseux ; si l'eau séjourne dans une *vigne*, son produit est dénué de toutes les conditions qu'on lui desire, une chaleur forte et sur-tout prolongée étant nécessaire pour faire parvenir son fruit à la maturité et former abondamment le muqueux sucré, sans lequel la fermentation vineuse ne sauroit s'opérer complétement.

Il faut choisir une exposition où le plant soit frappé le plus long-temps possible des rayons du soleil. Une pente douce, au midi, est ce qui lui convient le mieux ; là, il est à couvert des vents du nord, et les travaux de la culture y sont moins pénibles que dans les pentes rapides qui facilitent la formation des ravins, lesquels déracinent les plants et entraînent l'humus, terre par excellence, la plus propre à la nourriture de tous les végétaux.

Les plaines produisent rarement du *vin* bien conditionné : il est abondant à la vérité ; mais si les ceps ne sont pas bien espacés, la qualité est toujours défectueuse, quand bien même la terre seroit légère et rocailleuse, parce qu'il arrive fréquemment que les couches inférieures sont de nature argileuse. Nous le répétons, les terres légères, assises sur des couches pierreuses, sont de tous les fonds les plus favorables à la *vigne*, relativement à la qualité du *vin* ; tout sol qui ne convient ni à la culture des grains ni à celle des prairies, est singulièrement propre à la *vigne*. L'objet le plus important après le choix du sol et de l'exposition, c'est celui du plant, la base de tous les succès que peut espérer le vigneron. A cet égard, on ne sauroit trop le dire, ce n'est que dans les *vignes* jeunes et fortes qu'on doit tirer du plant pour se procurer une source féconde et intarissable pendant nombre d'années ; si on le prend dans une vieille *vigne*, quoique bonne et rapportant encore bien, on courra les risques de n'avoir qu'un plant dégénéré, médiocre d'abord, et bientôt mauvais.

Un moyen certain, peu coûteux et fort simple, pour exécuter la plantation qu'on se propose de former, c'est de se pourvoir autour de soi, dans ses propres *vignes*, ou dans celles de ses plus proches voisins des plants dont on a besoin de porter son choix sur les seules vues connues pour produire le meilleur *vin* du canton, et par conséquent, de les réduire à un petit nombre.

La plantation de la *vigne* prescrit les mêmes règles que celle des arbres fruitiers ; il convient de préférer, autant que cela est possible, les sujets poussés dans un terrein plus maigre que celui auquel on veut les confier. En plantant un arbre à la fin de l'automne, on lui donne le temps de prendre racine avant que la sève se renouvelle ; au lieu que lorsqu'on le plante au printemps, la sève monte avant que

les racines n'adhèrent ; s'évapore par les ouvertures qu'on lui fait en
le taillant.

Au moment où l'on enterre la *vigne*, elle est plus sujette à cet inconvénient encore que les arbres, parce que son bois est beaucoup plus tendre, son écorce plus déliée et sa moelle plus volumineuse. Cependant, si au Nord on en plantoit avant l'hiver, on pourroit préjudicier au plant. Le commencement du printemps est donc l'époque qu'on adopte de préférence.

La *vigne* étant sensible à la gelée, demande à être éloignée de tout ce qui attire ou conserve l'humidité, comme les bois, les haies épaisses, les prairies et les marais. Les arbres fruitiers doivent en être également écartés à cause de leur ombrage, excepté cependant dans les contrées méridionales, où les pluies sont, certaines années, si rares, et les sécheresses si fréquentes, que, sans le voisinage des *pêchers* et des *figuiers*, les *raisins* courroient les risques d'être brûlés sur pied long-temps avant leur maturité. Par-tout où prospèrent le figuier, l'amandier à noyau tendre, par-tout où l'on verra le *pêcher* donner de bons fruits sans le secours de la greffe, on pourra en conclure que la terre et l'exposition sont favorables à la culture de la *vigne*.

On crée, on renouvelle, on perpétue une *vigne* par le moyen des crossettes, des boutures, des plants enracinés, des marcottes, des provins et des semis. Ce dernier moyen qui multiplie les variétés, est une voie beaucoup trop longue ; mais quelque méthode qu'on suive pour la plantation, soit qu'on forme un trou, soit qu'on ouvre des tranchées ou des rayons parallèles d'une extrémité à l'autre du champ, il faut toujours que le sol soit défoncé aussi profondément qu'il est possible, pour y placer une marcotte seule : ce sera en automne, si on établit la *vigne* dans les parties méridionales de la France ; et à la fin de l'hiver, si on la forme dans les régions septentrionales.

Une circonstance extrêmement importante dans la culture dont il s'agit, c'est l'espacement des ceps entr'eux. Leur distance doit être déterminée par le degré de chaleur du climat, par l'exposition, par la nature du sol. Si la sève est trop abondante, l'élaboration se fait mal, le *raisin* ne mûrit pas, et le muqueux sucré ne sauroit se former ou se développer. Or, comme plus on donne d'espace à parcourir à un cep, plus il devient vigoureux, et plus la sève s'y trouve en abondance, il est essentiel de savoir le restreindre dans de justes bornes. Au midi, on les place depuis quatre jusqu'à six pieds ; et ce seroit assez vers le nord, de les éloigner de six à neuf pouces.

On ne laisse que deux yeux au-dessus de la terre au jeune plant qu'on enfouit : on en retranche un au temps de la taille, qui a lieu aussi aux époques différentes, selon la situation de la *vigne*. Elle doit recevoir trois labours environ par an ; et au bout de cinq ans elle est en plein rapport.

Taille de la Vigne.

On dit que ce fut une *chèvre* qui donna l'idée de tailler la *vigne* : cet animal ayant brouté un cep, on remarqua que l'année suivante il donna plus de fruit que de coutume ; et en effet, les grappes ne sortant jamais que sur les pousses de l'année, plus ces pousses sont fortes et nombreuses, et plus on doit espérer de fruit ; or, elles le sont d'autant plus, que les racines sont plus étendues et la tige plus courte.

La taille du jeune plant doit se diriger selon la forme qu'on veut donner à la *vigne*. La première n'entraîne aucun embarras ; elle est facile. Il ne s'agit que d'enlever le jet le plus élevé des deux yeux mis à découvert dans la plantation, et de rogner le second près du tronc, immédiatement au-dessus du premier œil. L'année suivante, si la *vigne* est destinée à devenir une *vigne* moyenne, on taillera sur trois sarmens, et on enlèvera les autres raz de la souche. Si elle ne doit être qu'une *vigne* basse, on ne laissera subsister que deux flèches ou coursons.

A la troisième taille, on donnera un bourgeon de plus à chaque tête, et le nombre des têtes ou mères-branches doit être ménagé de manière que la *vigne* moyenne en ait au moins trois et rarement plus de quatre, même quand elle est parvenue au plus haut point d'élévation qu'on veut lui prescrire. La *vigne* bien plantée a déjà de la force à quatre ans ; elle commence à donner du fruit. On peut tailler à deux yeux sur les deux ou trois sarmens les plus vigoureux.

La cinquième taille demande encore quelques menagemens particuliers. Il faut couper à deux yeux seulement sur le bois le plus fort ; borner à un seul bourgeon le produit du sarment inférieur, et ne laisser pas en tout au-delà de cinq flèches. C'est alors que le jeune plant est devenu une *vigne* faite.

Faut-il tailler court ou long ? laisser peu ou beaucoup de coursons ? Plusieurs auteurs disent bien que la taille doit être en raison de la grosseur et de la qualité particulière du bois, de l'âge et de la vigueur du sujet, de l'espèce de cépage, du climat, des expositions, de la nature du sol, des événemens du printemps précédent ; mais c'est renvoyer à des observations qui supposent déjà un fond de connoissances, et jeter dans le vague et l'arbitraire. N'existeroit-il donc pas de signe certain, invariable, à la portée des personnes les moins instruites, et indépendant de toutes les circonstances, qui puisse servir de regle au vigneron pour placer infailliblement sa serpe. Varenne de Fenille l'a bien trouvé, ce signe pour la coupe des bois. Pourquoi ne l'obtiendroit-on pas pour la *vigne* ?

L'automne et le printemps sont les saisons les plus favorables à la taille de la *vigne* ; ceux qui préfèrent de faire cette opération en automne, se déterminent d'après les considérations suivantes : 1°. Ce travail fait en automne, laisse plus de temps pour vaquer à la foule d'occupations que prescrit le retour du printemps. 2°. Toutes les variations de l'atmosphère qui peuvent imprimer du mouvement à la sève, concourent à l'avancement de la *vigne*, laquelle gagne au moins par ce moyen quinze jours de précocité. Les partisans de la taille du printemps, au contraire, se fondent sur les désastres occasionnés par les hivers rigoureux dont les effets sont bien autrement sensibles pour la *vigne* taillée vers l'automne, que pour celle qui ne recevra cette façon qu'après les grandes gelées. En la taillant l'hiver, les météores aqueux, s'introduisant par toutes les ouvertures faites à la plante se congèlent, pénètrent dans son intérieur, et rendent les gelées printannières plus dangereuses pour les jeunes bourgeons encore revêtus de leur bourse.

Les raisons dont on s'autorise pour pratiquer chacune de ces mé-thodes, sont incontestables. Tout l'art consiste à savoir les modifier l'une par l'autre. En effet, ici la taille d'automne doit être préférée ; là, il ne faut admettre que celle du printemps ; telle race veut être taillée tôt, telle autre demande à l'être tard. Le cultivateur a le plus grand intérêt à obtenir dans le même temps la maturité de tous les différens cépages, et cependant les uns sont précoces, les autres tar-difs ; retarder la végétation des uns, avancer celle des autres, les connoître tous et les diriger tous vers la même fin, est une partie essentielle de l'art de cultiver la *vigne*, que M. Dussieux a si bien décrite.

La hauteur de la *vigne* varie dans chaque pays. Il y a des cantons où les ceps liés contre le pied d'un arbre, leurs sarmens se confon-dent avec ses branches, et produisent le bel effet d'un espalier ; dans d'autres, l'arbrisseau est abandonné à lui-même sans support. Enfin plusieurs lui donnent pour tuteur des échalas, et c'est un grand vice de notre agriculture que de négliger d'en faire usage pour les *vignes* basses, sur-tout dans les parties septentrionales. Voici quels en sont les principaux effets.

1°. Les ceps ne sont pas heurtés par les *bœufs*, et la charrue ne sauroit ni les maltraiter ni les casser ; 2°. ils ont moins à redouter de la violence des vents qui les fatiguent et forcent les branches à céder à leurs efforts ; 3°. les labours pour fertiliser le sol, améliorer le fruit et détruire les mauvaises herbes, peuvent être facilement répétés et administrés à des temps convenables ; 4°. on recueille une plus grande abondance de *raisin* ; 5°. enfin le fruit se perfectionne et acquiert plus de maturité. Tels sont les avantages que retire le propriétaire qui assujettit le rameau à des échalas et sait les placer dans la direction qu'ils doivent avoir.

Jetons maintenant les yeux sur une *vigne* qui n'est point échalassée dans les cantons où elle a besoin d'appui ; les raisins prennent nais-sance aux premiers boutons du jet de l'année ; les feuilles les cachent, les ombragent ; ils profitent peu des rayons du soleil, de l'action de la lumière et du contact de l'air ; ils traînent sur la surface de la terre, sont souvent couverts de boue que les eaux font rejaillir sur eux ; ces ordures nuisent à la maturité ; ils sont aqueux, peu propres à la vinification. Survient-il des pluies abondantes en septembre, les feuilles font l'office de réservoir pour l'eau ; elle tombe ensuite sur le fruit, y séjourne, et celui-ci devient la proie de la pourriture.

Dans les pays où la rareté du bois se fait sentir, le propriétaire qui ne compte que les soins et les avances, adopte difficilement l'usage des échalas. Mais des récoltes riches, abondantes, une qualité supé-rieure de *vin* sont des avantages que l'intérêt particulier devroit aussi apprécier. On pourroit restreindre le nombre des échalas à cinq ou six qui suffiroient pour les souches d'une planche, et formeroient un espalier sur lequel le fruit recevroit les heureuses influences de la lumière et de l'air ; cependant on doit préférer la culture sans écha-las par-tout où les rameaux peuvent se soutenir d'eux-mêmes sans ramper sur terre, et éviter cette dépense inutile et cette perte de temps.

Des façons à donner à la Vigne.

La *vigne* nouvellement plantée seroit bientôt détruite, si elle n'étoit soignée par une culture assidue; car elle est tendre, plus sensible aux intempéries qu'une *vigne* qui a pris de la force. Il faut donc ameublir souvent la terre autour du pied, pour la tenir ouverte aux influences de l'atmosphère, et la rendre perméable aux racines chevelues. Plus ce travail est répété, plus la *vigne* aura de durée et de vigueur; c'est un enfant au berceau qui demande des attentions et des soins continuels, si on veut en faire un homme robuste.

C'est un usage établi, et l'expérience en a démontré la nécessité, qu'il faut donner à la *vigne*, quel que soit son âge, trois labours au moins dans le courant de l'année.

Le premier doit avoir lieu d'abord après la taille, dès que les sarmens supprimés sont enlevés du terrein; dans les climats chauds, c'est à la fin de l'automne; les terres un peu compactes veulent être remuées plus profondément que les terres sèches et pierreuses.

Le second labour se donne d'abord après que le fruit est noué, et il n'est pas moins important que le premier; la terre n'est même complètement remuée qu'après l'avoir reçu.

La troisième et dernière façon est plutôt un binage ou un sarclage qu'un labour proprement dit; elle a pour objet de purger la terre de toutes les plantes parasites qui attireroient sur la *vigne* une humidité surabondante, et favoriseroient les gelées d'automne qui détériorent en entier les récoltes, parce qu'elles sont un obstacle à la maturité du fruit; d'ailleurs la végétation de ces plantes est toujours aux dépens de la *vigne;* elle influe souvent sur la qualité du produit. L'*aristoloche*, par exemple, se mariant à un cep, imprègne le *raisin* de son mauvais goût; et celui d'une *vigne* où le *souci* croît en abondance, donne un *vin* qui a l'odeur et la saveur du *souci*.

On prétend qu'il est possible de cultiver la *vigne* de manière à lui faire porter du *raisin* sans pepin; voici le procédé qu'en donne le *Gentilhomme cultivateur*. On prend autant de brins de sarmens que le terrein que l'on veut planter peut en contenir; on les fend légèrement avec un outil de la forme d'un cure-oreille, et l'on en tire toute la moelle; on réunit ensuite les brins fendus en les recouvrant tout autour de papier huilé. Plusieurs autres procédés sont également consignés dans le même ouvrage.

Mais la nature des engrais, la manière de les employer et leur proportion peuvent aussi influer sur la qualité des *vins*. On n'est pas encore bien d'accord sur l'espèce d'amendement le plus avantageux à la *vigne*. Tout ce qu'on sait, c'est que le fumier lui est absolument contraire. Cependant certains vignerons du Nord en emploient à outrance, dans la vue d'obtenir d'abondantes récoltes; mais ces engrais mal appropriés au sol et quelques plantes parasites sont la cause du goût de terroir artificiel, et l'origine de la saveur quelquefois détestable, inhérente aux *vins* de certains crûs.

Les litières nouvellement sorties des étables, des écuries, du co-

lombier et du poulailler, doivent être absolument proscrites des *vi-*
gnes, de même que les dépôts des voiries, des gadoues, des boues.
On ne doit s'en servir que quand ils sont rapprochés de l'état de
poudrette ou de terreau, qu'on a mêlé en certaines proportions avec
le curage des fosses, des rivières, les charrées, les terres franches,
les gazons, les débris des bâtimens ou des décombres de carrières,
de la terre de bruyère, des marnes, des coquillages, du sable,
le marc de *raisin* qu'on a laissé renfermé, etc. ect. pour ranimer
la végétation languissante et rajeunir en quelque sorte le plant,
toutefois en observant la precaution de les étendre quand il ne pleut
pas, en automne, sur toute la surface du sol, et non point en les
rassemblant par poignées aux pieds des ceps, comme cela se pratique
assez communément, et de répandre l'engrais plutôt annuellement
que pour six à sept ans à la fois.

On effeuille les *vignes* pour modérer le cours de la sève, pour procurer au *raisin* le contact immédiat des rayons du soleil, et lui faire
prendre ou cette belle couleur dorée, ou ce velouté pourpre, indices
de la saveur et souvent de la fermentation du muqueux sucré. Cette
opération est très-délicate ; elle doit être faite à plusieurs reprises, et
ne commencer que quand le *raisin* a acquis presque toute sa grosseur.
Si on effeuille trop, le *raisin* sèche et pourrit avant de parvenir à son
point de maturité, sur-tout dans les automnes pluvieux, parce qu'alors
le muqueux doux, noyé dans une trop grande quantité de véhicule,
ne peut plus se rapprocher ; et dans un temps sec, il se fane, se
ride, la râfle même se sèche. Ce n'est pas tout, les bourgeons encore
verts qui ne sont pas roulés ne mûriront point ; ceux qui commencent à l'être cesseront de profiter ; et les boutons n'ayant point reçu
de la part des feuilles leur complément de végétation, ou avorteront
l'année suivante, ou s'ils font éclore des grappes, elles couleront.

C'est une grande impéritie d'ébourgeonner la *vigne* pendant la floraison, parce qu'on fait refluer la sève vers les grappes, et l'époque
de cette opération peut contribuer puissamment à la prévenir ou à la
favoriser ; mais en général on peut dire que les cultivateurs se rendent rarement compte des motifs qui déterminent les diverses pratiques de leur art. Que d'erreurs ils commettent relativement à la ro-
gnure, à l'ébourgeonnement et à l'épamprement de leurs *vignes !* Par-
tout où ces mutilations sont d'usage nécessaire ou non, on les étend
immédiatement non-seulement à toutes les parties du vignoble, à
toutes les races, à tous les individus, mais on les pratique à des époques
fixes ; cependant elles ne devroient avoir lieu que là où elles deviennent indispensables.

Indépendamment de tous les travaux réfléchis qu'il faut donner à
la culture de la *vigne*, cet arbrisseau exige encore d'autres soins particuliers, pour le garantir des maladies qui l'attaquent, des oiseaux et
des insectes qui le dévorent. Convenons-en : malgré tous les efforts
de la surveillance éclairée, il arrive quelquefois que la grêle, la gelée,
la pluie, détruisent en un instant l'espérance du vigneron, et le plongent
dans la plus affreuse misère.

Il y a dans les vignobles un fléau dont on est parvenu à affoiblir
considérablement les effets : c'est une espèce d'insecte, le *gribouri de*

la vigne, ou l'Eumolpe (*Voyez* ce mot.), qui roule les feuilles de la *vigne*, s'y enfonce et y dépose ses œufs qui produisent de petits vers : le seul moyen qui ait réussi, c'est de cueillir toutes les feuilles roulées, et de les jeter au feu.

Mais il existe encore d'autres insectes qui font un grand tort à la *vigne*. Le principal d'entr'eux, c'est la Pyrale. (*Voyez* ce mot.) Bosc l'a fait reconnoître dans les *Trimestres de la Société d'Agriculture de Paris*, 1786. Roberjot a depuis publié un procédé ingénieux qu'il a imaginé pour le détruire, et qui a parfaitement réussi. Il consiste à faire des feux à l'entrée de la nuit, à les placer dans des lieux élevés à la distance convenable, afin que le *papillon* s'y porte aussitôt, et s'y brûle ; à les multiplier assez pour opérer complètement leur destruction.

Quel est le propriétaire qui seroit arrêté par la considération de la dépense de quelques fagots de bois, de quelques tas de chaume, ou de tout autre combustible qu'il est aisé de se procurer à la campagne ? La durée du feu seroit d'une heure chaque nuit. Il n'est pas même nécessaire qu'ils soient considérables. Si on a la précaution de les faire dans des lieux élevés, vingt feux dans chaque village, placés avec intelligence et changés d'emplacemens, peuvent suffire ; il faut que ces feux soient construits de manière à ne pas causer dans l'air des tourbillons, qui empêcheroient l'approche du *papillon*, et il faut aussi que l'époque où ils doivent être faits, soit désignée par une personne intelligente, afin de ne pas anticiper l'opération ; on perdroit sans cela le moment convenable. On pourroit même, lorsqu'il règne un vent égal et continu, placer les feux d'un seul côté, parce que le *papillon* y sera entraîné. Si on le voit dans certaines saisons, affecter un canton plutôt qu'un autre, c'est que le *papillon*, l'année précédente, y a été porté par le vent ; c'est ainsi qu'il est jeté successivement dans les vignobles où on ne le connoissoit pas.

L'utilité qu'on retireroit de ces feux seroit plus grande qu'on ne l'imagine, un grand nombre d'autres *phalènes* qui se portent sur les arbres et les fruits, seroient enveloppées dans la même destruction par cette opération.

La *vigne* trouve encore un ennemi redoutable dans la gelée du printemps. On peut l'en préserver, selon Olivier de Serres, par une fumigation, en dirigeant sur tous les points de l'arbrisseau la vapeur de pailles humides, de fumiers à demi pourris auxquels on met le feu. M. de Jumilhac, l'un de nos cultivateurs les plus éclairés, a depuis peu essayé ce moyen, et il lui a pleinement réussi ; il a formé des tas de mauvais foins, de la paille mouillée, qu'il a distribués de distance en distance vers les bords de la *vigne*. Il a dirigé cette fumée de manière à intercepter les rayons du soleil levant, jusqu'à ce que l'atmosphère soit assez échauffée pour résoudre la glace en rosée. Il arrive quelquefois que le cultivateur le plus soigneux se trouve forcé de remplacer des ceps qui périssent ou par vétusté, ou par des accidens imprévus. Dans le premier cas, si la *vigne* est âgée, le provignage est le grand moyen qu'on a imaginé pour regarnir les espaces vides. Si la vigne est jeune, des marcottes rempliront naturellement son objet. Quand on veut seulement remplacer une espèce par une autre,

on a recours à la greffe. Cette opération annoncée il y a une quinzaine
d'années comme une nouvelle découverte, a été connue anciennement. Aujourd'hui on la pratique de diverses manières : depuis avril
jusqu'en juin, selon le climat, quand le ciel est nébuleux. La plus sûre
consiste à couper net le cep à cinq pouces en terre quand la sève
commence à se mouvoir, et à le fendre par le milieu dans un espace
sans nœuds. On insère dans cette fente deux entes taillées en coin par
le gros bout, et plus épais d'un côté que de l'autre. Le plus épais,
garni de sa peau extérieure, doit s'adapter de façon que son liber
coincide avec celui du sujet. Après avoir lié la greffe avec un osier,
on la butte de terre pour la garantir du soleil. M. Beffroy, administrateur de l'hôpital militaire de Saint-Denis, a communiqué les détails les plus intéressans sur cette opération.

La *vigne* dure plus ou moins, suivant son espèce, suivant la qualité
du sol, suivant le climat, et sur-tout, suivant le plus ou moins de bois
qu'on lui laisse en la taillant. Lorsqu'elle a atteint environ soixante
ans, on peut la regarder comme vieille et usée : elle produit à la vérité,
du *vin* beaucoup plus fin et plus délicat qu'une jeune *vigne*, mais en
bien moindre quantité, car on remarque que la bonté du *vin* est presque
toujours en raison inverse de la quantité qu'on en a obtenue. On gagne
plus à l'arracher et à recouvrir son terrein avec du jeune plant, qu'à
la greffer, comme cette pratique est établie dans plusieurs vignobles.

Les propriétaires de vignobles, dont le terrein a assez de valeur
pour rapporter d'autres productions, forcés d'arracher la *vigne* lorsqu'elle est devenue trop vieille, trouveroient un plus grand avantage,
au lieu de la laisser reposer pendant quelques années avant de l'ensemencer en grains, ou de la replanter en *vignes*, de faire des prairies
artificielles ; leurs fonds, leurs bestiaux, en seroient ameliorés. Qui
sait même si quelques-uns, après avoir essayé cette culture, ne seroient pas tentés, vu la qualité inférieure du produit, d'arracher les
parties de *vignes* les plus mal exposées dans le sol le moins propice
à ce genre de plantation ? A quoi servent, par exemple, certains *vins*
qu'il faut consommer d'une vendange à l'autre, et dont les propriétés,
loin de restaurer, semblent ne concourir qu'à peupler les prisons et
les hopitaux ? Ils portent cependant un préjudice notable aux grands
vignobles, et souvent le vigneron a son grenier vide lorsque son cellier est plein. Il ne peut même quelquefois se défaire de son *vin*
pour avoir du pain. Ne vaudroit-il donc pas mieux, pour ses propres
intérêts et ceux de l'état, qu'il tournât ses vues et ses spéculations,
vers d'autres objets d'une utilité plus générale ?

Du Raisin.

La floraison de la *vigne* est comme celle de tous les fruits de la terre
un temps de crise ; mais une fois passé, le *raisin* grossit pour ainsi
dire à vue d'œil. L'époque de sa maturité s'annonce par des signes
qui ne sont point équivoques : le pédoncule de la grappe, de vert
qu'il étoit, devient brun ; il se laisse aller ; la pellicule du grain s'amincit ; il se détache pour ainsi dire de lui-même ; son jus est doux,
savoureux, épais et gluant : il est temps alors de le cueillir. En attendant qu'il s'agisse du *raisin* propre à faire le *vin*, arrêtons-nous sur

ceux qu'on cultive dans les jardins et le long des treilles pour les manger dans leur saison, ou pour les faire sécher.

Il n'existe peut-être point une propriété rurale, même dans les contrées les plus septentrionales, où l'on ne puisse se procurer des *raisins* très-bons à manger, en adossant la *vigne* à un mur, en choisissant les espèces propres à former les treilles, en les cultivant chacune avec soin et intelligence; mais ce seroit en vain qu'on chercheroit à en obtenir un *vin* de qualité supérieure : il faut préférer de les manger. Dans le nombre de ceux qui jouissent de la meilleure réputation, comme fruit de table, comme comestible, on connoit le *chasselas de Montreuil, de Fontainebleau, de Tomeri*. Placé à une bonne exposition, il prospère sur presque tous les points de la France.

Dans quelques bons vignobles on est dans l'usage de laisser le *raisin* aux *vignes* un certain temps encore après qu'il a atteint son point de maturité, pour lui faire perdre son eau surabondante, et concentrer encore ses principes; mais un plus long séjour sur le cep pourroit déterminer sa putréfaction. Et comme il devient souvent la proie d'une foule d'animaux qui en sont très-friands, on a imaginé, pour le soustraire à leur voracité, d'introduire les grappes dans des sacs de papier huilé, ou dans des sacs de crin; mais ces moyens, utiles pour le moment, ne sont pas toujours ensuite sans inconvéniens; et le *raisin* ainsi conservé ne peut être un fruit de garde.

Le *raisin de treille* est destiné à être conservé dans le fruitier; c'est là qu'il doit se perfectionner; si on le laissoit exposé aux premières gelées, son enveloppe se durciroit, il seroit infiniment moins agréable à manger.

Il faut choisir un beau jour pour le cueillir, et faire en sorte de le rentrer sec au fruitier; à mesure que le coup de ciseaux sépare la grappe et qu'on en a détaché tous les grains suspects, on étend légèrement les grappes sur des claies garnies d'un lit de mousse très-sèche, on les isole et on ne les touche que le moins possible; quand la claie en est recouverte, on les transporte à la maison avec soin et sans secousse, et on les porte avec les mêmes précautions le lendemain au soleil, si la journée est belle; on retourne les grappes quelques heures après, et on les introduit ensuite dans le fruitier, qui doit être frais, aéré et un peu obscur. A cette méthode, qui est la plus simple, la plus sûre et la plus généralement pratiquée, quand les circonstances locales se trouvent d'accord avec les soins, on peut en ajouter d'autres, dont voici les principales :

On suspend les grappes à des gaulettes de bois très-sec, de manière qu'elles ne se touchent par aucun point de contact. L'attention va quelquefois jusqu'à les y fixer à la faveur de fils attachés au petit bout de la grappe, dans la vue de procurer encore plus d'isolement.

On garnit l'intérieur d'une ou de plusieurs caisses, de gaulettes ou de ficelles sur lesquelles sont rangées les grappes sans se toucher; on les ferme; on applique un enduit de plâtre sur toutes les jointures; on transporte ainsi les caisses à la cave, et on les recouvre de plusieurs couches de sable fin et très-sec. Le *raisin* se conserve ainsi très-long-temps; mais dès qu'on a entamé une caisse, il faut promptement consommer le fruit.

On prend des cendres bien tamisées qu'on détrempe avec de l'eau en consistance de bouillie claire : on y plonge les grappes à différentes reprises, jusqu'à ce que la couleur des grains ne soit plus apperçue.

On les range ensuite dans une caisse sur un lit des mêmes cendres non mouillées ; on les recouvre d'un second rang, celui-ci d'une couche de cendre sèche, et ainsi de suite jusqu'à ce que la boîte soit remplie. Après l'avoir soigneusement fermée, on la dépose à la cave ; et pour se servir du fruit, il suffit de le plonger à plusieurs reprises dans de l'eau fraîche ; la cendre s'en détache facilement, et il est aussi frais qu'au moment où on l'a cueilli.

La paille bien sèche sert quelquefois d'enveloppe aux grappes de *raisins* lit sur lit ; elles se conservent en très-bon état, pourvu qu'on les mette à l'abri des animaux destructeurs ; d'autres fois il suffit d'isoler les grappes sur une planche, et de couvrir chacune avec un vase creux de verre ou de faïence, par exemple avec des cloches à melons ; on les enveloppe, on les surmonte d'une couche de sable fin, et le fruit s'y conserve exempt de toute sorte d'atteinte.

Outre l'avantage qu'on a de conserver le *raisin* avec tous les agrémens de la nouveauté, on parvient, au moyen d'une lente et soigneuse dessication au soleil ou au four, de lui faire éprouver un dégré de compression tel que, non-seulement il présente une pesanteur spécifique considérable en raison de son peu de volume, mais ainsi disposé, il peut être gardé plusieurs années et transporté dans les plus lointaines régions, sans subir ni déchet ni aucun genre d'altération. On en compte dans le commerce de trois espèces, qui se débitent sous des noms et à des prix différens : les *raisins de Provence*, les *raisins de Damas* et les *raisins de Corinthe*. Les procédés pour les préparer sont décrits dans tous les traités d'économie domestique. Il suffira donc de dire ici qu'ils ont pour base une ou plusieurs immersions dans une lessive alcaline, et un dessèchement plus ou moins rapide, soit au four, soit au soleil, soit à l'ombre, selon les lieux et les circonstances.

Je crois ne pouvoir mieux faire pour l'utilité du lecteur, que de terminer par la description d'un procédé employé par un jardinier de la Lorraine, et que M. Dussieux indique à la fin de son article VIGNE, pour servir sur la table, même après l'hiver, des ceps garnis de feuilles et de fruits aussi frais qu'au commencement de l'automne.

Il s'agit de se munir avant la taille d'une caisse de neuf pouces de grandeur et de profondeur, en ménageant dans le four une ouverture assez large pour introduire dans cette caisse un sarment qui, par la grosseur de ses nœuds, promette du fruit. On fait supporter cette caisse à la hauteur de la branche choisie, par deux crochets fixés dans le mur ou par des appuis de fenêtres s'il s'en trouve à portée ; on taille le sarment à deux ou trois yeux au-dessus de la caisse, et on la remplit d'assez bonne terre qu'on arrose souvent et abondamment. Le rameau prend racine et pousse bientôt des bourgeons chargés de belles grappes ; quelque temps avant leur maturité, on sépare cette marcotte de la treille en coupant la mère-branche de celle-ci raz au-dessous de la caisse ; on retranche toutes les parties des nouveaux sarmens qui sont supérieurs à la grappe la plus elevée, et on transporte cette plante avant les gelées dans un lieu où elle soit à l'abri des grands froids ; il suffit alors de l'arroser de temps en temps, pour avoir en avril et en mai des grappes de *raisin* couronnées de feuilles, et aussi fraîches qu'au moment où on les a cueillies à la treille.

Ce procédé offre plusieurs autres avantages ; il en résulte pour l'année prochaine un plant chevelu dont la bonté n'est pas équivoque ; et c'est un moyen aisé et infaillible de propager certaines espèces qu'on ne provigne que difficilement. Il n'est question pour cela que de retirer au printemps le cep de la caisse avec la motte, et de le remettre en pleine terre ; il souffre si peu de cette transplantation, que dès l'automne suivante il est chargé de fruits comme l'année d'auparavant. Pour le surplus, *voyez* les mots VIN et VINAIGRE. (PARM.)

Outre l'espèce de *vigne* dont on vient de parler, les botanistes en ont décrit une douzaine d'autres, dont la plupart croissent spontanément dans l'Amérique septentrionale, et dont plusieurs sont cultivées dans nos jardins, et par conséquent dans le cas d'être mentionnées ici.

La VIGNE A GROS FRUITS, *Vitis labrusca* Linn., qui est dioïque, a les feuilles très-grandes, en cœur, dentées, souvent un peu lobées, et couvertes en dessous d'une laine fauve. Elle se trouve très-abondamment dans les lieux humides, s'élève au-dessus des plus grands arbres, et ses grappes femelles ne sont composées que d'un petit nombre de grains, mais qui acquièrent quelquefois la grosseur d'une noix. C'est le *fox grappe* des Anglais. J'ai souvent mangé des raisins de cette *vigne* pendant mon séjour en Caroline. Leur saveur est bien inférieure à celle des nôtres, mais cependant agréable ; on pourroit certainement en tirer parti. Ses feuilles, souvent larges de plus d'un demi-pied, la rendent propre à faire des tonnelles, et sont d'autant plus remarquables, que le vert obscur de leur surface supérieure contraste avec le fauve de leur surface inférieure.

La VIGNE VULPINE, qui est dioïque, a les feuilles en cœur, dentées, aiguës, et glabres des deux côtés. C'est le *vitis cordifolia* de Michaux, le *winter grappe* des Anglais. Elle se trouve dans les bons terreins non humides, et est plus rare que la précédente en Caroline, où je l'ai observée. Ses grappes de raisins sont beaucoup plus abondantes en grains que celles de la précédente ; mais ces grains sont à peine de la grosseur d'un pois, et leur saveur est beaucoup plus rapprochée de celle de nos *raisins* ordinaires. On pourroit certainement en faire du *vin* en neutralisant l'excès d'acide dont leur suc est pourvu. J'en ai vu des pieds assez abondamment couverts de grappes pour mériter les frais de l'exploitation. Toujours est-il vrai que dans la Basse-Caroline leur culture seroit plus avantageuse que celle de la *vigne* d'Europe, qui, ainsi que je l'ai remarqué sur les pieds qui existent dans le Jardin des Plantes de la République française, qu'en ma qualité de consul, je dirigeois en l'absence de Michaux, ne peut être employée utilement, parce qu'elle fleurit pendant six mois, c'est-à-dire qu'il y a des grains mûrs, des grains verts et des fleurs sur la même grappe pendant tout l'été.

La VIGNE RIPAIRE, qui est dioïque, a les feuilles en cœur aigu, inégalement dentées, et leurs pétioles ainsi que leurs nervures velues. Elle se trouve sur les bords du Mississipi et de l'Ohio, d'où elle a été apportée dans le jardin de la Caroline par Michaux. Elle est dans le cas de faire genre. Ses baies sont si acerbes, que pour en avoir écrasé dans l'intention d'en envoyer les pepins en Europe, j'ai eu les mains ridées et douloureuses pendant plusieurs jours.

La Vigne vierge, *Vitis hederacea* Wild., *Hedera quinquefolia* Linn., qui a les feuilles composées de cinq folioles ovales, dentées, les panicules des fleurs terminales, et les rameaux radicans. Elle se trouve dans toute l'Amérique septentrionale, et s'élève au-dessus des plus grands arbres, des rochers les plus perpendiculaires, au moyen de racines ou mieux de suçoirs à-peu-près semblables à ceux du *lierre*, qui naissent à l'extrémité de ses vrilles et s'insinuent dans les plus petites fentes. On la cultive beaucoup en Europe pour masquer les murs exposés au nord, ce à quoi elle est très-propre. Elle vient avec la plus grande facilité, soit de graines, soit de marcottes, soit de boutures; il n'y a qu'un sol trop sec et une trop grande exposition au soleil qui lui soient contraires. Une manière d'en tirer parti pour l'ornement, qui n'est pas assez connue, c'est de la planter au pied d'un poteau de quinze à vingt pieds, au sommet duquel elle parvient bientôt, et d'où elle retombe avec beaucoup de grace. Il ne s'agit dans ce cas que de la régler avec la serpette.

La Vigne en arbre a les feuilles surcomposées, et les folioles latérales pinnées. Elle se trouve en Caroline et en Virginie, dans les lieux secs et ombragés. Elle s'élève au moyen de vrilles au-dessus des plus grands arbres, et acquiert quelquefois une grosseur qui ne leur est pas inférieure. Cette espèce est extrêmement élégante, mais se cultive plus difficilement que la précédente; en conséquence elle n'est pas encore très-commune dans nos jardins. Quelques botanistes placent cette espèce parmi les Lierres *Voy.* ce mot. Pour le surplus, *Voyez* aux mots Vin et Vinaigre. (B.)

VIGNE BLANCHE. On nomme vulgairement ainsi la Bryone. *Voyez* ce mot. (B.)

VIGNE ÉLÉPHANTE. C'est l'Achit. *Voy.* ce mot. (B.)

VIGNE DE MALGACHE. C'est un Budlège. *Voyez* ce mot. (B.)

VIGNE NOIRE SAUVAGE. *Voy.* au mot Tamier. (B.)

VIGNE DU NORD. On a donné ce nom au Houblon. *Voyez* ce mot. (B.)

VIGNE DE SALOMON, nom vulgaire de la Clématite. *Voyez* ce mot. (B.)

VIGNE VIERGE. C'est tantôt la Vigne de ce nom, tantôt la Morelle douce amère. *Voyez* ces mots. (B.)

VIGNERON, nom d'une coquille, de l'*hélice des vignes* ou *escargot*, *helix pomatia* Linn. *Voyez* au mot Hélice. (B.)

VIGNETTE. On appelle ainsi vulgairement la *spirée*

Deseve del.   Voysard Sculp

1 . Urson .   2 . Vigogne .   3 . Yak .

ulmaire dans quelques cantons, et la *clématite bleue* dans quelques autres. *Voyez* aux mots SPIRÉE et CLÉMATITE. (B.)

VIGNOT, nom vulgaire d'un coquillage du genre des *sabots* (*turbo littoreus* Linn.), qu'on mange sur les côtes de France. *Voyez* au mot SABOT. (B.)

VIGOGNE (*Camelus vicugna* Linn. , fig. dans l'*Histoire naturelle de Buffon.*), quadrupède du genre du LAMA , et de la première section de l'ordre des RUMINANS. *Voyez* ces deux mots.

La *vigogne* est célèbre par la beauté et la finesse de sa toison. Sa taille est à-peu-près celle de la *chèvre* domestique ; elle a de la légèreté dans la forme , de la vivacité dans la physionomie , de la noblesse et même une sorte de fierté dans les attitudes ; elle tient constamment la tête haute, et son cou se dessine agréablement en S ; sa tête est arrondie et sans cornes, son front large , son museau court, son nez applati, et son menton sans barbe ; ses naseaux sont écartés l'un de l'autre, ses yeux grands et noirs, ses oreilles droites et pointues, ses jambes longues, si on les compare à la grosseur du corps, ses pieds séparés en deux doigts, ses sabots noirs, minces, convexes en dessus, et plats en dessous. Une laine très-fine et molle couvre sa peau ; celle de la poitrine, aussi bien que de l'extrémité de la queue, est la plus longue. Sa couleur est d'un blanc jaunâtre sous la mâchoire, blanche sous le corps, d'un brun rougeâtre sur la plus grande partie du corps, et isabelle sur le reste.

C'est un animal particulier à la partie haute du Pérou ; il habite, en troupeaux plus ou moins nombreux, les croupes très-froides et désertes des montagnes les plus élevées et les moins accessibles, principalement dans la portion des Cordilières qui appartient aux provinces de Copiapo et de Coquimbo. Sa pâture ordinaire est l'*ichu* ou *pajon*, plante qui tapisse les rochers au milieu des glaces et des neiges. Il court et grimpe sur ces rochers avec autant et même plus de légèreté que le *chamois*. Son cri est un son aigu , qu'il répète souvent, et que l'on prendroit plutôt pour le sifflement d'un oiseau que pour la voix d'un quadrupède. Extrèmement timide et rusé, il ne se laisse point approcher, et les Péruviens ont renoncé à le surprendre pour le tirer ou à le chasser avec des chiens ; mais ils ont trouvé un autre moyen de s'en emparer.

Après avoir examiné la montagne où paissent plusieurs bandes de *vigognes*, ils forment, le plus près d'elles qu'il leur est possible, une enceinte avec une corde tendue en cercle qui néanmoins n'est pas exactement fermé ; ils y laissent une ouverture par laquelle les *vigognes* puissent entrer, et ils fixent la corde à une hauteur médiocre, de manière qu'elle touche le cou de ces animaux lorsqu'ils en approchent; ils y attachent aussi des lambeaux d'étoffes de toute couleur qui voltigent au gré du vent. Ces dispositions faites, les chasseurs, qui sont en grand nombre et accompagnés de petits *chiens* dressés à cette chasse, battent une grande partie de la montagne, et poussent devant eux les *vigognes*, que le moindre bruit effraie, jusqu'à ce qu'elles soient entrées dans l'enceinte formée par la corde. Lorsqu'elles se voient renfermées, elles cherchent à s'échapper; mais, épouvantées par les morceaux d'étoffe agités par le vent, elles ne savent ni sauter par-dessus la corde, ni baisser le cou pour passer par-dessous, et les chasseurs, qui arrivent presque aussi-tôt qu'elles dans l'enceinte qu'ils ont préparée, les tuent et les écorchent pour en avoir la peau et la laine.

Ce sont ordinairement des Indiens et des métifs qui s'occupent de la chasse aux *vigognes*, et c'est peut-être la plus pénible de toutes les chasses; elle ne se fait que sur des cimes glacées où il n'y a aucune habitation, et elle doit quelquefois durer des mois entiers, si l'on veut qu'elle ait un avantage réel. Si le temps devient mauvais, s'il neige ou s'il s'élève des vents violens, les chasseurs n'ont d'autre ressource que de se mettre à l'abri de quelque rocher, et d'attendre la fin de la bourasque. C'est ainsi qu'ils passent les nuits; du maïs forme toute leur provision, et ils y joignent la chair des *vigognes* quand leur chasse a été heureuse. C'est une fort bonne viande, que des voyageurs ont comparée à celle du *veau*, et d'autres à celle de la *biche*.

Mais ces chasses, qui produisent ordinairement de cinq cents à mille peaux, sont de véritables tueries; les Péruviens ont la cruauté de massacrer toutes les *vigognes* retenues dans l'enceinte, et ils ne laissent échapper aucun de ces doux et innocens animaux. Ils vendent les peaux garnies de leur laine; car on n'achèteroit pas la laine séparée, à cause de la fraude assez commune d'y mêler la toison du *paco*, qui a la même couleur, mais qui est moins fine. Les marchands qui achètent les peaux de *vigognes*, les font dépouiller de leur laine pour l'envoyer en Espagne. L'appât du gain étouffe au Pérou, comme en d'autres pays, toute considération de bien général; en massacrant impitoyablement chaque année un grand nombre de *vigognes*, on diminue une espèce précieuse, et l'on ne tardera pas à l'anéantir. Il en coûte à présent des fatigues incroyables pour se procurer la toison

de ces animaux, et il ne sera bientôt plus possible, quelque
peine que l'on se donne, d'en avoir assez pour qu'elle puisse
entrer dans le commerce. Ce sera une perte que déploreront
les manufactures et les arts, et qu'il seroit facile d'éviter, si,
au lieu de mettre à mort toutes les *vigognes* prises aux *battues*,
l'on se contentoit de les tondre et de se ménager une nouvelle laine pour l'année suivante; on tueroit seulement quelques mâles, dont le trop grand nombre nuit à la propagation
de l'espèce : c'étoit ainsi que l'on en usoit au temps des
Incas.

Il est une autre mesure plus grande, plus importante, et
qui illustreroit le gouvernement aux ordres ou à la protection
duquel on la devroit; c'est de s'approprier l'espèce même de
la *vigogne*, et de la sauver, au sein de la domesticité, des
massacres qui la menacent d'un anéantissement prochain et
total. L'on a fait, dit-on, au Pérou aussi bien qu'en Espagne, des essais infructueux à ce sujet ; mais ces tentatives
ont-elles été dirigées avec sagacité, et sur-tout répétées et
soutenues avec persévérance ? Si l'on considère le temps qu'il
a fallu pour tirer le *mouflon* de ses montagnes, pour réduire
son naturel sauvage, et en faire l'animal le plus doux et le
plus paisible, l'on concevra que ce n'est pas de quelques
essais, presqu'aussi-tôt abandonnés que commencés, qu'il
est possible de prononcer sur le plus ou le moins de facilité
à soumettre un animal précieux à l'état de domesticité.
M. l'abbé Molina, qui a voyagé long-temps dans les contrées que fréquentent les *vigognes*, ne doute pas qu'on ne
parvienne un jour à les ranger au nombre des animaux
domestiques, lorsque l'industrie nationale, qui commence
peu à peu à se développer, aura un peu plus d'activité.
(*Hist. natur. du Chili.*) L'on a remarqué que les *vigognes*
que l'on nourrit dans quelques maisons de Lima par pure
curiosité, conservent toujours un penchant très-marqué
pour la liberté, et que leur naturel demeure sauvage ; mais
ce caractère farouche tient à une excessive timidité, que l'on
peut espérer de vaincre, du moins en partie, dans un être
dont les mœurs sont douces et innocentes. D'ailleurs, il ne
s'agit pas d'apprivoiser complètement les premières *vigognes*
dont on s'empareroit ; et si on parvenoit à les faire multiplier, l'on auroit obtenu tout ce qu'il est raisonnable d'en
attendre. Les premiers produits, auxquels il ne resteroit que
l'instinct et non l'habitude de l'indépendance, seroient moins
sauvages, et il en naîtroit des individus qui auroient déjà
l'empreinte de l'esclavage et le germe de la docilité.

D'un autre côté, faire descendre tout-à-coup les *vigognes*

des sommets des montagnes, où règne un froid éternel, dans des plaines échauffées par un soleil ardent, c'est les exposer à périr. Une pareille transmigration ne peut s'opérer qu'avec ménagement et par gradation. C'est sans doute faute d'avoir suivi cette marche, indiquée par la nature, que les Espagnols n'ont pas réussi dans les tentatives qu'ils ont faites sur ce sujet. Les Pyrénées, les Alpes offrent en France les sites les plus convenables pour commencer l'éducation de ces animaux.

Un de mes anciens amis, M. de Nesle, qui joignoit à une fortune considérable, le goût de tout ce qui est beau et utile, avoit conçu le projet de faire venir, du Pérou en France, des *vigognes*, dans l'intention de les y acclimater et de les propager. Les circonstances, parmi lesquelles on a compté, avec quelque étonnement, l'opposition de la part d'un inspecteur-général du commerce, ont empêché l'exécution d'un projet qui n'avoit pu se former que dans une ame élevée et amie de sa patrie. Il reste encore à exécuter. Honneur à l'homme opulent qui, en se chargeant de l'exécution, aura senti que les richesses n'attirent la considération publique qu'autant qu'elles s'écoulent vers des choses grandes, nobles et d'une utilité générale ! Gloire et reconnoissance au gouvernement qui lui prodiguera de puissans encouragemens ! « J'imagine, dit Buffon, que les *vigognes* seroient une excellente acquisition pour l'Europe, et produiroient plus de biens réels que tout le métal du Nouveau-Monde, qui n'a servi qu'à nous charger d'un poids inutile, puisqu'on avoit auparavant, pour un gros d'or ou d'argent, ce qui nous coûte une once de ces mêmes métaux ».

Il n'y auroit pas à craindre que la laine des *vigognes* se détériorât par la transplantation et la domesticité ; n'avons-nous pas l'exemple du *mouflon* ou *mouton* sauvage, dont la toison s'est améliorée dans nos *moutons* ? Et une analogie bien fondée ne nous autorise-t-elle pas à présumer que la laine des *vigognes* se perfectionneroit également entre nos mains ? Beaucoup plus belle que celle des *brebis*, elle est aussi douce que la soie. Sa couleur naturelle est si fixe, qu'elle ne s'altère pas sensiblement sous la main de l'ouvrier, et elle est susceptible de prendre les couleurs les plus riches. On en compte de trois sortes dans le commerce, la *fine*, la *carméline* ou *bâtarde*, et le *pelotage*, ainsi nommée parce qu'elle est en pelotes : celle-ci est peu estimée. Je transcris ici une note fort intéressante, et qui, sous aucun rapport, ne peut paroître déplacée : elle est du spirituel et savant Pougens.

Voyez sa *Traduction du Voyage philosophique et pittoresque sur les rives du Rhin,* par Georges Forster.

« En 1774, cette matière (la laine de *vigogne*) étant
» tombée à un prix très-bas, mon digne et vertueux ami,
» Alexandre Breton, fit fabriquer le premier, dans Paris,
» une pièce de drap de *vigogne* en couleur naturelle. Cet
» essai ayant réussi au-delà même de ses espérances, lui
» donnoit des droits aux encouragemens du ministère ; mais
» il n'en obtint aucun, parce qu'il étoit trop pur, trop
» désintéressé pour flatter les inspecteurs-généraux du com-
» merce.

» Il fit teindre diverses pièces de *vigogne* en bleu foncé,
» bleu de ciel, cramoisi, violet fin, et écarlate. Ces couleurs
» riches réussirent toutes également bien. La laine de *vigogne*,
» qu'on préféroit dans la bonneterie à celle des *pacos*,
» parce qu'elle n'est point, comme cette dernière, chargée
» de longs poils droits, est tellement propre à faire des draps,
» que même on en peut fabriquer de première qualité avec
» la partie la plus déliée des touffes blanchâtres.

» Si le gouvernement lui avoit facilité les moyens d'établir
» en grand une manufacture de draps de *vigogne*, il auroit
» pu les fabriquer, vu la modicité de la main-d'œuvre d'alors,
» au prix marchand de 60 livres l'aune.

» Ces draps, au surplus, ne peuvent être comparés à
» aucun autre, parce que le *vigogne* est d'une nature diffé-
» rente de toutes les laines d'Europe.

» Je tiens en partie tous ces détails de l'honnête et sage
» négociant que je viens de citer. Bon mari, bon père, bon
» ami, philosophe-pratique, patriote par sentiment et par
» conviction, ce sont de tels hommes qui font la richesse
» des États, toutes les fois que la vertu est à l'ordre du jour.
» J'ai vu ce citoyen respectable, au milieu de huit cents
» ouvriers dont il étoit le père et l'ami, oublier ses intérêts
» et ne s'occuper que des leurs. Aussi la destinée, moins
» aveugle qu'on ne pense, en punissant, par de stériles
» richesses, le négociant dont l'industrie usuraire compte
» avidement les heures du pauvre, a-t-elle donné à celui-ci
» pour récompense les trésors d'une heureuse médiocrité ».

Il y a quelques années que le prix courant de la laine de
vigogne varioit, en Espagne, suivant la qualité, depuis quatre
jusqu'à neuf francs la livre. Il a augmenté depuis et augmentera
toujours, à raison de la diminution progressive des animaux
qui la fournissent, en sorte que les draps que l'on fabrique
à présent avec cette laine sont beaucoup trop chers pour
être d'un usage général. Ceux qui sortent de la manufacture

de M. Decretot, célèbre fabricant de Louviers, sont d'une exécution parfaite et d'une grande beauté, ainsi que les schals également en laine de *vigogne*, qui ont le même croisé, le même moelleux, et à très-peu près la même finesse que les schals de Cachemire. Cette matière entre aussi dans la fabrication des chapeaux fins, mêlée avec le poil de *lapin* ou de *lièvre*. (S.)

VILAIN. On donne ce nom à un poisson du genre cyprin, *cyprinus jeses*. C'est par erreur que Duhamel et autres ont écrit que le *vilain* étoit le *cyprinus cephalus*. Voy. au mot Cyprin. (B.)

VILAIN, dénomination que Picot-Lapeyrouse a imposée à un *vautour* qu'il a observé dans les Pyrénées. C'est le même que le Vautour de Malte ou Vautour brun. *Voyez* ces mots. (Vieill.)

VILDENOVE, *Wildenovia*, plante vivace, à tige de trois pieds de haut, à feuilles rapprochées, alternes, roides, pinnées avec impaire, à pinnules ovales, opposées, décurrentes, dentelées, garnies de soies et pourvues de stipules, à fleurs solitaires et axillaires, portées sur des pédoncules très-épais et garnis de stipules glanduleuses.

Cette plante, qui est figurée pl. 685 des *Illustrations* de Lamarck, forme un genre dans la syngénésie polygamie superflue, établi par Cavanilles, et qui offre pour caractère un calice commun double, l'un et l'autre polyphylle, l'intérieur cylindrique, et l'extérieur plus court, formé de folioles sétacées et ouvertes; un réceptacle garni de paillettes, et portant dans son centre des fleurons hermaphrodites, et à sa circonférence des demi-fleurons femelles fertiles.

Le fruit est composé de plusieurs semences oblongues, pentagones, couronnées par cinq soies droites.

La *vildenove* croît au Mexique. Elle est cultivée dans les jardins de Paris et de Madrid. Elle a considérablement d'affinités avec les Zinnia. *Voyez* ce mot. (B.)

VILLARÈSE, *Villaresia*, arbrisseau du Pérou qui forme, dans la pentandrie monogynie, un genre qui offre pour caractère différentiel un calice à cinq dents; une corolle de cinq pétales; un stigmate sessile; une capsule oblongue, aiguë, uniloculaire, bivalve et monosperme. Il est mentionné dans la *Flore du Pérou*. (B.)

VILLARSIE, *Villarsia*, genre de plantes établi par Valter, n° 109 de sa *Flore de la Caroline*, et ainsi nommé par Gmelin. J'ai figuré n° 16 du *Bulletin de la Société Phi-*

lomatique, la plante qui lui sert de type, et qui se trouve dans les eaux stagnantes de la Caroline.

Ce genre approche infiniment de celui des *ményanthes*, et Linnæus a réuni à ce dernier plusieurs de ses espèces ; mais Ventenat, dans son ouvrage intitulé *Choix des Plantes*, l'en a bien distingué, et lui a donné pour caractère : calice de cinq parties, persistant ; corolle en roue, à limbe souvent cilié ; cinq étamines ; un ovaire supérieur, surmonté d'un style à stigmate bilamellé, et à base entourée de cinq glandes ; capsule à une loge et à deux valves, renfermant un grand nombre de semences.

Ventenat lui rapporte quatre espèces :

L'*ovale*, qu'il a figurée pl. 9 de l'ouvrage précité ; la *nymphoïde*, dont la fleur est jaune, et qui se trouve abondamment dans quelques rivières de France ; l'*indienne* ; la *lacuneuse*, qui est la mienne : toutes vivent dans l'eau. *Voyez* au mot MÉNYANTHE. (B.)

VILLEBREQUIN, nom donné, par les marchands, à une coquille du genre des *vermiculaires*, figurée dans Dargenville, pl. 4, lettre I. C'est le *serpula imbricalis* de Linnæus. *Voyez* au mot VERMICULAIRE et au mot SERPULE. (B.)

VILLICHE, *Villichia*, plante à tige rampante, filiforme, hérissée, à feuilles alternes, pétiolées, écartées, presque rondes, presque peltées, crénelées, hérissées, rougeâtres en dessous, et à fleurs rouges, géminées, portées sur de longs pédoncules axillaires, qui forme un genre dans la triandrie monogynie.

Ce genre offre pour caractère un calice à quatre divisions ; une corolle monopétale à quatre découpures ; quatre étamines ; un ovaire supérieur, surmonté d'un seul style.

Le fruit est une capsule biloculaire et polysperme.

La *villiche* est annuelle, et croît au Mexique. (B.)

VIMBE, nom spécifique de poissons du genre CYPRIN et SALMONE. *Voy.* ces mots. (B.)

VIN. Ce nom convient à tous les sucs sucrés des végétaux, qui, par l'effet d'un mouvement intestin qu'on nomme *fermentation*, de doux et opaques qu'ils étoient, sont transformés en une liqueur agréable, transparente, plus ou moins piquante ; mais on le donne plus particulièrement au suc exprimé des fruits de la *vigne* qui a subi cette fermentation et produit le *vin proprement dit*, la meilleure de toutes les liqueurs fermentées.

L'art de faire le *vin* se perd dans la nuit des temps ; les anciens Egyptiens en connoissoient les procédés ; ils existent

VIN

encore sculptés sur les murs de leurs temples les plus antiques ; les Grecs et les Romains les avoient recueillis, et préparoient une multitude de *vins*, dont les noms et la célébrité sont passés jusqu'à nous. Ils en avoient de légers qu'ils pouvoient boire de suite ; ils en avoient d'autres qui n'étoient potables qu'après un temps très-long ; enfin ils en avoient dont la conservation se prolongeoit au-delà d'un siècle : ils mettoient aussi en réserve du moût plus ou moins concentré par l'évaporation, et qu'on délayoit avec de l'eau pour en préparer des boissons. Les habitans de l'Archipel ont continué à faire cette espèce de *raisiné*, car M. Boudet, pharmacien en chef de l'armée d'Orient, a trouvé, dans les magasins d'Alexandrie, des bouteilles de terre d'une forme agréable qui en étoient remplis. Ce *raisiné* avoit la consistance de la *mélasse* ; il est employé aujourd'hui en Egypte à faire une espèce de *sorbet*.

Cependant quoique l'art de faire le *vin* soit fort ancien, et que les avantages de cette boisson pour la société soient incontestables, il étoit encore éloigné d'atteindre toute la perfection desirée.

Un chimiste célèbre, dont le ministère sera remarquable par des institutions utiles à l'agriculture, aux sciences, aux arts et à la bienfaisance, M. Chaptal, vient de lui en fournir les moyens en développant, avec le génie qui lui est propre, tous les phénomènes de la vinification, et en jetant un nouveau jour sur cette matière qui occupe le second rang dans l'échelle des richesses territoriales de la France.

Et en effet il a examiné avec le plus grand soin la nature des *raisins*; il a calculé avec précision l'influence qu'exercent sur eux les variétés du sol, du climat, des saisons et de la culture ; celles que produisent sur leurs sucs, sur les différens procédés de la vinification, les divers degrés de température employés; et ensuite appuyé sur des principes certains qu'il a pu se faire, il propose aux fabricans de *vins* les méthodes les plus appropriées à leurs différens pays. Aidé particulièrement des lumières que renferme ce Traité, nous allons tâcher de donner aux cultivateurs de la *vigne* les moyens d'ajouter à la bonté de leurs *vins*, et d'améliorer ceux que le climat et l'exposition, le caractère des saisons, la qualité et l'espèce des *raisins*, &c. n'auroient rendus que médiocres.

Vendange.

Si c'est pour les peuples qui cultivent la *vigne* un sujet de réjouissance, c'est, sur-tout pour la France presque entière, un temps de fête et de gaîté ; ses habitans de tous les rangs semblent se confondre les uns avec les autres pour ne voir dans ces belles récoltes qu'une marque certaine de l'immense richesse territoriale de leur patrie, et la plupart abandonnent les villes pour courir à leurs vignobles ou à ceux de leurs amis à l'époque de la *vendange*.

Le jour fixé pour la cueillette du *raisin* ne doit pas être indifférent, puisque la durée plus ou moins longue de la fermentation en dépend ; il faut donc choisir, autant qu'il est possible, le temps le plus favorable à la vendange, c'est-à-dire lorsqu'il fait sec, et que le soleil a dissipé la rosée que la fraîcheur des nuits a déposée sur le *raisin*.

La maturité du *raisin* se reconnoît à la réunion des signes suivans : queue brune, grappe pendante, grains ramollis, pellicule amincie, grappe et grains faciles à détacher, suc doux, savoureux et visqueux, pepins fermes non glutineux : c'est alors que le propriétaire d'une *vigne* en fait la vendange.

Pour y procéder, il ne livre pas la coupe du *raisin* à des mains non exercées ; il choisit de préférence les femmes des vignerons du pays : elles sont dirigées par un homme sévère et intelligent ; il fait en sorte qu'elles ne mangent point dans la *vigne*, qu'elles conservent pour le *vin* les meilleurs *raisins*, qu'elles n'y mêlent point des débris de pain ou d'autres alimens, qu'elles coupent très-court, et plutôt avec de bons ciseaux qu'avec une serpette, les queues des *raisins* ; qu'elles choisissent pour la première cuvée, les plus sains et les plus mûrs, bien distincts de ceux qui ont dépassé la maturité. Il a soin qu'elles ne prennent pour la seconde cuvée ni les *raisins* pourris, ni ceux qui sont absolument trop verts ; enfin il leur fait arranger les grappes avec dextérité et sans les tasser dans leurs paniers, et de-là dans des baquets ou hottes, afin que le *raisin* puisse être transporté à la cuve sans avoir perdu de son suc.

Égrappage et foulage.

Sur cette cuve est solidement placée une caisse carrée, dont les côtés et le fond sont fermés de listeaux de bois peu distans entr'eux ; c'est dans cette caisse qu'on verse la vendange à mesure qu'on l'apporte de la *vigne* : un homme armé d'une fourche à trois becs, qu'il tourne et agite circulairement, détache les grains de la grappe et enlève celle-ci, puis avec ses pieds munis de gros sabots, il foule les grains, et quand tous sont écrasés, il soulève une planche de la caisse et les pousse dans la cuve ; il continue la même manœuvre, jusqu'à ce que cette cuve soit remplie. La vendange ainsi foulée exactement devient plus fluide, et par conséquent plus fermentescible, la partie colorante du *raisin* est non-seulement à découvert, elle est délayée dans le moût. Mais ces opérations de cueillette et de foulage ne doivent point être traînées en longueur, il y auroit une succession de fermentation qui nuiroit à la qualité du *vin* : il faut que la cuve soit pleine de *raisin* écrasé en moins de vingt-quatre heures. Si même on trouve, d'après Chaptal, cette opération de foulage encore trop grossière pour disposer suffisamment la fermentation à marcher d'une manière uniforme, on soumettra à l'action du pressoir les *raisins* à mesure qu'on les apportera de la *vigne* ; on en recevra le suc dans une cuve, et on l'abandonnera à la fermentation spontanée, soit seul,

2

si on veut un *vin* très-délicat, soit avec le marc exprimé et égrappé, si on veut un *vin* plus coloré et d'une plus longue conservation. Le moût qu'on obtiendra par l'effet de cette pression aura une odeur douceâtre, une saveur très-sucrée; sa consistance, variable suivant les pays, sera presque celle d'un sirop dans ceux du midi.

Les matériaux immédiats du moût sont le sucre, le mucoso-sucré, l'eau, le tartre, une partie colorante et une substance végéto-animale que Fabroni et Thenard ont reconnu être le premier agent de la fermentation, le ferment par excellence.

Fermentation.

La fermentation vineuse a lieu ou dans des cuves de pierre ou de bois, ou dans des tonneaux; le choix entre ces vaisseaux d'une capacité si différente n'est point une affaire de caprice; on emploie les cuves en Provence et en Languedoc, parce que la masse fermentante doit être d'autant plus considérable que le moût est plus sucré et plus épais, qu'il a besoin d'une fermentation plus rapide, et que le *vin* est destiné à être plus spiritueux; on se sert de tonneaux dans la Champagne, parce que la masse fermentante doit être d'autant moins considérable, que le *raisin* a crû dans un pays moins chaud, qu'on veut obtenir un *vin* plus délicat, et qu'on exige qu'il conserve plus d'arome.

Ces cuves ou ces tonneaux nettoyés avec soin avant d'y déposer la vendange, sont établis dans des celliers bien clos, afin que la fermentation n'y soit point troublée par le froid de la nuit et par les variations de l'atmosphère; il y règne une température de dix degrés, la fermentation languiroit au-dessous, elle deviendroit trop tumultueuse au-dessus.

Après avoir choisi les meilleurs *raisins* des *vignes* le plus favorablement situées, et dans la meilleure exposition, après avoir, par les plus excellens procédés, disposé à la fermentation le suc de ces *raisins*, et l'avoir mis dans les vaisseaux et dans les lieux les plus convenables; quels seront les phénomènes et le produit de la fermentation tumultueuse de ce suc? Bientôt il se couvre de bulles, il s'en élève du centre de la cuve qui viennent crever à la surface en formant de petits jets, et faisant entendre un léger sifflement. C'est le gaz acide carbonique, qui, formé aux dépens de l'oxigène et du carbone des principes constituans du moût, se dégage. Bientôt sa quantité augmente, il déplace, à cause de sa pesanteur, l'air atmosphérique qui reposoit sur la cuve, il se répand de-là dans le cellier; on n'y peut plus respirer sans danger d'être asphixié par le gaz meurtrier; alors la liqueur se trouble, se gonfle, s'échauffe, bouillonne; on y voit nager des filamens, des flocons; on y voit s'agiter les pellicules, les pepins des *raisins*; une partie de ces substances se fixe à la surface de la cuve, y forme une croûte spongieuse qu'on nomme le *chapeau de la vendange*, et que surmonte ensuite une écume très-volumineuse; l'autre se dépose au fond; alors la cuve exhale une odeur qui y annonce la présence de l'alcool; le sucre qui, par sa décomposition, a servi à le former, n'est presque déjà plus sensible dans la liqueur;

déjà le principe colorant qui existoit sous la pellicule du *raisin*, et que le foulage avoit détaché et distribué dans le moût, s'est dissous dans ce nouveau produit, enfin la fermentation tumultueuse est achevée, elle s'arrête.

Tels sont les phénomènes et les effets de cette fermentation, dont quatre sont principaux : le dégagement du gaz acide carbonique, la production de la chaleur, la formation de l'alcool et la coloration de la liqueur ; ils sont d'autant plus sensibles et d'autant plus durables, que le moût dans lequel ils ont lieu, est plus riche en principes constituans. Aussi dans les pays chauds, la fermentation demande-t-elle plusieurs jours pour être complète, tandis que dans les pays froids elle est souvent terminée après quelques heures de durée.

L'air atmosphérique qui, pendant la fermentation, se trouve en contact avec le moût, ne se combine point avec lui, il ne fait que lui faciliter les moyens de fermenter, en servant d'excipient au gaz acide carbonique, et en ne présentant qu'un léger obstacle au mouvement de dilatation et d'affaissement que la liqueur éprouve.

On pourroit, en retenant ce gaz, faire le *vin* dans les vaisseaux clos ; il seroit même beaucoup plus généreux, parce qu'il auroit conservé son alcool et son arome, deux substances que dans l'autre procédé le gaz carbonique emporte toujours en très-grande quantité avec lui, en s'échappant ; mais comme ce gaz est très-expansif, il comprimeroit d'une part le mouvement fermentatif, au point que le *vin* ne se feroit qu'à la longue, et d'autre part il menaceroit sans cesse d'explosion et de rupture les vaisseaux dans lesquels ce *vin* seroit contenu. M. Chaptal, en présentant les avantages et les inconvéniens de ces deux méthodes, desireroit qu'on les combinât assez heureusement pour en écarter ce qu'elles ont de vicieux.

Décuvage.

La fermentation variant en énergie et en durée, selon le climat et la saison, selon la qualité et la quantité du moût soumis à son action, on sent que toutes les méthodes imaginées pour en fixer en général et irrévocablement le terme, sont nécessairement vicieuses ; que le mieux est de l'attendre plus ou moins, suivant les pays, les circonstances et la nature du *vin* qu'on se propose d'obtenir.

Ainsi, en faisant éprouver dans le midi et dans le nord de la France le mouvement fermentatif à des moûts d'excellente qualité obtenus des meilleurs *raisins* de chacune de ces contrées, ne doit-on accorder, comme nous l'avons dit, aux uns, que des heures seulement, et aux autres, des jours pour cuver.

Avant de procéder au décuvage, on a eu soin de disposer les tonneaux qui doivent recevoir le *vin* ; ils sont faits d'un merrain très-sain ; aucune douve n'a été tirée du bois qui avoisinoit l'écorce et les racines d'un chêne au pied duquel se trouvoit une fourmilière ; aucune ne participe de l'odeur des *fourmis*, n'est imprégnée de leur acide, et ne peut communiquer au *vin* le goût de *fût*, dont souvent ces insectes sont la cause éloignée. Les tonneaux qui étoient neufs ont été lavés à l'eau de chaux, puis à l'eau chaude et ensuite à l'eau salée ;

ceux qui avoient déjà servi ont été privés du tartre qu'ils contenoient
et ensuite lavés à l'eau chaude ; on a enfin passé dans les uns et les
autres ou du *vin* ou du moût bouillant, ou une infusion de fleurs
de pêcher. Pour tirer le *vin* de la cuve, on ne le laisse pas couler
dans des vaisseaux découverts pour le porter ensuite dans les tonneaux ; il sortiroit de la cuve avec violence, il écumeroit, il bouil-
lonneroit ; une forte odeur vineuse répandue dans le cellier, annon-
ceroit la perte irréparable qu'il feroit de son gaz et de son alcool :
on préfère de l'introduire dans les tonneaux, en employant pour l'y
conduire, un tuyau de fer-blanc ou de cuir, qu'on adapte à la cannelle de la cuve.

Le chapeau de la vendange contient assez souvent du *vin* qui s'est
aigri ; on sépare, pour l'exprimer à part, ce chapeau avec soin du
marc sur lequel il s'est affaissé, et on porte celui-ci au pressoir. Le
vin qui en sort jusqu'à la seconde coupe, est distribué dans les tonneaux qui contiennent déjà celui du décuvage. Le *vin* qui suit est
plus âpre et plus coloré ; on le met à part, il ne fait pas partie du
vin de première qualité : les tonneaux pleins, autant qu'il est nécessaire, sont arrangés sur des chantiers, dans des celliers plus froids
pour les *vins* du Nord que pour ceux du Midi. Là ces *vins* subissent
une fermentation qu'on appelle *insensible*, parce qu'elle est beaucoup moins tumultueuse que la première : pendant qu'elle a lieu, on
a soin de remplir les tonneaux, ou, ce qui revient au même, de les
ouiller d'abord tous les jours, ensuite tous les huit jours, après cela
tous les quinze jours, et enfin tous les deux mois lorsque le *vin* est
en cave, et aussi long-temps qu'il y reste.

L'usage sera que, pendant cette nouvelle fermentation qui produit
encore du gaz carbonique, on ne ferme les tonneaux qu'avec des
feuilles de *vigne* assujéties avec du sable, et qu'on attende le calme
de la liqueur avant de la boucher avec des bondons, et sur-tout
avant de les frapper fortement.

On observera qu'Olivier de Serres prétend que des tonneaux sains
et bien cerclés sont en état de résister à tout l'effort de ce gaz, et qu'on
peut, sans crainte de rupture des tonneaux, les bondonner aussi-tôt
qu'ils sont remplis à deux pouces près du trou. Faut-il respecter
l'usage ? faut-il, sur la foi du plus célèbre des agriculteurs, adopter un
procédé qui ne paroît pas sans danger, mais qui, réussissant, conserve-
roit dans le *vin* une grande quantité de gaz et d'alcool ? Nous croyons
qu'il faudroit prendre un milieu entre ces deux pratiques opposées ;
qu'il seroit à propos d'assujétir le bouchon du tonneau avec un ressort assez puissant, mais qui, cédant beaucoup plutôt que les cerceaux, comprimeroit, retiendroit, sinon tout le gaz que vouloit fixer
Olivier de Serres, au moins une grande partie de celui que l'usage
laisse échapper en pure perte.

Soutirage.

Lorsque la seconde fermentation s'est appaisée, et que la masse du
liquide jouit d'un repos absolu, le *vin* est fait. Alors il se clarifie peu
à peu de lui-même ; tout ce qui est étranger à sa composition se précipite sur les parois et au fond du tonneau, ce dépôt s'appelle *lie ;*

c'est un mélange de tartre, de matières extractive et colorante, altérées d'une substance végéto-animale, en partie décomposée. Or, comme
cette lie, quoique séparée du *vin*, est susceptible de s'y mêler et de lui
imprimer un nouveau mouvement de fermentation qui l'altéreroit,
pour obvier à cet inconvénient, on a soin, dans les différens vignobles, de transvaser le *vin* à diverses époques. Celui de l'Hermitage,
en mars et en septembre ; celui de la Champagne, en octobre, en
février et en mars ; on choisit toujours un temps sec pour cette opération, et on devroit employer de préférence, pour l'exécuter, la
pompe dont l'usage est établi en Champagne. C'est un tuyau de cuir,
aux extrémités duquel sont des tuyaux de bois, dont l'un s'adapte au
robinet de la futaille qu'on veut vider, et l'autre à l'ouverture de
celle qu'on veut remplir en lâchant le robinet. La première se vide
à moitié ; on fait passer le reste à l'aide d'un soufflet, dont l'air, en
exerçant une pression sur le *vin*, l'oblige à sortir d'un tonneau pour
monter dans l'autre.

Après le premier soutirage des *vins* qui sont restés dans les celliers,
on les descend à la cave. La meilleure est celle qui se maintient toujours au dixième degré de température, qui a son ouverture tournée
vers le nord ; les futailles ne s'y dessèchent pas, les cerceaux ne s'y
pourrissent pas, le *vin* n'y reçoit aucunes secousses, n'est exposé à
aucunes émanations nuisibles.

Collage.

Le soutirage des *vins* n'étant pas toujours suffisant pour les clarifier
complètement, on a recours à une autre opération qu'on nomme le
collage. C'est ordinairement la colle de poisson qui sert à cet usage ;
on la déroule avec soin, on la coupe par petits morceaux, on la
fait tremper dans un peu de *vin* ; elle se gonfle, se ramollit, se
dissout ; on l'agite avec un balai, on la verse dans le *vin* ; elle s'empare de toutes les molécules restées dans la liqueur, et se précipite
avec elles. Les blancs d'œufs ou la gomme arabique peuvent remplacer la colle de poisson, sur-tout lorsqu'il s'agit de clarifier les *vins*
dans les pays chauds.

Soufrage.

Outre ces opérations qui constituent l'art de gouverner les *vins*,
il en est encore deux dont nous avons à parler, le *soufrage* et la *mise
en bouteilles*. Lorsqu'on veut faire voyager par mer et dans des tonneaux les *vins* généreux de Provence, de Côte Rôtie et de Bordeaux,
on les *mute*, c'est-à-dire qu'on les imprègne de la vapeur du soufre
par les procédés suivans.

On brûle dans certains pays deux ou trois mèches soufrées dans
un tonneau avant de le remplir de *vin* clarifié ; dans d'autres on
enflamme une mèche dans un tonneau dans lequel on a mis deux ou
trois seaux de *vin*, on agite le tonneau en tous sens ; on remet une
nouvelle quantité de *vin*, on brûle une autre mèche, et on continue
la même manœuvre jusqu'à ce que le tonneau soit plein. Ici on met
sur un trou de foret une mèche de soufre allumée, et on tire en même
temps le *vin* par un autre trou ; la vapeur du soufre est déterminée à

remplir le vide que laisse le *vin* en s'écoulant. Là enfin on emploie le moyen imaginé par Rozier ; il consiste à se procurer un petit fourneau en tôle, haut de trois pouces, large de quatre, ayant une porte à coulisse, étant surmonté d'un cornet qui décrit un peu plus d'un demi-cercle ; on adapte l'extrémité recourbée de ce cornet dans le tonneau, on allume la toile soufrée dans le foyer, on ouvre plus ou moins la porte, la vapeur du soufre va remplir le tonneau.

Le soufrage décolore un peu les *vins* ; mais il a le précieux avantage de les conserver en suspendant tout mouvement de fermentation qui tendroit à les détruire. Il n'est pas aussi efficace à l'égard des *vins* de Champagne et de Bourgogne, puisqu'il ne peut les empêcher de s'altérer sur mer, et que ces *vins* passent rarement la ligne sans être décomposés par les secousses, les roulis des vaisseaux et la chaleur. Malgré les avantages du soufrage, Rozier propose comme mesure générale, et qui est déjà adoptée en plusieurs endroits, d'ajouter aux *vins* mûrs et qu'on veut embarquer, une certaine quantité de moût cuit, il voudroit même qu'on ne fît partir que des *vins* faits avec du moût rapproché par évaporation.

Vin en bouteilles.

Lorsque le *vin* est resté un temps convenable dans les tonneaux, et qu'on veut le conserver long-temps au degré de bonté où il est parvenu, et même contribuer encore à son amélioration, on le tire en bouteilles à une époque déterminée par celle où il doit être bu. Ces bouteilles sont d'une capacité connue ; on les choisit d'un verre parfaitement fabriqué qui ne contient ni alcali ni terres non exactement ..., et pouvant dénaturer le *vin* en saturant son acide. Elles ... scrupuleusement nettoyées à l'extérieur et rincées intérieurement : on les ferme avec des bouchons bien secs et fabriqués avec le meilleur liége ; on en trempe l'extrémité dans du *vin* avant de les présenter aux goulots des bouteilles, on les force d'entrer en les frappant avec une palette. Pour empêcher toute communication entre le *vin* contenu dans ces bouteilles et l'air extérieur, et sur-tout pour préserver le bouchon de toute humidité, on le goudronne avec un mélange fait de poix blanche et de poix résine, de chaque une livre, cire jaune deux livres, térébenthine une once, fondu sur un feu doux.

Telle est, dans les bonnes années, la meilleure manière de faire les *vins* qui sont le plus généralement usités, estimés et transportés chez l'étranger ; elle peut, avec de légères modifications que nous avons indiquées, être employée dans les vignobles du midi comme dans ceux du nord, lorsque dans ces climats différens le *raisin* parfaitement mûr, recueilli dans les circonstances les plus favorables, donne un moût dont les principes constituans sont dans les proportions les plus avantageuses, un moût qui, sans être aidé ni forcé par des moyens étrangers, se soumet de lui-même tant à la fermentation tumultueuse qu'insensible, et fournit un *vin* qui ne présente nul obstacle à sa clarification, qui est assez robuste pour parvenir à une belle vieillesse sans éprouver aucune des maladies qui attaquent les *vins* des autres années.

Mais lorsque dans ces vignobles si renommés la saison n'a pas été favorable à la végétation de la *vigne*, lorsque dans les autres vignobles tout se trouve contraire, climat, terrein, saison, exposition, température, etc. quelles sont les précautions à prendre? quels sont les procédés à employer? enfin que faut-il faire?

1°. Vendanger aussi-tôt que le *raisin* a acquis toute la maturité dont il est susceptible; le cueillir à plusieurs reprises pour faire, en égrappant grossièrement, une première cuvée des *raisins* à-peu-près mûrs, et une seconde avec ceux qui sont trop mûrs et ceux qui sont verds; par-là, au défaut de la quantité d'alcool qui seroit nécessaire dans ces deux vins pour les conserver, on leur ménage un principe acerbe qui les soutient ou les défend, sur-tout le dernier, contre la *pousse*, maladie qui attaque presque tous les *vins* faits avec les *raisins* qui ont dépassé la maturité; le mélange monstrueux qu'on fait de ces *raisins* dans la cuve, nuit singulièrement à la bonne qualité du *vin*.

2°. Marier ce qu'il y de plus parfait en *raisins* dans une *vigne* avec les meilleurs d'une autre *vigne*, afin que de ce mélange de différens fruits, dont le crû n'est pas le même, mais dont le choix et la maturité sont semblables, il en résulte une liqueur qui réunisse les qualités qui les distinguent particulièrement.

3°. Egrapper quand, dans les pays froids, malgré l'effeuillaison de la *vigne* et une vendange tardive, le *raisin* est trop aqueux et trop verd; remplacer la quantité du mucoso-sucré qui lui manque, soit en ajoutant à son moût du sucre ou du miel, soit en faisant cuire le moût lui-même à la manière des anciens, pour le ramener par l'évaporation au degré d'épaississement qui caractérise celui des meilleures années, et qu'on a estimé par l'aréomètre ou par la quantité du produit de son évaporation. Nous observons cependant qu'il ne faut pas espérer d'obtenir dans les pays méridionaux avec le crû des *raisins* originaires de la Champagne et de la Bourgogne, des *vins* aussi délicats que ceux fournis par ces cantons.

4°. Récolter, écraser le *raisin* et remplir la cuve dans le jour, si la température est froide et la fermentation lente; introduire dans la cuve du moût chaud, la couvrir exactement et échauffer le cellier où elle est placée; et si la fermentation s'établit au centre de la cuve et non à la circonférence, brasser fortement avec des sabots (non en y faisant entrer des hommes pour piétiner le *raisin*: cela se pratique en Champagne, dans les tonneaux qui y servent de cuves; mais les tonneaux laissant exhaler une petite quantité de gaz carbonique, exposent moins ces hommes au danger d'être asphixiés); ne pas brasser trop long-temps, de peur de dissiper une trop grande quantité de ce gaz qu'on a intérêt de conserver.

5°. Fouler, mais médiocrement, sans exiger que dans les mauvaises années le moût acquière une forte couleur. La partie colorante est un produit de la maturité du *raisin*; elle n'existe qu'en très-petite quantité dans celui qui n'a pas été favorisé par la saison. Ainsi, essayer à force de fouler et de cuver, de donner de la couleur au *vin* qui doit résulter d'un pareil *raisin*, c'est prendre une peine inutile, c'est vouloir le rendre dur, âpre, foible, susceptible même de se décolorer dans les tonneaux ; parce qu'il auroit peu d'alcool pour dissoudre et retenir la partie colorante , s'il en avoit obtenu en excès.

6°. Faire cuver pendant un temps très-court, à une foible température et en masse non-considérable , un moût peu sucré, mais qui doit donner un *vin* délicat et parfumé. Préparer même cette espèce de *vin* de la manière suivante : Ecraser le *raisin* égrappé pour détacher sa partie colorante ; le fouler fortement, mais un instant seulement, pour la délayer dans le moût, exprimer, mêler, le *vin* du tirage et celui du pressurage ; le mettre ensemble à fermenter dans des tonneaux , de manière à laisser le moins de gaz possible. Un moût qui n'est pas riche en matière sucrée n'a pas besoin, pour la décomposer, et former de l'alcool, d'une fermentation aussi impétueuse , aussi longue que celle qui a lieu, pour des moûts sirupeux , dans les grandes cuves adoptées dans les pays chauds. Il n'a besoin de cuver qu'à l'instant du foulage, à moins que la température n'ait été froide lorsqu'on a cueilli le *raisin*, ou qu'on desire qu'il soit plus coloré qu'il ne doit l'être. Peut-être même que les *vins* généreux ne seroient point fatigués comme on le craint par une fermentation lente, si on prenoit le parti d'adapter aux cuves qui contiennent la vendange, le couvercle troué de Bertholon. Ce couvercle, qui placé sous la superficie de la liqueur, tient perpétuellement le marc plongé, l'empêche d'être acidifié par le contact de l'air, si on se décidoit à fermer les tonneaux avec le bouchon à ressort dont nous avons parlé, ou avec la branche d'un siphon lequel auroit l'autre plongée dans de l'eau.

7°. Décuver en général lorsque la fermentation tumultueuse, mais non spiritueuse, est terminée ; alors qu'on n'entend plus de frémissemens dans la cuve, le marc se dispose à baisser, le sucré n'est pas totalement décomposé, mais sa saveur est très-peu sensible ; le marc commence à exhaler une odeur douce et vineuse : et en tirant du *vin* dans une tasse d'argent, il s'y forme sur les bords un cercle violet.

8°. Soustraire, aussi-tôt la fermentation tumultueuse achevée , les *vins* foibles aux oscillations de l'air, aux variations fréquentes et successives de l'atmosphère ; les placer dans des caves profondes, voûtées, sèches et froides.

9°. Boucher le plutôt possible les tonneaux qui les contiennent, afin de retenir gaz, alcool et parfum.

10°. Remplir toujours les tonneaux avec un *vin* semblable à celui qu'ils contiennent déjà : un autre *vin* ne manqueroit pas de lui faire éprouver une fermentation qui deviendroit préjudiciable.

11°. Concentrer par la gelée, ceux des petits *vins* qui se trouvent bien de cette opération , ayant toutefois la précaution de les transvaser avant le dégel.

12°. Soutirer en général les *vins* au sortir de l'hiver, s'ils sont foibles, au printemps s'ils sont médiocres, et en été s'ils sont généreux, toutes les fois qu'ils en ont besoin, parce que le tartre et la lie sont les principes de leur destruction ; ayant soin , à chaque soutirage, de mettre de côté les premières et dernières portions de *vin ;* les unes parce qu'elles sont foibles, les autres parce qu'elles ont une tendance à s'aigrir.

13°. Adoucir ceux qui, au printemps, se trouvent encore verds et durs, en les repassant sur de la lie, ou sur des copeaux de *hêtre*.

14°. Clarifier, à l'aide de la colle de poisson ou des blancs d'œufs, ceux dans lesquels il est resté ou dans lesquels il s'est formé de la lie après le soutirage.

15°. Muter ou soufrer les *vins*, et sur-tout ceux qui sont foibles, avant de les exposer à voyager sur mer.

16°. Choisir en général, de préférence, des foudres pour y mettre les *vins*, les conserver et les améliorer : mais quand ils ont passé leur première jeunesse, avoir soin de les tirer dans des bouteilles parfaitement vitrifiées et bien rincées.

Tels sont les moyens, les procédés qui doivent procurer l'amélioration des *vins* provenant des mauvaises années. Mais veut-on des règles fixes et assurées pour employer des procédés avec le plus grand discernement, et les exécuter avec la plus exacte précision ?

Il faut d'abord analyser dans chaque vignoble le moût d'un *raisin* produit par la meilleure *vigne* et par la saison la plus convenable : puis, connoissant parfaitement les proportions dans lesquelles s'y trouvent, ou doivent s'y trouver l'eau, le sucre, l'acide et le sédiment qui en sont les matériaux immédiats les plus essentiels, il faut examiner chaque année le moût qu'on se dispose à soumettre à la fermentation, afin de voir ceux des matériaux de ce moût qui y sont en plus ou en moins, et ce qu'il est nécessaire de lui ajouter ou de lui retrancher pour les y établir dans les mêmes proportions observées dans le meilleur moût.

L'aréomètre indiquera dans le moût à perfectionner l'excès de l'eau et le défaut du sucre : on jugera de la quantité de sédiment par l'espace que celui-ci occupe, en le précipitant dans un vase cylindrique.

On connoîtra la quantité de tartre qu'il contient, par celle qui se cristallise après une évaporation suffisante, ou par la quantité d'alcali ou de chaux nécessaire pour saturer son acide.

Cet examen fait, rien de plus facile que de composer le moût sur le modèle qu'on se propose d'imiter.

On évaporera celui qui est trop aqueux ; on fournira à celui qui n'a pas assez de matière végéto-animale pour fermenter, ou l'écume d'un autre *vin*, ou la matière végéto-animale du froment, ou de la levure, ou du pain ; on corrigera un moût trop acide, par le sucre ; et un moût trop sucré, s'il s'en trouvoit, par le tartre.

Enfin, comme les moûts qui sont en même temps très-tartareux et très-sucrés, fournissent les *vins* les plus spiritueux, on fera dissoudre un mélange de tartre et de sucre dans le moût dont on destine le *vin* à être distillé, et on obtiendra trois quarts d'eau-de-vie de plus que de celui du même moût, qui n'a pas été ainsi préparé.

Vins blancs.

Les différens procédés que nous venons d'indiquer pour faire les *vins* de boisson plus ou moins colorés en rouge, peuvent être employés pour fabriquer avec des *raisins blancs*, des *vins* auxquels on fait éprouver une fermentation non moins complète que celle des *vins rouges*, et que par cette raison, on range dans la classe des *vins secs*.

des *vins* parfaits, des *vins* par excellence : tels sont ceux de la Moselle et du Rhin ; ceux de l'Anjou et de beaucoup d'autres vignobles de la France.

Nous observons que le choix des procédés par lesquels on fabrique et on perfectionne les *vins blancs*, doit être également déterminé par la nature du moût, du climat, etc. ; en sorte que dans les années chaudes et les pays méridionaux, le suc des *raisins blancs*, s'il est trop doux, trop sirupeux, aura pour fermenter convenablement, ou une température plus haute, ou une cuve plus grande ; recevra, ou un levain étranger, ou une certaine quantité d'eau. Dans les mauvaises années ou dans les mauvais vignobles, on ajoutera au suc de ces *raisins*, s'il est trop aqueux ou trop vert, du moût cuit ou du sucre ; mais bien plutôt ce dernier, car puisqu'en rapprochant du suc de *verjus*, on a toujours un suc de *verjus*, que l'évaporation n'en a point changé la nature, il est plus convenable de lui fournir la substance qui lui manque, celle que le *raisin* auroit obtenue par une plus grande maturité, c'est-à-dire, le sucre avec lequel Macquer, Bullion, et depuis, Cadet Devaux, ont converti les *verjus* en fort bon *vin*. Il est d'autres *vins* secs qui demandent à être préparés différemment ; nous allons nous en occuper.

Vins blancs de Champagne.

On fait en Champagne, comme ailleurs, des *vins blancs* avec des *raisins blancs*, et par les mêmes procédés qui servent aux *vins rouges* de ce pays. Cueillette par un temps sec et chaud, à trois reprises : la première, des *raisins* les plus fins, les moins serrés, absolument exempts de grains verts ou pourris ; la seconde, de gros *raisins* serrés ou moins mûrs ; la troisième de *raisins verts*, pourris ou desséchés. Egrappage ou nul ou complet, ou grossièrement fait, suivant les circonstances. Foulage exact et rapidement exécuté. Cuvage en petites masses, dans des tonneaux et pendant quelques heures. Fermentation insensible, modérée et prolongée par le froid. Soutirages fréquens, collage soigné, etc.

Mais les *vins* de la Champagne connus sous les noms de *vin blanc*, *gris*, *roset*, *mousseux* ou *non mousseux*, se préparent presque uniquement dans les vignobles les plus renommés de toute la contrée avec les *raisins noirs*, et de la manière suivante :

On vendange ce *raisin* avant le lever du soleil, et jusqu'à ce qu'il ait dissipé la rosée ou le brouillard.

On choisit avec la plus scrupuleuse attention, les grappes dont les grains parvenus au juste point de maturité, sont encore fermes, ne sont ni verds ni ridés ; on les porte sans les froisser sur le pressoir, on en abaisse l'arbre ou le mouton, pour les exprimer légèrement.

La première liqueur qui sort est absolument sans couleur ; elle est destinée à faire le *vin blanc*.

La seconde retirée par un second tour de vis, entraîne quelques petits atomes colorans ; on en fait le *vin gris*.

La troisième obtenue en serrant davantage la vendange, s'est chargée d'une certaine quantité de la partie colorante du *raisin*, qui, en se dissolvant pendant la fermentation, donnera au dernier *vin* la nuance de la *rose*, d'où son nom de *vin roset*.

Ce qu'on exprime en tourmentant le marc est mis à part, pour en fabriquer des *vins* communs.

On voit que par cette manœuvre extrêmement ingénieuse, et qu'il faut exécuter avec le plus grand soin, on obtiendra pour ces trois espèces de *vins*, la partie la plus fluide, la plus sucrée, la plus pure, d'un *raisin* très-choisi et très-exquis ; qu'on obtient son vrai suc précisément tel qu'il étoit contenu dans les vésicules qui forment son organisation, et avant qu'il ait pu se mêler avec l'humidité des vésicules elles-mêmes, et avec le jus acerbe de la grappe fourni par les derniers efforts du pressoir.

Ces trois liqueurs sont mises à part dans des tonneaux ; elles y subissent, à une température extrêmement modérée et régulière, une fermentation qui dure douze à quinze jours ; au bout de ce temps, on ferme le tonneau avec un bondon, en laissant à côté un trou de foret, qu'on bouche plus ou moins exactement avec une petite cheville pyramidale qu'on nomme un *fosset*.

Si, vingt-cinq jours après qu'ils ont été faits, on trouve qu'ils sont trop sucrés, ce qui arrive dans les années chaudes et sèches, on roule les tonneaux cinq à six tours. La lie en se mêlant à ces *vins* y rétablit une légère fermentation, et en répétant cette manœuvre pendant un mois plus ou moins, leur saveur sucrée diminue, ils deviennent plus secs.

Alors on les laisse tranquilles, ils se dépurent, on les transvase, on les colle, on les soutire, et enfin on les met en bouteilles qu'on ferme avec d'excellens bouchons bien frappés, et qui, si ce *vin* doit être mousseux, seront sur-tout fixés avec des ficelles, avec un fil de fer, et goudronnés.

L'époque qu'on prend pour cette dernière opération détermine ces *vins* à mousser ou à ne pas mousser.

Voulez-vous les rendre mousseux ? tirez-les en bouteilles depuis le mois de mars jusqu'en mai ou sur la fin d'août, et, comme on le dit dans le pays, aux deux époques où la sève de la *vigne* est dans sa plus grande vigueur.

Voulez-vous qu'ils moussent foiblement ? tirez-les en juin ou juillet.

Voulez-vous enfin qu'ils soient non-mousseux ? mettez-les en bouteilles en octobre ou en novembre.

Quelle influence la sève de la *vigne* peut-elle avoir sur ces *vins* ? Aucune, que nous sachions. Mais à l'instant où la température qui règne au printemps et à l'automne, donne une nouvelle action à la sève des végétaux, les *vins* reçoivent aussi une nouvelle impulsion, et sur-tout ceux dont la fermentation n'est pas totalement achevée ; tels sont les *vins* dont nous parlons.

Au bout d'un certain temps qu'ils sont mis en bouteilles, les effets de la fermentation ranimée deviennent sensibles ; elle a dégagé une quantité de gaz carbonique, qui souvent est trop considérable pour être retenue dans la liqueur ; les bouteilles se cassent par l'effort prodigieux que ce gaz exerce contre leurs parois : il est même des années où cette casse est si considérable, que les marchands perdent les deux tiers de leurs *vins*, en sorte que ce seroit rendre un service à la société, que de trouver le moyen d'empêcher cette perte énorme de *vin*. M. Boudet croit la chose possible, quoique difficile; il faudroit pendant plusieurs années, suivant lui, 1°. examiner à l'aréomètre, analyser, rapprocher par évaporation du moût à l'instant où il sort du pressoir; 2°. analyser le *vin* fait à l'instant où on veut le mettre en bouteilles; 3°. tenir un compte exact des phénomènes qui ont lieu pendant la fermentation, depuis le pressurage du *raisin*, jusqu'à l'époque où elle s'arrête dans les bouteilles, et ne les fait plus casser.

Une fois qu'on connoîtroit dans quelles proportions les principes constituans du moût étoient dans celui qui a fourni un *vin* assez vif pour bien mousser, mais non trop fougueux pour casser les bouteilles, il lui semble qu'on pourroit déjà prévoir qu'un moût, qui, une autre année se trouve semblable, ne les cassera point, *et vice versâ*, et d'après cela se décider à tirer ou à ne pas tirer en bouteilles.

Mais comment faire pour tirer avec la même sûreté tous les ans, pour donner toutes les années au moût la même disposition à fournir un *vin* qui puisse être contenu? Il ne s'agit que de le constituer tel qu'il doit être : pour y parvenir on a deux moyens, l'un naturel, l'autre artificiel.

Relativement au premier, on suppose que l'expérience ayant appris qu'il est nécessaire pour avoir un excellent *vin mousseux*, que le moût ait donné neuf degrés à l'aréomètre; que j'aie deux moûts différens, dont l'un marque douze degrés et l'autre six, leur mélange, à dose égale, donnera pour lors un moût convenable.

Quant au moyen artificiel, il n'est pas moins simple; on ajoute à un moût foible, recueilli dans une mauvaise année, du sucre candi le plus blanc possible, et dans une quantité capable de lui donner la consistance reconnue propre : on fait fermenter le moût ainsi sucré, il est vraisemblable qu'il procurera un *vin* sinon aussi exquis, au moins aussi mousseux qu'on le souhaite.

D'ailleurs ces moyens indiqués ne paroîtront pas extraordinaires à ceux qui savent que déjà, lorsqu'on veut faire mousser plus sûrement l'excellent *vin d'Ay*, on lui réunit celui d'*Avise* qui est très-léger; et que d'autre part, pour contenter le goût de quelques consommateurs qui aiment que le *vin mousseux* soit un peu liquoreux, on y fait dissoudre une certaine quantité de sucre candi.

Parmi les phénomènes que présente cette espèce de *vin*, on observe, 1°. qu'il est tranquille dans les bouteilles depuis l'instant où il cesse de les casser jusqu'à celui où apporté sur nos tables, il fait sauter les bouchons aussi-tôt qu'on vient à rompre le fil d'archal qui le retenoit; 2°. qu'il se réduit presqu'en totalité en une mousse blanche pétillante, mais peu durable, dans le moment qu'on le verse dans les verres.

Il doit sa tranquillité, dans le premier cas, à la dissolution complète qu'à l'aide de la compression il a pu faire de tout le gaz que la fermentation a produit; dans le deuxième cas, il se convertit en mousse à l'aide de ce gaz, qui, n'étant plus comprimé, ne peut plus rester dissous. Il prend l'état d'un fluide élastique, souffle chaque molécule de *vin* à laquelle il étoit combiné, en fait autant de bulles qui s'amoncèlent, qui crèvent et le laissent échapper avec une portion de l'alcool qu'il emporte avec lui.

Il arrive quelquefois que le *vin mousseux* se trouble, puisqu'il dépose une certaine quantité de lie, qui, à l'instant où on le verseroit, se remêleroit avec lui et le rendroit désagréable à boire : il s'agit de l'en purger; on dresse pour cela toutes les bouteilles. Cette position dans laquelle on les tient pendant quelques jours, suffit pour faire perdre momentanément au *vin* sa disposition à mousser ; alors on enlève à chaque bouteille, goudron, ficelle, fil de fer, et on relâche le bouchon ; puis on prend la bouteille par le col, et on la tient de manière que par des petites secousses faites en différens sens, on puisse déterminer insensiblement la petite portion de la lie à se détacher en masse, et à se rendre dans le col, et de-là sur le bouchon. Lorsqu'elle y est parvenue, on l'enlève avec lui fort adroitement, et on remet un autre bouchon qu'on assujétit comme le premier. Le *vin* qui a subi cette opération reprend la faculté de mousser quand les bouteilles sont restées un certain temps couchées.

C'est sur-tout pour les *vins mousseux* qu'il faut choisir des bouteilles parfaitement vitrifiées : en effet il n'est pas rare de trouver une différence énorme dans la saveur du *vin* de deux bouteilles, quoique prises au même tas et bouchées aussi parfaitement l'une que l'autre, et on ne peut attribuer cette différence qu'à l'action que l'acide carbonique et le tartre de ces *vins* a exercée sur le verre d'une de ces bouteilles, parce qu'il étoit mal fabriqué.

Les habitans de la Champagne sont-ils les inventeurs des *vins blancs mousseux* et *non mousseux ?* Non, puisque, d'une part, Virgile en connoissoit un qui moussoit, et que, d'autre part, les Grecs estimoient beaucoup le *vin* qu'ils faisoient avec le suc du *raisin* non foulé. Mais ce qu'on peut bien assurer, c'est que ni les Grecs ni les Romains n'ont jamais rien bu autrefois d'aussi joli, d'aussi agréable que les *vins mousseux* de la Champagne, de Reims, sur-tout d'aussi parfaits, d'aussi délicats, d'aussi délicieux que ses *vins* non mousseux, tant *blanc* que *roset*, lorsqu'ils sont bien faits et qu'ils sont obtenus dans une excellente année.

Les *vins gris* et *rosets* naturels ne jouissent pas toujours d'une nuance rose bien tranchée, et les buveurs s'en plaignent ; pour contenter leur caprice, les marchands de *vin* se sont avisés de colorer artificiellement, de la manière la plus agréable, les *vins blancs* un peu tachés ; mais si ce moyen les rend plus flatteurs à la vue, c'est un peu aux dépens de l'agrément qu'ils auroient produit sur l'organe du goût.

Vins liquoreux.

Entre les *vins* sucrés et les *vins* les plus liquoreux, il existe une infinité de nuances que nous ne chercherons pas à saisir; et quoiqu'en général on ne devroit désigner sous le nom de *vins liquoreux* que ceux qui, après la fermentation qui leur est propre, outre un montant quelquefois très-spiritueux, jouissent encore d'une saveur douce et sucrée, cependant nous croyons devoir ranger dans la classe des *vins liquoreux* ceux qui, faits avec des moûts plus sucrés que ceux des *vins secs*, conservent plus long-temps que ceux-ci la matière sucrée qui a échappé à la première fermentation, sans nous embarrasser si parmi eux plusieurs , avec le secours du temps et de l'art, peuvent devenir des *vins* secs eux-mêmes.

Tout l'art de faire ces *vins* consite donc à soumettre à la fermentation un moût qui contienne plus de sucré que celui qui doit fournir un *vin* sec. Dans les pays chauds et lorsque la saison a été favorable, il est des *raisins* naturellement si riches en matière sucrée, que, lorsqu'ils ont acquis leur parfaite maturité, ils peuvent déjà fournir un *vin liquoreux*. Tels sont les *raisins muscats* et celui qu'on nomme *malvoisie ;* mais ordinairement on ne se contente point de cette maturité : on augmente la proportion du principe sucré en diminuant la qualité de l'humidité soit des *raisins* eux-mêmes, soit de leur moût.

Dans les vignobles de Bordeaux , au lieu d'y faire le *vin blanc* comme le *vin rouge* avec des *raisins* qui ont acquis une bonne maturité , on les laisse sur le cep jusqu'à ce qu'ils aient dépassé de beaucoup cette maturité; et même, par un usage qui ne peut être qu'un abus, on récolte avec ces *raisins* si mûrs ceux qui sont pourris, et on les met ensemble dans la cuve; aussi est-on obligé, pour empêcher ces *vins* de graisser , de les laisser cuver avec la grappe, de les soutirer avant les rouges et de les soufrer : les *vins blancs* d'Arbois et de Condrieux sont faits avec des *raisins* qu'on laisse sur le cep jusqu'en novembre.

Le *vin de Tockai* se prépare avec le *raisin* le plus sucré de la Hongrie; on le laisse sur le cep si la saison est favorable, ou on le sèche dans des fours , si la saison est pluvieuse et le menace de pourriture.

On connoît sous le nom de *vin de paille*, un *vin* qu'on fait en Alsace , dans la Touraine et ailleurs, ou qu'on devroit faire de la manière suivante :

Choisir dans une excellente *vigne*, les *raisins* les plus mûrs , les plus sucrés , les plus sains , les isoler en les suspendant à des lattes ou en les étendant sur des claies dans un endroit échauffé par un poêle, pour les mettre à l'abri des gelées , et les réduire par l'exsiccation à moitié de leur poids; enlever soigneusement les grains pourris, exprimer alors le jus et le soumettre à la fermentation : elle tarde à devenir sensible et se prolonge pendant cinq ans; ce n'est qu'après la première année qu'on tire ce *vin* de dessus la première lie grossière ; tous les ans on le transvase, mais sans songer à le clarifier ; on le laisse s'épurer de lui-même pendant la quatrième année ; enfin on attend la cinquième année pour le mettre en bouteilles, où il se conserve aussi long-temps qu'on veut.

En Grèce on cueilloit le *raisin* avant sa maturité ; on le séchoit à un soleil ardent pendant trois jours , et le quatrième on l'exprimoit.

On suit encore ce procédé dans plusieurs vignobles de l'Espagne, de l'Italie, et sur-tout de l'île de Chypre : dans ce dernier pays la vendange se fait pendant les mois d'août et de septembre ; les *vignes* sont basses, les *raisins* sont rouges; le moût se met à fermenter dans de grands vases de terre, goudronnés intérieurement. Le *vin* , qui d'abord est de la même couleur des *raisins*, devient jaune au bout d'un an. Le plus commun dure huit à dix ans , mais on en fait de bien plus durable, puisqu'à la naissance d'un enfant, le père fait placer dans la terre une grande jarre remplie de *vin*, bouchée hermétiquement, et qu'il conserve jusqu'au jour où il marie cet enfant.

Les plus riches de l'île destinent sur-tout à cet usage l'excellent *vin de Commanderie.*

A Frontignan, lorsque le *raisin* le plus estimé est mûr, on en tord la grappe pour intercepter la communication du cep avec le fruit; lorsqu'il est fané, on le cueille, on l'exprime, et le moût fermenté convenablement, fournit le *vin muscat* dit *Frontignan.*

Dans quelques endroits de l'Espagne, on fait évaporer le suc des *raisins blancs* sur un feu doux, jusqu'à une consistance convenue, avant de le faire fermenter.

En Toscane, on prépare le *vin* dit *vino sancto*, avec un moût si rapproché, qu'il faut la plus forte chaleur d'un soleil ardent pour lui faire subir la fermentation.

Les anciens connoissoient aussi l'art de cuire et de rapprocher le moût. Les Lacédémoniens le réduisoient d'un cinquième, et buvoient leur *vin* après la quatrième année.

A Rome, pour préparer certains *vins*, on poussoit l'évaporation du moût jusqu'à le réduire à moitié ou aux deux tiers, et quelquefois même aux trois quarts. Ainsi concentré, il falloit qu'on y excitât la fermentation par la chaleur du soleil, et qu'on continuât de l'y tenir exposé pendant une longue suite d'années. Mais enfin, quand ces *vins* avoient achevé leur fermentation, ils étoient si généreux ou plutôt si forts, si spiritueux, qu'on ne pouvoit pas les boire purs.

Galien parle d'un *vin* qu'on mettoit aussi au soleil pendant l'été, sur les toits des maisons.

Enfin Pline en annonce un autre qui se préparoit spécialement avec des *raisins appiens*, dont on différoit la récolte, et dont le suc étoit diminué de moitié par la cuisson.

En Espagne, il est quelques vignerons qui, après avoir évaporé le le suc de *raisin*, y mettent un quart ou un cinquième par cent de plâtre nouveau.

Quel effet peut y produire une substance qui paroît lui être si étrangère ?

Le plâtre est avide d'eau; il s'empare de la portion d'humidité qui y est encore surabondante dans le moût. Le plâtre a la propriété de décomposer le tartre; il diminue la quantité de celui qui y existe et qui y nuiroit.

Les anciens paroissent n'avoir pas ignoré cette double propriété du plâtre, et les Asiatiques ont aussi reconnu que cette substance saline étoit utile dans la préparation de quelques *vins*. Nous voyons en effet qu'en Perse, on prépare le *vin de schéras* dans des cuves spécialement enduites de plâtre.

Les détails dans lesquels nous sommes entrés nous paroissent suffisans pour donner un apperçu sur la manière de faire les *vins de liqueur* en général. On voit que plusieurs d'entr'eux, quoique produits par des moûts très-sucrés plus ou moins évaporés, sont cependant amenés par une fermentation forcée et long-temps continuée à se rapprocher des *vins* secs; que les autres dont les moûts n'ont pas été plus concentrés et même l'étoient beaucoup moins, ont cependant conservé une plus grande quantité de sucre, parce que, pendant leur fermentation, la température a été moins élevée: il résulte de là que, si on vouloit ranger les *vins* avec une certaine exactitude, suivant leur nature, il faudroit en établir trois classes.

La première comprendroit les *vins* secs, parmi lesquels figureroient les *vins de Champagne, Bourgogne, Bordeaux*, etc.

Il s'agiroit dans la deuxième des *vins demi-liquoreux*, des *vins de Tockai* et de *Monte-Pulsiano*, etc.

La troisième enfin renfermeroit les *vins de liqueur* proprement dits, et dont sont ceux de *Madère*, de *Malvoisie*, de *Sagul*, du *Cap*, de *Constance*, le *Malaga*, le *Cherès*, le *vin de Chypre*, de *Rota* et d'*Alicante*.

Autres Vins.

Indépendamment des *vins* extrêmement variés que nous fournissent les *raisins*, il en est beaucoup d'autres qu'on fait ou qu'on peut faire avec les sucs des différens fruits, avec le jus exprimé de la *canne à sucre*, avec la solution du sucre purifié, avec celle du miel et la sève de différens arbres, et enfin avec les décoctions des semences farineuses germées.

Mais comme tous ces *vins*, à l'exception du dernier qui exige des opérations particulières et préliminaires à la fermentation, se préparent à-peu-près de la même manière que ceux des *raisins* et des *pommes*, et comme nous avons présenté, ainsi que l'auteur estimable de l'article CIDRE, des généralités propres à donner une idée de la fabrication des *vins*, nous croyons devoir maintenant nous borner à indiquer les règles auxquelles la fabrication de ceux-ci est assujétie, et offrir des exemples et quelques recettes pour en faire voir l'application. Ces règles consistent:

1°. A soumettre immédiatement à la fermentation les liqueurs dans lesquelles les principes constituans se trouvent dans des proportions semblables à celles qui constituent un excellent moût de *raisin*.

Exemple : Les sucs des *pommes* et des *poires*, etc.

2°. A évaporer les liqueurs qui sont très-aqueuses, lorsqu'à l'aide de l'aréomètre, on les juge à la consistance d'un suc de *raisins* mûrs, ou, au défaut de l'aréomètre, jusqu'à ce que les liqueurs puissent soutenir à leur surface un œuf.

Exemple : La sève des arbres, celle, entr'autres, d'*érable*, avec laquelle les Canadiens font une liqueur fermentée.

3°. A sucrer les liqueurs qui sont trop acides.

Exemple : Les sucs de *groseilles*, de *cerises*, etc.

4°. A aciduler les liqueurs qui sont trop douces ou trop muqueuses.

Exemple : Le suc délayé des *figues*, etc.

5°. A ajouter un ferment à celles qui manquent de substance végéto-animale.

Exemple : Le suc purifié, le miel, etc.

Vin de Cerises.

Cerises. . . . .

Sucre. . . . . 100 livres.

Ecrasez les cerises , ajoutez le sucre, faites fermenter, et gouvernez le *vin* comme celui du *raisin*.

Vin de Sucre, n° 1.

Sucre.	250 livres.
Eau.	2 muids.
Levure de bière fraîche.	4 livres.

Faites fermenter, etc.

Ce *vin*, que des Anglais ont préparé avec succès dans leurs colonies, est sans couleur et sans odeur; ils le coloroient avec la teinture de *tournesol*, et ils l'aromatisoient avec une huile essentielle.

Vin de Sucre, n° 2.

Sucre.	864 livres.
Gomme arabique	24
Tartre	24
Acide tartareux	3
Matière glutineuse du froment	36
Eau	3,456

C'est en composant cette formule que Fabroni a cherché à imiter un excellent moût de *raisin*, en remplaçant tous les principes constituans , comme le mucoso-sucré , l'acide et la substance végeto-animale , par des substances analogues. Ce physicien célèbre dit en avoir obtenu un fort bon vin.

Vin de Sucre, n° 3.

Sucre.	216 livres.
Crême de tartre	9
Fleurs de sureau.	79
Eau.	614

La liqueur qui résulte de ce mélange fut exposée à une chaleur de 23 degrés; la fermentation eut lieu , et produisit un *vin* d'une saveur forte et d'une excellente odeur de *muscat*, quoiqu'un peu trop exaltée.

M. Thenard a aussi trouvé à remplacer dans le sucre purifié, le ferment dont il est dépouillé, par le dépôt gluant d'un blanc jaunâtre qui se forme dans les sucs des fruits.

Dans le suc de *groseilles* sur-tout, soixante parties de ce dépôt non desséché, aidé d'une température de 15 degrés, font éprouver à une solution de trois cents parties de sucre une fermentation si prompte et si complète, que dans l'espace de quatre ou cinq jours la saveur sucrée n'est plus sensible dans la liqueur.

Les Russes et les Polonais font usage d'un *hydromel vineux ;* c'est une solution de miel dans l'eau, dont on favorise la fermentation au moyen de la levure de bière.

Vin de Dattes.

Les *dattes* écrasées, macérées dans l'eau et fermentées, procurent aux Francs établis en Egypte une liqueur vineuse, qui passeroit rapidement à l'état de vinaigre, s'ils ne la distilloient pas pour en retirer une *eau-de-vie* fort agréable.

Le *vin* seroit vraisemblablement bien plus durable, si, à une forte infusion de *dattes*, ils ajoutoient une quantité suffisante ou de sucre du pays, ou de moût cuit des îles de l'Archipel.

Vin de Genièvre.

Genièvre.	1 boiss.
Eau chaude.	40 livres.

Faites infuser, passez la liqueur, ajoutez :

Pain de seigle séché et pulvérisé.	5 livres.
Cassonade	2

Faites fermenter.

Vin Mielleux.

Trois parties de moût, une de miel. Faites fermenter.

Il seroit vraisemblablement possible de fabriquer dans quelques vignobles de la partie méridionale de la France des *vins liquoreux*, aussi parfaits que les *vins* étrangers les plus estimés ; mais doit-on essayer cette fermentation comme l'objet d'une spéculation lucrative ? Nous ne le pensons pas : nous savons que l'homme riche établi en France, préférera de faire servir sur sa table des *vins* étrangers ; que les gens opulens qui habitent les Açores, ne voudront tirer de France que des *vins* secs. Ainsi appliquons-nous à rendre ces *vins* aussi excellens qu'ils peuvent l'être, afin d'en assurer la vente chez les étrangers ; qu'ils en fassent leur boisson habituelle ; et permettons-nous parfois la petite débauche de savourer à notre dessert ceux de leur pays. La balance de ce commerce réciproque ne peut jamais être à notre désavantage.

Vin de Cérès ou Bière.

Les principes et la théorie de la fermentation qui produit des *vins* avec les décoctions des semences farineuses, sont les mêmes ; mais comme dans ces semences le mucoso-sucré n'est pas sensible, lorsqu'elles sont dans leur état de maturité, on a recours à des moyens capables de le développer, et ces moyens forment de l'art de faire ces espèces de *vins*, un art à part, qu'on nomme l'*art du brasseur* ou du *fabricant de bière*. Voyez HOUBLON.

La *bière* est plus ou moins mousseuse ; mais un moyen de la rendre pétillante, c'est de la tirer en bouteilles, ou plutôt, à cause de la cassure, de la mettre dans des vases de grès faits exprès, en y ajoutant un petit morceau de sucre.

Les Russes, outre les *bières* qu'ils font comme les autres peuples, en fabriquent une particulière avec le *seigle*, que souvent ils aromatisent avec la *menthe*.

Au Pérou, on en prépare une avec le *maïs*; elle est connue sous le nom de *chicca*.

En Chine, c'est avec le *riz* qu'on prépare le *fucki*, en employant pour ferment la chair d'agneau.

Dans l'Inde, la moelle du *bambou* donne le *tabaxir*.

Dans l'Egypte, pays où on dit que la *bière* a été inventée, et cependant où il étoit si difficile d'en faire une semblable à la nôtre, à cause de la chaleur constante du climat, l'industrie auroit prodigieusement dégénéré à cet égard. En effet, les fellahs ou cultivateurs préparent pour leur boisson un mélange de farines et d'eau, qu'ils laissent aigrir; ils appellent cette boisson *bouzah*: ils la prennent trouble. Ce *bouzah* est encore bien loin du *vin* que nos paysans préparent avec une forte decoction de son, à laquelle on ajoute des *groseilles* écrasées ou d'autres fruits, qu'on passe ensuite à travers un tamis, pour séparer la partie corticale du grain avec la peau des fruits, et qu'on fait fermenter.

C'est moins encore que cette chétive liqueur, plus acide que vineuse, dite *limonade des gens de campagne*, et qu'on obtient d'une forte décoction de son, laquelle, passée à travers un tamis ou un blanchet, reçoit un peu de levain pour entrer en fermentation; ou enfin que ce *zithon* des anciens, cette boisson vineuse qu'ils faisoient avec du pain seul et de l'eau fermentés ensemble.

On avoit dit que les Tartares faisoient usage du *vin* préparé avec le lait de jument. Jusqu'alors les chimistes, malgré l'espèce d'analogie reconnue entre le lait et les sucs sucrés des végétaux, ne vouloient pas croire que le lait fût susceptible de passer à la fermentation vineuse, parce qu'ils ne pouvoient la lui faire éprouver.

Tout le secret consiste à agiter souvent le lait qu'on soumet à la fermentation.

Par-là les principes de ce liquide composé, que le repos tend toujours à séparer, sont forcés de rester mêlés, de réagir les uns sur les autres, et de former enfin, sans le secours d'un ferment, une combinaison vineuse tellement décidée, qu'on peut en retirer de l'esprit ardent.

Vins falsifiés.

L'art de falsifier les *vins* est aussi compliqué que celui d'apprêter les alimens. Ce sont les marchands de *vin* qui l'exercent presque exclusivement : ils l'ont porté malheureusement au plus haut degré de perfection où il pouvoit atteindre, ce qui est d'autant plus étonnant, qu'ils ne communiquent point entre eux. Mais que ne peut pas l'ardente soif de l'or qui les poussoit isolément dans cette carrière!

Quoiqu'il y ait long-temps que ces gens fabriquent à Paris, à Marseille, à Amsterdam et ailleurs, des *vins* de Champagne, de Bourgogne et de Bordeaux, aucun d'eux ne s'est avisé de décrire les procédés par lesquels il vient à bout de se passer de tout ce qui peut contribuer à la bonté des *vins* naturels dans ces vignobles fameux. Est-ce leur intérêt qui les rend si discrets? Cela est probable; mais cependant quand ils voudroient l'être moins, nous pensons qu'il leur seroit difficile de présenter leurs procédés avec quelque précision, puisqu'ils doivent être obligés de les modifier chaque fois, suivant les années, suivant la nature des *vins*, dont le mélange doit amener le résultat qu'ils souhaitent, et qu'ils ne peuvent juger être convenable que par leurs organes exercés par une longue expérience.

Malgré l'obscurité dans laquelle cet art s'est enveloppé, les chimistes voient clairement que la principale science des marchands de *vin* est la connoissance parfaite de l'odeur, de la couleur, de la saveur, de toutes les qualités physiques tant des *vins* des vignobles les plus renommés, que de ceux qui sont les moins estimés ; qu'ensuite toute leur industrie consiste à choisir parmi ces derniers ceux qui peuvent se marier ensemble, ceux qui peuvent par la réunion des qualités qu'ils possèdent isolément, former un *vin* composé qui soit vendu et considéré comme naturel par celui dont le palais n'est pas assez fin pour reconnoître la fraude.

Heureux les consommateurs que fournissent ces marchands, quand ceux-ci sont encore assez honnêtes pour se borner au simple mélange des *vins*, ou même encore quand ils se contentent de n'introduire dans leurs *vins* que des substances innocentes, le sucre et ses différentes modifications ou le rob de *raisin*, pour adoucir ceux qui sont verds ou acerbes ; le suc de baies de *sureau* ou le *vin* de teinte, pour colorer ceux qui n'ont point assez de couleur ; quelques aromates pour donner le parfum qui leur manque !

Mais aussi malheur aux marchands de *vin* qui ont assez peu de respect envers l'humanité pour employer dans la fabrication de leurs *vins* des substances délétères ! La chimie veille sur eux ; elle analysera le produit de leurs opérations ténébreuses, et les livrera à l'animadversion publique.

Parmi les *vins* liquoreux et étrangers, il en est plusieurs dont la falsification, plus facile d'ailleurs que celle des *vins* français, a été l'objet des recherches de plusieurs personnes dont l'état n'étoit point le commerce de *vins* ; de-là quelques recettes à l'aide desquelles on peut imiter ces *vins*. Nous les donnons avec d'autant plus de sécurité, qu'elles n'apprendront rien à ceux qui préparent les *vins* pour tromper, et qu'elles peuvent être utiles à ceux qui voudront les préparer pour en faire usage. Mais avant, décrivons un *vin* qui a été fabriqué avec succès à Paris, dans un temps de disette, et qui pourroit fort bien figurer dans la carte d'un marchand de *vin*.

Raisins de Roc-vert ou de *Malaga*. . . . . 75 livres.
De Corinthe. 25

Mettez ces *raisins* dans un tonneau défoncé, versez dessus,

Eau preque bouillante. . . . . 120 livres.

Recouvrez le tonneau et laissez le tout en infusion pendant douze ou quinze heures, foulez le *raisin*, ajoutez,

Eau chaude à 25 degrés. . . . . 280 livres.

Agitez le *raisin* avec un bâton, la fermentation s'établira, continuez-la jusqu'à ce que la liqueur dans le tonneau se rapproche d'environ deux degrés de la chaleur de l'atmosphère, ce qui a lieu au bout de trois jours; alors exprimez le *raisin*, et mettez la liqueur dans un tonneau; elle fermente de nouveau pendant vingt-cinq à trente jours, puis elle s'éclaircit, on la soutire dans un autre tonneau, on y ajoute par chaque centaine de pintes, deux pintes d'eau-de-vie double et vingt pintes de *vin de Roussillon* ou de *Cahors*.

On sait que le *vin de Malvoisie* est d'une odeur aromatique fort agréable; on l'imite en plongeant dans un excellent moût en fermentation, un nouet rempli ou de fleurs et de semences d'*orvale*, ou d'un mélange fait de *galenga*, de *girofle* et de *gingembre*.

La fleur de *sureau*, mise en digestion dans un petit *vin* blanc, dans lequel on a fait dissoudre du sucre, en y ajoutant quelques cuillerées d'*eau-de-vie*, lui donne le bouquet de *muscat*.

Le *cassis*, le *miel* et l'*eau-de-vie* font une espèce de *vin d'Alicante*.

Le suc exprimé de *bigarades* et le sucre, imitent le *vin de Chères*.

On peut faire avec des *raisins secs* un *vin* comparable à ceux d'Espagne; mais que l'on se défie de celui de certains marchands, car il est fabriqué avec ce qui reste de leurs approvisionnemens de fruits, dits de *carême*, tels que *raisins*, *figues*, *pruneaux*, *poires*, *pommes tapées*, la plupart vermoulus ou altérés.

On prépare un *vin* semblable à celui de Monte-Pulsiano, en faisant bouillir des *coings* dans du moût, en les mettant ensuite à fermenter, en transvasant la liqueur dont la fermentation est achevée avant qu'elle soit entièrement éclaircie; la lie maintient dans la liqueur une fermentation capable de compléter la décomposition du sucre.

Un mélange de *vin d'Espagne* et d'excellent *vin de Champagne* non mousseux, présente la saveur du *vin de Tockay*.

Dans certains pays on parfume les *vins* avec de la *framboise*, avec la fleur sèche de la *vigne*. Darcet a essayé avec succès d'en aromatiser au moyen d'un peu d'*absynthe*.

Les anciens mettoient du plâtre, de l'argile, de la myrrhe pilée et différens aromates, dans les tonneaux où ils déposoient leurs *vins*, en les tirant de la cuve avec la double intention de les parfumer et de les clarifier.

Vin cuit.

Moût d'excellens *raisins*, évaporé à moitié.	6 pintes.
Eau-de-vie.	2
Clous de girofle. . . . . n°	8
Cannelle ou vanille.	2 gros.

Cruche bouchée, exposition au soleil, bu la deuxième année.

Maladies des Vins.

Quand les *vins* sont secs, que les parties constituantes du moût ont réciproquement éprouvé une décomposition, ils ne doivent leur conservation qu'à l'alcool qu'ils contiennent. Lorsque les *vins* sont liquoreux, non-seulement l'alcool qui s'y est formé, mais le sucre qu'ils tiennent en excès, contribuent à leur durée, et sous ce rapport ces derniers ont un très-grand avantage sur les autres ; ils sont beaucoup moins sujets aux maladies, on a beaucoup moins à craindre de leur vétusté.

Les maladies des *vins* secs sont dues au mauvais état des moûts qui les ont produits, aux vices de leur préparation, au mouvement dont ils jouissent comme fluides, à l'influence qu'ont sur eux l'air et le calorique, et divers autres agens. Les principales de ces maladies sont la *graisse* et *l'acidité*.

Les *vins* peu spiritueux qui n'ont point assez fermenté, dont le sucre et la partie extractive ne sont point convenablement décomposés ; les *vins* faits avec des *raisins* trop mûrs, et qu'on a maladroitement égrappés, sont sujets à *graisser*. Cette maladie leur fait perdre le gaz qui leur étoit combiné, elle les rend plats et foibles ; on reconnoît qu'ils en sont attaqués par l'humidité et la moisissure des tonneaux qui les contiennent, et parce qu'ils perdent par la plus petite ouverture.

Les *vins* sont menacés de *viser* à *l'acide*, quand au contraire les tonneaux sont secs, quand en adaptant à leur ouverture une vessie huilée remplie d'air, ce fluide diminue et est absorbé. Ils sont disposés à être attaqués de cette maladie lorsqu'ils sont mal clarifiés, et qu'ils ne possèdent qu'une petite quantité d'alcool ; lorsque le sucre que contiennent leurs moûts est totalement décomposé, qu'il n'a plus à former de gaz carbonique capable d'empêcher le contact de l'air, et par-là de s'opposer à la combinaison de l'oxigène atmosphérique avec ces *vins*.

Les remèdes à cette dernière maladie sont d'ajouter à ces *vins*, ou du sucre, ou du moût cuit, ou bien de saturer leur acide par de la craie, et de les placer dans une cave profonde.

On vante les recettes suivantes pour arrêter un *vin* qui passe à *l'aigre*.

Introduisez dans le tonneau un sachet de coquilles d'œufs, et laissez-les pendant trente-six ou quarante heures. Les moyens de remédier à la pousse des *vins*, ou autrement la graisse, sont l'agitation, le collage et le soufrage ; on parvient aussi à rétablir un *vin* gras en le passant sur la lie d'un tonneau fraîchement vidé, en le roulant avec cette lie, et le remettant en place, en le tirant au clair après huit jours de repos, et enfin en le collant avec des blancs d'œufs.

Il est des personnes qui dégraissent le *vin* par le moyen suivant : ils mettent sel commun, gomme arabique et cendre de sarment, de chaque demi-once dans un nouet, ils l'attachent à un bâton avec lequel ils remuent le *vin*, fortifié auparavant d'un demi-setier d'alcool.

Quelquefois le *vin* est mis dans un tonneau dont le bois est vicié ou qui a contenu de la lie qui s'y est altérée ; il y contracte un goût qu'on connoît sous le nom de *fût* : on l'enlève par l'eau de chaux, par le gaz carbonique, par le collage, après y avoir fait macérer du froment grillé.

L'odeur de moisi se dissipe en trempant dans le *vin* pendant un mois des rafles enfilées.

Lorsque l'odeur de moisi est plus forte, on transvase le *vin*, on le soufre, on y mêle de bonnes lies nouvelles et deux onces de noyaux de *pêches* pilés par tonneau ; on brasse ce mélange, et on laisse reposer.

Il y a beaucoup de personnes qui pensent qu'on peut rendre à un *vin* éventé sa première existence à l'aide du gaz carbonique; mais nous croyons que la chose n'est pas possible, quand bien même, avec ce gaz, on lui restitueroit encore l'alcool qu'il a perdu. Les *vins* refusent quelquefois de se clarifier spontanément; on y jette du sable ou du gypse en poudre, ou la teinture alcaline caustique. Si un *vin clairet* a cette maladie, on emploie des cailloux calcinés et broyés, du sel et des blancs d'œufs ; si c'est un *vin d'Espagne*, on se sert des mêmes ingrédiens, mais en supprimant les cailloux. Nous observons, qu'à l'exception de ce dernier, tous les *vins* raccommodés demandent à être consommés promptement.

Usages et propriétés des Vins.

Les liqueurs fermentées sont la boisson habituelle et alimenteuse de beaucoup de peuples.

Elles ont toutes une odeur et une saveur qui leur sont propres. Toutes ont la propriété de ranimer le jeu des fibres affoiblies, lorsqu'on les prend en petite quantité ; d'enivrer, lorsqu'on en boit trop ; de faire plus ou moins de mal, suivant le tempérament de celui qui en abuse.

Les *vins* secs provenant des meilleurs vignobles et suffisamment vieux, sont singulièrement salutaires ; ils conviennent sur-tout aux vieillards ; mais il est bon qu'ils ne les boivent pas toujours purs.

Les *vins liquoreux* sont en général lourds, ils passent plus difficilement ; cependant ceux qui sont bien faits, les *vins des Açores* et de l'*Espagne*, méritent la réputation dont ils jouissent, celle d'être d'excellens stomachiques.

Vins médicinaux.

Les anciens préparoient les *vins* médicinaux en faisant fermenter avec du moût ou du miel les substances dont ils vouloient obtenir les propriétés médicamenteuses.

Ces *vins* étoient fort nombreux : ceux de *poires*, de *carouges*, de *nèfles*, de *sorbes*, de *coings*, étoient le résultat du mélange fermenté d'une partie de miel et de dix parties de suc de ces fruits.

Ils faisoient du *vin de verjus* et du *vin de grenades* avec trois parties du suc de ces fruits, et une de miel. Ils ne mettoient que de l'eau avec les *figues* sèches pour obtenir le *vin de figues*. Enfin ils ajoutoient à du moût des fleurs, des feuilles, des graines, des bois, des écorces, de la résine, de la poix, pour faire autant d'espèces de *vins*, qui portoient les noms des substances employées, et quelquefois ces *vins* étoient composés de plusieurs ingrédiens.

A ces *vins* médicinaux par fermentation ont succédé ceux par macération, ceux dans lesquels on plongeoit et on laissoit séjourner les substances dont on vouloit extraire les propriétés. On crut devoir préférer ce mode, parce qu'on avoit remarqué que la fermentation changeoit considérablement les propriétés des médicamens qui l'éprouvoient concurremment avec la matière sucrée.

Maintenant que le raisonnement, l'expérience et l'observation se sont accrus sur ces *vins* préparés par macération, on a reconnu évidemment que les substances qu'on y introduit ne tardent pas à les altérer eux-mêmes, et souvent à les changer en vinaigre.

On a imaginé, pour éviter cet inconvénient, de faire macérer dans de l'alcool affoibli les substances qu'on soumettoit à l'action immédiate du *vin*, et ensuite d'y mêler cette teinture, mais seulement à l'instant où on est disposé à faire prendre le mélange. Par le moyen d'une si facile exécution, le *vin* conserve toutes ses vertus; le médecin est plus assuré de la nature et de l'efficacité du remède qu'il prescrit, et le malade trouve le soulagement qu'il a le droit d'attendre; c'est précisément là le point de perfection qu'a eu en vue d'atteindre, dans la réforme proposée, l'auteur du *Code pharmaceutique à l'usage des hospices civils, des secours à domicile et des prisons.*

Analyse du Vin.

Les *vins* soumis à la distillation au degré de l'eau bouillante, fournissent: 1°. du gaz carbonique s'ils en contiennent; 2°. de l'alcool; 3°. un peu d'acide; 4°. et de l'huile.

En arrêtant la distillation après avoir obtenu ces produits, il reste dans la cucurbite une liqueur chargée, dont la nature varie suivant le *vin* qu'on a distillé.

Les résidus des *vins* secs sont acides: ils contiennent de la lie, du tartre, une matière extractive et une substance colorante; ceux des *vins* demi-liquoreux et liquoreux offrent, en outre de ces produits, le sucre qui n'a point été décomposé.

Ceux des autres liqueurs fermentées tiennent aussi une certaine quantité de sucre; si elles sont douces, de l'acide malique et une matière extractive.

La lie est ce dépôt qui, après avoir troublé les *vins* pendant leur fermentation, se précipite lorsqu'elle est achevée. C'est un mélange formé de la substance végéto-animale qui a servi de ferment au moût, et qui est plus ou moins composée d'une certaine quantité de tartre, d'une matière extractive, d'une autre colorante, enfin d'une plus ou moins grande quantité de *vin*; on expose cette lie à la presse; on la dessèche pour la conserver et la vendre pour l'usage des arts ou pour la brûler et en retirer un carbonate de potasse connu sous le nom de *cendres gravelées*, très-employé dans la teinture et dans la fabrication des savons mous.

Le tartre est cette substance saline qui existe déjà dans le *verjus* et qui se dépose en forme d'incrustation pierreuse sur les parois des tonneaux, pendant la fermentation insensible du *vin*. Il est ou blanc, ou rouge, suivant la couleur de la lie qu'il a entraînée avec lui.

Purifié ou dans les laboratoires, à la manière du sucre, avec des blancs d'œufs, ou à Montpellier, avec une terre argileuse, ou à Venise, avec des cendres tamisées, il est en cristaux irréguliers, qu'on connoissoit sous le nom de *crème de tartre* ou de *cristaux de tartre*, et qui porte maintenant celui de *tartrite acidule de potasse.*

Ce sel est employé dans la teinture et pour la médecine; il fournit, par sa combustion, depuis trente jusqu'à trente-trois livres de carbonate de potasse au quintal.

Le marc de *raisin* fortement exprimé et mis à sécher, sert de nourriture aux bestiaux. En Suisse et dans quelques cantons vignobles, on emploie ce marc comme engrais et comme combustible : sa cendre est fort riche en potasse. Les pepins ou semences qu'il renferme sont employés à nourrir la volaille. Les Italiens en retirent de l'huile douce à brûler. *Voyez* OLIVIER.

Le moût mis dans un endroit frais, se clarifie sans fermenter ; si on met à part le dépôt qu'il forme pendant cette dépuration spontanée, il fermente alors plus difficilement, quoiqu'on le tienne exposé à la température qui convient à la fermentation vineuse ; mais on doit remarquer que la même quantité d'humidité enlevée à deux moûts différens, ne sauroit les mettre au même point de consistance. De là la nécessité indispensable d'avoir recours à l'aréomètre pour juger du degré d'évaporation de chacun d'eux, lorsqu'il s'agit de gouverner les *vins*, c'est-à-dire d'ajouter au moût un autre moût, ou plus coloré, ou plus sucré, ou plus concentré par l'évaporation.

L'extractif abonde dans le moût ; il est en petite quantité dans le *vin*. C'est lui qui rend soluble la partie colorante ; c'est en l'abandonnant que celle-ci, que M. Chaptal ne regarde pas comme une substance résineuse, se précipite, se fixe et se mêle avec le tartre et la substance végéto-animale en grande partie décomposée.

Toutes les liqueurs fermentées contiennent un acide plus ou moins abondant, différent du tartre, et qui paroît accompagner par-tout la matière sucrée. L'eau ou l'alcool passés sur l'extrait de ces *vins*, enlèvent cet acide, qui est reconnu pour être l'acide malique.

Les *vins* qui contiennent le plus de cet acide, comme le *cidre* et le *poiré*, fournissent les plus mauvaises qualités d'*eau-de-vie* ; ceux au contraire qui en renferment le moins, donnent des *eaux-de-vie* excellentes.

On observe que l'alcool est d'autant plus abondant dans les *vins*, que le sucre existoit en plus grande quantité dans leurs moûts et que la décomposition a été plus complète ; aussi les *vins* du midi fournissent quelquefois un tiers d'*eau-de-vie*, tandis que souvent ceux du nord n'en donnent pas un quinzième.

Dans plusieurs endroits de la France, la distillation du *vin* se fait en grand, par des artistes connus sous le nom de *bouilleurs* ou *brûleurs d'eau-de-vie*.

L'alambic de ces artistes consiste en une grande cucurbite faite en forme de poire, dont l'orifice est étranglé pour recevoir un petit chapiteau nommé *tête de mort*, qui porte à sa partie inférieure un tuyau court, auquel on en adapte un autre tourné en spirale et plongé dans un tonneau plein d'eau, au bas duquel il sort pour laisser couler l'*eau-de-vie* dans un récipient.

Cet alambic est très-défectueux. Les artistes qui s'en servent, tel à-peu-près qu'ils l'ont reçu des Arabes, n'ont jamais été assez instruits pour le corriger, et les chimistes n'avoient jamais pensé à leur changer cet appareil ; mais enfin ils s'en occupent depuis quelque temps, et déjà il existe des brûleries où on voit des alambics qui produisent les plus grands effets avec le moins de dépenses possibles. M. Baumé avoit mis sur la voie ; M. Chaptal vient d'atteindre le but.

L'art de la distillation, dit-il, se réduit aux trois principes suivans :

1°. Chauffer à-la-fois et également tous les points de la masse du liquide.

2°. Écarter tous les obstacles qui peuvent gêner l'ascension des vapeurs.

3°. En opérer la condensation la plus prompte.

Pour remplir la première condition, il faudroit que la chaudière fût peu profonde et le fond légèrement bombé en dedans ; que le feu circulât autour au moyen d'une cheminée tournante.

Il seroit nécessaire, pour seconde condition, que les parois de la chaudière montassent perpendiculairement, et que les vapeurs fussent maintenues jusqu'à ce qu'elles pussent toucher au réfrigérant.

La troisième exigeroit que les parois de ce réfrigérant présentassent une inclinaison suffisante, pour que le liquide produit par la condensation, pût se rendre dans la rigole qui le conduiroit dans le serpentin.

Mais pour la facilité du service, M. Chaptal a cru devoir évaser légèrement les côtés de la chaudière en les élevant, et les rapprocher vers le haut, de manière que le diamètre de l'ouverture répondît à celui du fond ; il a cru devoir supprimer le réfrigérant, agrandir le bec du chapiteau et rafraîchir avec plus de soin l'eau du serpentin.

Son fourneau est construit avec la plus grande précision ; il conduit le feu avec sagesse. Le bord postérieur de la grille de son foyer répond au milieu du fond de sa chaudière, afin que la flamme qui fuit, frappe et en échauffe également tout le cul. La distance de la chaudière à la grille est d'environ seize à dix-huit pouces, lorsqu'on emploie le charbon de terre ; enfin la flamme tourne autour de la chaudière.

Les distillateurs d'*eau-de-vie* conduisent la distillation jusqu'au moment où la liqueur qui passe n'est plus inflammable.

Les *vins* vieux leur donnent une meilleure *eau-de-vie* que les nouveaux, mais elle est moins abondante.

Dans plusieurs vignobles on ne distille point le *vin*, et parce qu'il fourniroit trop peu d'*eau-de-vie*, et parce qu'on trouve plus de profit à le vendre dans son état naturel ; mais on distille le marc de *raisin*, qu'on a délayé dans l'eau après l'avoir laissé fermenter à sec dans les tonneaux où on l'a empilé au sortir du pressoir. L'*eau-de-vie* qu'on en retire est empyreumatique.

On a proposé plusieurs moyens pour l'empêcher de contracter ce défaut ; double fond, panier dans la cucurbite, et celui que nous conseillons, c'est de délayer dans de l'eau le marc fermenté, de le mettre à la presse, et de ne distiller que la liqueur dépouillée des rafles et des pepins de *raisins*.

L'*eau-de-vie* est de l'alcool étendu de beaucoup d'eau : on distille pour obtenir à part l'alcool ; celui-ci, plus volatil que l'eau, monte le premier ; l'eau reste avec un peu d'huile dans l'alambic. Cette distillation se fait au bain-marie ; on la réitère, et on parvient à avoir de l'alcool dans le plus grand état de pureté.

On a nié long-temps l'existence de l'alcool tout formé dans le *vin*. Peyre l'a démontré en se servant du procédé suivant : il décolore le *vin* en y mettant en digestion du bol d'Arménie, et prenant ensuite deux onces de ce *vin* décoloré et y ajoutant du sel de tartre bien sec, il sépare, à l'aide d'un siphon, de l'alcool alcalisé capable de soutenir l'épreuve de la poudre.

Quelle que soit l'identité des alcools portés au même degré de concentration, cette identité n'existe que par rapport aux effets chimiques qu'ils exercent sur les substances qu'ils s'approprient ; car l'alcool des semences céréales, du sucre, des fruits pulpeux, des racines sucrées et amylacées, ont chacun le goût qui en fait reconnoître facilement la source, qu'on saisit même dans les combinaisons et dans les usages étendus qu'on en fait, soit dans les arts, soit dans toutes les circonstances de la vie. *Voyez* ALCOOL.

Qu'il me soit permis de finir cet article par une réflexion :

Le *vin* n'est pas la seule boisson qui détermine certains marchands d'un ordre subalterne, à mettre en usage l'art trop pratiqué des mélanges ; ils frelatent aussi l'eau-de-vie : encore s'ils se bornoient à ne l'alonger qu'avec de l'eau ou avec des eaux-de-vie de bon aloi, la fraude seroit plus tolérable ; mais leur cupide avidité les porte à y ajouter des substances âcres et brûlantes pour en rendre plus énergique l'impression sur les organes. Peut-on être en sécurité sur l'emploi journalier qu'on fait de pareilles eaux-de-vie ; mais c'est principalement de ces ateliers obscurs et malpropres, où des ouvriers grossiers préparent et distillent sans principe comme sans soins, des eaux-de-vie de grains, qu'il faut se défier. Ces falsificateurs y introduisent toutes sortes d'ingrédiens plus ou moins dangereux. C'est donc sur ces hommes qui se jouent de la santé de leurs concitoyens, que l'œil sévère de la police doit perpétuellement s'arrêter. N'avons-nous pas déjà assez de maux inévitables, sans encore trouver le germe d'une foule d'autres dans les objets destinés précisément au maintien de notre existence et de notre conservation ?

Pendant mon dernier séjour à Saint-Omer, j'ai eu l'occasion de fréquenter plusieurs bouilleries bien famées, entr'autres celles de M. Ramonet et de M. Levasseur, c'est là où j'ai été à portée de voir, de juger et de comparer entr'elles beaucoup d'*eau-de-vie* de grains pour la pureté et la qualité, particulièrement celles aromatisées par le *genièvre* et par l'*anis*, dont elles portent le nom dans le commerce. Ces artistes honnêtes, loin d'altérer les résultats qu'ils obtiennent de leurs fabriques, ne sont occupés qu'à leur donner plus de perfection, en évitant l'empyreume, en enchaînant ou en détruisant par l'intermède de la craie, de la chaux, du charbon, etc. l'acide malique qui existe abondamment dans les résidus de leurs distilleries, et auquel est due cette saveur fade de gras si désagréable qui caractérise en général l'*eau-de-vie* de grain.

Si on a reproché à ces liqueurs quelques inconvéniens, c'est sans doute à cause des défauts de soins dans la préparation et des drogues qu'on se sera permis d'y faire entrer ; car l'expérience de plusieurs siècles prouve que dans leur état de pureté elles sont d'une efficacité reconnue dans les cantons, comme la Flandre, la Belgique et la Hollande, où le sol et l'atmosphère sont naturellement humides, et où le régime des habitans rend indispensable l'usage modéré des liqueurs fortes. Il seroit difficile de ramener sur leurs pas ceux qui en éprouvent journellement les plus grands avantages; et la consommation qui s'en fait aujourd'hui seulement dans ces riches contrées est telle que l'on prétend qu'il s'y en fabrique pour plus de 24 millions.

(PARM.)

VINAGO, le *pigeon sauvage* en latin. (S.)

VINAIGRE. C'est le second produit de la fermentation que subit le moût du *raisin*, et qu'on appelle la *fermentation acéteuse*.

On sait, d'après l'analyse chimique, que l'acide existe dans tous les *vins*; que les plus doux, les plus liquoreux rougissent le papier bleu qu'on y laisse peu de temps séjourner, mais que tous ne sont pas acides au même degré. Il n'y a donc pas de *vin*, de quelque nature qu'il soit, qui ne tende journellement à se convertir en *vinaigre*. Aussi ne faut-il pas s'étonner que parmi les diverses altérations dont le premier est susceptible, une des principales ne soit sans doute celle qui le rapproche de l'état acéteux. Depuis que la nature du *vinaigre* a été mieux connue, on est parvenu à en obtenir d'excellent avec une foule de matières autres que le *vin proprement dit*, et dans lesquelles on ne soupçonnoit pas auparavant l'existence de principes propres à former un acide comparable au *vinaigre de vin* pour les propriétés économiques. On en fait maintenant avec le *poiré*, le *cidre*, la *bière*, l'*hydromel*, le *lait*, les semences graminées et légumineuses, moyennant des procédés particuliers en quoi consiste l'art du vinaigrier.

Cet art comprend une suite d'opérations que l'on a toujours exécutées plutôt par l'imitation que d'après les principes d'une pratique éclairée par la théorie. Cependant il a fait de nos jours des progrès, et, graces aux lumières de la chimie, nous sommes aujourd'hui en état, non-seulement de rendre raison des différences que présente le *vinaigre*, suivant la nature de la liqueur vineuse dont il tire son origine, mais encore de multiplier à volonté le nombre des acides de ce genre. Enfin il en est de l'art du vinaigrier comme de beaucoup d'autres, qui peuvent acquérir de la consistance, de l'extension et de la célébrité par l'étude et le génie d'un seul homme. Les efforts de M. Maille en sont la preuve; il a su faire passer le *vinaigre de vin* aux extrémités des deux Mondes, avec les noms les plus pompeux et les odeurs les plus agréables sur la toilette des dames de toutes les classes. M. Acloque, qui a succédé à sa fabrique, ne s'occupe pas avec moins de succès de donner à cette branche de commerce tous les avantages que peut lui communiquer l'industrie éclairée par les sciences. Il est digne en un mot de la réputation de son prédécesseur. A l'époque où la confection du *vinaigre* est devenue un art soumis à des loix, on avoit déjà remarqué qu'il falloit plusieurs conditions pour déterminer la fermentation acéteuse et obtenir un résultat parfait. La première est le contact de l'air extérieur. Il s'agit pour la seconde d'une température supérieure à celle de l'atmosphère ; il ne faut pas qu'elle passe de 18 à 20 degrés. La troisième consiste dans l'addition de matières étrangères aux liquides qu'on veut convertir en *vinaigre*, et qui dans ce cas exercent les fonctions de levain : ce sont les lies de tous les *vins* acides et des *vinaigres*, le tartre rouge et blanc, les rejetons des *vignes* et les rafles de grappes de *raisins*, de *groseilles*, d'*épine-vinette*, le levain de *froment* ou de *seigle*, la levure, toutes les substances animales et leurs débris. Enfin la quatrième et principale condition est que les liqueurs vineuses destinées à être transformées en *vinaigre* soient les plus abondantes en spiritueux, car ce sont les *vins* les plus généreux qui produisent constamment les meilleurs *vinaigres*.

Il seroit superflu de nous arrêter ici sur les diverses manipulations par lesquelles on transforme les liqueurs vineuses en *vinaigre* ; elles sont détaillées dans le dixième volume du *Cours complet d'Agriculture* de Rozier. Nous dirons seulement que, quoiqu'il soit vrai qu'il faille de bon *vin* pour faire de bon *vinaigre*, comme ce dernier a ordinairement dans le commerce une moindre valeur que le *vin*, malgré les frais de main-d'œuvre nécessaires pour l'amener à cet état d'acide, ce sont la plupart du temps des *vins* qui ne sont pas de débit comme tels qu'on emploie communément à l'acétification.

En général, la préparation du *vinaigre* consiste à exposer du *vin* au contact de l'air et à la température d'une chaleur de 20 à 22 degrés dans des tonneaux non entièrement remplis, et contenant pour levain des branches de *vignes* et des rafles de *raisin* ; la fermentation s'établit dans le *vin* ; elle est moins tumultueuse que celle du moût, et moins accompagnée de chaleur ; elle a lieu sans dégagement, mais plutôt avec absorption de gaz. De tous les procédés connus, nous nous bornerons à faire mention ici de celui que la ménagère peut exécuter à la maison sans embarras comme sans frais.

Vinaigre perpétuel domestique.

On achète un baril de *vinaigre* de la meilleure qualité, rouge ou blanc ; on en tire quelques pintes pour la consommation de la maison, et on le remplace aussi-tôt par une même quantité de *vin* semblable en couleur et bien clair. On bouche simplement le baril avec du papier ou du linge appliqué légèrement sur l'ouverture. On le tient dans un endroit tempéré depuis 18 jusqu'à 20 degrés. A mesure qu'on en a besoin, on en soutire la quantité susmentionnée de *vinaigre*, en la remplaçant, comme la première fois, avec du *vin*. Le baril, toujours ainsi rempli, fournit pendant long-temps du *vinaigre* de toute perfection, sans qu'il s'y forme de *mère* ni de dépôt sensible. Il existe encore maintenant dans beaucoup de ménages, du *vinaigre* dont la première fondation remonte au-delà de cinquante ans, et qui est exquis. Sans doute que quand il s'agit du commerce du *vinaigre*, il faut bien avoir recours au procédé exécuté en grand dans les ateliers consacrés à ce genre de fabrique.

Caractère d'un bon Vinaigre.

Le meilleur doit être d'une saveur acide, mais supportable, d'une transparence égale à celle du *vin*, moins coloré que lui quand il est rouge ; conservant une sorte de parfum, un montant, un spiritueux, en un mot un *gratter* qui affecte agréablement les organes ; c'est sur-tout en le frottant dans les mains que ce parfum se développe.

La cupidité de certains fabricans de *vinaigre* les porte souvent à lui donner de la force quand il est foible, par le moyen de substances âcres et brûlantes, et celui qui goûtant ce *vinaigre* se sent la bouche en feu, attribue cet effet à l'acidité, ce qui n'est que l'irritation violente que ces substances excitent sur l'organe du goût ; il ne faut donc jamais s'attacher seulement à la saveur quand on achète du *vinaigre*, parce que les indications qu'elle fournit sont souvent illusoires ; la saturation d'une certaine quantité de *vinaigre* par la potasse, est le plus certain, non-seulement pour juger son degré de force, mais encore sa pureté.

Il y a une foule de sophistications employées pour ajouter à l'acidité des *vinaigres* foibles ; mais il convient peut-être de n'en dévoiler aucune, dans la crainte d'apprendre à quiconque les ignoreroit les procédés dont on se sert, d'autant mieux qu'il n'est pas facile d'offrir des pierres de touche pour déceler ces fraudes, sans des examens auxquels chacun ne peut se livrer : on reconnoît plus aisément la pureté du *vinaigre* en l'exposant simplement à l'air libre ; s'il s'y amasse beaucoup de moucherons connus sous le nom de *mouches à vinaigre*, c'est une preuve qu'il est pur ; la quantité de *moucherons* suffit pour indiquer sa force.

Moyens de conserver le Vinaigre.

La manière de gouverner la fermentation acéteuse, contribue infiniment à la qualité et à la conservation du résultat. Cependant le *vinaigre* provenant de *vins* foibles ne peut se garder long-temps en bon état. Il est même démontré que malgré le choix du *vin* et la bonté du procédé employé pour sa transformation en *vinaigre*, ce dernier n'en est pas moins exposé, mais plus tard, à s'altérer. Sa transparence se trouble : il se recouvre d'une pellicule épaisse, visqueuse, qui détruit insensiblement sa force au point d'être forcé de le jeter, pour peu qu'on néglige l'emploi de quelques moyens, dont nous devons faire connoître les principaux.

Premier moyen. Il consiste à tenir le *vinaigre* à l'abri de toute influence de l'air extérieur, dans des vases propres et bien bouchés, à le placer dans un lieu frais, et sur-tout à ne jamais le laisser en vidange; le plus léger dépôt suffit pour le détériorer, quand bien même les vaisseaux qui le contiendroient seroient parfaitement clos. Il y produit à-peu-près le même effet que dans les *vins* sur lesquels ces dépôts ont une action insensible, et disposent ceux-ci à passer à l'état d'un véritable *vinaigre*. Pour le conserver avec toutes ses qualités, il faut donc que les vases destinés à le contenir soient fort propres.

Deuxième moyen. C'est le plus simple qu'on puisse employer ; il suffit de jeter le *vinaigre* dans une marmite bien étamée, de le faire bouillir un moment sur un feu vif, et d'en remplir des bouteilles avec précaution, pour conserver cet acide clair et en bon état pendant plusieurs années ; mais le vase dans lequel ce procédé a lieu, pourroit exposer à quelques inconvéniens pour la santé. Il vaut mieux recourir à celui que Scheèle nous a fait connoître. Il consiste à remplir de *vinaigre* des bouteilles de verre, et à placer ces bouteilles dans une chaudière pleine d'eau sur le feu. Quand l'eau a bouilli un quart-d'heure, on les retire ; le *vinaigre* ainsi échauffé se conserve plusieurs années, aussi bien à l'air libre que dans des bouteilles à demi-pleines.

Troisième moyen. Pour conserver le *vinaigre* des temps infinis, et le mettre à l'abri des variations de l'air et de la température, il faut en séparer la partie muqueuse extractive par la distillation ; mais comme cette préparation devient coûteuse, et que d'ailleurs le *vinaigre* perd nécessairement de sa première saveur agréable, qu'on aime à trouver dans l'assaisonnement et les autres usages du *vinaigre*, il y a

XXIII.   X apparence qu'on ne se décidera point volontiers à adopter un moyen coûteux et destructeur de l'odeur.

Quatrième moyen. Le *vinaigre* employé aux usages économiques est assez ordinairement foible, comparativement à celui qui provient des *vins* méridionaux. Ce défaut devient infiniment plus sensible quand on l'a encore affoibli par des plantes fraîches, pour en composer des *vinaigres aromatiques.* L'hiver est la saison qui offre le moyen de convertir en un *vinaigre* très-fort, du *vinaigre* ordinaire; c'est de l'exposer, suivant le procédé simple donné par Stahl, à une ou plusieurs gelées, dans des terrines de grès; on enlève successivement les glaçons qui s'y forment, et qui ne contiennent que les parties les plus aqueuses, qu'on rejette; mais ce procédé élève très-haut le prix du *vinaigre,* et les personnes peu aisées n'en feront aucun usage : cependant on pourroit appliquer avec avantage l'action de la gelée à des *vinaigres* foibles, qui ne sont pas susceptibles de se garder.

Cinquième moyen. L'eau-de-vie (*alcool*) est l'un des puissans moyens pour conserver les *vinaigres aromatiques.* On conseille à ceux qui forment des provisions de ce *vinaigre,* d'ajouter sur chaque livre de liqueur une demi-once au plus d'eau-de-vie. Cet esprit ardent rend l'union plus intime entre l'*arome* et le *vinaigre,* et garantit celui-ci de la propension à se décomposer, si par hasard les plantes qu'on y a mises fournissent trop de flegme, malgré leur dessication préalable; mais un autre effet de l'*alcool* sur le *vinaigre,* c'est de fournir des élémens nécessaires à l'acétification, qui continue dans le *vinaigre,* à-peu-près comme quand on ajoute de temps en temps du *vin* au *vinaigre* domestique perpétuel.

Sixième moyen. Le sel marin (*muriate de soude*), qu'on prescrit encore d'ajouter au *vinaigre,* et sur-tout aux *vinaigres* composés, pour prévenir leur détérioration, n'opère cet effet qu'en s'emparant de l'eau qu'il contient, et en la mettant dans l'impuissance d'agir sur les différentes substances mêlées avec l'acide acéteux, comme elle agiroit nécessairement si elle étoit libre; cependant, il ne faut pas croire que cet effet puisse être durable, puisqu'il est prouvé qu'à la longue le *vinaigre* auquel on a ajouté du sel, finit aussi par s'altérer, en présentant cependant dans sa décomposition des phénomènes différens de ceux qui ont toujours lieu quand le *vinaigre* n'a point été salé; au reste, il seroit peut-être utile de s'assurer, par des expériences exactes, de la quantité de sel qu'il conviendroit d'ajouter à chaque espèce de *vinaigre,* en supposant que cette addition pût en prolonger la durée ; car , toutes ne contenant pas une quantité égale d'eau, il seroit superflu d'en employer toujours dans la même proportion.

Propriétés médicales et économiques du Vinaigre.

Les anciens ne tarissent point en éloges sur les propriétés du *vinaigre* et sur ses usages, soit comme assaisonnement, soit pour conserver les fruits , les légumes et même les viandes ; on l'employoit aux embaumemens, et sans doute que le *cedria* des Égyptiens n'étoit pas autre chose que du *vinaigre* mêlé à l'eau. Il servoit souvent de boisson aux légions romaines sous le nom d'*oxicrat* , et l'on sait que quand il règne des chaleurs excessives au moment de la moisson , les fermiers qui comptent pour quelque chose la santé de leurs ouvriers, ajoutent du *vinaigre* à l'eau pour aciduler leur boisson.

Le *vinaigre* est également d'un grand usage dans les arts, qui l'emploient d'une manière extrêmement variée , et il est la base de fabriques très-multipliées. Combien ne doit-on pas à cet acide de couleurs vives et de nuances brillantes ? Mais c'est sur-tout en médecine qu'il est recommandable. Les praticiens les plus expérimentés l'ont placé au rang des remèdes les plus salutaires, administrés intérieurement ; on l'applique aussi à l'extérieur, seul ou combiné avec d'autres substances. Les ordonnances de marine, qui prescrivent aux capitaines de vaisseaux de ne se mettre en mer qu'avec une provision considérable de *vinaigre* pour laver les ponts , entre-ponts et chambres au moins deux fois par semaine, de tremper dans cet acide les lettres écrites des pays suspectés de maladies contagieuses , prouvent assez que de tous les temps on a regardé le *vinaigre* comme le plus puissant prophylactique, l'antiputride le plus assuré.

On sait que dans les hôpitaux le *vinaigre* a obtenu, pour les purifier , la préférence sur les substances aromatiques ; mais c'est sur-tout en expansion , comme tous les acides dans l'état de gaz , qu'il forme des combinaisons avec les miasmes putrides, qu'il les détruit , et rend à l'air dans lequel ils étoient comme dissous , sa pureté et son innocuité.

L'efficacité du *vinaigre* est sur-tout démontrée lorsque, pour corriger l'air corrompu des chambres où l'on tient les *vers-à-soie* et les préserver des maladies, on arrose le plancher à diverses reprises ; nous disons *arroser* et non *jeter sur une pelle rouge*, comme cela se pratique journellement, pour chasser les mauvaises odeurs , car c'est une erreur de croire

que décomposé et réduit ainsi en vapeurs, le *vinaigre* possède
une pareille propriété ; il ne fait, comme les parfums, que
surcharger l'air, diminuer son ressort, et rendre encore plus
sensible l'odeur infecte qu'on avoit voulu enchaîner ; il faut
donc éparpiller le *vinaigre* sur le sol des endroits qu'on a intention de désinfecter, ou l'exposer dans des vaisseaux à large
orifice, et non le vaporiser par le feu.

Il a déjà été question de quelques usages particuliers du
vinaigre ; rappelons qu'il sert encore à mariner les viandes et
à confire différentes parties de végétaux ; que souvent on en
fait avaler un peu aux poissons d'eau douce dès qu'on craint
qu'ils n'ayent cette saveur de boue si désagréable ; mais son
emploi le plus commun, c'est d'assaisonner les mets ; quelquefois pour le rendre plus agréable, on le charge de la
partie odorante et sapide des plantes, qu'on a eu la précaution, auparavant, d'émonder, de diviser et d'épuiser de
leur humidité surabondante, par une dessication toujours
prompte, sans quoi leur eau de végétation passeroit bientôt
dans le *vinaigre*, en échange de l'acide que celui-ci leur fourniroit, ce qui diminueroit son action et l'exposeroit bientôt
à s'altérer.

Une autre considération, c'est que, dans ce cas, le *vinaigre blanc* doit être employé de préférence aux *vinaigres
aromatiques* ; qu'il convient que les plantes n'y séjournent
que le moins de temps possible, et que quand une fois l'acide
s'est emparé de tout ce qu'il peut en extraire, il faut se hâter
de l'en séparer. Voici quelques exemples de ces *vinaigres*,
dont on connoît des recettes sans nombre ; mais l'*estragon*,
le *sureau* et les *roses* ayant été les premiers végétaux dont on
ait fait passer l'odeur dans le *vinaigre*, il paroît utile de les
indiquer.

Vinaigre d'estragon.

Après avoir épluché l'*estragon*, on l'expose quelques jours
au soleil ; on le met dans une cruche que l'on remplit de
vinaigre ; on laisse le tout en infusion pendant quinze jours.
Au bout de ce temps on décante la liqueur, on exprime le
marc et on filtre, soit au coton, soit au papier gris, pour
être mis en bouteilles, qu'on tient bien bouchées et dans un
endroit frais.

Vinaigre surare.

On choisit des fleurs de *sureau* au moment de leur épanouissement ; on les épluche en ne laissant aucune partie de
la tige, qui donneroit de l'âcreté ; on met ces fleurs à demi-

séchées dans le *vinaigre*, et on expose la cruche bien bouchée à l'ardeur du soleil, pendant deux semaines, on décante ensuite, on exprime et on filtre comme ci-dessus.

Si, comme on le recommande dans tous les livres, on
laissoit le *vinaigre surare* sur son marc sans le passer, pour
s'en servir au besoin, loin d'avoir plus de qualité, il se dé-
térioreroit bientôt : il convient donc d'en séparer le marc,
et de distribuer la liqueur dans des bouteilles.

Vinaigre rosat.

On obtient un *vinaigre* agréable pour le goût et pour la couleur avec du *vinaigre blanc*, dans lequel on a mis infuser au
soleil, pendant une semaine, des *roses* effeuillées; mais il
faut avoir soin d'exprimer fortement le marc, de filtrer la
liqueur, et de la distribuer dans des vases bien bouchés.
C'est en suivant ce procédé qu'on prépare un *vinaigre* d'un
goût très-agréable avec des fleurs de *vigne sauvage*, et l'exposant de la même manière au soleil.

Vinaigre composé pour les salades.

Il arrive souvent que l'on mêle ensemble les trois *vinaigres*
dont il vient d'être question, ou bien que les fleurs dont ils
portent le nom sont mises à infuser dans le même *vinaigre* :
mais voici une composition qui paroît suppléer à ce qu'on
appelle vulgairement la *fourniture des salades*.

Prenez de l'*estragon*, de la *sariette*, de la *civette*, de l'*écha-
lotte* et de l'*ail*, de chaque trois onces, une poignée de sommités de *menthe*, de *baume*; le tout séché, divisé, se met
dans une cruche avec huit pintes de *vinaigre blanc*. On fait
infuser pendant quinze jours au soleil; au bout de ce temps
on verse le *vinaigre*, on exprime, on filtre ensuite, et
on garde le produit dans des bouteilles parfaitement bouchées.

Vinaigre de lavande.

Dans le très-grand nombre des *vinaigres* dont la parfu-
merie fait commerce, nous n'en citerons qu'un seul; il servira d'exemple pour ceux de ce genre qu'on peut employer
à la toilette.

Prenez des fleurs de *lavande* promptement séchées au four
ou à l'étuve; mettez-en demi-livre dans une cruche, et versez
par-dessus quatre pintes de *vinaigre blanc*; laissez le tout infuser au soleil, et après huit jours d'infusion, passez, exprimez le marc fortement, et filtrez à travers le papier. Ce

vinaigre de lavande , préparé ainsi par infusion, est infiniment plus agréable et moins cher que celui obtenu par la distillation. On peut opérer de la même manière pour la préparation du *vinaigre de sauge* , *de romarin* , &c.

Vinaigre des quatre-voleurs.

La pharmacie a aussi ses *vinaigres aromatiques* , dont nous nous abstiendrons de présenter la nomenclature. Nous nous arrêterons à celui dit des *quatre-voleurs* , à cause du métier que faisoient ceux qui en donnèrent la recette pour avoir leur grace.

Pour quatre pintes de *vinaigre blanc* , l'on prend grande et petite *absinthe* , *romarin* , *sauge* , *menthe* , *rue* , à demi-sèches , de chaque une once et demie ; deux onces de fleurs de *lavande* sèche ; *ail* , *accrus* , *cannelle* , *girofle* et *muscade* , de chaque deux gros. On coupe les plantes , on concasse les drogues sèches , et on les fait macérer au soleil pendant un mois dans un vaisseau bien bouché ; on coule la liqueur , on l'exprime fortement , et on filtre pour y ajouter ensuite demi-once de *camphre* dissous dans un peu d'esprit-de-vin.

Vinaigre framboisé.

On fait macérer dans une pinte et demie ou deux pintes de bon *vinaigre* , autant de *framboises* bien mûres , bien épluchées , qu'il pourra en entrer dans une cruche de grès , sans que le *vinaigre* surnage ; après huit jours de macération , l'on verse tout-à-la-fois et le *vinaigre* et les *framboises* sur un tamis de soie ; on laissera librement passer la liqueur sans presser le fruit ; le *vinaigre* étant bien clair et bien saturé de l'odeur de la *framboise* , on le distribue dans des bouteilles , avec la précaution d'ajouter une couche d'huile.

Sirop de Vinaigre.

Ce *sirop* est comme celui de *groseille* , de *verjus* ou d'épine-vinette , qui, étendu dans une certaine quantité d'eau, offre une boisson rafraîchissante d'une saveur très-agréable. On le prend avec plaisir dans les chaleurs vives de l'été. Il désaltère promptement, délicieusement , et à peu de frais. La préparation en est simple , et il n'y a personne qui ne soit dans le cas de l'exécuter en suivant exactement ce que nous allons indiquer.

Prenez seize onces de *vinaigre de framboise* et trente onces de sucre , qu'on mettra par morceaux dans un matras , et sur lequel on versera le *vinaigre* ; le matras , bien bouché, sera placé à la chaleur de bain-marie ; dès que le sucre est fondu, on laisse éteindre le feu, et le *sirop* étant refroidi, on le met en bouteilles, qu'il faut avoir soin de bien boucher et de placer dans un lieu frais. (PARM.)

VINAIGRIER. On donne, en Canada, ce nom au *sumach glabre*, des fruits duquel on retire du vin et ensuite du vinaigre par le moyen de la fermentation. *Voyez* au mot SUMAC. (B.)

VINAIGRIER (*insecte*). *Voyez* THÉLYPHONE. (L.)

VINCO ; quelques ornithologistes ont nommé ainsi le *pinson* en latin. (S.)

VINDITA (*Anas viduata* Lath.), espèce de CANARD (*V.* ce mot.). Il est de la grosseur du *canard siffleur à bec rouge et narines jaunes.* (*Voy.* au mot VINGEON.) Une espèce de bandeau blanc lui couvrant le devant de la tête et la gorge, forme, avec le noir du bec, des yeux et du derrière de la tête, une sorte de coiffure en demi-deuil, qui a fait donner à l'oiseau, par les Espagnols de Carthagène d'Amérique, le nom de *viduata*, qui signifie *petit veuf.* Le dessus du cou et du corps est brun ; le devant du cou et la poitrine sont roux, et le ventre est rayé transversalement de petits traits gris et noirs ; les pieds sont bleus. Dans le jeune âge, ce *canard* a la tête entièrement noire. Jacquin l'a vu dans l'Amérique méridionale, sur les lacs voisins de Carthagène. M. Latham le regarde comme une variété du *canard à face blanche.* Voy. l'article des CANARDS. (S.)

VINELIA AVIS, dénomination employée par Albert-le-Grand pour désigner le *pinson.* (S.)

VINETIER. *Voyez* au mot ÉPINE-VINETTE. (B.)

VINETTE. On donne quelquefois ce nom à l'OSEILLE. *Voyez* ce mot. (B.)

VINETTE, nom du BEC-FIGUE, en Bourgogne. *Voyez* ce mot. (VIEILL.)

VINGEON (*Anas penelope* Lath., pl. enl. de l'*Hist. nat. de Buffon*, n° 825, odre des PALMIPÈDES, genre du CANARD. *Voyez* ces mots.). Ce *palmipède*, plus connu sous le nom de *canard siffleur*, a encore d'autres dénominations vulgaires, telles qu'*oignard* en divers endroits, *orgne* en Picardie, *penru* en Basse-Bretagne, ce qui veut dire *tête rouge.* En effet, le *canard siffleur* a la tête et le cou d'un beau marron ; mais elles pourroient aussi s'appliquer au *millouin*, qui est une espèce très-distincte, et que l'on confond avec celle-ci sur la côte du Croisic, sous le nom de *moreton.*

Le bec du *vingeon* est fort court, et n'est pas plus gros que celui du *garrot* ; il est bleu en dessus, noir en dessous et à la pointe ; sa taille se rapproche de celle du *souchet* ; sa longueur est de dix-huit pouces ; ses ailes, pliées, s'étendent à-peu-près jusqu'à l'extrémité de la queue ; il a le sommet de la tête d'un fauve clair ; le reste de la tête et le haut du cou tachetés de noirâtre sur un fond marron ; cette dernière couleur est sans mélange sur les côtés du cou, dont le devant, dans sa partie antérieure, est, ainsi que la gorge, de couleur de suie ; dans le bas du cou, cette teinte prend un ton grisâtre ; sa partie inférieure en dessus, le dos, le croupion et les plumes scapulaires, présentent un mélange agréable de lignes transversales, de zig-zags, de traits blanchâtres et noirâtres ; le milieu des couvertures supérieures de la queue est bordé de blanc du côté interne ; les plumes latérales sont d'un noir changeant en vert doré ; la poitrine et le ventre d'un beau blanc ; les flancs rayés en zig-zags gris et blancs ; un noir foncé couvre les couvertures du dessous de la queue, dont les deux pennes du milieu sont d'un cendré brun, et les latérales grises et bordées de blanchâtre ; les intermédiaires se terminent en pointe et excèdent les autres de quelques lignes ; les petites couvertures du dessus des ailes sont variées de cendré brun et de blanchâtre ; les moyennes blanches ; les grandes d'un gris brun ; les pennes d'un brun cendré, avec le miroir d'un vert doré, encadré d'un noir de velours ; les pieds, les doigts, les membranes sont de couleur de plomb, et les ongles noirs.

La femelle a la tête, la gorge et le haut du cou tachetés de points noirâtres sur un fond roussâtre ; la poitrine et le ventre sont blancs ; une teinte grisâtre domine sur le reste du corps, et le miroir des ailes est beaucoup moins large et moins vif que celui du mâle.

Le plumage des jeunes mâles diffère très-peu de celui des femelles, et même les vieux mâles prennent des couleurs analogues après les couvées. Ce fait peut se généraliser à beaucoup d'espèces d'oiseaux d'eau qui, outre cela, gardent leurs teintes du jeune âge jusqu'aux mois de février et de mars, époque où l'on commence à bien distinguer les sexes ; non-seulement les mâles *vingeons* se dépouillent de leur belle parure vers le mois de juillet, mais perdent leur voix, ainsi que les femelles. Cette voix est claire et sifflante, et peut être comparée au son aigu d'un fifre, ce qui les distingue très-bien des autres *canards*, qui l'ont enrouée et presque croassante. Ils la font entendre très-fréquemment en volant. Des naturalistes, Salerne, des voyageurs, Dampierre, ont cru que le sifflement étoit produit par le battement des ailes ; mais il est prouvé que c'est une véritable voix, un sifflet rendu, comme tout autre cri, par la glotte.

Les *canards siffleurs* arrivent du Nord vers le mois de novembre, et s'avancent au Sud jusqu'en Sardaigne et même en Egypte ; il en reste en France un assez grand nombre, qui se dispersent dans quelques-unes de nos provinces, même dans celles qui sont éloignées de la mer, la Lorraine, la Brie, &c. mais ils sont plus nombreux sur les côtes maritimes, et notamment en Picardie. C'est sur-tout lorsque les vents du nord et du nord-est soufflent, qu'on les voit en grandes troupes. Ces *canards* volent et nagent toujours par bandes, voient très-bien pendant la nuit, à moins que l'obscurité ne soit totale ; ils vivent, ainsi que les *canards sauvages*, de graines de joncs et d'autres herbes ; ils font aussi leur pâture d'insectes, de crustacés, de grenouilles et de vermisseaux.

Les *vingeons* sont très-durs au froid et tiennent la mer et l'embouchure des rivières, malgré le gros temps ; ils nous quittent régulièrement vers la fin de mars, par les vents du sud, et aucun ne reste dans nos parages ; tous se portent au Nord, où ils nichent ; leurs œufs sont d'un brun pâle, légèrement nué d'une teinte plus obscure.

Cette espèce se trouveroit non-seulement en Europe, mais encore en Amérique, si, comme le pensent Buffon et plusieurs naturalistes, le *canard jensen* (pi. enl., n° 955.) ou le *canard gris* des Français de la Louisiane, est de la même race ; mais d'autres ornithologistes regardent ce dernier comme une espèce distincte, et la désigne sous la dénomination latine d'*anas Americana*. Il est vrai qu'il y a entre ces deux *canards* quelques différences, mais légères. Le *canard jensen* a le long du cou, de chaque côté, une raie verdâtre qu'on ne trouve pas dans le *canard siffleur* d'Europe ; d'ailleurs, le plumage est le même, à quelques traits, quelques nuances près ; et l'un et l'autre ont le bec et la queue conformés de même ; les mandibules et les pieds des mêmes couleurs.

Enfin, Buffon est porté à croire que le *canard* connu à Saint-Domingue sous le nom de *vingeon* ou *gingeon*, est le même que le *canard siffleur* du Nord. Ils ont, dit-il, les mêmes habitudes naturelles, avec les seules différences que celle des climats doit y mettre ; cependant il faut en excepter l'habitude que le Père Dutertre attribue aux *vingeons* des Antilles, de quitter les rivières et les étangs pour venir de nuit fouir les *patates* dans les jardins, d'où est venu, dans nos îles, le mot de *vigeonner*, pour dire déraciner les *patates* avec les doigts. Selon M. Deshayes, correspondant de Buffon et excellent observateur des oiseaux de Saint-Domingue, c'est une espèce particulière de *canard* qui ne voyage point, et qui borne ses courses à passer d'un étang ou d'un marécage à un autre, ou bien à aller dévaster quelque pièce de riz, quand il en a découvert à portée de sa résidence.

Outre ces habitudes dissemblables, ce *canard* a l'instinct qu'ont en Amérique la plupart des oiseaux à pieds palmés, de se percher quelquefois sur les arbres. Ces *vigeons* sont aussi babillards que les nôtres; lorsqu'une bande de ces oiseaux paît ou barbotte, on entend un petit gazouillement continuel qui imite assez le rire suivi, mais contraint, qu'une personne feroit entendre à basse voix; lorsqu'ils volent, il y a toujours un de la bande qui siffle. Lorsqu'ils sont occupés à chercher leur nourriture, l'un d'eux fait sentinelle, et dès qu'il apperçoit quelque chose, il en donne aussi-tôt avis à la bande par un cri particulier qui tient du chevrotement; à l'instant tous les *gingeons* se taisent, se rapprochent, dressent la tête, prêtent l'œil et l'oreille; si le bruit cesse, chacun se remet à la pâture; mais si le signal redouble et annonce un véritable danger, l'alarme est donnée par un cri aigu et perçant, et tous les *gingeons* partent en suivant le donneur d'avis, qui, le premier, prend sa volée.

Leurs nids n'ont rien de remarquable, et contiennent un grand nombre d'œufs, qu'on fait souvent couver aux *poules;* les petits *gingeonneaux* ont plus de vivacité et d'agilité que les *cannetons;* ils naissent couverts d'un duvet brun, et prennent promptement leur accroissement.

Le *gingeon* porte, en marchant, la queue basse et tournée contre terre, comme la *peintade;* mais il la redresse en entrant dans l'eau; il a le dos plus élevé et plus arqué que le *canard;* ses jambes sont beaucoup plus longues à proportion; ses yeux plus vifs; sa démarche est plus ferme, et il porte la tête haute, comme l'*oie;* enfin, son plumage est moins fourni que celui des *canards* du Nord.

Des dissemblances aussi grandes dans les habitudes, le port et le physique, ne permettent guère de rapporter ce *vingeon* à celui d'Europe, ni même au *canard jensen* de la Louisiane; il est probable qu'il est de la même espèce du *siffleur à bec noir*, figuré dans les planches enluminées, n° 804, sous la dénomination de *canard siffleur de Saint-Domingue* (*anas arborea* Lath.). Ce *canard* a les plumes du sommet de la tête noirâtres, assez longues pour former une petite huppe; les autres roussâtres; le cou, en dessus, brun ; le dos brun et roussâtre , la première couleur occupant le milieu de chaque plume ; le croupion et les couvertures supérieures de la queue noirâtres ; les joues et la gorge blanches ; le devant du cou de la même couleur tachetée de noir ; la poitrine avec des taches pareilles , sur un fond roussâtre ; le ventre , les côtés et les couvertures du dessous de la queue, pareils au devant du cou ; les couvertures supérieures des ailes roussâtres , avec une tache noire dans le milieu de chaque plume ; les grandes pennes noirâtres ; les secondaires brunes , bordées de roussâtre ; les plumes de la queue noires ; le bec de cette même teinte ; l'iris noisette ; les pieds , les doigts , les membranes de couleur de plomb ; les ongles noirs ; une grosseur un peu inférieure à celle du *canard domestique;* les pieds, le cou plus longs que les autres oiseaux de ce genre.

Cette espèce est très-farouche , caractère qu'a aussi le *gingeon* dans l'état sauvage , puisque les *gingeonneaux* pris quelques jours après leur naissance , ne peuvent s'apprivoiser; ils ne prennent l'humeur sociale et familière que lorsqu'ils ont été couvés par des *poules ;* mais il est très-rare d'en voir pondre, couver et élever leurs petits en domesticité.

Il n'en est pas de même du *siffleur* décrit ci-après, qui habite les contrées méridionales de l'Amérique, puisqu'on en a vu en Europe qui se sont même propagés dans des volières. Ces *siffleurs* très-communs à la Nouvelle-Grenade, se perchent aussi sur les arbres. Les habitans en nourrissent un grand nombre dans leur basse-cour, où ils s'accoutument à une sorte de domesticité ; mais d'une humeur aussi hargneuse que les *gingeons*, qui sont les ennemis déclarés de toute la volaille, ils font ligue ensemble pour combattre les autres *canards* , même les *oies*, et se battent souvent entr'eux.

Ce *canard*, qu'on indique par la dénomination de *siffleur à bec rouge* et *narines jaunes* , ou *siffleur de Cayenne (anas autumnalis* Lath.), pl. enl. , n° 826 , est d'une taille élevée , mais pas plus grosse que celle de la *morelle ;* il a la tête coiffée d'une calotte roussâtre, qui se prolonge par un long trait noirâtre sur le haut du cou ; le tour de la face et la gorge gris ; le dos d'un brun marron , nué d'orangé foncé ; le bas du cou de la même teinte , qui se fond dans le gris de la poitrine ; le ventre et la queue noirs ; les couvertures de l'aile roussâtres , ensuite d'un cendré clair, puis d'un blanc pur ; les pennes d'un brun noirâtre ; les primaires blanches à l'extérieur dans leur milieu ; les pennes de la queue noirâtres; le bout du bec noir; les pieds , les doigts , les membranes couleur de chair , et les ongles noirâtres.

Le Vingeon ou Siffleur huppé (*Anas rufina* Lath.,
pl. enl., n° 928.). Ce *canard*, quoique moins commun que
le *vingeon* proprement dit, se trouve quelquefois dans nos
climats; mais ce n'est que par les grands froids qu'il vient sur
nos étangs; il se tient pour l'ordinaire sur les eaux de la mer
Caspienne et sur les lacs des déserts de la Tartarie; on le voit
quelquefois sur ceux qui sont à l'est des monts Ourals, mais
jamais dans le reste de la Sibérie. Il paroît qu'il voyage jusqu'en Afrique, puisque le docteur Shaw l'a vu en Barbarie.
C'est un oiseau solitaire, qui ne vit point en troupes comme
les autres *canards*.

Grosseur un peu supérieure à celle du *canard sauvage*;
huppe élégante composée de plumes d'un roux clair, soyeuses,
longues et effilées; tête, gorge de même couleur, mais plus
foncée; cou, poitrine, ventre, haut des jambes noirs; dos
d'une teinte vineuse; croupion et couvertures supérieures de
la queue noirs; inférieures d'un blanc nué de vineux; petites couvertures des ailes blanches; moyennes et grandes cendrées; les quatre premières pennes des ailes noires à l'extérieur et à leur bout; les autres vineuses, à l'exception des
plus proches du corps, qui sont cendrées; queue de cette
dernière couleur; iris d'un rouge vif, ainsi que le bec, les
pieds et les doigts; membranes noires.

La femelle diffère par son plumage brun, son bec rougeâtre, et sa tête privée de huppe. (Vieill.)

VINTERANE, *Winteraniana*, arbre à feuilles alternes,
ovales, obtuses, rétrécies à leur base en pétiole court, coriaces, glabres, et à fleurs disposées en corymbes terminaux,
qui forme un genre dans la dodécandrie monogynie.

Ce genre, qui est figuré pl. 399 des *Illustrations* de Lamarck, offre pour caractère un calice à trois découpures
arrondies; une corolle de cinq pétales; seize étamines réunies en un tube muni intérieurement d'autant d'anthères
sessiles et conniventes; un ovaire supérieur surmonté d'un
style à trois stigmates.

Le fruit est une baie arrondie, triloculaire, chaque loge
contenant une semence globuleuse, terminée par une pointe
recourbée.

Le *vinterane* croît dans toute l'Amérique méridionale.
C'est son écorce qui est connue dans les boutiques sous le
nom de *cannelle blanche*, et qu'on a confondue long-temps
avec l'écorce de *winter*, qui est celle du Drymis aromatique.
(*Voyez* ce mot.) Il est décrit par tous les auteurs allemands;
et par Ventenat, sous le nom de *canella alba*; on auroit
conservé ce nom, comme plus en rapport avec la vérité, si

plusieurs écorces d'arbres différens ne portoient pas non-seulement le nom de *cannelle*, mais même celui de *cannelle blanche*. Voyez au mot CANNELLE et au mot DRYMIS.

L'écorce du *vinterane* ou *cannelle blanche* sert aux habitans des pays où elle se trouve, et même en Angleterre, à mettre dans les ragoûts, en place de la véritable *cannelle*. On en fait, en la confisant lorsqu'elle est verte, un plat de dessert fort agréable. Enfin, elle a toutes les propriétés de la véritable cannelle, mais à un moindre degré.

On emploie les fruits du *vinterane* dans la composition d'une de ces liqueurs de la Martinique, si renommées par leur excellence, et l'esprit recteur de son écorce dans une autre.

On trouve dans le premier volume des *Transactions de la Société Linnéenne de Londres*, une très-bonne dissertation de Swartz sur ce genre. (B.)

VINTSI (*Alcedo cristata* Lath., pl. enl., n° 756, fig. 1, ordre des PIES, genre du MARTIN-PÊCHEUR. *Voyez* ce mot.). Ce très-petit *martin-pêcheur*, que l'on nomme *vintsi* aux Philippines, et qui, suivant Séba, porte à Amboine les noms de *tohorkey* et de *hito*, n'est pas plus gros qu'un *serin*; il a le dessus de la tête et le derrière du cou d'un vert bleuâtre, avec des raies noires transversales; les plumes du sommet de la tête assez longues, pour former une sorte de huppe, et tiquetées de points noirs et verdâtres; une bande longitudinale, d'un bleu violet, traverse les joues et s'étend sur les côtés du cou; le dos, le croupion et les couvertures du dessus de la queue sont d'un bleu brillant : les scapulaires d'un bleu violet; la gorge est d'un blanc roussâtre; le devant du cou et le dessous du corps sont d'un roux clair; les couvertures supérieures des ailes d'un brun violet, terminé par un point bleu; les grandes pennes brunes; cette teinte prend un ton violet à l'extérieur des secondaires; les pennes de la queue sont violettes en dehors et brunes en dedans, à l'exception des intermédiaires, qui sont totalement de la première couleur; le bec est noir; les pieds et les ongles sont rougeâtres.

Buffon donne comme une variété, le MARTIN-PÊCHEUR des Indes de Brisson. Les ornithologistes modernes en font une espèce distincte. *Voyez* ce mot. (VIEILL.)

VINULA, nom donné à la *chenille* du *bombix queue-fourchue*. (L.)

VIOLETTE, *Viola* Linn. (*Syngénésie monogamie.*), charmante fleur printanière connue de tout le monde, et recherchée pour son agréable odeur. Les botanistes ont donné son nom à un genre de plantes très-particulier, difficile à classer, et que les uns rangent dans la famille des CAPPARIDÉES, les autres dans celle des CISTOÏDES. Il comprend plus de trente espèces, dont la plupart sont des herbes. Les *violettes* ont leurs feuilles alternes et munies de stipules; leurs fleurs, ordinairement solitaires et souvent renversées, sont soutenues par des pédoncules qui sortent des aisselles des feuilles. Le calice de chaque fleur est formé de cinq folioles aiguës, inégales, et prolongées postérieurement au-delà de leur insertion; la corolle a cinq pétales ovales et renversés, deux supérieurs, deux latéraux et un inférieur plus grand, terminé par un éperon; les étamines sont au nombre de cinq, et réunies par les anthères; au milieu d'elles est un style simple et saillant, que soutient un germe rond, et qui est couronné par un stigmate en crochet ou creusé en entonnoir. Le fruit est une capsule ovale, ayant trois angles, trois valves et une loge. Les semences sont attachées le long du milieu des valves, par de petits cordons ombilicaux.

Ces caractères sont figurés dans les *Illustrations* de Lamarck, pl. 725.

Il y a trois espèces remarquables dans ce genre : la VIOLETTE COMMUNE, *Viola odorata* Linn; la PENSÉE, *Viola tricolor*, Lin.; et l'espèce qui donne l'IPÉCACUANHA (*Voyez* ce mot.), *Viola ipecacuanha* Linn.

La VIOLETTE ODORANTE. L'humble et modeste *violette* qui aime l'ombre et le frais, et qui semble se cacher pour augmenter le plaisir de celui qui la cueille, a été célébrée dans tous les temps par les poètes; elle n'est pas moins chère aux amans. Le doux parfum qu'elle exhale, et le beau bleu dont sa corolle est teinte, en flattant également la vue et l'odorat, impriment à l'ame un sentiment de volupté dont on a peine à se défendre. Apres la rose, c'est peut-être la fleur la plus recherchée des belles; elle dure peu, mais elle est une des premières que le printemps fait éclore; et quand les autres n'ont point encore paru, seule, elle forme de jolis bouquets que l'amour s'empresse d'offrir à la beauté. La *pensée* ne jouit point de ces avantages, mais elle en a d'autres qui les compensent. Elle paroît également de bonne heure, et dure pendant toute la belle saison, quelquefois jusqu'en automne; elle n'est point cachée sous les feuilles comme la *violette*, elle se montre à découvert, presque toujours tournée vers le soleil, qui se plaît à la parer des couleurs les plus vives et les plus variées; nulle fleur de *pensée* ne ressemble pour ainsi dire à une autre : chacune a sa nuance, sa draperie et son dessin propre. Le nombre de ces fleurs égale leur beauté : elles se reproduisent, se succèdent sans cesse, et survivent ainsi pendant six mois à elles-mêmes.

La *violette* est une fleur, comme timide, qui semble vouloir se dérober à la main qui la cherche; la *pensée* paroît fière et orgueilleuse : elle étale avec pompe la richesse de ses couleurs. L'odeur suave et délicieuse de la première porte à la tendresse ; la seconde, sans odeur, ne satisfait que les yeux, et laisse en paix les sens et l'imagination. L'une et l'autre ont leur mérite, sont agréables à cultiver , et dignes d'occuper la place qui leur est donnée dans les jardins.

Comme plante utile, la *violette* est préférable. Toutes ses parties sont d'usage en medecine. Ses semences sont purgatives, diurétiques, pectorales et très-bonnes pour adoucir la toux sèche et provoquer les crachats dans les rhumes ; ses feuilles et sa racine passent pour être émollientes et relâchantes ; sa fleur est rafraîchissante et mise au nombre des quatre fleurs cordiales : on en fait une conserve qu'on sert sur les tables , et un sirop très-flatteur au goût et qui convient dans les maladies de la poitrine. Ce sirop étendu d'eau sert à reconnoître la présence d'un alcali ou d'un acide ; il verdit, quand on y met de la soude, de la potasse, de l'ammoniac ou de la chaux ; mêlé avec du vinaigre, un peu d'eau-forte ou tout autre acide , il devient rouge. Les fleurs de *violette* servent aussi à parfumer et à colorer quelques liqueurs. Pour les conserver avec leur couleur naturelle , il faut les faire sécher dans une étuve où règne une vapeur d'alcali volatil ; séchées à l'ombre , elles rougissent. Nos départemens méridionaux en font un commerce considérable avec le Levant. Il est bon de prévenir qu'une grande quantité de ces fleurs fraiches renfermées dans une chambre close, peut être funeste à ceux qui y respirent long-temps.

La *violette commune* est une plante vivace qui ne perd en hiver ni ses feuilles ni sa verdure. Ses fleurs doublent et varient dans les jardins : il y en a de rouges, de blanches, de panachées, et d'un violet clair : sa racine est traçante, fibreuse et touffue ; de son collet sortent beaucoup de feuilles larges et vertes, presque rondes ou en cœur, dentelées en leurs bords et attachées à de longs pétioles. Des pédoncules grêles s'élèvent entr'elles, soutiennent chacun une fleur à laquelle succède une coque ovale, et qui dans sa maturité s'ouvre en trois parties et laisse voir plusieurs semences arrondies et blanchâtres ; chaque panneau de la coque se plie selon sa longueur en séchant. Par cette contraction, il presse les graines attachées à sa surface intérieure , et les lance au-dehors l'une après l'autre. Le fruit de la *violette* est long-temps à mûrir, comme tous ceux qui mûrissent à l'ombre.

On multiplie facilement cette plante en divisant ses racines soit en automne, soit au printemps, aussi-tôt que la fleur est passée ; quand on veut en garnir les bords des allées dans les bosquets et dans les bois , la transplantation faite en automne est préférable ; mais dans les jardins où l'on peut arroser facilement, il vaut mieux choisir le printemps pour cette opération ; les racines ont alors tout le reste de l'été pour croître et acquérir de la force , et elles produisent l'année suivante plus de fleurs que si elles n'avoient été transplantées qu'à l'automne.

La Pensée , *Viola tricolor* Linn. , est encore plus aisée à multiplier ; ou plutôt elle n'a pas besoin de l'être ; elle prend ce soin elle-même , en répandant sur la terre ses semences qui germent avec la plus grande facilité. C'est une plante annuelle très-commune, qui fleurit presque toute l'année, et qui donne beaucoup de variétés. Dans les champs elle est petite et peu apparente, mais dans les jardins, l'élé-, gance de ses fleurs, la vivacité, l'harmonie et le velouté de leurs couleurs la font bientôt remarquer. Sa corolle offre pour l'ordinaire, plusieurs teintes différentes : tantôt le jaune y domine, tantôt c'est le pourpre ou le blanc : et ces trois couleurs sont mêlées avec beaucoup d'autres, qui forment, sur les pétales, des veines et des taches symétriquement arrangées. La tige de la *pensée* s'élève peu : elle est diffuse, droite ou couchée. Ses rameaux sont à trois angles et garnis de feuilles ovales plus ou moins longues, crénelées et pétiolées. Les stipules sont sessiles et profondément découpées à leur base. Les capsules élastiques, comme celles de la *violette*, lancent leurs graines à de grandes distances. Quand on veut n'avoir que de belles *pensées* dans un jardin, il faut arracher les plus communes avant qu'elles aient produit leur fruit. Cette plante est quelquefois appelée *herbe de la Trinité*.

Il y a une PENSÉE VIVACE, *Viola grandiflora* Linn., dont la fleur ressemble entièrement à la précédente, mais est beaucoup plus large. Les jardiniers lui donnent le nom de *pensée romaine*. Elle est belle, mais délicate. Elle vient des Alpes et des Pyrénées.

Il y a encore une *pensée* également vivace, la *violette de Rouen*, du lieu où elle a été trouvée, qui fleurit toute l'année, même pendant les gelées et sous la neige, et qu'en conséquence on commence à beaucoup cultiver en bordure.

Ventenat vient de former un nouveau genre aux dépens des *violettes* sous le nom *jonidion* (n° 27, *jardin de Malmaison*): il y a compris les espèces qui n'ont point de saillie à la base du calice dont la corolle est retournée et sans éperon, et dont les anthères sont séparées et les capsules oligospermes. Les *violettes calcéolaire, ipecacuanha, enneasperma, à petites fleurs* et autres non décrites, au nombre de cinq, font partie de ce genre. *Voyez* la figure de celle que Ventenat a décrite dans l'ouvrage cité ci-dessus. (D.)

VIOLETTE GIROFLÉE. C'est la GIROFLÉE ORDINAIRE. *Voyez* ce mot. (B.)

VIOLETTE MARINE. C'est la CAMPANULE A GROSSES FLEURS. *Voyez* ce mot. (B.)

VIOLETTE DES SORCIERS. On donne ce nom à la *petite pervenche* dont les sorciers faisoient autrefois un grand usage. *Voyez* au mot PERVENCHE. (B.)

VIOLIER BLANC. C'est la GIROFLÉE BLANCHE. *Voyez* ce mot. (B.)

VIOLIER D'HIVER. *Voyez* GALANTHINE. (B.)

VIOLON, dénomination par laquelle les créoles de la Guiane française désignent le *tatou kabassou*. Voyez TATOU. (S.)

VIORNE, *Viburnum* Linn. (*Pentandrie trigynie*.), genre de plantes de la famille des CAPRIFOLIACÉES, qui comprend des arbrisseaux à feuilles opposées, et dont les fleurs sont produites au sommet des rameaux en corymbes, ayant l'apparence d'ombelles. Chaque fleur a un petit calice à cinq dents, muni de bractées à sa base ; une corolle monopétale en cloche et à cinq divisions obtuses et réfléchies ; cinq étamines alternes, avec les découpures de la corolle, et un germe rond placé sous le calice, dépourvu de style, mais couronné par trois stigmates. Le fruit est une baie ovoïde qui contient une seule semence dure, arrondie et plate.

Dans les vingt et quelques espèces que renferme ce genre, figuré pl. 211 des *Illustrat.* de Lamarck, on distingue les trois suivantes :

La Viorne cotonneuse, vulgairement *mancienne* ou *coudre-mancienne* (*Viburnum lantana* Linn.). C'est un arbrisseau assez élevé qui croît en France, en Italie et dans d'autres parties de l'Europe. On le trouve fréquemment dans les haies, dans les buissons, dans les bois taillis, aux lieux incultes et montagneux. Il a une racine rameuse qui court à fleur de terre, une écorce blanchâtre, comme farineuse, et des branches flexibles. Son bois est blanc et moelleux ; ses feuilles sont pétiolées, en cœur, nerveuses, légèrement dentées, cotonneuses en dessous, blanchâtres dans leur vigueur, rougeâtres au moment de leur chute. Les fleurs sont blanches et odorantes. Il leur succède des baies molles et assez grosses, vertes dans le commencement, rouges après, et noires à l'époque de leur parfaite maturité. Ces baies sont d'un goût doux, visqueux et peu agréable ; elles contiennent une semence large, très-plate, cannelée et presque osseuse.

Il y a, dit Miller, une variété de cette espèce à feuilles panachées, que l'on conserve dans quelques jardins, mais qui, étant transplantée dans une bonne terre, devient vigoureuse et perd son panache. On la greffe sur l'espèce unie ; pour multiplier celle-ci, on en marcotte les jeunes branches dans l'automne.

Les feuilles et les baies de la *viorne* sont rafraîchissantes et astringentes ; leur décoction fait un bon gargarisme dans les inflammations de la bouche et du gosier, et peut quelquefois arrêter le flux de ventre et celui des hémorroïdes. On prépare avec les racines macérées dans la terre et pilées ensuite, une glu assez bonne ; et les fruits s'emploient en Suisse pour faire de l'encre.

La Viorne obier, *Viburnum opulus* Linn. On trouve cet arbrisseau en Europe et dans l'Amérique septentrionale, sur le bord des bois, des rivières, dans les prés humides, dans les terres marécageuses ; on le nomme quelquefois *sureau d'eau, sureau aquatique.* Sa tige est droite ; l'écorce des jeunes tiges est lisse et blanche ; ses rameaux sont fragiles et remplis d'une moelle qui a la couleur de celle du *sureau ;* ils portent des feuilles découpées en lobes, nerveuses sur une de leurs surfaces, sillonnées sur l'autre et attachées à des pétioles glanduleux. Les fleurs blanches et odorantes forment, par leur réunion, de fausses ombelles ; celles de la circonférence sont plus grandes, irrégulières et d'un seul sexe ; celles du centre, plus petites et hermaphrodites, produisent seules des fruits ; ce sont des baies rouges renfermant une semence osseuse, plate et arrondie en forme de cœur Les oiseaux sont très-friands de ces baies qui mûris-

X

sent tard , et qui restent long-temps sur l'arbre après la chute des feuilles.

Cette espèce a produit une jolie variété, remarquable par la blancheur et par la forme sphérique de ses fleurs, qui sont toutes stériles et ramassées en boule ; ce qui a fait donner à cette plante le nom de *boule de neige*, de *pelote de neige* ; on l'appelle aussi *caillebotte*, *obier stérile*, *rose de Gueldres*. On la cultive dans les jardins à cause de sa beauté. Elle s'élèveroit à dix-huit et vingt pieds, si on la laissoit croître ; sa tige devient grosse ; ses branches poussent irrégulièrement ; ses feuilles, divisées en trois ou quatre lobes, ressemblent à celles de l'*érable*, elles sont d'un vert tendre et dentelées sur leurs bords. Ses fleurs nombreuses qui paroissent en mai, mêlées dans les parterres et dans les bosquets aux autres fleurs du printemps, y produisent le plus brillant effet.

Une autre variété de l'*obier* est le *pimina* des Canadiens dont parle M. Duhamel ; il est précoce et à grandes fleurs.

La VIORNE LAURIER-THYM, *Viburnum tinus* Linn. Cet arbrisseau originaire d'Espagne et d'Italie et qu'on cultive dans les jardins, ne vient pas très-haut au nord de la France, mais au midi il peut être élevé à la hauteur des orangers. Son écorce est lisse, blanchâtre ; celle des jeunes pieds, rougeâtre. Il garde toujours ses feuilles et fleurit pendant presque toute l'année ; il est, par cette raison, propre à orner les bosquets d'hiver, où il figure d'autant plus agréablement, que c'est principalement en cette saison qu'il porte ses fleurs. Elles sont nombreuses, disposées en espèces d'ombelles, rouges avant leur épanouissement, blanches lorsqu'elles sont épanouies, et elles brillent au milieu d'une grande quantité de feuilles entières et d'un vert brun, dont la forme est ovale, la consistance ferme, et le sommet terminé en pointe dure. Les baies qui succèdent aux fleurs sont noires dans leur maturité ; elles ont un ombilic que les échancrures du calice couronnent.

On compte plusieurs variétés de *laurier-thym* : l'une à *feuilles alongées, veinées et à fleurs purpurines* ; l'autre, *à feuilles panachées de blanc* et *de jaune*, et un *laurier-thym nain*, *à petites feuilles*.

Cet arbrisseau s'accommode de tous les terreins ; mais il craint les grandes gelées. On le multiplie par ses drageons, ou en marcottant ses jeunes branches ; on les couche en automne, et un an après, on les sépare des vieilles plantes, pour les placer à demeure ou en pépinière. Au midi de la France, on cultive le *laurier-thym* en pleine terre ; on en fait de très-jolies palissades, des tonnelles très-agréables ; au nord, il est plus prudent de l'élever dans des pots ou des caisses ; d'ailleurs, par ce moyen, on peut jouir de sa fleur dans un appartement, en le mettant près des fenêtres, et en lui donnant de l'air toutes les fois qu'il ne gèle pas. Il n'aime pas beaucoup l'eau ; et on le feroit périr, si on lui donnoit de grands arrosemens, même pendant l'été.

L'*obier* dont nous avons parlé plus haut peut être multiplié de la même manière que le *laurier-thym* ; il exige le même traitement, et se plaît dans une terre douce et marneuse, et à une exposition abritée. (D.)

1. Tortue raboteuse .
2. Tortue jaune .
3. Tortue à bec
4. Tortue odorante .
5. Tortue ronde .
6. Tortue molle .
7. Vipere céraste
8. Vipere naja .
9. Vipere commune
10. Vipere atroce .

VIORNE DES PAUVRES. C'est la *clématite* commune, avec l'écorce de laquelle les pauvres se font des ulcères artificiels pour exciter davantage la pitié des ames sensibles. *Voyez* au mot CLÉMATITE. (B.)

VIOULTE, *Erythronium*, genre de plantes à fleurs incomplètes, de l'hexandrie monogynie et de la famille des LILIACÉES, dont le caractère consiste en une corolle campanulée, composée de six pétales acuminés et réfléchis, dont trois intérieurs, munis à leur base interne de deux callosités; six étamines; un ovaire supérieur, surmonté d'un style à stigmate trifide.

Le fruit est une capsule globuleuse, rétrécie à sa base, triloculaire, trivalve, et contenant plusieurs semences ovales.

Ce genre, qui est figuré pl. 244 des *Illustrations* de Lamarck, renferme deux espèces. Ce sont des plantes à racines charnues et vivaces, à feuilles radicales engaînantes, ordinairement au nombre de deux; à hampe uniflore; à fleurs grandes, penchées. Elles viennent dans les Alpes et autres montagnes froides de l'Europe, et on les cultive dans les jardins à raison de la beauté et de la précocité de leurs fleurs.

L'une, la VIOULTE DENT DE CHIEN, a les feuilles lancéolées et tachées, les pétales ovales et alongés. On l'appelle vulgairement *dent de chien*, à raison de la forme de la racine, qui approche quelquefois de celle des dents d'un *chien*. On emploie ses racines, en cataplasme, pour résoudre les tumeurs. C'est la plus commune. Ses fleurs varient du rouge au blanc.

L'autre, la VIOULTE A FEUILLES OVALES, a les feuilles ovales, aiguës, et les pétales lancéolés. (B.)

VIPÈRE, *Vipera*, genre de reptiles de la famille des SERPENS, dont le caractère consiste à avoir des plaques transversales sous le ventre, deux rangs de demi-plaques sous la queue, et des crochets à venin à l'extrémité antérieure de la mâchoire supérieure. *Voyez* aux mots ERPETOLOGIE, REPTILE, SERPENT et COULEUVRE.

La plupart des peuples, guidés par le besoin de distinguer les *serpens* venimeux de ceux qui ne le sont pas, ont donné à ces derniers des noms particuliers; aussi dans ce cas, comme dans bien d'autres, le naturaliste doit-il en agir de même. Alex. Brongniard est donc dans le cas d'être approuvé pour avoir séparé ce genre de celui des *couleuvres*, avec qui il avoit été confondu par Linnæus. Cette utile opération étoit d'ailleurs commandée par le grand nombre d'espèces qui entroient dans le genre *couleuvre* de Linnæus, et qui en rendoient la recherche fort difficile.

Si aucun animal n'est, en Europe, aussi à craindre que la *vipère*, il en est peu qui ait autant été étudié; objet direct des travaux d'un grand nombre de savans, et considéré sous toutes ses faces, son histoire peut servir de type à celle de tous les autres genres de *serpens* venimeux.

La *vipère commune*, dit Lacépède, est aussi petite, aussi foible et aussi innocente en apparence, que son venin est dangereux. Paroissant avoir reçu la plus petite part des propriétés brillantes de sa famille, n'ayant ni couleurs agréables, ni proportions très-déliées, ni mouvemens agiles, elle seroit presque ignorée sans le poison funeste qu'elle distille. Sa longueur totale est communément de deux pieds; celle de la queue de trois à quatre pouces, et ordinairement cette partie du corps est plus longue et plus grosse dans le mâle que dans la femelle. Sa couleur est d'un cendré bleuâtre ou d'un gris rougeâtre; le long de son dos, depuis la tête jusqu'à l'extrémité de la queue, s'étend une sorte de chaîne, composée de taches noirâtres de forme irrégulière, qui, en se réunissant en plusieurs endroits les uns aux autres, représentent fort bien une bande dentelée en zig-zag. On voit aussi de chaque côté du corps une rangée de petites taches noirâtres, dont chacune correspond à l'angle rentrant de la bande en zig-zag et une ligne noire derrière les yeux. Ses plaques abdominales sont au nombre de cent cinquante-cinq, et ses plaques caudales au nombre de trente-neuf paires, toutes d'un noir bleuâtre avec le bord plus pâle.

La tête de la *vipère* est en cœur, sensiblement plus large que le corps, et susceptible de s'élargir encore dans la colère; elle est couverte de petites écailles semblables à celles du dos, excepté au-dessus des yeux, où elles sont un peu plus larges, et au bout du museau où il y en a une grande trapezoïdale. A peu de distance du museau est une petite raie transversale noire; derrière la tête deux lignes noires très-écartées, divergentes; et derrière chaque œil une bande noire, large, qui se prolonge jusqu'à la quinzième plaque abdominale. Le bord de la mâchoire supérieure est blanc, tacheté de noir; celui de l'inférieure est de cette dernière couleur. Les yeux sont très-vifs, avec l'iris rouge et la prunelle noire.

Sa langue est fourchue et susceptible d'une grande extension, comme celle de tous les autres *serpens*. Elle la darde souvent lorsqu'elle est en repos. On a dit que c'étoit pour prendre des insectes, mais j'ai plusieurs motifs de croire qu'elle ne recherche pas les insectes de la taille de ceux qui peuvent être arrêtés par le gluten dont cette langue est enduite. Il est plus probable, pour moi, que cet acte a pour but de suppléer au défaut de transpiration de leur peau, c'est-à-dire, de produire l'effet qu'on remarque chez les CHIENS. (*Voyez* ce mot.) Cette langue est molle et incapable de blesser, et c'est par un préjugé ridicule qu'on a dit et écrit qu'elle lançoit le poison.

La couleur, la grandeur et le nombre des plaques des *vipères* varient, mais ces variations ont toujours l'empreinte du type qu'on vient de décrire, et on les reconnoît aisément, pour peu qu'on ait l'habitude d'observer.

La *vipère* a été figurée dans un très-grand nombre d'ouvrages, et presque par-tout assez mal. On citera ici, comme plus faciles à consulter, Seba, *Mus.* 2., tab. 8, n° 4. Lacépède, vol. 5, pl. 1, *Histoire naturelle des Reptiles*, faisant suite au *Buffon*, édition de Deterville, vol. 3, pag. 212.

C'est principalement dans les cantons montueux, pierreux et boisés, que se trouve la *vipère commune*. Elle est rare dans les pays de plaine, et sur-tout dans les marais. Les parties de la France où elle est la plus commune, sont les environs de Lyon, de Grenoble et de Poitiers. On la rencontre principalement au printemps vers les neuf ou dix heures du matin, sur les collines exposées au levant, recevant la bénigne influence du soleil auprès du buisson où est le trou où elle se réfugie dans le danger. On en voit rarement après trois heures de relevée et après les chaleurs de l'été. Elle vit de petits quadrupèdes, tels que les *souris*, les *taupes*, de reptiles tels que les *lézards*, les *grenouilles*, les *crapauds*, &c. de petits oiseaux et d'insectes. Elle arrête par sa redoutable morsure les grosses espèces, et les avale, lorsqu'ils sont morts, en commençant par la tête. On ne se fait pas d'idée de la dilatation dont son gosier est susceptible. On trouve quelquefois dans son corps des animaux quatre fois plus gros qu'elle, qu'elle digère avec une lenteur incroyable. Une *vipère* que j'avois surprise comme elle achevoit d'avaler un gros *crapaud*, et que je réduisis en captivité, ne l'avoit pas encore entièrement digéré plus d'un mois après. Deux repas de cette force, pendant le cours d'un été, lui suffisent probablement, non-seulement pour se conserver pendant l'année entière, mais même pour engraisser beaucoup. Elle peut supporter des diètes fort longues, sans paroître en souffrir considérablement. D'abord elle est chaque année plus de six mois renfermée dans la terre sans prendre aucune nourriture, et beaucoup de faits prouvent qu'elle peut également passer les six autres sans en prendre d'une manière sensible. On les garde quelquefois des aunées dans des tonneaux, pour l'usage de la pharmacie, sans leur donner à manger, et j'en ai réduit en captivité au moment de leur première sortie, et qui par conséquent pouvoient être supposées n'avoir pas encore pris de nourriture, sans qu'elles voulussent profiter des *souris* ou des *grenouilles* vivantes que je mettois à leur disposition, et sans qu'au bout de plusieurs mois elles parussent souffrir de la diète à laquelle elles étoient soumises.

Les *vipères* changent deux fois de peau par an, au printemps et en automne. Cette opération se fait comme dans les autres *serpens*, et on en peut voir le mode et le but à l'article de ces derniers.

On a dit qu'il falloit six à sept ans aux *vipères* pour parvenir à leur entier accroissement, mais cela n'est pas prouvé. Il est probable même qu'il leur faut plus de temps. Ce qu'on sait de positif, c'est qu'elles sont en état de se reproduire dès la troisième année.

C'est au milieu du printemps, après qu'au moyen d'une nourriture abondante, elles se sont refaites du jeûne de l'hiver, que les deux sexes se recherchent. L'accouplement dure fort long-temps. Son résultat est douze ou quinze œufs, et quelquefois davantage, renfermés dans deux ovaires, et qui se développent dans l'intérieur même du ventre de la femelle, ce qui a fait dire que la *vipère* étoit vivipare, et qui lui a fait donner le nom qu'elle porte ; mais, d'après la remarque de Lacépède, il faut dire ovovipare, car le petit qui est dans chacun de ces œufs ne vit pas aux dépens de la mère, comme ceux des quadrupèdes, c'est-à-dire des véritables vivipares, mais est isolé dans son enveloppe membraneuse, il y croît, comme dans les œufs des autres reptiles et des oiseaux, par l'influence de la chaleur et au moyen du blanc et du jaune qui l'entourent. C'est par erreur qu'on a dit que ces œufs étoient liés à la mère par un cordon ombilical ; ce sont leurs enveloppes seules qui le sont.

Les *vipereaux*, roulés sur eux-mêmes dans l'œuf, grossissent, et environ un mois après ils en sortent en brisant leurs enveloppes ; ils ont alors trois à quatre pouces de long. Ordinairement ceux qui sont contenus dans un des ovaires, sortent le même jour, et ceux contenus dans l'autre, quelques jours après. La mère est, dit-on, obligée de se servir de ses dents pour se débarrasser de l'arrière-faix. J'ai souvent accéléré cet accouchement en frappant la mère d'un bâton, et dans ce cas les petits sortoient en tout ou en partie avec d'autant plus de rapidité que je les avois plus inquiétés. Ces petits ne cherchoient pas à mordre; mais j'ai tout lieu de croire qu'ils étoient déjà pourvus de venin.

On a fait beaucoup de contes sur l'accouplement et la naissance des *vipères*. On a dit que la femelle coupoit la tête au mâle, que les petits perçoient le ventre de la femelle et lui donnoient ainsi la mort en naissant. D'autres ont nié ces faits, mais ont prétendu que la femelle donnoit refuge à ses petits dans sa bouche au moment du danger. Le vrai est que les petits sont étrangers à leur mère dès l'instant qui suit celui de leur sortie de son ventre, et que si on les trouve ordinairement dans les environs, c'est qu'ils n'ont pas de motifs pour s'en éloigner, et qu'en général ils se réfugient dans le même trou ou dans des trous très-voisins. En général, les *vipères* vivent volontiers les unes à côté des autres; et souvent lorsque, pendant l'hiver, on fouille la terre jusqu'à leurs retraites, on les trouve réunies en grand nombre et entrelacées.

C'est d'insectes, de vers, de coquillages, et de très-jeunes reptiles, que vivent sans doute les *vipères* la première année de leur naissance; mais la seconde année elles ont déjà assez acquis de force pour manger des quadrupèdes et des *grenouilles* adultes. C'est alors qu'elles sont, dit-on, les plus avides et les plus dangereuses.

On ne rencontre, comme on l'a déjà observé, beaucoup de *vipères* qu'au printemps. Elles deviennent rares après leur accouplement, et on n'en voit presque plus lors des grandes chaleurs de l'été. Dès le premier refroidissement de l'air, elles s'enfoncent dans la terre, dans les fentes des rochers, pour y rester sans manger et presque sans mouvement jusqu'au printemps suivant. Alors on peut les manier sans crainte; mais si on les réchauffe à une chaleur artificielle, elles reprennent promptement leur vivacité et leurs facultés redoutables.

On ignore quelle est la durée de la vie des *vipères*, mais on doit présumer qu'elle s'étend à un grand nombre d'années. Leur vie est en général très-tenace. Elles résistent aux blessures. Il est fort difficile de les étouffer. Elles peuvent vivre plusieurs heures dans l'eau, et même dans l'eau-de-vie, sans périr. Le seul moyen de les faire mourir sur-le-champ, sans les altérer à l'extérieur, est d'introduire une grande épingle dans leur cervelet par le trou occipital. Le tabac, mis dans leur bouche, les fait aussi périr dans les convulsions.

Jamais la *vipère* n'attaque l'homme ou les gros animaux. Ce n'est que par la nécessité d'une juste défense qu'elle fait usage contre eux de ses redoutables armes. Elle fuit ordinai .

rement à l'aspect de l'homme. En général, c'est en coupant l'herbe ou en foulant les feuilles sous lesquelles elle est cachée, qu'on en est le plus souvent mordu. Lorsqu'on l'attaque de front, elle se redresse sur sa queue applatie, élargit sa tête; ses yeux deviennent plus brillans; elle prélude à la vengeance par des sifflemens répétés, en dardant plus fréquemment que de coutume sa langue fourchue, et s'élance sur son ennemi avec la rapidité d'un trait. Son ramper ou sa marche n'est pas aussi rapide que celle de plusieurs autres *serpens*; aussi ne s'éloigne-t-elle guère du trou où elle se retire toutes les nuits, et préfère-t-elle toujours s'y réfugier plutôt que de combattre. Quoique, comme on vient de le dire, elle ait la vie très-dure, on peut l'arrêter facilement avec un coup de bâton sur l'épine du dos. Ainsi elle n'est réellement pas aussi à craindre qu'on s'est plû à le faire croire. On peut la prendre en vie avec la main, par la tête et par la queue, sans danger, pourvu qu'on conserve son sang-froid, parce qu'elle n'a pas assez de force dans les muscles pour se dégager dans le premier cas, ni assez de flexibilité dans les vertèbres pour relever sa tête dans le second.

Les ennemis de la *vipère* sont peu nombreux. Ils se réduisent à l'homme, qui lui fait par-tout une guerre perpétuelle, soit pour s'en servir comme de remède, soit, plus généralement, uniquement pour se débarrasser d'un voisinage dangereux; aux *sangliers*, qui ne craignent point sa morsure, à raison de la graisse dont ils sont entourés, et à quelques espèces d'oiseaux des genres *faucon* et *héron*, qui se nourrissent habituellement de *serpens*, et qui n'en craignent pas non plus le venin, ou qui savent les prendre de manière à se garantir de leurs morsures. Il paroît qu'elle est en général redoutée par tous les autres animaux sauvages, qui connoissent par instinct les dangers de son approche. Les animaux domestiques même, tels que les *vaches* et les *chiens* de chasse, la fuient. J'ai vu plusieurs fois des *dindons* faire autour de celle qu'ils rencontroient dans leur route, un cercle qu'ils rétrécissoient petit à petit, et finir par la tuer à coups de bec.

On porte, dit-on, un respect singulier aux *vipères* en Russie et en Sibérie, parce qu'on est persuadé que si on en tuoit une, on éprouveroit la vengeance de toutes les autres; aussi s'y multiplient-elles à un point incroyable. Dans presque toute l'Europe méridionale, au contraire, le nombre en diminue de jour en jour. Elles étoient si communes sur la chaîne de montagnes qui court de Langres à Dijon, que j'en pouvois tuer, il y a trente ans, plusieurs douzaines dans une matinée, et j'en ai à peine pu trouver lorsque je suis allé der-

nièrement dans les mêmes lieux. On m'a dit que la même
remarque avoit été faite dans les pays où on est dans l'usage
d'en ramasser annuellement pour les pharmacies de Paris,
et que c'est de là que provient leur cherté actuelle.

On fait un grand usage de la chair de *vipère* en médecine.
Elle contient un savon ammoniacal très-abondant, très-
énergique, et très-propre à ranimer la circulation du sang,
à augmenter la transpiration, à fortifier les organes, à fondre
les concrétions lymphatiques, à faire disparoître les éruptions cutanées, &c. On en fait des bouillons, on en tire un
sel volatil, &c. Sa graisse est généralement employée dans les
affections nerveuses, et a été regardée comme un bon cos-
métique. On les ramasse, en conséquence, dans les pays où
elles abondent le plus, on les fait sécher à l'ombre, après
leur avoir coupé la tête, et on les vend aux apothicaires des
grandes villes, qui les font entrer dans nombre de préparations pharmaceutiques, et principalement dans la fameuse
thériaque.

Mais il est temps de parler de ce qui intéresse le plus
dans la *vipère*, de son venin et des organes qui le distillent.

L'anatomie de la *vipère* a été faite, avec de grands détails,
par Charas. On en trouvera le résultat au mot SERPENT,
parce qu'elle convient, en général, à tous les animaux de
cette classe. On se bornera ici à décrire ce qui a un rapport
immédiat avec les facultés propres aux espèces du genre dont
il est question.

Les *couleuvres* (*Voyez* ce mot.) ont quatre rangs complets de dents égales et petites à la mâchoire supérieure, et
seulement deux rangs, composés de même, à la mâchoire
inférieure. La *vipère* a, à la place des deux rangées externes
de dents de la mâchoire supérieure, une ou plus communément deux dents très-différentes des autres, et de plus
environnées, jusqu'aux deux tiers, d'une tunique ou gaîne
membraneuse, terminée par un bourrelet souvent dentelé;
elles sont articulées à l'os de la mâchoire, crochues ou courbées, mobiles de l'avant à l'arrière, et pourvues d'un canal
intérieur ordinairement rempli d'une matière transparente
et jaunâtre, fluant par une fente imperceptible placée un
peu au-dessous de la pointe, sur la partie convexe : ce sont
les crochets à venin et la liqueur empoisonnée qu'ils re-
cèlent.

Au même os qui supporte ces crochets, sont souvent attachées, de chaque côté, une à trois autres dents, et même plus,
ayant la même organisation qu'eux, mais beaucoup plus

petites. Elles sont destinées à les remplacer successivement lorsqu'ils se sont cassés par accident, ce qui doit arriver souvent.

La liqueur du venin est séparée du sang par deux glandes, ou mieux par deux assemblages de glandes, un de chaque côté de la tête, dans la partie antérieure du sinciput, directement derrière le globe de l'œil, sous le muscle qui sert à abaisser la mâchoire supérieure, de façon que celui-ci ne peut agir sans qu'il les presse, et sans qu'il facilite, par conséquent, la sécrétion de la liqueur qu'elles contiennent. Une vésicule, qui tient à la base du premier os de la mâchoire supérieure, aussi bien qu'à l'extrémité du second, et couvre la racine des grosses dents, sert de réservoir à cette liqueur.

Lorsqu'une *vipère* veut mordre, elle ouvre considérablement sa bouche, relève ses deux crochets, qui étoient couchés dans la cavité de la membrane de leur base, et qui alors deviennent perpendiculaires à la mâchoire inférieure. Lorsque la morsure commence, le poison est poussé dans les dents par la contraction des muscles, par les mouvemens qu'elle fait pour fermer sa bouche, et même par la compression qu'exerce la peau de l'animal mordu, et est seringué dans la plaie avec d'autant plus de force, que la *vipère* est vigoureuse et abonde davantage en venin. La *vipère* peut faire agir l'un des côtés de la mâchoire indépendamment de l'autre, attendu que ces côtés ne sont pas articulés à leurs extrémités, ce qui facilite beaucoup sa déglutition, c'est-à-dire lui permet de faire avancer, pas à pas, l'animal mordu dans son gozier par leur action alternative.

Ainsi donc, pour rendre la morsure des *vipères* incapable de donner la mort, il suffit de boucher, avec de la cire ou autrement, le trou de chacune de ses dents. C'est souvent le moyen que les charlatans d'Europe emploient pour faire croire qu'ils les charment; mais il paroît que les Psyles d'Egypte et de l'Inde se servent, pour produire le même effet, d'artifices plus relevés, qu'ils leur donnent une espèce d'éducation, s'en font redouter au point qu'elles n'osent point employer leurs armes contre eux.

De tout temps, on s'est beaucoup occupé des moyens de connoître la nature du venin de la *vipère*, et de découvrir le moyen d'en anéantir les effets délétères sur l'homme et les animaux domestiques. On a établi sur cet objet, comme sur tant d'autres, beaucoup d'opinions qui ont été successivement abandonnées, et qu'il seroit sans doute superflu de rappeler ici, même celle de Charas, qui a fait un si beau

travail sur la *vipère*, et qui prétendoit cependant que la
liqueur qui est versée par les crochets n'est pas venimeuse,
que son véritable poison est dans ses esprits irrités.

C'est en suivant Félix Fontana, c'est en faisant connoître
le résultat des six mille expériences qu'on lui doit sur le
venin de la *vipère*, que l'on peut se former une idée précise de sa nature et des remèdes par lesquels il faut le
combattre.

Ce célèbre physicien établit d'abord, dans son excellent traité
sur ce sujet, que le venin de la *vipère* n'est pas un poison pour
tous les animaux ; il ne tue ni les *vipères*, ni les *couleuvres*,
ni les *orvets*, ni les *limaçons*, ni les *sangsues*; il n'agit que
très-peu sur les *tortues*, &c. Il n'est ni acide, ni alcali; il
n'a aucune saveur déterminée; il laisse seulement dans la
bouche une sensation d'astriction et de stupeur.

Le venin de la *vipère* se conserve long-temps dans la cavité de sa dent, séparée ou non de l'alvéole; mais il perd sa
vertu en moins d'un an, lorsqu'il est desséché et conservé
dans un endroit découvert. Il faut donc user de précaution
lorsqu'on examine des *vipères* empaillées ou conservées dans
de l'esprit-de-vin : il faut aussi en user lorsqu'on emploie
des vêtemens appartenant à des personnes mordues par elles.
Voyez au mot CROTALE.

Ce que les expériences de Fontana prouvent de la manière
la plus convaincante, c'est que le venin de la *vipère* n'est
constamment mortel que pour de très-petits animaux; qu'il
est d'autant plus dangereux pour les gros, que la *vipère* a
une plus grande quantité de venin en réserve, qu'elle mord
plus souvent et dans plus d'endroits différens, et probablement que le temps est plus chaud. Un *moineau* meurt en
cinq ou huit minutes, un *pigeon* en huit ou douze; un *chat*
résiste déjà quelquefois, un *mouton* très-souvent, et, par
conséquent, un homme ne doit pas craindre les suites d'une
morsure unique dans le climat de l'Italie, et à plus forte
raison dans celui de la France. Ce résultat semble contradictoire avec les faits que rappellent des souvenirs douloureux dans presque tous les pays. Fontana ne cherche pas à
le faire coïncider avec eux; mais une observation que j'ai
faite en Amérique, et les conclusions que j'en ai tirées,
paroissent satisfaire aux objections. Deux *chevaux* furent
mordus, dans une enceinte, le même jour, par une *vipère*
noire, l'un à la jambe de derrière, et l'autre à la langue:
ce dernier mourut en moins d'une heure, et l'autre en fut
quitte pour une enflure de quelques jours et une foiblesse de
quelques semaines. J'ai cru remarquer que l'inflammation

qui avoit fermé la glotte, et l'asphixie qui en fut la suite, avoient principalement causé la perte du premier. Ne peut-on pas croire, d'après cela, que lorsqu'un homme est mordu par une seule *vipère*, et une seule fois aux pieds ou aux mains, le venin peut se noyer dans le sang sans causer la mort, tandis que si la blessure est faite à la tête ou près du cœur, elle a toujours des suites mortelles ?

Un centième de grain de venin introduit dans un muscle, suffit pour tuer un *moineau*. Il en faut six fois davantage pour faire périr un *pigeon*. D'après ce calcul, il en faudroit environ trois grains pour occasionner la mort d'un homme, et douze pour faire mourir un *bœuf*. Une *vipère* moyenne ne contient, dans ses vésicules, qu'environ deux grains de venin, qu'elle n'épuise même qu'après plusieurs morsures. Nous pouvons donc recevoir la morsure de cinq à six *vipères* sans en mourir, à moins que ce ne soit, comme on vient de le voir, dans le voisinage des organes les plus nécessaires à la vie.

Il résulte des découvertes de Fontana, que le poison de la *vipère* est d'une nature gommeuse, qu'il agit en détruisant l'irritabilité de la fibre musculaire, en portant dans les fluides un principe de putréfaction; mais ce célèbre physicien en tire une conclusion qui paroit contre nature, lorsqu'il dit qu'il n'a pas été accordé à ces animaux pour donner la mort à ceux dont ils se nourrissent, mais pour leur en faciliter la digestion. Il est certain qu'il produit ce dernier effet; mais il est probable, ainsi que l'observe Latreille, que le but de la nature a été aussi qu'il donnât la mort.

Les symptômes qui suivent la morsure d'une *vipère*, sont d'abord une douleur aiguë dans la partie blessée, avec une enflure rouge, qui devient ensuite livide, et gagne peu à peu les parties voisines. Ces accidens sont suivis de syncopes considérables, d'un pouls fréquent, profond, irrégulier, de soulèvement d'estomac, de mouvemens bilieux et convulsifs, de sueurs froides, et quelquefois de douleurs dans la région ombilicale. La plaie rend souvent d'abord un sang noir, ensuite de la sanie, et finit par se gangréner lorsque la terminaison doit être la mort. Ces symptômes varient selon les personnes, les climats, la saison et d'autres circonstances. Ils sont beaucoup plus intenses et se suivent avec plus de rapidité dans les pays chauds et pendant l'été, que chez nous, ainsi que j'ai eu occasion de l'observer encore en Amérique.

D'une belle suite d'expériences dans lesquelles Fontana a

appliqué le venin de la *vipère* sur les organes les plus essentiels de la vie de plusieurs animaux à sang chaud et à sang froid, il en a conclu que ce poison pouvoit être impunément avalé lorsqu'on n'avoit pas de blessures dans la bouche, et qu'il n'avoit aucune action sur les nerfs; mais qu'introduit dans le sang, sans toucher aucun vaisseau, il tuoit les animaux avec des douleurs très-cruelles et de violentes convulsions. Le sang s'est coagulé, et l'irritabilité s'est anéantie. Dans ce cas, les sphyncters se relâchent, et laissent couler les urines, la semence, les matières fécales, &c.

On a préconisé, en Europe, de nombreux remèdes contre les suites de la morsure de la *vipère*; chacun avoit, selon certaines personnes, produit des cures merveilleuses, et cependant il étoit abandonné pour un autre. Cela vient, comme on peut le déduire de ce qui vient d'être dit, de ce que la morsure d'une *vipère* n'est pas toujours mortelle pour l'homme, et qu'on attribuoit à tel remède un effet qui n'étoit réellement dû qu'à la petite quantité de venin introduit dans la plaie. Il seroit fastidieux d'entrer dans le détail de tous ces remèdes et des moyens de les appliquer; mais je vais poser quelques bases fondées sur le raisonnement et l'expérience, et qui fourniront les moyens de distinguer ceux qui sont réellement bons, de ceux qui ne peuvent produire aucun effet.

Si on est persuadé, par suite des expériences de Fontana, que l'introduction du venin de la *vipère* dans le sang, le coagule et détruit l'irritabilité nerveuse, on doit penser que les remèdes propres à s'opposer à son action, sont ceux qui augmentent la fluidité des humeurs et excitent les mouvemens nerveux. Or, l'expérience de tous les siècles, et surtout celle des peuples à demi-sauvages des pays chauds d'Asie, d'Afrique et d'Amérique, pays où les *serpens* venimeux sont très-abondans et très-dangereux, constate que les sudorifiques, sur-tout les sudorifiques incisifs, sont les plus puissans moyens qu'on puisse employer dans ce cas. Ainsi, en Europe, on a reconnu que la chair de *vipère* même, qui, comme on l'a vu plus haut, contient un savon ammoniacal très-abondant; celle des *couleuvres* et des *lézards*, qui en contient presque autant, l'alcali volatil et toutes les préparations où il entre, la thériaque, &c. guérissoit, lorsqu'on en faisoit usage à temps, des suites de la blessure des *vipères*. Ainsi, en Asie, on fait usage des racines d'*ophyorize*, d'*ophyose*; en Amérique, de celles de l'*aristoloche serpentaire*, de l'*aristoloche anguicide*, de la *dorstène contrayerva*, du *polygala seneca*, &c. &c. toutes éminemment sudorifiques, contre les blessures de tous les *serpens* venimeux, et on en obtient presque toujours des effets salutaires. J'ai moi-même employé une de ces racines, celle de l'*aristoloche serpentaire*, en tisane et en fomentation, pour un nègre qui avoit été mordu à la main en prenant une *vipère* dont il avoit intention de me faire présent, et que je possède encore, et j'ai observé que les énormes sueurs qu'elle provoquoit dans le malade, appaisoient, à chaque prise, la vivacité des douleurs, diminuoient l'étendue de l'inflammation, et procuroient un sommeil réparateur. Les symptômes sur lesquels son action étoit moins positive, étoient ceux qui résultoient de la plaie même, dont la sphacellation fut complète et la guérison fort longue.

Je crois donc qu'on peut dire, avec un très-grand nombre d'observateurs et de médecins, mais contre l'autorité de Fontana, qu'en Europe, l'alcali volatil est le meilleur de tous les remèdes à employer pour guérir les hommes et les animaux mordus par une *vipère*, soit que la morsure dût être mortelle, soit qu'elle ne dût pas l'être; car lors même qu'elle ne dût pas l'être, les premiers symptômes n'en sont pas moins alarmans et douloureux.

Ainsi, lorsqu'une personne sera mordue par une *vipère*, elle doit faire ou faire faire une forte ligature immédiatement au-dessus de la plaie, la sucer ou la faire sucer par quelqu'un, la scarifier ou faire scarifier avec un instrument tranchant, et la faire saigner le plus possible, ou encore mieux la cautériser avec un fer rouge, avec la pierre infernale ou autres substances analogues. Ces opérations préliminaires diminuent singulièrement la gravité des symptômes, en faisant sortir, en arrêtant ou en dénaturant une partie du venin; mais si on ne les a pas faites dans le premier quart-d'heure, elles deviennent inutiles, ne servent plus qu'à faire souffrir le malade. Dans tous les cas, il faut mettre sur la plaie des compresses imbibées d'alcali volatil, et en faire prendre le plus possible dans de l'eau, c'est-à-dire depuis deux gouttes jusqu'à dix à douze dans une grande cuiller d'eau, car il varie beaucoup dans sa force. Comme il cautérise lorsqu'il est donné à trop forte dose, et qu'il produit cependant d'autant plus d'effets, qu'on en prend davantage, il faut nécessairement tâtonner pour savoir combien le malade peut en supporter. Mais on doit craindre de le fatiguer; il sera mis dans un lit bien couvert, et lorsqu'il suera, il faudra éviter de le refroidir en voulant le panser ou le faire boire. Cependant, ces deux choses doivent être fréquemment renouvelées, si on veut qu'elles aient toute l'utilité desirable. C'est à la prudence du médecin à régler sa conduite à cet égard. Lorsque l'enflure sera devenue trop considérable, et que la ligature blessera le malade, on la supprimera ; car l'unique but, en la faisant, étoit de retarder la circulation du sang en la gênant dans cette partie, et il est rempli. Les sueurs abondantes et le sommeil sont les symptômes qu'on doit desirer, et on les obtiendra immanquablement si on a suivi les indications ci-dessus. Dans le commencement, il ne faudra donner au malade, pour toute nourriture, que du vin chaud sucré ; mais ensuite, lorsque la faim commencera à le tourmenter, on lui accordera des soupes légères, peu copieuses et rares d'abord, mais fréquemment renouvelées lorsque ses forces commenceront à revenir.

Comme l'alcali volatil caustique ou non caustique est extrêmement désagréable à prendre, et corrode même la gorge, si on peut employer ses préparations, telles que le savon de Starkey, l'eau de Luce, &c. on devra les préférer. Il faudra seulement les doser un peu plus largement. Il en sera de même si on emploie la poudre de *vipère* ou sa viande, et encore plus ses bouillons, ou celle de *couleuvre*, de *lézard*, &c. qui, comme on l'a dit, en diffèrent peu, ou, si on préfère, la thériaque et autres sudorifiques composés qu'on trouve dans les pharmacies.

Il ne paroît pas qu'il y ait, en Europe, de sudorifiques végétaux assez puissans pour être employés seuls à la guérison de la morsure des *vipères;* mais on trouve souvent, dans les mêmes pharmacies, quelques-uns de ceux qui viennent d'être énumérés comme propres aux pays chauds. On peut les employer avec presqu'autant d'avantages que dans leur pays natal : il suffit de les prendre en poudre ou en décoction.

Ce qu'on vient de dire sur le traitement de la morsure de la *vipère* commune, s'applique à celle de toutes les autres espèces propres à l'Europe, et en général à tous les *serpens* venimeux, dans quelques pays qu'ils se trouvent ; seulement les gros, et ceux qui habitent les climats les plus chauds, donnent lieu à des symptômes plus dangereux, et par conséquent à des cures plus incertaines. Il faut avoir recours non-seulement aux sudorifiques puissans, mais encore à des anti-septiques, pour prévenir ou arrêter les progrès de la gangrène qui se développe presque toujours à la plaie.

Les genres qui renferment les *serpens* venimeux sont, outre celui-ci, ceux qui sont appelés Scytale, Crotale et Plature. *Voyez* ces mots.

Latreille divise les *vipères* en deux sections : l'une renferme celles qui ont la tête couverte d'écailles semblables à

celles du dos; et l'autre comprend celles dont la tête est
revêtue en dessus de plaques ou de grandes écailles, au
nombre de neuf.

Celles de la première section, sont:

La VIPÈRE COMMUNE, *Coluber berus* Linn., dont on vient de voir
l'histoire, et à laquelle doit être rapportée comme variété, selon Latreille, la *couleuvre aspic* de Linnæus, qui a le corps roussâtre;
la bande dorsale souvent interrompue, et les taches latérales peu
marquées.

La VIPÈRE OCCELLÉE a cent cinquante-cinq plaques abdominales; trente-sept paires de caudales; les écailles de la tête relevées
par une arête; le corps d'un gris roussâtre, avec des rangs de taches
brunes bordées de noirâtre. Elle est figurée dans Lacépède, vol. 3,
pl. 2, et dans l'*Histoire naturelle des Reptiles*, faisant suite au *Buffon*,
édition de Deterville, vol. 3, pag. 292. C'est probablement celle que
Séba appelle *vipère cornue* d'Illyrie, et Gmelin *coluber maculatus*.
Lacépède l'a nommée par erreur *couleuvre aspic*, parce qu'il la rap-
portoit à l'espèce mentionnée par Linnæus sous ce nom, qui, comme
on vient de le dire, n'est qu'une variété de la précédente. On a lieu
de croire qu'elle se trouve dans les parties méridionales de l'Europe.
Sa longueur est de trois pieds, sur laquelle la queue prend près
de quatre pouces; sa tête a de petites taches obscures; ses écailles sont
ovales; son ventre est d'un gris tacheté de brun.

La VIPÈRE CHERSEA a cent cinquante-six plaques abdominales,
trente-trois paires de petites plaques à la queue; un trait noirâtre fort
court, derrière les yeux; une bande brune, avec des taches arrondies sur ses bords, le long du dos. Elle est figurée dans les *Actes
de Stochkolm*, 1749, tab. 6. On la trouve dans l'Europe septentrionale. Elle est connue en Suède sous le nom d'*æsping*, et sous celui de
vipère rouge dans le Jorat. C'est la plus petite des espèces d'Europe,
étant à peine longue d'un pied. Sa couleur générale est d'un gris verdâtre; son venin passe pour être plus actif que celui de la *vipère
commune*.

La VIPÈRE DE REDI a cinquante-deux plaques abdominales, et
trente-trois paires de petites à la queue; le corps roussâtre, peu ou
point tacheté. Elle est figurée dans Meyer, *Thiers e*, tab. 16 et 18. On
la trouve en Allemagne et en Italie. Elle est un peu moins longue que
la *vipère commune*, à laquelle on la substitue dans les pharmacies de
Naples. Gmelin lui donne quatre rangs longitudinaux de stries transversales courtes et alternes, dont celles du milieu sont confluentes.

La VIPÈRE AMMODYTE a cent quarante-deux plaques abdominales,
trente-trois paires de petites à la queue; la couleur d'un brun roussâtre ou bleuâtre, avec une raie noire dentée sur le dos; des taches
noires, et une éminence en forme de corne sur le bout du museau.
Elle se trouve en Allemagne et en Turquie, se cache dans le sable, et
donne, par sa morsure, une mort rapide. On s'en sert dans les pharmacies de Vienne, comme de la *vipère* commune. Elle est figurée
dans Sturm, *Reptiles d'Allemagne*.

La VIPÈRE NOIRE, *Coluber pester* Linn., a cent cinquante-sept
plaques abdominales, trente-trois paires de petites à la queue; de pe-

tites plaques sur le sommet de la tête; le corps noir, avec le bord des mâchoires et le dessous de l'inférieure, blancs. Elle se trouve dans les pays septentrionaux de l'Europe. On l'emploie aussi dans les pharmacies. Sa longueur est d'environ deux pieds. C'est la *dipsade* de Daubenton.

J'ai trouvé, en Caroline, une *vipère* qui y est regardée comme plus dangereuse que les CROTALES (*Voyez* ce mot.), et qui a été rapportée à celle-ci par Lacépède. Elle a cent trente-huit plaques abdominales et quarante-six paires de caudales. Il est très-probable que c'est une espèce distincte, mais je n'ai pu m'en assurer par la comparaison.

La VIPÈRE SCYTHE a cent cinquante-trois plaques abdominales, trente-deux paires de petites à la queue; le corps d'un noir très-foncé en dessus, d'un blanc de lait en dessous. Elle a été trouvée par Pallas dans les montagnes de la Sibérie. Sa longueur est d'environ un pied et demi.

La VIPÈRE CÉRASTE a cent quarante-sept plaques abdominales, soixante-trois paires de petites à la queue: le corps rougeâtre et fascié de brun en dessus; une élévation en forme de corne au-dessus de chaque œil. Elle est figurée dans les *Acta Anglica*, 1756, tab. 14, dans Bruce, *Voyage*, pl. 15, dans Lacépède, vol. 3, pl. 1, et dans l'*Histoire naturelle des Reptiles*, faisant suite au *Buffon*, édition de Deterville, vol. 3, pag. 212. Elle se trouve dans les déserts de l'Afrique, et principalement en Égypte. C'est le *serpent cornu* des anciens et des modernes, serpent qui a donné lieu à nombre de fables, et qui a toujours passé pour être extrêmement dangereux.

Cette espèce a plus de deux pieds de longueur; sa queue est très-courte; sa tête est très-applatie, et a, au-dessus de chaque œil, une protubérance pointue, arquée, cornée, insérée dans la peau, et d'environ deux lignes de long, qui ne vient, dit-on, qu'à un certain âge, et dont les femelles sont privées. Ses écailles sont ovales, avec une arête au milieu; le dessous de son corps est blanchâtre. C'est principalement avec elle, dit Lacépède, que les Psylles prétendent avoir la faculté de jouer impunément: ils semblent en effet maîtriser à volonté sa force et son poison.

La VIPÈRE LÉBÉTINE a cent cinquante-deux plaques abdominales, quarante-trois paires de petites à la queue; le corps gris en dessus, avec quatre rangées longitudinales de taches alternes; celles du milieu jaunâtres, les autres noirâtres; le dessous blanc ponctué de noir. On la trouve dans la Turquie d'Asie. Sa longueur est d'un pied et demi. On l'appelle *aspic* et *sourd* dans l'île de Chypre.

La VIPÈRE HAJE à deux cent sept plaques abdominales et cent neuf paires de petites plaques sous la queue; sa couleur est noire, avec des fascies obliques, produites par les écailles qui sont à moitié blanches. Elle se trouve très-communément en Égypte, et sert, comme la *vipère céraste*, aux représentations psylliques. Geoffroy croit être fondé à penser que c'est cette espèce, dont Cléopâtre se servit, sous le nom d'*aspic*, pour se donner la mort. (*Voyez* au mot ASPIC.) Elle parvient à une grandeur considérable.

La VIPÈRE FER DE LANCE a deux cent vingt-quatre plaques abdominales, soixante-dix paires de petites à la queue; la tête large; le corps jaunâtre ou gris , avec le dos marbré de teintes livides ou brunes. Elle est figurée dans Lacépède, vol. 3, pl. 5. On la trouve à la Martinique et îles voisines, où elle est connue sous les noms de *couleuvre jaune* ou *rousse*. Sa longueur surpasse quelquefois cinq à six pieds. Elle a une tache alongée , ou semblable à un fer de lance sur la tête, et un petit trou , de chaque côté entre les narines et les yeux , que Lacépède croit communiquer avec l'oreille. La morsure de cette espèce est presque toujours mortelle , mais on parvient facilement à s'en garantir, attendu qu'elle est peu agile, qu'elle exhale une odeur fétide qui avertit de sa présence, et que les oiseaux criaillent souvent autour d'elle à raison de l'effroi qu'elle leur inspire.

La Vipère a tête triangulaire a cent cinquante plaques abdominales, soixante-une paires de petites à la queue. Sa tête forme un triangle, dont les côtés font une saillie à leur extrémité postérieure ; les écailles de son dos sont unies ; son corps est verdâtre, avec des taches formant une bande longitudinale et irrégulière sur le dos. Elle est figurée dans Lacépède, vol. 3, pl. 5 , et dans Séba, tom. 2 , pl. 36 , n° 2. On la trouve dans l'île de Saint-Eustache.

La Vipère dipsade ou dipse a cinquante-deux plaques abdominales et cent trente-cinq paires de petites à la queue ; le dos d'un bleu de ciel, avec les côtés plus clairs. Elle est figurée dans Séba , *Mus.*, vol. 2, pl. 24, n° 3. On la trouve à Surinam. Latreille doute que ce soit une *vipère*, et que le nombre des plaques de sa queue soit celui ci-dessus.

La Vipère Atropos a cent trente-une plaques abdominales, vingt-deux paires de petites à la queue ; quatre taches noires à la tête ; le corps blanchâtre, avec quatre rangées de taches rousses, rondes, ayant du blanc à leur centre. Elle est figurée dans le *Mus. Ad. Fred.*, tab. 13, n° 1. Elle habite l'Amérique méridionale.

La Vipère hébraïque, *Coluber severus* Linn. , a cent soixante-dix plaques abdominales, quarante-deux paires de petites à la queue ; le corps roussâtre en dessus, avec de petites raies chevronnées d'un jaune clair, bordées de roux brun. Elle est figurée dans Séba, vol. 2 pl. 55, n° 4, et dans l'*Histoire naturelle des Reptiles*, faisant suite au *Buffon*, édition de Deterville, vol. 3, p. 335. Elle habite dans l'Inde et au Japon.

La Vipère chayque, *Coluber stolata* Linn. , a cent quarante-trois plaques abdominales, soixante-treize paires de petites à la queue ; sa couleur est grise, avec deux raies blanches sur le dos et des bandes d'un brun pâle. Elle est figurée dans Séba, vol. 2, tab. 9, n° 1, et dans le *Mus. Ad. Fred.*, tab. 22, n° 1. Elle habite en Asie.

La Vipère coralline a cent quatre-vingt-treize plaques abdominales, quatre-vingt-deux paires de petites à la queue ; le dessus d'un vert de mer, avec trois raies longitudinales rousses. Elle est figurée dans Séba, vol. 2, pl. 17, n° 1. On la trouve dans l'île d'Amboine.

La Vipère atroce a cent quatre-vingt-seize plaques abdominales, soixante-dix-neuf paires de petites à la queue ; le corps blanchâtre, avec des taches brunes ou noires transversales et disposées alternativement dans toute sa longueur. Elle est figurée dans le *Mus. Ad. Fred.*, tab. 22, n° 2, et dans l'*Hist. nat. des Reptiles*, faisant suite au *Buffon*, édition de Deterville, vol. 4, p. 4. Elle se trouve en Asie. C'est le *cobra de capello* des Portugais.

La VIPÈRE BLANCHE, *Coluber niveus* Linn., a cent soixante-neuf plaques abdominales, soixante-deux paires de petites à la queue; le corps très-blanc, avec l'extrémité de la queue, et des taches fort petites, noires. Elle est figurée dans Séba, vol. 2, tab. 5, n° 1. On la trouve en Afrique. Sa longueur est de plus de six pieds. Latreille croit, d'après la figure de Séba, qu'elle entre plutôt dans le genre *couleuvre*.

La VIPÈRE BRASILIENNE a cent quatre-vingts plaques abdominales, quarante-six paires de petites à la queue; des taches ovales, rousses, grandes, bordées de noirâtre, et d'autres plus petites d'un brun foncé dans l'intervalle. Elle est figurée dans Lacépède, vol. 3, pl. 4. On la trouve au Brésil. Sa longueur est de trois pieds. Ses écailles sont ovales et carénées.

La VIPÈRE LOBÉRIS a cent dix plaques abdominales, cinquante paires de petites à la queue, et le corps rayé de noir. Elle habite le Canada.

La VIPÈRE TIGRÉE a deux cent vingt-trois plaques abdominales, soixante-sept paires de petites à la queue; le corps d'un roux blanchâtre, avec des taches foncées, bordées de noir. On ignore son pays natal. Sa longueur surpasse à peine un pied.

Les *vipères* de la seconde section sont:

La VIPÈRE NAJA, qui a cent quatre-vingt-dix plaques abdominales, cinquante-huit paires de petites à la queue; le corps d'un jaune roux éclatant; le cou renflé, avec deux raies noires réunies postérieurement, et recourbées en dehors antérieurement. Elle est figurée dans Séba, dans Lacépède, vol. 3, pl. 3, dans l'*Histoire naturelle des Reptiles*, faisant suite au *Buffon*, édition de Deterville, vol. 4, p. 10, et dans l'ouvrage de Russel, sur les *Serpens* de la côte de Coromandel, tab. 4. On la trouve dans l'Inde. Sa longueur commune est de trois ou quatre pieds, dont la queue fait le sixième. Elle varie en couleur, selon l'âge et le sexe. Quelquefois elle a des fascies rouges, un collier brun; d'autres fois les taches indiquées disparoissent en partie ou en totalité. Elle est connue généralement sous les noms de *serpent à lunette*, de *serpent à chaperon*, de *serpent couronné*, à raison de la tache ou de la forme que prend son cou. Les Portugais l'appellent *cobra*.

Le brillant de la robe de cette espèce, la singulière expansion de la peau de son cou, dans laquelle sa tête toute entière peut se cacher, les dangers de sa morsure, lui ont assuré une grande célébrité. Elle a eu et a encore des temples; on se prosterne à sa vue, on lui adresse des prières, on lui présente des offrandes: on abhorre et on regarde comme voués aux plus grands malheurs, les mahométans ou les chrétiens qui la tuent.

Le dessus de la tête de la *vipère naja* est couvert par neuf plaques ou écailles, disposées sur quatre rangs; l'extension de son cou est rendue facile par l'alongement et l'élargissement des côtes de cette partie, et de plus par l'isolement de ses écailles. Est-elle irritée, elle se redresse avec fierté, fait briller des yeux étincelans, étend ses membranes en signe de colère, ouvre sa gueule et s'élance avec rapidité sur son ennemi, en montrant la pointe acérée de ses crochets venimeux. Les bâteleurs indiens savent cependant se garantir de sa morsure et la réduire à obéir à leurs ordres. *Voyez* au mot SERPENT.

On a indiqué un grand nombre de remèdes contre la morsure de la *vipère naja*, dont les uns, tels que les *ophyorizes mitréolées et mungos*, sont des sudorifiques, et les autres, tels que ce qu'on a appelé *pierre de serpent* ou *pierre de cobra*, parce qu'on prétendoit qu'elle se trouvoit dans la tête de cette espèce, ne sont qu'une charlatanerie des moines indiens. *Voyez* au mot PIERRE DE SERPENT.

Il est probable que Séba et autres se sont trompés, lorsqu'ils ont dit qu'il y avoit des *vipères naja* en Amérique, puisqu'aucun voyageur n'en parle.

La VIPÈRE LACTÉE a deux cent trois plaques abdominales, trente-deux paires de petites à la queue; la tête d'un noir foncé, avec une raie blanche; le corps d'un blanc de lait, avec des taches très-noires, rangées deux à deux. Elle est figurée dans le *Mus. Ad. Fred.*, tab. 18, n° 1. Elle se trouve dans les Indes. Sa grandeur est d'un pied et demi; les plaques écailleuses de sa tête sont au nombre de neuf sur quatre rangs; les écailles de son corps sont hexagones.

La VIPÈRE HÆMACHATE a cent trente-deux plaques abdominales, vingt-deux paires de petites à la queue; le dessus du corps rouge, avec des taches blanches. Elle est figurée dans Séba, vol. 2, pl. 58, n⁰ˢ 1 et 3. On la trouve dans la Perse et dans le Japon. Sa grandeur est à-peu-près d'un pied.

Il y a encore plusieurs *serpens* figurés dans Séba et ailleurs, qu'il seroit possible de rapporter aux *vipères*, mais qu'on connoît trop peu pour ne pas préférer d'attendre de plus grands éclaircissemens à leur égard. (B.)

VIPÈRE CORNUE D'ILLYRIE. C'est la *vipère ammodyte*. (B.)

VIPÈRE D'ÉGYPTE, *Coluber vipera* Linn. On a cru long-temps que c'étoit cette espèce qui, sous le nom d'*aspic*, avoit servi à Cléopâtre pour se donner la mort; mais Geoffroy a eu occasion de s'assurer qu'elle n'étoit pas venimeuse, et que c'est par erreur qu'elle a été placée parmi les *vipères*. Voyez au mot ASPIC et au mot COULEUVRE.

Quoi qu'il en soit, il reste certain que c'est elle qu'on envoie en grande quantité d'Egypte à Venise pour composer la fameuse thériaque de cette ville; mais toutes les *couleuvres* contenant une grande quantité d'ammoniac comme les *vipères*, peuvent également produire les mêmes bons effets. *Voyez* l'article précédent. (B.)

VIPÈRE IGNÉE. C'est le BOA BRODÉ. *Voy.* ce mot. (B.)

VIPÈRE MARINE. On donne ce nom à plusieurs poissons dont le corps a la forme de ceux des *serpens*, tels que les MURÈNES, les SPHAGÉBRANCHES, les CÉPOLES, même les SYNGNATHES. *Voyez* ces mots. (B.)

VIPÉRINE, *Échium*, genre de plantes à fleurs monopétalées, de la pentandrie monogynie et de la famille des BORRAGINÉES, dont le caractère consiste en un calice divisé en cinq parties ; une corolle tubuleuse, campanulée, à tube court, à limbe nu, droit, insensiblement dilaté, et fendu obliquement en cinq lobes inégaux ; cinq étamines ; un ovaire supérieur, à quatre lobes, du centre desquels s'élève un style à stigmate bifide.

Le fruit est composé de quatre semences, situées au fond du calice, qui persiste.

Ce genre, qui est figuré pl. 94 des *Illustrations* de La-marck, renferme des plantes herbacées ou frutescentes, à feuilles alternes, rudes au toucher, et à fleurs unilatérales disposées en épis simples ou paniculés. On en compte une trentaine d'espèces, dont les plus remarquables ou les plus communes, sont :

La VIPÉRINE EN ARBRE, qui a la tige frutiqueuse, les feuilles lancéolées, atténuées à leur base, très-velues, et dont les folioles calicinales sont lancéolées et aiguës. Elle se trouve en Afrique, et se cultive dans les jardins de Paris. Elle s'élève à trois ou quatre pieds et forme, au sommet d'une tige nue, une masse de verdure qui n'est pas désagréable.

La VIPÉRINE VULGAIRE, qui a la tige tuberculeuse et hispide ; les feuilles caulinaires lancéolées, hispides, et les fleurs en épi uni-latéral. Elle est bisannuelle, et se trouve, par toute l'Europe, dans les bois, les champs en friche, sur les bords des chemins, etc. Elle est extrêmement commune. On l'a appelée *herbe aux vipères* ou *vipérine*, parce que ses semences ont la figure d'une tête de *vipère*. On en a conclu qu'elle devoit être spécifique contre la morsure de ces reptiles ; mais le vrai est qu'elle n'est qu'humectante et pectorale, comme la BOURRACHE et la BUGLOSE. *Voyez* ces mots.

Cette plante est d'un aspect assez agréable, mais il ne faut pas la toucher, à raison de ses poils qui causent des démangeaisons cuisantes. Les *abeilles* trouvent dans le nectaire de ses fleurs de quoi faire une abondante récolte de miel.

Les autres *vipérines* rentrent si fort dans ces deux espèces, qu'il est difficile de les distinguer au premier coup-d'œil, et même quelquefois en les comparant. Elles proviennent toutes ou d'Afrique ou des parties méridionales de l'Europe. (B.)

VIPÉRINE DE VIRGINIE. C'est l'ARISTOLOCHE SER-PENTAIRE. *Voyez* ce mot. (B.)

VIRA-OMBE. Selon Latham, cet oiseau seroit de la même espèce que le GRAND FIGUIER DE MADAGASCAR (*Voyez* ce mot.), mais il le classe parmi les *gobe-mouches*. Sonnerat, qui l'a observé, ne lui trouve pas, il est vrai, les carac-tères qui conviennent aux *figuiers* ; car, dit-il, il a le bec fort long, crochu et échancré à l'extrémité de la mandibule supérieure. Cet oiseau doit, selon lui, être regardé comme un genre nouveau. C'est aussi l'opinion de Mauduyt, qui le place à la suite des *gobe-mouches*, dont il se rapproche par les plumes longues, étroites, et semblables à des poils qui reviennent en avant de la base du bec. Le *vira-ombé* a le plumage et la taille du GRAND FIGUIER DE MADAGASCAR. *Voyez* ce mot. (VIEILL.)

VIRECTE, *Virecta*. C'est le genre RONDELÉTIE. *Voy.* ce mot. (B.)

VIRÉE, *Virea*, genre établi par Gærtner aux dépens des *liondents*. Il offre pour caractère un calice polyphylle, tantôt simple, tantôt imbriqué, et garni d'écailles à sa base; un réceptacle écailleux et velu en même temps, garni de demi-fleurons hermaphrodites; des semences cylindriques, obtuses, surmontées d'une aigrette plumeuse, sessile ou stipitée.

Il a pour type le LIONDENT HASTILE. *Voy.* ce mot. (B.)

VIRIDO. C'est, dans Gesner, le nom du *verdier.* (S.)

VIRESCITE (Lamétherie), *schorl vert des volcans*. Il paroît que c'est une variété de la *horn-blende basaltique* de Werner. (PAT.)

VIRE-VENT. C'est ainsi que les mariniers de la Loire désignent le MARTIN-PÊCHEUR. *Voyez* ce mot. (VIEILL.)

VIRE-VIRE. Quelques voyageurs ont donné ce nom aux endroits où l'eau de la mer ou des rivières forme des *tournans*. *Voyez* TOURBILLON. (PAT.)

VIRGILE, *Virgilia*, genre de plantes établi par Lamarck aux dépens des *sophores* de Linnæus. Il renferme les espèces qui ont un calice à cinq dents, un étendard plus long que les ailes, et un légume non articulé et comprimé. *Voyez* au mot SOPHORE.

L'Héritier, dans ses *Stirpes*, a aussi donné ce nom à une plante de la syngénésie frustranée, que Lamarck avoit nommée GALARDIENNE. *Voyez* ce mot. (B.)

VIRGINITÉ. C'est l'état d'une personne de l'un ou de l'autre sexe qui ne s'est pas encore abandonnée à l'amour. La *virginité* demande une pureté plus irréprochable que l'état de pucelage; c'est une fleur délicate que flétrit le premier desir de l'amour; elle suppose même l'innocence primitive du cœur, parce qu'on peut être intacte sans avoir conservé la chasteté, compagne inséparable de la pudeur virginale. Lucrèce, violée, avoit encore une ame vierge : une pucelle peut n'avoir déjà plus sa *virginité* Ce caractère est donc dans les mœurs plutôt que dans les organes. *Voyez*, à l'article HOMME, le lieu où il est parlé de ce sujet.

Une vierge l'est en toutes choses; elle l'est dans la pudeur de ses regards, dans l'innocence de ses attraits, dans l'honnêteté de sa conduite, dans la modestie de son maintien et de sa parure : elle ne sait pas même rougir d'amour. Le jeune homme vierge est timide devant la beauté; il redoute son approche, il frémit au seul attouchement de sa main : l'air dévergondé d'une prostituée lui fait horreur. La *virginité* et la pudeur sont l'apanage de l'espèce humaine; elles n'appartiennent point aux animaux, car c'est d'elles seules que naissent les transports de l'amour moral et ce saint enchantement des cœurs véritablement amoureux : mais ils n'existent qu'une seule fois dans la vie humaine, et nous le perdons en connoissant l'amour physique. La *virginité*, semblable au mystère, perd ses charmes quand on la dévoile : c'est la fable de Psyché qui fait évanouir l'Amour en voulant le reconnoître.

La femme aime, dit-on, toujours mieux que tout autre, celui qui a reçu ses premières amours. C'est aussi pour cela que les législateurs de l'Orient ont exigé, dans la consommation des mariages, le signe de la *virginité* de la femme; ils ont voulu que l'épouse, ne recevant ses premières voluptés que de son mari, pût lui demeurer plus attachée : mais ils n'ont pas exigé la même chose de l'homme, parce que le résultat n'en est pas le même. Il y a un problème du vieil Aristote (*Sect. IV, Probl. II.*), dans lequel ce philosophe examine pourquoi les jeunes garçons qui commencent à jouir, haïssent les premières femmes qu'ils ont connues. Ne seroit-ce pas, dit-il, parce qu'ils éprouvent alors une mutation subite de caractère? car le *coït* les rendant tristes et les alloiblissant, ils fuient la personne qu'ils en regardent comme la cause.

On a de plus observé que les vieilles filles n'ayant jamais été encientes, avoient les vertèbres sacro-lombaires inflexibles et immobiles entr'elles; ce qui donne à ces filles un maintien d'une seule pièce et une allure roide, tandis que les femmes qui ont engendré beaucoup d'enfans, ont une démarche plus libre et les hanches plus flexibles. Les femmes *bréhaignes* ou *stériles* ont aussi une allure plus automatique que les autres, et il y a je ne sais quel dévergondage, quel maintien décidé et effronté dans la démarche d'une prostituée. Le maintien d'une fille sage est plus modeste, et sur-tout plus timide; je ne sais quel charme invincible s'attache à ses pas; la molle ondulation de ses vêtemens, la délicatesse de sa taille, la grace de ses manières, le doux éclat de sa voix, tout en elle annonce l'innocence et la candeur d'une ame pure. On distingue d'abord le naturel de toutes ces grimaces factices d'une minaudière et de ces vestales plâtrées; la simple vierge n'a pas besoin d'apprêts; elle plaît par les seuls attraits de la nature, par la naïve modestie de la pudeur, et sur-tout par cet inconcevable prestige qui lui attire tous les cœurs; car elle n'agit point sur les sens, mais plutôt sur l'ame; et si le libertin se prend par le physique, l'homme sensible est touché surtout par les belles qualités d'un cœur plein d'innocence.

Qui peut nier cette vive sympathie entre les sexes du genre humain ? elle frappe même les animaux. L'amour semble s'exhaler de tous les pores d'une jeune beauté, et venir émouvoir toutes les puissances au fond de nos cœurs. Je ne sais quel parfum virginal jette l'homme sensible dans une douce extase, quel tendre regard le fascine, et quel son de voix le fait palpiter d'amour; mais il est certain qu'une femme n'a plus ces mêmes attraits; sa voix n'a plus cet accent mystérieux, son regard a déjà perdu de sa pudeur native, elle inspire moins l'amour moral que l'amour physique. Buffon a rapporté l'histoire d'un homme qui, jeté dans une maladie extraordinaire par une excessive chasteté, reçut, à l'aspect de deux filles, une commotion si vive et un éclair si violent dans les yeux, qu'il tomba dans le délire ; mais la vue d'une femme mariée ne lui causa jamais cette forte impression. L'on assure qu'un religieux de Prague avoit l'odorat si délicat, qu'il distinguoit par ce moyen une vierge d'une femme; et un auteur estimé témoigne même qu'un singe savoit fort bien deviner, à l'odeur, les filles les plus amoureuses d'entre toutes les autres. Ces faits démontrent bien qu'il existe des différences entre une vierge et une femme. Le son même de la voix suffisoit au philosophe Démocrite pour les distinguer; car ayant entendu parler un jour une servante, il lui donna le nom de fille, et le lendemain il l'appela femme, ayant reconnu, par le changement de sa voix, qu'elle avoit été déflorée pendant la nuit. Catulle, dans les *Noces de Téthis et de Pélée*, fait aussi mention de la coutume qu'avoient les nourrices de mesurer, avec un fil, la grosseur du cou des filles, prétendant reconnoître la perte de leur *virginité* lorsqu'il devenoit tout-à-coup un peu plus gros.

> Non illam nutrix orienti luce revisens,
> Hesterno collum poterit circumdare filo.

On sait, en effet, combien les jouissances d'amour, relâchant tous les muscles, et particulièrement ceux de la glotte, rendent la voix rauque et désagréable, ce qu'on peut remarquer dans les femmes publiques ; aussi les anciens infibuloient les bons chanteurs pour conserver leur voix. (*Voyez*, dans l'article HOMME, ce qui a rapport à l'*infibulation*.) Si cet usage étoit renouvelé parmi nous, il rendroit nos acteurs d'autant meilleurs, que la plupart d'entr'eux dégradent leur voix et leur cœur en s'usant par de continuelles débauches. Martial dit même d'une jeune fille :

> Jam cantas benè, basianda non es.

La chasteté n'est pas moins nécessaire pour réussir dans les arts, les lettres et les sciences, que pour maintenir la vigueur du corps, la noblesse de l'ame et l'honnêteté des mœurs ; car l'émission excessive du sperme énerve toutes les facultés, et produit à la longue l'effet de la castration. *Voy.* EUNUQUE, HOMME, &c. (V.)

VIRGULAIRE, *Virgularia*, genre de plantes de la didynamie angiospermie, dont le caractère consiste en un calice persistant, bilabié, à dix angles, à cinq dents aiguës et couvertes, dont deux inférieures plus écartées ; une corolle presque campanulée, irrégulière, à tube recourbé, à gorge ventrue, à limbe divisé en cinq parties presque rondes, dont les deux supérieures sont un peu plus courtes ; quatre étamines velues à leur base, dont deux plus courtes : un ovaire ovale, à style subulé, recourbé et à stigmate bifide ; une capsule ovale, obtuse, à deux sillons, surmontée du style qui persiste, biloculaire, bivalve, contenant un grand nombre de petites semences attachées à un dessipiment contraire.

Ce genre renferme deux espèces. Ce sont des sous-arbrisseaux du Pérou, dont les parties de la fructification sont figurées pl. 19 du *Genera* de la *Flore* de ce pays. (B.)

VIRIL, se dit de ce qui appartient principalement au caractère masculin, et de tout ce qui marque la force, le courage, la vigueur, qui sont plutôt l'apanage de l'homme que de la femme. Le mot *viril* vient du mot *vir*, un homme mâle, et dérive de *vis*, force, parce que la nature a donné aux individus mâles le courage et un corps robuste en partage : c'est pour cela qu'on dit une *action virile*, un *cœur viril*, pour désigner la vigueur et l'intrépidité. Ce caractère de force et de courage dépend sur-tout des organes mâles de génération et de la liqueur séminale, puisque les hommes deviennent efféminés, délicats et timides par une trop grande effusion de sperme, et la castration les affoiblit extrêmement ; aussi se nomme-t-elle *eviratio*, parce qu'elle enlève toutes les qualités viriles. L'ame ne se ressent pas moins que le corps de l'*éviration*, et l'action fortifiante du sperme dans le corps humain influe également sur le caractère moral et sur les organes musculaires ; aussi les tempéramens *virils* ont un caractère magnanime et un généreux courage : tels sont les héros. C'est encore cette vigueur de corps qui inspire à l'homme de fortes pensées, et qui produit le sublime du génie. Telle est la raison qui fait que les femmes n'ont reçu de la nature ni la force du corps, ni l'élévation de l'esprit de l'homme, et que peu d'entr'elles montrent un caractère *viril* dans les diverses occasions de la vie : c'est ce que fit entendre le grand Corneille à mademoiselle Scudéri, qui lui demandoit si les femmes pouvoient faire de bonnes tragédies. *Voyez* le mot Homme. (V.)

VIROLE, *Virola*, nom donné par Aublet à un arbre dont les semences donnent un suif avec lequel on fait des chandelles. C'est un veritable *muscadier porte-suif*, le *myristica sebifera* de Linnæus. *Voyez* au mot Muscadier.

Cependant, Jussieu pense qu'il doit former un genre dans l'hexandrie monogynie et dans la famille des Laurinées, dont les caractères seront : dioïque ; calice cotonneux, en cloche, à trois dents ; six étamines, dont trois monadelphes dans les fleurs mâles ; un ovaire supérieur à style court et à stigmate simple dans les fleurs femelles.

Le fruit est un drupe sec, cotonneux, bivalve, garni de deux saillies, contenant une noix arillée et monosperme. (B.)

VIS, *Terebra*, genre de testacés de la famille des Univalves, dont le caractère présente une coquille turriculée, à ouverture échancrée inférieurement, et à base de la columelle torse ou oblique.

Les coquilles de ce genre ont été réunies par Linnæus avec les *buccins* ; mais tous les autres conchyliologistes les ont regardées comme distinctes. (*Voyez* au mot Buccin.) Leur nom vient de leur forme, qui les a souvent fait confondre, par les anciens conchyliologistes, avec les *cérites*, les *turritelles* et autres coquilles alongées. Elles sont ordinairement solides, formées par un grand nombre de tours de spire, dont le diamètre augmente à mesure qu'ils approchent de l'ouverture. Le plus grand est petit quand on le compare à celui des autres coquilles. Leur spire est un peu renflée et le *pas* en est rapproché, ce qui les éloigne beaucoup de la *tarrière*, qui a la spire plate et le *pas* extrêmement oblique.

L'ouverture des *vis* est une ellipse irrégulière, pointue par le bas, et arrondie par le haut, où elle se termine en un canal profondément échancré dans la coquille. Elle est à-peu-près parallèle à l'axe. La lèvre droite est simple, courbe et tranchante ; la lèvre gauche est aussi courbée en deux sens différens, mais arrondie et garnie par le haut de deux plis assez gros, dont l'inférieur fait le tour de l'échancrure.

Ces caractères, tirés de l'ouverture, sont les seuls qui distinguent les *vis* des *turritelles*, avec lesquelles elles avoient été confondues par la plupart des conchyliologistes français.

La tête de l'animal qui habite les *vis* est plate en dessous, convexe en dessus, arrondie en devant, et garnie d'une membrane très-fine. Ses deux cornes sont coniques, fort éloignées l'une de l'autre, deux fois plus longues que la tête, et portent les yeux à la partie extérieure de leur base. La bouche est une fente longitudinale, où on voit une mâchoire inférieure. Il est possible qu'elle donne issue à une trompe semblable à celle des *buccins*, comme quelques naturalistes le supposent ; mais on ne l'a pas vue, et la présence des dents mentionnées ci-dessus semble en annoncer l'absence.

Le pied est toujours plus court que la coquille ; il forme une ellipse obtuse, dont la partie antérieure a de chaque côté une oreillette ou appendice triangulaire. Le manteau ne déborde pas l'ouverture, excepté sur le devant, où il se replie en un tuyau cylindrique qui sort par l'échancrure de la coquille et se rejette sur le côté gauche.

Les *vis* vivent dans les sables des rivages. Elles sont généralement trop petites pour être recherchées comme objet de nourriture. On en trouve fréquemment de fossiles, mais moins cependant que de *cérites*, avec lesquelles tous les oryctographes les ont généralement confondues.

On connoît une quarantaine d'espèces de *vis*, dont les plus communes ou les plus importantes à connoître, sont :

La Vis MACULÉE, dont les tours de spire sont unis, sans sillons intermédiaires, sans dentelures, et fasciés par des taches bleues et brunes. Elle est figurée dans Dargenville, pl. 11, lettre A. On la trouve dans la mer des Indes et de l'Afrique.

La Vis FAVAT, *Terebra subulata*, qui est subulée, unie, dont les tours de spire sont sans sillons intermédiaires, sans dentelures, et ont des taches carrées-ferrugineuses. Elle est figurée dans Adanson, pl. 4, dans Dargenville, pl. 11, lettre X, et dans l'*Hist. nat. des Coquillages*, faisant suite au *Buffon*, édition de Deterville, pl. 32, fig. 6. On la trouve dans la mer des Indes.

La Vis CRÉNELÉE, dont les tours de spire sont inférieurement garnis de tubercules. Elle est figurée dans Dargenville, pl. 11, lettre Y, et se trouve dans les mers de l'Inde.

La Vis MIRA, *Terebra vittata*, est presque striée, et a la jonction des tours de spire doublement crénelée. Elle est figurée dans Adanson, pl. 4 , et se trouve sur les côtes d'Afrique.

La Vis strigillée a les tours de spire striés obliquement et partagés par une carène applatie. Elle est figurée dans Dargenville, pl. 11 , fig. R, S. Elle se trouve dans la mer des Indes.

La Vis lancéolée, qui est unie, dont les tours de spire sont entiers, et ont des lignes longitudinales testacées. Elle est figurée dans Dargenville, pl. 11 , lettre Z, et se trouve dans la mer des Indes. (B.)

VISAGE ET PHYSIONOMIE. Ce qui distingue à l'extérieur l'homme de la bête, c'est sur-tout sa face et l'empreinte de l'intelligence qu'il porte dans ses regards. L'homme seul a un véritable *visage :* le museau des animaux ne présente qu'un aspect ignoble, si nous le comparons à notre face. Veut-on voir les dégradations successives de la figure humaine ? qu'on passe de l'*Européen* au *nègre*, du *nègre* à l'*orang-outang*, de celui-ci aux autres *singes*, ensuite au *chien*, au *bœuf*, au *cheval*, puis au *chat-huant* parmi les oiseaux, au *perroquet*, et enfin à toute la série des animaux à squelette osseux. Cette modification de la tête, dans les animaux, est l'effet du prolongement graduel ou du développement proéminent des mâchoires, tandis que le cerveau se recule et se rétrécit. Supposez une face d'*Européen* ordinaire ; comprimez-en le front, le nez , et avancez les mâchoires avec les lèvres , vous obtiendrez la face d'un *nègre*, auquel il ne manquera que le teint noir ; écrasez davantage le front, et alongez encore les mâchoires , vous aurez une figure d'*orang-outang ;* et en poussant toujours plus loin cette opération , vous parviendrez à former toutes les faces des animaux quadrupèdes, et enfin celles des reptiles , des oiseaux et des poissons. Ce que l'homme porte en hauteur perpendiculaire, les animaux l'ont en longueur horizontale. A mesure que le crâne et le cerveau se rappetissent, les os de la face et des mâchoires s'étendent, de sorte qu'il y a un rapport direct entre les uns et les autres. C'est sur cette considération que s'est fondé P. Camper, lorsqu'il a développé son ingénieuse théorie de l'angle facial. Supposez une ligne droite, qui, partant des dents incisives de la mâchoire supérieure, se rend à la nuque en passant contre l'extrémité inférieure de l'oreille ; si l'on tire une autre ligne de la base du front aux dents incisives supérieures, on obtiendra un angle qui donnera la mesure de la saillie de la face. On a trouvé que cet angle étoit de 85 à 90 degrés dans la plupart des *Européens*, de 75 degrés dans le *nègre*, de 65 degrés chez les *orangs-outangs*, de 60 degrés dans les *guenons* et les *sapajous*, de 45 degrés dans les *magots* et *macaques*, de 30 degrés chez les *babouins*, de 41 degrés dans le *chien-matin*, de 30 degrés chez le *lièvre* et le *bélier*, de 23 degrés au *cheval*, &c. Parmi les oiseaux, la face s'avance encore davantage, à cause de leur bec. Ainsi la *bécasse*, le *butor*, ont un angle facial extrêmement aigu. A mesure que cet alongement est plus considérable, le crâne se resserre, comme si l'un se faisoit aux dépens de l'autre, comme si la cervelle étoit employée à former des mâchoires, comme si les organes de manducation étoient préférés, dans les bêtes, aux organes du sentiment et de la pensée, tandis que chez l'homme, les organes de l'appétit sont resserrés, rappetissés, pour donner plus d'extension à l'organe de la pensée. La brute semble tendre son museau à la nourriture, et rejeter son cerveau derrière ses sens de l'appétit, comme si l'esprit n'étoit qu'en second ordre chez elle. Dans l'homme, au contraire, le front s'avance, s'enfle pour ainsi dire de pensées, tandis que les organes de ses sens bruts se reculent et se rappetissent. Voilà, dans le physique, une distinction bien marquée entre l'animal et l'homme ; l'un n'obéit qu'aux sens grossiers et physiques, l'autre est dirigé par l'esprit, par la raison et l'intelligence. Remarquez aussi que les organes entraînent l'être vivant dans le sens de leur action, en raison de leur développement : plus on développera les sens brutaux, plus l'animal sera brut et stupide, comme on l'observe chez les poissons, dans les oiseaux à longs becs, comme les *bécasses*, et dans les quadrupèdes à museau alongé. Au contraire, les espèces à figure plus droite semblent les plus spirituelles, comme les *perroquets*, les *chouettes* (dédiées autrefois à la savante Minerve par le peuple Athénien), les *singes*, et enfin l'homme, s'il est permis de le mettre au rang de la brute ; et même parmi les hommes seuls, ceux qui ont une figure avancée en museau montrent un air ignoble et bête, au lieu que les visages droits, avec une bouche rentrante et un front saillant, présentent une figure intelligente, noble et majestueuse ; aussi les anciens sculpteurs grecs, dont les ouvrages sont si admirables, ne représentoient jamais leurs dieux qu'avec cet attribut de suprême intelligence et de génie. Ils ouvroient beaucoup l'angle facial, et lui donnoient même 90 à 100 degrés. Dans Jupiter, le dieu suprême, le front s'avance extraordinairement ; il semble grossi de l'éternelle sagesse, et rempli des destinées de l'univers. Bien loin d'offrir un angle saillant, la face du dieu est rentrante, ce qui lui donne un air de sublimité concentrée et de réflexion convenable au père de la nature, des dieux et des hommes. Ses sourcils avancés font trembler l'Olympe quand ils s'inclinent , comme le disoit Homère.

Pour montrer combien ces remarques sont fondées, nous allons les suivre dans les diverses races humaines. Nous avons fait voir que les animaux étoient plus stupides à mesure que leur museau se prolongeoit, ou, ce qui revient au même, à mesure que leur cerveau se rappetissoit. (*Consultez* les articles CRANE , CERVEAU.) Ainsi, les races humaines ont montré que l'étendue de leur intelligence correspondoit assez bien avec l'ouverture de leur angle facial. 1°. La race blanche, qui comprend les nations européennes (excepté les Lapons), avec les Arabes, les Persans, les Indous, a communément pour caractère un angle facial de 85 à 90 degrés. Elle a produit aussi les plus grands génies qui aient vécu sur la terre, et s'est élevée au plus haut degré de civilisation ; elle a paru la plus capable de grandes choses, la plus habile et la plus intelligente de toutes. 2°. Dans la race mongole, la figure humaine n'a guère que 80 à 85 degrés d'ouverture pour son angle facial. Ce sont aussi les peuples qui se rapprochent le plus de nous pour l'habileté, comme nous le voyons dans les Chinois et les Japonais. On a soupçonné que les Péruviens et les Mexicains étoient originaires des peuples de la race mongole ou Sino-Tatare, et il paroît que l'industrie de ces Américains ressembloit effectivement à celle de cette race. 3°. Les Malais et les Caraïbes paroissent avoir le même angle facial : aussi leur habileté est assez semblable. 4°. La race nègre a toujours paru très inférieure en esprit aux autres races, et quelque soin qu'on ait pris d'instruire de jeunes nègres, on ne voit pas qu'ils aient produit quelque homme de grand génie. D'ailleurs, cette soumission à l'esclavage annonce peu de vigueur dans le caractère et peu d'élévation dans l'esprit. La nature a maltraité ces pauvres nègres en ne leur donnant ni assez de courage ni assez d'intelligence ; ils seront toujours dans la servitude par foiblesse, et dans la barbarie par impuissance de réfléchir. Nous en voyons une marque dans leur visage prolongé en museau et leur front abaissé. Si les organes de l'appétit dominent chez eux sur ceux de la pensée, nous l'observons de même dans leurs affections qui tiennent plus du physique que du moral. A cet égard, le Hottentot l'emporte encore sur le nègre ; c'est presque le premier des *orangs-outangs*, car son ame est si cachée dans la matière du corps, qu'on n'y trouve pour ainsi dire que l'animalité. Le nègre a l'angle facial de 75 à 80 degrés : celui du Hottentot surpasse à peine 70 à 73 degrés. *Consultez* l'article de l'HOMME.

En second lieu, ce n'est pas seulement par l'angle facial que les races humaines sont distinguées, mais encore par la diverse conformation des os de la face et des chairs qui les recouvrent. Par exemple, les Européens, et la race caucasienne-arabe d'Asie, ont le nez proéminent, les os des joues peu saillans, les lèvres minces, le visage ovale, tirant sur le quadrilatère alongé. La race mongole-chinoise a le nez plat à sa racine, les yeux posés obliquement et à demi fermés, les os de la pommette fort saillans, le menton pointu, les narines larges. Le visage, regardé de face, présente la forme d'un lozange, parce que le crâne finit en pain de sucre, et le bas de la figure en pointe, tandis que les joues sont larges et avancées. Les traits sont encore plus rudes et plus affreux chez les peuples Mantcheoux; des joues extrêmement larges et saillantes, à cause des gros os de leurs pommettes; un nez qui ressemble à une figue écrasée; des narines si ouvertes, qu'on voit jusqu'au fond des naseaux; des yeux écartés du nez et obliquement placés, une grande bouche, un crâne en pointe, et de grosses mâchoires; voilà ce qui les distingue fortement des autres hommes. La race américaine-caraïbe et les peuplades malaies ont des traits moins prononcés; mais leur front très-applati se remarque à peine sous les touffes de leurs cheveux. Leur visage est large et comme écrasé; les orbites des yeux sont petites; les traits ont beaucoup de rudesse et de férocité. On connoît assez le nez épaté, les grosses lèvres, le museau, les yeux ronds, le petit crâne et les cheveux laineux du nègre. La figure hottentote est encore plus fortement marquée; elle est triangulaire; le front semble avoir disparu derrière les grosses pommettes des joues; le nez est comme une nèfle; les lèvres sont épaisses et grandes comme des abajoues; le menton finit en pointe, et les mâchoires sont aussi massives que longues.

De plus, on trouve, si l'on y prend garde, des figures nationales dans chaque climat et à chaque peuple. Les Juifs portent le même caractère de tête dans toutes les contrées qu'ils habitent et depuis les âges les plus reculés, car ils ne se mêlent à aucun peuple par les mariages et les mœurs. Les nations grecques ont en général de belles figures, et l'on trouve encore aujourd'hui de beaux profils grecs dans le midi de la France, vers Marseille (ancienne colonie de Phocéens), et dans plusieurs contrées de l'Italie. Les Écossais ont la figure alongée; plusieurs Bretons offrent un crâne sphérique et un visage rond. Les habitans des contrées basses et humides ont des traits imparfaits, arrondis, émoussés, tandis que dans les lieux secs, élevés, venteux, les hommes présentent des contours fortement dessinés, des lignes rudes et profondes : aussi les premiers sont gras et mous, les seconds maigres et vifs. Les traits se confondent parmi les peuples policés, à cause d'un genre de vie plus uniforme, et des alliances perpétuelles qu'engendrent le commerce et les relations mutuelles des hommes ; aussi les villes commerçantes, comme les ports de mer, fournissent des figures de tous les caractères, tandis que les peuples isolés et sédentaires gardent leurs figures, ainsi que leurs mœurs. Les habitans de la Forêt-Noire diffèrent peu aujourd'hui des anciens Germains que décrit Tacite. En outre, les émigrations, les colonies, les conquêtes, l'établissement des nouvelles religions, de nouvelles mœurs, de nouvelles loix, influent à la longue sur les corps et changent les figures. Dans les pays despotiques, chez lesquels les hommes sont malheureux, les visages reçoivent l'empreinte de l'austérité, de la bassesse et de l'esclavage. Les peuples contens et heureux sont moins laids que les autres. Le Romain portoit en tous lieux la fierté de son caractère sur sa figure ; aujourd'hui on n'y trouve souvent qu'un air dévot et faussement benin. Pourquoi nos paysans ont-ils une figure plus rude et plus agreste que les habitans des villes ? Cela dépend de leur manière de vivre et de leurs mauvaises nourritures, car les plus laids sont souvent les plus misérables ou les plus mal élevés : de-là vient ce préjugé, en partie faux et en partie vrai, *qu'une belle ame habite dans une belle figure.* Véritablement, il est rare de trouver un homme méchant avec une figure douce et un air franc ; presque tous les caractères féroces ont un visage rude et effrayant. Marat étoit aussi laid que sanguinaire ; Robespierre avoit le regard faux et hypocrite du *chat*. La rudesse des Turcs se peint sur leur visage. Les doux traits de la femme annoncent une ame tendre. L'étourderie d'un Français se remarque au premier coup-d'œil, comme la bonhomie d'un Suisse, l'orgueil d'un Anglais, la pesanteur d'un Hollandais, la fierté d'un Espagnol, la subtilité d'un Italien, &c. Homère nous représente Thersite aussi désagréable au physique qu'au moral ; la colère d'Achille, la magnanimité d'Hector, la morgue d'Agamemnon, la valeur d'Ajax, la prudence d'Ulysse, sont dépeintes par ce grand poète non-seulement au moral, mais encore dans les habitudes physiques de ces héros.

Combien l'âge n'apporte-t-il pas de différences dans les figures humaines ? Par exemple, dans l'enfance, le front est très-avancé, le crâne est grand à proportion des os des mâchoires , qui sont encore petits et foibles; mais à mesure que l'on avance en âge, les os du nez et des joues se développent et s'étendent , sur-tout à l'époque de la puberté; les mâchoires grandissent , et au temps des dents de sagesse , ou des dernières molaires , elles prennent encore de l'accroissement. La plupart des vieillards ont la mâchoire inférieure plus longue que la supérieure ; c'est le contraire dans les enfans. D'ailleurs, les traits se développent avec l'âge , et prennent l'unisson du caractère. En effet, on sait qu'une partie dont on fait le plus d'usage se développe davantage que toute autre. Il n'est donc pas étonnant que les muscles, les traits les plus fréquemment en usage , grossissent et se marquent plus que tous les autres ; ainsi l'habitude du rire doit donner un *visage* riant , comme l'habitude du chagrin donne un aspect triste à la longue ; car le *visage* changeant avec les âges , prend les caractères qu'ils entraînent avec eux ; il se ressent de leurs affections. La jeunesse correspond avec le rire et la joie, la vieillesse avec le chagrin et la tristesse, la fleur de l'âge avec l'amour et les passions vives. Chaque temps de la vie a donc une disposition à un genre de figure; les mêmes différences s'observent d'un sexe à l'autre. La femme se distingue de l'homme par ses traits plus doux, ses contours plus moelleux, par toutes ses parties plus arrondies et plus molles. Celui-ci a des formes plus angulaires , plus rudes, les lignes plus âpres, des membres plus saillans, plus carrés et plus fermes.

Il ne faut pas croire que le *visage* seul présente des différences aussi marquées par l'âge , le sexe, les climats, les races humaines. Si nous pouvions assez étudier toutes les parties du corps , il n'en est pas une seule qui ne nous offrît de semblables remarques. Le corps humain est jeté en moule d'un seul jet; il n'y a pas une seule différence dans un organe qui ne se répercute sur toutes les autres. Prenons un homme bossu pour exemple. Aucun individu ainsi déformé n'est gras, tous ont une voix résonnante comme celle des *canards*, tous ont des bras longs, de grands doigts maigres , des cuisses grêles et écartées à leur origine ; enfin, une démarche particulière qu'il est facile de reconnoître. Ces caractères sont sans exception. Il y a certains états de la face qui entraînent certaine conformation dans les mains et les pieds , car tout se tient dans le corps vivant ; une partie n'est point affectée sans les autres. Voyez la statue du Laocoon ; les sculpteurs de ce fameux groupe ont représenté la douleur, non-seulement sur le *visage* , mais encore sur chaque partie du corps ; on le voit frissonner d'horreur sous les replis des monstrueux reptiles ; les pieds , les bras, le tronc , tout est souffrant , tout exhale la douleur. Il en est de même dans toutes les affections, dans tous les états , dans toutes les maladies. La jeunesse se marque sur la main comme sur la figure, et à cet égard la chiromancie n'est pas trompeuse. On se moque souvent des physionomistes qui prétendent deviner par la vue le caractère d'un homme ; mais l'on n'a pas toujours raison, comme il est facile de s'en convaincre.

En premier lieu , il est certain que le tempérament de chaque homme se manifeste sur sa figure. Ainsi , au premier coup-d'œil , on apperçoit un flegmatique dans un visage pâteux , à traits arrondis, à joues spongieuses, à lèvres gonflées, dans une constitution du corps molle , flasque, massive et pesante, avec la peau d'un blanc mat, et les articulations grosses. On sait qu'un tel tempérament ne peut pas être actif, qu'il est lent, sans consistance ; l'observation a toujours démontré que le caractère étoit à l'unisson du corps. Il n'est donc pas impossible de reconnoître comment il agira dans une occasion donnée. Si vous mettez un flegmatique dans une place qui exige de la vigueur et de la fermeté dans l'esprit, une certaine sévérité et une activité infatigable, nul doute qu'il la remplira mal. Le bilieux à peau jaunâtre, à corps sec et à traits prononcés, est l'opposé du flegmatique en tout ; il porte par-tout son naturel. *Naturam expellas furcâ , tamen usque recurret.* Le sanguin à face fleurie et rubiconde, à maintien aisé , à caractère joyeux et porté aux plaisirs , ne peut pas se cacher, et pour peu qu'on soit habile, on reconnoît sur-le-champ comment il doit agir. « Je ne » crains pas , disoit Jules César, la figure fleurie et brillante » des Antoines ; mais je redoute ces faces maigres et sombres » des Brutus et des Cassius ». (Suéton. *Vita Jul. Cæs.*) En effet, les tempéramens mélancoliques ont un air sombre, caché ; leur corps est sec, leurs fibres sont serrées, tendues, et ils sont capables de tout, en bien comme en mal. Tous ces tempéramens se reconnoissent à la figure , et les médecins ne s'y trompent pas. Il est vrai que la plupart de ces constitutions sont souvent mélangées entr'elles ; alors il faut combiner ensemble leurs qualités. Voilà le fondement le plus certain de l'art physionomique, et les observateurs s'y trompent rarement ; mais quand on veut avancer plus loin , la marche est moins sûre. (*Voyez* les *Essais de Lavater sur la Physiognomonie.*)

Je suis persuadé que toutes nos actions prennent la teinte de notre caractère et de notre figure. Pour ne parler ici que d'un objet, je choisirai le style ou la manière d'écrire. Quel

est le fin observateur qui ne pourra pas deviner le tempérament d'un écrivain qu'il n'a jamais vu, à son seul style?
On a beau se contrefaire, il y a toujours quelqu'indice pour
un esprit attentif. Le style est l'homme même, a dit Buffon.
Vous pourrez aisément deviner ce qu'étoit le physique de
Voltaire à ses écrits. On trouve la mélancolie dans Pascal,
l'atrabile dans J. J. Rousseau : on reconnoît l'ame douce et
sensible dans Racine, dans Fénélon ; le caractère élevé et
héroïque dans P. Corneille et Bossuet. Ces qualités morales
sont empreintes aussi sur les figures de ces hommes illustres.

Ceux qui ont habituellement le maintien qui accompagne
chaque passion, ceux qui prennent, sans y penser, l'air de
certaines actions vicieuses ou vertueuses, sont enclins à ces
vices, à ces vertus et à ces passions ; car le caractère se dé-
cèle toujours par quelque côté, si l'on n'y prend garde.
Je crois qu'on ne se gâte pas moins le physique que le moral
dans les mauvaises fréquentations. Les métiers vils donnent
un aspect avili, et l'on prend naturellement un air analogue
à son état dans la société, ou à sa fortune.

Les hommes qui ont une beauté de femme ont communément les qualités morales du sexe, et les femmes dont l'habitude
du corps et la figure sont hommasses, participent aux inclinations viriles. Peut-être un individu dont la figure seroit analogue à celle d'un Nègre, d'un Kalmouk ou d'un Siamois, &c.
auroit-il un caractère ressemblant à ceux de ces peuples.
Nous trouvons des *visages* analogues à certaines faces d'animaux. Le vulgaire dit souvent que telle figure ressemble à
celle d'un *singe*, d'un *lion*, d'un *ours*, d'un *bœuf*, d'un
cochon, &c. J. B. Porta nous a donné quelques essais en ce
genre, et le célèbre peintre Lebrun avoit tracé de pareilles
caricatures. On trouve quelques analogies entre le caractère
de ces figures et celui des animaux qu'elles représentent. Mais
il ne faut pas pousser ceci trop loin ; le précipice est à côté de
la vérité : voilà ce qu'il ne faut jamais oublier en faisant des
recherches sur la physionomie.

Pour éviter la plupart des erreurs en ce genre, il faut bien
s'étudier à distinguer les mouvemens qui partent du caractère, de ceux qui sont produits par la volonté ou la réflexion.
Les hommes se voilent depuis qu'ils ont reconnu qu'ils per-
doient à se montrer tels qu'ils sont, car les méchans feroient
horreur, si tout le monde découvroit leur intérieur. Ils contrefont les bons, ils se cachent sous le manteau de la vertu.
Mais l'habile observateur saisit un mot échappé, un geste ;
il épie un coup-d'œil, un trait du *visage* ; il devine le caractère et reconnoît l'homme. Le bout d'oreille échappe sou-

vent sous la peau du *lion*. Les grands hommes se cachent aussi ; ils ne veulent pas irriter l'envie ; ils couvrent autant leurs vertus, que les scélérats prennent soin de montrer celles qu'ils n'ont pas. J'aime voir dans Plutarque et d'autres auteurs, Agésilas à cheval sur un bâton au milieu de ses enfans, Philopœmen fendre du bois, Aristide écrire son nom sur une coquille, Auguste enseigner chaque jour l'alphabet à ses enfans. Les petites choses font sur-tout connoître les caractères. Swift a dit : *Un sot ne prend pas son chapeau et ne se tient pas sur ses jambes comme un homme d'esprit.*

La figure humaine est le miroir des affections de l'ame ; il y a long-temps qu'on l'a remarqué ; mais il faut observer que chacune de ses parties est sur-tout la marque d'un genre d'affections, ainsi l'on peut la partager en trois régions. Les yeux et le front expriment les sentimens de l'ame, de l'esprit, de la pensée. Les joues, le nez et une partie de la bouche rendent sur-tout les passions physiques, les émotions, les douleurs du corps ; la bouche, les lèvres, le menton désignent plus particulièrement les appétits, les voluptés, les concupiscences.

C'est dans les yeux que brillent l'ame, l'intelligence, le feu du génie. C'est dans l'expression des regards qu'on lit la pensée, que se peignent le courage et l'élévation des sentimens ; le plaisir fait pétiller les yeux, le dépit les allume, la tristesse les abat, la crainte les agite, le désir les avance, le respect les abaisse, la tendresse les rend doux et pathétiques. L'œil s'éteint avec l'ame ; ceux qui ont des yeux morts, des regards qui ne disent rien, montrent la nullité de leur ame. Il en est de même chez les animaux. Le caractère du *lion*, du *tigre* éclate dans leurs yeux enflammés ; le *bœuf*, la *carpe*, et les autres espèces stupides, ont des yeux inanimés. Les sourcils ajoutent beaucoup à l'expression des caractères dans l'homme ; le chagrin, la tristesse, la fureur y habitent. Les rides du front marquent les profondes agitations auxquelles on est en proie. Ce qu'on nomme physionomies spirituelles et sottes, se peint sur-tout dans le dessus de la figure, dans les yeux, les sourcils, le front. Les douleurs du corps, la terreur, les sensations physiques s'expriment par les grimaces ou les contractions des joues et de la bouche. Les appétits sensuels habitent sur les lèvres, et se rendent par l'expression de leurs muscles. Les couleurs de la figure, la rougeur de la honte, le teint animé du désir, la pâleur de la crainte, les nuances livides du désespoir, les muscles gonflés et tendus dans la colère, relâchés dans l'abattement, suspendus dans l'étonnement, tordus dans l'indignation, disloqués dans le désespoir; la tête penchée modérément dans l'amour, tombante dans la tristesse, tendue en avant dans le desir, droite et fière dans la colère ; tout peint au vif les affections humaines jusque dans les moindres traits.

Les sentimens contraires ont aussi des expressions contraires. Dans ceux d'amour, de desir, de joie, d'affection, de plaisir, d'espérance, de hardiesse, toutes les parties s'avancent, se développent, s'étendent comme pour embrasser, saisir, envahir, tandis que dans la haine, la crainte, la tristesse, l'aversion, la douleur, le désespoir et la honte, tous les organes se resserrent, se retirent ; ils semblent se dérober, se soustraire à tous les objets. Les premiers sont des sentimens de la jeunesse qui cherche à s'épanouir ; les seconds appartiennent sur-tout à la vieillesse, qui se renferme au-dedans d'elle-même.

Dans l'amour et l'admiration, le front se dresse et s'avance, les yeux s'ouvrent, la paupière se lève. Dans la curiosité, la bouche s'entr'ouvre. La joie, le rire ferme à demi les yeux, élève les coins de la bouche, soulève les joues, ouvre les ailes du nez, et tire toutes les parties sur les côtés et dans les parties supérieures. Au contraire, dans la tristesse et les pleurs, les parties tendent en bas, la figure s'alonge, les lèvres s'abaissent. Les affections gaies aspirent vers le ciel, les passions tristes tendent vers la terre.

Dans la terreur, la bouche s'ouvre excessivement, et les yeux semblent sortir de la tête. Le mépris rend le *visage* inégal, un œil se ferme et l'autre se détourne. La haine, la colère se marquent par l'avancement de la lèvre inférieure, qui emboîte la supérieure ; le front s'abaisse et se couvre de rides. Dans l'envie, les sourcils viennent couvrir la racine du nez ; l'œil se cache sous eux, les dents se grincent, et les coins de la bouche s'ouvrent, le milieu demeurant fermé. Dans la jalousie, les sourcils se froncent, le milieu de la bouche se relève, les yeux se tournent en dessous, les joues se contractent.

Telles sont à-peu-près les différences des passions entre elles et les diverses expressions des physionomies ; mais chaque individu a son caractère particulier. Ainsi les caractères des passions diffèrent de l'enfant au vieillard, de l'homme à la femme, &c. Les tempéramens, ainsi que les climats, influent aussi sur toutes ces affections, de sorte que chaque chose est modifiée par toutes les autres. La tâche du physionomiste est donc immense, et son art difficile ; mais il y a des principes assez fixes qu'on peut reconnoître en tous lieux et en tous temps. Nous avons exposé ceux qui nous paroissoient les plus sûrs et que nous avons reconnus souvent. L'observation est ici plus certaine que tous les préceptes, et il faut avoir un tact fin et aussi exercé que celui des peintres, pour bien saisir toutes les nuances des caractères. L'étude du dessin est nécessaire à quiconque veut apprendre à distinguer les physionomies. *Cherchez* le mot Homme. (V.)

VISCACHAS. *Voyez* Viscaque. (S.)

VISCACHÈRES; ce sont, dans l'Amérique espagnole, les terriers que les *viscaques* creusent et habitent en commun. *Voy.* Viscaque. (S.)

VISCAQUE (*Lepus viscaccia* Molina et Gmelin.), quadrupède que les deux naturalistes que je viens de citer, ainsi que quelques voyageurs, ont présenté comme une espèce dans le genre du Lièvre, mais qui paroît avoir plus de rapport avec les Martes. (*Voyez* ces deux mots.) L'auteur de l'*Histoire naturelle des Quadrupèdes du Paraguay*, pense que le *viscaque* est une *marmote*; mais cette opinion n'est pas plus fondée que celle du traducteur du même ouvrage, qui a vu l'*akou hi* dans le *viscaque* de M. d'Azara. *Viscachas* est le nom qu'il porte au Pérou.

Cet animal est plus grand que le *lapin* et que l'*agouti*; l'ensemble de sa conformation lui donne, au premier aspect, quelque ressemblance avec le *lièvre*; mais on apperçoit bientôt des dissemblances qui l'en éloignent, dont la plus saillante est une queue très longue et très-garnie de poil touffu, long et rude. Nous n'avions que des notions peu exactes sur le *viscaque* avant M. d'Azara, et la description qu'il en a faite me guidera dans celle que je vais donner.

Le mâle adulte de cette espèce mesuré par le naturaliste espagnol, avoit trente pouces de long, et sa queue seule huit pouces deux lignes. Il avoit la tête grosse, applatie en dessus, et si soufflée que la mâchoire passoit de neuf lignes au-delà de l'œil; le museau très-obtus et velu; la bouche et les dents semblables à celles du *cabiai*; le cou très-court et le corps démesurément gros. Les pieds antérieurs sont divisés en quatre doigts, munis d'ongles épais, aigus et propres à creuser la terre; sous la plante est une callosité très-dure, sur laquelle l'animal s'appuie en marchant, et non sur les doigts. Il n'y a que trois doigts aux pieds de derrière; celui du milieu est beaucoup plus long que les deux autres, et son ongle est pyramidal, droit et aigu; au côté interne du doigt du milieu est une glande considérable, garnie de soies plus grosses et plus fortes que celles du *cochon*; elles servent à soutenir l'animal comme si elles étoient de petits ongles. Il appuìe ses pieds de derrière depuis la pointe de l'ongle jusqu'au talon. Son poil est aussi long et aussi doux que celui du *lièvre*; les côtés de sa tête sont garnis de soies nombreuses et rudes; le nez est d'un brun noirâtre, et la tête, sur les côtés, d'un noir foncé, à l'exception d'une ligne blanchâtre et large qui prend à la pointe du museau et se prolonge jusque derrière l'œil; le bord supérieur de cette bandelette est d'une nuance sombre et traverse l'œil; toute la partie inférieure est blanche, et le reste du pelage est un mélange de brun et de blanchâtre, parce qu'il est formé de deux sortes de poils, les uns blanchâtres en entier, et les autres plus longs et noirs, avec du blanchâtre à leur racine; ceux de la queue sont courts et bruns vers la partie supérieure, sur un espace d'un pouce et demi, ainsi que sur les côtés; ils sont plus longs et d'une nuance plus foncée en dessous, de sorte que ceux du dessus étant toujours relevés, la queue paroît comprimée sur les côtés. La femelle a les teintes plus claires que celles du mâle.

Les *viscaques* se trouvent au Brésil, au Chili, &c. Il n'y en a point au Paraguay; ils se creusent des terriers en commun, qui ont un nombre infini de conduits, et occupent un espace circulaire dont le diamètre est quelquefois de cinquante pieds, et la surface percée d'autant d'ouvertures. L'abbé Molina dit que ces terriers ont deux étages, qui communiquent par un escalier à vis, et que le premier étage sert aux *viscaques* de magasin pour leurs provisions, et l'autre pour s'y coucher. (*Hist. nat. du Chili.*) Ils ne sortent de leurs demeures souterraines que pendant la nuit, et ils apportent près des galeries qui y conduisent, tout ce qu'ils rencontrent dans leurs courses nocturnes, des os, de petits morceaux de bois, des fientes desséchées, et même les hardes perdues par quelques voyageurs. Cette habitude singulière tient à l'instinct qui porte ces animaux à amasser des provisions, dont ils font le choix lorsqu'ils les ont rassemblées à portée de leur domicile; ces provisions consistent en végétaux de plusieurs espèces. M. d'Azara raconte que les *viscaques* sont si propres, que pour les mettre en fuite, il suffit de faire ses ordures à côté de leur terrier.

Ils ont beaucoup de vivacité; ils n'avancent point par sauts comme le *lièvre* et le *lapin*, et courent moins vite qu'eux. Quand ils veulent éviter quelque danger, ils se réfugient bien vite dans leurs trous; ils s'y retirent même lorsqu'ils sont blessés, et pour peu qu'ils puissent se traîner, ils vont mourir au fond de leurs galeries. On les tire, pour l'ordinaire, à l'affût; si l'on veut les faire sortir de leurs retraites, on cherche à y introduire de l'eau , et lorsqu'ils sortent on les tue à coups de bâton. Leur chair est blanche et tendre, mais non de bon goût ; elle a plutôt une saveur désagréable , suivant Don Ulloa, et en certains temps on ne peut la manger. (*Mémoires sur l'Amérique*.) Molina assure , au contraire , qu'on la préfère en Amérique à celle du *lièvre* et du *lapin;* mais M. d'Azara semble mettre d'accord ces deux écrivains, en assurant que l'on ne fait pas de cas de la chair des *viscaques* , mais que néanmoins celle des jeunes est fort bonne.

Les anciens Péruviens fabriquoient des étoffes avec le poil des *viscaques* , et les habitans du Chili s'en servent encore pour faire des chapeaux. La fourrure que fournit sa peau pourroit devenir plus utile si elle ne perdoit son poil peu de temps après la mort de l'animal, elle est, en effet, plus fine et plus moelleuse que celle du *lapin ,* et , sans cet inconvénient , elle seroit très-propre à divers usages. (S.)

VISCÈRES, *Viscera* , Ἔντερα. Ce sont les organes contenus principalement dans le bas-ventre , auxquels on applique ce nom. Ainsi le *foie* , la *rate* , le *pancréas* , l'*épiploon* , le *mésentère* sont des *viscères.* Les auteurs entendent même quelquefois par ce mot les *poumons* , la *matrice* , et en général toutes les parties contenues dans les cavités de la poitrine, du bas-ventre et du bassin. Quelques-uns ont encore regardé le *cerveau* comme un *viscère.* Les entrailles désignent plus particulièrement les organes du *bas-ventre* , les *intestins* et l'*estomac.*

A considérer le système viscéral proprement dit, c'est-à-dire l'appareil des organes destinés à la nutrition , il présente des caractères différens des autres parties du corps. Aucun de ses organes n'affecte une forme , soit double, soit symétrique, comme les membres, les muscles, les os, le cerveau, les sens , les parties sexuelles , &c. En effet, l'*estomac* et les *intestins* , le *mésentère* , le *foie* , la *rate* , le *pancréas* , l'*épiploon* même, n'ont jamais une figure symétrique; les plexus nerveux, les diverses ramifications du nerf grand - sympathique ou intercostal ne sont jamais d'une forme régulière comme la distribution des nerfs de la moelle épinière et du cerveau.

En outre , le système viscéral étant uniquement destiné aux fonctions nutritives , devient ainsi le plus important et le plus essentiel pour l'existence des animaux ; car quoique dans les espèces les plus simples, il manque plusieurs de leurs *viscères* , tels que la *rate* , le *foie* , le *pancréas* , l'*épiploon* chez les insectes, les *vers* , les *polypes* , &c. néanmoins les autres organes subsistent constamment. Au contraire, les organes extérieurs et même les *poumons*, le *cerveau*, le *cœur* ne paroissent pas aussi nécessaires à l'existence de tous les animaux, puisqu'il y a une multitude d'espèces auxquelles la nature n'en a point donné. La nutrition étant le premier besoin de tout ce qui est animé, il étoit indispensable que chaque être fût pourvu des organes propres à l'opérer.

Les animaux les plus simples n'ayant presque point d'autres organes que ceux de la nutrition, ne vivent en effet que pour manger ; leur unique occupation sur la terre est de digérer et engendrer, et *fruges consumere nati*, sans doute afin d'offrir à leur tour un aliment aux espèces plus parfaites. Bornés aux simples opérations d'une existence brute et matérielle, ce ne sont que des estomacs vivans. Aussi leur vie est-elle plus tenace et plus susceptible de multiplication que celle des animaux dont les organes extérieurs ont reçu une grande extension.

L'homme, les quadrupèdes, les oiseaux, ayant en effet beaucoup d'autres parties que celles destinées à la nutrition, jouissent aussi de facultés bien plus développées ; ils dissipent leur vie au-dehors, et partageant leur existence entre cette manière de vivre matérielle, qui constitue la brute, et ces facultés de sentir, d'agir et de connoître qui s'exercent par les organes extérieurs, ils sont en quelque sorte formés d'une double nature. Il y a en eux, l'animal intérieur ou la brute, qui n'a d'autre fonction que celle de digérer et de réparer les forces, et l'animal extérieur qui sent, qui se meut, qui connoît. Plus l'animal extérieur a de force et de prépondérance, plus l'animal intérieur est affoibli et inactif ; aussi l'homme est de tous les êtres celui dont les *viscères* sont les plus délicats et l'organisation interne la plus foible, parce qu'il fait plus d'usage de ses organes extérieurs qu'aucun des animaux ; de sorte que ce n'est pas merveille s'il est sujet à plus de maladies qu'eux ; c'est absolument le contraire dans les animaux, à mesure que, s'éloignant davantage de la perfection des organes de l'homme, ils laissent prendre plus d'ascendant à la bête intérieure, c'est-à-dire au système viscéral ou nutritif. De-là vient que dans l'enfance celui-ci a plus d'action, tandis que dans l'âge plus avancé il perd de sa puissance à mesure que les facultés et les organes externes se développent. La mélancolie, les grandes occupations, les peines d'esprit affoiblissent extrêmement les *viscères*, parce qu'elles accumulent les forces vitales dans les parties extérieures et le cerveau. C'est pour cela que les poètes ont feint que Prométhée, ayant dérobé le feu du ciel, avoit été enchaîné sur le Caucase , et un *vautour* déchiroit sans cesse son foie.

> Immortale jecur tundens , fecundaque pœnis
> Viscera.

En effet , la mélancolie hypocondriaque , dans laquelle les *viscères* du bas-ventre et le foie sont principalement attaqués, est la maladie ordinaire des hommes de génie et des grands philosophes , qui tentent de dérober la lumière céleste.

Les *viscères* sont encore le siége principal des passions ; c'est vers le *cardia* que se font sentir toutes les émotions de l'ame ; c'est du ventre que sortent tous nos vices ; ce sont enfin nos *viscères* qui déterminent principalement nos caractères et nos humeurs. *Voyez* les mots RATE et ANIMAL, HOMME , VIE, &c. (V.)

VISELA. C'est , dans Agricola , le nom latin de la BE-LETTE. *Voyez* ce mot. (S.)

VISEN. C'est ainsi que les anciens Germains nommoient le BISON. *Voyez* ce mot. (S.)

VISENIE , *Wisenia,* genre de plantes de la pentandrie pentagynie , introduit par Houttuyn. Il ne diffère pas des MÉLOCHIES. *Voy.* ce mot. (B.)

VISMIE , *Vismia,* genre de plantes établi par Vandeli et confirmé par Ruiz et Pavon. Il est de la polyadelphie polyandrie , et offre pour caractère un calice divisé en cinq parties lancéolées , concaves , membraneuses en leurs bords ; une corolle de cinq pétales presqu'ovales , très-hé-rissés en dedans et ponctués en dehors ; cinq glandes oblon-gues , entourant le germe et hérissées ; plusieurs étamines à base hérissée , réunies en cinq paquets insérés sur l'onglet des pétales ; un ovaire ovale , à cinq angles, à cinq styles, dont le stigmate est pelté et ombiliqué ; une baie ovale , pen-tagone , couronnée par le style, et à cinq loges contenant plusieurs semences oblongues.

Ce genre se rapproche infiniment des *millepertuis ,* et on doit y réunir les espèces de ce genre qui ont le fruit mou , et qui laissent fluer un suc rouge. (*Voyez* au mot MILLEPER-TUIS.) Ses caractères sont figurés pl. 22 du *Genera* de la *Flore du Pérou.* Il contient deux arbres propres à ce pays. (B.)

VISNAGE , nom spécifique d'une espèce d'AMMI (*Voyez* ce mot.), avec les rayons de laquelle les Turcs, les Arabes et les Espagnols se nettoient les dents. Ces rayons sont beaucoup plus propres à cet objet que les curedents de plumes , et du plus communiquent à la bouche une odeur agréable ; mais il faut nécessairement en user plusieurs après chaque repas.

(B.)

VISON (*Mustela vison* Linn., fig. dans l'*Hist. nat. des Quadrupèdes de Buffon.*), quadrupède du genre des MARTES, sous-ordre des CARNIVORES, ordre des CARNASSIERS. *Voy.* ces trois mots.

Erxleben ne sépare point le *vison* du *pékan*, qui est néanmoins une espèce distincte, mais du même genre. (*Voyez* PEKAN.) M. d'Azara est tombé dans une erreur plus grave, en rapportant le *vison* à ses *furets*, c'est-à-dire au *grison* et à la *galera*, qui sont d'un genre différent ; en cette occasion comme en beaucoup d'autres, l'auteur espagnol fait de vains efforts pour démontrer des méprises dans les écrits de Buffon, tandis qu'elles sont évidemment de son côté. *Voyez* l'*Histoire naturelle des Quadrupèdes du Paraguay* et les mots GRISON et GALERA.

Le *vison* ne pouvoit être connu de M. d'Azara, puisque c'est un animal de l'Amérique septentrionale. Il a les mêmes proportions que la *fouine*, et le même poil, mais plus lustré et plus soyeux. A l'exception d'une tache blanche au bout de la lèvre inférieure, il est tout brun ; sa peau donne une belle fourrure, dont les Canadiens font grand cas, et qui est estimée dans le commerce de la pelleterie. (S.)

VISQUEUX, nom spécifique d'une COÉCILE. *Voyez* ce mot. (B.)

VITET. Lamarck, dans sa *Flore française*, appelle ainsi le GATILIER. *Voyez* ce mot. (B.)

VITHERINGE, *Witheringia*, plante à tige rouge, anguleuse, velue, à feuilles alternes, pétiolées, ovales, oblongues, très-entières, velues et à fleurs jaunes, disposées en ombelles terminales ou axillaires, presque sessiles, qui forme un genre dans la tétrandrie monogynie.

Ce genre, qui est figuré pl. 82 des *Illustrations* de Lamarck, a été établi par l'Héritier, tab. 1 de son *Sertum anglicum*. Il offre pour caractère un calice très-petit, à cinq dents ; une corolle presque campanulée, à tube muni de quatre bosses et à limbe à quatre divisions ; quatre étamines ; un ovaire supérieur surmonté d'un style simple.

Le fruit est à deux loges.

Le *vitheringe* croît dans l'Amérique méridionale, et s'élève à environ un pied. (B.)

VITIFLORA, nom latin du MOTTEUX. *Voyez* ce mot.

(S.)

VITMANE, *Vitmania*, nom d'un genre de plantes établi

par Tuna aux dépens des NICTAGES. Il renferme le *nictage visqueux* de Cavanilles, qui offre en effet quelques caractères qui lui sont particuliers. L'Héritier en avoit aussi fait un genre sous le nom d'OXYBAPHE. *Voyez* ce mot.

Vahl a donné le même nom à un genre de l'octandrie monogynie, le même qui avoit été nommé *samandera* ou *samandiné* par Gærtner, et qui offre pour caractère un calice à cinq divisions; une corolle de quatre pétales; huit étamines, avec une écaille à leur base; un ovaire supérieur.

Le fruit est une noix semi-lunaire, comprimée et monosperme.

Ce genre ne contient qu'une espèce, qui est un arbre de l'Inde, à feuilles alternes, pétiolées, elliptiques, très-entières, veinées, glabres, et à fleurs disposées en ombelles terminales ou axillaires. (B.)

VITRE CHINOISE. C'est la *placune* que les Chinois employent, en effet, après l'avoir diminuée d'épaisseur, en guise de carreau de vitre. *Voyez* au mot PLACUNE. (B.)

VITREC, nom ancien du MOTTEUX. *Voyez* ce mot. (VIEILL.)

VITREC AU MENTON BLEU. C'est, dans Salerne, la FAUVETTE GRISE. *Voyez* ce mot. (VIEILL.)

VITRINE, *Vitrina*, genre de coquilles de la division des UNIVALVES, établi par Draparnaud, pour placer une espèce dont Geoffroy avoit mal-à-propos fait une *hélice* sous le nom de *transparente*.

Ce genre offre pour caractère un animal à tentacules inférieurs très-courts, et à cou recouvert par le manteau; une coquille courte, applatie, à ouverture grande, semi-lunaire; et à bord columellaire très-échancré.

La *vitrine transparente* est mince et fragile, a le port des *nautiles* et la spire composée de trois tours, dont l'extérieur est très-grand. On la trouve dans les lieux humides, sur le bord des étangs, mais jamais dans l'eau. Son animal est blanchâtre ou grisâtre, et si gros, qu'il ne peut pas être contenu en entier. Il a un manteau qui recouvre le col, et du côté droit duquel part postérieurement dans sa concavité un appendice alongé en forme de spatule, qui s'applique en dehors sur la coquille, qu'il sert à nettoyer ou à polir. (B.)

VITRIOL, nom vulgaire des *sulfates* métalliques : ce sont des substances salines, formées par la combinaison d'un métal avec l'acide sulfurique.

L'art peut opérer cette combinaison avec la plupart des

métaux ; mais jusqu'ici l'on n'a trouvé dans la nature que quatre métaux combinés avec cet acide ; savoir : le *fer*, le *cuivre*, le *zinc* et le *plomb*.

Les sulfates de *fer* et de *cuivre* se rencontrent fréquemment : celui de *zinc* n'est pas commun ; celui de *plomb* est très-rare.

Quelques auteurs ont aussi donné le nom de *vitriol* aux *sulfates terreux* et *alcalins*. Voyez l'article SULFATE.

VITRIOL BLANC, *couperose blanche*, *vitriol de Goslar* ou *vitriol de zinc*. Voyez SULFATE DE ZINC.

VITRIOL BLEU, *vitriol de Chypre*, *vitriol de cuivre*, *couperose bleue*. Voyez SULFATE DE CUIVRE.

VITRIOL DE CHYPRE. *Voyez* SULFATE DE CUIVRE.

VITRIOL DE CUIVRE. *Voyez* SULFATE DE CUIVRE.

VITRIOL DE FER, *vitriol martial*, *vitriol vert*, *couperose verte*. Voyez SULFATE DE FER.

VITRIOL DE GOSLAR. *Voyez* SULFATE DE ZINC.

VITRIOL MARTIAL. *Voyez* SULFATE DE FER.

VITRIOL DE PLOMB. *Voyez* SULFATE DE PLOMB.

VITRIOL VERT. *Voyez* SULFATE DE FER.

VITRIOL DE ZINC. *Voyez* SULFATE DE ZINC. (PAT.)

VITRIOLE. On donne ce nom à la PARIÉTAIRE dans quelques cantons. *Voyez* ce mot. (B.)

VITRIOLISATION, opération par laquelle les *sulfures métalliques* passent à l'état de *sulfates*, par la décomposition de la pyrite. On accélère cette décomposition en exposant les pyrites à l'air et en les arrosant de temps en temps pour les faire effleurir, après les avoir concassées.

L'oxigène de l'air se combine avec le soufre de la pyrite, et le convertit en acide sulfurique qui s'unit à l'eau, et qui dissout le métal ; il forme par-là une matière saline, connue sous le nom vulgaire de *vitriol*, qu'on obtient en faisant évaporer l'eau surabondante, et en faisant cristalliser le résidu. *Voyez* au mot FER, l'article concernant les *sulfures de fer*.

Quand la pyrite est dure et difficile à décomposer, on doit d'abord la calciner pour en opérer plus promptement la *vitriolisation*. (PAT.)

VITRIOLO. C'est ainsi que le *martin-pêcheur* se nomme sur les bords du lac Majeur. (S.)

VITSÈNE, *Witsenia*, plante à tige applatie, couverte par la gaîne des feuilles, à feuilles ensiformes, alternes, rapprochées, striées, aiguës, les supérieures plus longues que la tige, à fleurs noires portées, deux par deux, sur des épis composés de plusieurs petits épis alternes et imbriqués de petits spathes scarieux, lancéolés.

Cette plante, qui est figurée pl. 30 des *Illustrations de Lamarck*, forme, dans la triandrie monogynie et dans la famille des Iridées, un genre qui a pour caractère une corolle monopétale, cylindrique, divisée en six parties; trois étamines; un ovaire supérieur à style simple et à stigmate trifide.

Le fruit est une capsule.

La *vitsène* se trouve au Cap de Bonne-Espérance, où elle a été découverte par Thunberg. (B.)

VITTARIE, *Wittaria*, genre de plantes cryptogames établi par Smith dans la famille des Fougères. Ses caractères consistent à avoir la fructification disposée en lignes continues au bord de la feuille, et chaque follicule composée de deux tégumens, l'un s'ouvrant de dehors en dedans, et l'autre de dedans en dehors.

Ce genre renferme plusieurs espèces de *pterides*, autre genre de Linnæus, dont il diffère fort peu. *Voyez* au mot Ptéride.

Michaux en a rapporté une nouvelle de la Géorgie d'Amérique, dont les feuilles sont simples, linéaires et très-longues. Il l'appelle la Vittarie angustifrons. (B.)

VITULUS, le *veau* en latin. (S.)

VIVANOFRANC. On nomme ainsi, dans quelques ports de mer, un poisson du genre Spare, dont il est difficile de fixer l'espèce d'après les incomplètes descriptions qui en ont été publiées. *Voyez* ce mot. (B.)

VIVE, nom spécifique d'un poisson du genre Trachine. *Voyez* ce mot. (B.)

VIVELLE. On donne ce nom à la *scie* dans quelques ports de mer. *Voyez* au mot Scie. (B.)

VIVÈRE. C'est la même chose que la *vive*. Voyez au mot Trachine. (B.)

VIVERRA, ce mot latin est, à proprement parler, le nom du *furet*; mais quelques méthodistes modernes en ont détourné le sens pour l'appliquer à la *civette*. (S.)

VIVIER. On appelle ainsi un réservoir d'eau ou un très-petit étang, attenant à l'habitation, et dans lequel on conserve les poissons pris dans les rivières ou les étangs, afin de les trouver au besoin, soit pour la consommation du propriétaire, soit pour la vente aux époques où la pêche est moins fructueuse, et où le poisson est, par conséquent, plus cher.

On n'est pas toujours le maître de choisir l'emplacement de son *vivier*; mais il faut cependant faire en sorte qu'il soit alimenté par une source ou par un ruisseau, car les eaux stagnantes détériorent la qualité du poisson. On doit aussi faire attention que les eaux n'en soient pas séléniteuses, circonstances qui pourroient le faire mourir. Il est encore bon qu'on puisse facilement le vider, soit pour le nettoyer tous les ans, soit pour prendre tout le poisson qu'il contient.

Comme les *viviers* contiennent ordinairement plus de poissons que ne comporte leur étendue, il est indispensable de pourvoir à leur nourriture, sur-tout au printemps et en été. En conséquence, on jettera dans ceux où sont des *carpes* et autres poissons du genre *cyprin*, des *anguilles*, &c. les restes de la table, de l'*orge*, des *fèves*, des *pois* bouillis, les fruits gâtés, &c. et ce aussi fréquemment que faire se pourra, car plus les poissons auront une nourriture abondante, et plus ils grossiront et engraisseront. Dans ceux où on a mis des *brochets*, des *perches*, des *truites* et autres espèces voraces, on jettera des petits poissons, des *grenouilles*, et sur-tout leurs têtards, qu'on peut se procurer pendant tout l'été en si grande abondance dans certains pays, qu'il est étonnant qu'on n'en fasse pas plus fréquemment usage; les tripes de volailles, les pièces de basse boucherie hachées menu, &c. ne doivent pas non plus être négligées. *Voyez* au mot Étang.

On fait aussi des *viviers* sur le bord de la mer, mais alors ils sont toujours d'eau stagnante, ou mieux, d'eau qui ne se renouvelle qu'aux grandes marées.

Il paroît que les Romains, à l'époque de leur grand luxe, avoient poussé celui des *viviers* d'eau-douce et d'eau salée à un bien plus haut degré que nous. L'histoire rapporte qu'ils nourrissoient beaucoup d'espèces de poissons de mer, dans les uns et dans les autres, pour améliorer leur chair, pratique qui est actuellement totalement négligée, quoique l'on sache généralement que les poissons de mer qui remontent les rivières, acquièrent de la délicatesse pendant leurs voyages.

L'intérêt de tous les propriétaires d'étangs, de tous les pêcheurs de grandes rivières, demande l'augmentation du nombre des *viviers*, et on est persuadé que le commerce du poisson prendroit un grand accroissement, si l'usage en devenoit plus général. La dépense d'établissement est, en général, si peu considérable, qu'elle ne peut pas être regardée comme une des causes de leur rareté. On doit croire que l'habitude qu'ont pris les propriétaires fonciers de passer une partie de l'année dans les villes, est le principal motif qui en a fait diminuer le nombre, et, en effet, un *vivier* qui n'est pas continuellement surveillé, est plus à charge qu'à profit, parce qu'il est très-aisé d'y voler le poisson. (L.)

VIVIPARE. On donne ce nom aux animaux qui mettent bas des petits vivans, par opposition à ceux qui pondent des œufs. *Voyez* OVIPARE.

Mais il y a deux sortes de *vivipares*, les *vrais* et les *faux*. Les premiers alaitent leurs petits, les derniers n'ont point de mamelles, et prennent peu de soin de leur progéniture. On nomme *mammifères*, c'est-à-dire *porte-mamelles*, les quadrupèdes *vivipares*, les autres sont des *ovipares*, dans le sein desquels les œufs éclosent.

Il y a peu de différences entre les *vivipares* et les *ovipares*, car tous les animaux (excepté ceux qui se reproduisent de bouture, comme certains *vers* et des *zoophytes*) sortent originairement d'un œuf. Nous avons vu à l'article OVAIRE que les *mammifères*, les *oiseaux*, les *reptiles*, les *poissons*, les *mollusques nus*, les *testacés*, les *crustacés*, les *insectes* et la plupart des *vers*, étoient pourvus de cet organe. On en observe même dans les *oursins* et les *étoiles de mer*. Tous ces animaux ont donc des œufs.

Dans les *mammifères*, c'est-à-dire chez tous les animaux pourvus de mamelles, comme l'homme, les quadrupèdes *vivipares* et les *cétacés*, l'œuf fécondé sort de l'ovaire, entre dans la matrice par les trompes de l'allope; s'attache à son fond par le placenta, dans lequel les vaisseaux de la matrice viennent déposer le sang et les humeurs nourricières du jeune embryon. Il s'établit ainsi un commerce de vie entre la mère et le fœtus; celui-ci n'est pas isolé, il reçoit sa nourriture journalière du sein maternel; il ne peut pas s'accroître par ses propres forces, et ne jouit guère que d'une vie empruntée. Enfin, lorsqu'il a suffisamment acquis de vie pour exister par lui-même, il se détache et sort du sein de sa mère. Cependant il a encore besoin d'un aliment approprié à sa nature; il réclame la mamelle maternelle, et se nourrit de son lait.

Dans les *faux vivipares*, au contraire, l'œuf entrant dans l'*oviductus*, qui tient lieu de matrice, y demeure isolé, libre; il y est couvé sans contracter d'union avec la mère, et ne sort que lorsque le fœtus s'est dégagé des membranes qui le renfermoient. Lorsque le jeune animal quitte le sein maternel, il est livré à lui-même; il n'est point alaité, puisque sa mère manque de mamelles; il cherche sa nourriture, et d'ordinaire il s'éloigne pour la vie de celle qui lui donna le jour.

Les *faux vivipares* sont la *vipère*, et en général les *serpens* venimeux, les *seps*, quelques autres *lézards* et les *salamandres*, parmi les *reptiles*. Chez les *poissons*, on compte les chiens *de mer* ou *squales*, quelques *raies*, le *cobitis anableps*, et les *perce-pierres* (*blennius*) *vivipares*. On remarque dans le *silure ascite* et plusieurs *aiguilles de mer* (*syngnathus*), que leurs œufs sont déposés dans une membrane du bas-ventre, et y demeurent jusqu'à ce qu'ils y éclosent, et que les embryons puissent en sortir. Parmi les *mollusques*, on a vu des *limaçons* produire des petits vivans, et les *limaces* portent dans leurs ovaires, près du cou, leurs fœtus tout formés, mais ils peuvent se renfermer dans une membrane, ce qui les fait ressembler à des œufs. (*Hist. de l'Acad. des Scienc.*, 1708, pag. 51.) Plusieurs espèces d'insectes pondent des larves, comme la *mouche vivipare*. On sait que les *mouches-araignées* ou *hippobosques*, mettent bas des fœtus qui ont déjà subi leur première métamorphose, et qui sont à l'état de *nymphes* ou de *chrysalides*. Les *cloportes* gardent leurs œufs dans leur abdomen jusqu'à ce qu'ils éclosent, et les femelles des *gallinsectes*, fixées sur une feuille ou une branche, servent de logement à leurs œufs, qui se développent et produisent d'autres *gallinsectes*. Les femelles des *pucerons* sont *vivipares* pendant l'été, mais elles pondent des œufs aux approches de l'hiver. Plusieurs vers mettent bas aussi des petits tout formés.

Comme il n'y a pas d'autres différences entre les *ovipares* et les *faux vivipares* que la sortie des petits de l'œuf, soit au-dedans, soit au-dehors du corps de leur mère, les *ovipares* peuvent être quelquefois *vivipares*, et les *faux vivipares* doivent pondre souvent des œufs. C'est ce qu'on observe fréquemment, car les *salamandres*, plusieurs *lézards*, les *raies*, les *pucerons*, et quelques *vers*, produisent presque indifféremment des œufs ou des petits vivans, suivant les circonstances. En effet, si les œufs restent long-temps dans l'*oviductus*, ils peuvent y éclore. On a cité des exemples de *poules* qui ont quelquefois mis bas des *poulets* au lieu d'œufs. (*Journal des Savans*, 1678, n° 23. Lanzoni, *Observ. méd.* 90. Lyser, *Obs.* 6.) Au reste, ce fait a besoin d'être confirmé; mais il est aisé de se convaincre qu'un animal *vivipare* peut en même temps produire des œufs et des petits, on peut, à cet effet, ouvrir une *salamandre* femelle au temps de son frai; cette observation remonte jusqu'à Pline (*Lib.* x, c. 68.). Aristote avoit vu la même chose dans la *vipère* (*De partib. animal.*, liv. VII, c. 1.), et de nos jours ces observations ont été mises hors de doute.

La plupart des poissons n'ont pas de véritable accouplement (*Voyez* l'article POISSONS), mais les espèces *vivipares* doivent nécessairement s'accoupler pour féconder les œufs qui ne pourroient pas éclore sans cette opération essentielle. Aussi les poissons cartilagineux , les *raies* , les *chiens de mer* et les autres *vivipares* , s'accouplent toujours. *Consultez* le mot Ovipare. (V.)

VIVIPARE. On donne ce nom à plusieurs poissons dont les petits éclosent dans le ventre de leur mère , entr'autres , à la *blennie ovovipare.* Voyez au mot Blennie. (**B.**)

VIVIPARE A BANDES , nom donné par Geoffroy à une coquille fluviatile , que Linnæus avoit placée parmi les Hélices , et que Draparnaud a mise dans son genre Cyclostome. *Voyez* ces deux mots. (B.)

VIZCHACA. *Voyez* Viscaque. (S.)

VLOO ou VLAOO ou VLA-AU (*vénerie*) , cri du chasseur lorsqu'il voit par corps une *bête* , et plus particulièrement une *bête noire.* Voyez l'article Vénerie. (S.)

VOADOUROU , nom madégasse du Ravénala. *Voyez* ce mot. (B.)

VOAFONTSI. *Voyez* Voadourou. (S.)

VOAMÈNES , nom madégasse des fruits du Condori. *Voyez* ce mot. (B.)

VOANG - SHIRA , le *vansire* dans l'île de Madagascar. (S.)

VOCHY , *Cucullaria* , grand arbre à tige quadrangulaire , à feuilles opposées , ovales , lisses , et accompagnées de bractées , à fleurs d'un jaune doré , disposées en grappes terminales , accompagnées de stipules squamiformes.

Cet arbre forme , dans la diandrie monogynie , un genre qui offre pour caractères un calice à quatre divisions , dont deux plus grandes ; une corolle de quatre pétales inégaux insérés au calice , dont le supérieur s'alonge en tube recourbé , et l'inférieur , plus grand , se courbe sur les deux latéraux ; un feuillet concave , terminé par une cavité où sont placées deux anthères sessiles ; un ovaire supérieur , sillonné , et surmonté d'un style recourbé , charnu , à stigmate obtus et applati.

Le fruit est une capsule à trois loges , qui contient un grand nombre de semences.

Le *vochy* a été trouvé par Aublet dans les forêts de la Guiane , et est figuré pl. 11 des *Illustrations* de Lamarck.
(B.)

VOCIFER (*Falco vocifer* Lath., fig. *Histoire naturelle des Oiseaux d'Afrique*, par Levaillant, n° 4.), espèce d'Aigle. (*Voyez* ce mot.) Ses proportions égalent celles de l'orfraie ; sa forme est élégante , et son plumage agréable ; l'euvergure a huit pieds, et les ailes pliées s'étendent jusqu'au bout de la queue, laquelle est arrondie à son extrémité : le haut des pieds est garni de plumes, mais seulement par-devant. Cet oiseau est remarquable par le blanc de sa tête, de son cou, de sa poitrine et de sa queue, qui tranche agréablement avec le brun rougeâtre du reste du corps. L'on apperçoit quelques taches d'un brun foncé sur la poitrine, et les plumes de la tête et du cou ont leur côté brun. Les pennes de l'aile sont noires, marbrées de blanc et de roux sur leurs barbes extérieures. Une peau nue, dans laquelle sont implantés quelques poils noirs, couvre l'espace entre le bec et l'œil ; sa couleur est jaunâtre, aussi bien que celle des pieds et de la membrane du bec ; l'iris est d'un rouge brun, et le bec bleuâtre. La femelle a moins de noir sur son plumage, et la couleur blanche moins pure. Le jeune porte du gris cendré au lieu de blanc, et ce n'est qu'à la troisième année qu'il prend entièrement sa livrée.

Cet *aigle* a la voix forte et sonore ; il pousse de grands cris en agitant fortement la tête et le cou, et il donne à sa voix diverses inflexions. Levaillant exprime le cri d'amour du *vocifer* par les syllabes *ca-hou-cou-cou*, prononcées lentement, la seconde dite quatre tons plus haut que la première, et les deux autres successivement d'un ton plus bas ; mais cet oiseau fait entendre en tout temps des clameurs continuelles, dont il remplit les déserts de la partie méridionale de l'Afrique. Les Hollandais de la colonie du Cap de Bonne-Espérance lui ont donné les noms de *grand pêcheur de poisson* et de *pêcheur de poisson blanc* ; ces dénominations ont rapport à sa manière de vivre. C'est, en effet, un patient et habile preneur de poisson, sur lequel il fond avec une rapidité inexprimable. Il se nourrit aussi de gros *lézards* et de *gazelles* ; mais il ne mange jamais d'oiseaux, dit Levaillant. Cette exception me paroît singulière dans un animal vorace, qui paroît s'accommoder de toute proie vivante.

De même que nos *aigles*, celui-ci place son aire à la cime des rochers ou des plus grands arbres. Ses œufs sont blancs, et plus gros, mais de la même forme que ceux de la *poule d'Inde*. Le voyageur à qui nous devons la connoissance de cette espèce criarde et sanguinaire, la représente comme un modèle d'amour, de fidélité et de tendresse conjugale ; mais l'on conçoit difficilement que des affections qui tiennent à une douce sensibilité, puissent être le partage d'êtres animés qui ne subsistent que par l'exercice habituel de la férocité et des massacres.

« On nous fit remarquer, raconte un ancien voyageur,

» quantité d'oiseaux en Nigritie , entr'autres, des *aigles* de
» deux sortes, dont l'une vit de proie de terre, et l'autre de
» poisson. Nous appelons celle-ci *nonette*, parce qu'elle a le
» plumage de couleur de l'habit d'une carmélite , avec son
» scapulaire blanc. Leur vue surpasse en clarté celle de
» l'homme ». (*Relation de la Nigritie*, par Gaby.) Buffon
avoit pensé que *l'aigle nonette* devoit se rapporter au *bal-
buzard*. Levaillant retrouve son *vocifer* dans cet oiseau de
Nigritie. L'une et l'autre conjecture ont le même degré de
probabilité , et il faudroit d'autres éclaircissemens que ceux
qui se trouvent dans la Relation de Gaby pour adopter l'une
plutôt que l'autre. On seroit même étonné que Levaillant , *le
seul des ornithologistes qui se sente la capacité de frayer à la
science une route nouvelle et sûre* , et d'éviter *les sentiers ténébreux tracés par des mains inhabiles et tant de fois rebattus* , se
soit détourné de la route qu'il s'est frayée, et qu'il parcourt
avec tant de succès , pour *rebattre le sentier* assurément très-
ténébreux de Gaby, si l'on ne savoit qu'il fait son occupation la plus importante de verser à pleines mains la critique la plus aigre sur les ouvrages de Buffon et de tous ceux
qui écrivent sur l'ornithologie , science qu'il regarde comme
son domaine exclusif. (S.)

VOGÈLE, *Vogelia*, genre de plantes à fleurs monopétalées, de la pentandrie monogynie, qui paroît avoir pour
caractère un calice de sept folioles en demi-cœur aigu, qui
se réunissent par leur grand côté, ou mieux un calice à sept
ailes; une corolle monopétale à cinq divisions obtuses,
échancrées et munies d'un mucron ; cinq étamines; un
ovaire supérieur, surmonté d'un style à cinq stigmates.

Le fruit est probablement une capsule.

La plante qui forme le type de ce genre a les feuilles
alternes, sessiles, en cœur, avec un mucron , et les fleurs
disposées en épi terminal.

Gmelin a donné le même nom à un genre établi n° 23 de
la *Flore de la Caroline*, de Walter, lequel a été appelé TRIP-
TERELLE par Michaux. *Voyez* ce mot. (B.)

VOHANG-SHIRA , nom du *vansire* dans la langue des
naturels de Madagascar. *Voyez* VANSIRE. (S.)

VOIE (*vénerie*), endroit par lequel va le gibier. (S.)

VOIE LACTÉE, lumière blanche, de forme irrégulière ,
et qui environne le ciel en forme de ceinture. C'est sa couleur qui lui a fait donner le nom de *voie lactée*.

Les observations faites à la faveur du télescope ont fait
découvrir, dans la *voie lactée*, un si grand nombre de

petites étoiles, qu'il est très-probable qu'elle n'est que la réunion de ces étoiles, qui nous paroissent assez rapprochées pour former une lumière continue. Diverses parties du ciel présentent aussi, à la faveur du télescope, de petites blancheurs qui paroissent être de la même nature que la *voie lactée*. Plusieurs d'entr'elles offrent également la réunion d'un grand nombre de petites étoiles ; d'autres ne paroissent que comme une lumière blanche et continue : cette continuité a probablement pour cause la grande distance de ces blancheurs, qui confond la lumière des étoiles qui concourent à la former. (Lab.)

VOILE. C'est la Velléle. *Voyez* ce mot. (B.)

VOILIER. On donne ce nom à l'*argonaute*, parce que la *sèche* qui l'habite vogue sur la surface des mers en faisant usage d'une membrane en forme de voile. *Voyez* au mot Argonaute. (B.)

VOILIER, nom donné par quelques navigateurs à l'Istiophore porte-glaive. *Voyez* ce mot. (B.)

VOIRANE, *Vouarana*, arbre à feuilles ailées avec impaire, à folioles alternes, ovales, terminées en pointe, entières, légèrement pétiolées, dont on ne connoît point les fleurs.

Ses fruits viennent en grappe à l'extrémité des rameaux. Ce sont des capsules à deux loges, qui s'ouvrent en deux valves, et contiennent deux graines semblables à des glands.

La *voirane* croît dans les forêts de la Guiane, et est figurée pl. 374 de l'ouvrage d'Aublet, sur les plantes de ce pays. (B.)

VOISIEU ou VOUSIEU, nom vulgaire du *lérot* en Bourgogne. *Voyez* Lérot. (S.)

VOIX ET CHANT. Quand on parcourt une campagne embellie de toutes les fleurs du printemps, ou chargée de tous les trésors de l'automne, si la *voix* de quelque quadrupède ou le *chant* d'un oiseau ne vient pas frapper notre oreille, la terre nous paroît attristée, et le cœur n'est pas attendri. Quelque parure éclatante que nous offre la terre, ce n'est qu'un vain appareil de magnificence pour les yeux, si l'oreille n'entend rien. Alors la nature nous semble morte, et son silence afflige l'ame ; mais c'est le frémissement de la forêt, le murmure de la fontaine caillouteuse, ce sont les cris du quadrupède, les accens amoureux de l'oiseau, la strideur de la *cigale*, qui animent les campagnes. La vue a bien moins de rapport avec le moral que l'ouïe ; par celle-ci, nous sympathisons avec tous les êtres vivans ; nous

croyons apprendre les malheurs de Philomèle et les amours
du quadrupède sauvage ; l'écho nous redit les soupirs du
bocage, et l'aquilon des hivers gémit entre les branches
desséchées des *chênes*. C'est donc le *bruit*, la *voix* ou le *chant*
qui fait sortir le monde du silence de la mort ; l'homme
n'est point indifférent à l'harmonie de tous les êtres qui
s'appellent, se parlent, se communiquent leurs affections,
et qui confient aux échos antiques de nos forêts leurs plaisirs
et leurs douleurs. Du milieu de ces vastes campagnes sort
une mélodie éternelle qui ravit l'ame ; la *voix* de la terre
s'élève au cœur humain, et le remplit de grandes pensées : la nature devient vivante ; elle parle, elle s'entretient avec nous des sublimes concerts de tous les êtres
créés.

Indépendamment des bruits que produisent les corps
inanimés, et dont nous ne parlerons pas ici, on rencontre
trois sortes de sons parmi les animaux vivans. La *voix* appartient à l'homme et aux animaux qui peuvent imiter son langage ; le *chant* est l'apanage des oiseaux, et les *cris* sont
particuliers aux mammifères (*quadrupèdes vivipares et cétacés*) et aux reptiles. Ces trois espèces de *voix* n'appartiennent qu'aux espèces pourvues de poumons, comme sont
l'*homme*, les *quadrupèdes vivipares*, les *cétacés*, les *oiseaux*,
les *quadrupèdes ovipares* et les *serpens*. Toutes les autres
familles d'animaux étant privées de poumons, n'ont aucune
voix à proprement parler ; ils rendent des *sons* ou des *bruits*
avec divers organes, soit par le froissement, soit par l'ex-
pulsion brusque d'un fluide de quelque cavité, soit par
quelque bourdonnement, murmure, ronflement ou grognement quelconque.

Ainsi, les poissons n'ont pas de *voix* ; mais quelques espèces
rendent, lorsqu'on les prend, un bruissement qui dépend
de la vivacité avec laquelle ils font sortir l'eau de leurs ouïes
ou branchies. Telle est l'espèce que Pline nomme *caper*
(*Hist. nat.*, l. XI, c. 5.) ; tel est le sifflement que Klein
attribue aux *anguilles*, le grognement du *scorpion marin* et
de quelques *tétrodons*. Aristote parle aussi d'une espèce de
ronflement des poissons qu'il désigne sous les noms d'*aper*,
lyra, *chromis*, *erica* et *cuculus*. A l'exception de quelques
poulpes qui produisent une sorte de ronflement, aucun
mollusque ne rend des sons, c'est une classe entièrement
muette. Mais un grand nombre d'insectes produisent des bruits
de diverses manières : les uns bourdonnent en volant,
comme les *frélons*, les *abeilles*, les *hannetons* et tous les
scarabées ; les autres froissent des membranes sèches qui

produisent la strideur qu'on observe dans les *grillons* et les *cigales*. (*Casserius*, tab. 21 , fig. 2 , Réaumur.) Quelques-uns, comme le *carabe canonnier* (*carabus crepitans*), lâchent une bordée d'explosions à l'approche de leurs ennemis. Chaque espèce d'insectes ailés bourdonne à sa manière, suivant la conformation de ses ailes et le frémissement qu'elles font éprouver à l'air. Le bourdonnement du *cousin*, par exemple, rend un son aigu qui obsède l'oreille et agace les dents comme le cri de la scie. Celui du *taon* déplaît autant à l'oreille du *cheval* que la piqûre de cet insecte. Le reste du règne animal est condamné à un silence éternel.

La *voix* n'a été accordée qu'aux animaux les plus parfaits et les plus capables d'en faire usage pour s'entre-communiquer leurs affections. Les espèces imparfaites, comme les *zoophytes*, les *vers*, les *mollusques*, n'ont rien à se dire entr'elles, car elles sont pour la plupart hermaphrodites ou androgynes. Chaque individu est isolé ; il est complet, il se suffit. Toutes ses affections convergent donc dans lui-même ; il n'a rien à exprimer au-dehors : que lui serviroit un bruit ou une *voix ?* Au contraire, les animaux dont les sexes sont séparés, ont besoin de se rechercher, de se reconnoître, de s'entendre pour concourir à la reproduction : aussi la plupart rendent-ils des bruits ou donnent-ils de la *voix*. Je suis même persuadé que tous les individus mâles ou femelles de chaque espèce ont un moyen de s'entendre mutuellement, tandis que les animaux à deux sexes réunis dans le même individu, en manquent entièrement.

Et ce rapport de l'existence des sons ou des bruits chez les animaux, avec la séparation des sexes, est confirmé par les correspondances immédiates entre les organes de la *voix* des animaux et ceux de leur génération.

Les animaux sans poumons ne rendent que des *bruits ;* les animaux à poumons produisent des *sons* ou des *voix*, et tout animal qui fait quelque bruit ou son, doit avoir le sens de l'ouïe ; car bien qu'on n'ait pas encore trouvé ce sens chez les insectes, quelle seroit l'utilité des bruits qu'ils produisent pour attirer leurs femelles ou faire fuir leurs ennemis, s'ils étoient sourds? Parmi les animaux à poumons, la perfection de l'oreille est en rapport avec celle de la *voix*, et nous voyons aussi que les hommes qui naissent sourds, demeurent muets par cette même raison.

On peut considérer la *voix* ou le son des animaux à poumons, comme produit par une sorte de jeu d'orgue. Le poumon est un soufflet ; la trachée-artère un tuyau d'orgue, dont l'ouverture ou *l'ame* est le larynx ou la glotte. Les animaux dont les poumons sont vastes, comme ceux des oiseaux, ont une *voix* plus forte que ceux qui les ont comprimés; aussi l'on chante ou l'on parle moins facilement lorsqu'on a beaucoup mangé. La force de la *voix* dépend beaucoup encore des cartilages de la trachée-artère; car les espèces chez lesquelles ce tuyau est composé d'anneaux entièrement cartilagineux et presque osseux, ont une *voix* très-haute et très-retentissante, comme dans le *lion*, le *paon*, les *oiseaux d'eau*, le *geai*, la *linotte*, &c. tandis que la trachée-artère du *hérisson*, du *casoar*, de quelques *reptiles*, étant molle et presque membraneuse, les sons qui en sortent sont grêles et sourds. Le larynx est une fente bordée des ligamens thyréo-aryténoïdiens; il est placé à l'extrémité supérieure de la trachée-artère, vers l'os hyoïde. La grande mobilité des organes de la glotte dépend de la multitude des muscles du larynx, qui modifient la *voix*. En effet, si l'on coupe dans un animal les nerfs récurrens ou ceux de la paire vague qui se rendent à ces organes, on le rend muet.

Les anatomistes ont deux manières d'expliquer la formation de la *voix* dans le larynx. Dodart a prétendu, d'après Galien, que la *voix* devenoit plus ou moins grave, selon que la fente de la glotte se resserroit ou s'ouvroit davantage. Il la comparoit au jeu d'une flûte. Au contraire, Ferrein a pensé que les ligamens aryténoïdiens qui bordent la glotte, pouvoient se tendre plus ou moins, et éprouver, par la sortie de l'air, des vibrations analogues à celles des cordes de violon. Il paroît que ce dernier sentiment est le plus probable, parce que les faits s'y rapportent assez bien. Il se peut toutefois que l'autre opinion ne soit pas entièrement dépourvue de fondement, et que toutes deux concourent à la production des sons; car le *butor*, le *taureau*, le *veau marin*, dont les *voix* sont fortes et graves, ont aussi la glotte large, ouverte, tandis que dans le sifflement, l'ouverture se rétrécit, et nous serrons même les lèvres en sifflant : il en est de même de la glotte des oiseaux lorsqu'ils chantent.

La conformation des organes de la *voix* diffère dans les oiseaux et les quadrupèdes. Les premiers n'ont point d'épiglotte comme les seconds, et leur glotte est cartilagineuse. (Cassérius, *Org. voc.*, p. 97; Fabricius, Aquapend., l. 1, c. 2, p. 85.) Les oiseaux ont un autre larynx à la base de la trachée-artère, dans le lieu où elle se divise en deux branches. La trachée-artère qui surmonte ce larynx inférieur est plus ou moins longue, suivant les espèces d'oiseaux. Dans le *cygne* sauvage, les *hoccos*, le genre des *hérons*, &c. elle se replie même sur la poitrine, indépendamment de la longueur du cou. Des espèces de *canards* ont en outre des renflemens dans leur trachée-artère. Ce sont des espèces de tambours cartilagineux, dans lesquels l'air résonne fortement. On trouve aussi une dilatation ou une cavité de l'os hyoïde chez les *singes* hurleurs, nommés *alouattes*; aussi leur *voix* est épouvantable. (*Voy.* ce que nous en disons à l'article ALOUATTE.) Cuvier. qui a fort bien décrit les organes vocaux des oiseaux, les compare au cor.

La *voix* des quadrupèdes vivipares varie suivant les familles. Les *orangs-outangs* rendent des sons sourds et étouffés, parce qu'ils ont près de leur larynx un sac membraneux, dans lequel l'air s'engouffre et assourdit entièrement leur *voix*. (Camper, *de Org. loq. sim.*, &c. p. 17.) On a donc eu tort de prétendre que ces animaux étoient moins habiles que les *perroquets*. Si l'orang-outang ne parle pas, c'est que la nature l'a empêché par la conformation qu'elle a donnée à ses organes; elle n'a pas voulu que la parole le rapprochât de l'espèce humaine. Les autres *singes* jettent des cris, soit d'amour, soit de crainte, soit de douleur, &c.; ce sont, en quelque sorte, des sifflemens ou des sons aigres et précipités: d'autres ont une espèce de grognement. Les *chauve-souris* poussent de petits cris fort perçans; les *ours* hurlent ou grognent, les *chats* miaulent, les *lions* rugissent, ainsi que les *tigres* et les *panthères*; les *chiens* et les *loups* aboient ou jappent, les *renards* glapissent, les *chacals* et les *hyènes* hurlent la nuit dans les déserts de l'Afrique. Tous les *rongeurs* jettent de petits cris aigus, mais rarement: les *aïs* ou *paresseux* exhalent leurs tristes plaintes sur un ton lamentable; les *cerfs* et les *rennes* brament d'une *voix* moins grêle que les *chevreuils* et les *daims*. La *voix* des *antilopes* ou *gazelles* tient de celle des *chèvres* et du bêlement des *brebis*; le mugissement du *taureau* prend un accent plus rude et plus sauvage dans le *buffle*, le *bison* et l'*aurochs*; la *vache de Tartarie à queue de cheval* (bos grunniens Linn.) a une *voix* grognante. On connoît le hennissement du *cheval*, le braiment de l'*âne* et le grognement du *cochon*. Le *rhinocéros* a un cri analogue, de même que l'*hippopotame*; celui de l'*éléphant* est plus sourd et plus grave (en latin *barritus*): c'est une sorte de beuglement. Les *veaux marins* jettent un cri analogue. Pline assure que les *dauphins*, les *marsouins* (l. IX, c. 8.) hurlent avec violence; Anderson l'affirme aussi pour les *baleines* (*Hist. d'Island.*, p. 198.), et Klein en dit autant du *narwhal* (*versuch einer gesellschaft von*

Dantzig, p. 113.). On sait, en effet, que tous les cétacés ont des poumons et respirent de l'air.

Mais c'est sur-tout dans la belle et nombreuse classe des oiseaux qu'on trouve les *chants* les plus variés, les concerts les plus doux, et les accords les plus parfaits que puisse nous offrir la simple nature. Non-seulement les oiseaux embellissent de leur ramage les bosquets du printemps, mais même un grand nombre d'espèces contrefont le langage de l'homme, et s'élèvent jusqu'auprès de lui par ce sublime attribut de la pensée. Personne n'ignore avec quelle facilité les *perroquets* copient la *voix* humaine. Leur langue épaisse et ronde, leur bec voûté et concave, leur glotte flexible, leur intelligence, leur caractère familier, les rapprochent de notre espèce, autant qu'il peut être permis à la race des oiseaux de nous approcher, et l'éclat de leur plumage les rend encore plus dignes de nous. La *pie*, le *geai*, la *corneille*, le *sansonnet*, le *merle*, peuvent aussi produire des sons semblables à la *voix* humaine dans toutes les langues, mais sur-tout dans celles qui sont ou sifflantes, comme l'anglaise, ou douces, comme l'italienne, la malaye et les langues des peuplades nègres. Kirker a vu une *alouette calandre* qui récitoit fort bien des litanies en latin ; Aldrovande assure qu'on peut apprendre à parler au *rossignol*. Léibnitz, Bradley et Fritsch font mention d'un *chien* qu'un jeune Allemand avoit instruit à répéter quelques mots. On a cru même reconnoître quelques vestiges de la *voix* humaine dans l'*autruche* (*Philos. trans.*, 1682.), le *crocodile* (Greaves, *Travels Œg.*, p. 525.) et des *poules* ; mais c'est aller trop loin. D'ailleurs, ce prétendu langage des oiseaux n'est qu'une copie de sons articulés sans intelligence ; c'est une imitation du physique qui ne suppose aucun esprit, aucun discernement. Si l'on habitue un animal à faire tel geste en prononçant tel mot, ces deux impressions s'associeront dans sa tête sans prouver son esprit. On tombe souvent dans deux excès contraires lorsqu'on examine l'intelligence des animaux ; les uns les rapprochent trop de l'homme, les autres les regardent comme des automates insensibles : le milieu entre ces opinions me paroît le sentiment le plus juste.

Outre les *chants* particuliers à chaque espèce d'oiseaux, les familles naturelles ont un mode général de *chant*. Par exemple, les *perroquets* parlent, les *oiseaux de proie* exhalent des cris lugubres, les *gallinacés* jettent des cris bruyans, les palmipèdes poussent des clameurs retentissantes, les *oiseaux de rivage* ont des clappemens plus ou moins sonores, les petits insectivores sifflent d'une *voix* douce et argentine, les *granivores* ont un accent plus sonore, plus précipité ; les oiseaux qui vivent de baies et de fruits sauvages (*Picæ.*) font éclater leurs chansons variées, dans lesquelles on observe de nombreux trilles ou coups de gosier. Mais s'il falloit examiner la *voix* de chacune de ces espèces, s'il nous falloit décrire les concerts nocturnes de Philomèle unis aux soupirs de la *frésaie*, si nous pouvions retracer les hymnes des Tyrtées des forêts, quelles lyres harmonieuses emprunterions - nous ? Les échos de la roche solitaire répètent ces concerts ; ils retentissent de la chanson matinale de *l'alouette*, de la joyeuse aubade du *merle*, de la *voix* imitatrice du *moqueur de la Virginie*, de *l'étourneau*, et de tous ces Orphées qui charment les beaux jours du printemps. Pour nous, assis sous un *chêne* antique, nous écouterons avec recueillement l'harmonie ravissante qui s'élève chaque aurore du sein de la terre pour monter au trône éternel de Dieu. La triste acclamation du *milan* dans les airs, les gémissemens de la tendre *tourterelle*, les fredons du *loriot* sur le *frêne*, la plainte funèbre de *l'oiseau nocturne*, les conversations de *l'hirondelle* avec ses petits, la gaie chanson du *roitelet*, la *voix* éclatante et mélancolique du *héron* au sein des marais, le babil de la *pie* et du *geai*, les intonations du *coucou*, le cor bruyant des *goëlands* au milieu des mers irritées et la clangueur glapissante des *plongeons*, tout nous représente la nature animée ; et si nous y joignons les hymnes de guerre, les cantiques d'amour, l'expression de la douleur, le bruit des combats, les plaintes des vaincus, les *chants* de triomphe mêlés aux grandes scènes de la nature, soit dans les plaines fertiles, sur les monts escarpés, dans les bois sombres, soit au sein des mers ou près des rives sablonneuses, tantôt dans les champs brûlans de la Torride, tantôt sur les rocs sauvages du Septentrion, quels spectacles ! quelles harmonies ! Tout s'unit, se rapproche ; tout soupire et chante dans la nature animée, comme la *voix* inconnue dans l'étendue des déserts (1).

Les *reptiles* ont aussi leur *voix*, qui est tantôt criarde, comme celle du *lézard tockaie*, ou sourde et soupirante, comme dans les *tortues*, grêle dans les *lézards*, bruyante dans le *crocodile* (Grew, *Cosmol.*, p. 25.), sifflante dans les *serpens*, coassante dans les *grenouilles*, dont quelques es-

____

(1) Kircher dit : *Hirundo fritinnit, Upupa pupizat, Turdus kichlizat, Perdix titibizat, Passer struthissat, Pica kittabizat, Anser gratitat, Sturnus pisitat, Regulus et Merops zinzibilant, Gallus cucurrit, Coccux cucutit*, &c.

pèces beuglent même avec un fracas effroyable (*Rana boans*), à l'aide des sacs membraneux de leur gosier. (Camper, *de Voc. org.*, &c.)

Barrington assure que plusieurs espèces d'oiseaux apprennent de leurs parens à chanter, et que leurs phrases musicales diffèrent entr'elles dans différens pays. Buffon a prétendu aussi que si nos oiseaux étoient moins éclatans par le plumage que ceux des Tropiques, ils avoient en revanche des accens bien plus mélodieux.

Chaque animal pourvu de poumons, a sa *voix* naturelle pour exprimer ses affections. L'homme aussi a le cri de la nature (Maloet, *Ergo Homini vox peculiaris.*), indépendamment du langage. On a même trouvé une sorte de langue entre des enfans solitaires, sans le secours d'aucun maître. (*Voyez* Valentin . *Dissert. epistol.*, IX, p. 165 et sq. ; Salmuth, *Obs.*, I. 2 ; *Obs. Med.*, 66.) Les enfans délaissés et devenus sauvages, n'ont pas de langage en propre, parce qu'ils sont seuls de leur espèce. S'ils se tiennent parmi les animaux, ils imitent leurs cris, comme ce jeune sauvage d'Hanovre qui bêloit de même que les *brebis*, ou ce Polonais qui grognoit comme les *ours*, parmi lesquels il fut trouvé, et comme ces enfans qui, élevés seuls par ordre d'un roi de Lydie, crioient *béc* ainsi que les *chèvres* qui les nourrissoient, suivant le rapport d'Hérodote, de Suidas et de Claudien. (*Eutrop.*, liv. 2.)

On a long-temps disputé sur le langage des bêtes ; quelques philosophes ont admis son existence, d'autres l'ont niée ; mais ils paroissent avoir envisagé cette question sous le même rapport que sous celui applicable à l'espèce humaine. L'homme seul peut communiquer avec ses semblables par la *parole articulée* ; les animaux n'ont entr'eux aucune parole articulée, mais seulement un langage d'action ; car un *perroquet*, une *pie* et tout autre animal imitateur de la langue humaine, n'est point compris dans ce langage par ses semblables. Le *perroquet* répète bien ce qu'on lui fait dire, mais sans en connoître la valeur, sans savoir l'appliquer à propos, sans se douter qu'il renferme un sens. Il n'a point la raison et le jugement ; il est à-peu-près comme une machine parlante ; et s'il entendoit le sens de ce qu'il prononce, il pourroit nous communiquer ses idées, il traduiroit les nôtres en son idiôme, et les siennes dans notre langue.

Mais il est évident, au contraire, que les bêtes ne comprennent point notre langage ; cependant, elles nous entendent ; elles devinent, non pas nos pensées, mais nos affections. De même elles ne se communiquent pas de pensées entre elles, mais bien leurs desirs, leurs besoins, leurs affections et les idées qui y sont essentiellement unies. Les animaux ont donc un langage, non articulé à la vérité, mais cependant très-expressif, très-compréhensible. L'homme qui ne peut parler a aussi son langage. Les muets de naissance peuvent se parler entr'eux par des signes qui ne sont pas convenus. La nature, c'est-à-dire les rapports nécessaires entre l'homme et ses besoins, lui donnent des gestes uniformes et invariables pour exprimer ses affections premières. Ainsi, dans la soif, tout le monde feroit le même signe, celui de boire, devant des étrangers dont on ne connoît point la langue.

L'animal ne comprend de même que les gestes et les accens. Si nous disions à un *chien* des paroles menaçantes du même ton que des paroles caressantes, il les prendroit pour ces dernieres. Il ne fait donc aucune attention aux paroles, qui sont pour lui un idiôme inconnu, mais à l'accent qui les accompagne, au geste qui les précède ou les suit. Aussi l'animal examine beaucoup la pantomime des passions; il étudie l'homme physique, parce qu'il se rapproche de lui par ce seul côté : il ne peut atteindre à l'homme intellectuel. Il devine assez bien sur la figure de son maître les sentimens qui l'animent; il comprend toujours son geste. C'est aussi par-là seulement que nous connoissons les bêtes; et la Genèse, qui dit que toute la terre n'avoit qu'une même lèvre au commencement du monde, veut faire entendre qu'il n'existoit alors que le seul langage d'action pour l'homme et pour les animaux.

Les *voix* des animaux sont donc plutôt le langage de leurs passions que l'expression de leur pensée. Ils se communiquent leurs idées par des gestes (le langage d'action), et témoignent leurs sentimens par des cris. Plus un animal est sensible, plus il donnera de *voix;* et les temps de la plus vive affection de la nature sont ceux des *chants* et des *cris* des animaux. Le *quadrupède* donne de la *voix* principalement dans la saison du rut : le *loup* hurle alors dans les ténèbres, le *lion* rugit, le fougueux *taureau* fait retentir les coteaux de ses longs mugissemens. L'époque de l'amour est aussi, pour les animaux, un temps de combats, de colère et de jalousie. C'est par ses cris que le mâle appelle sa femelle : c'est alors que ses organes vocaux entrent dans un état de vie et d'action. Ainsi, dans l'homme, la *voix* change à l'époque de la puberté, et lorsque la liqueur séminale commence à se sécréter dans les organes sexuels. Il y a une octave de différence entre le ton de *voix* d'un enfant et celui du pubère , parce que les cordes vocales ou les ligamens aryténoïdiens de la glotte prennent le double de grosseur. Les eunuques, privés dès l'enfance de leurs organes sexuels, conservent aussi une *voix* aiguë et claire comme les femmes; et en général , toutes les femelles des animaux ont la *voix* plus foible et plus aiguë que les mâles, parce qu'elles n'ont pas , comme eux , une vraie liqueur séminale. On remarque aussi que les individus chez lesquels le ton est le plus fort et le plus grave, la semence est plus abondante et les organes de génération sont plus actifs. Ainsi , la *voix* grande et haute est un signe de puissance en amour. Ne voyons-nous pas que chez les femmes qui passent l'âge critique, et chez les vieillards , la *voix* se casse, tremble et s'affoiblit ? C'est que les forces génératives se perdent. Les femmes publiques ont la *voix* ordinairement rauque , à cause de l'abus des plaisirs de l'amour ; et dans les maladies vénériennes qui attaquent les parties sexuelles , les symptômes se portent aussi à la glotte et au larynx, et s'y manifestent par des excoriations, des chancres, &c. ; tant est étroite la correspondance entre ces parties et les organes de génération. De même le *bœuf*, le *chapon* , perdent, par la castration , l'accent fort du *taureau* et du *coq*. Les anciens infibuloient leurs histrions dont ils vouloient conserver la *voix ;* c'étoit un anneau qu'ils passoient dans leur prépuce pour les empêcher de jouir, car la jouissance *châtre* pour ainsi dire la *voix*. C'est pour cela que les animaux deviennent presque muets après le temps du rut ; la *voix* semble leur avoir seulement été donnée pour exprimer leur amour. Cette vérité est bien évidente chez les oiseaux. Dans quels temps nos bocages sont-ils réjouis des accens de l'oiseau ? C'est à l'époque de la ponte, au temps de l'amour, lorsque les feuilles des arbres commencent à poindre, et que tous les germes de vie cherchent à s'épanouir à la lumière. Alors les organes sexuels des oiseaux se gonflent ; ils entrent dans un état d'activité ; et à la même époque, on a vu le larynx des mâles prendre du développement, se grossir, se perfectionner. (Cela est remarquable dans le *rossignol* mâle. Voyez *Englisch song birds* , p. 85.) La plupart des oiseaux mâles ont même, pour le *chant*, des organes particuliers dont les femelles sont privées ; ainsi la *sarcelle* mâle porte seule à ses bronches une sorte de labyrinthe qui renfle la *voix* de ce petit *canard*. (Albin , *Hist. of birds* , t. 1, n° 100.) Dans les insectes même , tels que les *cigales*, les *criquets* , les mâles sont seuls pourvus des parties avec lesquelles ils font du bruit. On n'entend jamais coasser les *grenouilles* mâles qu'au temps du frai. L'amour et le *chant* furent toujours frères dans la nature, et celui-ci ne survit jamais au premier. Qui croiroit que le même *rossignol*, dont les concerts charmoient naguère nos vergers et nos champs, n'ait plus, après la ponte, qu'un vilain cri presque semblable au coassement sourd du *crapaud ?* Aucune femelle d'oiseau n'a de *chant* comme le mâle ; elles sont presque toutes muettes, parce que leurs organes vocaux sont moins développés que ceux des mâles : ceux-ci perdent leur *voix* avec leur amour. Les *chants* de la jeunesse, les ramages de l'oiseau, les clameurs du quadrupède, les sifflemens du reptile, tout respire l'amour, tout le représente ; c'est l'ame qui s'exhale vers un être aimé ; c'est l'expression du desir, le cri de la volupté. La nature porte ainsi toutes ses affections vers la propagation des êtres. De même, la tendresse de la mère pour ses petits se témoigne par ses cris d'inquiétude ; c'est une suite de l'amour reproductif. C'est toujours l'être qui recherche, qui donne le plus de *voix ;* ainsi, la *chatte* exhale dans ses miaulemens douloureux l'excès de ses desirs, et contraint le mâle à la jouissance, tandis que les femelles des autres animaux sont muettes et pudiques, parce qu'elles cèdent aux mâles plus qu'elles ne les recherchent.

Le premier qui inventa la musique, ce fut l'amour. Le plaisir que nous trouvons dans les consonnances harmoniques, vient de l'image de cette harmonie secrette de deux cœurs amoureux, car ce sentiment se confond avec le principe de tous les beaux arts ; il allume le flambeau du génie, et se marie à toutes nos affections tendres et généreuses. La musique est l'expression du plaisir, et si elle peint la tristesse, c'est encore un sentiment doux et mélancolique dont l'attrait n'est pas moins délicieux pour les ames aimantes. La guerre est aussi dans l'amour, et ce même principe de concorde et d'amitié entre les sexes différens est encore la cause des jalousies et des inimitiés entre les sexes pareils. Quelles que soient donc les expressions des passions dans les animaux, toutes émanent primitivement de l'amour, qui donne la *voix* aux animaux et qui l'anime de ses accens. Si la musique a policé d'abord le genre humain, si la lyre d'Orphée amollissoit les *tigres* et attendrissoit les rochers, à qui doit-elle ces prodiges, si ce n'est à la plus douce affection qui puisse entrer dans le cœur de l'homme ? Quelle fut la première fondatrice de la société humaine, si ce n'est cette impulsion si vive et si puissante qui rassembla les sexes en familles, qui attacha la mère à l'enfant suspendu à sa mamelle, et fixa le sauvage sous un toit protecteur entre les bras d'une épouse bien aimée ? Alors naquirent les premières *voix* articulées ; l'accent seul de l'amour pouvoit-il rendre toutes les nuances de nos sentimens? Les besoins de l'enfance, la communication des premières pensées, la multiplication des besoins firent inventer les premières loix du langage; on se servit de l'onomatopée; on prit dans un sens moral des objets physiques: les tropes sont encore la langue familière de toutes les peuplades sauvages. Il falloit peindre à l'esprit pour se faire comprendre; il falloit donc montrer aux yeux et agir sur les sens. *Segnius irritant animos demissa per aurem, quam quœ sunt oculis subjecta fidelibus*, a dit Horace. On fit parler les corps; on donna une ame au *chêne* antique; le *saule* pleura près de la fontaine murmurante; la *violette* fut humble, et le *cèdre* orgueilleux; le *rocher* gémit de compassion aux accens de la douleur: alors la nature fut toute vivante, et la poésie devint le premier langage des hommes. C'est parmi les sauvages qu'il nous faut chercher maintenant la poésie et l'éloquence; nos langues devenues claires, exactes, géométriques, n'admettent plus ces manières de parler vives et surprenantes; nous n'avons plus besoin de l'illusion des sens pour comprendre les pensées d'autrui; nous procédons par la froide analyse; nous parlons plus exactement, il est vrai, mais nous perdons du côté de la force de l'expression et de la peinture des objets. Nos langues sont pour l'esprit, celles des sauvages sont pour le cœur et les sens; nous raisonnons, ils sentent. Comme ils manquent de termes abstraits, ils sont forcés de prendre des expressions toutes corporelles; ils transportent le physique dans le moral, ils prêtent leurs sentimens aux objets matériels. Plus un peuple est sauvage, plus il retient dans son langage des cris inarticulés, qui sont la langue primitive du genre humain; elle est toute en figures, en métaphores, en métonymies, en allégories et autres tropes familiers aux hommes sauvages. C'est plutôt un *chant* qu'un discours suivi, car ce furent les passions qui firent parler les hommes avant que la raison fût née.

L'articulation des *voix* fut la suite des cris des passions. Les modifications de la glotte, du palais et de la langue se distinguent en voyelles et en consonnes. Les premières sont l'essence de toute langue; c'est un même son nuancé: on en compte ordinairement cinq; mais il est évident qu'il en existe bien davantage; j'en trouve au moins douze, *a*, *é*, *è*, *eu*, *i*, *y*, *oi*, *o*, *ô*, *au*, *ou*, *u*, et il y a plusieurs autres diphthongues. Les consonnes varient aussi en nombre, suivant la nature des langues. Par exemple, les Chinois, les Japonais et les Mexicains n'ont pas d'*r* dans les leurs, et ne peuvent même pas la prononcer, de même que la plupart des nègres, à cause de l'inclinaison de leur palais et de leurs dents. Dans la langue groënlandaise, le *c*, le *d* et l'*f* manquent; chez les Brasiliens, les consonnes *f*, *l*, *z*, *s*, *r*, sont inconnues. De même, nous n'avons en notre langue ni le *th* des Anglais, ni le *ch* guttural des Espagnols, ni le *dh* des Arabes et des Malabares, &c.

Parmi les consonnes, les unes sont fortes, comme *p*, *c*, *k*, *t*, *f*, *ch*, *r*, *m*, *x*, *s*; les autres sont douces, comme *b*, *g*, *j*, *d*, *v*, *l*, *n*, *z*. Les labiales sont les plus faciles à exprimer et les premières que les enfans prononcent; c'est pourquoi les mots *papa*, *mama*, *baba*, se trouvent dans presque toutes les langues, et ont même été appliqués aux premiers parens. Les gutturales se trouvent ur-tout dans les langues des pays du Nord, à cause du froid qui enrhume la *voix* et qui empêche la libre action des organes plus extérieurs; les labiales sont plus fréquentes au contraire dans les langues méridionales. Les explosives appartiennent aussi aux langues septentrionales; celles-ci sont en général surchargées de consonnes, de sorte qu'on peut à peine les prononcer. Il faut hurler pour parler exactement dans le Nord, comme on le voit dans les relations de ces pays, dont les noms même sont si barbares, qu'on s'écorche le gosier en les prononçant. Les langues du Midi sont si douces, si coulantes, si moelleuses, qu'elles ne sont presque composées que de voyelles et des consonnes les plus molles. Comparez l'italien avec l'allemand, le danois avec le malais, vous y reconnoîtrez les différences les plus énormes; les noms des lieux dans chaque contrée suffiront pour vous les montrer. C'est l'âpre nécessité qui dicta les premières *voix* aux hommes du Nord; c'est le doux plaisir qui forma celles du Midi: elles se sentent de leur origine; les unes sont l'expression de la colère et de la douleur, les autres marquent la volupté et l'amour. La musique suit ces mêmes différences; elle est bruyante et vive au Nord, lente et douce au midi, tempérée dans les pays intermédiaires. Le ton de la *voix* est âpre et enrhumé dans le Nord, il est clair et argentin dans le Midi. Les âges influent aussi sur les sons de la glotte; la *voix* devient plus grave et plus sourde à mesure qu'on avance en âge, parce que les ligamens de la glotte se relâchent peu à peu, tandis que leur tension, dans la jeunesse, rend leur son clair et éclatant. Comme les cordes vocales sont plus grêles chez la femme que chez l'homme, sa *voix* est aussi moins grave d'une octave. Mais nous avons dit que la plupart de ces différences provenoient aussi des parties sexuelles. Il en est d'autres qui dépendent du local; ainsi les habitans des contrées basses, humides, marécageuses ont une *voix* plus grave et plus sourde que ceux des lieux secs et élevés. Les mêmes variations observées chez les hommes, se remarquent aussi dans les animaux soumis aux mêmes circonstances, ce qui fait voir que la fibre animale jouit des mêmes propriétés dans différens êtres, toutes choses égales d'ailleurs. On peut voir à l'article OREILLE ce que nous avons dit sur les sons et les corps sonores.

La *voix*, le *chant*, les *cris*, les différens bruits des animaux sont ainsi modifiés : 1°. par l'amour auquel ils doivent naissance ; 2°. par les autres affections ; 3°. par les températures de la terre et les localités ; 4°. par les complexions. Nous parlons à l'article de l'HOMME des principales langues connues et de leurs dialectes. *Voyez* les mots HOMME et OISEAU. (V.)

VOJET. Adanson a nommé ainsi une coquille du genre des *rochers* (*murex olearium* Linn.), qu'il a figurée dans son *Histoire des Coquilles du Sénégal.* Voy. au mot ROCHER. (B.)

VOL. C'est, comme l'on sait, l'action par laquelle les oiseaux et les insectes ailés se transportent dans les airs. Il y a diverses espèces de *vols* ; celui de la *chauve-souris*, par exemple, est un voltigement incertain et inégal ; le voltigement du *papillon* s'exécute en zigzag, parce que chacune de ses ailes frappe alternativement l'air. Ce *vol* est avantageux à l'animal, parce qu'il le met souvent à l'abri des oiseaux qui le poursuivent ; en effet, l'insecte s'agitant dans divers sens, tandis que le *vol* de l'oiseau est en ligne droite, il arrive souvent que celui-ci échappe par un détour. Mais la *chauve-souris* ayant un *vol* moins parfait que l'oiseau, peut aussi faire diverses inflexions, afin d'atteindre plus aisément les *phalènes* et autres insectes nocturnes dont elle se nourrit.

Les mots MOUVEMENS DES ANIMAUX, OISEAU et FAUCONNERIE exposent le mécanisme du *vol* des oiseaux, et les principales différences de ce mode de progression. L'on pourra consulter aussi les observations de M. Hubert de Genève, sur le *vol des oiseaux de proie*, ainsi que le *Traité* de Borelli, *de motu animalium*, et l'ouvrage du célèbre M. Barthez, sur la *statique des animaux*. (V.)

VOL (*fauconnerie*). La *chasse du vol* est la chasse avec les oiseaux de proie ; l'*équipage du vol* est la réunion des *chiens* et des oiseaux propres à cette espèce de chasse ; le commandant de cet équipage se nomme *commandant du vol*. Il y a des *vols* pour différentes sortes de gibier.

Dans une autre acception, l'on dit qu'un oiseau fait *bon vol* quand il chasse bien.

Le *vol à la toise* a lieu lorsque l'oiseau part du poing à tire d'aile, pour poursuivre une *perdrix* à la course. Le *vol à la course* ou à *leve-cul* est quand le gibier part. Lorsque la *perdrix* se renverse à vau-le-vent, le *vol* se fait *à la renverse*. Si l'on approche du gibier qui est à couvert derrière une haie, le *vol* s'appelle *à la couverte*. (S.)

VOLAILLE, dénomination générique sous laquelle on comprend les oiseaux domestiques que l'on nourrit dans les basse-cours. (S.)

VOLANT. On donne ce nom à tous les poissons qui ont la faculté de sauter hors de l'eau, et de se soutenir quelque temps en l'air en décrivant des courbes plus ou moins longues. *Voyez* aux mots POISSON VOLANT, EXOCET, TRIGLE, SCORPÈNE, PÉGAZE, &c. (B.)

VOLANT. On donne vulgairement ce nom aux deux espèces de MYRIOPHYLLES et au NÉNUFAR. *Voy.* ces mots. (B.)

VOLCANISTES. On donne ce nom aux naturalistes qui pensent que les *basaltes* sont des produits de volcans : on nomme *neptunistes*, ceux qui disent que ce sont des produits de la voie humide.

Les uns et les autres ont raison : la matière des *basaltes* a été en effet vomie par les *volcans soumarins ;* mais elle a été déposée par les eaux de la mer, qui ont elles-mêmes favorisé sa cristallisation en prismes polygones. *Voyez* BASALTE et VOLCANS. (PAT.)

VOLCANITE, dénomination donnée très-judicieusement par Laméthérie, à la substance cristallisée qui se trouve le plus fréquemment dans les matières volcaniques.

C'est la même substance que le professeur Haüy a décorée du nom de *pyroxène*, mot grec très-harmonieux sans doute, et qui pourroit paroître avec honneur dans un poëme, mais qui malheureusement renferme une contre-vérité, car *pyroxène* veut dire *qui est étranger au feu ;* et il est aujourd'hui reconnu que la substance dont il s'agit est au contraire *un produit du feu.*

Le nom d'*augite* qui lui a été donné par Werner, paroît être aujourd'hui généralement adopté. *Voyez* AUGITE. (PAT.)

VOLCANS, montagnes ordinairement fort élevées dont le sommet, terminé en cône tronqué, présente un large cratère en forme d'entonnoir, d'où sortent quelquefois des flammes, beaucoup de fumée et des matières embrasées, tantôt sous une forme pulvérulente et tantôt dans un état pâteux semblable à celui des métaux en fusion. Les premières sont connues sous le nom de *cendres volcaniques ;* les autres sous celui de *laves.*

Les éruptions de ces matières solides ne se font que par intervalles plus ou moins éloignés, et sont précédées de divers phénomènes : on entend des mugissemens souterrains, dont le bruit roulant ressemble aux explosions du tonnerre ; la terre tremble par secousses redoublées , et l'on voit sortir de la vaste bouche du volcan une colonne de fumée épaisse et noire, semblable à une masse solide et qui s'élève jusqu'au-dessus des nues ; elle est sans cesse sillonnée d'éclairs, elle porte le tonnerre dans son sein, et la foudre éclate autour d'elle.

Le sable noir et les cendres dont elle est composée , tombent comme une grêle , et couvrent la terre d'une couche épaisse. Une partie de ces cendres, élevée dans les airs à une hauteur immense, est quelquefois transportée à la distance de quarante lieues et plus. *Voyez* CENDRES VOLCANIQUES.

Après la sortie de ces matières pulvérulentes, commence l'éruption de la *lave*, qui, comme un fleuve de feu , sort tantôt par le cratère , qu'elle remplit en entier , et tantôt par une ouverture latérale qu'elle se fraie elle-même dans le flanc de la montagne. Elle coule , elle s'avance , et dans sa marche terrible elle renverse, brûle et détruit tout ce qui se trouve sur son passage. Des villes entières ont été dévorées par ces torrens destructeurs , dans l'espace de quelques instans.

Tel fut ce vaste courant de *lave*, sorti du sein de l'Etna, qui termina son cours en couvrant la ville de Catane, avant de se précipiter dans la mer.

Tel fut encore celui qui sortit en 1794 des flancs du Vésuve, et qui consuma la ville de la Torré. De savans observateurs ont calculé que la lave qui formoit ce courant étoit au moins de six mille millions de pieds cubes; mais quelque énorme que soit cette masse, elle est peu de chose en comparaison des courans de l'Etna.

Les éruptions de matières pulvérulentes ou de masses détachées , sont quelquefois elles-mêmes d'un volume prodigieux. Une seule éruption de cette nature forma le *Monte-Nuovo* près de Naples, le 29 septembre 1538. Plusieurs témoins oculaires de ce phénomène ont écrit que cette montagne avoit alors une lieue de circonférence et près de mille pieds d'élévation. (Ferber, *Lett. sur l'Ital.*, pag. 497.)

Une seule éruption forma, en 1669, au pied de l'Etna, le *Monte-Rosso* plus considérable encore.

Une grande partie de la surface du globe a été couverte de *volcans*, qui se manifestoient à mesure que l'Océan, par sa diminution graduelle, mettoit à découvert les parties les plus élevées de la terre.

Ces *volcans* existoient déjà dans le sein des eaux, mais leurs phénomènes et leurs produits étoient différens de ceux qu'ils offrirent quand ils se trouvèrent à découvert. Lorsqu'ils étoient ensevelis sous les flots, leurs émanations formoient les matières qui composent toutes les couches *secondaires* de la terre; mais, à mesure qu'ils commençoient à se trouver en communication prochaine avec l'atmosphère, ils prenoient peu à peu le caractère de *volcans ignivomes*.

Et lorsqu'ensuite ces mêmes *volcans*, après une longue série de siècles, étoient enfin abandonnés par l'Océan, ils s'éteignoient faute d'aliment.

C'est un fait connu depuis long-temps, qu'il n'y a de *volcans* en activité que dans les îles ou sur les bords de la mer. On n'en voit pas un seul dans l'intérieur des continens, ou même à quelque distance un peu considérable des côtes.

Il arrive aussi quelquefois que, même au bord de la mer, ils s'éteignent, lorsque, par des circonstances qui tiennent à la structure des montagnes, les fluides, dont l'eau de la mer est le véhicule, cessent de trouver accès dans leur sein.

Le nombre des *volcans* actuellement brûlans s'élève à plusieurs centaines, il est plus grand sans doute qu'il n'a jamais été; et comme l'étendue des côtes de l'Océan ira toujours en augmentant à mesure que ses eaux diminueront, il est probable que le nombre des *volcans* augmentera dans la même proportion.

Quoique les *volcans* qui ont brûlé à la même époque n'aient jamais été peut-être aussi nombreux qu'aujourd'hui, néanmoins le nombre des *volcans* éteints surpasse de beaucoup celui des *volcans* en activité, par la raison que nous avons sous les yeux les restes de ceux qui ont brûlé, et qui se sont éteints à des époques fort éloignées les unes des autres.

Il est même très-probable qu'il en a existé un grand nombre dans les contrées qui ont été les premières abandonnées par l'Océan, telles que le haut plateau du milieu de l'Asie, où la faux du temps a fait disparoître jusqu'à leurs moindres vestiges.

Dans toute l'Asie boréale, je n'en ai trouvé que dans la partie la plus orientale, aux environs du fleuve Amour; et ils sont d'une si haute antiquité, qu'il n'est pas toujours facile de les reconnoître.

Buffon disoit qu'on pouvoit compter *cent fois plus de volcans éteints que de volcans en activité*; et si l'on en jugeoit d'après l'Italie, cette proposition n'auroit rien d'exagéré.

VOLCANS ÉTEINTS.

Dans la Campanie seule, depuis Naples jusqu'à Cumes,

sur un espace de terrein de cinq lieues de long sur trois de large, Breislak a reconnu plus de soixante cratères, sans compter ceux des îles voisines, qui sont en grand nombre : quelques-uns sont plus considérables que celui du Vésuve ; le cratère de *Quarto* surpasse même celui de l'Etna, son diamètre est de seize cents toises.

Celui sur lequel est bâtie la ville de Cumes, a vomi un torrent de lave de huit mille pieds de largeur, sur une épaisseur moyenne de quatre-vingt à cent pieds.

Ce cratère est celui d'un *volcan* éteint depuis une antiquité très-reculée : la fondation de Cumes remonte à une époque antérieure d'environ 1200 ans à l'ère vulgaire ; d'où Breislak conclut avec raison que l'embrasement de ce *volcan* avoit cessé plus de 3000 ans avant notre siècle, puisqu'il est évident que les Grecs n'auroient pas fondé cette ville sur la bouche d'un *volcan* brûlant. La même réflexion peut s'appliquer à beaucoup d'autres cratères, et notamment à ceux sur lesquels Rome est bâtie.

Toutes les autres parties de l'Italie, depuis le Véronèse, le Vicentin et le Padouan, jusqu'à l'extrémité de la Calabre, sont également couvertes de vestiges incontestables d'anciens *volcans*.

La Sicile en présente un grand nombre, sans compter cette centaine de montagnes qui forment les premiers gradins de l'immense colosse de l'Etna, dont quelques-unes sont de la grandeur du Vésuve, et qui toutes jadis ont vomi du feu.

Le reste de l'Europe en offre dans presque tous les pays : nous avons en France ceux du Vivarais et du Velay, si bien décrits par Faujas de Saint-Fond : ceux d'Auvergne, que nous ont fait connoître Desmarets, Montlosier, Dolomieu, Lacoste et plusieurs autres savans observateurs. En Languedoc, ils sont en grand nombre : toute la contrée en est remplie depuis le Cap d'Agde, qui est lui-même un *volcan*, jusqu'à cinq lieues au nord de cette côte.

La Provence en offre de très-puissans au nord de Toulon, aux environs d'Ollioules, et ailleurs, dont quelques-uns ont été décrits par Saussure.

Lamanon en a découvert un très-considérable dans les Alpes du Dauphiné. *Voyez* VARIOLITES DU DRAC.

Les bords du Rhin, sur la rive droite, dans le Brisgau, sur la gauche aux environs d'Andernach, d'Oberstein et ailleurs, offrent des chaînes entières de collines volcaniques. Le baron de Beroldingen pense que les mines de mercure du Palatinat sont dans des *volcans* éteints.

En Allemagne, la Hesse, la Lusace, le comté de Nassau, Fulde, la Thuringe, la Misnie, la Saxe, sont des pays volcanisés. La Bohême est en partie couverte de laves et de basaltes.

La plupart des montagnes de Hongrie sont volcaniques : celles même qui renferment ses plus riches mines ; Breislak dit que la fameuse mine d'or de Nagyag est dans un cratère de *volcan*.

En Angleterre, plusieurs provinces, et notamment le Derbyshire, ont été volcanisées. *Voyez* TOAD-STONE.

L'Écosse, sur-tout vers les côtes, offre de toutes parts des montagnes et des terreins volcaniques.

L'Irlande est fameuse par ses basaltes, appelés *Chaussée des Géans*. Ce prodigieux amas de matières basaltiques se prolonge au nord dans les îles Hébrides, où ils forment la merveilleuse *grotte de Fingal*; et de là, dans les îles de Ferroë.

La Suède, la Norwége, ont aussi des laves et des basaltes, qu'on a quelquefois pris pour des trapps.

Si nous jetons les yeux sur les contrées méridionales de l'Europe, nous y trouvons pareillement des traces non équivoques de l'action des feux souterrains.

Dolomieu a vu en Portugal des cratères sur les plus hautes montagnes, et de nombreuses coulées de basaltes et de laves qui jadis en sont sorties.

En Espagne, la soufrière de Conilla près de Cadix, est un ancien *volcan;* et Proust nous apprend que le savant naturaliste Garcia Fernandès vient de reconnoître que les environs de Burgos, capitale de la Castille-Vieille, sont entièrement volcanisés : il en a rapporté des laves, des pouzzolanes, des pierres-ponces, des olivines et autres produits volcaniques. Il y a sur-tout observé le fait le plus intéressant ; c'est que la fameuse mine de sel-gemme de Poza, près de Burgos, se trouve au centre d'un immense cratère. (*Journ. de Phys.*, frimaire an XI, pag. 457.) Et je suis bien persuadé que si des hommes éclairés et non prévenus dirigent leurs recherches vers cet objet, ils découvriront encore beaucoup d'anciens *volcans* dans cette grande et belle contrée.

Plusieurs îles de la Méditerranée, qui jouissent maintenant du repos, furent jadis agitées par les *volcans;* telles que l'île d'Elbe, la Sardaigne, les îles d'Ischia, de Procita; la plupart même des îles Éoliennes, car si trois de ces îles offrent encore des *volcans* en activité, les six autres ne présentent plus que les produits de leurs anciens feux.

Presque toutes les îles de l'Archipel sont brûlées : Lemnos toit jadis regardée comme un des arsenaux de Vulcain.

En Asie, Volney nous apprend qu'une partie de la Syrie, et sur-tout la vallée du Jourdain, fut autrefois la p oie des *volcans*.

Tournefort nous a fait connoître l'immense cratère du mont Ararat en Arménie, *volcan* depuis long-temps éteint, puisqu'une tradition vulgaire y fait arrêter l'arche de Noé.

Comme l'intérieur de l'Asie n'a pas encore été visité par des géologues, on ignore s'il s'y trouve d'anciens *volcans* : un naturaliste anglais a néanmoins découvert du basalte dans les Indes. Et le réalgar qu'on apporte de ces contrées, est très-probablement un produit d'anciens *volcans*.

Quant à l'Asie boréale, j'ai déjà dit que je n'avois découvert des vestiges de *volcans* éteints que dans la Daourie, sur-tout aux environs du fleuve Amour.

Après avoir traversé le lac Baïkal, j'ai commencé à voir des collines de laves à soixante verstes ou quinze lieues à l'est de la ville d'Oudinsk, près de la rivière Kourba, qui se jette dans l'Ouda.

Tout le pays qu'on trouve ensuite entre la Chilka et l'Argoune (qui forment le fleuve Amour), présente des traces de *volcans*.

Les mines du Gazimour sont dans le voisinage d'un cratère immense, dont le fond se trouve presque au niveau de la rivière : ce fond est horizontal, couvert de blocs de laves scorifiées ; il résonne sous les pieds des *chevaux*, comme s'ils marchoient sur une voûte. Il s'élève de ce fond plusieurs petits monticules, qui sont eux-mêmes des cratères.

J'en ai vu d'autres beaucoup plus considérables, près de la rivière Kourba, sur des sommets de montagnes volcaniques, dont quelques-uns étoient convertis en lacs.

Je suis même porté à croire que la vaste enceinte qui renferme les gîtes des topazes et des émeraudes, au sommet de la montagne Odon-Tchélon, est un cratère. *Voyez* les articles Gemmes et Topazes.

De grandes coulées de laves descendent de ces cratères : les unes ont leurs alvéoles vides ; les autres, qui sont parfaitement semblables à celles d'Oberstein et de Deux-Ponts, sont remplies de *calcédoines* et autres pierres parasites de la même nature.

Plus au nord, on voit sur les rives de la Léna des montagnes toutes composées de basalte en colonnes ; et le nom de *Stolbovaia Réka* (*Rivière des Colonnes*), que portent plusieurs rivières de cette contrée, prouve assez qu'elles baignent des chaussées basaltiques.

Sur les bords du golfe de Kamtchatka, près d'Okhotsk, est une colline appelée *Marikan*, toute composée de sables volcaniques, mêlés de globules vitreux, dont j'ai parlé dans les articles MAREKANITE et VERRE DE VOLCAN.

La presqu'île de Kamtchatka, outre ses cinq *volcans* en activité, en a plusieurs qui, depuis long-temps, sont éteints. Il en est de même des îles Kourilles et des îles Aléoutes : les *volcans* éteints s'y trouvent à côté des *volcans* brûlans.

En AFRIQUE, tous les environs du Cap de Bonne-Espérance sont volcanisés : Sparmann dit que les montagnes où sont les bains chauds de *Hottentot-Holland*, sont composées de laves. Thunberg nous apprend qu'une partie de la *montagne de la Table* est formée de cendres volcaniques. Et, d'après la description que ces deux naturalistes donnent de la contrée en général, il est aisé d'y reconnoître un pays qui fut jadis en proie à l'action des feux souterrains.

Les autres parties intérieures de l'Afrique sont trop peu connues des géologues, pour savoir s'il y a eu des *volcans ;* mais il est probable que les basaltes en colonnes que les anciens tiroient d'Egypte, étoient des produits volcaniques. Descotils en a rapporté un sable ferrugineux mêlé de saphirs et d'hyacinthes, comme celui du Puy-en-Velay ; et je crois qu'il provient d'un *détritus* de laves : ce qui me paroît surtout le prouver, c'est que ces gemmes sont en cristaux microscopiques, comme ceux qu'on observe dans d'autres laves.

Les îles voisines de l'Afrique offrent aussi des *volcans* éteints, comme l'île de France, Madagascar, Sainte-Hélène, Saint-Thomas, la plupart des îles du Cap-Vert et des Canaries.

En AMÉRIQUE, Lacondamine a reconnu plusieurs *volcans* éteints dans les Cordilières du Pérou ; et certes, il ne les a pas tous vus.

Fresnaye a parlé de quelques-uns de ceux qu'on trouve à Saint-Domingue ; et l'on sait que toutes les Antilles en offrent des vestiges multipliés.

Dans presque toutes les îles qui sont dans la vaste mer du Sud, entre l'Amérique et l'Asie, on trouve ou des *volcans* en activité, ou des traces de *volcans* éteints.

VOLCANS EN ACTIVITÉ.

Volcans d'Europe.

Il existe en Europe un plus grand nombre de *volcans* brûlans qu'on ne le pense communément. Tout le monde connoît l'*Etna*, le *Vésuve*, et même l'*Hécla* en Islande ; mais outre ces trois *volcans* célèbres, on en compte encore plusieurs autres, notamment trois dans les îles Eoliennes au nord de la Sicile ; ces îles sont au nombre de neuf, qui toutes ont été volcanisées : six sont éteintes, mais trois brûlent encore ; savoir : *Vulcano*, *Vulcanello* et *Stromboli*. Ce dernier *volcan* est très-remarquable, en ce qu'il est dans une activité continuelle, et qu'il rejette des bouffées de lave de demi-quart-d'heure en demi-quart-d'heure.

A l'entrée du golfe de Venise, dans l'Albanie, au sud de Durazzo, est un *volcan* qui ruina cette ville en 1269. Mais il est aujourd'hui peu formidable.

Plusieurs îles de l'Archipel donnent encore des signes manifestes d'embrasement souterrain, notamment celles de Milo et de Santorin. Près de cette dernière, il sortit de la mer, en 1573, une petite île formée par une éruption sous-marine. Strabon dit également que, de son temps, on en avoit vu s'élever une de cinq cents pas de circonférence, comme si ell. eût été tirée hors de l'eau par des machines.

L'une des contrées du globe où les phénomènes volcaniques se manifestent avec le plus de puissance, c'est l'*Islande*. Pennant, dans sa *Description du nord du Globe*, compte dans cette île jusqu'à dix-huit *volcans*, dont cinq ou six sont très-considérables ; quelques-uns même sont plus formidables que l'*Hécla*, qui n'étoit mieux connu, que parce qu'il est voisin de Skahloï, capitale de l'île, et le seul endroit fréquenté.

Je crois devoir compter parmi les *volcans* d'Europe ceux des îles *Açores*, quoiqu'elles en soient éloignées d'environ deux cents lieues ; mais l'Europe est le continent qui en est de beaucoup le plus voisin : elles sont à la même latitude que Lisbonne ; et il me paroît infiniment probable qu'elles sont une continuation des montagnes volcaniques du Portugal ; comme les îles *Kourilles* sont une prolongation des montagnes volcaniques du Kamtchatka ; et les îles *Aléoutes* une continuation des montagnes volcaniques de la pointe Alyaska, dans la partie nord-ouest du continent américain.

On compte dans les Açores trois *volcans* principaux : dans les îles de Fayal, Saint-Miguel et Pico : ce dernier passe pour être aussi considérable que celui de Ténériffe, et, par conséquent, plus élevé que l'Etna.

Volcans d'Asie.

Dans tout le continent de l'*Asie*, on ne connoît qu'un assez petit nombre de *volcans* en activité. L'Asie mineure en offre un seul dans la Lycie, au bord de la Méditerranée, près de Goranto. C'est la montagne que les anciens appeloient la *Chimère*, et dont Virgile a dit : *flammisque armata Chimæra*. Ce *volcan* paroît n'avoir jamais eu d'éruption de matières solides ; il ne vomit que des flammes et de la fumée.

Les voyageurs placent quelques *volcans* en Perse ; mais il paroît qu'ils ont donné pour tels de simples exhalaisons inflammables, comme celles de *Pietra mala* dans l'Apennin, celles de Bakou sur le bord nord-ouest de la mer Caspienne, &c. Celui dont l'existence paroît le mieux constatée, est le *Cophante*, à l'extrémité sud-est de cette mer. On parle encore de deux autres, l'un à l'entrée de la mer Rouge, et l'autre à l'entrée du golfe Persique.

De-là jusqu'au Kamtchatka, l'on n'en connoît aucun ; mais dans cette presqu'île, on en compte cinq vers sa partie méridionale ; savoir : l'*Avatcha*, qui est le plus voisin du port, le *Tolbatchinsk*, le *Klioutchefskoï*, le *Chévéliché* et l'*Opalskoï*. Les trois premiers sont en pleine activité : le *Klioutchefskoï*, qu'on nomme aussi *Kamtchatskoï*, a eu deux crises violentes à fort peu de distance l'une de l'autre : l'une commença le 20 novembre 1789, et dura trois jours : la seconde, le 15 février 1790, et dura jusqu'au 21. Il y avoit chaque jour deux ou trois fortes secousses de tremblement de terre. Les deux autres *volcans* n'ont plus qu'une action assez foible. Plusieurs sont complètement éteints ; et il paroît, par la forme du port, qu'il est lui-même le cratère d'un immense volcan : c'est le port le plus vaste et le plus sûr que l'on connoisse.

Les îles KOURILLES, qui sont un prolongement de la chaîne de montagnes de Kamtchatka, qui va se rattacher aux îles du Japon, ont chacune un volcan ; l'on en compte dix ou douze.

Les îles du JAPON, d'après Kœmpfer, en ont dix-huit, et Lapérouse en a découvert deux de plus.

Il en a reconnu neuf dans les ILES MARIANNES.

Les îles qui composent l'archipel des PHILIPPINES, dont le nombre est, dit-on, de plus de mille, ont quantité de *volcans* ; on en connoît trois considérables dans la seule île de Luçon.

L'archipel des Moluques a pareillement de nombreux *volcans* : on en connoît de très-considérables à Ternate, à Flores, à Banda, et dans beaucoup d'autres îles de ces parages ; de même que sur les côtes de la Nouvelle-Guinée et de la Nouvelle-Bretagne.

On voit à Sumatra quatre *volcans* gigantesques : celui qu'on nomme *Ophir*, mesuré par l'astronome Nairne en 1769, a treize mille huit cent quarante-deux pieds d'élévation : il surpasse par conséquent de trois mille cinq cent soixante-quatre pieds la hauteur de l'Etna. Les trois autres égalent pour le moins ce dernier.

L'île de Java a plusieurs *volcans* très-considérables.

Les navigateurs modernes en ont reconnu dans la plupart des îles qui sont entre les tropiques, depuis l'Asie jusqu'aux côtes occidentales de l'Amérique ; et Labillardière, en parlant des *volcans* qu'on trouve dans les *îles des Amis*, a bien raison d'ajouter que, probablement, on en découvrira d'autres dans la multitude infinie d'îles qui s'élèvent du sein de cette vaste mer.

Volcans d'Afrique.

Tout le continent de l'Afrique n'offre pas un seul *volcan* en activité ; mais on en voit plusieurs dans les îles qui l'environnent.

Les sept îles *Canaries* sont volcanisées, et plusieurs ont encore des *volcans* brûlans. Celui qu'on nomme le *Pic de Ténériffe*, est un des plus considérables que l'on connoisse. Il a dix-neuf cent quatre toises d'élévation. (C'est deux cents toises de plus que l'Etna, et trois fois au moins la hauteur totale du Vésuve, qui n'est que d'environ six cents toises.)

Ce *volcan* eut une éruption terrible le 5 mai 1706, qui détruisit la ville et le port de Guarachico. Une autre non moins violente a eu lieu le 9 juin 1798.

Les *îles du Cap-Vert* sont également toutes volcanisées, et il reste un *volcan* en activité dans celle qui a été nommée, pour cette raison, *del Fuego*, l'île du Feu.

L'*île de Bourbon* a un puissant *volcan*, dont les produits sont intéressans pour les naturalistes, par leur variété. Il vomit, entr'autres, des filamens vitreux fort singuliers. *Voyez* VERRE DE VOLCAN.

Bory de Saint-Vincent, à qui nous devons une savante description des îles Canaries, va mettre au jour celle de l'île de Bourbon, qui contient beaucoup de faits très-curieux.

Volcans d'Amérique.

C'est un fait géologique très-remarquable, que toute la côte orientale de l'Amérique, sur une étendue d'environ deux mille lieues, n'ait que deux *volcans* assez médiocres (sur le golfe du Mexique); tandis que ses côtes occidentales en offrent une multitude effroyable, et qui sont les plus puissans de la terre.

La raison de cette différence est simple; c'est que toutes les côtes orientales sont basses, et formées, soit par les atterrissemens d'une foule de grandes rivières, soit par ceux que le courant général de l'Océan, de l'est à l'ouest, ne cesse d'y porter. Or, *sans montagnes maritimes, point de volcans.*

Les côtes occidentales, au contraire, sont par-tout hérissées de montagnes qui sont les plus hautes du globe, et dont la base immense se prolonge bien avant sous l'Océan; aussi voit-on sur ces côtes une suite de *volcans* non interrompue. C'est par la même raison qu'on en voit deux sur le golfe du Mexique, qui, par sa position oblique relativement au courant général de la mer, a été échancré jusqu'à la base de ses montagnes.

Quant aux îles *Antilles*, elles sont toutes volcanisées, comme cela est ordinaire aux îles montueuses; et il y a encore actuellement plusieurs *volcans* brûlans, notamment à la Guadeloupe, à la Dominique, à Saint-Vincent, à Newis et à Saint-Christophe; mais ils ne jettent plus que de la fumée et quelques flammes, sans aucune éruption de matières solides.

Quand les navigateurs doublent la pointe méridionale de l'Amérique pour aller reconnoître ses côtes occidentales, ils trouvent d'abord deux immenses *volcans* dans la *Terre de Feu;* et de-là, tout est volcanisé jusqu'au tropique du cancer dans une étendue de près de deux mille lieues.

On compte au Chili seize *volcans* principaux, mais le Pérou sur-tout est horriblement tourmenté par leurs terribles phénomènes. Cavanilles nous apprend que, dans la seule province de Quito, on compte seize à dix-sept *volcans* des plus considérables, qui causèrent des ravages affreux en 1797. Dès le mois de février, l'on éprouva de fortes secousses de tremblemens de terre, qui se prolongèrent jusqu'au 5 d'avril, où, tout-à-coup, à sept heures du matin, elles furent d'une telle violence, qu'elles renversèrent villes et villages, dans une étendue de quarante lieues du sud au nord, sur vingt de l'ouest à l'est.

Et ce qu'il y eut de très-remarquable, c'est que ces *vol-cans*, au lieu de laves, ne vomirent que des torrens de boue, qui, pendant près de trois mois, obstruèrent le cours des rivières, et les inondations qu'ils causèrent mirent le comble au désastre.

Les côtes occidentales du Mexique en offrent vingt-cinq ou trente; viennent ensuite ceux de la Californie, où l'on en compte quatre à cinq.

Plus au nord sont deux ou trois autres *volcans* très-considérables, sans compter ceux que les navigateurs n'ont pas vus dans leurs momens d'éruption; car on peut être à-peu-près certain que toute montagne très-élevée qu'on voit au bord de la mer, est une montagne volcanique.

On trouve enfin, entre le 53e et le 60e degré de latitude, la série de *volcans* de la longue pointe du continent américain, nommée *Alyaska*, dont les îles Aléoutes sont une prolongation qui vient se rattacher aux îles Mednoï et Béring, et enfin au cap de Kamtchatka.

Toutes ces îles sont volcanisées, ainsi que nous l'apprend l'intéressante relation que Saüer a donnée de l'expédition du commodore Billings, qui n'a été terminée qu'en 1794, après neuf ans de fatigues incroyables. L'une de ces îles, nommée par les Russes *Semisopichnoï* ou *les Sept Montagnes*, renferme elle seule sept *volcans*. Elle est figurée dans l'*Atlas* qui accompagne cette relation. (Pl. ix.)

(J'ai vu ces voyageurs en février 1786, lorsqu'ils traversoient la Sibérie pour aller s'embarquer à Okhotsk, et je devois être leur compagnon; mais ma santé se trouvoit tout-à-fait délabrée par sept ans de voyages que j'avois déjà faits dans ces affreux climats.)

Après cette esquisse générale des *volcans* du globe, jetons les yeux plus en détail sur le *Vésuve* et l'*Etna*, qui nous intéressent de plus près.

L'ETNA.

Ce *volcan*, le plus célèbre et le plus anciennement connu de tous ceux qui existent, est sur la côte orientale de la Sicile; et quoique son sommet soit éloigné de plus de dix lieues des bords de la mer, sa vaste base est baignée par ses eaux.

Son élévation perpendiculaire est de mille sept cent treize toises; sa circonférence, dans sa partie inférieure, est au moins de soixante lieues: et sa masse est d'autant plus immense, que jusqu'au pied du cône qui renferme le cratère, ses pentes sont douces, et ne font en général, suivant Deluc, qu'un angle de 15 degrés avec l'horizon.

Ce savant observateur a reconnu que, depuis la base jusqu'au sommet, cette montagne gigantesque est entièrement composée de matières volcaniques.

Dolomieu, qui l'a visitée cinq fois, dit que sur ses flancs s'élèvent près de cent autres montagnes coniques, qui furent jadis autant de *volcans*, et dont quelques-uns sont aussi considérables que le Vésuve.

On divise la surface de l'Etna en trois régions : la *région cultivée*, qui depuis Catane a quatorze milles : la *région des bois*, qui forme tout autour de la montagne une ceinture de verdure : on fait huit à dix milles pour la traverser; enfin la *région stérile*, qui est couverte de laves, de cendres volcaniques, de neiges et de glaces : elle se termine par une plate-forme, au milieu de laquelle s'élève le cône du *volcan*.

Le cratère de l'Etna, l'un des plus vastes que l'on connoisse, change de forme et de dimensions à chaque éruption ; mais, pour l'ordinaire, sa circonférence est au moins d'une lieue : on prétend même, dit Spallanzani, qu'elle a été de six milles ou d'environ deux lieues.

Il est sorti de ce *volcan* des torrens de laves qui avoient jusqu'à trois à quatre lieues de large sur dix lieues de longueur.

Ces torrens sont très-nombreux; plusieurs se trouvent superposés les uns aux autres, et la plupart remontent à l'antiquité la plus reculée.

Diodore de Sicile, qui connoissoit si bien l'histoire de sa patrie, parle d'une éruption de l'Etna qui arriva cinq cents ans avant le siége de Troie (il y a maintenant trente-cinq siècles). Aussi les Grecs croyoient-ils que l'Etna brûloit dès le temps même de la guerre des Titans ; ils disoient que Jupiter avoit foudroyé *Encélade* et renversé sur lui le mont Etna, et que c'étoit ce Titan qui vomissoit des flammes par les soupiraux de la montagne.

> Fama est, Enceladi semiustum fulmine corpus,
> Urgeri mole hâc, ingentemque insuper Ætnam
> Impositam, ruptis flammam exspirare caminis.
>
> ÆNEID. III, v. 579.

Ils avoient aussi placé dans les cavernes de l'Etna les forges de Vulcain ; et Virgile dit, d'après Homère, qu'Ulysse y avoit vu les Cyclopes.

> Ætnæos vidit Cyclopas Ulysses.

Mais que cette antiquité, qu'atteste le témoignage des hommes, est peu de chose, comparée à celle que présentent les annales de la nature gravées sur les flancs même de la montagne ! Dolomieu y a vu, parmi des produits volcaniques, des bancs de coquillages marins à plus de deux mille quatre cents pieds au-dessus du niveau actuel de la mer : que de siècles il a fallu pour que ses eaux aient éprouvé cette diminution de quatre cents toises !

Il ajoute que le *basalte* en colonne forme une ceinture tout autour de l'Etna, à la hauteur de deux ou trois cents toises, et il disoit avec raison que le *basalte* ne se forme que dans les eaux.

Je pense que ceux-ci ont été produits par les *volcans* qui sont sur la base de l'Etna, lorsqu'ils étoient encore sous-marins.

Le P. Kircher a donné la série chronologique des principaux embrasemens de l'Etna.

1°. Depuis la 2 jusqu'à la 88e olympiade (de 772 jusqu'à 428 avant J. C.), lorsque les Grecs étoient maîtres de la Sicile, il y eut trois embrasemens.

2°. Sous les consuls de Rome, il y en eut quatre.

3°. Il y en eut un très-grand vers le temps de la mort de Jules-César.

4°. Sous Caligula, l'an 49.

5°. Sous Domitien, l'an 151, vers le temps du martyre de sainte Agathe : de-là vient l'influence qu'on lui attribue sur les éruptions de ce *volcan*.

6°. L'an 812, à l'époque où Charlemagne se trouvoit en Sicile.

7°. En 1160 commença un embrasement qui dura neuf ans, par intervalles.

8°. En 1284. — 9°. En 1339. — 10°. En 1408. — 11°. de 1444 à 1447, plusieurs éruptions. — 12°. En 1536. — 13°. En 1633, il y eut un embrasement violent qui dura trois ans. — 14°. En 1651.

L'un des plus terribles embrasemens qu'ait éprouvé l'Etna est celui de 1669, décrit par Borelli. Les vestiges qu'il a laissés sont remarquables : la terre s'ouvrit sur la base de la montagne, et il en sortit un vaste torrent de lave qui coula l'espace de quatre à cinq lieues jusqu'à la mer, où il forma une espèce de promontoire auprès de Catane.

A ce fleuve de lave succéda l'éruption la plus extraordinaire de sable noirâtre et de scories, qui dura sans interruption l'espace de trois mois, et forma, par l'accumulation de ces matières incohérentes, une montagne considérable, à laquelle on a donné le nom de *Monte-Rosso*. Entre toutes les montagnes qui couvrent la base de l'Etna, c'est la seule dont l'histoire soit connue.

La plupart des éruptions de l'Etna se sont faites sur ses flancs. Le nombre de celles qui sont sorties du cratère est peu considérable : celles des temps anciens sont peu connues. Dans les temps modernes, les historiens de l'Etna font mention de celles de 1688, 1727, 1732, 1735, 1747, 1755, et enfin celle du mois de juillet 1787, qui a été décrite par le chevalier Dom Joseph Gioenni, qui étoit à portée de l'observer de près, puisqu'il habitoit alors une maison de campagne dans la moyenne région de l'Etna.

La lave, en débordant par-dessus l'orle ou les lèvres du cratère, formoit une nappe de feu de quatre cents toises de large. Ce courant descendit jusqu'auprès de Bronte, à dix milles (ou plus de trois lieues) de distance du cratère. Gioenni a calculé que la masse de lave rejetée dans cette éruption surpassoit six mille millions de pieds cubes.

La lave recommença à couler dans le mois d'août, et Spallanzani, qui visita ce *volcan* dans le mois de septembre de l'année suivante 1788, parle encore d'un autre courant du mois d'octobre 1787 ; et ce qu'il y a de remarquable, c'est qu'après onze mois, cette lave étoit encore brûlante et même rouge dans son intérieur, ainsi qu'on l'appercevoit par les fissures.

Parvenu sur le bord du cratère, qui se trouvoit alors complètement vide, Spallanzani mesura des yeux son étendue : sa circonférence lui parut être d'un mille et demi ou mille deux cents toises ; sa forme étoit ovale, et son grand diamètre de l'est à l'ouest ; ses bords sont crénelés ; ses parois ont la forme d'un entonnoir, et se terminent en pointe au fond du cratère, dont la profondeur étoit d'un sixième de mille (environ cent trente toises) ; mais cette profondeur varie à chaque éruption.

Le Vésuve.

Quoique ce *volcan* soit bien inférieur à l'Etna quant à sa masse et à la grandeur de ses effets, il n'est pas moins intéressant aux yeux de l'observateur.

Il est au bord de la mer, au fond du golfe de Naples, à deux lieues à l'est de cette ville, à quatre-vingts lieues au nord de l'Etna.

Tout le Vésuve est composé de matières volcaniques, ainsi qu'on peut le voir dans les escarpemens du mont

Somma, qui faisoit jadis partie du cratère. On voit même, dans l'ouverture que l'éruption de 1776 a faite dans le cône actuel, quelques-uns des courans de lave qui forment la charpente de la montagne.

La hauteur du Vésuve est sujette à éprouver quelque changement à chaque éruption : en 1749, l'abbé Nollet la trouva de trois mille cent vingt pieds au-dessus de la mer ; en 1772, Saussure reconnut qu'elle étoit de trois mille six cent cinquante-neuf, et c'est à-peu-près la même qu'on lui trouve encore aujourd'hui.

La circonférence du cratère, suivant Spallanzani, n'a jamais plus d'un demi-mille (ou quatre cents toises).

A l'égard de sa profondeur, elle varie au point de devenir presque nulle. Le fond, au lieu de se terminer en pointe comme un entonnoir, s'élève peu à peu presque jusqu'au bord même du cratère. En 1755, on y voyoit une plate-forme qui n'étoit que d'environ vingt pieds plus basse que le bord, et au milieu de cette plate-forme s'élevoit un monticule conique d'environ quatre-vingts pieds, à la cime duquel étoit un petit cratère qui servoit de cheminée au *volcan.*

La circonférence du *Vésuve* à sa base, si l'on n'y comprend pas les montagnes voisines, n'est que d'environ trois lieues.

Les plus anciennes éruptions du Vésuve se perdent dans la nuit des temps, comme celles de l'Etna. Il paroît qu'avant l'ère chrétienne, il avoit été long-temps dans le repos ; mais l'on conservoit la mémoire de ses anciens embrasemens, car Vitruve, Strabon, Diodore de Sicile et autres auteurs, parlent du Vésuve comme ayant jeté des flammes de temps immémorial.

On regarde communément comme la plus ancienne de ses éruptions connues, celle qui arriva l'an 79 de l'ère chrétienne, la première année du règne de Titus, celle qui fut la cause (occasionnelle) de la mort de Pline le naturaliste, et qui ensevelit *Herculanum* sous un déluge de cendres.

Mais il semble qu'on ait confondu deux époques où le même malheur étoit arrivé à cette ville. *Dion Cassius*, qui étoit consul de Rome en 229, parle, dans son *Histoire Romaine*, d'une éruption du Vésuve arrivée sous le consulat de *Memmius Régulus* et de *Virgilius Rufus* (l'an 65 de J. C.) Il dit que dans cette éruption, les villes d'*Herculanum* et de *Pompéia* furent renversées par un tremblement de terre, et en même temps ensevelies sous des torrens de cendres, dans le temps même où le peuple de Pompéïa se trouvoit rassemblé au théâtre. *Prætereaque cinis duas urbes integras, Herculaneum et Pompeïos, populo ejus sedente in theatro, penitùs obruit.* (Pag. 756 , édit. 1606.)

Sénèque (qui mourut en 65) semble aussi rappeler cet événement, lorsqu'en réfutant ceux qui prétendent que les rivages de la mer ne sont pas exposés aux tremblemens de terre, il dit que rien ne prouve mieux le contraire que le triste exemple d'Herculanum et de Pompéïa : *Falsa hæc esse, Pompeii et Herculaneum sensere.* (*Nat. quæst.*, lib. VI, cap. 26.)

Le poète *Silius Italicus*, qui étoit consul de Rome l'an 68, semble également avoir en vue cette éruption de 63, lorsqu'il peint avec tant d'énergie les ravages causés par le Vésuve (lib. XII, v. 152, et lib. 17, v. 592.)

Notice des Eruptions du Vésuve depuis l'ère vulgaire.

L'an............	63?		1698.
24 août...........	79.		1701.
	203.		1754.
	472.	15 mai..............	1737.
	512.	25 octobre..........	1751.
	685.	2 décembre.........	1754.
	993.	6 mai..............	1759.
	1037.	23 décembre........	1760.
	1040.		1765.
	1158.		1766.
	1139.	19 octobre..........	1767.
	1306.	mai................	1771.
	1500.	1er février...........	1776.
16 décembre.........	1631.	29 juillet...........	1779.
	1660.	octobre............	1784.
	1682.		1794.
	1694.	21 janvier..........	1799.

Les premiers embrasemens connus du Vésuve ne produisirent que des flammes, des cendres et des scories incohérentes ; ce fut dans l'éruption de l'année 1037 qu'il en sortit de la lave pour la première fois, et c'est sur ce courant de lave qu'est bâti le château royal de Portici.

Dans les éruptions postérieures, il y a toujours eu des courans de laves, qui sont quelquefois sortis du cratère ; mais plus souvent ils se sont fait jour à travers les flancs de la montagne.

Parmi ces différentes éruptions, les plus considérables ont été celles de 1631, 1737, 1751, 1760, 1767, 1771 et 1794.

L'éruption du mois de décembre 1631 fut la plus terrible qu'on eût éprouvée ; elle dura jusqu'au 25 février de l'année suivante, et détruisit la plupart des bourgs et des villages de la côte voisine, soit par les courans de lave, soit par les tremblemens de terre, qui furent presque continuels.

L'éruption de 1737 fut très-considérable ; le torrent de lave qu'elle a produit a près de mille huit cents toises de longueur. Le Vésuve, depuis 1701 jusqu'à cette époque, avoit presque toujours été en activité.

L'éruption de 1779 est fameuse par les phénomènes singuliers qu'elle a présentés, et sur-tout par cette prodigieuse gerbe de feu de deux cents toises d'élévation qui sortit du cratère, et qui fut suivie de divers autres grands effets que de célèbres artistes dessinèrent d'après nature, et dont les gravures sont assez connues. Lalande a donné la description de cet embrasement dans son *Voyage en Italie* ; elle peut tenir lieu de toutes les peintures.

L'éruption de 1794 n'est malheureusement que trop fameuse par la destruction de la ville de *la Torré*. Elle a été très-bien décrite par Sénebier. (*Voyage de Spallanzani*, t. IV, p. 5.) Breislak, qui en a donné aussi une savante description, estime que la lave vomie alors par le Vésuve formoit une masse de dix-huit cent mille toises cubes ; le courant avoit deux mille toises de longueur, sept cents pieds de largeur, et vingt-cinq à trente pieds d'épaisseur.

Depuis cette époque, le Vésuve fut tranquille jusqu'au 21 janvier 1799, où il se fit une petite éruption, qui ne fut remarquable que par la circonstance où elle arriva ; ce fut dans l'instant même où l'armée française faisoit son entrée à Naples, et l'on regarda ce phénomène comme un témoignage de la satisfaction de saint Janvier.

Volcans vaseux ou *Salses*.

Les phénomènes volcaniques ne se présentent pas toujours avec l'appareil formidable des torrens de feu ; la nature, qui sait si bien modifier ses opérations, nous offre quelquefois des éruptions de *volcans* sous la forme de simples émanations d'une matière terreuse délayée d'eau. Mais les symptômes qui accompagnent ces sortes d'éruptions prouvent clairement, aux yeux de tous les observateurs, qu'elles sont produites par la même cause qui opère les plus terribles embrasemens.

On connoît beaucoup de *volcans* qui vomissent du feu; on connoît un plus grand nombre d'endroits d'où il sort de terre continuellement des gaz qui s'enflamment à l'air; mais ce n'est que dans très-peu de localités que se rencontrent les *volcans vaseux*.

Dolomieu les a nommés *volcans d'air*, parce qu'ils exhalent beaucoup de gaz *aériformes*; mais comme la vase qu'ils rejettent est, à mes yeux, leur produit immédiat, j'ai cru que le nom de *volcans vaseux* leur convenoit mieux que tout autre.

Ce fut le 18 septembre 1781 que Dolomieu, allant d'Arragona à Girgenti (ou Agrigente), sur la côte méridionale de la Sicile, vit à Macalouba, pour la première fois, un phénomène de cette nature.

En 1790, Spallanzani en observa de semblables dans plusieurs cantons du Modénois, où ils sont connus sous le nom de *salses*.

Pallas, en 1794, vit la même chose en Crimée.

Dans la description que Dolomieu donne du phénomène de Macalouba, il en offre d'abord une idée générale. « Si la dénomination de *volcan*, dit-il, n'appartenoit pas exclusivement aux montagnes qui vomissent du feu,.... j'appliquerois ce nom au phénomène singulier que j'ai observé en Sicile, entre Arragona et Girgenti : je dirois que j'ai vu un *volcan d'air*, dont les effets ressemblent à ceux qui ont le feu pour agent principal; je dirois que cette nouvelle espèce de *volcan* a, comme les autres, ses instans de calme et ses momens de grand travail et de grande fermentation : qu'*elle produit des tremblemens de terre, des tonnerres souterrains, des secousses violentes, et enfin des explosions qui élèvent à plus de trois cents pieds les matières qu'elles projettent* ». (*Voyage aux îles de Lipari*, pag. 152.)

Dolomieu passe ensuite au détail des circonstances locales, dont voici les plus importantes :

« Le sol du pays est *calcaire*; il est recouvert de montagnes et de monticules d'*argile*, dont quelques-unes ont un noyau gypseux. Après une heure de marche, je trouvai, dit-il, le lieu qui m'étoit désigné. J'y vis une montagne d'argile à sommet applati, dont la base n'annonçoit rien de particulier; mais, sur la plaine qui la termine, j'observai le plus singulier phénomène que la nature m'eût encore présenté.

» Cette montagne, à base circulaire, représente imparfaitement un cône tronqué; elle peut avoir cent cinquante pieds d'élévation : elle est terminée par une plaine un peu convexe, qui a un demi-mille (ou quatre cents toises) de

V O L

four. On voit sur ce sommet un très-grand nombre de cônes tronqués : le plus grand peut avoir deux pieds et demi; les plus petits ne s'élèvent que de quelques lignes. Ils portent tous sur leur sommet de petits cratères en forme d'entonnoirs, proportionnés à leur monticule. Le sol sur lequel ils reposent est une argile grise desséchée, qui recouvre un vaste et immense gouffre de boue, dans lequel on court le plus grand risque d'être englouti.

» L'intérieur de chaque petit cratère est toujours humecté; il s'élève à chaque instant, du fond de l'entonnoir, une argile grise délayée, à surface convexe; cette bulle, en crevant avec bruit, rejette hors du cratère l'argile qui coule, à la manière des laves, sur les flancs du monticule : l'intermittence est de deux ou trois minutes.

» Je trouvai, ajoute Dolomieu, sur la surface de quelques-unes de ces cavités, une pellicule *d'huile bitumineuse*, d'une odeur assez forte, que l'on confond souvent avec celle du *soufre*. Cette montagne a ses momens de grande fermentation, où elle présente des phénomènes qui ressemblent à ceux qui annoncent les éruptions dans les *volcans* ordinaires. On éprouve, à une distance de deux ou trois milles, des secousses de tremblement de terre souvent très-violens. Il y a des éruptions qui élèvent perpendiculairement, quelquefois à plus de deux cents pieds, une gerbe d'argile détrempée. Ces explosions se répètent trois ou quatre fois dans les vingt-quatre heures; elles sont accompagnées d'une odeur fétide de *foie de soufre* (ou *gaz hydrogène sulfuré*), et quelquefois, dit-on, de fumée. Dans la description faite par un témoin oculaire, d'une éruption antérieure, et qui est rapportée par Dolomieu, il est dit que l'éruption commença par une espèce de fumée qui, sortant du gouffre, s'éleva à la hauteur de quatre-vingts palmes, et avoit, en quelques parties, *la couleur de la flamme.*

» Mais je reconnus, dit Dolomieu, que le feu ne produisoit aucun des phénomènes de cette montagne, et que si, dans quelques éruptions, il y a eu fumée et chaleur, ces circonstances ne sont qu'accessoires...

» Dans les environs, à un demi-mille de distance, il y a plusieurs monticules où l'on voit les mêmes effets, mais en petit; on les nomme par diminutif, *macaloubettes* ».

Dolomieu ajoute, pag. 165, qu'au milieu de la montagne de Macalouba, il existe *une source d'eau salée, et qu'elles sont en très-grand nombre dans ce pays, où les mines de sel gemme sont très-communes. (Voyage aux îles de Lipari,* pag. 153 à 168.) Cette dernière observation n'est nullement indifférente, ainsi qu'on le verra ci-après.

L'existence du *volcan vaseux* de Macalouba remonte à des temps fort reculés. Strabon et Solin en parlent ; le passage de Solin est remarquable : « La campagne d'Agrigente, » dit-il, vomit des torrens de limon, et comme l'eau des » sources alimente sans cesse les ruisseaux, de même ici le » sol inépuisable tire perpétuellement de son sein une ma- » tière terreuse qui ne tarit jamais ».

Ager Agrigentinus eructat limosas scaturigines ; et, ut venæ fontium sufficiunt rivis subministrandis, ita, in hac Siciliæ parte, solo nunquam deficiente, æternâ rejectione, terram terra evomit.

Il faut remarquer que les *montagnes d'argile* qui, suivant l'observation de Dolomieu, couvrent toute cette contrée, sont le produit de ces *éternelles éjections* dont parle Solin, et à moins de se refuser à l'évidence, il est impossible de ne pas voir que cette incalculable quantité de matière est *formée* par une opération chimique de la nature, de même que les laves, ainsi que je l'exposerai tout-à-l'heure.

Les *salses* du Modénois décrites par Spallanzani, et ainsi nommées à cause de la quantité de sel marin qu'elles con- tiennent, présentent les mêmes circonstances locales et les mêmes phénomènes que Macalouba ; et, pour éviter les répétitions, je me contenterai de rappeler l'idée générale qu'il en donne dans son introduction.

« Dans les collines de Modène et de Reggio, dit-il, on voit certains lieux appelés *salses ; ils représentent les volcans en miniature ;* on y observe un cône tronqué extérieur, formant intérieurement un entonnoir renversé. Les matières terreuses, agitées et quelquefois lancées en haut, se versent plus souvent sur les côtés, et forment de petits courans, *comme les volcans.* Ces cônes s'ouvrent ; ils donnent nais- sance à plusieurs bouches, et, *comme les volcans,* ils sont en furie, ils détonnent, produisent de petits tremblemens de terre, et s'abandonnent aussi quelquefois au repos ».

Dans la description détaillée qu'il donne des *salses,* il observe qu'elles abondent en *sel marin,* en *pétrole* et en *gaz hydrogène* (tout comme à Macalouba). Il rapporte la description faite par Frassoni en 1660, des éruptions d'une de ces *salses,* où il y eut des tremblemens de terre ; il sortit du gouffre une flamme qui s'éleva à une hauteur prodi- gieuse, et la boue qu'il vomit étoit mêlée d'une grande quantité de bitume.

Pallas, en décrivant un phénomène tout semblable à ceux

de Modène et de Macalouba, que présentent la presqu'île de Kertche et l'île de Taman, dans la partie orientale de la Crimée, commence par dire qu'*on avoit d'abord pris ce phénomène pour un volcan.*

Cette presqu'île et cette île avoient, dit-il, depuis long-temps, en plusieurs endroits, des sources abondantes de *pétrole*, et des gouffres qui regorgent d'un limon salé et mêlé de beaucoup de gaz élastiques. Il y a trois de ces gouffres dans la presqu'île de Kertche, et sept à huit dans l'île de Taman, un sur-tout qui est sur le flanc d'une grande colline. Outre ce gouffre, ajoute-t-il, le haut de la même colline offre *trois mornes considérables, qui sont évidemment formés par la vase vomie de trois pareils gouffres jadis ouverts.* Ils ont à leur pied de petits lacs d'eau salée qui sent le pétrole. Des personnes établies à Kénikoul depuis quinze à vingt ans, se rappellent une explosion arrivée sur cette colline, accompagnée de feu et des mêmes phénomènes qu'on a remarqués dans l'éruption de 1794 ; et selon la tradition des *Tatars*, tous les gouffres ou sources de vase se sont annoncés par des explosions de feu et de fumée.

L'endroit où le nouveau gouffre s'est ouvert est sur le haut de la colline. « L'explosion, dit Pallas, s'est faite à cet » endroit avec un fracas semblable à celui du tonnerre, et » avec l'apparition d'une gerbe de feu qui n'a duré qu'en- » viron trente minutes, accompagnée d'une fumée épaisse. » Cette fumée et l'ébullition la plus forte a duré jusqu'au » lendemain : après quoi la vase liquide a continué à dé- » border lentement, et a formé six coulées, lesquelles, du » faîte de la colline, se sont répandues vers la plaine. La » masse de vase qui forme ces coulées, épaisses de trois jus- » qu'à cinq archines (de six à dix pieds et plus), peut être » évaluée à plus de cent mille toises cubes ». (Pallas, *Tau-ride*, p. 59.)

Éruption d'eau et de boue des Volcans ordinaires.

Si les *salses* offrent des phénomènes semblables à ceux des *volcans ignivomes*, il arrive aussi quelquefois à ceux-ci d'éprouver des éruptions semblables à celles des *salses*.

On a vu l'Etna, en 1751, vomir des torrens d'eau (*un nilo d'acqua*), comme disent les relations du pays.

Brydone a vu les traces prodigieuses d'un torrent sem-blable qui sortit, en 1755, du cratère de ce *volcan*. Ce dé-luge a sillonné les flancs de la montagne sur une largeur d'une demi-lieue, et même davantage.

Le Vésuve a plusieurs fois présenté le même phénomène, et sur-tout d'une manière bien funeste dans sa grande crise de 1631.

« Les eaux qui sortirent du Vésuve, sur-tout le 28 dé- » cembre, étoient en si grande abondance, qu'elles for- » mèrent plusieurs torrens, qui, s'étant répandus de tous » côtés, ravagèrent les campagnes, déracinèrent les arbres, » détruisirent les édifices, engloutirent plus de cinq cents » personnes qui étoient en procession vers Torré-del-Greco, » en noyèrent un grand nombre dans les environs du Vé- » suve, et portèrent la désolation jusqu'auprès de Naples, » ayant entraîné dans la mer une foule de gens qui se reti- » roient dans cette ville. L'abbé Braccini fait monter à trois » mille le nombre des personnes qui y périrent : d'autres » auteurs le font monter jusqu'à dix mille ». (Lalande, *Voyage en Italie.*)

Enfin, l'on a vu ci-dessus que dans le terrible désastre arrivé au Pérou en 1797, les *volcans* de cette contrée ont vomi d'immenses fleuves d'une vase infecte. Voici comment s'exprime à cet égard le célèbre CAVANILLES, d'après les dé- tails authentiques qu'il a reçus de cet événement : « Comme » si le tremblement de terre seul n'eût pas suffi à ruiner un » pays aussi riche, aussi peuplé, il se prépara un autre » malheur inoui jusqu'ici : les sommets des montagnes » s'écroulèrent, et de leurs flancs entr'ouverts il sortit une » si immense masse d'eau fétide, qu'en peu de temps elle » remplit des vallées qui avoient mille pieds de largeur et » six cents de profondeur, et *se condensant par la dessi-* » *cation en peu de jours, en une pâte terreuse et très-dure*, » elle intercepta le cours des rivières, les fit refluer pendant » quatre-vingt-sept jours, et convertit en lacs des terres qui » étoient sèches auparavant...

» Près de la ville de Pellileo étoit située une grande mon- » tagne, nommée *Moya*, qui, bouleversée dans un clin- » d'œil, *vomit une rivière de cette matière épaisse et fétide*, » *qui couvrit et acheva de détruire les misérables restes de* » *cette ville* ». (*Journal de Physique*, fructidor an 7, pag. 231.)

Éruptions de gaz inflammables.

Après avoir parlé des éruptions *vaseuses*, je dois dire quelque chose des émanations habituelles de substances purement *gazeuses* et inflammables, qui sont, en quelque sorte, la contre-partie des premières.

Il existe un assez grand nombre de localités où l'on voit

perpétuellement sortir de terre des flammes légères, mais capables néanmoins de calciner ou de vitrifier les pierres.

J'ai parlé des feux de Bakou, près de Derbent en Perse, dans l'article BITUME.

Spallanzani nous a donné la description de ceux du Mont-Cémone, de Barigazzo et de quelques autres cantons d'Italie.

Nous devons à Lalande celle des feux de Piétra-Mala, dans la partie la plus élevée de l'Apennin, entre Florence et Bologne.

« Le plus beau spectacle, dit-il, que la physique offre » dans ces montagnes, est le feu de Piétra-Mala... Le ter- » rein d'où cette flamme s'exhale a dix ou douze pieds en » tous sens; il est sur le penchant d'une montagne à mi- » côte, parsemé de cailloux comme le reste du territoire, » sans aucune fente ni crevasse... Cette flamme est bleue » en certains endroits, rouge dans d'autres; si vive, *sur-* » *tout quand le temps est pluvieux* et que la nuit est obscure, » qu'elle éclaire toutes les montagnes voisines. Lorsque je » l'ai vue le 24 octobre 1765, par une nuit froide et humide, » il sortoit, de deux endroits, deux tourbillons d'une flamme » très-vive, d'environ un pied de diamètre et un pied de » haut. Dans le reste du terrein, il y avoit de petits flocons » d'une flamme bleue et légère, semblable à celle de l'esprit- » de-vin; ils sortoient d'entre les cailloux, et voltigeoient » sur la surface du terrein...

» L'odeur de cette flamme, ajoute Lalande, m'a paru » difficile à distinguer, à cause du vent qui l'emportoit avec » force; c'étoit une odeur qui sembloit tenir un peu du » *soufre*, ou plutôt de *l'huile de pétrole*. J'ai ouï dire à un » physicien que c'étoit une odeur de *benjoin* très-décidée » qu'il y avoit reconnue. Madame Laura Bassi me disoit » qu'elle y trouvoit une odeur approchante de celle qu'on » apperçoit quelquefois dans les expériences de l'électricité. » Il est vrai, ajoute Lalande, que quand le temps est disposé » au tonnerre, la flamme de Piétra-Mala redouble de vi- » vacité, ce qui sembleroit indiquer quelque rapport avec » le feu électrique ». (*Voyage en Italie*, tom. 2, pag. 135, édit. 8°.)

Ferber y avoit trouvé, comme Lalande, l'odeur du *pé-trole*; Diétrich avoit cru y reconnoître l'odeur de l'*acide muriatique*, et Spallanzani, celle du *gaz hydrogène*; et probable-ment toutes ces substances s'y trouvent réunies.

Targioni regardoit les feux de Piétra-Mala comme les restes d'un ancien *volcan*; et Bernouilli a reconnu qu'en

effet il y avoit dans le voisinage , des vestiges d'éruptions volcaniques.

Spallanzani a fait sur ces sortes de feux une observation
intéressante : il a recueilli dans neuf endroits différens les gaz
qui servent d'aliment à ces feux , et après diverses expériences , il a reconnu qu'ils sont tous de la même nature ;
c'est par-tout du *gaz hydrogène* ; mais il a l'odeur moins désagréable que celui qu'on obtient par les dissolutions de *fer*
ou de *zinc* dans les acides.

Nous avons en Dauphiné , près du village de Saint-Bar-
thélemy , à quatre lieues au sud-est de Grenoble , des feux
semblables à ceux de Piétra-Mala , qui sont connus sous la
dénomination très-impropre de *fontaine ardente*. Guettard
et Montigny , qui les ont décrits , y indiquent très-claire-
ment la présence du *gaz hydrogène* , quand ils disent que *les
fragmens de pierres que l'on retiroit des flammes, avoient
tous une odeur semblable à celle qui se dégage d'une dissolution de fer par l'acide vitriolique.* (*Acad. des Sc.*, 1768.)

Il existe de semblables feux dans beaucoup d'autres localités ; mais comme par-tout les circonstances et les effets
sont les mêmes , il seroit inutile d'en multiplier les descriptions.

Tremblemens de terre.

Toutes les contrées où se trouvent des *volcans* en activité ,
ou qui furent jadis volcanisées , sont exposées à éprouver
plus ou moins fréquemment des secousses de *tremblement de
terre.*

Près des *volcans* brûlans , chaque éruption est , pour l'ordinaire , accompagnée de commotions souterraines , mais
qui souvent sont moins violentes que celles qui se font sentir
dans les pays où sont les *volcans* éteints.

Les îles , en général , sont plus sujettes aux *tremblemens de
terre* que les continens; les côtes de la mer plus que l'intérieur
du pays , et les contrées voisines de l'équateur beaucoup plus
que les pays septentrionaux.

Ces terribles phénomènes sont quelquefois annoncés par
des symptômes , avant-coureurs de la crise. On a remarqué
qu'ils arrivent par préférence à la suite des années très-plu-
vieuses ; ils sont précédés d'ouragans , de météores ignés , de
vapeurs âcres qui sortent de terre ; l'air est rouge et comme
embrasé, le ciel est couvert de nuages épais et noirs; le temps
est lourd , accablant : on entend un tonnerre souterrain : les
animaux paroissent souffrans et plaintifs ; les oiseaux crient
et s'agitent; les sources s'arrêtent ou se troublent; la mer

mugit et se soulève d'une manière brusque et furieuse ; elle se retire tout-à-coup, et revient inonder le continent. Les vaisseaux s'entrechoquent dans le port ; ils éprouvent, même en pleine mer, des secousses subites et violentes, comme s'ils donnoient contre un rocher.

Les *tremblemens de terre* ne sont quelquefois que momentanés : souvent ils se prolongent pendant des semaines et des mois entiers ; on en a vu au Pérou se répéter chaque jour pendant plusieurs années de suite. Dans certaines contrées ils sont en quelque sorte périodiques : Hans Sloane dit que tous les ans, à la Jamaïque, on doit s'attendre à cet événement.

Un fait qui a toujours paru très-remarquable, c'est la rapidité prodigieuse avec laquelle les commotions souterraines se communiquent depuis leur foyer principal, jusqu'à des distances de plusieurs centaines de lieues.

Le *tremblement de terre* affreux de 1755, dont le foyer se trouvoit à Lisbonne, se fit sentir presqu'au même instant sur les côtes occidentales de l'Europe, jusqu'en Danemarck et sur les côtes occidentales d'Afrique, où il renversa plusieurs villes des royaumes de Fez et de Maroc.

Les *tremblemens de terre*, de même que les éruptions volcaniques, datent des siècles les plus reculés ; il est probable même, comme le pense Buffon, qu'ils ont précédé les éruptions ; mais ceux dont les historiens nous ont conservé la mémoire, ne remontent pas (au moins d'une manière certaine) au-delà de l'ère chrétienne.

Je crois devoir présenter ici une courte notice de ceux qui sont les plus connus.

L'an 17, sous l'empire de Tibère, *tremblement de terre* dans l'Asie mineure, qui renversa douze villes.

L'an 115, sous Trajan, Antioche, capitale de la Syrie, fut détruite si subitement, que le consul Pédon y périt, et que l'empereur Trajan, qui s'y trouvoit alors, ne se sauva qu'avec peine.

En 358, *tremblement de terre* qui se fit sentir en Asie, en Macédoine et dans le royaume de Pont, d'une manière si violente, qu'il causa la destruction de cent cinquante villes, et, entr'autres, de Nicomédie (aujourd'hui Ismide), en Natolie.

En 528, Antioche fut renversée pour la seconde fois : il y périt quarante mille ames.

En 580, du temps de saint Grégoire, elle éprouva, pour la troisième fois, une semblable catastrophe : soixante mille habitans furent écrasés sous ses ruines.

En 742, 746 et 749, les *tremblemens de terre* furent si multipliés et si terribles en Égypte et dans tout l'Orient, que six cents villes, dit-on, furent culbutées.

En 1182, sous le sultan Saladin, la plupart des villes de Syrie et de la Judée éprouvèrent le même fléau.

En 1403, sous l'anti-pape Benoît XIII, Rome fut ravagée par un *tremblement de terre* ; ce fut le quarante-troisième qu'elle avoit éprouvé depuis l'ère chrétienne.

Buffon dit que sous le pontificat de Pie II (qui régna de 1458 à 1464), la ville de Naples fut tellement secouée par un *tremblement de terre*, que les églises et les palais furent tous renversés, et qu'il y périt trente mille personnes.

En 1532, Lisbonne éprouva un désastre semblable à celui dont elle fut de nouveau la victime en 1755, et d'après le rapport de Paul Jove, historien contemporain, il paroit que les circonstances furent absolument les mêmes.

En 1586 et 1596, les deux villes capitales du Japon, Iedo et Meaco, furent entièrement désolées.

En 1660, un *tremblement de terre* assez violent se fit sentir à Bordeaux : Guy Patin, qui en parle (*Lettre 186.*), observe que ce fut trois jours avant que Louis XIV y fît son entrée. La même secousse s'étendit en Auvergne et dans les Pyrénées, où elle se prolongea pendant trente-six heures.

En 1746, le 29 octobre, la ville de Lima, l'une des plus riches de l'Amérique espagnole, et le magnifique port de Callao furent totalement dévastés par un *tremblement de terre*, de même que Quito, l'une des principales villes du Pérou. Lima est tellement sujette à ces terribles catastrophes, qu'elle en a été presqu'entièrement renversée quatorze fois dans moins de deux siècles; savoir, en 1582, 1586, 1609, 1655, 1678, 1687, 1697, 1699, 1716, 1725, 1752, 1734, 1743 et 1746.

En 1750, les 25 et 26 mai, toute la partie de la France qui avoisine les Pyrénées fut violemment agitée : aux environs de Tarbes il se forma un lac par l'affaissement du sol, qui avoit été miné par des courans d'eau souterrains. *Voyez* LAC.

En 1755, le 1er novembre, à neuf heures du matin, commença le désastre de Lisbonne, malheur mille fois trop grand, mille fois trop affreux, mais que certaines relations ont prodigieusement exagéré, et qu'elles ont même revêtu de circonstances absolument fausses, en disant entr'autres choses, *qu'une partie des maisons fut consumée par des tourbillons de flammes qui sortoient de la terre; que plus de cent mille citoyens furent la victime d'un feu sourd et caché, et que le plus grand nombre fut englouti dans le sein de la terre.* Rien de moins exact que cette narration. J'ai consulté sur cet événement plusieurs personnes les plus dignes de foi qui ont fait un long séjour à Lisbonne, et qui ont vécu avec des témoins oculaires de la catastrophe; voici ce que j'en ai recueilli (notamment d'une lettre que m'a écrite à ce sujet M. Couasnon, sculpteur d'un mérite distingué, homme grave et incapable d'en imposer, qui a passé les années 1789 et 1790 à Lisbonne, où il avoit été appelé pour y exercer ses talens): C'est le centre de la ville qui a le plus souffert; on vient d'y rebâtir deux belles places. Cette portion ravagée forme la sixième ou tout au plus la cinquième partie de la ville : par-tout ailleurs les anciennes églises sont encore debout, ce qui prouve que les commotions n'y furent pas très-fortes. A l'égard du feu, l'abbé Montignot, qui, dans le temps, donna la relation de cet événement, convient que les incendies furent causés accidentellement par les matériaux combustibles qui tomboient dans les foyers des maisons fracassées (c'étoit l'heure où toutes les cheminées des cuisines étoient allumées). M. Couasnon a ajouté que des voleurs, pour augmenter le désordre et se faciliter le pillage, avoient eux-mêmes incendié beaucoup de maisons. Il y eut un grand nombre de malheureux écrasés sous les ruines, mais personne ne fut *englouti;* et le nombre de cent mille victimes dont parlent les relations, est une exagération monstrueuse.

En 1769, le premier mai, Bagdad, ville considérable de Turquie, sur les frontières de la Perse, fut presque ruinée.

En 1770, le 5 juin, la partie ouest de l'île de Saint-Domingue fut ravagée : les principaux édifices du Port-au-Prince, de Léogane et du petit Goave, furent renversés.

En 1773, le 29 juillet, la ville de Guatimala, sur la côte occidentale du Mexique, fut entièrement ravagée.

En 1778, en juin et juillet, la ville de Smyrne fut à moitié détruite; les quartiers les plus riches furent ceux qui souffrirent le plus; les pertes furent immenses. Cette ville avoit éprouvé les mêmes malheurs en 1688.

En 1783, le 5 février, Messine fut presqu'entièrement renversée, et toute la Calabre éprouva les plus affreux ravages. Lorsque Spallanzani vit cette cité, cinq ans après, il dit,

qu'à l'exception des rues les plus grandes et les plus fréquen-
tées, les autres étoient encore, pour la plupart, encom-
brées de ruines; cependant il convient que *le Dôme*, qui
est un vaste édifice gothique, avoit peu souffert.

En 1797, le 5 avril, arriva l'affreux désastre du Pérou,
dont il a été fait mention ci-dessus, où le pays fut ravagé
dans une étendue de quarante lieues du nord au sud, et de
vingt lieues de l'ouest à l'est : les secousses de *tremblement de
terre* avoient commencé à se faire sentir deux mois auparavant, dès le 4 février. On dit que seize mille habitans ont
péri dans cette catastrophe.

La fin du dix-huitième siècle et le commencement du
dix-neuvième ont été marqués d'une manière frappante,
par des *tremblemens de terre*, des ouragans, des tempêtes,
des météores enflammés et autres phénomènes (qui tous dérivent de la même cause), et que l'on diroit être l'effet des
convulsions qu'éprouve la TERRE dans certaines circonstances.

Le 25 janvier 1799, on a ressenti de fortes secousses de
tremblement de terre au Mans, à Angers et à Nantes.

Le 7 septembre 1801, l'Écosse en a éprouvé de si violentes,
que plusieurs édifices ont été renversés à Édimbourg, à Perth
et à Glascow.

Le 11 du même mois on a ressenti plusieurs secousses à
Colmar, et le 23 à Neuf-Brisac : on a remarqué qu'elles se
dirigeoient du nord au sud.

Le 2 octobre suivant, à neuf heures du matin, la ville de
Bologne (en Italie) a éprouvé trois secousses consécutives,
qui toutes trois se dirigeoient du nord-est au sud-ouest. Le professeur Ciccolini, qui rend compte de cet événement, ajoute
que, pendant les années 1779 et 1780, les *tremblemens de
terre* affligèrent Bologne pendant près de douze mois. Alors
le soleil étoit pâle, le ciel couvert de nuages plombés; la
foudre tomboit fréquemment; il y avoit souvent des météores enflammés; on compta quatre-vingts aurores boréales;
mais aucun de ces phénomènes n'a eu lieu en 1801.

Le 3 du même mois d'octobre 1801, la ville de Semlin,
en Hongrie, a été fortement secouée par un *tremblement de
terre* qui a duré quatre minutes.

Le 26 octobre de l'année suivante, 1802, Constantinople
et les contrées voisines éprouvèrent des secousses si multipliées et si terribles, qu'on crut pendant quelque temps que
la capitale de l'Empire turc seroit complètement détruite.

Une lettre écrite de Péterwaradin, en Basse-Hongrie,
qu'on a regardée comme officielle, contenoit les détails sui-

vans : « Le *tremblement de terre* qu'on a ressenti dans cette
» ville et dans tout le *Sirmium* le 26 octobre dernier , s'étendit
» sur toute la Servie , la Bosnie et les autres provinces turques ,
» jusqu'au bord de la mer Noire. Il étoit très-violent à Cons-
» tantinople : la plupart des maisons situées dans le voisinage
» du sérail , et une grande partie des habitations et des mos-
» quées , du faubourg de Galata , se sont écroulées : ce *trem-*
» *blement de terre* y a duré pendant plus de trente minutes ;
» les secousses et les mouvemens étoient continuels ; le sérail
» a été ébranlé et a beaucoup souffert ; le grand-seigneur s'est
» enfui dans la grande mosquée , autrefois l'église de Sainte-
» Sophie , où le peuple s'est rendu en masse , parce que cette
» mosquée est réputée inébranlable ».

Les autres contrées de la terre ont , pendant les mêmes
années , éprouvé des malheurs semblables ; mais c'est sur-tout
en Europe que se sont multipliés non-seulement les *trem-*
blemens de terre , mais encore d'autres phénomènes extraordinaires , entre lesquels on a sur-tout remarqué la prodigieuse
grêle de pierres tombées aux environs de l'Aigle en Normandie le 26 avril 1803. *Voyez* l'article Pierres météoriques.

Après avoir exposé quelques-uns des grands phénomènes
et des principaux effets que produisent les feux souterrains ,
passons à l'examen des causes auxquelles on a cru pouvoir les
attribuer.

Origine présumée des feux volcaniques.

Les phénomènes que présentent les *volcans* sont si grands ,
si imposans , si terribles , qu'ils ont singulièrement fixé l'attention des hommes ; et , en même temps qu'ils répandoient
autour d'eux une épouvante universelle , ils inspiroient aux
observateurs de la nature , le plus vif desir de pénétrer la cause
de ces effrayantes convulsions de la terre ; mais toujours un
voile épais semble l'avoir dérobée à leurs regards.

Après avoir bâti divers systèmes , qui se sont renversés
successivement , on s'en est tenu à dire (plutôt par lassitude,
sans doute , que par conviction) , que les *volcans sont produits*
par l'embrasement des couches de houille et de pyrites qui
s'enflamment lorsqu'elles sont humectées par les eaux.

Telle est l'opinion , ou du moins l'hypothèse que les auteurs
les plus modernes disent être aujourd'hui généralement pro-
fessée.

Mais parmi les innombrables difficultés que présente ce
système , il en est deux sur-tout qui le rendent tout-à-fait in-

soutenable ; savoir, 1°. le retour périodique des paroxysmes des *volcans*, et 2°. l'incalculable masse de leurs *éjections* (1).

Quand on compare, et l'immensité des effets des *volcans*, et les circonstances qui les accompagnent, avec la cause qu'on leur attribue, il est impossible de n'y pas voir une disproportion qui détruit toute probabilité.

Les plus grands incendies de houilles, tels que ceux de Bohême et du Forez, qu'ont-ils produit ? A-t-on vu des éruptions de laves, des tremblemens de terre, des formations de montagnes, &c. &c.? pas la moindre chose qui ressemble à rien de tout cela. Une légère dépression dans la surface du sol, à mesure que la couche de houille qui lui servoit de support se détruisoit par sa paisible combustion, voilà tout, absolument tout ce qui a résulté de cet incendie souterrain, quelque vaste qu'il fût.

Veut-on associer aux couches de houille, des couches de pyrites ; mais on sait bien que les pyrites ne s'enflamment jamais dans le sein de la terre, quel que soit le degré d'humidité où elles se trouvent : il faut nécessairement le concours de l'air libre pour qu'elles puissent éprouver un mouvement de fermentation. Une infinité de faits prouvent avec évidence que jamais les pyrites ne se sont enflammées dans le sein de la terre. Paris est environné de bancs de pyrites très-abondamment disséminées dans une argile assez humectée pour être ductile : tous les bancs de craie de Champagne sont tellement farcis de pyrites, qu'on avoit cru que c'étoit de-là qu'étoit sorti tout l'acide sulfurique des gypses de Montmartre. Mais les pyrites n'ont pas plus fait de montagnes de gypse, qu'elles n'ont causé d'éruptions de *volcans*.

Les mines de cuivre pyriteuses de Fahlun en Suède, celles de Cornouailles, d'Anglesey, d'Irlande, celle d'Allagne décrite par Saussure, sont les plus puissantes couches de pyrites que l'on connoisse ; elles sont continuellement pénétrées d'humidité (comme le sont tous les corps même les plus compactes, tant qu'ils sont dans le sein de la terre), et cepen-

---

(1) J'ai cru devoir employer le mot EJECTION, du latin *ejectio*, au lieu de celui de DÉJECTION, dont se servent quelques auteurs. *Déjection* n'est usité qu'en médecine, pour désigner les *selles* d'un malade, et il paroît assez inconvenant de l'appliquer aux éruptions volcaniques ; à moins qu'on ne suppose, avec le docteur Richard Blackmore, que quand l'Etna s'agite violemment, *c'est qu'il a un accès de colique*. Dans ce sens, on pourroit ajouter qu'il en est délivré par une copieuse *déjection* de matières *lithoïdes*, suivant le style d'un auteur moderne.

dant elles ne donnent pas le moindre signe d'effervescence ;.
diroit-on qu'il leur falloit, pour entrer en fermentation, le
contact de l'eau de la mer ; mais elles ont été sous l'Océan :
une partie de celles d'Angleterre y sont encore, et les roches
feuilletées qui leur servent d'enveloppe n'interdisoient sûrement pas tout passage aux eaux de l'Océan. Pourquoi donc
ne se sont-elles pas embrasées? je le répète, c'est qu'il auroit
fallu le contact d'un air continuellement renouvelé, et bien
d'autres circonstances encore.

Mais en admettant pour un moment cet embrasement
complet des couches de houille et de pyrites, je demande-
rois comment peuvent en résulter les effets que nous voyons?
La houille contient tout au plus un dixième de matière fixe
et terreuse; tout le reste est combustible ou volatil : il auroit
donc fallu, pour former l'Etna, une couche de houille dix
fois aussi volumineuse que cette montagne, qui a soixante
lieues de circonférence et dix mille pieds d'élévation, ce
qui est fort au-dessus de tout ce que nous connoissons en
couches de houille. Les pyrites qu'on voudroit y joindre
présentent le même genre de difficulté.

Pour l'éluder, on prétend que les *volcans* tirent leur
aliment de fort loin par des conduits souterrains : qu'il
existe quelque part des amas de matières combustibles situés
dans un local plus élevé que le foyer du *volcan*, et qui, faisant l'office d'*atanor*, lui fournissent successivement les
substances qui doivent nourrir ses feux. Breislak dit, par
exemple, que le Vésuve est alimenté par des ruisseaux de
pétrole qui viennent de l'Apennin, et cette idée est assurément fort ingénieuse ; mais si elle paroît au premier coup-
d'œil satisfaisante pour le Vésuve, elle ne l'est pas autant
pour beaucoup d'autres *volcans*, et je serois en peine de
savoir où se trouve l'*atanor* qui alimente cette foule de *volcans* dont les feux, portés jusqu'aux nues, éclairent à quarante lieues de distance la surface de l'Océan équatorial, dont
la profondeur est au moins d'une lieue. J'avoue qu'à moins
de supposer cet *atanor* dans la lune, je ne vois pas où l'on
pourroit le placer.

On prétend que les matières vomies par les *volcans* sont les
roches mêmes de l'intérieur de la terre qui sont fondues par
le feu des houilles et des pyrites. Mais si ce feu est capable
de fondre d'un seul jet des masses telles qu'un de ces courans de lave de l'Etna, de dix lieues de longueur sur trois à
quatre lieues de large (qui formeroit seul une grande montagne), il semble que ces mêmes feux devroient aussi mettre
en fusion les roches qui forment la voûte même de la grande

fournaise où se fait cette immense fusion , et tout l'Etna devroit s'abîmer dans ces cavernes , sur lesquelles l'imagination
le tient suspendu.

Mais ce qui doit pleinement rassurer sur un pareil événement, c'est que depuis que les hommes existent, on voit que,
de tous les pays volcanisés, il n'en est pas un seul où il soit
arrivé le moindre affaissement , qu'on puisse attribuer à des
cavernes volcaniques ; leur sol , au contraire, a été continuellement exhaussé par les matières qui sont sorties du *volcan* sous la forme de laves , de cendres ou de tufs. La Campanie, avec ses soixante cratères , est mille fois moins exposée
à avoir son sol englouti dans des abîmes (qui n'existent point),
que les contrées situées au pied des Alpes ou des Pyrénées,
où l'on a vu plusieurs fois des affaissemens considérables
causés par les courans d'eaux souterrains.

Les tremblemens de terre ont détruit des cités , en renversant leurs édifices par des commotions passagères ; mais, la
crise passée, le sol s'est retrouvé au même niveau , et tout
aussi solide qu'auparavant.

Le systême qui attribue les phénomènes volcaniques à
l'inflammation des houilles et des pyrites , offre une foule
d'autres invraisemblances qu'il seroit superflu de relever ,
d'autant plus que le seul retour périodique des éruptions est
plus que suffisant pour renverser ce systême.

N'est-il pas évident, en effet, que si les phénomènes volcaniques étoient produits par l'inflammation de quelques
masses de houille ou d'autres matières combustibles, exis-
tantes toutes formées dans le sein de la terre , ces matières ,
une fois embrasées, brûleroient sans discontinuer jusqu'à
leur entière consommation , et qu'une fois consumées , le
volcan seroit éteint sans retour ?

Néanmoins , on voit arriver tout le contraire ; car si ,
après un embrasement plus ou moins considérable , le
volcan tombe dans le repos, c'est pour éprouver ensuite de
nouveaux paroxysmes, auxquels succède un nouveau calme,
et cette alternative se perpétue pendant une longue suite de
siècles.

Ces faits s'accordent si peu avec l'hypothèse dont il s'agit,
que Dolomieu, qui a si bien observé les *volcans*, a fini par
déclarer, d'une manière formelle , que *leur foyer ne réside
point dans des couches de houille et autres matières combustibles, et que, s'il existe vraiment une inflammation souterraine, ce n'est pas par cette sorte de substance qu'elle est
alimentée.* (*Journal des Mines*, n° 41 , nivôse an VI ; février 1798.)

Quoiqu'il eût d'abord admis le système bannal, il lui parut enfin si dénué de fondement, qu'il aima mieux encore supposer que l'intérieur du globe terrestre étoit rempli d'une matière à demi-liquide, qui, dans certaines circonstances, s'échappoit par les soupiraux des *volcans*, et s'enflammoit par le contact de l'air.

Je ne pense pas qu'il tînt beaucoup à cette hypothèse; mais elle prouve au moins combien l'autre lui sembloit insoutenable.

Quelle seroit donc la théorie qui pourroit rendre compte, d'une manière satisfaisante, des phénomènes volcaniques? Ce seroit celle qui feroit agir une cause permanente et sans cesse occupée à réparer les pertes éprouvées dans les momens de crises, par la *reproduction* des agens qui les ont occasionnées, et qui doivent en causer de nouvelles; une cause enfin qui fût analogue à la marche générale de la nature.

Après de longues et nombreuses observations sur la structure du globe terrestre et sur les divers phénomènes géologiques, je crois avoir enfin trouvé cette *véritable théorie des volcans*.

Le Mémoire qui la contient fut lu à l'Institut le 1er ventôse an 8 (20 février 1800), et publié dans le *Journal de Physique* le mois suivant (germinal) et dans d'autres journaux. Tout ce que j'ai pu apprendre depuis ce temps-là, de l'opinion que les hommes les plus éclairés ont conçue de cette théorie, me persuade qu'elle n'est pas un vain système.

L'estimable auteur des *Observations sur les Volcans de l'Auvergne*, M. Lacoste de Plaisance, qui paroît avoir fait de ma théorie l'objet de ses méditations, en rend compte de la manière la plus flatteuse. Il dit notamment *que les phénomènes qui font le désespoir des autres systêmes, sont le triomphe du mien, tant les explications qu'il en donne sont naturelles, simples et satisfaisantes, et tant celles qu'en donnent les autres contentent peu la raison.* (Pag. 57 de l'ouvrage cité.)

Il me reproche, il est vrai, d'avoir trop multiplié les agens que je mets en œuvre; mais M. Breislak n'a nullement trouvé que ce fût un défaut, car il a lui-même adopté précisément les mêmes agens un an après la publication de ma *Théorie*, et il répond d'une manière très-satisfaisante à cette objection.

« Voudroit-on, dit-il, reprocher à cette hypothèse trop » de complication ? Je prie de songer que l'inflammation

» d'un *volcan* est un si grand phénomène, que beaucoup
» de causes doivent concourir à sa formation. Si une cause
» simple et unique suffisoit à les produire, ils seroient plus
» communs sur le globe. L'idée de la simplicité de la nature
» portée à l'excès, peut aussi nous égarer ». (*Campanie*,
t. 1, c. VII, p. 296.)

Saussure, qui connoissoit si bien la marche de la nature,
avoit déjà fait la même réflexion; et ce seroit, en effet, une
chimère de prétendre expliquer des phénomènes tels que
ceux des *volcans*, d'une manière qui fût en même temps
simple et *complète*.

Nouvelle Théorie.

Les corps planétaires (tels que la *terre*) ne sont point des
masses inertes : la nature ne fait rien de mort. Ces grands
corps ont une sorte d'organisation qui leur est propre; ce
n'est pas l'organisation d'un *animal* ou d'une *plante*, c'est
celle d'un *monde*; ils ont des fonctions analogues à leur
destination, mais dont le principe est analogue à celui qui
vivifie tous les êtres organisés. La nature n'a pas deux mar-
ches différentes; tous les êtres organisés sont animés par une
circulation de fluides qui se modifient par diverses combinaisons, suivant les organes qui les élaborent : il en est de
même à l'égard du globe terrestre.

C'est un peu légèrement, ce me semble, qu'on a regardé
les *volcans* comme des phénomènes purement accidentels :
je pense, au contraire, qu'ils tiennent essentiellement à la
constitution des corps planétaires ; et puisque la *lune* a,
comme la *terre*, des montagnes et des *volcans*, il faut bien
que ces attributs soient une dépendance nécessaire de l'organisation de ces grands corps : ne craignons donc pas de
les considérer sous ce point de vue. *Voyez* MONTAGNES et
PLURALITÉ DES MONDES.

Les géologues savent que l'écorce de la terre est formée
de couches schisteuses primitives, qui recouvrent les couches
de granit. Celui-ci s'étend jusqu'à une profondeur qui nous
est inconnue, où se trouve un noyau plus compacte. *Voyez*
l'article GÉOLOGIE.

On pourroit comparer ces trois ordres de substances à
l'*écorce*, à l'*aubier* et au *cœur* d'un arbre. C'est dans l'écorce
schisteuse que se fait principalement la circulation des fluides
qui donnent l'existence aux *volcans*.

Les *schistes primitifs* sont composés de feuillets qui, dans
le principe, furent parallèles à la surface de la terre, et qui

sont toujours parallèles entr'eux, quelle que soit leur situation actuelle.

Ces *couches schisteuses* ont été plus ou moins fracturées par la cause générale qui a formé les Montagnes primitives (*Voyez* ce mot.); mais, malgré ces déchiremens partiels, elles s'étendent depuis les montagnes des continens jusqu'au fond des mers, où elles forment des montagnes semblables. Je le répète, c'est dans ces schistes que se préparent les alimens des *volcans* et les matières inépuisables qu'ils vomissent; elles sont le produit d'une combinaison chimique des divers fluides gazeux qui passent de l'atmosphère dans l'écorce de la terre.

Telle est la marche constante et simple de la nature, qui répare à mesure qu'elle consomme, et qui anime tout par une circulation non interrompue.

Je pense, à l'égard des laves et des autres produits volcaniques, ce que Lavoisier, Humboldt et d'autres hommes célèbres ont pensé à l'égard des terres en général, que ce sont des *oxides* dont la base nous est encore inconnue, et j'ai hasardé quelques conjectures sur la nature de cette base.

C'est aux découvertes de la chimie moderne que je suis redevable des lumières sans lesquelles toutes les observations géologiques n'auroient pu me fournir que des conjectures vagues sur l'origine de ces incalculables masses de matières que vomissent les *volcans*, et sur les causes de l'intermittence de leurs paroxysmes.

Rappelons d'abord ici quelques-unes de ces découvertes qui trouveront ci-après leur application. Je dirai donc,

1°. Que les terres, et sur-tout l'argile, ainsi que les métaux, attirent puissamment l'oxigène de l'atmosphère.

2°. Que l'acide muriatique enlève l'oxigène aux oxides métalliques, et devient *acide muriatique suroxigéné*.

3°. Que le gaz hydrogène est enflammé par le gaz muriatique suroxigéné, de même que par l'étincelle électrique, et que le *gaz hydrogène phosphoré* détonne par le seul contact de l'air.

4°. Qu'une combinaison d'hydrogène, de carbone et d'un peu d'oxigène, forme de l'*huile*, et que cette huile, modifiée par l'acide sulfurique, devient un *bitume*.

5°. Que le *phosphore* est, de tous les corps combustibles, le plus propre à fixer l'oxigène.

6°. Que le charbon a la propriété de décomposer l'eau à une température un peu élevée.

Rappelons-nous encore que tous les *volcans* en activité,

sans exception, sont dans le voisinage de la mer, et qu'à mesure qu'elle s'est éloignée des autres, ils se sont éteints.

C'est donc dans les eaux de la mer qu'il faut chercher leur aliment, et cet aliment me paroît être sur-tout *l'acide muriatique.*

C'est entre les tropiques que les eaux de l'Océan sont plus chargées de sel que par-tout ailleurs, et c'est entre les tropiques qu'existe l'immense majorité des *volcans* brûlans. On a vu ci-dessus qu'au Pérou la seule province de Quito en a seize, qui viennent de ravager une immense étendue de pays. On connoît les *volcans* des Antilles, ceux des îles du Cap-Verd, de la mer d'Afrique et des Indes; on connoît ces îles nombreuses de la vaste mer du Sud, qui forment une zône volcanique qui accompagne l'équateur dans une étendue de plus de 150 degrés de longitude.

Les *volcans* peu nombreux qui se trouvent à de hautes latitudes, tels que ceux d'Islande, du Kamtchatka, des îles Aléoutes; et dans l'hémisphère austral, ceux de la Terre de Feu sont tous précisément sur le passage des courans généraux de l'Océan, qui portent les eaux de l'équateur vers les pôles; de sorte que ces *volcans* participent à la forte salure des eaux des tropiques.

A l'égard des *volcans* d'Italie, ils sont dûs à une circonstance très-particulière, et qui prouve d'une manière frappante l'emploi que les *volcans* font du sel marin.

La Méditerranée, sept fois plus étendue que la surface de la France, perd, par l'évaporation, incomparablement plus d'eau qu'elle n'en reçoit par les fleuves; et pour rétablir l'équilibre rompu par cette déperdition, les eaux de l'Océan (comme l'observe Buffon) y coulent avec une très-grande rapidité, par le détroit de Gibraltar, et lui apportent journellement une immense quantité de sel qui, une fois entré, n'en ressort plus. Il y a donc long-temps que le bassin de la Méditerranée seroit comblé de sel marin, si les *volcans* des Deux-Siciles, placés au milieu de cette mer, n'étoient là pour en opérer la décomposition.

J'ai dit que les couches schisteuses avoient éprouvé des fractures plus ou moins fréquentes: c'est par ces fissures, où elles présentent la tranche de leurs feuillets, que les couches squmarines absorbent, et le fluide muriatique dont elles sont abreuvées, et les divers fluides de l'atmosphère que les eaux leur transmettent.

L'acide muriatique, suivant Fourcroy, paroît être libre à la surface de la mer, et cet acide, en effet, s'y forme journellement; il semble donc qu'étant plus pesant que l'eau, une partie au moins peut arriver jusqu'aux couches schisteuses, sur-tout quand elles se trouvent à peu de profondeur.

Mais cet acide, fût-il engagé dans une base alcaline ou terreuse, l'acide sulfurique qui abonde dans les schistes, l'en auroit bientôt débarrassé. Ces schistes contiennent de l'acide sulfurique libre, dont j'expliquerai ci-après la formation; ils contiennent des sulfures métalliques, plusieurs sulfates, des oxides de fer, de manganèse, &c. et beaucoup de charbon, ainsi que l'a observé M. Humboldt.

Dès que l'acide muriatique est introduit dans ces schistes, il y dépouille de leur oxigène les oxides métalliques, et devient acide muriatique suroxigéné.

De nouvel oxigène, attiré sans cesse de l'atmosphère à travers l'eau, soit par l'argile, soit par les métaux, se combine de nouveau avec eux; un nouvel acide muriatique l'enlève, et ainsi successivement.

Cet acide muriatique sur-oxigéné, pressé par la colonne d'eau supérieure, ou attiré par les feuillets schisteux qui font l'office de tubes capillaires, s'étend de plus en plus, et bientôt se propage au loin. Il rencontre de toutes parts les sulfures de fer dont les schistes sont remplis; il les décompose avec violence; il y a un puissant dégagement de calorique, formation d'acide sulfurique, et décomposition d'eau par l'intermède du charbon. Une portion de l'hydrogène de cette eau se combine avec le carbone et un peu d'oxigène, et forme de l'*huile;* l'acide sulfurique se combine avec cette huile, et forme du *pétrole;* l'autre portion de l'hydrogène est enflammée par de nouveau gaz muriatique sur-oxigéné; le pétrole réduit en gaz s'enflamme aussi, et l'incendie commence.

Mais ces feux seroient éteints presqu'aussi-tôt qu'allumés, si le plus puissant agent ne venoit sans cesse redoubler leur activité: cet agent, c'est le *fluide électrique.*

Il est fortement attiré de l'atmosphère par le fer et les autres métaux contenus dans les schistes; il y éprouve des détonnations multipliées, et renouvelle l'inflammation de l'hydrogène et des autres gaz, qui ne cessent de se dégager par la réaction réciproque des divers agens.

Voilà bien, me dira-t-on, du feu et des flammes; mais où sont les matériaux des laves?

Je crois pouvoir les trouver dans les fluides mêmes qui forment l'incendie.

Je cherche d'abord l'origine du soufre qui abonde si fort dans les *volcans.* Si je dis que j'entrevois le principe de ce soufre dans le fluide électrique lui-même, cette proposition

paroîtra d'abord au moins hasardée : cependant on sait que
la foudre laisse après elle une forte odeur de soufre, et que
souvent même les effets qu'elle produit décèlent la présence
de ce combustible. Or, il n'y a, je crois, aucun corps qui
donne l'odeur du soufre sans en contenir, quoique beaucoup en contiennent sans en répandre l'odeur. J'oserois
donc supposer que le soufre n'est autre chose que le fluide
électrique lui-même devenu concret ; de même que le dia-
mant n'est autre chose qu'une concrétion du gaz carbonique.

Je dirois encore que le *phosphore*, qui a tant de propriétés communes avec le soufre, n'en est qu'une modification : c'est le soufre combiné avec une autre substance,
peut-être la lumière.

Les physiciens connoissent l'odeur de phosphore qu'exhale le fluide électrique ; et il y a un fait plus décisif encore,
et qui me semble prouver d'une manière directe la présence
du phosphore dans ce fluide, c'est l'inflammation du gaz
hydrogène par la détonnation électrique.

Ce phénomène a été jusqu'ici un de ceux dont la cause
étoit le moins connue ; mais la présence du phosphore dans
le fluide électrique en donneroit l'explication ; car l'hydrogène deviendroit, par le contact de ce fluide, gaz hydrogène phosphoré ; et l'on sait que ce gaz a la propriété de dé-
tonner par le seul contact de l'air, à cause de la puissante
attraction du phosphore pour l'oxigène de l'atmosphère ;
attraction qui est prodigieusement augmentée par l'extrème
division du phosphore.

J'ajouterois que la formation journalière du soufre et du
phosphore, dans les êtres organisés et les minéraux, doit
faire penser qu'ils sont dus à la présence d'un fluide universellement répandu, et ce ne peut être, ce me semble, que
le fluide électrique.

En admettant donc la présence du phosphore dans ce
fluide, je lui attribuerois la propriété de fixer l'oxigène et
quelques autres gaz sous une forme solide. (Les plus savans
chimistes nous ont appris que le phosphore est de tous les
corps combustibles celui qui absorbe l'oxigène le plus solide.)
Une observation très-curieuse de M. Humboldt vient à l'appui
de mon opinion : il a reconnu que les pluies électriques contiennent de la *terre calcaire*. (*Annales de Chimie*, tom. 27,
pag. 143.) Or, cette terre ne sauroit être, comme la pluie
électrique elle-même, qu'une substance composée de toutes
pièces, par une opération chimique due à l'explosion de la
foudre.

La formation de cette terre, constatée par l'observation de M. Humboldt, expliqueroit la présence de la terre calcaire dans les laves, ainsi que la formation de ces masses de carbonate calcaire, si fréquemment vomies par le Vésuve, et qui ont donné la torture à tous les observateurs. On peut les regarder comme le produit de la concrétion d'une portion d'oxigène et d'une portion d'azote, de cet azote que Fourcroy regarde, ainsi que Chaptal, comme le principe des substances alcalines. Il est bien remarquable que ces carbonates calcaires vésuviens contiennent tous les cristaux volcaniques ; et cette circonstance doit faire penser qu'ils ont la même origine que les laves, et qu'on ne sauroit les regarder comme des pierres d'ancienne formation.

Tout concourt à confirmer l'opinion de Lavoisier et de M. Humboldt, qui soupçonnent que les terres sont des oxides dont la base est encore inconnue. Cette base pourroit être le phosphore et un principe métallique dont je parlerai ci-après. Les diverses combinaisons de l'oxigène et de ces deux substances, formeroient les neuf terres connues et celles qu'on pourra découvrir dans la suite.

L'oxigène qui doit servir à former les éjections volcaniques, se trouve en quantité inépuisable, à portée des *volcans* soumarins ; les détonnations du fluide électrique et l'inflammation du pétrole ne cessent de décomposer l'eau ; son hydrogène s'échappe, comme l'a observé Dolomieu aux îles de Lipari, où la mer bouillonne de tous côtés, par l'effet de ce dégagement ; et l'oxigène est fixé sous cette forme terreuse qui faisoit autrefois donner le nom de *chaux* aux oxides métalliques.

Lorsque, par la retraite de la mer, la bouche des *volcans* s'est trouvée à découvert, le même phénomène a continué d'avoir lieu. J'ai dit ci-dessus que les schistes forment dans la mer des montagnes comme sur les continens ; c'est principalement vers la base de ces montagnes soumarines que s'introduit la plus grande quantité de sel marin ; car, suivant l'observation de Darcet, l'eau de la mer est beaucoup plus chargée de sel au fond qu'à la surface. C'est donc par les fissures qui se trouvent vers la base de la montagne, que sont absorbés les alimens du *volcan* ; et les gaz qui se forment vont s'échapper vers le sommet, toujours en suivant, comme par une cheminée, les interstices des couches schisteuses qui sont inclinées comme les flancs de la montagne.

Arrivés à ce sommet découvert, les gaz ne rencontrent plus l'oxigène de l'eau de la mer ; il ne leur reste que celui de l'air, celui des vapeurs aqueuses de l'atmosphère, et celui

de l'acide muriatique suroxigéné qui s'échappe avec eux.
A l'instant de leur détonnation, ces différentes portions
d'oxigène sont fixées ; mais les éjections solides qu'elles forment sont peu de chose, quant à la masse, en comparaison
de celles que fournissoient les *volcans soumarins ;* car ce sont
les éjections soumarines qui ont formé, soit les grandes chaussées basaltiques dont l'immensité nous frappe d'admiration,
soit ces vastes couches de glaise grise-bleuâtre qui ont jusqu'à
trente, cinquante, cent pieds d'épaisseur, sans mélange d'aucun corps étranger, qui sont les mêmes dans toutes les contrées de la terre, et qui ne sauroient avoir d'autre origine
vraisemblable : elles sont dues sur-tout aux éruptions des
volcans vaseux.

Quant à la variété qu'on observe dans les paroxysmes des
volcans, elle est due aux circonstances locales ; les uns ont
une sphère d'activité qui s'étend au loin, sans interruption ;
ceux-là éprouvent des paroxysmes rares, mais violens, comme
l'Etna ; d'autres se trouvent circonscrits dans d'étroites limites, par des filons de quartz, qui souvent coupent les couches schisteuses perpendiculairement à leur plan, et qui in-
terrompent la propagation des fluides volcaniques : ceux-là
ont des paroxysmes fréquens, mais foibles ; d'autres enfin
semblent être tout-à-fait isolés, et leurs paroxysmes se succèdent sans interruption, mais ils n'ont aucun effet désastreux
ni même effrayant ; ce n'est qu'une grande et belle expérience de physique.

Tel est le *volcan* de Stromboli, l'un des plus curieux qui
existent, et dont l'examen peut jeter le plus de jour sur les
phénomènes volcaniques. Il est dans une des îles Eoliennes,
au nord de la Sicile, et Dolomieu nous en a donné la plus
intéressante description. Ce *volcan* existoit déjà du temps de
Pline ; ses éruptions se font, de temps immémorial, sans
discontinuer, de demi-quart-d'heure en demi-quart-d'heure,
et il semble qu'à chaque instant la nature y démontre la concrétion des gaz en matière pierreuse, comme un chimiste la
démontreroit dans son laboratoire.

« Le cratère enflammé, dit Dolomieu, est dans la partie
» du nord-ouest de l'île, sur le flanc de la montagne ; je lui
» vis lancer pendant la nuit, *par intervalles réglés de sept*
» *ou huit minutes*, des pierres enflammées qui s'élevoient à
» plus de cent pieds de hauteur, qui formoient des rayons
» un peu divergens, mais dont cependant la majeure quan-
» tité retomboit dans le cratère ; les autres rouloient jusqu'à
» la mer. Chaque explosion étoit accompagnée d'une bouffée
» de flammes rouges.... Les pierres lancées ont une couleur

» d'un rouge vif, *et sont étincelantes ;* elles font l'effet d'un
» feu d'artifice ».

J'observe, en passant, que ces masses *étincellantes et qui
font l'effet d'un feu d'artifice,* annoncent que leur base est
combustible.

Le jour suivant, Dolomieu étant monté sur la montagne,
il continue ainsi sa description.

« Du sommet de la haute pointe, on domine sur le cratère
» enflammé.... Il est très-petit ; je ne lui crois pas cinquante
» pas de diamètre ; il a la forme d'un entonnoir *terminé en
» bas par une pointe.* Pendant tout le temps que je l'ai obser-
» vé, les éruptions se succédoient avec la même régularité
» que pendant la nuit.... Les pierres lancées par le *volcan* ...
» formoient des rayons divergens ; la majeure partie retom-
» boit dans la coupe ; elles rouloient jusqu'au fond du cra-
» tère, sembloient obstruer l'issue que s'étoient faite les va-
» peurs à l'instant de l'explosion, et elles étoient rejetées de
» nouveau par l'éruption subséquente. Elles sont ainsi bal-
» lotées jusqu'à ce qu'elles soient brisées et réduites en cen-
» dres. *Mais le volcan en fournit toujours de nouvelles : il
» est intarissable sur ce genre de production.* L'approche de
» l'éruption n'est annoncée par aucun bruit ni murmure
» sourd dans l'intérieur de la montagne, et l'on est toujours
» surpris lorsqu'on voit les pierres s'élever en l'air.... Il est
» des temps où les éruptions sont plus précipitées et plus vio-
» lentes ; les pierres *décrivent des rayons plus divergens ;* elles
» sont jetées à une assez grande distance dans la mer. En géné-
» ral l'inflammation est plus considérable et plus active l'*hi-
» ver* que l'été ; plus à l'approche des *tempêtes* et pendant
» leur durée, que dans les temps calmes ». (*Lipari,* p. 115.)

L'auteur ajoute (p. 122) : « Le Stromboli est le seul *vol-
» can* connu qui ait d'aussi fréquentes éruptions.... La fer-
» mentation des autres augmente progressivement.... Ici,
» l'éruption se fait sans pouvoir être prévue.... Il *semble que
» ce soit un air ou des vapeurs inflammables* qui s'allument
» subitement, et qui font explosion en chassant *les pierres
» qui se trouvent sur leur issue* ».

Ces faits si bien décrits, prouvent clairement, 1°. que les
feux de Stromboli sont entretenus par une cause toujours
renaissante ; car il répugne à la raison de supposer que ces
éruptions si anciennes, si régulières, si continuelles, soient
dues à des agens qui s'épuiseroient sans se renouveler.

2°. Que les masses pierreuses sont instantanément formées
par le contact de l'air, à-peu-près comme le gaz fluorique
siliceux forme subitement du quartz par le contact de l'eau.

Il seroit, en effet, bien difficile de concevoir par quelle magie, de sept en sept minutes il se trouveroit toujours, à point nommé, la même quantité de matières pierreuses prêtes à être vomies par cette bouche qui se referme aussitôt ; et il est encore remarquable que cette émission de masses pierreuses ne change rien à la forme régulière de cette bouche qui a la figure d'un *entonnoir terminé en bas par une pointe.*

5°. Que le foyer du *volcan* est à une très-petite profondeur, puisqu'on n'observe ni commotions, ni bruits souterrains, et que d'ailleurs les pierres lancées décrivent des rayons très-divergens ; car on sait qu'une pièce d'artillerie écarte d'autant plus la mitraille, qu'elle est plus courte.

4°. Que le fluide électrique est un des principaux agens des *volcans*, puisque c'est dans les temps orageux et pendant l'hiver, que les paroxysmes volcaniques augmentent de fréquence et de force.

J'ajouterai, relativement à la profondeur du foyer des *volcans* en général, et aux prétendus gouffres qu'on suppose exister sous leurs cratères, que tout cela paroît purement idéal. Les lacs qui sont dans les anciens cratères, détruisent absolument l'idée de ces vastes cavernes creusées par l'imagination sous les montagnes volcaniques. Ces cavernes sont supposées avoir fourni et fournir encore la matière des laves avec la matière même qui compose leurs parois. Mais comment des parois fusibles ne se ramollissent-elles pas par l'action de ces feux éternels, dont on les dit chauffées ; et comment ne s'écroulent-elles jamais sur elles-mêmes, étant chargées sur-tout du poids immense d'une montagne ? Qu'on demande à un verrier ce qui arriveroit, s'il construisoit son four avec la matière même dont il fait des bouteilles : assurément il répondra que bientôt le four couleroit en verre de toutes parts ; que la voûte s'affaisseroit, que tout se confondroit, et que la masse vitrifiée étoufferoit complètement le feu.

Il faut donc en revenir à cette idée simple, que les *volcans*, suivant la belle comparaison faite par Solin, ne sont, comme les fontaines, que des émanations de fluides sans cesse renouvelés. Leur bouche n'est autre chose que le soupirail, ou plutôt l'assemblage des soupiraux et des interstices des feuillets schisteux, par où s'échappent les différens gaz, dont une partie s'enflamme et se dissipe dans l'atmosphère, et l'autre se condense en *coulées de laves*, comme nous voyons les fontaines des Alpes former, pendant l'hiver, des *coulées de glace.*

Il reste maintenant une grande difficulté à résoudre ; c'est la présence du fer si abondamment contenu dans les laves.

Pour expliquer sa formation, j'ai recours à une hypothèse qui est fondée sur une puissante analogie, et qui, d'ailleurs, rendroit raison de plusieurs phénomènes qu'on n'a pas encore expliqués.

J'ai dit, dans l'article GÉOLOGIE, d'après la belle théorie de Laplace, que la terre a été formée par un fluide émané du soleil ; et cette théorie est aussi conforme aux faits géologiques qu'aux loix de l'astronomie.

Or ce fluide qui, par sa concrétion, a formé le globe terrestre, étoit certainement un *fluide métallifère :* cela paroît prouvé, non-seulement par le fer, qui est si abondamment répandu sur la surface de la terre, mais encore par les observations et les expériences de Maskeline et de Cavendish, qui nous apprennent que la pesanteur spécifique du globe terrestre est double de la pesanteur spécifique du cristal de roche. Il est donc au moins vraisemblable que le noyau de la terre est en grande partie métallique, et sur-tout ferrugineux, comme l'annoncent les phénomènes généraux du magnétisme.

Mais, s'il émana jadis du soleil un fluide *métallifère* aussi abondant, il doit exister encore quelque légère émanation semblable ; car la nature modifie bien ses opérations, mais je doute qu'elle les interrompe jamais complètement.

Je dirois donc que ce fluide, ce principe métallique, est absorbé, comme les autres fluides, par les couches schisteuses; qu'il y forme le fer dont elles sont toujours remplies ; qu'il forme également le fer des laves ; et enfin qu'il concourt avec le phosphore à fixer l'oxigène sous cette forme terreuse que lui donnent toujours les substances métalliques.

L'existence d'un pareil fluide n'est nullement chimérique : elle est même prouvée d'une manière directe par une expérience de M. Humboldt, qui a recueilli dans les mines, des gaz qui contenoient du fer en dissolution.

Je me demande maintenant si ce fluide, émané du soleil avec la lumière, ne pourroit pas se décomposer comme elle : l'ensemble de sa substance formeroit la matière ferrugineuse, comme l'ensemble des rayons lumineux forme la lumière incolore ; les autres métaux seroient le produit de sa décomposition.

Mais quel est le prisme qui décompose ce fluide ? c'est, jusqu'à présent, le secret de la nature. Peut-être le calorique et la lumière sont-ils ses agens principaux, car c'est entre les tropiques qu'on trouve la plus grande variété de substances métalliques, et la moindre quantité de fer. Au contraire, plus on s'éloigne de l'équateur, et plus le fer devient abondant, à mesure que les métaux précieux deviennent plus rares.

La présence de ce gaz métallifère pourroit expliquer la coloration des corps organisés : phénomène, dont la cause est si peu connue.

Elle expliqueroit la formation des filons métalliques, par l'attraction que les roches schisteuses exerceroient sur ce fluide, qui seroit diversement modifié dans leur sein, suivant les circonstances locales.

L'existence d'un *gaz métallique* dans l'atmosphère ne paroissoit point impossible à Lavoisier, ainsi qu'il le dit formellement dans ses *Élémens de Chimie* (tom. 1, pag. 255.), à l'occasion de l'acide marin, où de célèbres chimistes ont soupçonné un principe métallique ; et je ferai ici un rapprochement de faits qui semblent prouver en même temps, et la présence universelle d'un fluide métallifère, et son influence sur la formation de l'acide muriatique.

J'ai dit que l'eau de la mer devenoit d'autant plus salée, qu'on approchoit davantage de l'équateur.

Voici, d'après Inghen-Housz, la progression de la salure des eaux de l'Océan : les mers du Nord contiennent $\frac{1}{64}$ de leur poids de sel marin ; la mer d'Allemagne $\frac{1}{32}$; la mer d'Espagne $\frac{2}{16}$; et l'Océan des tropiques depuis $\frac{1}{12}$ jusqu'à $\frac{1}{6}$. (*Exp. sur les Végét.*, pag. 284.)

Or, j'observe en même temps, que c'est précisément dans un sens inverse que se fait l'augmentation des métaux. Entre les tropiques, les substances métalliques sont variées, et il y en a de précieuses ; mais en total, leur masse est peu considérable ; et, dans le langage de la nature, pour qui l'or et le fer sont égaux, on peut dire que la zone torride est aussi pauvre en métaux, que les régions polaires sont pauvres en sel marin ; mais, à mesure qu'on s'éloigne de l'équateur, les matières métalliques augmentent en masse : tout comme en s'éloignant des pôles le sel marin augmente en abondance.

Il sembleroit donc que, conformément au soupçon de quelques chimistes, le principe métallisant entre dans la composition de l'acide muriatique. Près de l'équateur, ce principe concourt à former beaucoup de sel marin, et une petite masse de métaux. Vers le nord au contraire, il formeroit peu de sel dans la mer, mais il satureroit de fer des chaînes entières de montagnes.

La grande affinité de l'oxigène pour le radical de l'acide

marin, semble confirmer sa nature métallique ; et les expériences de Proust, qui trouve toujours un gaz mercuriel dans le muriate de soude, en fournissent une preuve de plus.

Ces faits annoncent que la nature a pris les moyens les plus efficaces pour fixer l'oxigène à la bouche des *volcans*, sous la forme terreuse que lui donnent toujours les substances métalliques.

Il me reste à parler de cette singulière espèce de *volcans* appelés *volcans vaseux* ou *volcans d'air et de boue*. Leurs phénomènes ont les mêmes causes que ceux des *volcans ignivomes* ; mais elles y sont moins développées ; ce ne sont, en quelque sorte, que des embryons de *volcans*. Ils n'en sont que plus instructifs pour l'observateur ; car, ainsi que les ébauches d'un artiste nous font connoître quel est son génie, de même les ébauches de la nature peuvent, parfois, nous apprendre quelle est sa marche.

J'ai rappelé ci-dessus la description que nous ont donnée de ces phénomènes, Dolomieu, Pallas et Spallanzani ; et l'on a vu, d'après les observations de ces célèbres naturalistes, que toujours il y a là une grande abondance de sel marin ; qu'il y a du pétrole, du gaz hydrogène sulfuré, et beaucoup de matières terreuses vomies. Mais ces matières sont, en quelque sorte, indigestes ; il leur manque, en grande partie, l'agent le plus actif des *volcans*, le fluide électrique, dont les couches calcaires sont de mauvais conducteurs.

Les phénomènes des *volcans vaseux* de la Crimée et des Salses de Modène, sont, de tout point, semblables à ceux de Macalouba. Mais ce qu'il est important sur-tout de remarquer, c'est que les circonstances locales y sont exactement les mêmes : par-tout le sol est calcaire ; par-tout le sel marin très-abondant ; par-tout il y a du pétrole et de l'hydrogène sulfuré ; par-tout enfin, la terre vomie est une argile grise-bleuâtre, où Spallanzani a trouvé les mêmes élémens que Bergmann avoit retirés du basalte : beaucoup de silice, de l'alumine, de la chaux, de l'oxide de fer, avec un peu de magnésie : et l'on sent aisément que l'identité de composition de ces deux substances n'est pas un effet du hasard.

Quand on compare ces *volcans*, habituellement vaseux, à ces éruptions boueuses, qui ont lieu quelquefois dans les *volcans* ordinaires, comme on le voit au Vésuve, et comme on vient de le voir au Pérou, d'après le rapport de Cavanilles, on reconnoît que c'est un même effet dû aux mêmes causes ; dans l'un et l'autre cas, le fluide électrique s'est trouvé en proportion trop foible avec les autres gaz, pour tout enflammer, et pour donner aux éjections une consistance plus solide.

C'est aux éruptions vaseuses des *volcans soumarins*, que paroît due la formation des chaussées basaltiques, et de ces énormes couches de glaise grise-bleuâtre, où la silice, quoique dominante, est si intimement combinée, qu'elle n'ôte rien à leur ductilité. Les basaltes contiennent les mêmes élémens que ces glaises; ils sont, comme elles, sans mélange de corps étrangers; leur pâte n'a point les souillures des laves; il me semble donc qu'on peut les regarder comme un produit de la voie humide, et qu'il n'y a d'autre différence entre les chaussées basaltiques et les grandes couches de glaises, sinon que les unes, saturées d'acide carbonique, ont éprouvé une cristallisation plus ou moins confuse qui leur a donné de la solidité. D'autres éjections privées de ce gaz, sont demeurées dans leur état de mollesse, et forment les couches de glaise. L'identité de ces deux substances est prouvée par la décomposition des basaltes qui se convertissent en argile par la seule désunion de leurs parties. Ce fait a été remarqué par tous les observateurs; et Faujas a si bien reconnu l'identité des argiles et des éjections volcaniques, qu'il dit formellement : « Je suis » convaincu que bien des matières qu'on a prises pour des » argiles naturelles.... ne sont que de véritables produc- » tions volcaniques, altérées ou décomposées ». (*Vivarais*, pag. 192.)

Si maintenant nous comparons les *volcans vaseux* avec les feux de Pietra-Mala et autres semblables, nous reconnoîtrons que leur cause générale est la même : c'est toujours le résultat d'une circulation de fluides gazeux qui se modifient suivant les circonstances : la différence de leurs produits dépend surtout de leur abondance respective.

On a vu qu'à Pietra-Mala les observateurs ont trouvé, tantôt le fluide électrique, tantôt le gaz hydrogène, tantôt l'acide muriatique, et tantôt le pétrole, mais il paroît que le fluide électrique est l'agent principal : l'observation faite par Lalande, que ces feux augmentent dans les temps orageux, ne laisse aucun doute à cet égard ; et comme alors il y a des averses, la décomposition de l'eau est plus considérable, en même temps que le fluide électrique est plus abondant ; et ces deux circonstances concourent à l'augmentation des feux.

L'acide muriatique se trouve bien à Pietra-Mala, car Dietrich, dans ses notes sur Ferber, dit qu'il en a retiré par la distillation de la terre argileuse, sur laquelle paroissent les flammes; mais il n'y est qu'en petite quantité, et il paroît qu'il lui faut, comme à l'acide nitrique, une terre alkaline pour excipient.

A Macalouba, au contraire, ainsi qu'aux Salses de Modène et de Crimée, où le sol est tout calcaire, les sels muriatiques sont très-abondans; tandis que le fluide électrique, peu attiré par des couches calcaires dépourvues de métaux, n'y joue qu'un foible rôle. Voilà pourquoi Pietra-Mala, pauvre en oxigène, mais abondant en fluide électrique, n'a que des feux, et point d'éjections terreuses; et que les Salses, riches en oxigène, mais pauvres en fluide électrique, n'ont que des éjections terreuses et presque point de feux.

On pourroit dire que Pietra-Mala a l'ame d'un *volcan*, et que Macalouba et les Salses n'en ont que le corps : leur réunion formeroit un *volcan* ordinaire.

Si par malheur quelqu'événement venoit à fracturer les couches calcaires de Macalouba, et à donner ainsi au fluide électrique un accès immédiat aux schistes ferrugineux qui leur servent de base, il me paroît probable qu'il s'y établiroit un *volcan* ignivome.

Par une raison contraire, l'on parviendroit peut-être à faire cesser, ou du moins à diminuer considérablement les funestes effets des *volcans*, si l'on pouvoit en écarter le fluide électrique, par de puissans conducteurs prolongés à de grandes distances; ou bien interdire, par des jetées de pouzzolane, l'infiltration de l'eau de la mer dans les couches schisteuses qui sont à leur base; ce qui ne seroit peut-être pas impossible, sur-tout quand la place où se fait cette infiltration est indiquée d'une manière précise, comme elle l'est au pied du Vésuve, par le pétrole qui s'élève du fond de la mer, près du fort de Pietra-Bianca.

J'observerai en passant, que c'est ce pétrole, sans cesse formé à la base soumarine des *volcans*, qui donne l'amertume aux eaux de la mer. Le pétrole que fournissent les *volcans* éteints, est l'effet continué des mêmes causes qui produisent celui des *volcans* brûlans.

Mais, ce qui fait voir combien la théorie que j'ai donnée des phénomènes volcaniques, est conforme à la marche de la nature, c'est qu'elle vient elle-même de le démontrer dans la fameuse grêle de pierres du 26 avril 1803; puisqu'il est bien évident que ces matières pierreuses et métalliques ont été formées de toutes pièces, par la combinaison chimique de divers fluides gazeux échappés avec violence du sein de la terre, de la même manière que dans le *volcan* de Stromboli, et dans les autres éruptions volcaniques. *Voyez* PIERRES MÉTÉORIQUES.

Résumé.

Tous les *volcans* en activité, sans exception, sont baignés par la mer, et ne se trouvent que dans les parages où le sel marin est le plus abondant.

Les *volcans* de la Méditerranée absorbent celui que les eaux de l'Océan y apportent sans cesse par le détroit de Gibraltar.

Les couches schisteuses primitives sont le laboratoire où se préparent les matériaux volcaniques, par une circulation continuelle de divers fluides; mais ces couches elles-mêmes ne fournissent rien de leur propre substance.

. La sphère d'activité des *volcans* peut s'étendre au loin dans ces couches; mais ils n'ont d'autre foyer que les soupiraux par où s'échappent les gaz, dont une partie se dissipe dans l'atmosphère, et l'autre devient concrète par la fixation de l'oxigène.

Les paroxysmes volcaniques sont proportionnés pour la force et la durée, à l'étendue des couches schisteuses où se sont accumulés les fluides volcaniques. Ces fluides sont:

1°. L'*acide muriatique* qui enlève l'oxigène aux oxides métalliques des schistes, et devient acide muriatique suroxigéné.

2°. L'*oxigène* de l'atmosphère qui remplace continuellement dans les métaux celui qui leur est enlevé par l'acide muriatique.

3°. Le *gaz carbonique* que l'eau absorbe de l'atmosphère, et transmet aux schistes (qui abondent toujours en charbon).

4°. L'*hydrogène* provenant de la décomposition de l'eau: une partie de cet hydrogène est enflammée par les détonations électriques; l'autre, jointe à l'acide carbonique, forme de l'huile qui devient pétrole par sa combinaison avec l'acide sulfurique; c'est ce pétrole qui donne l'amertume aux eaux de la mer.

5°. Le *fluide électrique* qui est attiré de l'atmosphère, sur-tout par les métaux contenus dans les schistes. Le *soufre* paroît être la portion la plus homogène de ce fluide, devenue concrète. Le *phosphore* en est une modification, et il concourt à fixer l'oxigène. Le soufre formé dans les schistes par le fluide électrique, s'y combine avec l'oxigène, et forme l'acide sulfurique qui décompose le sel marin.

6°. Le *fluide métallifère* : il forme le fer dans les laves; il est le générateur des filons métalliques, et le principe

colorant des corps organisés. L'ensemble de sa substance
donne le fer ; sa décomposition produit les autres métaux.
Il est un des principes de l'acide marin , comme l'ont soupçonné de célèbres chimistes ; et il concourt avec le phosphore à fixer l'oxigène sous la forme terreuse.

7°. Enfin , le *gaz azote :* c'est à ce gaz que paroît due la
formation des masses de carbonate calcaire vomies par le
Vésuve , et de la terre calcaire contenue dans les laves.

J'observerai en finissant , que lorsque , dans une théorie
telle que celle-ci , tous les faits viennent se rattacher d'eux-
mêmes au fil principal , il semble que ce soit le fil même de
la nature.

Or , non-seulement tous les phénomènes volcaniques ,
mais encore la plupart des autres phénomènes géologiques ,
trouvent leur explication naturelle dans cette circulation , et
dans les diverses *combinaisons des fluides* de l'atmosphère.

C'est de-là que tirent leur origine les *filons métalliques* et
tous les produits du règne minéral.

C'est à ces divers fluides que sont dues les eaux thermales,
les sources salées , les sources de pétrole ; et non point à de
prétendus amas de matières *préexistantes* , qui n'existèrent
jamais que dans les livres.

C'est à ces divers fluides que sont dus plusieurs grands météores , tels que les *aurores boréales* , les *globes de feu* , les
pierres météoriques , les *trombes* , les *typhons.*

Ce sont eux , en un mot , qui , dans les premiers temps ,
ont formé les *couches secondaires* de toute espèce , pour servir en quelque sorte d'enveloppe au globe terrestre , à mesure que les eaux de l'Océan , par leur décomposition journalière , découvroient successivement les diverses parties de
sa surface.

A l'égard des *tremblemens de terre* , il est aisé de concevoir
que les divers gaz qui remplissent les cavités et les interstices
des roches feuilletées , dont les couches s'étendent sans interruption à des distances prodigieuses , venant à s'enflammer
par des détonnations électriques qui se communiquent de
proche en proche avec la rapidité de l'éclair , peuvent occasionner en même temps , dans des lieux fort éloignés , des
commotions qui sont sèches et violentes quand les détonnations se font près de la surface , et qui sont ondulatoires
quand elles agissent à de grandes profondeurs.

Qu'il me soit permis de remarquer ici que ma *Théorie des
Volcans,* tout extraordinaire qu'elle parût d'abord , ne tarda
pas d'obtenir l'approbation de quelques auteurs distingués ,
à qui elle parut si naturelle , qu'ils crurent eux-mêmes en

être les auteurs, long-temps même après que je l'eus publiée.

M. Breislak, par exemple, dans sa *Topographie physique de la Campanie*, imprimée à Florence en 1798, expliquoit d'une manière fort *simple* les embrasemens du Vésuve, en supposant uniquement qu'il existoit sous ce *volcan un réservoir immense de bitume*.

Mais, dans l'édition française de cet ouvrage, donnée à Paris *sous les yeux de M. Breislak*, en 1801 (un an après la publication de ma *Théorie*), ce savant renonce tout-à-coup à sa première *simplicité*, et dans l'explication qu'il donne des embrasemens du Vésuve (chap. VII), il emploie précisément les mêmes agens que je mets en œuvre dans ma *Théorie* : le *sel marin*, l'*acide muriatique*, le *pétrole*, le *gaz hydrogène*, le *fluide électrique*, la *décomposition de l'eau*. Il est vrai que, pour plus de commodité, il laisse au lecteur liberté entière sur l'emploi de ces divers agens ; il assure, au surplus, que cette hypothèse *explique tous les phénomèn.s*, *et même l'intermittence*. Enfin il combat victorieusement le système qui attribue les feux volcaniques à l'embrasement des couches de charbon-de-terre ou de pyrites.

En un mot, M. Breislak n'omet rien de ce qui peut mettre dans tout son jour la justesse et la solidité de ma *Théorie* : il n'oublie qu'une seule chose, c'est d'en indiquer l'auteur. Il pousse même la distraction, jusqu'à dire formellement que ce sont *ses propres conjectures* qu'il présente. (*Voyag. dans la Campanie*, ch. VII, tom. I, pag. 292 et suiv.)

J'ai déjà fait remarquer, dans l'article PIERRES MÉTÉORIQUES, qu'un naturaliste très-habile étoit tombé dans la même distraction, en expliquant ce phénomène, d'après ma *Théorie*, qu'il a donnée comme la sienne.

Mais au reste, si je fais ces observations, c'est uniquement pour l'intérêt de la science, et pour donner plus de poids (par l'approbation de ces auteurs) à une théorie que je regarde comme la véritable clef de tous les phénomènes géologiques, et qui se trouve si différente de toutes celles qu'on avoit données jusqu'à ce jour. *Voyez* BASALTE, CAVERNE, FILONS, GÉOLOGIE, HOUILLE, LACS, LAVES, MER, MONTAGNES, PIERRES-MÉTÉORIQUES, SEL-GEMME, SOUFRE, TROMBE. (PAT.)

VOLCELETS (*vénerie*), l'un des cris des chasseurs en parlant aux *chiens*. Voyez l'article VÉNERIE. (S.)

VOLÉE (*fauconnerie*), espace que parcourt un oiseau sans s'arrêter. (S.)

VOLER (*fauconnerie*), signifie chasser avec les oiseaux de proie. *Voler de poing*, c'est jeter les oiseaux de poing à la poursuite du gibier ; *voler d'amour*, c'est laisser *voler* les oiseaux en liberté. Quand les oiseaux *volent* de bon gré, on dit qu'ils *volent haut et gras*, ou *bas et maigre*, ou *de trait*. Ils *volent en troupe*, lorsqu'on en lâche plusieurs à-la-fois ; ils *volent en rond*, quand ils tournent au-dessus de la proie ; *en long*, quand ils *volent* en ligne droite ; *en pointe*, s'ils vont rapidement ; *comme un trait*, s'ils *volent* avec vîtesse et sans discontinuité ; *à reprises*, si leur *vol* n'est pas continu ; enfin *en coupant*, lorsqu'ils coupent le vent en le traversant. (S.)

VOLERIE (*fauconnerie*), chasse avec les oiseaux de proie. Il y a plusieurs espèces de *voleries* ou de VOLS. *Voyez* ce mot et celui d'OISEAUX DE VOL. (S.)

VOLEUR (*fauconnerie*). Un oiseau *bon voleur* est celui qui vole sûrement. (S.)

VOLIÈRE. On désigne ainsi, soit un réduit où l'on nourrit des *pigeons*, soit un lieu entouré de grillages de fil de fer dans lequel on tient des oiseaux d'amusement et de chant. C'est de cette dernière *volière* dont je vais parler ; elle convient aux *serins*, qui s'y plaisent et y réussissent très-bien, si elle est avantageusement placée. Celle qu'on ne destine qu'à ces oiseaux, doit être murée de trois côtés, et close dans un bout au quart à-peu-près de sa grandeur ; cette partie doit être converte d'un petit toit, et l'intérieur arrangé de manière qu'ils puissent y nicher et s'y réfugier dans les grands froids, les grandes chaleurs et les orages. Si on ne les y tient que pour se procurer le plaisir de les voir voltiger et les entendre chanter, il suffit qu'ils y trouvent de petits abris pour se mettre à couvert de l'intempérie des saisons : elle doit être vaste, aérée, tournée au levant et au midi, et sur-tout à l'abri du nord. On met ordinairement dans cette *volière* à jour de tous côtés, outre les *canaris*, des *tarins*, des *chardonnerets*, des *pinsons*, des *bouvreuils*, des *linottes*, des *sizerins*, des *verdiers*, des *bruans* et autres petits granivores ; mais l'on doit en exclure les *moineaux*, ce sont des oiseaux turbulens qui y mettroient le désordre, et les *mésanges*, qui, étant d'un naturel carnassier, la dépeupleroient en peu de jours.

Quant aux insectivores, tels que les *fauvettes, rouge-gorges, rossignols* et autres, comme leur nourriture n'est pas la même, il leur faut une *volière* particulière, garnie en totalité d'arbrisseaux verds, et située de manière que pendant l'hiver ils puissent se retirer dans un cabinet chaud, attenant à la maison. Elle seroit plus agréablement placée dans un bosquet isolé ; mais il en résulte un inconvénient, c'est qu'il faut aux approches de l'hiver en retirer ces oiseaux, qui, étant accoutumés à une sorte de liberté, périssent quelquefois lorsqu'on les change de domicile. Enfin, si l'on destine ces *volières* à la propagation des espèces, il faut y mettre peu d'oiseaux, à moins qu'elle ne soit très-spacieuse, car ils se nuiroient les uns aux autres.

Je ne parlerai point de la forme qu'on doit donner à ces *volières;* elle doit dépendre de l'emplacement et du goût de ceux qui veulent se procurer cet agrément; mais il est nécessaire, pour mettre ces petits prisonniers à l'abri des *chats*, des *oiseaux de proie*, des *rats* et des *souris*, que les mailles du grillage soient très-petites, que ce grillage soit double, qu'il y ait entre chaque au moins trois pouces de distance, que la maçonnerie soit bien faite et totalement enduite d'un bon ciment; ces précautions sont de rigueur.

La porte d'entrée ne doit point communiquer directement avec la partie de la *volière* où sont les oiseaux, mais par un petit vestibule qui en est séparé par un grillage auquel est une autre petite porte d'entrée; enfin il faut, autant qu'il est possible, que ce soit la même personne qui en ait soin.

On placera dans le milieu de la *volière* de grands arbrisseaux touffus et toujours verds; à leur défaut, on y mettra tous les quinze jours des branches vertes, des joncs marins, ou de grandes plantes, telles que les *asperges*, avec lesquelles on formera des buissons où les petits oiseaux se plaisent plus qu'ailleurs; on doit, outre cela, isoler quelques arbrisseaux à basse tige et bien feuillés, où l'on aura le plaisir de les voir nicher de préférence aux boulins qui doivent être attachés contre les murailles.

Ces boulins doivent être posés de manière que les couveuses ne puissent se voir d'aucuns côtés dans la partie close de la *volière*.

Rien ne réjouit tant ces oiseaux qu'un petit courant d'eau vive, bordé d'herbe toujours verte; il doit être peu profond et large d'un pied; le reste de la *volière* sera sablé et toujours tenu très-proprement. Au défaut d'eau vive, on y mettra deux abreuvoirs, ou quatre, si elle est spacieuse, dans lesquels on fera parvenir l'eau par le moyen d'un jet d'eau; ces abreuvoirs doivent avoir au plus, dans le centre, trois ou quatre pouces de profondeur, être faits de ciment et en pente douce, et être nettoyés tous les deux jours. On arrêtera le cours de l'eau lorsqu'il gèlera, et on la remplacera avec de la neige ou de la glace broyée, si la *volière* est isolée de la maison; au contraire, si elle y tient, on la fera communiquer à une chambre échauffée, dans laquelle on retiendra les oiseaux tout le temps que dureront les gelées. Les trémies qui renferment les diverses graines doivent être placées le long du mur et à l'abri de la pluie ; en outre, il faut avoir soin de mettre de distance en distance un grand nombre de juchoirs, toujours tenus propres ; les plus courts sont les meilleurs, car ces petits oiseaux aiment à reposer isolés les uns des autres. Enfin, le tout doit être proportionné à leur nombre et à l'étendue de la *volière*. (VIEILL.)

VOLKAMÈRE, *Volkameria*, genre de plantes à fleurs monopétalées, de la didynamie angiospermie et de la famille des PYRÉNACÉES, qui offre pour caractère un calice turbiné, presque entier ou à cinq divisions ; une corolle tubulée, à tube long, à limbe à cinq divisions presque égales et presque tournées d'un même côté ; quatre étamines unilatérales, dont deux plus courtes ; un ovaire supérieur surmonté d'un style à deux stigmates oblongs.

Le fruit est une baie contenant quatre osselets monospermes, dont quelques-uns sont sujets à avorter.

Ce genre est figuré pl. 544 des *Illustrations* de Lamarck. Il renferme des arbrisseaux à feuilles opposées, dont la base des pétioles est souvent persistante, et à fleurs portées trois par trois sur des pétioles communs, axillaires ou terminaux. On en compte huit espèces, dont les plus communes sont :

La VOLKAMÈRE ÉPINEUSE, qui a les feuilles oblongues, aiguës, très-entières, et qui est rendue épineuse par la base persistante des pétioles. Elle se trouve dans les îles de l'Amérique. On la cultive dans les jardins de botanique : elle demande au moins l'orangerie pendant l'hiver.

La VOLKAMÈRE SANS ÉPINE, qui a les feuilles ovales, très-entières, luisantes, et qui est glabre dans toutes les parties. Elle se trouve à Ceylan. On emploie ses feuilles comme vulnéraires. (B.)

VOLUCELLE, *Volucella*. Geoffroy avoit principalement désigné sous ce nom des *syrphes* à antennes plumeuses. M. Fabricius a eu tort de le donner à des insectes du même ordre, mais d'une famille très-différente. La justice et l'amour de la science m'ont commandé de créer une nouvelle dénomination pour ces derniers. *Voyez* USIE. (L.)

VOLUCRIS ARBOREA, dénomination sous laquelle quelques auteurs ont parlé de la BERNACHE. *Voy.* ce mot. (S.)

VOLUTE, *Voluta*, genre de testacés de la classe des UNIVALVES, dont le caractère présente une coquille cylindrique ou ovale, à base échancrée et sans canal, à ouverture plus longue que large, et à columelle plissée.

Quelques-unes des coquilles qui forment ce genre, se trouvent dans Dargenville, sous le nom d'OLIVES, de CY-

LINDRES ou de ROULEAUX, et dans Adanson, sous celui de PORCELAINES; les autres sont tirées des familles des CORNETS, des TONNES, des BUCCINS, des LIMAÇONS, &c. des mêmes auteurs. Toutes ont de grands rapports, d'abord avec les BULLES et les BUCCINS, entre lesquels leur genre a été placé, et ensuite avec les CÔNES et les PORCELAINES, même avec les BULIMES de Bruguière, qui comprennent beaucoup d'espèces que Linnæus avoit réunies à ce genre. *Voyez* ces mots.

Les coquilles des *volutes* sont solides, plus ou moins cylindriques; leur spire, plus ou moins saillante à leur extrémité, enveloppe toujours la columelle dans ses premiers tours; leur ouverture est plus longue que large; leur lèvre n'est jamais repliée en ses bords, mais toujours plus ou moins échancrée à ses deux extrémités, sans cependant être prolongée en canal; leur surface est souvent unie et luisante, souvent colorée de brillantes couleurs, d'autres fois striée et rugueuse.

Ces coquilles ont un mode de formation différent de celui des autres coquilles; elles s'augmentent, ainsi que les *porcelaines*, en deux temps, et c'est à cette faculté qu'on doit attribuer les grandes variétés de formes et de couleurs qu'elles présentent, sur-tout l'*olive*. Voyez au mot COQUILLE.

Les animaux qui habitent les *volutes* ont de très-grands rapports avec ceux des *porcelaines* et des *cônes*; mais ils en sont distingués souvent par un caractère qui seroit bien prédominant, s'il existoit dans toutes les espèces, c'est la privation de l'opercule.

Ces animaux, d'après Dargenville, ont un cou cylindrique, assez long et assez gros, au bout duquel se voit la tête sous la forme d'une demi-sphère, moins grosse que le cou; deux cornes coniques de la longueur du cou et très-pointues, sortent de la base latérale de cette tête et portent les yeux à leur milieu extérieur.

Le manteau est à peine visible sur les côtés; mais il se prolonge en avant et se replie en un cylindre fort long, qui sort par l'échancrure de la coquille.

Le pied est ovale, tronqué en avant, aussi large et aussi long que la coquille, qu'il recouvre quelquefois en partie, à la volonté de l'animal.

On connoît peu la manière d'être particulière aux différentes espèces de *volutes;* mais il y a tout lieu de croire, d'après l'analogie, qu'elle est la même que celle propre aux CÔNES. *Voy.* ce mot.

La plus grande de toutes les espèces de ce genre, la VOLUTE JET, est vivipare, et ses petits, en naissant, portent déjà des coquilles d'un pouce de longueur. Cette espèce est, dit Adanson, d'une grande ressource aux nègres du Sénégal, qui la font sécher et la mangent ensuite avec du *mil* ou du *riz*.

Il n'est point de genre, dans Linnæus, que Lamarck ait aussi travaillé que celui-ci ; outre les espèces placées dans son genre *bulime* et celles rapportées à d'autres genres déjà faits, il a encore trouvé moyen de le diviser en huit autres, savoir : VOLUTE, OLIVE, ANCILLE, MITRE, COLOMBELLE, MARGINELLE, CANCELLAIRE et TURBINELLE. *Voyez* ces mots.

Linnæus a divisé les *volutes* qui, dans l'édition du *Systema naturæ* de Gmelin, renferment cent cinquante espèces, en cinq sections, savoir :

1°. Celles à ouverture non échancrée, qui ne contient que des BULIMES de Bruguière. *Voyez* ce mot.

2°. Les *cylindroïdes*, c'est-à-dire celles qui sont cylindriques et émarginées, parmi lesquelles on doit principalement remarquer :

La VOLUTE PORPHYRE, qui est unie, dont la spire est oblitérée à sa base, la lèvre rétuse dans son milieu et la columelle striée obliquement. Elle est figurée dans Dargenville, pl. 13, lettre N, et se trouve sur les côtes d'Amérique.

La VOLUTE OLIVE, qui est unie, dont la base de la spire est recourbée, et la columelle obliquement striée. Elle est figurée dans Dargenville, pl. 13, lettres R, S, O, et pl. 38 de l'*Hist. nat. des Coquillages*, faisant suite au *Buffon*, édition de Deterville. On la trouve dans la Méditerranée et la mer des Indes, et elle fournit une grande quantité de variétés de formes et de couleurs. C'est le type du genre OLIVE de Lamarck et autres auteurs français. *Voyez* ce mot.

La VOLUTE UTRICULE est alongée, unie, et a la spire saillante. Elle est figurée dans Dargenville, pl. 13, fig. M. Elle se trouve dans la mer des Indes.

La VOLUTE ISPIDULE est unie, a la spire proéminente ; la lèvre avec un seul cordon, et la columelle obliquement striée. Elle habite les mers des Indes et d'Afrique, et varie sans fin. On la trouve figurée dans Adanson, pl. 4, n° 7, sous le nom d'*agaron*, dans Dargenville, pl. 13, lettre Q, et dans un grand nombre d'autres ouvrages.

3°. Les *volutes ovales*, ou qui sont presque ovales, ouvertes et échancrées. On y distingue principalement :

La VOLUTE A COLLIER, qui est entière, blanche, dont la spire est oblitérée, la columelle obliquement striée. Elle est figurée dans Adanson, pl. 5, n° 4. Elle se trouve sur les côtes d'Afrique et dans la mer des Indes, où on l'emploie à orner les armes, à faire des colliers, etc.

La VOLUTE DOBI, qui est unie, dont la spire est émoussée et ombiliquée ; la columelle avec sept plis et la lèvre marginée et crénelée. Elle est figurée dans Adanson, pl. 4, fig. 4. Elle se trouve sur la côte d'Afrique, et varie beaucoup.

La VOLUTE PORCELAINE, *Voluta glabella*, est très-entière, unie, a la spire unie; la columelle a quatre plis; la lèvre bossue, bourrelée et dentée. Elle est figurée dans Adanson, pl. 4, fig. 1, et dans l'*Hist. nat. des Coquilles*, faisant suite au *Buffon*, édition de Deterville, pl. 38, fig. 4 et 5. Elle se trouve dans la mer des Indes, et sur la côte d'Afrique.

La VOLUTE RÉTICULÉE, qui est un peu sillonnée en sautoir, dont la lèvre est intérieurement striée, et la columelle presque perforée. Elle est figurée dans Dargenville, pl. 17, fig. M. Elle se trouve sur les côtes d'Afrique et d'Amérique.

La VOLUTE MARCHANDE est striée; a la spire obtuse; la columelle émoussée, dentée; la lèvre bossue, denticulée. Elle est figurée dans Adanson, pl. 9, fig. 29, et se trouve dans toutes les mers des pays chauds. Elle sert de monnoie dans quelques cantons de l'Afrique. C'est le type du genre *columbella* de Lamarck.

La VOLUTE SIGER, *Voluta rustica* est unie; a la spire proéminente, la columelle émoussée, denticulée; la lèvre bossue et également denticulée; Elle est figurée dans Adanson, pl. 9, fig. 28, et se trouve dans la Méditerranée.

4°. Les *volutes fusiformes*, qui sont alongées, et ont la pointe de la spire saillante. Il faut y remarquer:

La VOLUTE TRINGATE qui est presque entière, oblongue, unie, dont la spire est proéminente, brisée; la columelle a trois plis; la lèvre avec trois dents en dedans. Elle est figurée dans Gualtieri, pl. 43, lett. B, et se trouve dans la Méditerranée.

La VOLUTE GENOT, *Voluta sanguisuga*, qui est émarginée, sillonnée longitudinalement, striée transversalement, dont la columelle est à quatre plis, et la lèvre unie. Elle est figurée dans Adanson, pl. 9, fig. 55. Elle se trouve sur la côte d'Afrique.

La VOLUTE PLICAIRE, qui est émarginée, anguleuse, dont les angles antérieurs sont presqu'épineux; la columelle a quatre plis, et la lèvre unie. Elle est figurée dans Dargenville, pl. 9, fig. Q. Elle se trouve dans la mer des Indes.

La VOLUTE FOSSILE, qui est très-unie, et dont la columelle a cinq plis. Elle est figurée dans Dargenville, pl. 26, fig. 6, B. Elle se trouve fossile à Courtagnon et à Grignon.

La VOLUTE CARDINALE, qui est émarginée, transversalement striée, blanche, avec une des taches couleur de paille, dont plusieurs rangées en échiquier, et dont la columelle est à cinq plis. Elle est figurée dans Gualtiéri, pl. 55, lett. G., et se trouve dans la mer des Indes.

La VOLUTE ÉPISCOPALE, qui est émarginée, unie, dont les tours de spire ne sont pas dentés en leurs bords, qui a la lèvre denticulée et la columelle a quatre plis. Elle est figurée dans Dargenville, pl. 9, lette C, et dans l'*Hist. nat. des Coquillages*, faisant suite au *Buffon*, édition de Deterville, pl. 38, fig. 2 et 5. Elle se trouve dans la mer des Indes, et sert de type au genre *mitre* de Lamarck.

La VOLUTE PAPALE, qui est émarginée, striée transversalement, dont le bord des tours de la spire et la lèvre sont denticulés, et la columelle a quatre plis. Elle est figurée dans Dargenville, pl. 9, fig. E, et se trouve dans la mer des Indes.

La VOLUTE MUSIQUE est émarginée; a les tours de spire avec des épines obtuses; la lèvre unie et très-épaisse. Elle est figurée dans Dargenville, pl. 14, fig. P, et se trouve sur les côtes d'Amérique. Ses taches sont disposées comme la note sur un papier de musique.

La VOLUTE HÉBRAÏQUE, qui est émarginée, dont les tours de spire ont des épines émoussées, et dont la columelle a cinq gros plis et cinq petits. Elle est figurée dans Dargenville, pl. 14, fig. D. Elle se trouve dans la mer des Indes et aux Antilles. Ses taches sont disposées comme de l'écriture hébraïque.

La VOLUTE TURBINELLE est presqu'entière, turbinée, avec des épines coniques, presque perpendiculaires; les supérieures plus grandes; la columelle a quatre plis. Elle est figurée dans Dargenville, pl. 14, fig. P. Elle se trouve dans la mer des Indes, et sert de type au genre TURBINELLE de Lamarck. *Voyez* ce mot.

La VOLUTE POIRE qui est ovale, presque caudée, dont la spire est striée, unie, prolongée à son extrémité, et la columelle a trois plis. Elle est figurée dans Gualtiéri, tab. 46, fig. C, et se trouve dans la mer des Indes.

La VOLUTE ÉTENDARD, qui est ventrue, jaunâtre, striée d'orangé; dont le premier tour de spire est trois fois plus grand que les autres et tuberculé. Elle est figurée dans Dargenville, pl. 11, fig. G. Elle se trouve dans la mer des Indes.

5°. Les *volutes ventrues*, qui sont renflées, et ont un mamelon à la pointe de la spire. On y remarque :

La VOLUTE ÉTHIOPIQUE, qui est émarginée, dont la spire est couronnée d'épines en voûte, et la columelle a quatre plis. Elle est figurée dans Dargenville, pl. 7, fig. F. Elle se trouve sur la côte d'Afrique.

La VOLUTE YET, *Voluta cymbium*, qui est émarginée, dont les tours de la spire sont canaliculés en leurs bords, et la columelle a quatre plis. Elle est figurée dans Adanson, pl. 3, dans Dargenville, pl. 17, fig. G., et dans l'*Hist. nat. des Coquilles*, faisant suite au *Buffon*, édition de Deterville, pl. 38, fig. 6. Elle se trouve sur les côtes d'Afrique et d'Amérique, se mange, et parvient à une grosseur considérable. (B.)

VOLUTELLE, *Volutella*, genre de plantes cryptogames, de la famille des CHAMPIGNONS, qui offre une fongosité hypocratériforme stipitée, dont la superficie du chapeau est percée de trous.

Ce genre est composé de deux espèces figurées dans l'ouvrage de Tood sur les *Champignons du Mecklembourg*, tab. 5. Il a beaucoup de rapports avec les *pézizes*, et il paroît même que la *pézize ponctuée* de Bulliard en fait partie. *Voyez* au mot PÉZIZE.

Forskal avoit aussi donné ce nom à la CASSYTE. *Voyez* ce mot. (B.)

VOLVAIRE, *Volvaria*, genre de testacés de la classe des UNIVALVES, qui présente pour caractère une coquille cylindrique, roulée sur elle-même, sans spire saillante, dont l'ouverture est étroite, aussi longue que la coquille, et à un ou plusieurs plis sur la base de la columelle.

Ce genre a été établi par Lamarck sur une coquille des côtes d'Angleterre, figurée par Pennant dans sa *Zoologie britannique*, pl. 70, n° 85 du 4ᵉ vol., et par d'Acosta dans sa *Conchyliologie britannique*, pl. 2, n° 7. Cette coquille a l'aspect d'une *bulle*, et fait le passage entre ce genre et les *bulimes*. C'est tout ce qu'on sait sur son compte. (B.)

VOLVOCE, *Volvox*, genre de vers polypes amorphes ou d'animalcules microscopiques, dont les espèces ont pour caractère commun d'être très-simples, sphériques et transparentes.

Ce genre a été connu de presque tous les naturalistes modernes, à raison d'une de ses espèces, le *volvoce globuleux*, assez gros pour être reconnu à la vue seule dans les eaux stagnantes, où elle est commune.

Quelques *volvoces* sont simples, et ne présentent que les phénomènes des autres animaux infusoires; mais la plupart sont composés de plusieurs globules réunis dans une matière mucilagineuse. On s'accorde aujourd'hui à penser que toutes ces molécules ont une vie propre, indépendante de l'ensemble; mais que cet ensemble a une vie commune qui lui donne la faculté de se mouvoir. *Voyez* au mot ANIMALCULE INFUSOIRE.

Les *volvoces* se trouvent dans les eaux douces et salées, rarement dans les infusions. Ils tournent continuellement sur eux-mêmes, mais d'un mouvement assez lent. Ils se multiplient par déchirement et par séparation des bourgeons oviformes qu'on apperçoit sur presque tous. *Voyez* au mot VERS POLYPES.

On compte une douzaine d'espèces de *volvoces*, dont les plus remarquables sont :

Le VOLVOCE MURE, qui est orbiculaire, membraneux, et a le disque parsemé de molécules vertes et sphériques. Il est figuré dans l'*Encyclopédie*, partie des *Vers*, pl. 1, fig. 10. Il se trouve dans l'eau des marais, en automne.

Le VOLVOCE SOCIAL est sphérique et composé de molécules cristallines égales et écartées. Il se trouve dans l'eau des rivières, et est figuré dans l'*Encyclopédie*, pl. 1, fig. 8.

Le VOLVOCE PILULE est sphérique et a les entrailles immobiles et verdâtres. Il se voit dans l'*Encyclopédie*, pl. 1, fig. 4, et se trouve dans les infusions des végétaux.

Le VOLVOCE GLOBULEUX est sphérique, membraneux, et a le disque parsemé de molécules sphériques vertes. Il est figuré dans l'*Encyclopédie*, pl. 1, fig. 9. Il se trouve très-communément dans les eaux stagnantes.

Le Volvoce point est sphérique, noirâtre, et a le ventre marqué d'un point clair. Il est figuré daus l'*Encyclopédie*, pl. 1, fig. 1. Il se trouve dans l'eau de la mer fétide. (B.)

VOLVOXE, *Volvoxis*, nom donné par Kugelann, aux insectes qui composent les genres Anisotoma et Agathidium d'Illiger. *Voyez* ces mots. (O.)

VOMER, nom spécifique d'un poisson du genre Argyreiose. *Voyez* ce mot. (B.)

VOMIQUE, *Strychnos*, genre de plantes à fleurs monopétalées, de la pentandrie monogynie, dont le caractère consiste en un calice à cinq divisions; une corolle monopétale à cinq divisions; cinq étamines; un ovaire supérieur surmonté d'un style à stigmate obtus.

Le fruit est une baie à une loge, dont l'enveloppe est ligneuse, et qui contient plusieurs semences rondes, applaties et un peu velues.

Ce genre, qui est figuré pl. 119 des *Illustrations* de Lamarck, renferme des arbres à feuilles opposées entières, et à fleurs disposées en grappes latérales. On en compte quatre espèces, dont deux sont célèbres à raison des vertus de leurs diverses parties.

L'une est la Vomique des boutiques, dont les feuilles sont ovales et les branches sans épines. C'est un très-grand arbre de l'Inde. Ce sont ses graines qu'on appelle vulgairement *noix vomique*, et qu'on emploie pour empoisonner les *loups*. On en fait aussi quelquefois usage en médecine, mais c'est un remède dangereux qu'on doit entièrement proscrire.

La *vomique* est extrêmement amère. La plus petite dose de sa poudre ébranle les fibres de l'estomac, excite des vomissemens convulsifs qui se communiquent bientôt aux intestins, et produisent des évacuations répétées et très-douloureuses, qui mènent rapidement à la mort. Les animaux qui en ont mangé éprouvent une soif dévorante, et lorsqu'ils la satisfont, leurs douleurs s'augmentent et leur mort s'accélère. Le meilleur remède, dans ce cas, est le vinaigre à grandes doses.

Lorsqu'on veut empoisonner les *loups* d'une contrée, on fait, avec un couteau, des trous dans une charogne, et on met, dans chaque trou, une pincée de poudre de *vomique*. Il faut que ces trous soient assez rapprochés pour qu'un *loup* puisse en entamer un à chaque bouchée, mais pas assez pour

reve del   Letellier Sculp.

1. *Umari épineux* .   3. *Vomique des Boutiques* .

2. *Vampi de la Chine* .   4. *Uperhize truffiere* .

que la poudre communique son amertume à la chair. Lorsque cette opération est faite, on traîne la charogne autour
des bois, et on la dépose dans le lieu le plus solitaire, le moins
à la portée des *chiens*. C'est ordinairement l'hiver que l'on
choisit pour cette opération, parce que c'est alors que les
loups sont réunis à raison de leurs amours, qu'ils éprouvent le plus le besoin de la faim, et qu'on connoît mieux,
par l'empreinte de leurs pas sur la neige, les cantons où ils se
trouvent. Un *loup* ou un *renard* qui a mangé seulement deux
pincées de poudre de *vomique*, est un animal perdu, il va
mourir, après des souffrances horribles, à quelque distance
du lieu de son repas, où on le va chercher à la trace de ses
pas, s'il y a de la neige, ou de ses excrémens s'il n'y
en a pas.

L'autre est la VOMIQUE COLUBRINE, qui a les feuilles
ovales-aiguës, les branches épineuses. C'est aussi un grand
arbre qui a beaucoup de rapports avec le précédent, et qui
se trouve dans les mêmes pays. Son bois est très-amer, et est
regardé comme très-précieux dans quelques parties de
l'Inde. On l'emploie à guérir de la morsure des *serpens*, de
la fièvre, des vers, des rhumatismes et autres maladies. On
en apporte fréquemment en Europe, mais il n'est guère
d'usage que dans les fièvres intermittentes et dans les maladies vermineuses, encore est-ce rarement, parce qu'il produit
quelquefois des convulsions semblables à celles que donne
la *noix vomique*. Ce *bois de coulcuvre* nous arrive sous la
forme d'une racine marbrée de brun et de gris.

La VOMIQUE BRACHIÉE, qui a les feuilles opposées, ovales-
oblongues, aiguës, à cinq nervures, les rameaux perpendiculaires les uns sur les autres, et les fleurs en corymbe.
Elle croît au Pérou, et est figurée pl. 157 de la *Flore* de ce
pays. Les *cerfs* mangent ses fruits sans inconvéniens. (B.)

VONCONDRE, nom spécifique d'un poisson du genre
cyprin, le *cyprinus cirrhosus* Linn. *Voyez* au mot CYPRIN.
(B.)

VOND-SIRA. *Voyez* VANSIRE. (S.)

VONTACA, nom indien d'un grand arbre dont les
fleurs sont odorantes et les fruits bons à manger. On ignore
à quel genre il appartient. (B.)

VOODWARDIE, *Woodwardia*, genre de plantes cryptogames de la famille des FOUGÈRES, introduit par Smith.
Son caractère consiste à avoir la fructification en petites
lignes distinctes le long de la nervure principale, et des tégumens qui s'ouvrent du dedans au-dehors. Il comprend

plusieurs espèces de *blechnons*, mais il paroît trop légère-ment distingué pour être adopté par la plus grande partie des botanistes. *Voyez* au mot BLECHNON. (B.)

VORACE. Cette épithète convient principalement aux animaux carnassiers, tels que le *loup*, l'*hyène*, le *chacal*, le *vautour*, les *guillemots*, le *requin*, le *brochet*, &c. Elle sem-ble désigner une qualité lâche, car les animaux courageux, tels que le *lion*, le *tigre*, l'*aigle*, l'*épervier*, sont moins *vo-races* que ces espèces peu audacieuses qui se gorgent de cha-rognes, et qui, n'osant attaquer une proie vivante, se con-tentent des restes des autres animaux carnivores. En effet, la voracité, la gloutonnerie, sont parmi nous les attributs de ces hommes grossiers et brutaux qui s'adonnent à leurs vo-luptés sensuelles et à leur goinfrerie. Tel étoit ce crapuleux empereur romain, qui, après avoir bien mangé, se faisoit rendre gorge pour avoir le plaisir de manger encore. C'est ainsi que certains oiseaux de mer, les *lummes*, les *pétrels*, les *guillemots*, les *puffins*, gorgés de poissons et poursuivis dans les airs par leurs ennemis, sont forcés de vomir leur proie, qui est saisie dans sa chute par leurs implacables per-sécuteurs. L'extension qu'on donne à ses facultés digestives, est prise aux dépens des facultés plus nobles; c'est pourquoi les individus adonnés à leur ventre ressemblent aux animaux; *quæ natura prona atque ventri obedientia finxit*, dit Salluste; aussi Caton le censeur disoit d'un homme *vorace*, qu'*on ne pouvoit rien attendre de bon pour la chose publique*, de celui qui étoit tout ventre depuis le menton jusqu'aux parties na-turelles, auquel on peut appliquer ce vers de Virgile :

Latamque trahens inglorius alvum.

Les animaux qui ont un ventre gros et pendant, sont lourds, stupides; ils dorment beaucoup, sont paresseux et fort lâches dans toutes leurs actions; l'on sait combien les *chiens* en-graissés dans la cuisine sont inférieurs aux *chiens* de chasse, et combien de Césars sont devenus laridons. (V.)

VORME, *Wormia*, genre de plantes de la polyandrie pentagynie, qui offre un calice de cinq folioles; une corolle de cinq pétales; un grand nombre d'étamines; un anneau charnu entourant un germe trigone.

Ce genre est décrit et figuré dans le second volume des *Acta Danica*. (B.)

VORMELA. Agricola fait mention du *hamster* sous cette désignation latine. *Voyez* HAMSTER. (S.)

VORTICELLE, *Vorticella*, genre de vers polypes amor-

phes ou d'animalcules infusoires qui présentent pour caractère un corps nu, susceptible de contraction, ayant l'extrémité supérieure garnie, en avant, de cils rotatoires.

Les animaux de ce genre sont, après les *brachions*, les plus
composés et les plus gros des microscopiques. Quelques espèces
peuvent même être vues sans le secours de la loupe. Toutes
fournissent des phénomènes dignes des méditations des philosophes scrutateurs de la nature.

La découverte des *vorticelles* fut faite, il y a plus de cent
ans, par Leuwenhoeck; depuis, Trembley en trouva d'autres
espèces, qu'il fit connoître sous le nom de *polypes à panaches,
polypes à bouquets*, &c. et Muller porta sur elles, comme sur
les autres *vers infusoires*, l'attention investigatrice dont il
étoit si éminemment doué, et il en décupla le nombre dans
son ouvrage sur les animaux infusoires.

Lamarck a divisé ce genre en deux. L'un, auquel il a conservé le nom de VORTICELLE, comprend les grandes espèces,
celles qui se fixent. L'autre, qu'il a appelé URCÉOLAIRE,
renferme celles qui nagent continuellement. *Voyez* ce dernier mot.

Parmi celles que découvrit Leuwenhoeck, il en est une
qui acquit par la suite une grande célébrité, sous le nom de
rotifère, c'est la *vorticelle rotatoire* de Muller. Spallanzani
a fait les recherches les plus étendues sur cet animal, et c'est
d'après lui qu'on va donner un précis de son histoire, dont
j'ai vérifié plusieurs fois l'exactitude. Cette histoire servira de
type pour celles des *vorticelles* qui ont le plus de rapports
avec elle, c'est-à-dire toutes les *urcéolaires* de Lamarck, dont
l'observation a prouvé l'identité de mœurs.

Lorsqu'on délaie dans l'eau la matière terreuse que l'on
trouve dans les gouttières des toits, et qu'on observe l'eau,
après qu'elle s'est éclaircie, avec un microscope d'une certaine force, on ne tarde pas à y voir nager des animalcules
cylindriques, qui ont antérieurement deux appendices ronds,
ciliés, et postérieurement quatre appendices longs et pointus, c'est le *rotifère* de Spallanzani.

Ces animalcules sont gélatineux, et peuvent prendre plusieurs formes par le seul effet de leur volonté. Lorsqu'ils veulent marcher, ils attachent l'extrémité de leur queue au
plan sur lequel ils se trouvent, après quoi ils alongent tout
leur corps vers la partie antérieure, et quand cette opération
est terminée, ils détachent leur queue et la rapprochent de
la partie antérieure de leur corps, et ainsi de suite.

Lorsqu'on laisse évaporer l'eau dans laquelle nagent les
rotifères, ils se dessèchent et deviennent informes. Ils pa-

roissent morts; cependant lorsqu'on leur rend de l'eau après quelques heures, ils reprennent petit à petit leurs mouvemens, et enfin arrivent à un état de vie aussi complet qu'auparavant. Il en est de même si on les laisse en état de dessication pendant un jour, un mois, un an, douze ans, et probablement plus long-temps encore. On peut les faire mourir et revivre une fois, deux fois, dix fois successivement, mais il paroît qu'ils ne peuvent plus enfin supporter ces expériences, et qu'ils finissent par mourir réellement. Il faut plus ou moins de temps pour voir opérer ce phénomène, selon la chaleur de la saison. Une heure suffit pour tous en été; elle suffit à peine pour quelques-uns pendant l'hiver. Mais il est cependant une condition à ces résurrections, c'est que les animaux doivent être mêlés avec la terre des toits. L'expérience ne réussit pas lorsqu'on les isole dans des vases très-propres.

Les *rotifères* ont trois organes, qu'ils font paroître ou disparoître à volonté. Le premier est formé par deux demi-cercles saillans antérieurement et garnis de poils. Ils font mouvoir cet organe de manière à lui donner l'apparence de deux roues qui tournent sur leur essieu, et déterminent par là, dans l'eau, un tourbillon qui amène dans leur bouche, qui est intermédiaire, les objets dont ils se nourrissent. Le second est un petit corps ovoïde qui se trouve dans le corps, et qui est dans un continuel mouvement de contraction et de dilatation. Leuwenhoeck et Backer ont cru que c'étoit le cœur de l'animal, Spallanzani en doute, parce qu'il dépend de la volonté de l'animal de le tenir en repos, et qu'il n'agit que lorsque le *rotifère* fait agir les roues, lorsqu'il cherche des alimens. C'est donc plutôt l'estomac. Le troisième organe est la queue, dont il a déjà été parlé.

Les *rotifères* présentent encore un fait très-digne de remarque. Lorsqu'on expose de l'eau dans laquelle il y a des *rotifères* a un degré de chaleur naturelle ou artificielle qui passe 56 degrés au thermomètre de Réaumur, ils meurent, sans pouvoir jamais être ressuscités; mais quand ils sont en état de dessication, non-seulement ce degré de chaleur ne leur fait aucun mal, mais encore un bien plus élevé. Il faut pousser cette chaleur jusqu'au 56e pour occasionner la mort absolue.

Ces animaux ont supporté sans inconvénient, même en état de vie active, le plus grand froid possible, mais ils ont besoin d'air, et lorsqu'on les laisse dans la glace, ou sous la cloche d'une machine pneumatique, ils finissent par mourir réellement.

Les grandes *vorticelles*, les *vorticelles* proprement dites ou celles de Lamarck, ressemblent plus ou moins à une fleur monopétale portée, seule, sur un pédicule, ou réunies plusieurs par des pédicules propres sur un pédicule commun. Elles ont été appelées par Trembley et autres anciens naturalistes qui ont écrit en français, d'après leur forme, *polypes à panaches*, *en bouquet*, *en entonnoir*, *en nasse*, *en cloche*, &c. elles sont extrêmement minces, transparentes, et ont, sur les bords extérieurs de l'ouverture qui leur sert de bouche, deux touffes, opposées, de poils qu'elles laissent souvent en repos, mais que souvent aussi elles agitent comme le *rotifère* et pour les mêmes motifs. Toutes ces espèces se fixent à des corps solides ; les unes, et ce sont principalement les *solitaires*, jouissent de la faculté de changer de place à volonté ; les autres, et ce sont les *rameuses*, ne paroissent pas le pouvoir. Leurs pédicules sont plus ou moins longs, mais doués, ainsi que leurs têtes, de la sensibilité la plus exquise. Il suffit de toucher l'eau où sont fixées ces *vorticelles*, pour qu'aussi-tôt elles se contractent, et que le joli bouquet qu'elles présentoient se change en une masse glaireuse, sans apparence organique ; mais le danger est-il passé, elles se relèvent, et développent leurs organes, qui, comme on l'a déjà dit, ne consistent qu'en deux touffes de poils, qui leur servent à faire naître dans l'eau un tourbillon propre à entraîner les animaux infusoires, plus petits, dans leur bouche. On voit souvent, avec la loupe, lorsqu'on tient des *vorticelles* en expérience dans des bocaux de verre, l'animalcule entrer par suite de ce mouvement dans la cavité qu'on peut appeler l'estomac, et disparoître ensuite sans qu'on puisse deviner ce qu'il est devenu. Il semble que leur digestion est instantanée ; j'ai été plusieurs fois témoin de ce fait, et je crois que la disparition si rapide est l'effet de la trituration.

Les grandes *vorticelles* ont beaucoup d'affinités avec les *sertulaires*, et semblent lier les *vers infusoires* aux *vers polypes*.

La plupart des physiciens qui ont observé les premiers, non-seulement les *rotifères*, mais encore les grandes espèces de *vorticelles*, ont vu qu'elles se reproduisoient par sections, soit spontanées, soit artificielles. On peut très-facilement être témoin de ce fait lorsqu'on conserve des *vorticelles* dans un vase de verre pendant les grandes chaleurs de l'été. A presque tous les instans de la journée, on voit quelques-unes de ces *vorticelles* se séparer en deux portions, dont une reste en place et l'autre va former un nouvel animal à une petite distance. Souvent au bout de peu d'heures, cette nou-

velle *vorticelle* se sépare aussi en deux pour former encore
un nouvel individu de plus. Il ne faut souvent que deux
ou trois jours, comme je l'ai remarqué plusieurs fois, pour
peupler un bocal dans lequel il n'y avoit que deux ou trois
grandes *vorticelles*. Mais cette manière de se multiplier
n'existe pas, au moins au même degré, lorsque les froids
commencent à se faire sentir. Alors les *vorticelles* produisent,
par toutes leurs parties, des bourgeons oviformes, que la plupart des naturalistes ont pris pour des œufs, et qui se conservent, sous cette forme, pendant l'hiver, pour donner naissance, au printemps, à de nouvelles générations. Trembley
trouva en Angleterre, à la fin de l'automne, une grande
quantité de ces bourgeons à la surface de l'eau d'un canal.
Il les fit sécher à l'ombre, et les emporta en Hollande dans
un cornet de papier. Au printemps suivant, cette graine,
mise dans l'eau, produisit une nombreuse colonie de *polypes*.

Les *vorticelles*, comme tous les autres *polypes*, recherchent la lumière. On voit toujours les espèces fixées, lorsqu'elles sont dans un vase et dans une chambre, tourner leur
tête vers la fenêtre, et les espèces courantes se tenir constamment dans la partie du vase qui en est la plus voisine.
Elles sont tuées par toutes les liqueurs fortes et par l'électricité.

C'est dans les eaux dormantes, mais non putréfiées, dans
celles sur-tout où il existe un grand nombre de plantes en
végétation, sur les racines de la *lentille d'eau*, sur les tiges
des plantes mortes, sur le test des coquillages, qu'il faut
les chercher. Elles sont extrêmement abondantes aux environs de Paris, mais il faut savoir les trouver. On doit les
observer principalement depuis mai jusqu'en juillet, et le
matin plutôt que le soir. Les grosses espèces, qui sont visibles à l'œil nu, peuvent être découvertes en se couchant
sur le bord de l'eau, et en regardant sur les tiges des plantes,
sur les morceaux de bois qui s'y trouvent ; elles se trahis-
sent par le mouvement rotatoire de leurs panaches. Mais,
en général, le meilleur moyen de se les procurer est de
prendre des touffes de *lentille d'eau*, des racines de *saule*
plongeant dans l'eau, des pierres d'un petit volume, des tests
de coquilles, &c. et de les mettre dans des bocaux de verre,
de manière qu'on puisse les examiner sous toutes leurs faces.
Au bout de quelques heures de repos, à l'exposition du
soleil sur-tout, les *vorticelles* se développent, agitent leurs
panaches, et avec la loupe ou le microscope, on peut les
observer à l'aise.

On trouve aussi des *vorticelles* dans l'eau de la mer, sur-tout dans celle qui est mêlée avec de l'eau douce, c'est-à-dire à l'embouchure des fleuves.

On connoît quatre-vingts espèces de *vorticelles* décrites et figurées dans les auteurs. Elles se divisent en trois sections ; savoir :

En *vorticelles pédonculées et composées*, telles que :

La VORTICELLE BERBERINE, qui a la tête ovale, alongée, et les pédicules élargis vers le haut. Elle est figurée dans l'*Encyclopédie*, partie des *Vers*, pl. 26, fig. 10 et 11. Elle se trouve dans les ruisseaux.

La VORTICELLE BARILLET a les têtes ovales et géminées. Elle est figurée dans l'*Hist. nat. des Vers*, faisant suite au *Buffon*, édition de Deterville, pl. 31, fig. 4. Elle se trouve dans les marais de la Caroline, où elle a été décrite et dessinée par moi. Elle fournit jusqu'à trois générations dans une journée, ainsi que je l'ai observé.

La VORTICELLE DIGITALE a la tête cylindrique, cristalline, tronquée et fendue au sommet. Son pédicule est fistuleux. Elle est figurée dans l'*Encyclopédie*, pl. 25, fig. 6. On la trouve dans les eaux douces attachées aux cyclops.

La VORTICELLE POLYPINE a la tête ovoïde, tronquée en avant, et le pédicule tortillé. Elle est figurée dans l'*Encyclopédie*, pl. 25, fig. 7-9. Elle se trouve dans la mer.

En *vorticelles pédiculées et simples*, telles que :

La VORTICELLE MUGUET, qui a la tête campanulée, et dont le pédoncule se tortille. Elle est figurée dans l'*Encyclopédie*, pl. 24, fig. 19. Elle se trouve dans les eaux douces et salées.

La VORTICELLE PARASOL, qui a la tête en forme de patène, et dont le pédicule se tortille. Elle est figurée dans l'*Encyclopédie*, fig. 12 et 17. Elle se trouve dans l'eau de mer putréfiée.

La VORTICELLE INCLINÉE est courbée, a le pédicule court, et la tête rétractile. Elle est figurée dans l'*Encyclopédie*, pl. 23, fig. 31. Elle se trouve sur le corps des insectes aquatiques.

En *vorticelles sans pédoncules, mais avec une queue*, telles que :

La VORTICELLE FLOSCULEUSE, qui est agrégée, oblongue, ovale, et dont le disque est dilaté et transparent. Elle est figurée dans l'*Encyclopédie*, pl. 23, fig. 16 à 20. Elle se trouve dans les marais.

La VORTICELLE PLICATULE, qui est cylindracée, plissée, et dont l'ouverture est nue, la queue très-courte, relevée et terminée par deux pointes. Elle est figurée dans l'*Encyclopédie*, pl. 22, fig. 29-32. Elle se trouve dans les eaux stagnantes.

La VORTICELLE ROTIFÈRE, qui est cylindrique, dont le col est armée d'un aiguillon ; la queue longue et terminée par quatre pointes. Elle est figurée dans l'*Encyclopédie*, pl. 22, fig. 18-23. Elle se trouve dans les eaux douces et salées, et dans les lieux où l'eau séjourne quelquefois, comme dans les gouttières. C'est elle dont l'histoire a été mentionnée en tête de cet article.

La VORTICELLE FRANGÉE est en forme de coin renversé, a l'ouverture terminée en quatre lobes et la queue terminée par deux soies. Elle est figurée dans l'*Encyclopédie*, pl. 22, fig. 8-12. Elle se trouve dans les eaux les plus pures.

La VORTICELLE LARVE est cylindrique, en forme de croissant, et sa queue est armée de deux épines. Elle est figurée dans l'*Encyclopédie*, pl. 21, fig. 9-11. Elle se trouve dans l'eau de mer.

La VORTICELLE GOBELET a la forme du vase dont elle porte le nom, et est marquée vers le milieu du tronc d'un globule opaque. Elle est figurée dans l'*Encyclopédie*, pl. 20, fig. 26 et 28. Elle se trouve autour de la lenticule.

La VORTICELLE APPENDICULÉE est cylindracée, avec un appendice triangulaire, s'élevant du milieu de l'ouverture. Elle est figurée dans l'*Encyclopédie*, pl. 20, fig. 16-20. Elle se trouve dans les eaux douces.

La VORTICELLE JAMBARDE est cubique et terminée en arrière par deux jambes écartées. Elle est figurée dans l'*Encyclopédie*, pl. 20, fig. X. Elle se trouve dans les marais.

La VORTICELLE NOIRE est en forme de toupie et noire. Elle est figurée dans l'*Encyclopédie*, pl. 19, fig. 44-47. Elle se trouve sur la *conferve*. (B.)

VOSAKAN, nom américain d'une espèce d'HÉLIANTHE. *Voyez* ce mot. (B.)

VOSMAR. Bloch a donné ce nom à un poisson qui fait en ce moment partie du genre LUTJAN. *Voyez* ce mot. (B.)

VOSSE. *Voyez* VANSIRE. (S.)

VOTOMITE, *Glossoma*, arbrisseau à feuilles opposées, très-courtes, pétiolées, oblongues, aiguës, glabres, très-entières, à fleurs blanches, disposées en bouquets axillaires et pendans durant la floraison, qui forme un genre dans la tétrandrie monogynie.

Ce genre, qui a été établi par Aublet, et qui est figuré pl. 33 de son *Histoire des Plantes de la Guiane*, offre pour caractère un calice à cinq dents ; une corolle de quatre pétales ; quatre étamines, dont les anthères sont terminées par un feuillet membraneux, et forment un tube par leur réunion ; un ovaire supérieur, couronné d'un petit disque, du centre duquel s'élève un style à stigmate quadrifide.

Le fruit est une noix sillonnée, monosperme, recouverte par le calice qui s'est accru.

Le *votomite* se trouve à Cayenne, et y est connu sous le nom de *palétuvier de montagne.* (B.)

VOTOMOS. C'est le *pistachier de Chio.* Voyez au mot PISTACHIER. (B.)

VOUAPE, *Macrolobium*, genre de plantes à fleurs polypétalées, de la triandrie monogynie, qui offre pour caractère un calice double, l'extérieur de deux folioles, et l'intérieur turbiné, oblique, à cinq dents ; une corolle de cinq pétales inégaux, le supérieur étant beaucoup plus grand que les autres ; trois ou quatre étamines ; un ovaire pédicellé, surmonté d'un style à stigmate obtus.

Le fruit est une gousse monosperme, bordée d'une membrane.

Ce genre est figuré pl. 26 des *Illustrations* de Lamarck, et a été établi par Aublet. Schréber lui a réuni le genre *outée* du même auteur, figuré sur la même planche. Il renferme trois espèces d'arbres à feuilles alternes, ailées sans impaire, à folioles entières, et à fleurs disposées en grappes axillaires.

La plus remarquable de ces espèces est la VOUAPE BIFEUILLE, *Macrolobium hymenœoïdes*, qui n'a que deux folioles ovales, aiguës et obliques à chaque feuille, et le légume oblong, tricariné à sa base. C'est un grand arbre de Cayenne, qui laisse suinter, lorsqu'on le coupe, une matière huileuse. On l'emploie dans la construction des maisons, des digues, dans la menuiserie. Il passe pour incorruptible dans l'eau comme dans l'air. Ses copeaux brûlent si facilement, qu'ils servent habituellement de flambeaux. (B.)

VOUÈDE. On donne ce nom à une variété du *pastel* qu'on cultive dans le nord de la France pour l'usage des teinturiers. *Voyez* au mot PASTEL. (B.)

VOULOU, nom indien d'une espèce de BAMBOU. *Voyez* ce mot.

On appelle aussi de ce nom un *roseau* de Cayenne. (B.)

VOULST. Quelques auteurs ont donné ce nom à une variété de mine de *mercure corné* ou *muriate de mercure natif*. Voyez MERCURE et MINES. (PAT.)

VOUROU - DRIOU (*Cuculus afer* Lath. , pl. enlum. n° 587, ordre PIES, genre du COUCOU. *Voyez* ces mots.). *Vourou - driou* est le nom que les Madégasses donnent à ce *coucou*, qui, suivant Montbeillard, diffère de tous les autres par le nombre des pennes de la queue; elles sont au nombre de douze, au lieu que les autres n'en ont que dix. On remarque encore des différences qui lui sont propres, comme d'avoir le bec plus long, plus droit et moins convexe en dessus; les narines oblongues, situées obliquement vers le milieu de la longueur du bec ; et de se rapprocher des oiseaux de proie, en ce que la femelle de cette espèce est plus grande que le mâle : de plus, elle est d'un plumage différent. Mais est-il bien certain que l'oiseau que les naturels de Madagascar appellent *cromb*, soit la femelle du *vourou - driou*, puisqu'ils la distinguent par un nom particulier? ne seroit-ce pas plutôt l'indication d'une espèce différente? Au reste, le sommet de la tête du *vourou - driou* est noirâtre, avec des reflets verdâtres et couleur de cuivre de rosette ; un trait noir est posé obliquement entre l'œil et le bec ; le reste de la tête, la gorge et le cou, sont cendrés ; la poitrine et toutes les parties postérieures d'un gris blanc ; le dessus du corps jusqu'au bout de la queue est d'un vert changeant en couleur de cuivre de rosette ; les pennes moyennes des ailes sont colorées de même et les grandes d'un noir verdâtre ; les pieds sont rougeâtres ; enfin, le bec est d'un brun foncé : longueur totale, quinze pouces.

Le *cromb* a la tête, la gorge et le dessus du cou rayés transversalement de brun et de roux ; le dos, le croupion et les couvertures supérieures de la queue d'un brun uniforme ; les petites couvertures du dessus des ailes brunes et terminées de roux ; les grandes d'un vert obscur, bordées et frangées à leur bout comme les précédentes ; les pennes comme dans le *vourou-driou*, excepté que les secondaires ont leur bord roux ; le devant du cou et tout le reste du dessous du corps d'un roux clair, varié de noirâtre ; les pennes de la queue d'un brun lustré terminé de roux ; le bec et les pieds comme le précédent : longueur, dix-sept pouces sept lignes.

(VIEILL.)

VOVAN. C'est le nom qu'Adanson a donné à *l'arche glycimeride*, qu'il a figurée pl. 18 de son *Histoire des Coquilles du Sénégal*. Voyez au mot ARCHE et au mot PÉTONCLE. (B.)

VOYARIER, *Voyara*, arbre à feuilles alternes, ovales, oblongues, terminées en pointe, dont on ne connoît pas les fleurs.

Ses fruits sont des coques minces, semblables à des *cornichons*, et qui contiennent, dans une pulpe gélatineuse et bonne à manger, des semences oblongues et anguleuses.

Cet arbre se trouve dans les forêts de la Guiane, et est figuré pl. 585 de l'ouvrage d'Aublet, sur les plantes de ce pays. (B.)

VOYÈRE, *Lita*, genre de plantes à fleurs monopétalées, de la pentandrie monogynie, qui présente pour caractère un calice à cinq dents, muni d'écailles à sa base ; une corolle infundibuliforme à cinq divisions aiguës, et à tube très-long, renflé inférieurement et supérieurement : cinq étamines très-courtes ; un ovaire supérieur à style très-long et à stigmate obtus et concave.

Le fruit est une capsule uniloculaire, bivalve, et renfermant un grand nombre de semences.

Ce genre, qui est figuré pl. 109 des *Illustrations* de Lamarck, renferme deux petites plantes à tiges quadrangulaires, à feuilles squamiformes, opposées, amplexicaules, cassantes, ovales, aiguës, et à fleurs géminées à l'extrémité des tiges, qui ont été découvertes par Aublet dans les forêts de la Guiane. L'une a les fleurs rouges, et l'autre les a bleues. Elles ne s'élèvent pas à plus de trois à quatre pouces, et leurs fleurs ont la moitié de cette longueur. (B.)

VRAC, nom vulgaire d'un poisson du genre *labre* sur les côtes de l'Océan. *Voyez* au mot LABRE. (B.)

VRILLÉE COMMUNE. C'est le PETIT LISERON. *Voyez* ce mot. (B.)

VRILLER (*vénerie*). Ce mot a la même signification que VERMILLER. *Voyez* cet article. (S.)

VRILLETTE, *Anobium*, genre d'insectes de la première section de l'ordre des COLÉOPTÈRES et de la famille des PTINIORES.

Les insectes qui forment ce genre ont d'abord été placés par Linnæus parmi les *dermestes*. Geoffroy est le premier qui les a réunis sous le nom latin de *byrrhus*, et en français sous celui de *vrillette*. Linnæus, dans ses éditions postérieures, a adopté le même genre, mais sous le nom de *ptinus*, en donnant à un autre genre celui de *byrrhus*. Degéer a confondu les *ptines* et les *vrillettes* sous les noms français de Geoffroy et latin de Linnæus. Fabricius, enfin, a séparé les *ptines* des *vrillettes*, et en a fait deux genres. Il a nommé ces dernières *anobium*, formé d'un mot grec qui signifie *ressuscité*. Il a aussi, dans son dernier ouvrage, séparé la *vrillette opiniâtre* (*anobium pertinax*), et en a fait un genre sous le nom de *dorcatoma*.

Les *vrillettes* ont quelques rapports avec les *dermestes*; mais elles en diffèrent par les antennes plus longues, terminées en masse moins grosse, plus alongée, et par les mandibules dentées. Elles ont beaucoup plus de rapports avec les *ptines*, dont elles diffèrent cependant, en ce que ceux-ci ont les antennes filiformes, composées d'articles égaux, et les mandibules unidentées au milieu.

Les *vrillettes* désignent, par le nom même qu'elles ont reçu, l'instinct qui les porte, dans leur état de larve, à ronger le bois, en y faisant de petits trous ronds, comme feroit une vrille. On voit communément ces insectes s'échapper, dès le printemps, du bois où la nymphe étoit renfermée, et, attirés par les rayons du soleil, ramper le long des fenêtres, sur les charpentes et autres boiseries. Leurs couleurs sans éclat, leurs mœurs sans industrie, et leur forme sans agrément, ne doivent pas servir à les rendre bien intéressans à nos yeux. Comme les *dermestes*, aussi-tôt qu'on les touche, ils enfoncent leur tête dans le corcelet, appliquent exactement les jambes et les tarses contre leurs cuisses, cachent entièrement les antennes entre la tête et les bords inférieurs du corcelet, et ressemblent alors à un corps inanimé. Mais ce qui doit les distinguer des *dermestes*, c'est leur opiniâtreté invincible à rester dans cette espèce de léthargie. S'il faut en croire Degéer, ni l'eau ni le feu ne peuvent les en faire sortir ; ils se laissent entièrement brûler sans donner aucun signe de vie. Lorsqu'on ne les touche plus, et qu'on les laisse tranquilles, ils sortent peu à peu de cet état ; mais ce n'est qu'après un long repos qu'ils recommencent à se remuer. Ils marchent lentement et avec une espèce d'indolence ; ils font rarement usage de leurs ailes, quoiqu'elles soient assez fortes et beaucoup plus longues que les élytres.

La larve de ces insectes, très-connue par ses dégâts, doit fixer davantage notre attention. Les vieux meubles de bois, vermoulus et criblés de trous ronds et cylindriques, indiquent en même temps son ouvrage et son habitation. C'est un petit ver blanc, mou, alongé, qui a six pattes petites et courtes. Sa tête est écailleuse, et se termine par deux mâchoires en forme de pinces fortes et tranchantes, qui lui servent à ronger le bois dont elle doit se nourrir, et qu'elle rend en petits grains très-fins, liés ensemble, mais que l'on peut aisément réduire en poussière presque impalpable, et qui remplissent les petites cavités que la larve vient de faire et qu'elle abandonne. A mesure qu'elle prend son développement, elle agrandit sa demeure ; et lorsqu'elle a acquis tout son accroissement et qu'elle sent le besoin de se métamorphoser, elle tapisse de quelques fils de soie le fond du trou ou du canal qu'elle s'est creusé, s'y change en nymphe, et en sort sous la forme d'insecte parfait. Ce n'est pas seulement dans les maisons qu'on trouve cette larve, mais dans les champs, dans les jardins, et par-tout où il y a du bois sec propre à lui servir d'asyle et à lui fournir un aliment. Il y a une espèce qui travaille sur une matière moins dure ; elle attaque le pain, la farine, la colle de farine, les pains à cacheter long-temps renfermés dans les tiroirs ; elle y forme des sillons et des canaux, comme les autres espèces font dans le bois.

C'est sans doute dans cet article que nous devons faire mention d'un petit phénomène assez singulier, et qui a donné lieu à bien des conjectures. On entend souvent dans une chambre, lorsqu'on est seul et qu'il y règne un silence profond, un petit bruit continu, semblable aux battemens d'une montre. Il cesse aussi-tôt qu'on remue, et ne recommence qu'après le retour du silence. Les uns ont attribué ce bruit à une petite espèce d'*araignée*, d'autres à un très-petit insecte désigné par Linnæus sous le nom de *termes pulsatorius*, et sous celui de *hemerobius pulsatorius* par Fabricius. M. Rolander a prétendu que ce son est produit par la femelle de ce même *termès*, en donnant de la tête de petits coups réitérés sur le bois. Geoffroy a cru enfin qu'il étoit occasionné par une espèce de *vrillette*, qui frappe à coups redoublés le vieux bois pour le percer et s'y loger. L'*araignée* dont il est fait mention n'a aucun instrument assez dur et assez fort pour donner lieu à ce bruit ; le *termès*, également dénué de tout moyen, est trop petit encore pour produire un son assez sensible. Geoffroy a dit vrai, lorsqu'il l'attribue à une espèce de *vrillette ;* mais nous croyons qu'il est plutôt occasionné par la larve que par l'insecte parfait. Nous nous sommes assurés que ce bruit venoit de l'intérieur du bois ; et l'on sait que dès que les insectes ont subi leur dernière métamorphose, ils ne cherchent plus qu'à sortir de l'intérieur des corps où la larve a vécu. Ainsi, les *vrillettes* percent le bois pour en sortir, et non pour y rentrer. La femelle dépose ses œufs dans les fentes et dans les crevasses ; mais ses mandibules, bien moins fortes que celles de la larve, ne doivent plus lui servir à ronger la même substance. La métamorphose des *vrillettes* a lieu vers la surface du bois : si elle se faisoit à une trop grande distance, l'insecte parfait ne pourroit sortir de sa prison, il y périroit. On connoît les précautions que prennent les larves des *bruches*, celles des *teignes*, qui se nourrissent de la substance farineuse des grains pour faciliter la sortie de l'insecte parfait. Pourquoi les larves des *vrillettes* ne pourroient-elles pas prendre les mêmes précautions ? La larve s'approche peu à peu de la surface du bois, afin qu'au moment de sa métamorphose il ne reste plus qu'une barrière foible que l'insecte parfait puisse percer aisément. Le bruit que nous entendons ne peut-il pas être occasionné par les coups de la larve contre le bois pour en connoître l'épaisseur ?

Cependant, l'analogie sembleroit faire croire que ce bruit a pour but de faciliter le rapprochement des deux sexes et opérer leur reproduction ; ce qui nous porte à dire qu'avant de prononcer d'une manière affirmative, il faut attendre que l'observation nous ait mieux éclairés.

Ce genre est peu nombreux en espèces, parce qu'on ne connoît encore que celles d'Europe ; et parmi celles-ci, il est à présumer que la petitesse de ces insectes en a dérobé jusqu'à présent un grand nombre.

Vrillette marquetée, *Anobium tessellatum*. Elle est une des plus grandes. Les antennes sont d'un brun fauve, de la longueur du corcelet ; tout le corps est brun, mais le corcelet et les élytres ont des poils cendrés qui les font paroître nébuleux ; les élytres ne sont point striées. Elle se trouve en France sur le bois vermoulu.

Vrillette opiniatre, *Anobium pertinax*. Les antennes sont brunes, un peu plus longues que le corcelet ; tout le corps est noir ; le corcelet est élevé, et il a quatre lignes courtes, élevées, dont deux longitudinales au milieu, et une de chaque côté oblique ; on y remarque une tache fauve transversale de chaque côté postérieurement ; les élytres sont striées, et les stries ont des points enfoncés ; le dessous du corps est noirâtre, cendré et luisant, vu à un certain jour ; les pattes sont noires. Elle se trouve au nord de l'Europe.

Vrillette de la farine, *Anobium paniceum*. Elle est plus petite que les précédentes. Tout le corps est fauve, sans taches, avec les yeux noirs ; les antennes sont de la longueur du corcelet ; celui-ci est un peu relevé et rebordé ; les élytres sont striées. Elle se trouve en Europe. La larve se nourrit de substances farineuses et du pain long-temps conservé. Elle s'y forme une coque, s'y change en nymphe, et en sort au bout de quelque temps sous la forme d'insecte parfait. (O.)

VRUS, *Aurochs*. Voyez l'article du Taureau. (S.)

VUE. (*Cherchez* le mot Œil, dans lequel nous traitons de tout ce qui a rapport à la *vue*.) Il y a des *vues myopes*, c'est-à-dire, qui ne peuvent distinguer les objets que de près, et des *vues presbytes*, qui n'apperçoivent bien que dans un certain éloignement. Les oiseaux qui ont le cristallin fort applati et la cornée très-convexe, sont *presbytes*. Cette faculté leur étoit d'autant plus nécessaire, que le vol leur fait découvrir de vastes étendues. Le *milan*, du haut des airs, apperçoit l'*alouette* sur la motte grise de son sillon ; l'*aigle*, au regard pénétrant, suit de loin sa proie, et fond sur elle comme la foudre.

Les vieillards deviennent ordinairement *presbytes*, parce que leur cristallin se rapproche de la rétine, à cause de la diminution des humeurs de l'œil. Dans les *myopes*, au contraire, le cristallin est éloigné de la rétine.

Lorsque les yeux sont de force inégale, on est louche. Ceux qui ont la *vue* extrêmement tendre, voient mieux dans l'obscurité que dans le grand jour ; c'est ainsi que les animaux nocturnes, comme les *chauve-souris*, les *chouettes*, les *pa-*

pillons de nuit, &c. sont offusqués par le grand jour; c'est une espèce d'héméralopie naturelle. (V.)

VUE (*vénerie*). On chasse à *vue*, quand on apperçoit le gibier que l'on poursuit. Les veneurs sonnent la *vue*, lorsqu'ils voient la *bête*. On va à la *vue*, quand on va à la découverte pour reconnoître s'il y a du gibier dans un canton. (S.)

VUIDER (*vénerie*). L'on dit que les *chiens se vuident*, quand ils rendent leurs excrémens.

Lorsque le gibier sort du canton où il a été détourné, l'on dit qu'il *vuide l'enceinte*. (S.)

V U I D E R (*fauconnerie*), c'est purger un oiseau de vol. (S.)

VULCAIN , nom spécifique d'un *papillon*. Voyez Papillon. (L.)

VULFEN , *Wulfenia*, plante à feuilles radicales, presque ovales, obtuses, crénelées et glabres, à hampe un peu velue, portant des fleurs bleues, pédonculées et accompagnées de bractées, qui forme un genre dans la diandrie monogynie.

Ce genre offre pour caractère un calice divisé en cinq parties; une corolle personnée, à lèvre supérieure courte, entière ; à lèvre inférieure divisée en trois parties, et velue à sa base ; deux étamines ; un ovaire supérieur, surmonté d'un style à stigmate en tête.

Le fruit est une capsule à deux loges.

La *vulfen* est vivace, et se trouve sur les montagnes de la Carinthie. Elle est si voisine des *pæderotes*, que plusieurs botanistes l'ont réunie avec eux. C'est la Pæderote vulfénie de Lamarck , que ce botaniste a représentée pl. 13 , fig. 2 de ses *Illustrations*. Voyez ce mot. (B.)

VULNÉRAIRE , nom spécifique d'une espèce d'*anthyllide* qu'on emploie fréquemment dans la guérison des blessures. *Voyez* au mot Anthyllide. (B.)

VULNÉRAIRE DE SUISSE. *Voy.* au mot Falltrank.
(B.)

VULPANSER , le *tadorne* en latin. (S.)

VULPES , nom latin du *renard*. (S.)

VULPIN , *Alopecurus*, genre de plantes à fleurs unilobées, de la triandrie digynie et de la famille des Graminées, dont le caractère consiste en une bale calycinale de deux valves, contenant une fleur univalve, trois étamines, un ovaire supérieur , surmonté de deux styles velus.

Le fruit est une semence ovale, enfermée dans la bale florale.

Ce genre, qui est figuré pl. 42 des *Illustrations* de Lamarck, renferme des plantes à fleurs disposées en épis et à feuilles presque sétacées. On en compte huit à dix espèces, dont les plus communes sont :

Le Vulpin des prés, qui a l'épi droit, les valves calicinales velues et la valve florale mutique. Il est vivace, et se trouve très-abondamment dans les prés. C'est un très-bon fourrage, quoiqu'un peu sec. Les Anglais le cultivent souvent comme le *flau*, sous le nom de *timothy grass*; mais il est moins avantageux que ce dernier.

Le Vulpin agreste a l'épi droit et la valve calicinale glabre. Il est vivace, et se trouve dans les champs en friche, sur les pelouses sèches, sur-tout dans les parties méridionales de l'Europe.

Le Vulpin géniculé a le chaume coudé et la bale florale sans arête. Il est vivace, et croît dans les marais et sur le bord des étangs. Il pousse de très-bonne heure, et est très-recherché par les *vaches* et les *chevaux*, qui courent souvent de grands périls pour l'atteindre dans les fondrières, où il se plaît de préférence. (B.)

VULSELLE, *Vulsella*, genre de testacés de la classe des Bivalves, qui offre pour type caractéristique une coquille libre, longitudinale, subéquivalve, dont la charnière est calleuse, déprimée, sans dents et en saillie é ale sur chaque valve, avec une fossette arrondie, conique, terminée en bec arqué, très-court, pour le ligament.

La seule coquille qui forme ce genre, avoit été placée par Linnæus d'abord parmi les *pinnes*, ensuite parmi les *myes*, et Bruguière l'avoit réunie aux *huîtres*. C'est à Lamarck qu'on doit de l'avoir isolée, et d'en avoir établi les caractères d'une manière fixe. Elle est très-alongée pour sa longueur ; ses valves sont applaties, légèrement striées en travers, bordées de jaune, et radiées de jaune et de noir ; elles sont un peu bâillantes, pour donner passage au byssus, avec lequel l'animal se fixe aux rochers. Au reste, cette coquille, qui vient des Océans indien et américain, est peu connue. Elle est figurée pl. 178 de l'*Encyclopédie*, partie des *Vers*, et pl. 10, fig. 1 de l'*Histoire naturelle des Coquillages*, faisant suite au *Buffon*, édition de Deterville. (B.)

VULTUR, nom latin du *vautour*. (S.)

VULVE, *Vulva*, *Pudendum*. On donne ce nom à l'orifice extérieur des parties sexuelles de la femme et des femelles d'animaux ; cependant les anciens médecins, et en particulier Celse, donnent le nom de *vulve* à la matrice elle-même. (*Voyez* MATRICE.) Nous ne parlerons ici que des parties extérieures, et avec toute la discrétion qu'il nous sera possible d'y apporter; car la description de ces organes doit être considérée comme un simple examen anatomique.

L'extérieur présente d'abord le *pubis* ou le *mont de Vénus*, ordinairement renflé comme un coussin de graisse, et voilé de poils; au-dessous une fente longitudinale, dont les deux lèvres sont plus ou moins rapprochées, et qui sont très-alongées dans les Hottentotes. Dans la partie supérieure se trouve le clitoris, ordinairement de la grosseur de l'extrémité du petit doigt (mais beaucoup plus gros et plus grand dans les tribades); sa forme représente en petit celle du gland de la verge de l'homme, mais il n'est point percé à son extrémité; il est recouvert d'une espèce de prépuce, et il sécrète une humeur odorante comme celle qui se trouve à la couronne du gland de l'homme. Cette odeur fort stimulante, est analogue à celle du *chenopodium vulvaria* Linn., plante appelée *vulvaire*, à cause de son odeur.

A l'intérieur, le clitoris est adhérent à l'os pubis par un ligament, comme le pénis de l'homme; il a de même deux corps caverneux, deux jambes, deux muscles érecteurs qui s'attachent aux os ischions; il reçoit des vaisseaux des artères hypogastriques et honteuses; ses nerfs viennent de l'os sacrum, et se ramifient à sa partie supérieure; aussi cet organe jouit d'une sensibilité exquise.

Les autres parties sont les nymphes, ou deux productions membraneuses, rouges, caverneuses, plus ou moins longues, qui descendent de chaque côté du prépuce du clitoris, et sont jointes à la paroi interne des grandes lèvres. Elles ont un grand nombre de papilles nerveuses qui les rendent fort sensibles, et de petites glandes qui sécrètent une humeur sébacée. Leur usage est de diriger l'écoulement de l'urine (de là vient leur nom de NYMPHES. *Voyez* ce mot.

L'orifice du vagin est un canal un peu recourbé en dessus, formé d'un tissu caverneux et ridé transversalement. Sa longueur et sa largeur varient; car il est plus court et plus étroit aux jeunes filles qu'aux femmes qui ont fait plusieurs enfans. Vers son entrée est la membrane de l'HYMEN (*Voy.* ce mot.), laquelle, étant déchirée, forme les caroncules myrtiformes. Le méat urinaire, entouré des lacunes muqueuses découvertes par Graaf, est placé entre le vagin et le clitoris. Dans le coït, le tissu du vagin se gonfle, se resserre, et le muscle appelé par quelques auteurs, *constrictor cunni,* rétrécit ce canal, qui peut aussi se raccourcir, la matrice descendant au-devant du gland de la verge du mâle.

Plusieurs anatomistes ont cru observer quelque analogie entre les lèvres de la bouche et celle de la *vulve*, comme entre le nez de l'homme et sa verge ; de-là vient ce distique :

Noscitur ex labiis quantum sit virginis antrum ;
Noscitur ex naso quanta sit hasta viri.

Suivant Spigelius, ces remarques sont fondées ; mais des recherches plus approfondies sur cet objet nous mèneroient trop loin. *Voyez* l'article MATRICE. (V.)

VUPPI-PI (*Parra sinensis* Lath. , pl. 117 du premier Suppl. *To the general Synopsys of Birds.*). Tel est le nom que porte généralement dans l'Inde cette belle espèce de *jacana* ; néanmoins il est connu dans certains cantons sous celui de *sohna*. Il a environ vingt pouces de long , et la grosseur du *faisan de la Chine ;* il est sur-tout remarquable par la longueur des deux pennes intermédiaires de la queue, qui présentent la courbure élégante des grandes plumes de la queue des *veuves*. Il a encore une particularité qui le distingue de ses congénères ; c'est d'avoir aux ailes deux pennes primaires beaucoup plus longues que les autres. Son bec est bleuâtre ; une coiffe blanche, lisérée de noir, couvre le front, le dessus, les côtés de la tête et le devant du cou ; une grande plaque de cette même couleur se fait remarquer sur les ailes , dont les pennes primaires sont brunes et les secondaires bordées de blanc ; l'occiput est noir ; le derrière du cou d'un jaune marron ; une bande d'un brun doré sépare le cou du dos, qui est d'un brun rougeâtre, ainsi que les scapulaires ; une teinte d'un pourpre foncé couvre tout le dessous du corps ; les pieds sont verts ; enfin une tache blanche est à l'extrémité d'une des longues pennes de la queue , qui sont, ainsi que les autres, de la couleur du corps. (VIEILL.)

VURMBÉ , *Wurmbea*, genre de plantes à fleurs incomplètes, de l'hexandrie trigynie, qui présente pour caractère une corolle monopétale, à tube hexagone et à limbe divisé en six parties ; point de calice ; six étamines insérées à la gorge de la corolle ; trois ovaires supérieurs, surmontés d'un style simple, à stigmate aigu.

Le fruit est composé de trois semences.

Ce genre , qui est figuré pl. 270 des *Illustrations* de Lamarck , se rapproche beaucoup des MÉLANTHES. (*Voyez* ce mot.) Il renferme trois plantes tubéreuses, à feuilles alternes.

et à fleurs disposées en épis, qui ne se trouvent qu'au Cap de Bonne-Espérance, et qui ne présentent rien de remarquable. (B.)

VUTTAMARIA. *Voyez* UTTAMARIA. (S.)

VYRA-VASSU. *Voyez* OUÏRA-OUASSOU. (S.)

W

W ou double U, nom donné à la *phalène wavaria* de Linnæus et de M. Fabricius. Sa chenille vit sur le *groseillier*.
(L.)

WACKE, matière pierreuse que Werner place parmi les *trapps secondaires ;* et l'on sait que cette espèce de roche est, en général, regardée par les géologues français comme un *basalte volcanique.* La *wacke*, suivant la description qu'en donne Brochant, tient le milieu entre l'*argile* et le *basalte*, et se trouve souvent entre les couches de ce dernier : ce n'est autre chose qu'une lave en partie décomposée qui a été recouverte par une autre coulée de lave, ou par un nouveau dépôt basaltique.

Saussure regardoit comme une *wacke*, la matière qui forme la base des *variolites* du Drac ; et j'ai fait voir dans l'article VARIOLITES, que c'est une véritable lave. Il en est de même de la substance qui forme le fond du *toad-stone*, et de même encore de la roche qui sert de matrice aux *agathes* d'Oberstein et aux *calcédoines* de la Daourie. Les *amygdaloïdes secondaires* de Werner ont aussi pour base une *wacke* : c'est presque toujours ou une lave très-ancienne, ou un tuf volcanique, comme celui du Vicentin, qui contient des globules de *calcédoines* enhydres.

La *grauwacke* ou *wacke-grise* est une matière qui paroît être de la même formation que les couches de *grès* et d'*argile* qui se trouvent interposées entre les bancs de *houille :* c'est un mélange des deux premières substances. *Voyez* AMYGDALOÏDES, GRAUWACKE, BASALTE, TOAD-STONE, VARIOLITE, &c. (PAT.)

WAD. Les Anglais disent *black wad*, et les Allemands *schwarser wad*, *wad noir*, pour désigner la mine terreuse noire de *manganèse.* Voyez MANGANÈSE. (PAT.)

WAFPIS (*Anas discors*, var., Lath.), *sarcelle* des contrées boréales de l'Amérique. (*Voyez* le mot SARCELLE.)

Dans mes additions à l'*Histoire naturelle des Oiseaux*, par Buffon, vol. 62 de mon édition, j'ai donné à cet oiseau le nom de *wafpis*, par contraction de celui beaucoup trop long de *waw pew ne way se pis*, sous lequel les naturels de la baie d'Hudson le connoissent.

M. Latham pense que le *wafpis* n'est qu'une variété des *sarcelles soucrourou* et *soucrourette*, ce qui peut être, mais ce qui n'est pas prouvé. Quoi qu'il en soit, le *wafpis* a un peu plus d'un pied de longueur totale; le sommet de la tête, le bec et la queue noirs; la gorge, le ventre, le côté extérieur des pennes moyennes des ailes, de couleur blanche; les couvertures des ailes, la poitrine, le bas-ventre et les pieds bleus; une tache blanche sur les grandes couvertures des ailes. Il arrive à la baie d'Hudson dans le mois de juin, y fait, dans les creux d'arbres, sa ponte, qui consiste, pour l'ordinaire, en dix œufs blancs, et quitte ce pays glacé en octobre. (S.)

WAGELLUS CORNUBENSIUM. C'est ainsi que Ray a désigné le GRISARD. *Voyez* ce mot. (S.)

WALKERERDE ou TERRE A FOULON. *Voyez* ARGILE et MARNE. (PAT.)

WALRUS ou WALROS. *Voyez* MORSE. (S.)

WALUHORA. Ce mot est employé à Ceylan pour désigner une espèce d'*oiseaux de paradis*, mais on ne sait laquelle. (S.)

WANDEROU. C'est la guenon OUANDEROU, *Simia silenus* Linn., qui habite principalement dans l'île de Ceylan et différentes autres contrées des Indes orientales. Cet animal, fort beau, a la face entourée d'une collerette de poils noirâtres, ce qui lui donne un air grave et imposant; on assure même que les autres *singes* ont beaucoup de vénération pour cette espèce. L'*ouanderou*, orné de sa fraise comme un Espagnol du siècle de Ferdinand et d'Isabelle de Castille, semble en avoir aussi l'orgueil et la fierté, et ce sauvage *hidalgo* (1) traite ses inférieurs avec une affectation de supériorité aussi ridicule que les descendans de Cortez, de Pizarre et d'Almagro traitent les naturels américains.

(V.)

WAPACUTHU (*Strix wapacuthu* Lath., ordre des OISEAUX DE PROIE, genre du CHAT-HUANT, section des CHOUETTES. *Voyez* ces mots.). Longueur, dix-huit pouces;

---

(1) Les *hidalgos* sont les nobles et les grands d'Espagne.

bec noir; iris jaune; plumes de la tête noires à leur extrémité; face, joues et gorge blanches, ainsi que les scapulaires et les couvertures des ailes, mais celles-ci sont agréablement variées de lignes transversales et de taches longitudinales d'un rougeâtre sombre; pennes alaires et caudales tachetées irrégulièrement, rayées de noir et de rouge pâle; dos et couvertures de la queue traversés d'un très-grand nombre de lignes rougeâtres; bas-ventre blanc; pieds couverts de plumes jusqu'aux doigts, qui le sont eux-mêmes de poils.

Cet oiseau habite les bois de la baie d'Hudson, y niche dans des tas de mousse sèche, et fait une ponte de cinq à dix œufs blancs. Les petits éclosent en mai, et portent dans leur premier âge un plumage blanchâtre assez uniforme; ce qui suffit pour les distinguer de ceux du *harfang*, qui sont d'un brun obscur. *Wapacuthu* est le nom que lui donnent les naturels du pays. (VIEILL.)

WARREE. Les naturels de l'isthme de Panama appellent ainsi le *cochon* sauvage, au rapport de Durret, dans son *Voyage des Indes occidentales*. (S.)

WAURONET, nom provençal de la BERGERONETTE. *Voyez* ce mot. (VIEILL.)

WAYGEHOË ou WARDIOE, dénomination de la *vardiole* dans l'île de Papoë. *Voyez* VARDIOLE. (S.)

WEEBONG (*Lanius flavigaster* Lath., ordre PIES, genre de la PIE-GRIÈCHE. *Voyez* ces mots.). Le nom que j'ai conservé à cette *pie-grièche*, est celui que lui ont donné les habitans de la Nouvelle-Hollande. D'un naturel hardi et cruel, elle fait la guerre à tous les petits oiseaux qui se trouvent dans le canton qu'elle habite. Sa taille est celle de la *pie-grièche grise*, mais son bec est plus fort; toutes les plumes de la tête, jusqu'au-dessous des yeux, sont longues, très-fournies, et forment une sorte de huppe lorsque l'oiseau les hérisse; elles sont noires, ainsi que le bec et les pieds; tout le dessus du corps est teint d'un brun ferrugineux, à reflets verts; une tache blanche se fait remarquer à la naissance de la gorge; la poitrine et le ventre sont jaunes; les pennes des ailes et de la queue noirâtres; cette dernière est arrondie à son extrémité. *Nouvelle espèce.* (VIEILL.)

WEISS-ERTZ ou MINE D'ARGENT BLANCHE. *Voyez* ARGENT. (PAT.)

WEISS-GULTIGERTZ, mine d'argent blanche et riche. *Voyez* ARGENT. (PAT.)

WERNERITE. Cette substance, décorée du nom du plus célèbre minéralogiste de l'Europe, a été découverte, nommée et décrite par M. Dandrada, savant minéralogiste portugais.

Sa couleur est entre le vert pistache et le jaune isabelle ; elle a un éclat gras, passant à l'éclat nacré ; elle est translucide sur les bords ; elle a le coup-d'œil du *spath adamantin ;* mais elle est moins dure que le *feld-spath* commun, et ne donne que quelques étincelles sous le choc de l'acier. Sa cassure est lamelleuse.

Elle se trouve cristallisée en prismes hexaèdres courts, terminés par des sommets à quatre faces ; leur volume n'est ordinairement que de quelques lignes de diamètre.

(Lamétherie en a vu qui sont des prismes à huit pans, dont les sommets sont composés de quatre pentagones. (*Journal de Physique*, vend. an IX.)

La pesanteur spécifique de la *wernerite* est, suivant Dandrada, de 3,606.

Traitée au chalumeau, elle bouillonne, et se convertit en une fritte blanche et opaque.

La *wernerite* se trouve dans les mines de fer de Northo et d'Ulrica en Suède, et dans celles d'Arandal en Norwège ; on en a découvert aussi à Campo-Longo, près du mont Saint-Gothard. (*Journ. de Physiq.*, fructid. an VIII.) (PAT.)

WETZ-SCHIEFER ou SCHISTE A AIGUISER. *Voy.* SCHISTE et ARDOISE. (PAT.)

WHANG-YU, nom chinois d'une espèce de poisson du genre *accipensère*, qui remonte les rivières, et dont on fait une pêche aussi abondante que lucrative. *Voyez* au mot ACCIPENSÈRE. (B.)

WHINSTONE. Les Anglais désignent sous ce nom diverses matières pierreuses qui sont de la nature des *trapps secondaires* des auteurs allemands, tels que les *basaltes* d'une couleur grise verdâtre, les *amygdaloïdes*, et sur-tout le *grunstein secondaire*, à qui son mélange de *feld-spath blanc* et de *hornblende verte* donne la couleur du houx, ainsi que l'exprime le mot *whinstone* (pierre de houx). (Peut-être aussi ce nom vient-il de celui de *Winster*, petite ville du Derbyshire, où se trouve le *toad-stone*, qui est une matière toute semblable : on l'aura d'abord appelée *winster-stone*, et par contraction *win-stone*.) Toutes ces variétés de *whinstone* sont d'anciens produits volcaniques, qui, pour l'ordinaire, sont dans un état de décomposition.

On doit y joindre aussi le *toad-stone* ou *pierre de crapaud* du Derbyshire, qui est une variété d'*amygdaloïde*, dont les noyaux sont blancs, et le fond noirâtre : ces noyaux sont ordinairement calcaires, et cette lave se rapproche beaucoup de nos *variolites* du Drac, que je regarde aussi comme une lave. *Voyez* BASALTE, LAVE et TOAD-STONE. (PAT.)

WHIP-POOR-WILL (*Caprimulgus Virginianus* Lath., pl. impr. en coul. de mon *Hist. des Oiseaux de l'Amér. sept.*, ordre PASSEREAUX, genre de l'ENGOULEVENT. *Voy.* ces mots.). *Whip-poor-will* ou *whiperiwhip* est le mot qu'un *engoulevent* du nord de l'Amérique prononce lorsqu'il crie, et on l'attribue à celui-ci. Ce ne sont pas les sauvages qui lui ont imposé cette dénomination, comme le dit Mauduyt, mais les Anglais, qui l'ont généralisé à deux autres espèces d'*engoulevent* qu'on trouve dans les mêmes pays. On voit celui-ci en Virginie et dans les autres provinces du nord des Etats-Unis ; il paroît même qu'il s'avance pendant l'été jusqu'à la baie d'Hudson, ce qui n'est pas surprenant, puisqu'il est assez commun dans l'Acadie ; mais là il porte un nom différent, *paysk* ou *peesk*, que lui ont imposé les naturels de cette partie de l'Amérique. Des Anglo-Américains donnent généralement le nom de *moschito hawk* (*faucon des mousquites*) à tous les oiseaux de ce genre ; cependant d'autres distinguent l'ENGOULE-VENT DE LA CAROLINE par le nom de *rain-bird* (*oiseau de pluie*).

Le *whip-poor-will* paroît dans les Etats-Unis au mois d'avril, se plaît plus dans les endroits montagneux qu'ailleurs, et fait entendre ses cris depuis le coucher du soleil jusqu'à son lever. Sa ponte est de deux œufs d'un vert obscur, varié de petites taches et de petits traits noirâtres, que la femelle dépose à nu dans les sentiers battus.

Sa longueur est ordinairement d'un peu plus de huit pouces, mais elle varie, car j'en ai tué plusieurs qui portoient un pouce de plus ; le bec est noir ; le front et les joues sont fauves ; cette couleur se mélange de gris blanc et de noir sur la tête ; ces teintes sont plus foncées sur le cou, le dos et les couvertures des ailes, dont les cinq premières pennes ont de grandes taches fauves et noires à l'extérieur, et une marque blanche du côté interne vers le milieu de leur étendue ; cette dernière couleur termine les trois paires latérales de la queue vers les deux tiers de leur longueur ; les autres sont pareilles au dos ; les plumes de la base du demi-bec inférieur sont noires et tachetées de roux : le haut de la gorge est couvert d'une plaque blanche en forme de croissant renversé ; le reste noir, et chaque plume bordée de roux, ainsi que celles du haut de la poitrine ; sa partie postérieure et le ventre sont gris, variés de blanc sale et de noirâtre ; ces teintes s'éclaircissent sur le bas-ventre ; les pieds sont couverts de plumes brunes et rousses, et les doigts sont noirs.

Cette description diffère un peu de celles des auteurs, mais j'ai décrit les individus que je me suis procurés moi-même dans leur pays natal.

Selon Latham, la femelle n'a guère que sept pouces trois quarts de longueur, a des couleurs plus ternes, et est privée de la grande tache blanche des pennes primaires. Suivant moi, c'est une espèce distincte. (VIEILL.)

WIANAQUÉ. *Voyez* LAMA. (S.)

WIBORGIE, *Wiborgia*, genre de plantes établi par Thunberg dans la diadelphie décandrie. Il a pour caractère un calice à cinq dents arrondies ; une corolle papilionacée ; dix étamines, dont neuf réunies par leurs filets ; un ovaire supérieur surmonté d'un style simple ; un légume renflé, sillonné et ailé.

Ce genre, qui n'a pas encore été figuré, renferme trois espèces propres au Cap de Bonne-Espérance, et sur lesquelles on n'a encore aucune notion particulière. (B.)

WINDHOVER, l'un des noms de la *cresserelle* en An-gleterre. (S.)

WINKERNELL. C'est, en Alsace, le nom de la MA-ROUETTE. *Voyez* ce mot. (S.)

WITHÉRITE, nom donné par la plupart des minéralo-gistes au *carbonate de baryte*, en l'honneur du docteur Wi-théring, qui en avoit fait la découverte à Anglezark, dans le comté de Lancastre. J'en ai aussi trouvé, en 1781, dans la fameuse mine d'argent de Zmeof ou Schlangenberg en Sibérie. *Voyez* BARYTE. (PAT.)

WITLING-POLLACK, nom étranger d'une espèce de GADE, *Gadus pollachius* Linn., qu'on prépare comme la *morue* dans le Nord. *Voyez* au mot GADE. (B.)

WITTE-POOLE, espèce de cétacés dont la couleur blanche lui a mérité ce nom. Il paroît que cet animal appar-tient au genre des *cachalots à grosse tête*, car il en existe une variété à peau d'une teinte blanche sale. C'est sans doute le même que le *weissfisch* ou *wittfisch* de Martens et de Zorg-drager, décrit par Klein dans son *Miss. piscium II*, p. 12. Il se trouve principalement dans les mers polaires. Le *physeter macrocephalus* Linn., ou *cachalot à grosse tête*, est aussi appelé par les Hollandais *pot-walfisch*. *Voyez* au mot CA-CHALOT. (V.)

WITT-FISCH ou WEISS-FISCH, c'est-à-dire *poisson blanc*, est la même espèce de cétacés que le *dauphin beluga* ou *bieluga* de Steller, *delphinus leucas* de Linnæus. Il se trouve dans les mers glaciales du Nord ; sa longueur est d'environ dix-huit pieds, et il n'a point de nageoires sur le dos.

On appelle encore *weiss-fisch* une variété du *cachalot à grosse tête*, *physeter macrocephalus* Linn., qui a la peau blanche ; c'est le *hviide fiske* d'Egède. (*Hist. Groënland.*, p. 55.) *Voyez* les articles DAUPHIN et CACHALOT. (V.)

WOLFRAM, substance minérale ferrugineuse, remarquable sur-tout en ce qu'elle contient le nouveau métal découvert par Schéele dans le *tungstène*, dont il a conservé le nom ; il y est, de même que dans le *wolfram*, à l'état d'acide (connu sous le nom d'*acide tunstique*).

Le *wolfram* a la couleur et la pesanteur du *fer;* il est extérieurement noirâtre ; sa cassure est lamelleuse et présente l'éclat métallique.

Il se trouve ordinairement en masses, de forme indéterminée ; quelquefois il est cristallisé, mais d'une manière assez imparfaite, tantôt en tables rectangulaires, tantôt en prisme à six faces, très-applati, dont deux faces ont par conséquent beaucoup d'étendue aux dépens des autres, terminé par un sommet à quatre faces, cunéiforme.

Sa pesanteur spécifique varie de 7150 à 7330. Exposé au chalumeau, il saute en petits éclats et se montre infusible, même avec le *borax*.

Les substances qui entrent dans sa composition, varient d'une manière assez notable, ainsi qu'on en peut juger d'après les analyses faites par Delhuyart, Wiegleb, Klaproth et Vauquelin, dont voici les résultats :

	DELHUYART.	WIEGLEB.	KLAPROTH.	VAUQUELIN.
Acide tunst. . .	65.	55,75.	46,9.	67.
Ox. de mangan.	22.	52.	0.	6,25.
Ox. de fer. . .	13.5	11.	31,2.	18.
Silice.	0.	0.	0.	1,50.
Perte. . . .	0.	21,25.	21,9.	7.25.
	100,5.	100.	100.	100.

Le *wolfram* n'est pas très-commun ; on ne le trouve ordinairement que dans les mines d'étain de Saxe, de Bohême, et sur-tout dans celles de Cornouailles, où il est plus abondant que par-tout ailleurs. On en a découvert aussi quelquefois dans des terreins primitifs qui ne contiennent point d'étain, mais le cas est fort rare.

En 1794, le minéralogiste Alluaud de Limoges, en découvrit une grande quantité disséminée en fragmens sur la colline de Puy-les-Vignes, à une lieue au nord-est de Saint-Léonard, département de la Haute-Vienne (en Limousin).

Picot-Lapeyrouse, inspecteur des mines, reconnut ensuite dans cette colline plusieurs filons de *quartz*, parmi lesquels est un filon de *wolfram* d'environ dix pouces d'épaisseur.

En 1783, pendant que je voyageois en Sibérie, l'un des plus habiles officiers des mines, mon ami Hoppe, découvrit dans plusieurs parties de la montagne Odon-Tchélon, près du fleuve Amour, des gîtes où le *wolfram* servoit de matrice aux *émeraudes* et aux *topazes* que fournit cette montagne. Lorsque je la visitai moi-même en 1785, j'y trouvai plusieurs beaux échantillons de cette substance; j'en possède un surtout de la grosseur des deux poings, où le *wolfram* est en tables rhomboïdales de plusieurs pouces d'étendue sur un demi-pouce d'épaisseur. Les cavités du morceau sont tapissées d'une multitude de petites *topazes* sur une gangue quartzeuse, mêlée de canons d'*aigue-marines*. Voyez ÉMERAUDES, TOPAZES et TUNSTÈNE. (PAT.)

WOLVERENNE. *Voyez* GLOUTON. (S.)

WOMBAT (*Wombatus* Geoff.), genre de quadrupèdes que M. Geoffroy, professeur de zoologie à Paris, place entre les DASYURES et les PHALANGERS, dans le sous-ordre des PÉDIMANES et l'ordre des CARNASSIERS. (*Voyez* ces quatre mots.) Les caractères que le savant professeur assigne aux animaux de ce genre, sont: les deux mâchoires armées de six dents incisives, de deux canines et de seize molaires, en tout, quarante-huit dents; cinq doigts aux pieds de devant, et quatre à ceux de derrière. Les femelles ont sous le ventre une poche ou bourse, comme toutes celles du sous-ordre des *pédimanes*, les *dasyures* exceptés.

L'on ne connoît encore qu'une seule espèce de ce genre. (S.)

WOMBAT (*Wombatus* Geoff.), quadrupède du genre de son nom. (*Voyez* l'article précédent.) C'est une espèce nouvellement découverte à la Nouvelle-Galle du Sud par des navigateurs anglais, MM. Bass et Flinders; les naturels du port Jackson la connoissent sous le nom de *wombat* ou *womback*.

Cet animal est long de trente-un pouces anglais, du bout du museau à la naissance de la queue; son corps seul a treize pouces de longueur et trente-sept pouces de grosseur, prise derrière les jambes antérieures; son poids est de vingt-cinq à trente livres; il a la tête large et applatie; lorsqu'on le voit en face, sa tête paroît former un triangle équilatéral, dont chaque côté a sept pouces de long; le poil qui la couvre semble avoir été artistement peigné en rayons réguliers, qui partent du nez comme d'un même centre.

Le nez du *wombat* est divisé par une raie profonde, comme celui du *lièvre*, et les narines sont grandes et ouvertes. La bouche est petite; l'on y remarque un intervalle de plus d'un pouce, qui sépare les dents canines des molaires. Les oreilles sont droites et courtes, les yeux petits, mais vifs et brillans; ils sont garantis par des poils longs et fins, que l'animal rabat à volonté. Le cou est très-court, et le corps trapu; la queue n'a qu'un demi-pouce de long, et elle est entièrement recouverte de poils.

Les jambes sont d'égale longueur, extrêmement fortes, sur-tout celles de devant, et armées d'ongles aigus et propres à creuser la terre; il y a un éperon charnu et sans ongle aux pieds de derrière. Le poil est grossier, long d'environ un pouce, rare sous le ventre, plus épais sur le dos et la tête, et d'un brun plus ou moins foncé, mais plus sombre sur le dos qu'à tout autre endroit. Le mâle et la femelle ont à-peu-près la même grosseur; la femelle est plutôt un peu plus pesante.

Tous les mouvemens du *wombat* paroissent gênés, aussi est-il lourd et paresseux; un homme, pour peu qu'il court, peut l'atteindre lorsqu'il fuit en plaine. Son naturel est doux et traitable, mais néanmoins susceptible de colère, et alors il mord avec violence. M. Bass prit un de ces animaux, et l'ayant saisi doucement par-dessous le ventre, il le retourna sens dessus dessous et le tint dans ses bras comme un enfant. Le *wombat* ne fit aucune résistance ni aucun effort pour s'échapper; sa physionomie n'annonçoit aucune crainte, et il paroissoit aussi apprivoisé que s'il eût été élevé en domesticité. M. Bass le porta à un mille de distance, tantôt sur un bras, tantôt sur l'autre, quelquefois sur son épaule, et l'animal prit tout en bonne part; mais M. Bass voulant s'arrêter pour couper une branche d'un arbre inconnu, lia les jambes du *wombat* pour qu'il ne pût pas s'échapper. La pression de la ligature mit tout-à-coup l'animal en colère; il commença à crier, à se débattre, et il mordit M. Bass au coude, où il lui déchira son habit. Rien ne put l'appaiser, et il continua à se débattre pendant qu'on le portoit vers le bateau, jusqu'à ce que ses forces furent épuisées. Il paroît donc qu'avec de bons traitemens cet animal seroit bientôt familiarisé et seroit même susceptible d'attachement.

Les *wombats* sont très-communs dans les îles Furneaux et sur les montagnes voisines du port Jackson, à l'occident. Leur cri est une espèce de sifflement sourd; ils se nourrissent d'herbes: on les voit souvent gratter parmi les *varecs* desséchés sur le bord de la mer; mais on ignore ce qu'ils y trouvent à manger. Ils se pratiquent des terriers dans lesquels ils de-

meurent habituellement, et d'où ils ne sortent que pour pâturer, mais indifféremment à toutes les heures du jour. (S.)

WORABÉE (*Fringilla Abyssinica* Lath. , ordre PASSE-
REAUX, genre du PINSON. *Voy.* ces mots.). Cet oiseau, connu
en Abyssinie sous le nom de *worabée*, va par troupes nombreuses, et se nourrit principalement de la graine d'une plante
que l'on appelle *nuk* en abyssin ; il a le dessus de la tête ,
toutes les parties supérieures du corps et le bas-ventre jaunes ;
une sorte de collier noir embrasse le cou par-derrière, dont
le devant est de même couleur, ainsi que les côtés de la tête
jusqu'au-dessus des yeux , la gorge, la poitrine et le haut du
ventre, les couvertures, les pennes des ailes et de la queue ;
les alaires sont bordées d'une teinte plus claire , et les
caudales frangées de jaune verdâtre ; le bec est noir, et les
pieds d'un brun clair ; taille et forme du *serin de Canarie.*
(VIEILL.)

WOURES-FEIQUES, c'est-à-dire, en langue madégasse,
oiseau cognée, espèce de *canard* « grosse comme un *oison*,
dit François Cauche , et ayant le plumage comme nos *canards* ;
il a sur le front une excroissance de chair noire, ronde, et
qui va se recourbant un peu sur le bec , à la manière des
cognées des insulaires de Madagascar ». (*Voyage à Madagascar.*) (S.)

WOUROU-DOULON. Dans quelques cantons de l'île
de Madagascar, les nègres donnent ce nom, qui signifie *oiseau
du diable*, à la *spatule*, parce que , lorsqu'ils l'entendent, ils
s'imaginent que son cri annonce la mort à quelqu'un du
village. *Voyez* SPATULE. (S.)

WOUROU-GONDRON. C'est, selon Flaccourt, le nom
de la *spatule* dans l'île de Madagascar. Commerson , qui a
vu aussi des *spatules* dans la même île , dit que leur nom y est
fangali-am-bava, c'est-à-dire *bèche au bec. Voyez* SPA-
TULE. (S.)

WOUROU-MEINTE, ce qui veut dire *oiseau noir* dans
la langue des insulaires de Madagascar ; ils nomment ainsi le
vasa ou *perroquet noir.* (S.)

WOUROU-PATRA. Tel est le nom que l'*autruche* porte
à Madagascar. (S.)

WOUROU-SAMBÉ de Madagascar , dont fait mention
le voyageur Flaccourt, est vraisemblablement une HIRON-
DELLE DE MER. *Voyez* l'article de ces oiseaux. (S.)

WOUWOU. C'est le *molock* d'Audebert , et le *gibbon
cendré.* Voyez l'article des GIBBONS. (S.)

WOVI-WOVI. C'est le nom que les naturels des îles d'Arou donnent au *manucode*. Voyez l'article des Oiseaux de Paradis. (S.)

X

XAGUA. *Voyez* Génipayer. (S.)

XALCUANI, espèce de Canard. (*Voyez* ce mot.) Sa grosseur est un peu au dessous de celle du *canard domestique*. Il a le bec d'une largeur médiocre, et les pieds courts ; une bande verte qui va de l'occiput aux yeux ; le reste de la tête d'un gris blanchâtre, mêlé de brun tanné et de noirâtre ; la poitrine fauve, et rayée transversalement de blanc, le ventre de cette dernière couleur ; les ailes et la queue variées en dessus de verdâtre, de blanc, de noir et de brun ; en dessous, de blanc et de cendré ; enfin, les pieds d'un jaune brun.

Fernandez dit que le nom *xalcuani* signifie, dans la langue du Mexique, *avaleur de sable*. On trouve l'oiseau qui le porte dans les lacs de cette partie de l'Amérique. (S.)

XANDARUS, du mot grec *xandaros*. C'est, disent Hésychius et Varinus, le nom d'un animal semblable à un *bœuf*, qui se trouve proche de la mer Atlantique. Gesner assure que c'est le même animal que le *tarandus* ou le *rhenne*, et M. Valmont de Bomare a adopté cette opinion dans son *Dictionnaire*. Mais le *rhenne* ne ressemble pas au *bœuf*, et ne se trouve point dans le voisinage de la mer Atlantique : je croirois plutôt que le *xandarus* est le Bubale. *Voyez* ce mot. (S.)

XANTHORRHIZE. *Voyez* Zanthorrhize. (B.)

XANTHORNUS *minor*. C'est le *carouge* dans quelques ouvrages latins d'ornithologie. *Voyez* Carouge. (S.)

XANTHORRHOÉ, *Xanthorrhœa*, genre de plantes de l'hexandrie monogynie et de la famille des Asphodèles, qui a été établi par Smith, et qui offre pour caractère une corolle de six pétales persistans ; six étamines à filamens applatis et nus ; un ovaire supérieur ; une capsule triangulaire, contenant deux semences comprimées et émarginées.

Ce genre renferme une plante de la Nouvelle-Hollande, dont la tige est ligneuse, et laisse fluer une résine jaune, dont les feuilles sont triangulaires, la hampe cylindrique, très-longue, terminée par un chaton multiflore, dont beau-coup de fleurs, sujettes à avorter, tiennent lieu d'écailles.

Cette plante est mentionnée dans le *Voyage de Cook à la Nouvelle-Hollande*, comme voisine des *dragoniers* par les vertus de sa résine et par son port. *Voyez* au mot Drago-nier. (B.)

XANTOLINE. *Voyez* le mot Santoline. (B.)

XANXUS, nom indien d'un gros *buccin* qu'on pêche dans la mer des Indes, et qui est fort recherché au Bengale pour en faire des objets d'ornement. *Voyez* au mot Buccin. (B.)

XAXBÈS. Oviédo a indiqué, le premier, le *papegai sassebé* sous le nom de *xaxbès*. Voyez Sassebé. (S.)

XE ou SE. Les Chinois appellent de ce nom, qui signifie *odeur*, l'*animal du musc*; d'où ils composent le nom de *xerchiam*, qu'ils donnent aussi à cet animal. *Voyez* Musc ou Porte-musc. (S.)

XENTERI, nom de l'*épervier* en grec moderne. (S.)

XERANTHEMUM. *Voyez* Immortelle. (S.)

XERCHIAM. Kircher, dans son ouvrage intitulé *la Chine illustrée*, dit, d'après l'*Atlas chinois*, que l'on donne le nom de *xerchiam* à l'*animal du musc*. Voyez Musc ou Porte-musc. (S.)

XERCULA, l'un des noms latins donnés à la Corbine. *Voyez* ce mot. (S.)

XEROPHYLLE, *Xerophyllum*, plante à feuilles subu-lées, graminiformes, éparses, et à épi rameux, portant des fleurs solitaires, qui faisoit partie des *helonias* de Linnæus, sous le nom d'*helonias asphodeloïdes*, mais que Michaux en a séparé, dans sa *Flore de l'Amérique septentrionale*, pour en former un nouveau genre. *Voyez* au mot Hélo-nias.

Ce genre offre pour caractère une corolle divisée en six parties profondes, ovales, dont trois sont un peu plus courtes; six étamines; un ovaire supérieur, globuleux, tri-gone, surmonté de trois stigmates canaliculés en dedans et recourbés.

Le fruit est une capsule presque globuleuse, à trois loges et à trois coques.

Le *xerophylle sétifeuille* se trouve en Caroline. (B.)

XÉROPHYTE, *Xerophyta*, arbuste à rameaux alternes, couverts des restes des anciennes feuilles, à feuilles alternes, linéaires, lancéolées, aiguës, sessiles et à fleurs presque solitaires à l'extrémité des rameaux, qui forme un genre dans l'hexandrie monogynie et dans la famille des BROMÉ-LOÏDES.

Ce genre, qui est figuré pl. 225 des *Illustrations* de Lamarck, offre pour caractère une corolle divisée en six parties égales, dont trois extérieures plus étroites; six étamines; un ovaire inférieur, surmonté d'un style à stigmate en masse.

Le fruit est une capsule à trois loges et à plusieurs semences.

Le *xérophyte* croît à Madagascar. (B.)

XILO - ALOÈS. C'est le *bois d'aloës.* Voyez au mot AGALLOCHE. (B.)

XILOBALSAME. C'est le nom des petites branches du *baume de Judée.* Voyez au mot BALSAMIER. (B)

XILOCOLLE, dénomination employée, dans quelques anciens livres, pour désigner la *colle-forte*, parce que les menuisiers et les sculpteurs s'en servent pour coller le bois. Cette colle se fait avec des cuirs et des nervures de *bœuf*, d'où on l'a appelée aussi *taurocolle.* (S.)

XIMÉNÈSE, *Ximenesia*, plante vivace à tige de trois pieds de haut, cylindrique, velue et rameuse; à feuilles pétiolées, ovales, aiguës, dentées, trinervées; à pétiole ailé; à fleurs grandes, jaunes, disposées en corymbe, laquelle forme un genre dans la syngénésie superflue et dans la famille des CORYMBIFÈRES.

Ce genre, qui a été établi et figuré par Cavanilles dans le second volume de ses *Icones plantarum*, offre pour caractère un calice commun polyphylle, composé de trois rangs de folioles, dont les intérieures sont plus courtes; des fleurons hermaphrodites à cinq divisions au centre, et des demi-fleurons lingulés, trifides, femelles, au nombre de vingt à la circonférence, les uns et les autres portés sur un réceptacle garni de paillettes.

Le fruit est composé de semences ovales, comprimées, celles de la circonférence nues, et celles du disque surmontées d'une membrane émarginée.

Cette plante vient du Mexique, et est cultivée dans les jardins de Paris. Elle fleurit en automne, et peut servir d'ornemens aux parterres dans cette saison. (B.)

XINA, nom de l'*oie* en grec moderne. (S.)

XIPHIAS, *Xiphias*, genre de poissons de la division des APODES, dont le caractère consiste à avoir la mâchoire supérieure prolongée en forme de lame ou d'épée, et d'une longueur égale au moins au tiers de la longueur totale.

Ce genre renferme deux espèces, dont une est connue de toute ancienneté, c'est le XIPHIAS ESPADON, *Xiphias gladius* Linn., qui a la prolongation du museau plate, sillonnée par-dessus et par-dessous, et tranchante sur ses bords. On la trouve dans les mers d'Europe, et principalement dans la Méditerranée. Elle est figurée dans Bloch, pl. 76, dans Lacépède, vol. 2, pl. 9, dans l'*Hist. nat. des Poissons*, faisant suite au *Buffon*, édition d Deterville, et dans plusieurs autres ouvrages. On la connoît sur nos côtes sous les noms d'*épée de mer*, d'*espadon* et d'*empereur*. C'est un des plus gros poissons des mers d'Europe; il rivalise par ses dimensions et sa force avec les *cétacés*. Il est pourvu d'une arme redoutable avec laquelle il peut se défendre contre ses plus puissans ennemis.

Mais il faut entrer dans le détail de ses parties avant de parler de ses mœurs.

Le corps du *xiphias espadon* est alongé, rond, uni et couvert d'une peau mince. Sa tête est applatie, et assez grosse; l'ouverture de sa bouche est large, garnie d'un grand nombre de petites dents; ses deux mâchoires se prolongent en pointe, la supérieure d'un tiers plus longue, ressemble à une lame d'épée, c'est-à-dire est plate en dessus et en dessous, tranchante sur les côtés, et terminée en pointe obtuse. La base de cette espèce d'epée est composée de quatre couches osseuses séparées par de petits tubes, qui se rapprochent et augmentent en solidité, à mesure qu'elles s'éloignent de la tête. Le tout est fortifié par une extension de l'os frontal et des os palatins, et couvert d'une peau légèrement chagrinée, avec un sillon longitudinal en dessus et trois en dessous. La langue est libre et volumineuse; les narines sont en avant des yeux qui sont saillans; les ouvertures des ouïes sont derrière et très-rapprochées des yeux; leur ouverture est fermée par deux petites plaques et une membrane fortifiée par sept rayons; la ligne latérale est formée de points noirs alongés; le dos est violet, et le ventre blanc; la peau est mince et recouvre une couche adipeuse épaisse; la nageoire du dos est brune, couvre presque toute la longueur du dos, et composée de quarante-deux rayons, dont les six premiers sont fort longs, et les autres courts. Celle de la poitrine est jaunâtre et composée de dix-sept rayons, dont ceux du milieu sont fort longs; celle de l'anus de la même couleur, formée par dix-huit rayons, dont les premiers et les derniers plus longs. Enfin, celle de la queue de même couleur, alongée, en croissant, et formée de vingt-six rayons.

La natation des *xiphias espadons* est extrêmement rapide, aussi percent-ils comme un trait les *cétacés*, les *squales* et autres ennemis qu'ils attaquent. On a fait, depuis Pline jusqu'a nous, beaucoup de descriptions de leurs combats; mais la plupart paroissent exagérés, car malgré leur agilité, leur force et leurs armes, leurs mœurs sont assez douces, puisqu'ils ne vivent que de petits poissons et de plantes marines. Ils vont ordinairement par paire, probablement le mâle et la femelle; ce qui doit paroître surprenant, ce poisson étant ovipare et ne s'accouplant pas. Il dépose ses œufs pendant l'été sur les côtes; et c'est à cette époque qu'on en prend le plus.

Comme on l'a déjà dit, le *xiphias espadon* parvient à une grandeur considérable. Pline annonce qu'il surpasse souvent le *dauphin* en longueur, et Hamilton rapporte qu'on en prend souvent sur les côtes méridionales de l'Italie, qui ont dix-huit à vingt pieds de long et qui pèsent quatre à cinq cents livres. Ordinairement dans les mers du Nord, il n'a que cinq à six pieds de long, mais alors même il est un fléau pour les pêcheurs, dont il brise les filets; aussi, malgré le bénéfice qu'il procure, ne désirent-ils pas sa rencontre. C'est seulement au harpon qu'on peut le prendre. Voici la manière dont Bloch, d'après Hamilton, décrit sa pêche sur les côtes de la Calabre. Un homme placé en sentinelle sur la pointe d'un rocher ou au sommet d'un mât, épie l'arrivée des *xiphias espadons*, et en donne avis aux pêcheurs par un signal qui indique en même temps la direction de leur marche. Alors deux bateaux, chacun monté de deux hommes, un pour la manœuvre et l'autre pour l'harponnage, rament à leur poursuite, et lorsqu'ils les ont joints, les attaquent tous deux en même temps, c'est-à-dire qu'un des harponneurs lance son harpon sur le mâle, tandis que l'autre lance le sien sur la femelle. Dès qu'ils sont touchés, on laisse filer la corde, comme dans la pêche de la BALEINE (*Voyez* ce mot.); car si on l'arrêtoit, on risqueroit d'être submergé par les efforts que fait le poisson pour se sauver. On ne le hisse à bord que lorsqu'il est mort, ou au moins considérablement affoibli.

La chair du *xiphias espadon* est très-bonne. On estime particulièrement les morceaux du ventre, de la queue, et des environs des nageoires. On les sale et on les vend à un prix élevé. Le reste du corps se sale et se sèche également.

Aristote et Pline ont rapporté que ce poisson étoit si tourmenté par un insecte, qu'il entroit en fureur, sautoit hors de l'eau, et tomboit quelquefois sur les navires, ou échouoit sur la grève. Ces insectes sont sans doute des crustacés des genres *calige*, *binocle*, *cvame*, *cymothoa* et *bopyre*, ou des vers des genres *lerné*, *fasciole*, etc., mais on ne sait pas encore positivement quelle est l'espèce.

Marcgrave, dans son *Histoire du Brésil*, liv. 4, chap. 15, mentionne et figure sous le nom de *guebuen*, un poisson qui a été rapporté au *xiphias espadon;* mais comme il est de la division des THORACIQUES, il appartient évidemment au genre MAKIRA. *Voyez* ce mot.

La seconde espèce de *xiphias* qui a été annoncée au commencement de cet article, est le *xiphias épée*, qui a la prolongation du museau convexe par-dessus, non-sillonnée et émoussée sur ses bords. On ne connoît que sa tête qui fait partie de la collection du Museum d'Histoire naturelle de Paris, et on ignore les mers qu'il habite. (B.)

XIPHIUM. C'est l'IRIS BULBEUSE. *Voyez* ce mot. (S.)

XIPHOSURES, nom d'une famille de la classe des CRUSTACÉS, établie par Latreille dans son *Histoire naturelle des Crustacés*, faisant suite au *Buffon*, édition de Sonnini. Elle offre pour caractère des mandibules coudées, terminées par deux pinces; la base des pattes ressemblant à

des mâchoires ; point d'antennes. Cette famille ne renferme
qu'un genre, celui des *limules*. Voyez au mot Crustacé et
au mot Limule. (B.)

XIPHYDRIE, *Xiphydria*, genre d'insectes de l'ordre
des Hyménoptères et de ma famille des Tenthrédines.
Ses caractères sont : une tarière en scie, logée entre deux
lames, lui servant de gaîne et de coulisse, saillante en partie,
à l'extrémité de l'abdomen, dans les femelles ; abdomen
sessile, terminé coniquement ; lèvre inférieure trifide ; palpes
maxillaires, longs, de six articles, les labiaux de quatre ;
mandibules courtes et épaisses ; antennes sétacées, d'un
grand nombre d'articles, écartées à leur insertion.

Les *xiphydries* ont été placées avec les *sirex* ou nos *urocères*
par Linnæus et M. Fabricius ; mais l'ordre naturel les en
repousse, et vient les ranger avec les *tenthrédines :* leurs
organes de la manducation offrant les plus grands traits de
conformité avec ceux des insectes de cette famille. Les
xiphydries s'éloignent des autres *tenthrédines* par la saillie
de leur tarière, leurs mandibules très-courtes, leurs antennes
très-écartées entr'elles à leur insertion, et sur-tout par leur
tête globuleuse et portée sur un long cou. Ce cou est formé
du prolongement de la première articulation des hanches
des pattes antérieures. L'organisation générale du corcelet,
de l'abdomen de ces insectes, ne diffère pas de celle qu'ont
ces parties dans la famille. Nous renvoyons ainsi à l'article
Tenthrédines. Les pattes sont seulement proportionnellement plus courtes : l'abdomen est aussi plus alongé.

Les larves des *xiphydries* vivent certainement dans le
bois ; mais elles nous sont inconnues. C'est sur les vieux
arbres qu'il faut chercher l'insecte parfait : je n'en ai jamais
trouvé ailleurs.

L'espèce principale de ce genre est le *sirex camelus* de
Linnæus. Je la nommerai Xiphydrie chameau, *Xiphydria
camelus*. Elle a sept à huit lignes de longueur ; son corps est
noir ; le front est chagriné ; le bord intérieur de la tête a de
chaque côté une ligne jaunâtre qui remonte sur le vertex ;
les bords latéraux du premier segment du corcelet ont un
peu de jaunâtre ; l'abdomen a de chaque côté une ligne de
points, et à l'origine des jambes une tache, de la même couleur ; les tarses sont un peu bruns.

Cet insecte se trouve en Europe ; je l'ai pris dans la forêt
de Saint-Germain-en-Laye. (L.)

XIQUE. *Voyez* Chique. (S.)

XIRICA. *Voyez* Ciri-apoa. (S.)

XIUHTOTOTL, c'est-à-dire *oiseau des herbes*, nom mexicain du **TANGARA BLEU DE LA NOUVELLE-ESPAGNE**. (*Voyez* l'article de cet oiseau.) Fernandez rapporte que le *xiuhtototl* est fort bon à manger. (S.)

XOCHICAPAL. Il y a tout lieu de croire que c'est un des noms du **COPALIER**. *Voyez* ce mot. (B.)

XOCHIOCOTZOL, nom sauvage du **LIQUIDAMBAR D'AMÉRIQUE**. *Voyez* ce mot. (B.)

XOCHITENACATL. Fernandez (*Hist. nov. Hisp.*) et Nieremberg (*Hist. nat.*, lib. 10.) décrivent sous ce nom mexicain quelques espèces de **TOUCANS** et d'**ARACARIS**. *Voy.* ces mots. (S.)

XOCHITOL (*Oriolus costotolt* Lath., ordre **PIES**, genre du **LORIOT**. *Voyez* ces mots.). On a confondu sous les noms de *xochitol* et de *costotol*, deux oiseaux dont parle Fernandez, qui cependant doivent être d'espèce différente, puisque l'un n'a que la grosseur du *serin*, tandis que l'autre a celle de l'*étourneau*. Mais les notices du naturaliste mexicain sont si courtes, qu'on demeure dans le doute, quoi qu'en disent les auteurs qui, après lui, ont décrit cet oiseau.

Le *xochitol*, ou plutôt le *xochitotolt*, est présenté, comme le *costotol* adulte, et le *costotol*, comme le jeune ; mais ce qui augmente la confusion, c'est que Fernandez parle de deux *xochitotolts*, chapitres 122 et 125, et de deux *costotolts*, chapitres 128 et 145, et tous deux se ressemblent assez. D'après cela, nous nous bornerons à dire que les ornithologistes donnent à leur *costotol* la grosseur de l'*étourneau* ; une longueur de neuf pouces ; le dessus du corps jaunâtre, la gorge, les ailes et la queue noires, à l'exception des grandes couvertures supérieures des ailes, qui sont terminées de jaunâtre ; le reste du plumage d'un beau jaune, un peu mêlé de couleur de safran ; le bec noirâtre ; les pieds et les ongles noirs ; le jaune de la femelle moins beau, avec quelques taches blanches sur les couvertures supérieures des ailes. Ils présentent encore les jeunes avec le bec un peu jaunâtre, et le jaune du plumage terni et mêlé de noirâtre.

Le *xochitotolt* (*Fernandez*, chap. 122.) que Brisson a décrit sous le nom de *troupiale de la Nouvelle-Espagne*, a le cou, le dos, le croupion et les couvertures du dessus de la queue, noirs ; la poitrine, le ventre, les côtés et les couvertures du dessous de la queue, presque tout-à-fait d'un jaune de safran, mêlé d'un peu de noir ; les ailes cendrées en dessous, et variées en dessus de noir et de blanc ; la queue d'un jaune de safran, mélangé d'un peu de noir : la grosseur de l'*étourneau*, et le chant de la *pie*. Le *coztotolt* du chapitre 28, que Fernandez donne pour le jeune, est tout jaune, excepté l'extrémité des pennes alaires, qui sont noires. Mauduyt décrit le premier sous ces deux noms. Enfin, le *xochitotolt* du chapitre 125 est rapporté, par Brisson, au *carouge* (*oriolus banana*). Il existe encore d'autres contradictions dans la taille, le chant et les habitudes de ces oiseaux si peu connus et si imparfaitement décrits; c'est pourquoi on ne peut rien déterminer sans de nouvelles observations qui les mettent à la place qui leur convient. (Vieill.)

XOCOATI, liqueur fermentée que les Mexicains font avec du maïs et de l'eau. (S.)

XOCOXOCHITL, nom mexicain du Myrte piment. *Voyez* ce mot. (B.)

XOLO, race de *poules* propre aux îles Philippines. *Voy.* Poule des Philippines. (S.)

XOLOITZCUINTLI. *Voyez* Loup du Mexique. (S.)

XOMOLT. Séba a indiqué, sous cette dénomination mexicaine, un petit oiseau qui, dit-il, a la tête rouge, du rouge sur le dos et la poitrine, du rouge sur la queue, du rouge sous les ailes, et le bec jaune. L'on ne sait à quelle espèce doit se rapporter ce *xomolt* de Séba; mais ce n'est certainement pas au *jaseur*, ainsi que l'a fait par méprise M. Brisson. *Voyez* Jaseur. (S.)

XOMOLT, oiseau palmipède dont Fernandez fait mention. (*Hist. Nov. Hisp. tract.* 2, cap. 124.) Il a une huppe qu'il relève quand il est irrité, la poitrine brune, et le dos noir, aussi bien que le dessus des ailes. Les Mexicains emploient les plumes du *xomolt* pour faire les vêtemens qui font partie de leur luxe. Fernandez ne dit pas, du reste, à quel genre appartient cet oiseau aquatique de la Nouvelle-Espagne. (S.)

XOXITENACALT. Fernandez désigne ainsi les *toucans*, et particulièrement l'Hocichat. *Voyez* ce mot.
(Vieill.)

XOXOUQUIHOACTLI, nom mexicain du Hohou. *Voyez* ce mot. (Vieill.)

XUARÈZE, *Xuarezia*, arbrisseau de quatre pieds de hauteur, à feuilles éparses, sessiles, lancéolées, aiguës et dentées, à pédoncules axillaires, géminés, portant chacun une fleur d'un blanc jaunâtre, qui seul forme un genre dans la pentandrie monogynie.

Ce genre offre pour caractère un calice persistant, divisé

en cinq parties ovales; une corolle en roue, à tube très-court, et à limbe divisé en cinq parties ovales, aiguës et recourbées; cinq étamines; un ovaire supérieur, surmonté d'un style court à stigmate comprimé; une capsule ovale, oblongue, applatie, à deux sillons, biloculaire, bivalve, contenant un grand nombre de semences.

Le *xuarèze* se trouve au Pérou, et a été figuré dans l'euillée sous le nom de *capraire du Pérou*. Il a été, d'après cette autorité, toujours confondu par les botanistes avec la *capraire biflore*. Aujourd'hui, Ruiz et Pavon en font un genre dans leur *Flore du Pérou*. Si on en juge par la figure qu'ils en ont donnée, c'est une espèce bien distincte de la *capraire biflore*, mais qui ne diffère du genre *capraire* que par le nombre des étamines, ce dernier n'en ayant que quatre. (*Voyez* au mot CAPRAIRE.) Au reste, on ne se sert plus des feuilles de cette plante en guise de *thé*, comme du temps de Feuillée. (B.)

XUTAS, nom péruvien d'un oiseau qu'il n'est pas possible de reconnoître dans les indications vagues de quelques voyageurs. Ils se contentent de dire que le *xutas* est fort semblable à l'*oie*, et que les naturels de la province de Quito l'apprivoisent et le nourrissent en domesticité. (S.)

XYLITE, *Xylita*, genre d'insectes qui doit appartenir à la seconde section de l'ordre des COLÉOPTÈRES.

Ce genre, établi par Paykull, présente, selon cet auteur, les caractères suivans : quatre palpes inégaux, les antérieurs sécuriformes, les postérieurs en massue; mandibules cornées, arquées, unidentées, pointues; mâchoires cornées, bifides; divisions arrondies, l'extérieure plus grande; lèvre membraneuse, bifide, dilatée à l'extrémité.

Paykull cite le *taupin buprestoïde* de Fabricius, que j'ai regardé dans mon *Entomologie* comme le même insecte que son *hispa flabellicornis*, et dont j'ai établi le genre *melasis*; mais il paroît que le *xylite* diffère du *melasis*, puisque les caractères génériques ne sont pas les mêmes. Le *melasis*, d'ailleurs, appartient à la première section, et le *xylite* à la seconde. Latreille soupçonne qu'il doit entrer dans la famille des *hélopiens*. Fabricius, dans son dernier ouvrage, réunit les genres *xylite*, *hypale* et *hallomine*, de Paykull, sous un même genre, qu'il nomme *dircœa*, et dans lequel il fait entrer les *serropalpes* de Illiger, les *mégatomes* de Herbst, enfin des *lymexylons* et des *notoxes* de ses premiers ouvrages.

Le *xylite*, selon Paykull, a la tête obscure, couverte,

ainsi que tout le corps, d'un duvet grisâtre; les antennes sont filiformes, de la longueur du corcelet; celui-ci est presque aussi large que long. Cet insecte atteint en grandeur le *taupin ceint* (*elater balteatus*). Il se trouve au nord de l'Europe, sur le bois mort. (O.)

XYLOBALSAMUM. Ce sont les petites branches de l'arbre qui porte le *baume de Judée*. Voyez au mot BALSA-MIER. (B.)

XYLOCARPE, *Xylocarpus*, arbre à feuilles alternes, ailées sans impaire, à folioles ovales, presque sessiles, et à fleurs petites, disposées en grappes axillaires, qui forme un genre dans l'octandrie monogynie.

Ce genre offre pour caractère un calice à quatre dents; une corolle de quatre pétales; un corps ovale, enflé, entourant les étamines; huit étamines; un ovaire surmonté d'un style à stigmate perforé en son milieu.

Le fruit est un drupe globuleux, renfermant, sous une seconde enveloppe ligneuse et fibreuse, huit ou un plus grand nombre de noix inégales et fragiles.

Le *xylocarpe* se trouve dans l'Inde. Il est figuré pl. 61 du troisième volume de Rumphius. Son bois est dur et veiné, et est propre à tous les ouvrages de menuiserie. On emploie la décoction de sa racine dans les maladies bilieuses. L'entre-deux des écorces de son fruit contient une substance amilacée fort approchante de celle du *sagou*, et qu'on mange pour rétablir les estomacs délabrés. (B.)

XYLOCOPE, *Xylocopa*, genre d'insectes de l'ordre des HYMÉNOPTÈRES, de ma famille des APIAIRES, et dont les caractères sont: un aiguillon dans les femelles; lèvre inférieure prolongée en une espèce de langue linéaire; ses palpes en forme de soie; antennes brisées; mandibules en cuilleron, striées sur le dos; lèvre supérieure petite; palpes maxillaires de cinq articles.

Les *xylocopes* ont le corps gros, convexe, velu, du moins sur quelques parties, ordinairement noir ou jaunâtre; la tête de la largeur du corcelet, mais un peu moins élevée, appliquée exactement contre lui; les yeux alongés, entiers, plus grands dans les males; trois petits yeux lisses; le corcelet grand, arrondi, convexe; l'abdomen large, applati, presque ovale, tronqué à sa base, velu sur ses bords; les pattes hérissées de poils, dont les antérieures arquées, les postérieures fort grandes; les ailes supérieures ont trois cellules sous-marginales, dont celle du milieu triangulaire.

Ces insectes ont de la ressemblance avec les *bourdons*, les

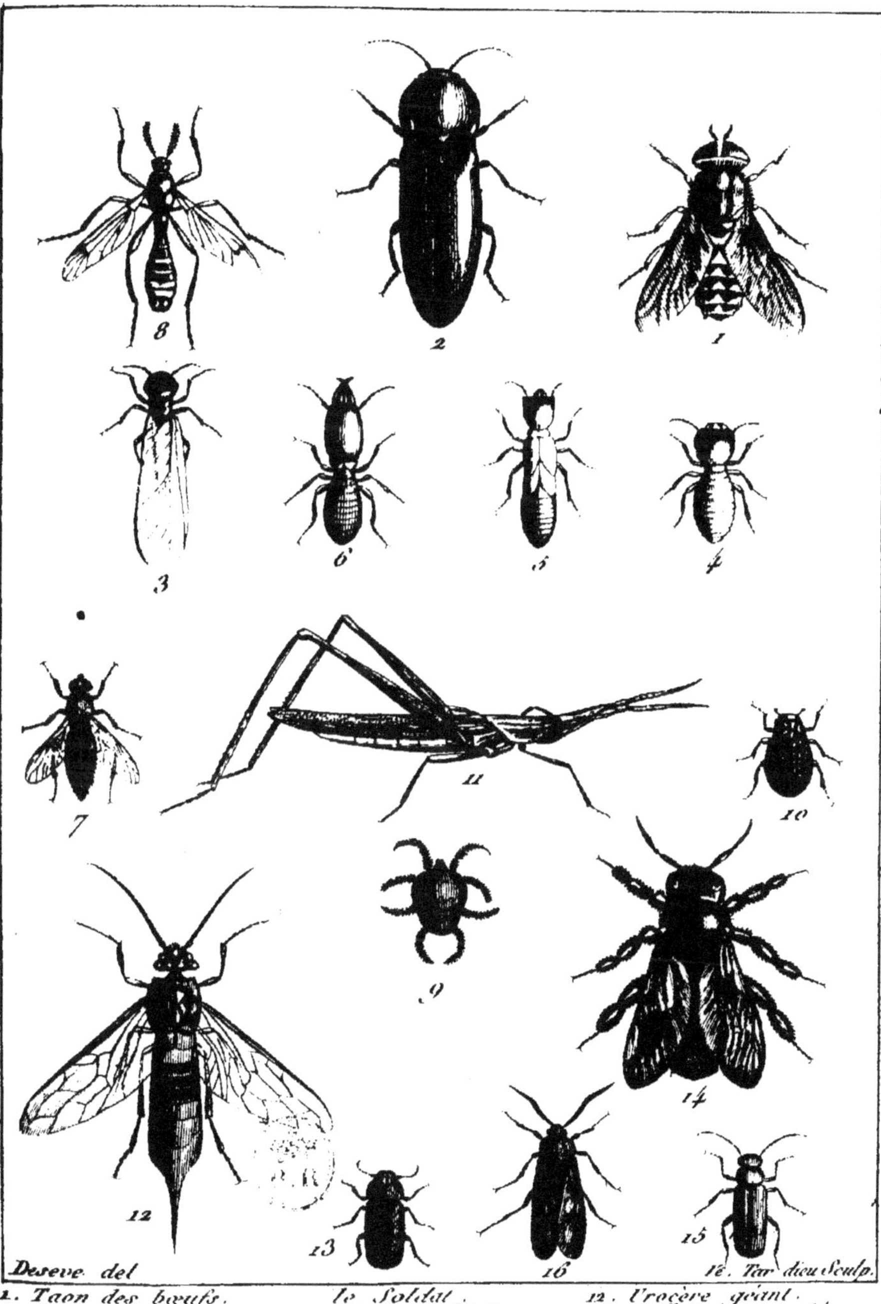

Deseve. del 16. Tar dieu Sculp.

1. Taon des bœufs. le Soldat. 12. Urocère géant.
2. Taupin lumineux 7. Thérève plébéienne. 13. Trillette marquetée.
3. Termès lucifuge. ailé 8. Tipule pectinicorne. 14. Xylocope violette.
4. Sa Larve 9. Trombidion colorant. 15. Bonille bout-brulé.
5. Sa Nymphe. 10. Trox sabuleux. 16. Zygène de la filipen-
6. Individu neutre, dit 11. Truxale à grand nez dule.

anthophores, les *mégachiles*; mais leurs palpes maxillaires sont
de cinq articles; les divisions de la lèvre inférieure sont apparentes et aiguës, ce qui les éloigne des *bourdons*; leurs antennes
sont très-brisées, et leurs mandibules en cuilleron, striées sur
le dos, et par-là ils diffèrent des *anthophores*; leur lèvre supérieure est petite, courte; on ne les confondra donc point avec
les *mégachiles*. Ce genre répond à la division ** d 2 β des
abeilles de Kirby.

Les *xylocopes* sont les *abeilles perce-bois* de Réaumur.
L'espèce à laquelle il a donné particulièrement ce nom, est
l'*apis violacea* de Linnæus, insecte que l'on ne commence
à trouver que dans l'Europe tempérée. On le voit paroître
dans les premiers beaux jours du printemps; il vole en bour-
donnant autour des murs exposés au soleil, ceux sur-tout qui
sont garnis de treillage, autour des fenêtres qui ont de vieux
contre-vents, des châssis, des poutres qui saillent, &c. Il
cherche ainsi un lieu favorable pour déposer ses œufs, qu'il
place toujours exclusivement dans du vieux bois; l'un cherche
un échalas, l'autre les pièces de bois qui servent de soutien
aux contr'espaliers; celui-ci choisit un contre-vent, celui-là
un vieux banc, une poutre. Dans tous les cas, il est nécessaire que le bois soit sec et qu'il commence à se pourrir, l'insecte ayant moins de peine à le creuser. Il lui faut de la force
et un courage persévérant pour venir à bout de son entreprise.
Le trou qu'il ouvre est d'abord dirigé obliquement vers l'axe;
à quelques lignes de profondeur, sa direction change et devient à-peu-près parallèle à cet axe; le bois est percé en flûte
obliquement, cependant quelquefois d'un bout à l'autre. La
cavité doit être assez spacieuse pour que l'insecte puisse s'y
retourner. M. Réaumur dit y avoir fait entrer son index. Ces
trous ont quelquefois plus de douze à quinze pouces de longueur, et sont au nombre de trois ou quatre, si la grosseur du
bois le permet. Les mandibules ou les dents sont les instrumens dont la *xylocope* fait usage pour creuser.

C'est dans ces tuyaux que l'insecte doit loger ses œufs.
Chaque tuyau n'est que la cage d'un bâtiment, où sont plusieurs pièces en enfilade; il est divisé en douze loges environ,
et qui ne communiquent point entre elles; chaque loge ren-
fermera un œuf et une quantité de pâtée nécessaire à l'accroissement de la larve qui en naîtra. Cette pâtée a la consistance
de la terre molle, et est assez semblable à celle dont les *bourdons* nourrissent leurs petits; ce doit être de la poussière
d'étamines de fleurs mêlée d'un peu de miel. La larve est
d'abord logée à l'étroit, la pâtée occupant presque entièrement

sa cellule; mais la consommation qu'elle en fait peu à peu, produit un vide qui la met à son aise.

Cette larve est très-blanche, avec la tête petite et munie de deux dents bien distinctes. Elle ne diffère pas essentiellement des larves des *apiaires bourdons*. La nymphe est d'abord très-blanche; mais elle devient brune et après noirâtre. Dans chaque rangée de cellules, les larves qui sont dans les plus basses sont plus vieilles que celles qui sont dans les supérieures; se transformant et sortant les premières, elles laissent le passage libre aux autres.

Réaumur n'a point observé la *xylocope violette* femelle à l'instant où elle fait sa récolte. Il ne lui a point trouvé la *palette* et la *brosse* des *abeilles*, ou les instrumens propres à récolter le pollen des fleurs; mais il a remarqué au premier article des tarses postérieurs, la pièce qui répond à la *brosse*, une portion ovale, rase, lisse et luisante, dont le milieu est saillant, et près du bord de laquelle règne tout autour une cavité propre à retenir la poussière des étamines et à empêcher que la pelote ne tombe.

Plusieurs *xylocopes* étrangères ressemblent singulièrement à l'espèce indigène nommée *violette*. Il est essentiel, pour bien les distinguer, d'avoir égard au reflet des ailes supérieures, ce qu'on n'a pas encore fait.

XYLOCOPE LARGES-PATTES, *Xylocopa latipes* ; *Apis latipes* Linn. Elle est un peu plus grande que la *xylocope violette* ; d'un noir luisant un peu violet; les tarses antérieurs sont arqués, applatis, avec des poils longs et gris au côté interne; l'abdomen est très-velu sur les bords : les ailes sont d'un bleu foncé, luisant; mais la partie sans nervures des supérieures est d'un vert cuivreux ou doré.

Cette espèce se trouve à la Chine, aux Indes orientales.

XYLOCOPE MORIO, *Xylocopa morio* ; *Apis morio* Fab. Elle a de grands rapports avec la *xylocope violette;* mais son abdomen n'est velu que sur les bords, et ses ailes ont une teinte cuivreuse sur un fond noir, un peu violet.

Elle se trouve dans l'Amérique méridionale.

XYLOCOPE VIOLETTE, *Xylocopa violacea; Apis violacea* Linn., Fab. Elle est noire, toute velue, avec les ailes d'un bleu-violet foncé. Sa longueur est d'un pouce, plus ou moins. Le mâle a un anneau d'un brun-rougeâtre près de l'extrémité des antennes.

Cette espèce se trouve en Europe et en Afrique.

XYLOCOPE CAFRE, *Xylocopa Cafra; Apis Cafra* Linn. Elle est de la grandeur des précédentes, noire, avec l'extrémité postérieure du corcelet et le devant de l'abdomen d'un jaune-verdâtre; les ailes sont d'un bleu-violet.

XYLOCOPE DES BRÉSILIENS, *Xylocopa Brasilianorum* Linn., Fab. Elle est de la grandeur des précédentes, toute couverte d'un duvet d'un jaune-roussâtre ou blond; les cuisses sont presque nues, et d'un brun foncé; les ailes ont une petite teinte jaunâtre, avec des nervures brunes.

Elle se trouve dans les Antilles et dans l'Amérique méridionale. (L.)

XYLOCOPHOS, l'un des noms grecs du *pic*. (S.)

XYLOMÈLE, *Xylomelum*, genre de plantes de la tétrandrie monogynie et de la famille des Protées, établi par Smith. Il offre pour caractère un chaton composé d'écailles simples; une corolle de quatre pétales portant chacun une étamine; un ovaire supérieur en massue obtuse; une capsule uniloculaire contenant deux semences ailées.

Les espèces de ce genre ont l'apparence des *brabéjes*, et se trouvent en Australasie. (B.)

XYLOPALE (Lamétherie.), bois converti en halbopale ou demi-opale, c'est-à-dire en *pech-stein : c'est le holz-opal* de Werner. La dénomination de *xylopale* paroît beaucoup plus heureuse que celle de *quartz-résinite-xyloïde*, donnée à la même substance par quelques auteurs; car ce n'est ni un *quartz* ni une matière *xyloïde*, c'est un vrai *xylon*, un vrai *bois* converti en pech-stein, et nullement un *pech-stein ligniforme* ou qui auroit pris accidentellement la forme du bois. L'organisation végétale parfaitement conservée, prouve d'une manière si manifeste que ce sont des *arbres pétrifiés*, qu'il est aussi inconvenant de les appeler *xyloïdes* ou *ligniformes*, qu'il le seroit d'appeler les glossopètres *pierres odontoïdes* ou *dentiformes*, quand il est évident que ce sont de véritables *dents de requin* changées en pierres, et non des pierres qui ont pris la forme de dents. *Voyez* Pech-stein. (Pat.)

XYLOPE, *Xylopia*, genre de plantes à fleurs polypétalées, de la polyandrie polygynie et de la famille des Glyptospermes, qui présente pour caractère un calice de trois folioles; une corolle de six pétales; un grand nombre d'étamines insérées au réceptacle; deux à quinze ovaires, terminés par des styles simples.

Le fruit est composé de plusieurs capsules presque sessiles, coriaces, comprimées, biloculaires, bivalves et dispermes.

Ce genre, qui est figuré pl. 495 des *Illustrations* de Lamarck, est congénère des Unones, selon Gærtner. (*Voyez* ce mot.) Il renferme des arbrisseaux à feuilles alternes, entières, et à fleurs presque solitaires et axillaires. On en compte trois espèces, dont les deux plus remarquables sont :

La Xylope glabre, qui a les feuilles ovales, oblongues, glabres, et les fruits glabres. Elle croît à la Jamaïque. Ses graines ont une odeur aromatique; elles donnent à la chair des pigeons sauvages qui en mangent une saveur très-délicate. On s'en sert pour parfumer l'eau.

La Xylope velue a les feuilles velues. Elle se trouve à Cayenne, où on l'appelle *jejerecou*. Son écorce est piquante et aromatique, ainsi que ses graines. On en fait usage en guise d'épice dans les ragoûts. (B.)

XYLOPHAGES, *Xylophagi*, famille d'insectes de la troisième section de l'ordre des COLÉOPTÈRES, dont les caractères sont : tarses à quatre articles, dont les trois premiers courts, égaux, et simples dans le grand nombre; antennes moniliformes, renflées vers leur extrémité, de la longueur du corcelet au plus; bouche retirée, peu ou point saillante; mandibules cornées, à pointe refendue; palpes filiformes ou un peu renflés au bout, ordinairement courts; mâchoires à deux lobes, l'interne petit, aigu ou onguiculé; lèvre inférieure et ganache carrées; corps linéaire, ou oblong, ou ovalaire. Elle comprend les genres suivans : CIS, CERYLON, LYCTE, MERYX et LANGURIE. *Voyez* ces mots. (O.)

XYLOPHYLLE, *Xylophylla*, genre de plantes à fleurs incomplètes, de la polygamie pentandrie, qui offre pour caractère un calice coloré, divisé en cinq parties; point de corolle; cinq étamines; un ovaire supérieur surmonté par un stigmate divisé en trois parties, et quelquefois glanduleux dans les fleurs hermaphrodites.

Le fruit est une capsule à trois loges, contenant chacune deux semences.

Ce genre, qui est figuré pl. 855 des *Illustrations* de Lamarck, renferme des arbrisseaux à feuilles alternes, quelquefois pinnées, et à fleurs presque toujours solitaires et insérées sur le bord des feuilles souvent dans une échancrure. On en compte sept espèces, dont les plus connues sont :

Le XYLOPHYLLE A LARGES FEUILLES, qui a les feuilles pinnées, les folioles larges, lancéolées, et portant des fleurs mâles et des fleurs hermaphrodites, quelquefois hexandres. Il se trouve à la Jamaïque et autres îles voisines. On le cultive au Jardin des Plantes de Paris, où il fleurit tous les ans. L'Héritier l'a figuré pl. 39 de son *Sertum anglicum*, en en faisant un genre sous le nom de GENESIPHYLLE. *Voyez* ce mot.

Le XYLOPHYLLE A FEUILLES AIGUES a les feuilles pinnées, les folioles linéaires, les fleurs pédonculées et toutes hermaphrodites. Il se trouve dans les mêmes cantons et se cultive dans le même jardin. (B.)

XYLORNIS ou XYLORNIA, la *bécasse* en grec moderne. (S.)

XYLOSME, *Xylosma*, genre de plantes établi par Forster dans la dioécie polyandrie. Il a pour caractère un calice divisé en quatre ou cinq parties ; point de corolle ; dans les fleurs mâles, beaucoup d'étamines entourées d'un anneau à leur base ; dans les fleurs femelles, un ovaire supérieur surmonté d'un style à stigmate trifide.

Le fruit est une baie sèche, presque biloculaire, renfermant deux semences dans chaque loge.

Ce genre est figuré pl. 827 des *Illustrations* de Lamarck. Il contient deux plantes des îles de la mer du Sud, sur lesquelles on n'a aucun renseignement. (B.)

XYLOSTROME, *Xylostroma*, genre de champignons établi par Tood, tab. 6, fig. 5 de son *Histoire des Champignons du Mecklembourg*. Il présente pour type une fongosité étendue, difforme, coriace, dans laquelle sont interposées des semences sous forme de globules. (B.)

XYRIS, *Xyris*, genre de plantes de la triandrie monogynie, dont le caractère consiste en un calice glumacé, trivalve, à valves cartilagineuses, concaves, l'intérieur plus grand ; une corolle de trois pétales onguiculés et crénelés ; trois étamines attachées aux onglets des pétales ; un ovaire supérieur, arrondi, à un seul style surmonté d'un stigmate trifide.

Le fruit est une capsule arrondie, uniloculaire, s'ouvrant aux angles par une fente.

Ce genre, qui est figuré pl. 56 des *Illustrations* de Lamarck, renferme des plantes à feuilles radicales, graminiformes, et à fleurs disposées en tête au sommet d'une hampe. On en compte trois espèces venant de l'Inde, de l'Afrique et de l'Amérique, mais dont aucune n'est cultivée dans les jardins d'Europe.

J'ai observé aux environs de Charleston le *xyris* de la Caroline, qui a la tige comprimée et les fleurs en tête. C'est une plante vivace qui croît dans les lieux un peu humides, mais non marécageux, qui s'élève à plus d'un pied, dont les feuilles sont linéaires, droites, roides, luisantes ; les fleurs sortant de calices qui, par leur réunion, forment un cône semblable à celui du *sapin*, mais seulement de quatre à cinq lignes de long, chaque jour il se développe une grande fleur d'un beau jaune, qui se fane au bout de quelques heures, et il y en a quinze ou vingt dans chaque cône. (B.)

XYRIS. L'*iris fétide* a reçu le nom de *xyris* dans quelques ouvrages. *Voyez* l'article IRIS. (S.)

XYSTÈRE, *Xyster*, genre de poissons établi par Lacépède, dans la division des ABDOMINAUX. Son caractère est d'avoir la tête, le corps et la queue très-comprimés ; le dos élevé et terminé, comme le ventre, par une carène aiguë et courbée en portion de cercle ; sept rayons à la membrane branchiale ; la tête et les opercules garnis de petites écailles ; les dents échancrées, de manière qu'à l'extrémité elles ont la forme d'incisives, et qu'à l'intérieur elles sont basses et un peu renflées ; une fossette au-dessous de chaque ventrale.

Ce genre ne contient qu'une espèce, qui a été observée par Commerson dans la mer des Indes. Elle parvient à une longueur de plus de trois pieds, et est d'une couleur brune, ce qui la fait appeler *xystère brune*. (B.)

XYSTRIS, *Xystris*, genre de plantes établi par Schreber, dans la pentandrie monogynie. Il offre pour caractère une corolle à tube court et à cinq divisions ouvertes ; cinq étamines ; un ovaire surmonté de deux styles réunis à leur base.

Le fruit est un drupe globuleux, velu à sa base, contenant un noyau à dix loges. (B.)

Y

Y, nom donné par Albin à un *lépidoptère* sorti d'une *chenille* qui se nourrit des feuilles de *menthe*, et dont la détermination spécifique n'est pas bien établie. (L.)

YABACANI. C'est la racine de l'ARISTOLOCHE ANGUICIDE. *Voyez* ce mot. (B.)

YACABANI. *Voyez* YABACANI. (S.)

YACACINTLI. *Voyez* ACINTLI. (S.)

YACAPATLAHOAC (*Anas Mexicana* Lath.), *canard* du Mexique, qui a beaucoup de ressemblance avec le *souchet* ; aussi est-il nommé *souchet du Mexique* dans l'*Ornithologie* de Brisson. (*Voyez* les mots SOUCHET et CANARD.) Le mot mexicain *yacapatlahoac* signifie *oiseau à large bec*. Ce *canard* a, en effet, le bec fort épaté et long, d'un brun rougeâtre vers sa base, d'un fauve noirâtre vers son bout, et rougeâtre en dessous. L'oiseau est un peu plus petit que le *canard domestique* ; des plumes fauves, noires et blanches couvrent tout son corps, à l'exception du ventre, qui est d'une seule teinte fauve ; les ailes brunes ont le miroir miparti de blanc et d'un vert brillant ; les pieds et les doigts sont d'un rougeâtre pâle.

Les habitudes de ce *souchet* sont à-peu-près pareilles à celles de nos *canards sauvages*, et sa chair a le même fumet. Les Espagnols de la Nouvelle-Espagne l'appellent *canard royal*. Quelques-uns lui donnent le nom de *tempatlahoac*, qui appartient à une espèce différente. *Voyez* TEMPATLA-HOAC. (S.)

YACAPITZAHOAC, oiseau du Mexique, qui, autant que l'on peut en juger par une description incomplète donnée par Fernandez, doit être rapporté au *petit grèbe cornu*. Voyez l'article des GRÈBES. (S.)

YACARANDE. *Voyez* JACARANDE. (S.)

YACARÉ. Les Guaranis appellent ainsi le *caïman*, au rapport de M. d'Azara. *Voyez* CAÏMAN. (S.)

YACATEXOTLI, *canard* du Mexique. (*Voy.* le mot CANARD.) Il est à-peu-près de la grosseur du *canard domestique*; son bec est large, arrondi à son bout, bleu en dessus, et d'un blanc rougeâtre en dessous; son plumage est fauve sur la partie inférieure, et d'un noirâtre mêlé d'une teinte argentée à la partie supérieure; ses ailes sont noires en dessus, et cendrées en dessous; ses pieds sont d'un noirâtre livide.

Dans le langage des Mexicains, le mot *yacatexotli* veut dire, selon Fernandez, *bec bleu*, et on l'a donné à ce *canard*, parce que la couleur de son bec est l'attribut qui frappe d'abord dans sa physionomie. Il fréquente les lacs du Mexique. (S.)

YACHANGA. On donne ce nom, sur les côtes du Brésil, à une espèce de VAREC. *Voyez* ce mot. (B.)

YACONDA, poisson des Indes qui paroît appartenir au genre OSTRACION. *Voyez* ce mot. (B.)

YACOU (*Penelope cristata* Lath., fig. dans l'*Hist. nat. des Oiseaux rares*, par Edwards, pl. 15.), oiseau du genre du MARAIL et de l'ordre des GALLINACÉS. (*Voyez* ces deux mots.) Marcgrave en a fait mention sous le nom brasilien *iacupema*; Klein sous la désignation de *faisan brun du Brésil*; Brisson l'a appelé *dindon du Brésil*; Linnæus, *peintade huppée*; enfin, Edwards lui a laissé le nom de *guan* ou de *quan*, qu'il porte dans quelques contrées de l'Amérique méridionale.

Cet oiseau s'est nommé lui-même, car son cri exprime assez bien le mot *yacou*; ce cri est foible, et paroît être l'accent du besoin ou de la douleur. L'oiseau en fait entendre un autre encore plus foible, qui a quelque rapport avec celui du *dindon*. Toutes les habitudes de ce gallinacé sont semblables à celles de l'espèce très-voisine du *marail*; il est d'un naturel fort doux, et il s'apprivoise très-facilement; il vit dans les bois, et il se perche sur les arbres les plus élevés. Par une suite de cette habitude, on le voit en domesticité se placer sur le comble des maisons et y passer la nuit. On le trouve au Brésil, où Marcgrave l'a observé. Dampier l'a vu dans les forêts qui bordent la baie de Campêche, et Wafer dans celles de l'isthme de Panama. Il est connu dans ces deux contrées sous le nom de *guan* ou *quan*. On ne le rencontre dans notre Guiane que dans l'intérieur des terres, particulièrement dans le haut du fleuve Oyapock et près de l'Amazone. C'est un fort bon gibier.

Il n'y a point de différence de grandeur entre l'*yacou* et le *marail*, et il n'y en a que de légères dans les couleurs. (*Voyez* MARAIL.) De longues plumes couvrent la tête de l'*acou*, et il les relève lorsqu'il est affecté; il relève également et étale sa longue queue, composée de douze pennes de la même longueur, et traînante quand il n'éprouve aucune émotion. La peau nue qui pend de sa gorge, comme dans le *marail*, est noire, et celle qui entoure les yeux est violette; ses yeux, grands et saillans, ont l'iris de couleur orangée; il a le dessus de la tête blanc; le dos brun; le reste du plumage d'un vert noirâtre, avec des taches blanches à la partie antérieure du cou et sur les couvertures des ailes; enfin les pieds rouges, et le bec bleuâtre à sa base, et noirâtre sur le reste. La huppe est à peine apparente sur la tête de la femelle.

La trachée-artère de cet oiseau s'étend sur tout le sternum, et se replie en remontant d'un tiers environ de sa longueur avant d'entrer dans la poitrine. Bajon (*Mémoires sur Cayenne*) n'a point apperçu cette conformation de la trachée-artère dans l'individu qu'il dit avoir ouvert, parce que cet individu étoit femelle, et que dans les espèces d'oiseaux dont la trachée-artère a une direction extraordinaire, les mâles seuls présentent cette particularité. (S.)

YAGOUA, nom du *jaguar* au Paraguay. Les Espagnols l'ont appliqué à l'espèce du *chien*, qu'ils ont transportée en Amérique. (S.)

YAGOUA ÉTÉ, expression qui, dans la langue des naturels du Paraguay, signifie *vrai yagoua*, et que ces peuples ont appliquée à la désignation du JAGUAR. *Voyez* ce mot et celui d'YAGOUA. (S.)

YAGOUA PARA ou YAGOUA TACHETÉ. Le *jaguar* est quelquefois désigné au Paraguay sous cette dénomination. *Voyez* YAGOUA et JAGUAR. (S.)

YAGOUAPÉ. Cette dénomination, qui signifie *chien écrasé*, est donnée, par quelques habitans du Paraguay, aux *mouffettes*, à cause du peu de longueur de leurs jambes. *Voyez* MOUFFETTES. (S.)

YAGOUA - PITA, ce qui signifie, en guaranien, *yagoua roux*, est le nom du *couguar* au Paraguay, selon M. d'Azara. *Voyez* COUGUAR et YAGOUA. (S.)

YAGOUATI ou **YAGOUA BLANC.** L'on appelle quelquefois ainsi le *cougouar* au Paraguay. *Voy.* COUGOUAR et YAGOUA. (S.)

YAGOUARÉTÉ, c'est-à-dire, dans la langue des Guaranis, *corps du* YAGOUA (*Voyez* ce dernier mot.), l'un des noms que le *jaguar* porte au Paraguay.

J'aurois pu ajouter, à l'article du JAGUAR, plusieurs traits des habitudes de cet animal, soit d'après ce qu'en a écrit M. d'Azara dans son livre très-intéressant sur les *quadrupèdes du Paraguay*, soit d'après mes propres observations postérieures à celles que je communiquai à Buffon au retour de mon premier voyage d'Amérique. Il m'eût été facile de relever quelques méprises et quelques contradictions échappées à la plume de M. d'Azara; mais comme cet illustre observateur m'a honoré, dans son histoire du *yagouarété*, de la même sévérité de critique qu'il emploie constamment à l'égard de Buffon, j'ai cru devoir m'abstenir de traiter un sujet qui auroit pu, quelques précautions que j'eusse prises, ranimer la mauvaise humeur de M. d'Azara contre ceux qui l'ont précédé dans une carrière qu'il a parcourue avec beaucoup de succès.

Il vient d'arriver (décembre 1805), à la ménagerie de Paris, un *jaguar* vivant qui paroît peu féroce, et qui se laisse toucher et caresser, du moins par son conducteur. (S.)

YAGOUARÉTÉ NOIR de M. d'Azara, est le JAGUA-RETTE. *Voyez* ce mot. (S.)

YAGOUARÉTÉ-POPÉ. C'est ainsi que l'on nomme, au Paraguay, une race ou une variété de *jaguar*, que l'on dit plus forte, plus féroce, plus audacieuse, à poil plus court, et à taches moins foncées sur un fond plus rougeâtre. M. d'Azara regarde ces nuances comme trop légères pour séparer l'*yagouarété-popé* du vrai *yagouarété* ou du JAGUAR. (*Voyez* ce mot.) Au reste, le mot *popé* veut dire *main étendue*, et on l'a joint au nom du *jaguar* pour désigner la race ou la variété dont il vient d'être question, parce que ses jambes sont plus grosses et ses pieds plus larges. (S.)

YAGOURÉ. Les Guaranis donnent à la *mouffette du Chili* le nom d'*yagouré*, qui signifie, dans leur langue, *chien puant.* Voyez l'article de la Mouffette du Chili, auquel j'ajouterai les habitudes de ce quadrupède, omises dans ce même article, et que M. d'Azara a tracées dans son *Essai sur l'Histoire naturelle des Quadrupèdes du Paraguay*, tom. 1 de la *Traduction française*, pag. 211 et suivantes.

L'*yagouré* ou la *mouffette du Chili* n'existe point au Paraguay, et le point le plus septentrional où M. d'Azara l'ait trouvé est par 29 degrés 40 minutes de latitude méridionale; de-là il est répandu jusqu'au détroit de Magellan. Ce quadrupède vit dans les campagnes, d'insectes, d'oiseaux et de leurs œufs. Sa marche est lente; il rase la terre, et porte sa queue horizontalement. Il se creuse des terriers, et la femelle y met bas deux petits, qu'elle porte dans sa gueule comme les *chates* lorsqu'elle veut les changer de place.

Ces animaux ne sont point farouches, et ne fuient point à l'approche de l'homme; s'ils reconnoissent qu'on veut leur nuire, ils se ramassent en boule, hérissent les poils touffus de leur queue, et lancent leur urine vers leur ennemi avec tant de force, qu'ils peuvent l'atteindre à cinq pieds de distance. Cette urine est si infecte, qu'il n'est aucun homme ni aucun animal, quelque féroce qu'il soit, qui ne recule aussi-tôt. Si une seule goutte de cette liqueur empestée tombe sur un vêtement, il faut le quitter; car le lavât-on vingt fois, on ne parvient pas à en détruire la fétidité qui se répand, jusqu'à infecter une maison entière. M. d'Azara rapporte qu'il lui fut impossible de souffrir cette mauvaise odeur, qu'avoit communiquée à une barraque un *chien* sur lequel un *yagouré* avoit lancé son urine huit jours auparavant, et cela malgré que le *chien* eût été lavé et frotté avec du sable à plus de vingt reprises différentes. On dit que cette urine est phosphorique.

Lorsqu'on veut prendre les *yagourés* ou les *mouffettes du Chili*, on les irrite avec une longue canne, afin de leur faire jeter leur urine. Les sauvages de quelques contrées de l'Amérique mangent leur chair; mais ils ont sans doute quelque moyen de l'empêcher de contracter l'odeur détestable de l'urine. Ces mêmes peuplades emploient la peau d'*yagouré* à faire des couvertures. C'est une fourrure très-douce et très-belle; mais elle a l'inconvénient de conserver et de communiquer de la mauvaise odeur; cependant, les Espagnols l'achètent pour en faire des tapis de pied. (S.)

YAGOUROUNDI, espèce nouvelle de Chat (*Voyez* ce mot.), dont la connoissance est due à M. d'Azara. (*Essai* sur *l'Histoire naturelle des Quadrupèdes du Paraguay*, tom. 1 de la *Traduction française*, pag. 171 et suivantes.)

Ce *chat*, qui a de grands rapports avec notre *chat sauvage*, a près de trente-sept pouces de longueur, et sa queue en a environ quatorze. Son corps est proportionnellement plus long que celui du *chat* d'Europe; son ventre est moins gros; sa tête plus petite, plus courte et moins jouflflue; son museau plus alongé et sans enfoncement entre les yeux; sa queue plus touffue et sa jambe plus épaisse; ses yeux, qui sont petits, conservent la pupille arrondie, quoique tournés vers le soleil. Son pelage, qui est doux et propre à faire de bonnes fourrures, a une nuance sombre et uniforme, qui résulte de ce que chaque poil est alternativement rayé de noirâtre et de blanc sale. Les mêmes raies se remarquent sur les moustaches, qui sont moins fournies que celles du *chat* commun.

L'yagouroundi ressemble encore au *chat sauvage* par ses habitudes et ses mouvemens. Il vit seul ou par couple dans les bois et les halliers, et ne s'expose point dans les lieux découverts. Il grimpe avec agilité sur les arbres, et ne chasse que la nuit aux *rats*, aux insectes, aux oiseaux, et même aux volailles. Rien, dit-on, ne le fait fuir, et il s'attache aux fesses des *cerfs* et ne les lâche point, malgré la vitesse de ces animaux, jusqu'à ce qu'il les ait tués. M. d'Azara ne doute pas que l'on ne puisse apprivoiser facilement cette espèce, parce qu'il a vu un individu, pris adulte, qui se laissoit toucher après vingt-huit jours de captivité. (S.)

YAK (*Vacca grunniens* Gmel.), quadrupède du genre du TAUREAU, ordre des RUMINANS. (*Voyez* ces deux mots.) Quoique de temps immémorial, cette espèce de quadrupèdes soit soumise à la domesticité, et élevée en troupeaux considérables dans quelques contrées de l'Asie, elle est à peine connue en Europe. J. G. Gmelin est le premier naturaliste qui ait décrit la femelle dans les *Nouveaux Commentaires de l'Académie de Pétersbourg*; mais la description qu'il en a donnée est tellement incomplète, que Buffon a cru qu'elle appartenoit à une espèce bien connue, et qu'il a pris la *vache de Tartarie* ou *vache grognante* de Gmelin pour la femelle du *bison*. Un illustre naturaliste, M. Pallas, eut depuis occasion d'observer plusieurs *yaks* nourris à Irkoutzh, et il les désigna sous la dénomination composée, mais assez juste, de *buffle à queue de cheval*. M. Samuel Turner (*Ambassade au Thibet et au Boutan*) les nomme *bœufs du Thibet à queue touffue*. Dans la langue du Thibet, les mâles s'appellent *yak*, et les femelles *dhé*; chez les Indous, ils sont désignés par le mot *souragoï* ; chez les Calmouques, par celui de *sarlouk* ; et chez les Chinois, par l'expression *si-nijou*, c'est-à-dire *bœuf qui se lave*.

Je viens de dire que la dénomination de *buffle à queue de cheval* convenoit assez au *yak* ; mais cela ne doit s'entendre que des principales formes extérieures, qui ont beaucoup de ressemblance à celles du *buffle*. Il y a, du reste, des différences qui séparent incontestablement ces deux animaux. Le *yak* s'éloigne encore plus de l'espèce du *bison*, auquel Buffon l'a rapporté.

Il est de la taille du *taureau* commun ; sa tête est courte, son mufle arqué, son front proéminent, et couvert d'une touffe de poil grossier et crépu ; ses narines sont obliques et presque transversales, ses lèvres épaisses et pendantes, ses yeux très-gros, ses oreilles peu longues, et dirigées horizon-talement en arrière, ses cornes rondes, bien unies, et se terminant en pointe fort aiguë. Entre les épaules s'élève une bosse qui ne paroît considérable que parce qu'elle est recou-verte d'un poil plus large et plus épais que celui du dos. Le cou est court, et il décrit en dessus une ligne presque aussi courbe qu'en dessous ; les épaules sont hautes et arrondies ; la croupe est basse, et les jambes sont très-courtes. Les épaules, les reins et la croupe sont couverts d'une sorte de laine épaisse et douce ; mais les flancs et le dessous du corps fournissent des poils très-droits qui descendent jusqu'au jarret de l'animal. « J'ai même vu des *yaks* bien entretenus, dit Turner, dont le poil traînoit jusqu'à terre ». Du milieu de la poitrine sort une grosse touffe de poils qui pendent jusqu'à mi-jambes, et forment sous le cou une sorte de longue barbe. Mais l'attribut le plus remarquable de cette espèce de *taureau*, est la queue, dont le tronçon n'est visible qu'à sa base, et qui est garni d'un bout à l'autre de poil très-long, très-luisant, et si touffu, qu'on croiroit qu'il y a été attaché par artifice. Il n'y a point de queues de *chevaux*, quelque fournies qu'elles soient, qui puissent être comparées à celles des *yaks*.

La couleur de ces animaux varie, comme dans toutes les espèces domestiques. Les noirs sont les plus communs ; l'on en voit souvent qui ont les épaules, le milieu du dos, la touffe de la poitrine et la moitié des jambes, d'un beau blanc, tandis que le reste de leur corps est d'un noir de jais. Il y en a aussi de roux ; quelques-uns ont les cornes d'un blanc d'ivoire. D'après ce que Gmelin rapporte de cette espèce, elle présente encore des variétés de grandeur. La race la plus grande est connue sous le nom de *ghaïnouk* parmi les Mongoux et les Calmouques. Les *veaux*, en naissant, ont le poil crépu, rude et semblable à la toison d'un *chien barbet*. A trois mois, il leur vient de longs poils à la barbe, à la queue et sous le corps.

M. Pallas a compté, sur le squelette d'un *yak* qu'il a disséqué, quatorze paires de côtes et autant de vertèbres à la queue, trente-deux dents, savoir, vingt-quatre molaires et huit incisives, larges et d'une longueur à-peu-près égale. Ce savant n'a remarqué aucune différence essentielle entre les viscères du *yak* et ceux du *buffle*. Les excrémens se forment dans les intestins en pelotes d'une consistance moyenne entre ceux du *bœuf* et du *cheval*.

De même que dans l'espèce du *bœuf*, les cornes n'affectent pas une forme constante dans tous les individus de l'espèce du *yak*, et il y en a aussi qui sont totalement privés de cornes; ceux-là ont une bosse osseuse, solide et très-saillante sur l'occiput et la partie du crâne voisine des pariétaux. Ælien (*Hist. animal.*, lib. 12, cap. 20.) avoit déjà observé que ceux d'entre les *bœufs* domestiques qui manquent de cornes, ont toujours la substance du crâne plus épaisse et plus solide que les *bœufs* dont la tête est armée.

Les *yaks* paroissent fort gros; mais cette apparence vient de l'énorme quantité de poils dont ils sont revêtus. L'encolure des mâles est beaucoup plus forte que celle des femelles; ils ont le regard sombre et farouche, le naturel défiant et très-irascible. L'approche d'un étranger, une couleur éclatante sur les vêtemens, les rendent furieux. Lorsque la colère commence à les animer, ils secouent leur corps, relèvent et agitent la queue, et lancent des regards menaçans. Ils sont d'autant plus à craindre, que leurs mouvemens sont brusques et qu'ils courent avec assez de vîtesse. Leur cri n'est point un mugissement comme celui du *bœuf*, c'est une sorte de grognement assez semblable à celui du *cochon*, mais grave et monotone, que l'on entend à peine, et qui n'a guère lieu que lorsqu'ils sont inquiets ou irrités. Quand ces animaux se couchent, ils ploient les genoux, et se jettent rudement du train de derrière sur le côté gauche. Ils n'aiment point à rester exposés à la grande chaleur, et ils l'évitent en cherchant l'ombre et se vautrant dans les mares qui sont à leur portée, et dans lesquelles ils restent des heures entières, comme les *buffles*. Ils sont aussi bons nageurs que les *buffles*, et lorsqu'ils sortent de l'eau, ils se frottent et se secouent à plusieurs reprises. Les mâles approchent des femelles la tête avancée, la bouche béante et la queue relevée; mais ils sont lourds et lents à s'accoupler.

Ces animaux font la richesse de plusieurs peuples de l'Asie, comme les Mongoux, les Calmouques des monts Altaïques, les diverses tribus de Douktas qui habitent, sous des tentes, aux confins du Thibet et du Boutan, &c. Les *yaks* ne servent point à la culture des terres; mais ce sont d'excellentes bêtes de somme, qui peuvent porter de très-lourds fardeaux, et qui ont le pied très-sûr. Les femelles donnent une grande quantité de lait, avec lequel on fait un beurre fort bon qui se transporte dans toute la Tartarie, et y forme un des principaux objets de commerce. Les Tartares mettent ce beurre dans des sacs de peau impénétrable à l'air, et le conservent ainsi dans leurs froides montagnes pendant des années entières sans qu'il se gâte. Lorsqu'ils en ont une ample provision, ils la chargent sur le dos de leurs *yaks*, et la transportent aux marchés. Ces mêmes peuples emploient encore le poil des *yaks* à la fabrication des tentes et des cordes, et la peau à faire des casaques, ainsi que des bonnets. Les houpes des bonnets d'été des Chinois sont de crin blanc d'*yaks*, teint en beau rouge. Mais le long poil de la queue de ces animaux, qui joint à la finesse et au lustre de la plus belle soie, la roideur élastique du crin de *cheval*, est ce qu'il y a de plus précieux dans leur dépouille. Les Orientaux attachent un grand prix à ces queues; celles dont la longueur est au-dessus d'une aune, sont les plus estimées. Elles forment les étendards communs aux Persans et aux Turcs, et que nous nommons improprement *queues de cheval*. L'on en pare, dans l'Inde, la tête des *chevaux* et des *éléphans*, et l'on en fait des chasse-mouches, appelés *chowris*, que l'on voit dans les mains des palefreniers comme dans celles des hommes riches et puissans.

Dans l'état de liberté, les *yaks* habitent les montagnes du Thibet. La partie de cette contrée qu'ils préfèrent, est la chaîne située entre le 27e et le 28e degré de latitude, qui sépare le Thibet du Boutan, et dont les sommets sont presque toujours couverts de neige. Ils y paissent l'herbe courte qui croît sur la croupe de ces montagnes et dans les plaines voisines. Pendant les rigueurs de l'hiver, les vallées exposées au midi leur fournissent des abris et des pâturages.

Si le naturaliste ne se bornoit qu'à la froide description des animaux ou à la connoissance des rapports qu'ils ont entr'eux, il n'auroit rempli qu'une tâche stérile, propre tout au plus à satisfaire la curiosité, mais sans but de quelque importance, en un mot sans utilité. Ses recherches et ses travaux ont une destination plus relevée, et il doit s'applaudir lorsqu'il peut diriger les regards et l'attention vers des espèces qui promettent à l'économie publique et privée de son pays, un nouveau degré de prospérité et de nouvelles sources de richesses. Telle est l'espèce de l'*yak*; il n'en est point qui me paroisse plus intéressante, et en même temps plus facile à acquérir. Assujétie de longue main à l'obéissance, elle est toute préparée à nous rendre les services que plusieurs nations de l'Asie en retirent, soit pour le transport des fardeaux, sur-tout dans les pays de montagnes, soit par l'abondance du lait qu'elle fournit, soit par la beauté de sa toison, dont nos arts tireroient sans doute un parti avantageux. Les contrées du nord de la France, montueuses, boisées et rafraîchies par des amas d'eau, seroient les plus convenables à l'acclimatement et à la multiplication des *yaks*. Un de ces animaux, envoyé du Thibet à M. Hastings par M. Turner, et transporté du Bengale en Angleterre, s'accoutuma bientôt au climat de ce dernier pays; et quoiqu'il eût été fort maltraité pendant la traversée, il reprit bientôt ses forces et sa vigueur. On lui a fait couvrir plusieurs *vaches* communes, qui ont produit des métis. (S.)

YAMBU, espèce de *perdrix* du Brésil dont parle Marcgrave, et qui me paroît être la même que le Tocro. *Voyez* ce mot. (S.)

YANDU et **YARDU**, noms que porte chez quelques peuplades de l'Amérique l'Autruche de Magellan. *Voyez* l'article de cet oiseau. (S.)

YANOLITE ou **SCHORL VIOLET DU DAUPHINÉ.** *Voyez* Axinite. (Pat.)

YAPA, oiseau du Brésil à plumage noir; il a la queue jaunâtre, les yeux bleus, le bec jaune; une huppe composée de trois plumes mobiles, et la grosseur d'une *pie*. On dit qu'il répand une mauvaise odeur lorsqu'il est en colère, et qu'il est utile en ce qu'il détruit les araignées, les grillons et autres insectes qu'il attrape en furetant dans tous les coins des maisons. (Vieill.)

YAPAPIA. *Voyez* Tritons et le mot Homme marin. (V.)

YAPOCK (*Lutra memmina* Boddaert; *Didelphis memmina* Cuv.), quadrupède de l'ordre des Carnassiers, sous-ordre des Pédimanes et du genre Sarigue. *Voyez* ces mots.

Cette espèce, envoyée à Buffon sous le nom de *petite loutre d'eau douce de la Guiane*, appartient réellement au genre des *sarigues* et non à celui des *loutres*. Elle a sept à huit pouces de longueur, mesurée depuis le bout du nez jusqu'à l'extrémité du corps; sa queue est longue d'environ six pouces, poilue en dessus et sur-tout à sa base, nue et prenante en dessous ; les pieds de derrière sont palmés comme ceux des *castors ;* ceux de devant ont les doigts libres.

Le dessus et les côtés de la tête et du corps sont marqués de grandes taches d'un brun noirâtre, dont les intervalles sont remplis par un gris jaunâtre ; les taches noires sont symétriques de chaque côté du corps ; il y a une grande tache blanche au-dessus de l'œil ; les oreilles sont grandes ; tout le dessous de la tête et du corps est blanc ; les moustaches ont un pouce de long, ainsi que les grands poils qui sont au-dessus des yeux.

On ne sait rien sur les habitudes de l'*yapock*, que la considération de ses dents, la présence sous le ventre d'une duplicature de la peau, semblable à celle des *marmoses*, et la nudité de la queue, ont fait placer, avec raison, parmi les *didelphes.*

Il se trouve en Amérique et sur-tout à la Guiane. (DESM.)

YAPOU (*Oriolus Persicus* Lath., pl. enl., n° 184, ordre PIES, genre du LORIOT. *Voyez* ces mots.). De la dénomination vulgaire de *cul-jaune*, donnée par les créoles de Cayenne à plusieurs oiseaux de différentes espèces, tels que le *cassique jaune*, le *cassique vert*, le *cassique huppé* et autres, il en est résulté une confusion dans les auteurs qui ont décrit ces oiseaux : plus, les *yapous* ou *cassiques jaunes*, différant de grosseur, ont été présentés tantôt comme espèce distincte, tantôt comme variété. Afin de sortir de cette sorte de chaos, de nouvelles recherches faites par un naturaliste zélé et judicieux, devenoient nécessaires, et nous les trouvons dans les observations de Sonnini, dont je vais donner un extrait. « C'est, dit-il, un oiseau (l'*yapou*) très-facile et en même temps très-agréable à élever ; son naturel, qui le porte à vivre en compagnie de ses semblables et comme en famille, lui donne des dispositions à s'accommoder aussi de la société de l'homme... Sa voix est mâle, claire et sonore, et son aptitude à imiter le ramage et même les cris des divers animaux, le rend susceptible d'apprendre aisément des airs de serinettes et de répéter différens sons ; il contrefait fort bien les ris d'un homme, l'aboiement d'un chien, &c. Peu difficile sur le choix de sa nourriture, il mange à-peu-près tout ce qu'on lui présente... Cet oiseau, doué d'une voix aussi belle que flexible, exhale une sorte d'odeur qui rend sa chair inutile comme aliment. On la qualifie, à Cayenne, de saveur de musc ; mais ce n'est, dans le vrai, que celle du *castoreum.*

« Dans l'état de sauvages, les *yapous* se tiennent en troupes, et lorsqu'ils sont perchés sur quelqu'arbre, ils paroissent, par la variété de leur sifflement et les différentes expressions de leur ramage propre et des sons étrangers qu'ils imitent, se moquer des personnes qui les écoutent... Le nom brasilien *yapou* et celui galibi *yacou* sont également l'expression de leur cri naturel; ils prononcent la première syllabe d'un ton un peu aigu, et, après un petit repos, ils donnent aux deux autres un son grave et rauque, *y-a-pou*, *y-a-cou;* la seconde syllabe seule est brève, les deux autres sont longues. Les nègres les appellent *jeans quanakous*, dénomination qui a aussi quelques rapports à leur cri, et les naturels de la Guiane française les nomment *sakoké* en langue garipone; mais ils ne sont guère connus parmi les colons de Cayenne que par la désignation de *culs-jaunes.*

» Cette couleur jaune s'étend sur la partie postérieure du dos, le croupion, le bas-ventre, les couvertures du dessus et du dessous de la queue, les pennes même de la queue jusque vers leur extrémité, et la partie des grandes couvertures des ailes qui en occupe le milieu lorsqu'elles sont déployées; le reste du plumage est un noir velouté, que l'on pourroit aussi bien appeler un bleu très-foncé et luisant; le bec est d'un jaune de soufre, et l'iris des yeux de couleur de saphir; les pieds, les doigts et les ongles sont noirs; la longueur totale d'un mâle, prise sur un sujet frais, s'est trouvée de onze pouces; le noir s'étend sur les deux pennes du milieu de la queue, depuis leur pointe jusque vers leur moitié; cette même couleur va en diminuant de chaque côté jusqu'à la dernière penne, qui n'a plus guère qu'un pouce de noir à son extrémité, et sur toutes le noir forme un angle rentrant.

» La femelle ne diffère du mâle qu'en ce qu'elle est un peu plus grosse, et que ses couleurs ont moins de brillant.

» Les *yapous* se nourrissent d'insectes et de graines de différentes espèces; ils suspendent leurs nids à l'extrémité des branches des arbres les plus élevés, et presque toujours dans les lieux découverts et près des eaux. La forme de ces nids est celle d'une cucurbite étroite, surmontée de son alambic; ils sont composés simplement d'herbes desséchées, et il n'y entre ni crins ni autre substance semblable, comme les naturalistes l'ont répété d'après Marcgrave, qui, suivant toute apparence, aura pris de petits filamens de plantes sèches pour des crins ou des poils. L'on voit souvent plusieurs centaines de ces nids suspendus au même arbre et agités par les vents ». *Hist. nat. de Buffon,* édit. de Sonnini.

Montbeillard a donné le *cassique rouge du Brésil* ou le *jupuba,* pour une simple variété de l'*yapou;* mais il est certain que c'est une espèce distincte. (VIEILL.)

YAPPÉ, nom brasilien d'une grande herbe qui couvre les

plaines dans l'Amérique méridionale. J'ai lieu de croire que ce sont les différentes espèces de BARBONS (*Voy.*ce mot.), que j'ai observées en Caroline, et que j'ai décrites dans mon *Agrostographie carolinienne*. (B.)

YAYAUHQUITOTOLT. Séba a employé ce mot barbare pour désigner le *brin bleu*, et Ray pour indiquer le *momot*. Voyez BRIN BLEU et MOMOT. (S.)

YCHO, espèce de plante graminée du Pérou. On ignore à quel genre elle appartient. (B.)

YCOLT. *Voyez* YECOLT. (S.)

YEBLE, nom spécifique d'une plante du genre *sureau*. Voyez au mot SUREAU. (B.)

YECOLT. C'est une espèce d'AVOIRA. *Voyez* ce mot. (B.)

YERBOA ou JERBOA de Schaw. C'est le GERBO. *Voyez* GERBOISE. (DESM.)

YERVA CANIENI. Il paroît que c'est le *houx cassine* qu'on emploie en infusion en guise de *thé*. Voyez au mot HOUX. (B.)

YET. C'est ainsi qu'Adanson a nommé un coquillage du genre des *volutes*, qui se trouve sur la côte du Sénégal, et qui s'y mange. C'est la plus grosse des coquilles univalves. *Voyez* au mot VOLUTE. (B.)

YEUSE, nom vulgaire d'une espèce de *chêne*, toujours vert, qui croît dans les parties méridionales de l'Europe. *Voyez* au mot CHÊNE. (B.)

YEUX. *Cherchez* le mot ŒIL, dans lequel nous traitons de ce qui a rapport à la vision, à la sensation de la vue. (V.)

YEUX D'ÉCREVISSE. On appelle ainsi deux petits demi-hémisphères crétacés qu'on trouve sous le corcelet des *écrevisses* à l'époque où elles vont changer de test. *Voyez* au mot ÉCREVISSE. (B.)

YEUX DE PEUPLE. C'est le nom vulgaire des bourgeons du *peuplier noir*. Voyez au mot PEUPLIER. (B.)

YF. *Voyez* IF. (S.)

YABOURA, nom caraïbe du LAPULIER SINUÉ. *Voyez* ce mot. (B.)

YLOTOMOUSA, l'un des noms grecs de la SITTELLE. *Voyez* ce mot. (S.)

YNAMBOU, perdrix du Paraguay, la même que l'*yambu* du Brésil et que le *tocro* de la Guiane. *Voyez* TOCRO. (S.)

YOKOLA. Les Kamtchadales nomment ainsi un mélange de divers poissons qu'ils préparent pour leur nourriture d'hiver, et qui leur tient lieu de pain. (B.)

YOLITE ou IOLITE. *Voyez* PIERRE DE VIOLETTE. (PAT.)

YOQUOUI, l'un des noms que porte au Paraguay le *fourmilier tamanoir*. Voyez TAMANOIR. (S.)

YOUC. *Voyez* YUCCA. (S.)

YPATKA. C'est ainsi que les Kamtchadales appellent le MACAREUX. *Voyez* ce mot. (S.)

YPECACUANA. *Voyez* IPECACUANA. (S.)

YPECA GUACU. C'est, au Brésil, le *canard musqué*. Voyez l'article des CANARDS. (S.)

YPEREAU. *Voyez* YPREAU. (S.)

YPOLAIS ou EPILAIS, la *fauvette babillarde* en grec. *Voyez* l'article des FAUVETTES. (S.)

YPONOMEUTE, *Yponomeuta*, genre d'insectes que j'ai établi dans la famille des TEIGNES, et ayant pour caractères : ailes alongées, étroites, moulées sur le corps ; deux palpes cylindriques, longs, recourbés, couverts également d'écailles ; trompe longue. Les espèces principales sont :

YPONOMEUTE DU FUSAIN, *Tinea evonymella* Linn., Fab. La *teigne blanche à points noirs* Geoff. Le dessus de son corps est d'un blanc argenté ; sa tête, son corcelet et ses ailes supérieures en dessus, ont de petits points noirs ; les ailes en ont environ une cinquantaine ; leur dessous et les deux faces des ailes inférieures sont plombés ; le dessus de l'abdomen est noir, et son dessous est blanc.

Sa chenille est d'un blanc-jaunâtre, presque rase, avec la tête, la plaque du premier anneau et dix points, rangés sur une ligne, de chaque côté du corps, noirs. Elle a seize pattes.

Ces *chenilles* vivent en société dans de grandes toiles qu'elles filent sur différens arbres, le *fusain*, l'*aube-épine* et le *sorbier* principalement ; c'est-là aussi qu'elles se métamorphosent en chrysalides, en se renfermant dans une petite coque.

YPONOMEUTE PADELLE, *Tinea padella*. Linn., Fab. Les ailes supérieures de celle-ci sont en dessus d'un blanc tirant sur le plombé, et ont chacune vingt points noirs. Les inférieures sont brunes. Sa *chenille* est d'un gris-brun, ponctué de noir, et vit de même que la précédente en société, dans un tissu soyeux, sur différens arbres fruitiers, le bois de Sainte-Lucie. Elle y passe l'hiver, agrandit son nid au printemps, et s'y transforme en chrysalide, en construisant une coque de la forme d'un fuseau.

YPONOMEUTE DE RAI, *Tinea rajella* Fab. ; *Phalœna (tinea) rajella* Linn. Cette teigne, qui a environ une ligne de long, a les ailes dorées avec sept taches argentées sur les supérieures, dont la seconde et la troisième réunies.

On la trouve au commencement de l'été, sur les feuilles des rosiers où la femelle dépose ses œufs.

Sa *chenille* est d'un jaune orangé ; sa tête est brune ; elle mine les feuilles de cet arbuste, où elle pratique des espèces de galeries : quelquefois deux ou trois *chenilles* habitent la même feuille ; mais le plus ordinairement, il n'y en a qu'une ; à mesure qu'elle avance , elle mange la substance charnue qu'elle détache, et une partie de la galerie se trouve remplie par ses excrémens qui sont liquides, et forment un petit filet. Vers le milieu de l'automne , elle quitte la feuille , après en avoir percé la membrane supérieure, pour chercher un endroit propre à faire sa coque ; elle se retire dans la cavité ou la fente d'une branche , y file une coque ovale, blanche ou jaunâtre, d'un tissu très-serré , s'y change en nymphe , et ne devient insecte parfait que l'été suivant.

On pourroit croire que des *chenilles* logées entre les deux membranes d'une feuille n'ont rien à craindre des *ichneumons*, ennemis nés des *chenilles* et de plusieurs autres insectes ; mais les femelles de ces parasites savent les découvrir, et avec leur tarière, elles percent la membrane de la feuille, et déposent leurs œufs dans la coque de la *chenille*, qui sert de nourriture et de berceau aux larves qui en sortent.

Yponomeute linnéelle , *Tinea lineella* Fab. ; *Phalæna* (*tinea*) *linneella*. Linn. La *Teigne dorée à quatre points d'argent* Geoff. Son corps est noir et bronzé ; ses antennes sont noires, avec l'extrémité blanche ; ses ailes supérieures sont d'un jaune doré en dessus ; bordées d'une frange noire un peu bronzée ; sur chaque sont deux taches noires, rondes, couvertes d'argent ; le haut de la jointure des ailes en a une troisième, commune à toutes les deux.

L'Yponomeute de Roésel a ses ailes supérieures d'un noir-doré, avec neuf points en relief argentés , et presque marginaux. Sa *chenille* mine les feuilles du *pommier*, du *sapin*, etc.

La Teigne des lichens, *Tinea lichenella*, dont la *chenille* vit des *lichens* des murs (*mangeurs de pierres* de quelques auteurs), et dont la femelle est sans ailes, noire, lisse, (Réaumur, *Mém. Ins.* tom. 3 , pl. 15 , fig. 17-19, est peut-être de ce genre. (L.)

YPREAU , nom vulgaire d'une espèce de Peuplier. (*Voyez* ce mot.) Les jardiniers appellent aussi quelquefois du même nom un *orme* à larges feuilles qu'ils tirent d'Ypres. *Voyez* au mot Orme. (B.)

YQUETAYA. C'est le nom brasilien d'une plante que l'on dit être la *scrophulaire aquatique* ou une autre espèce du même genre et très-voisine. *V.* au mot Scrophulaire. (B.)

YSARD , vieux nom français du Chamois. *Voyez* ce mot. (Desm.)

YSQUAUTHLI, nom que l'*urutaurana* porte au Mexique. *Voyez* Urutaurana. (S.)

YSQUIEPATL. Les voyageurs ont désigné sous ce nom mexicain deux quadrupèdes différens, qui appartiennent tous deux au genre des Mouffettes. *Voyez* ce mot et aussi Coase et Chinche. (Desm.)

YTIC , le *canard domestique* à l'île de Luçon. (S.)

YTIN. C'est, dit-on, le *chèvrefeuille* du Chili. *Voyez* au mot Chèvrefeuille. (B.)

Deseve del.   Letellier Sculp.

1. Vinteranne canelle.   3. Zéodaire ronde.
2. Yucca glorieux.   4. Zizanie clavuleuse.

YTTRIA, nouvelle terre découverte par le professeur Gadolin, dans le minéral auquel le chimiste Ekeberg a donné le nom de *gadolinite*. Le nom d'*yttria* donné à cette nouvelle terre, vient de celui d'*ytterby*, qui est le lieu de la Suède où la *gadolinite* a été découverte. L'*yttria* a plusieurs propriétés qui la rapprochent de la *glucine*; mais elle en a d'autres qui l'en distinguent essentiellement : c'est la neuvième des terres simples. *Voyez* Gadolinite. (Pat.)

YTTROTANTALE ou **YTTROTANTALITE**, nouvelle substance métallique découverte par M. Ekeberg, chimiste d'Upsal, aux environs de Kimist en Finlande, dans des roches à base de *feld-spath*, mêlées de *quartz* et de *mica*, mais où ces élémens sont isolés et ne forment point un granit. L'*yttrotantale* y est combiné dans la *gadolinite*, avec l'*yttria* et le *fer*. Voyez Gadolinite. (Pat.)

YTZCUINTE PORZOTLI, espèce de *chiens* naturels au midi de l'Amérique, et que les Espagnols ont appelés *chiens du Mexique*, *chiens du Pérou*, parce qu'ils étoient de la grandeur et à-peu-près du même naturel que nos petits *chiens*. Fernandez parle de ces animaux, sous la dénomination de *michuacanens*, et il est probable que ce sont encore les mêmes que l'Alco. *Voyez* ce mot.

Cette espèce de petits *chiens* a la tête très-petite et presque sans proportion avec la grosseur du corps, les oreilles pendantes, le cou fort court, le dos arqué et comme bossu, la queue courte et pendante, et le ventre épais. L'abri, qui a donné la description d'un de ces *chiens* (*Hist. Mexic.*, p. 166.), le peint avec du blanc à la tête, aux pieds et à la queue, du fauve sur le dos et une partie des oreilles, enfin des taches noires au ventre. (S.)

YTZCUMBE POTZOTLI, dénomination altérée d'Ytzcuinte porzotli. *Voyez* ce mot. (S.)

YUCCA, *Yucca*, genre de plantes à fleurs incomplètes, de l'hexandrie monogynie, et de la famille des Liliacées, qui offre pour caractères : une corolle campanulée, ouverte, divisée en six parties; point de calice; six étamines à filamens dilatés à leur sommet; un ovaire supérieur, à stigmate sessile, creusé de trois sillons.

Le fruit est une capsule oblongue, obscurément trigone, renfermant des semences planes.

Ce genre, qui est figuré pl. 247 des *Illustrations* de Lamarck, renferme des plantes à tige presque nulle ou caudiliforme et frutiqueuse, à feuilles ramassées, terminales, finissant en pointe piquante, à fleurs disposées en panicules ou en épis, terminales, et accompagnées de deux spathes.

On en connoît quatre espèces ; savoir :

L'Yucca glorieux , qui a les feuilles très-entières. Il se trouve dans presque toute l'Amérique. Il s'élève à peine à un pied de terre, et donne une panicule superbe de fleurs blanches , mais inodores ou même un peu nauséabondes. On la cultive dans les jardins de Paris. Elle passe assez bien les hivers ordinaires en pleine terre.

L'Yucca filamenteux a les feuilles légèrement dentées et fili-fères. Il se trouve dans les parties méridionales de l'Amérique sep-tentrionale. Je l'ai fréquemment observé dans les terrains sablon-neux de la Caroline. Il s'élève un peu plus haut que le précédent, dont il n'est bien distingué que par ces singuliers fils qui poussent, ou mieux se détachent du bord de ses feuilles. On le cultive égale-ment dans les jardins de botanique de Paris.

L'Yucca a feuilles d'aloés a les feuilles crénelées et étroites. Il croît dans les parties chaudes de l'Amérique. Il s'élève à la hau-teur de quinze à vingt pieds, non à la manière ordinaire des arbres, mais à celle des *palmiers*, c'est-à-dire que sa tige n'est que le pro-longement du collet de la racine, et qu'elle ne croît jamais en gros-seur. (*Voyez* au mot PALMIER.) Je l'ai vu souvent employer en Caroline pour former des haies ; ce à quoi il est très-propre. Il suffit de coucher un de ses troncs à fleur de terre pour qu'il en sorte un grand nombre de rejetons qui défendent très-bien l'entrée d'un champ aux hommes et aux animaux , sur-tout s'il y a un fossé en avant. La panicule de cette espèce a quelquefois deux pieds de haut , et fait un superbe effet ; mais ses fleurs blanches exhalent une désagréable odeur lorsqu'on en approche. Ses fruits sont bacciformes , et peuvent se manger.

L'Yucca dragonier a les feuilles crénelées et penchées. Il s'élève comme le précédent, mais ses feuilles sont plus longues et ne piquent point. Il vient dans les mêmes contrées. (B.)

YUNX , le *torcol* en latin. (S.)

YVOIRE , *Ebur.* Ce nom s'écrit aussi IVOIRE. *Consultez* cet article. (V.)

YVOIRE ou IVOIRE FOSSILE. *Voyez* DENTS FOS-SILES. (Pat.)

YVOUYRA. C'est l'AVOIRA. *Voyez* ce mot. (B.)

YVRAIE. *Voyez* IVROIE. (S.)

YXTLA OLZANATL ou IZANATL , *étourneau* du Mexique, indiqué plutôt que décrit par Fernandez (*Hist. nat. Nov. Hisp.* , cap. 52.). M. Brisson l'a rapporté à la *pie de la Jamaïque* , décrite par Catesby (*Voyez* l'article des PIES.) ; l'oiseau du Mexique a , à la vérité , le bec , les pieds et le plumage des mêmes couleurs que cette *pie* , mais son corps est plus gros et son bec du double plus long ; outre cela , il se plaît dans les contrées les plus froides du Mexi-que , et il a le naturel, les mœurs et le cri de l'*étourneau.* Voyez ISANA. (S.)

YZQUIEPATL. *Voyez* YSQUIEPATL. (S.)

YZTAC, nom des *mazames* à la Nouvelle - Espagne. *Voyez* MAZAMES. (S.)

YZTACTZON YAYAUHQUI. Cette dénomination un peu barbare, est celle que les naturels de la Nouvelle-Espagne donnent au *beau canard huppé* (Voyez l'article des CANARDS.); elle signifie *oiseau à tête variée.*

C'est encore, suivant Fernandez (*Hist. nat. Nov. Hispaniæ, tract.* 2, *cap.* 155.), le nom d'une *sarcelle* du Mexique, dont le bec est large et bleu, avec une tache blanche près de son extrémité, le plumage varié de blanc et de fauve, et le tarse bleuâtre. Cette *sarcelle* (*Genus anatis feræ parvæque*, dit Fernandez) vit sur les lacs, et ses habitudes sont les mêmes que celles des autres oiseaux du même genre. (S.)

Z

ZABEL et ZOBEL, noms de la *zibeline* dans plusieurs langues du Nord. *Voyez* ZIBELINE. (S.)

ZABO, nom de l'*hyène* en Arabie. (S.)

ZACCON, nom d'une espèce de *prunier* qui croît dans l'Orient. *Voyez* au mot PRUNIER. (B.)

ZACINTHE, *Zacintha*, genre de plantes établi par Gærtner aux dépens des *lampsanes* de Linnæus. Il lui a donné pour caractère un calice simple de huit folioles, caliculé à sa base, coriace dans sa maturité, contourné, déprimé; un réceptacle nu, supportant des demi-fleurons, tous hermaphrodites.

Le fruit est composé de plusieurs semences, surmontées d'une aigrette sétacée, denticulée et très-courte.

La *lampsane de Zanthe* entre seule dans ce genre. *Voy.* au mot LAMPSANE. (B.)

ZAFRE ou SAFRE. *Voyez* COBALT. (PAT.)

ZAGU. *Voyez* SAGOU. (S.)

ZAIM ou ZIM. *Voyez* ZINC. (PAT.)

ZAINO ou SAINO. Le *pécari* est connu sous ce nom dans plusieurs endroits de l'Amérique, selon Joseph Acosta. *Voyez* PÉCARI. (S.)

ZAKID, la *cicogne* en arabe, selon Gesner. *Voyez* CICOGNE. (S.)

ZALA, *Zala*, nom donné par Loureiro à la *codopail* (*pistia* Linn.), qu'il a décrite sur le vivant un peu différemment des autres botanistes. *Voyez* au mot Codopail. (B.)

ZAMARUT, nom arabe de l'Emeraude. (Pat.)

ZAMBARES. Gemelli Carreri parle de quadrupèdes de l'Indostan que l'on y appelle *zambares*, et qui tiennent des *bœufs* par le corps, et des *cerfs* par les cornes et les pieds. (*Voyage autour du Monde.*) Cette indication conviendroit parfaitement au *bubale*, dont la conformation intermédiaire entre celle du *bœuf* et du *cerf* lui a valu les noms de *vache-biche* et de *taureau-cerf*, si cet animal n'étoit pas particulier à l'Afrique. Je ne vois guère que l'*axis* auquel on puisse appliquer ce que dit Gemelli Carreri du *zambare*. Voyez le mot Axis. (S.)

ZAMBUS. Nieremberg a désigné le *mongous* par la dénomination de *simius zambus*. Voyez Maki-mongous. (S.)

ZAMER, la *girafe* en hébreu. (S.)

ZAMURO, nom que porte le *vautour urubu* sur quelques parties des côtes de l'Amérique méridionale, selon Nieremberg. (S.)

ZANICHELLE, *Zanichellia*, plante rameuse à feuilles alternes et sétacées, à fleurs solitaires et axillaires, qui forme un genre dans la monoécie monandrie et dans la famille des Fluviales.

Ce genre, qui est figuré pl. 741 des *Illustrations* de Lamarck, offre pour caractère des fleurs mâles situées à la base du calice des fleurs femelles, et n'étant composées que d'une étamine à anthère oblongue, droite, à deux ou quatre loges; des fleurs femelles ayant un calice monophylle, campanulé; quatre ovaires, quelquefois deux et six, surmontés de styles persistans et de stigmates peltés.

Le fruit est composé de quatre capsules comprimées, gibbeuses, crénelées d'un côté, creusées légèrement de l'autre, terminées en pointe recourbée et monospermes.

La *zanichelle* est annuelle, et croît au fond des eaux stagnantes ou peu rapides. Elle est fort commune en Europe, et même en Amérique; mais il est difficile de la trouver, parce qu'elle ressemble si fort au *potamot à feuilles de graminées*, qu'il faut la voir en fleur pour la reconnoître, et sa fleur est peu remarquable.

Loureiro cite une *zanichelle* de la Cochinchine, dont les feuilles sont ensiformes, toutes radicales, les fleurs en épis, et la racine composée de plusieurs tubérosités oblongues et fasciculées. Elle vient dans les endroits humides. Elle paroît beaucoup s'éloigner de la précédente. (B.)

ZANOÉ (*Corvus zanoe* Lath., ordre Pies, genre du Corbeau. *Voyez* ces mots.). Le nom mexicain de cette *pie* est *tzanahoei*. Excepté la tête et le cou, qui sont d'une teinte fauve, tout son plumage est noir. Fernandez, qui a fait connoître cet oiseau, le compare à notre *pie* pour la grosseur, la longueur de la queue, le talent de parler et l'instinct de dérober. (VIEILL.)

ZANONE, *Zanonia*, plante grimpante, à feuilles alternes, ovales, oblongues, un peu en cœur, et à fleurs disposées en grappes axillaires, pendantes, qui forme un genre dans la dioécie pentandrie.

Ce genre a pour caractère un calice de trois folioles; une corolle divisée en cinq parties; dans les fleurs mâles, cinq étamines; dans les fleurs femelles, un ovaire inférieur, surmonté de trois styles à stigmates simples.

Le fruit est une baie à trois loges, qui renferment chacune deux semences.

La *zanone* croît dans l'Inde, et est figurée pl. 816 des *Illustrations* de Lamarck. (B.)

ZANTHORHIZE, *Zanthorhiza*, petit arbuste d'un à deux pieds de haut, à feuilles alternes, terminales, pinnées avec impaire, à folioles ovales, cunéiformes, dentées, la terminale plus profondément, à fleurs d'un violet noirâtre, disposées en panicules terminales, qui forme un genre dans la pentandrie monogynie et dans la famille des RENONCULACÉES.

Ce genre, qui a été établi par l'Héritier, et qui est figuré pl. 38 de ses *Stirpes*, offre pour caractère un calice à cinq divisions ouvertes; une corolle de cinq pétales onguiculés, glanduliformes, très-petits; cinq étamines, quelquefois dix; plusieurs ovaires supérieurs, surmontés de styles simples.

Le fruit est composé de plusieurs capsules comprimées, oblongues, membraneuses, semi-bivalves au sommet et monospermes.

Le *zanthorhize* croît en Caroline. On le cultive dans les jardins de Paris. Je l'ai observé dans son pays natal, l'ai cultivé en grand, et ai remarqué que sa racine, qui est jaune ainsi que son bois, donne une quantité de principe colorant plus considérable qu'aucune des substances qu'on est dans l'usage d'appliquer à la teinture, et qu'elle se multiplie de graines et de boutures avec une facilité étonnante, même dans le sable le plus aride. Je crois que son introduction en Europe seroit une acquisition importante, malgré le grand nombre d'articles qui fournissent des jaunes. Il viendroit très-bien, il n'y a pas de doute, dans les landes de Bordeaux et autres terreins sablonneux des parties méridionales de l'Europe. L'odeur et la saveur de la racine me font aussi croire qu'elle fourniroit un sudorifique nouveau à la médecine. (B.)

ZANTURE, nom spécifique d'un poisson du genre SPARE. *Voyez* ce mot. (B.)

ZAPANE, *Zapania*, genre de plantes à fleurs monopétalées, de la diandrie monogynie et de la famille des PYRÉNACÉES, qu'on a établi aux dépens des *verveines* de Linnæus.

Il a pour caractère un calice à quatre dents courtes ; une corolle à tube cylindrique, à limbe ouvert, quinquélobé, inégal ; deux étamines non saillantes; un ovaire supérieur à stigmate coudé.

Le fruit est composé de deux semences recouvertes par le calice et devenu comme bivalve.

Ces caractères sont figurés pl. 17 des *Illustrations* de Lamarck.

Ce genre renferme les *verveines du Mexique, de Java* et *nodiflore*. (*Voyez* au mot VERVEINE.) Il n'a pas été adopté de tous les botanistes. (B.)

ZAPOTE, altération de *sapotte*. Voyez au mot SAPOTILLIER. (B.)

ZARATER, nom latin de l'*étourneau*, formé de son nom arabe *al zarazir*. Voyez ÉTOURNEAU. (S.)

ZARIGOUEYO ou ZARIGOUEYA, c'est-à-dire *maître des sarigues* en guarani; on donne ce nom au *sarigue des Illinois* dans quelques contrées méridionales de l'Amérique, telles que le Brésil, le Paraguay, &c. Voyez l'article SARIGUE. (S.)

ZARNACH. *Voyez* ORPIMENT. (PAT.)

ZAZA. *Voyez* SASA. (S.)

ZEBET ou ZIBET, nom arabe du ZIBET. *Voyez* ce mot. (S.)

ZÉBOA. On nomme ainsi, dans l'île de Néra, située près de Banda, dans l'océan Indien, une *vipère* sur laquelle les naturalistes ne sont pas d'accord, mais qui paroît se rapprocher beaucoup du *céraste*. Voy. au mot VIPÈRE. (B.)

ZEBRA ou ZEVERA, nom que le *zèbre* porte au Congo, et que Buffon lui a conservé.

Les zoologues méthodistes ont fait de ce mot africain la dénomination latine du même animal. *Voyez* ZÈBRE. (S.)

ZÈBRE (*Equus zebra* Linn.), quadrupède du genre du CHEVAL et de l'ordre des SOLIPÈDES. (*Voyez* ces mots.) Il est en général plus petit que le *cheval*, et plus grand que l'*âne*. On l'a souvent comparé à l'un et à l'autre de ces animaux; mais, quoiqu'il leur ressemble en effet par tous les détails de sa conformation, il les surpasse par la beauté de sa robe comme par l'élégance de ses formes.

« Le *zèbre*, dit Buffon, est peut-être de tous les animaux » quadrupèdes, le mieux fait et le plus élégamment vêtu : » il a la figure et les graces du *cheval*, la légèreté du *cerf*, et » la robe rayée de rubans noirs et blancs, disposés alterna- » tivement avec tant de régularité et de symétrie, qu'il semble » que la nature ait employé la règle et le compas pour la » peindre. Ces bandes alternatives de noir et de blanc sont » d'autant plus singulières, qu'elles sont étroites, parallèles » et très-exactement séparées, comme dans une étoffe rayée ; » que d'ailleurs elles s'étendent non-seulement sur le corps, » mais sur la tête, sur les cuisses et les jambes, et jusque sur » les oreilles et la queue, en sorte que de loin cet animal » paroît comme s'il étoit environné par-tout de bandelettes » qu'on auroit pris plaisir et employé beaucoup d'art à dis- » poser régulièrement sur toutes les parties de son corps : » elles en suivent les contours, et en marquent si avanta- » geusement la forme, qu'elles en dessinent les muscles en » s'élargissant plus ou moins sur les parties plus ou moins » charnues et plus ou moins arrondies. Dans la femelle, ces » bandes sont alternativement noires et blanches ; dans le » mâle, elles sont noires et jaunes, mais toujours d'une » nuance vive et brillante sur un poil court, fin et fourni, » dont le lustre augmente encore la beauté des couleurs ». (*Histoire naturelle des Quadrupèdes.*)

Cette espèce semble être à présent confinée dans les terres méridionales de l'Afrique, et sur-tout dans celles de la pointe de cette grande presqu'île. Les *zèbres* y vivent en *hardes* ou troupeaux sauvages, et y paissent l'herbe dure et sèche qui croît sur la croupe solitaire des montagnes. Leurs jambes fines se terminent par un sabot fort dur. Ils ont le pied plus sûr que le *cheval* et même que l'*âne*, et ils courent avec une grande légèreté. Ils ont aussi beaucoup de force, et ils se défendent vivement par de vigoureuses ruades. Levaillant compare leur cri au son que produit une pierre lancée avec force sur la glace.

Quoique les terres du Cap de Bonne-Espérance, qui pa- roissent être la vraie patrie du *zèbre*, aient été visitées par un grand nombre de voyageurs, nous n'en sommes pas mieux informés des habitudes naturelles à cette espèce, difficile à observer, sans doute, dans les lieux âpres et à peine accessibles qui lui servent de demeure et de pâturages; et cette difficulté est encore augmentée par le caractère excessivement défiant et farouche des *zèbres*. L'on a fait en vain, dans la colonie du Cap de Bonne-Espérance, des tentatives pour dompter ces animaux et les accoutumer aux mêmes exercices que le *cheval*, qu'ils remplaceroient, avec de grands avantages, sur un terrein montueux, ne produisant que des plantes peu succulentes et dédaignées par les *chevaux*, trop délicats sur la nourriture. Sparrmann (*Voyage au Cap de Bonne-Espérance*, tom. 1 de la *Traduction française*, pag. 294.) raconte qu'un riche bourgeois des environs du Cap avoit élevé et apprivoisé quelques *zèbres*, dans la vue de les faire servir à l'attelage ou à la monture, et qu'une fois il s'étoit mis en tête de les enharnacher tous à sa chaise, quoiqu'ils ne fussent accoutumés ni au harnois, ni au joug. La fin de cette imprudence fut que ces animaux retournèrent à leur écurie, entraînant et la voiture et leur maître avec une si terrible furie, qu'elle lui ôta, à lui et à tout autre, le desir de recommencer jamais l'expérience.

Cependant John Barrow, qui a été long-temps auditeur-général au Cap de Bonne-Espérance, tout en convenant que le *zèbre* est vicieux et opiniâtre à l'excès, soupçonne que l'impossibilité de le dompter ne provient, dans cette colonie, que des moyens imparfaits ou peu judicieux que l'on a employés pour y parvenir. « Il faut, dit-il, plus d'aptitude au travail, plus d'adresse, de persévérance et de patience qu'un paysan hollandais ne semble en avoir en partage pour dompter un animal naturellement courageux et fier, ou pour l'apprivoiser s'il est timide. Ce n'est ni avec le fouet, ni avec la pointe d'un couteau, que l'on vient à bout d'un animal vicieux pris dans l'état de nature; il souffre plus impatiemment que ceux dont l'éducation a rendu le caractère docile, en les accoutumant aux cruautés que l'homme exerce envers eux. Les blessures et les mauvais traitemens ne font qu'augmenter sa résistance et son opiniâtreté. J'ai vu deux *zèbres*, mâle et femelle, chez le landrost de Zwellendam ; on me dit que dans leur jeunesse, tandis qu'on leur donnoit des soins, ils étoient doux et dociles ; mais vraisemblablement on les a négligés depuis, et les mauvais traitemens les ont rendus extrêmement vicieux. Un de nos dragons anglais voulut absolument monter la femelle ; elle rua, pointa, se cabra, se coucha par terre ; tout fut inutile, le cavalier fut ferme en selle, jusqu'à ce que se trouvant sur le bord de la rivière, elle s'élança dans l'eau et l'entraîna dans sa chute ; il ne lâcha point la bride, et la bête le traîna au rivage : ils n'y furent pas plutôt rendus, que s'approchant de lui tranquillement, elle le mordit à la tête, et lui emporta totalement l'oreille ». (*Voyage dans la partie méridionale de l'Afrique.*)

L'on a transporté quelques *zèbres* en Europe, où ils ont vécu assez long-temps sans paroître souffrir de la différence du climat, mais aussi sans s'apprivoiser entièrement ; car, quoique ces animaux, pris dans leur première jeunesse et élevés en captivité, paroissent familiers, ils conservent toujours l'empreinte de leur naturel indomptable et revêche, et il ne faut pas trop se fier à une apparence de douceur et de docilité. La ménagerie de Schœnbrun, près de Vienne, renfermoit, ces années dernières, deux fort beaux *zèbres*, mâle et femelle, qui n'ont point produit : l'on ne dit pas même qu'ils se soient accouplés. Un *zèbre* mâle, âgé de quatre ans, qui étoit en 1761 à la ménagerie de Versailles, dédaigna les *anesses* en chaleur qu'on lui présenta, quoiqu'il fût très-vif, et qu'il jouât avec elles et les montât, mais sans aucun signe extérieur d'émotion.

Il existe néanmoins un exemple de la puissance d'engendrer conservée par un *zèbre* femelle en Angleterre, et ce fait est trop singulier pour ne pas le rapporter. Lord Clive, en revenant de l'Inde, avoit amené une femelle *zèbre*, dont on lui avoit fait présent au Cap de Bonne-Espérance, et il la fit mettre dans un parc. On voulut d'abord essayer de la faire saillir par un *cheval* arabe ; elle témoigna une extrême répugnance, et reçut à grands coups de pieds le bel animal qu'on lui présentoit. Les *ânes* qu'on voulut lui donner ensuite ne furent pas mieux accueillis. Enfin, l'on s'avisa de peindre un de ces *ânes* comme un *zèbre*, et ce stratagême eut un entier succès. Vaincue par les yeux, l'indocile femelle se rendit aux apparences ; ses caprices et son courroux s'évanouirent devant une parure d'emprunt, et l'accouplement eut lieu. Il en résulta un *poulain* qui ressembloit tout à la fois au père et à la mère ; il avoit la forme du premier et la couleur de la seconde ; seulement les teintes n'étoient pas aussi fortes, et les bandes sur les épaules étoient plus marquées qu'ailleurs. Lord Clive étant mort dans l'année qui suivit celle de la naissance de ce petit *mulet*, on l'a perdu de vue, et l'on ignore ce qu'il est devenu ; l'on a seulement appris, mais vaguement, que l'on avoit souvent essayé de le faire accoupler avec des *anesses*, mais qu'il n'en est jamais rien résulté ; en sorte qu'il est à-peu-près certain que l'espèce du *zèbre*, bien qu'elle puisse subsister dans nos pays, n'y multiplie point, et qu'elle n'y sera jamais qu'un objet de curiosité. (S.)

ZÈBRE. Les marchands donnent ce nom à une coquille du genre *bulime* de Bruguière, figuré pl. 2, lettre L du *Supplément* de Dargenville. *Voyez* au mot BULIME. (B.)

ZÈBRE, nom spécifique de poissons des genres CHÉTODON et PLEURONECTE. *Voyez* ces mots. (B.)

ZÉBU (*Borindicus* Linn.), race de quadrupèdes dans l'espèce du TAUREAU. (*Voyez* ce mot.) Belon l'a décrite sous le nom de *petit bœuf;* en effet, la plupart des *zébus* sont de petite taille, et en tout si semblables à un *bœuf*, que je ne puis en donner une idée plus juste, qu'en disant que ce sont de vrais *bœufs* en miniature. Cependant tous les animaux de cette race n'ont pas la même stature; il y en a d'aussi grands que des *bœufs*, ce sont les plus rares; et entre cette grande variété et la plus petite, qui est la plus nombreuse, il existe encore une troisième race intermédiaire: ces trois variétés semblent appartenir à des contrées différentes. Elles portent toutes trois, sur les épaules, une bosse ou loupe entièrement charnue, qui est du double plus grosse sur le mâle que sur la femelle; leur corps est trapu, et leur croupe mal conformée.

Les couleurs du poil ne sont pas les mêmes sur tous les individus; l'on en voit de fauves, de roux, de noirâtres, de bleu d'ardoise, de pies, &c. Quelques-uns ont les cornes noires; mais le plus grand nombre les a de la même couleur que les cornes de nos *bœufs*. Parmi les animaux vivans que renferme la ménagerie du Jardin des Plantes à Paris, l'on trouve un *zébu* femelle de la petite race, qui a été amenée en France par les ambassadeurs de Typoo-Saïb. Sa grosseur et sa hauteur ne surpassent guère celles d'un *dogue* de forte race, et sa tête n'est armée que de rudimens de cornes; son poil est couleur d'ardoise, à l'exception du dessous du corps qui est d'un blanc sale; c'est un animal fort doux et en même temps fort gras. Il y avoit ces années dernières dans la même ménagerie une autre femelle *zébu*, mais de la grande variété; elle avoit aussi la poitrine, le ventre et la face interne des jambes d'un blanc sale, et le corps bleu ardoisé, mais rayé de noirâtre; ses cornes étoient d'un assez beau noir.

Ces animaux sont fort communs dans les parties septentrionales de l'Afrique; ils y portent les noms de *dant* et de *lampt*. (*Nota* que le premier de ces noms a été transporté de l'Afrique à un autre gros quadrupède de l'Amérique méridionale, lequel n'a aucun rapport avec celui-ci. *Voyez* TAPIR.) Quoique massifs, les *zébus* sauvages courent avec beaucoup de vitesse; aucun animal ne peut les atteindre, si ce n'est peut-être le *cheval barbe*. Leurs peaux servent aux Maures à faire de belles rondaches à l'épreuve des flèches; aussi sont-elles fort chères: on les blanchit avec du lait aigri. La Chine et les Indes orientales ont aussi des *zébus*; dans ces contrées, ainsi qu'en Afrique, on les a soumis à la domesticité. Ils sont doux et dociles, et on les emploie comme montures et comme bêtes de somme. On mange encore leur viande, qui seroit aussi bonne que celle de nos *bœufs*, si l'on prenoit la peine de les engraisser avant de les tuer.

Les *zébus*, quoique originaires de pays très-chauds, peuvent non-seulement vivre, mais encore produire dans nos pays tempérés. Ils se sont multipliés dans plusieurs parcs de l'Angleterre; l'on a seulement remarqué que le lait des femelles qui ont mis bas, tarit bientôt dans nos climats, en sorte que l'on est forcé de nourrir les *veaux* avec d'autre lait que celui de leur mère. (S.)

ZECORA, nom du *zèbre* dans quelques anciens livres de voyages. *Voyez* ZÈBRE. (S.)

ZÉE, *Zeus*, genre de poissons de la division des THORACIQUES, dont le caractère consiste à avoir le corps et la queue très-comprimés; des dents aux mâchoires; une seule nageoire dorsale; plusieurs rayons de cette nageoire terminés par des filamens très-longs, ou plusieurs piquans le long de chaque côté de la nageoire du dos; une membrane verticale placée transversalement au-dessous de la lèvre supérieure; les écailles très-petites; point d'aiguillons au-devant de la nageoire du dos ni de celle de l'anus.

Ce genre n'est pas ici tel que Linnæus l'avoit établi, Lacépède en ayant modifié le caractère, en ayant retiré plusieurs espèces pour former ses nouveaux genres ARGYREIOSE, CAPROS, SÉLÈNE et GAL. (*Voyez* ces mots.) Aujourd'hui il ne comprend plus que trois espèces, connues des naturalistes français sous le nom de *dorées*, savoir:

Le ZÉE LONGS CHEVEUX, *Zeus ciliaris* Linn., qui a trente rayons à la nageoire du dos, dix-neuf à celle de l'anus; six rayons à la nageoire du dos, et six à l'anale, terminés, chacun, par un filament capillaire très-délié, et beaucoup plus long que la tête, le corps et la queue pris ensemble: les thoracines plus longues que le corps, la couleur générale argentée. Il est figuré dans Bloch, pl. 191, et dans l'*Hist. nat. des Poissons*, faisant suite au *Buffon*, éd. de Deterville, vol. 2, pag. 153. On le pêche dans la mer des Indes. Sa chair est maigre, coriace et fade, et par conséquent peu estimée.

Ce poisson a le corps en forme de lozange, très-mince; la tête petite; l'ouverture de la bouche médiocre; la mâchoire supérieure plus courte que l'inférieure, et toutes deux garnies de dents courtes et pointues; les narines doubles; les yeux grands; l'ouverture des ouies large, couverte de deux opercules et d'une membrane de sept rayons; l'anus au milieu du ventre; les nageoires pectorales étroites; celles du ventre très-longues; celle de la queue fourchue; toutes de couleur brune.

Lacépède pense que les longs filamens de ses nageoires dorsales et anales lui servent à se fixer aux plantes marines ou aux petites saillies des rochers, et à attirer les autres poissons dont il fait sa proie en leur donnant un mouvement vermiculaire.

Le ZÉE RUSÉ, *Zeus insidiator* Linn., a vingt-quatre rayons à la dorsale; vingt rayons à celle de l'anus: une rangée d'aiguillons de chaque côté de la nageoire du dos; l'ouverture de la bouche très-petite; le museau prenant une forme cylindrique à la volonté de l'animal; la couleur générale argentée. Il est figuré dans Bloch, pl. 192. On le trouve dans les eaux douces de l'Inde. Sa tête est petite; sa bouche est munie de lèvres, dont l'inférieure se relève, et la supérieure s'avance de manière à devenir, à la volonté de l'animal, un tuyau cylindrique très-saillant: ses mâchoires sont garnies de trois petites dents; les ouvertures de ses ouies sont larges, couvertes de deux petites plaques, et munies d'une membrane à sept rayons. La ligne latérale forme un arc interrompu; les nageoires ventrales ont un aiguillon, la nageoire dorsale sept, la nageoire anale trois, la caudale est fourchue.

Ce poisson a le dos brun et les côtés ponctués de noir; il vit souvent d'insectes terrestres qu'il prend, comme le CHETODON MUSEAU ALONGÉ (*Voyez* ce mot.), en seringuant sur eux, lorsqu'ils se reposent sur les plantes aquatiques, l'eau qu'il tient en réservoir dans sa bouche. On le prend au filet et à l'hameçon. Sa chair est grasse et agréable au goût.

Le ZÉE FORGERON, *Zeus faber* Linn., a trente-deux rayons à la nageoire dorsale, vingt-six à l'anale, un long filament à chacun des rayons de la nageoire du dos, depuis le second anneau jusqu'au huitième inclusivement; une rangée longitudinale d'aiguillons de chaque côté de la dorsale; la caudale arrondie; la dorsale et l'anale très-echancrées, une tache noire et ronde de chaque côté de l'animal. Il est figuré dans Bloch, pl. 41, dans le *Buffon* de Deterville, vol. 2, pag. 155, et dans plusieurs autres ouvrages. On le trouve dans les mers d'Europe, et principalement dans la Méditerranée. Il est connu sur nos côtes sous les noms de *dorée, poule de mer, coq, lau, trouie, rode, roi des harengs* et *forgeron* et l'a été des anciens. Pline et Ovide le mentionnent comme étant rare et fort recherché des gourmets, à raison de la bonté de sa chair. Dans des temps plus modernes quelques fanatiques lui ont donné une célébrité d'un autre genre, que le respect qu'on doit à la raison humaine ne permet pas de rapporter, mais qui lui a valu les noms de *poisson Saint Pierre* et de *poisson Saint Christophe*, qu'il porte encore dans quelques endroits de l'Italie et de la Grèce. Sa tête est grosse; l'ouverture de sa bouche grande; la mâchoire inférieure saillante, garnie ainsi que la supérieure, de

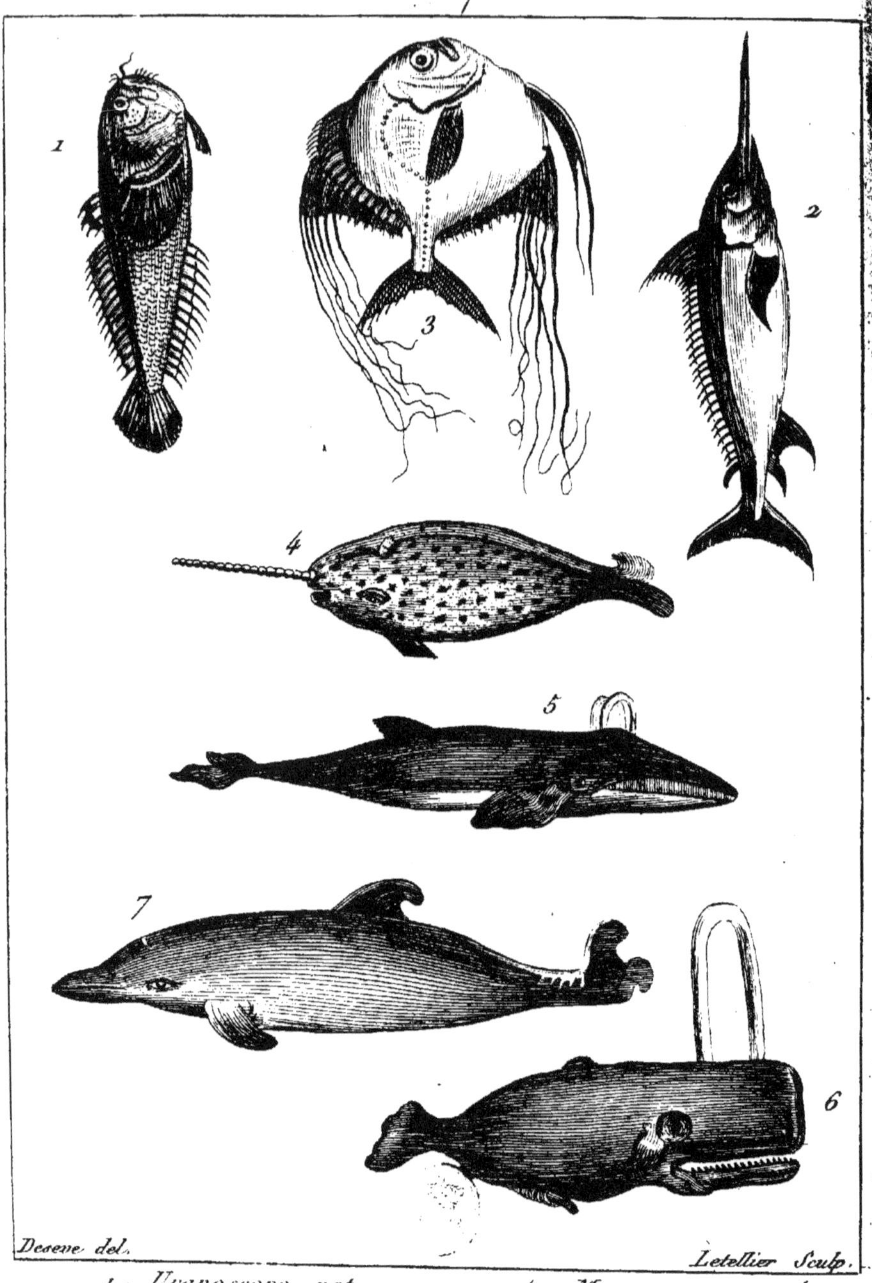

Deseve del.

Letellier Sculp.

1. Uranoscope rat.
2. Xyphias espadon.
3. Zée à long cheveux.
4. Monoceros narval.
5. Baleine gibbar.
6. Cachalot microps.
7. Dauphin ordinaire.

dents pointues et recourbées; une épine de chaque côté de sa bouche
et deux à son menton. Les opercules de ses ouies larges et ronds , et
composés de deux lames; leur membrane soutenue par ses rayons;
ses yeux grands et placés au sommet de la tête ; son corps applati,
presque rond, et couvert de très-petites écailles ; son dos brun, et
ses côtés sont d'un mêlé de jaune qui fait l'effet de l'or ; ses nageoires
pectorales ont deux aiguillons tournés en sens contraire ; la nageoire
anale en a un ; celle de la queue est ronde ; toutes sont grises, rayées
ou bordées de jaune.

On prend ce poisson, qui parvient à un pied et demi de long, au
filet et à la ligne. Il rend un son, ou espèce de grognement, lorsqu'on
le saisit. (B.)

ZEEDRAAK, nom indien du PÉGAZE VOLANT. *Voyez*
ce mot. (B.)

ZÉE-WIND, nom hollandais du SALMONE LAVARET.
Voyez ce mot. (B.)

ZELLKIES, pyrite cellulaire. *Voyez* PYRITE. (PAT.)

ZELUK ou **KÉLUK**, l'*avocette* en langue turque. (S.)

ZEMNI. *Voyez* RAT-TAUPE ZEMNI. (S.)

ZENDEL ou **ZINGEL**, nom d'un poisson du Danube,
le *perca zingel* de Linnæus, que Lacépède a placé parmi ses
DIPTÉRODONS. *Voyez* ce mot. (B.)

ZENIK, petit quadrupède du Cap de Bonne-Espérance,
dont Sonnerat a parlé dans son *Voyage aux Indes et à la
Chine.* Gmelin (Linn. *Syst. Nat.*) en a fait une espèce particulière; cependant il ne me paroît pas différer du SURIKATE.
(*Voyez* ce mot.) *Zenik* est le nom sous lequel il est connu des
Hottentots. L'on ne regardera pas sans doute comme un trait
de dissemblance entre ce quadrupède et le *surikate*, le nombre
de dents canines, que M. Sonnerat porte à six pour chacune
des mâchoires; il est en effet évident qu'il y a méprise de la
part de ce voyageur très-estimable, et qu'il aura pris les dents
incisives pour les canines. (S.)

ZÉNITH. On a donné ce nom au point de la voûte céleste
qui répond directement au-dessus de notre tête. Si l'on imagine une droite, perpendiculaire à notre horizon, qui se prolonge jusqu'à la concavité de l'hémisphère supérieur de la
sphère céleste, cette droite ira aboutir à notre *zénith*.

Il suit de là que le *zénith* est toujours éloigné de 90 degrés
de tous les points de l'horizon, et qu'il est conséquemment un
des pôles de ce grand cercle; d'où il résulte que si l'on conçoit une droite qui passe par un observateur et par le centre
de la terre supposée sphérique, cette droite sera nécessairement perpendiculaire à l'horizon ; et si l'on imagine cette
droite prolongée de part et d'autre jusqu'à la concavité de la

sphère céleste, on pourra la regarder comme l'axe de l'horizon. Son extrémité supérieure sera le *zénith* de cet observateur, et son extrémité inférieure en sera le *nadir*. (Voyez NADIR.) D'après cela, il est visible qu'à chaque pas que nous faisons sur la surface du globe terrestre, nous changeons de *zénith* et de *nadir*, de même que nous changeons d'horizon.

Dans l'hypothèse de la sphéricité parfaite de la terre, notre *zénith* est le *nadir* de nos antipodes, de même que notre *nadir* est leur *zénith*. Mais comme cette supposition n'est point exacte, on ne peut pas dire que notre *zénith* et celui de nos antipodes soient exactement opposés, car notre *zénith* est dans une ligne qui est perpendiculaire à la surface de la terre au point où nous sommes placés : or, la terre n'étant pas parfaitement sphérique, cette ligne perpendiculaire à la surface de la terre ne passe par le centre que dans deux cas, savoir lorsqu'on est sur l'équateur ou aux pôles. Dans toute autre position elle n'y passe point, et si on la prolonge jusqu'à ce qu'elle rencontre l'hémisphère opposé, le point où elle aboutira ne sera pas diamétralement opposé au point de notre *zénith*. Ce n'est donc, à proprement parler, qu'à l'équateur et aux pôles que le *zénith* est le *nadir* des antipodes.

(LIB.)

ZENLIE ou KENLIE. Le *chacal* est appelé ainsi par les Hottentots, selon Kolbe. *Voyez* CHACAL. (S.)

ZÉODAIRE, *Kœmpferia*, genre de plantes à fleurs monopétalées, de la monandrie monogynie et de la famille des DRYMYRRHISÉES, dont le caractère présente un calice de trois folioles ; une corolle divisée en sept parties ; savoir, trois extérieures presque égales et fort étroites ; quatre intérieures, dont une droite, étroite, anthérifère ; les trois autres larges, ouvertes, et l'intermédiaire bifide ; une anthère linéaire, géminée, adnée à la découpure droite du limbe intérieur ; un ovaire inférieur arrondi, à style alongé, terminé par un stigmate obtus à deux lames.

Le fruit est une capsule arrondie, trigone, triloculaire, trivalve, contenant plusieurs semences.

Ce genre, dont les caractères sont figurés pl. 1 des *Illustrations* de Lamarck, renferme des plantes vivaces à feuilles entières, à fleurs presque solitaires, radicales, sortant du milieu des feuilles. On en compte trois espèces :

La ZÉODAIRE GALANGA, qu'il ne faut pas confondre avec le *galanga* des boutiques, qui est un *maranta*, et avec l'*amome zéodaire*. (*Voyez* au mot GALANGA et l'article suivant.) Ses feuilles sont ovales et sessiles. Elle se trouve dans l'Inde. Ses racines sont aromatiques, et employées dans l'Inde pour les assaisonnemens, et pour guérir les aphtes.

La **ZÉODAIRE RONDE** a les feuilles lancéolées et pétiolées. Elle se trouve dans l'Inde. Sa racine est épaisse, odorante, et diffère peu, par ses propriétés, de celles du *curcuma* ; aussi l'emploie-t-on aux mêmes usages. *Voyez* au mot CURCUMA.

Quant à la troisième espèce, elle est mentionnée au mot *gandasuli*, ayant été jugée dans le cas de former un genre particulier. *Voyez* au mot GANDASULI. (B.)

ZÉODAIRE, espèce de plante du genre AMOME (*Voyez* ce mot.), qui croît dans les parties orientales de l'Inde, et dont on met les racines dans le commerce, à raison de leurs propriétés médicinales.

On trouve chez les apothicaires une *zéodaire longue* et une *zéodaire ronde* ; mais on présume que c'est tantôt la même plante qui les produit, tantôt des plantes du genre précédent, tantôt des *galangas*. Quoi qu'il en soit, ce sont des tubérosités solides, grises en dehors, blanches en dedans, d'un goût âcre, un peu amer, d'une odeur agréable, approchant de celle du *camphre* mêlée avec celle du *laurier*. On les regarde, prises en poudre, comme un puissant sudorifique, c'est-à-dire comme propres à guérir de la morsure des animaux venimeux, des coliques histériques, du scorbut et des maladies qui sont causées par le manque d'activité dans la circulation.

Ces racines, comme celles de la plupart de celles des autres espèces de la famille des DRYMYRRHISÉES, peuvent se confire au sucre lorsqu'elles sont fraîches, et former un excellent fortifiant de l'estomac, lorsqu'on en mange une petite quantité après le repas. (B.)

ZÉOLITHE, substance minérale qui ne se trouve ordinairement que dans les anciennes matières volcaniques dont elle occupe les soufflures, où elle s'est formée après leur refroidissement, de la même manière que les *agathes* et les *calcédoines*.

Werner distingue cinq espèces de *zéolithes* : 1°. la *zéolithe fibreuse* ; 2°. la *zéolithe farineuse* ; 3°. la *zéonithe rayonnante* ; 4°. la *zéolithe lamelleuse* ; 5°. la *zéolithe cubique*.

Le professeur Haüy a exercé contre le nom de la *zéolithe*, malgré son origine grecque, la même rigueur que contre le mot *schorl* : il l'a banni à perpétuité (de son livre), et l'a remplacé par quatre noms différens, qui sont : *mésotype*, *stilbite*, *analcime* et *chabasie*.

La *mésotype* comprend la première, la seconde et une partie de la troisième espèce des *zéolites* de Werner.

La *stilbite* comprend la *zéolithe lamelleuse* et quelques variétés de la *rayonnante*.

L'*analcime* et la *chabasie* se partagent les *zéolithes cubiques*.

Il y a encore quelques autres espèces ou variétés de *zéolithes*, telles que la *zéolithe efflorescente* de Bretagne , la *zéolithe rouge* d'Ædelfors, &c.

Zéolithe fibreuse , Zéolithe commune , Zéolithe de Cronstedt.

Cette espèce, qui est incomparablement plus abondante que toutes les autres ensemble, avoit toujours été regardée comme une simple variété de *spath calcaire*, jusqu'à ce que Cronstedt eût reconnu, en 1756, que c'étoit une substance d'une espèce particulière, que ses propriétés faisoient distinguer de tous les autres minéraux ; il lui donna le nom de *zéolithe*, qui exprime la propriété qu'elle a de bouillonner et de jeter un éclair en entrant en fusion.

La *zéolithe commune* est d'une couleur blanche ou jaunâtre ; sa forme est en rognons globuleux isolés ou groupés, composés de cristaux aciculaires qui divergent du centre à la circonférence : ces globules ou rognons ont depuis une ligne jusqu'à deux ou trois pouces de diamètre.

Sa surface est terne ou légèrement chatoyante. Dans l'intérieur, elle est brillante, d'un éclat soieux ; elle est translucide, aigre, peu dure et facile à casser ; elle est légère : sa pesanteur spécifique n'est que d'environ 2,000.

Elle se dissout en entier dans l'acide nitrique, mais lentement, sans effervescence, et forme une espèce de gelée ; caractères qui la distinguent de presque toutes les autres substances minérales.

Exposée au chalumeau, elle bouillonne, forme un éclair et se change en une fritte blanche et spongieuse. (Son analyse sera ci-après comparée avec d'autres.)

Les anciennes laves d'Islande et des îles de Ferroë, sont les gîtes les plus ordinaires de la *zéolithe fibreuse*, et où elle se trouve la plus belle et en plus grandes masses. Celle d'Islande contient quelquefois de l'argent natif.

Zéolithe farineuse.

Elle est ordinairement d'une couleur blanche, rougeâtre ; elle est complètement opaque ; sa cassure est matte et terreuse. Elle est tendre et très-légère.

On la trouve à la surface de quelques autres espèces de *zéolithes*, et il paroît qu'elle est le produit de leur décomposition. On en a vu qui avoit une forme coralloïde ou rameuse, et qui avoit été probablement formée à la manière des *stalactites*.

Zéolithe rayonnante.

Cette espèce tient le milieu entre la *zéolithe fibreuse* et la *zéolithe lamelleuse :* sa couleur est d'un blanc tirant sur le jaune ou le rouge ; ses cristaux sont mieux prononcés que dans la *zéolithe fibreuse :* on reconnoît que ce sont des prismes, ou rectangulaires, ou rhomboïdaux, terminés par des sommets à quatre faces. Les prismes rhomboïdaux deviennent hexaèdres par la troncature des arêtes aiguës. Ces cristaux sont lisses, brillans, d'un éclat nacré et fortement translucides. Cette espèce se trouve dans les mêmes gîtes que la *zéolithe* de Cronstedt, sur-tout dans les matières volcaniques de Rezbanya en Hongrie.

Zéolithe lamelleuse ou *Zéolithe nacrée*. (Lamétherie.)

On peut considérer cette *zéolithe* comme une variété de la précédente, dont les cristaux se changent en tables, qui le plus souvent sont hexagones. Leur couleur est la même que dans la précédente : ils ont encore plus d'éclat, et sont presque diaphanes. Leur pesanteur spécifique est plus considérable que celle de la *zéolithe fibreuse* : elle va jusqu'à 2,500.

M. Abildgaard a trouvé dans les mines d'Arendal en Norwége, une *zéolithe nacrée*, que sa couleur brune lui a fait nommer, *zéolithe bronzée*.

Zéolithe cubique : Zéolithe dure. (Dolomieu.)

La couleur de cette *zéolithe* est d'un blanc tirant sur le rouge ou sur le vert ; sa forme est un cube dont les huit angles solides sont souvent remplacés chacun par trois facettes triangulaires, de sorte que le cristal se trouve avoir trente facettes. Il est assez rare de voir des cristaux exempts de troncatures.

A l'extérieur, ces cristaux ont un éclat vitreux : dans l'intérieur, c'est un éclat nacré. Leur cassure est lamelleuse, mais inégale ; ils sont translucides, quelquefois diaphanes.

Dolomieu découvrit le premier cette espèce de *zéolithe* dans les laves de l'Etna et des îles des Cyclopes, qui en sont voisines. Il la nomma *zéolithe dure*, attendu qu'elle l'est en effet beaucoup plus que les autres.

Faujas l'a trouvée dans les îles Hébrides, notamment dans la fameuse *grotte de Fingal*, et dans les autres basaltes de l'île de Staffa. Celle de la caverne de Fingal est verdâtre ; les autres sont blanches ; presque toutes sont diaphanes. J'en ai vu en cubes complets, dans des laves de l'île de France ; mais ils sont moins durs que ceux de Sicile. Besson en a trouvé dans les tufs volcaniques du Vicentin.

Zéolithe rhomboïdale ou *Chabasie*.

Cette substance, que Bosc a le premier fait connoître il y a huit à dix ans, et à laquelle il a donné le nom de *chabasie*, est ordinairement transparente, et d'une couleur blanche, un peu rougeâtre. La forme de ses cristaux est sensiblement rhomboïdale. Mais comme la différence des angles n'est que de 3 à 4 degrés, Werner a réuni cette espèce avec les *zéolithes cubiques*. Bosc en fit la découverte dans les anciennes laves d'Oberstein. M. Neergaard en a trouvé depuis dans les îles de Ferroë, dont les cristaux ont près d'un pouce de diamètre : ceux d'Oberstein ont rarement plus de deux ou trois lignes.

Zéolithe efflorescente.

Le conseiller des mines Gillet-Laumont découvrit il y a une vingtaine d'années, dans la mine de plomb argentifère d'Huelgoet en Bretagne, un petit filon d'une substance blanchâtre en cristaux prismatiques, confusément entrelacés, qui ont tous les caractères de la *zéolithe nacrée*, mais qui se décomposent en petits fragmens lamelleux dès qu'ils éprouvent le contact de l'air; ce qui l'a fait nommer *zéolithe efflorescente*. Lamétherie dit que la *zéolithe nacrée* du Hartz présente le même phénomène.

Zéolithe rouge siliceuse, ou *Aedélite.*

Cette *zéolithe* est, suivant de Born, d'une couleur rouge de brique, et composée de feuillets luisans; mais sa dureté n'est pas assez considérable pour faire feu contre l'acier, quoiqu'elle soit en grande partie composée de silice.

Suivant Bergmann, elle contient 69 parties de silice, 18 d'alumine, 18 de chaux, et 4 d'eau.

Elle se trouve à Aedelfors en Suède, dans les filons métalliques et dans les basaltes. (De Born, cat. 1. 205.)

Zéolithe cuivreuse.

On trouve dans quelques mines de cuivre de Hongrie, des *zéolithes colorées* par ce métal en vert ou en bleu. On en trouve à Oberstein et à Reichenbach dans le pays de Deux–Ponts, qui contient du cuivre natif. Celle d'Oberstein et de Reichenbach est d'une couleur jaune verdâtre, et présente la contexture et toute l'apparence de la *zéolithe* de Cronstedt; cependant aujourd'hui le professeur Haüy veut qu'on la regarde comme une *préhnite;* et cela peut se faire sans difficulté; car il paroît qu'il existe entre les *préhnites* et les *zéolithes*, de si grands traits de ressemblance, qu'il conviendroit peut-être, suivant le vœu du profond minéralogiste De Born, de n'en former qu'un seul genre; il observe avec raison que si l'on se déterminoit d'après de légères différences, on finiroit par multiplier les genres des pierres à l'infini. (*Cat.* 1, p. 205.) Eh ! qu'auroit-il dit, s'il eût vu partager en quatre genres différens les seules zéolithes, à cause de quelques variétés de formes?

Pour juger de l'analogie complète qui existe entre les *zéolithes* et les *préhnites*, il suffit de jeter les yeux sur les analyses suivantes, où l'on verra que ces substances du même nom, diffèrent quelquefois plus entr'elles qu'elles ne diffèrent d'un genre à l'autre.

MEYER.	KLAPROTH.	VAUQUELIN.
Zéolithe fibreuse.	*Prénhite du Cap.*	*Zéolithe rayonnante.*
Silice. 41	Silice. 43,83	Silice. 50,2¼
Alumine . . . 51	Alumine . . . 30,33	Alumine . . . 29,30
Chaux 11	Chaux 18.33	Chaux 9,46
Eau. 15	Eau. 1,85	Eau. 10
	Oxide de fer. . 5,66	

MEYER.	HASSENFRATZ.	PELLETIER.
Zéolithe lamelleuse.	*Préhnite de France.*	*Zéolithe farineuse.*
Silice. 58,3	Silice. 50	Silice. 50
Alumine . . . 17,2	Alumine . . . 20,4	Alumine . . . 20
Chaux 6,6	Chaux 25,5	Chaux 8
Eau. 17,5	Eau. 0,9	Eau. 22
	Oxide de fer. . 4,9	

Si l'on joint à cette conformité de composition entre les *zéolithes* et les *préhnites*, la conformité de leurs caractères extérieurs, il sera facile de voir qu'on doit bien plutôt songer à réunir ces deux genres qu'à les dépecer encore par de nouvelles divisions, qui sembleroient n'avoir d'autre but que de donner plus d'importance à la stérile étude des méthodes et des nomenclatures.

Le professeur Haüy, qui paroît compter pour fort peu de chose tout ce qui ne tient pas à la cristallographie, dit, en parlant de la *zéolithe* qui contient du cuivre natif, que *l'on en fait des plaques qui prennent un assez beau poli, et tiennent un rang parmi les pierres que l'on place dans les collections* COMME OBJET D'ORNEMENT. (*Annales du Musée*, n° 3, pag. 194.)

J'observerai que ces pierres ne sont pas seulement un *objet d'ornement*, mais encore un objet important d'instruction : il n'est certes pas indifférent, pour l'observateur de la nature, de voir qu'elle forme du cuivre dans les produits volcaniques du Bannat et des bords du Rhin ; de l'argent dans les laves d'Islande, de l'antimoine dans celles de la Toscane, divers autres métaux dans les tufs volcaniques du Vicentin, etc. Des observations de cette nature sont, je crois, plus véritablement instructives que des systèmes cristallographiques fondés sur des *molécules intégrantes*, qu'un illustre savant vient de faire disparoître. (*Statique chimique*, note XIV.) *Voy.* FILONS et MÉTAUX.

(PAT.)

ZERDA de Sparrmann, est le FENNEC. *Voyez* ce mot. (S.)

ZÉRUMBETH. C'est la même chose que le *zurembet*, c'est-à-dire la racine d'une espèce d'AMOME (*Voy.* ce mot.), dont on fait quelquefois usage en médecine en place de celle de la ZÉODAIRE (*Voy.* ce mot.), dont elle a les vertus à un degré inférieur.

C'est mal-à-propos qu'on a dit que le *zérumbeth* se trouvoit dans les deux Mondes ; il ne croît que dans les parties orientales de l'Asie méridionale. La plante qu'on a prise pour lui en Amérique est l'*amome sylvestre*, qui lui ressemble en effet beaucoup, mais qui s'en distingue fort bien. C'est cette dernière que Plumier a eue en vue, lorsqu'il a dit que le fruit du *zurembet* teignoit le linge ou la soie en violet et d'une manière ineffaçable. (B.)

ZEURA. Le Père Lobo (*Voyage en Abyssinie*) parle du *zèbre* sous le nom de *zeura*. Voyez ZÈBRE. (S.)

ZEVERA. *Voyez* ZÉBRA. (S.)

ZÉZIR. C'est, en hébreu, l'ÉTOURNEAU. *Voyez* ce mot. (S.)

ZIBELINE, MARTE-ZIBELINE (*Mustela zibellina* Linn.), quadrupède du genre et de la famille des MARTES, sous-ordre des CARNIVORES, ordre des CARNASSIERS. *Voyez* ces trois mots.

Cet petit animal tient un rang distingué dans les registres du luxe par la fourrure précieuse qu'il fournit, et qui l'emporte en finesse et en beauté sur toutes les autres. On la reconnoît à la propriété d'obéir également en quelque sens que l'on pousse son poil, au lieu que les autres poils, pris à rebours, font sentir quelque roideur par leur résistance. Plus la teinte brune de cette fourrure tire sur le noir, plus elle est estimée ; aussi, quand les peaux n'ont pas naturellement cette nuance foncée qui les fait rechercher, l'art ou plutôt la fraude réussit souvent à leur en donner l'apparence ; mais la couleur d'emprunt passe bientôt par l'usage de la fourrure, et il ne reste plus qu'une peau commune et le regret de l'avoir payée chèrement. Ce n'est pas seulement dans le commerce des pelleteries en Europe que l'on est exposé à être la dupe d'une pareille supercherie ; les Chinois, grands amateurs de fourrures, sont journellement trompés par leurs marchands, qui vont faire ce commerce sur les confins de leur empire et de la Russie ; ils n'y achètent presque jamais que les peaux de *zibelines* d'une qualité inférieure, et ils les teignent si bien, qu'il est impossible de les distinguer de celles qui ne sont pas peintes.

Dans tout l'Orient, et particulièrement en Turquie, les pelisses de *zibeline* ou de *samour*, comme les Turcs les appellent, indiquent le plus haut degré de la magnificence ; elles tiennent lieu de galons et de riches broderies, et elles sont l'enseigne du pouvoir et de l'opulence.

Ce sont les Russes qui sont en possession du commerce des *zibelines*, et la grande quantité de fourrures qui se consomment en Europe, et sur-tout en Asie, le rend très-important ; mais le prix de ces peaux est triplé depuis une vingtaine d'années : une seule vaut quelquefois jusqu'à 250 francs dans le lieu même où on fait la chasse aux *zibelines*. Les assortimens de pelleteries qui se tirent des provinces septentrionales de la Russie se font à Irkoutsk, capitale de la Sibérie ; on y expédie pour la Chine les *zibelines* de mauvaise couleur ; celles dont le poil est trop rare ou gâté, s'envoient à la grande foire d'Irbit, village de Sibérie, situé sur la rivière du même nom. Enfin, les plus belles sont réservées pour Moscow et pour Makaria, où les marchands grecs et arméniens s'empressent de les acheter.

Les *zibelines* de la Sibérie passent pour les plus précieuses ; on estime sur-tout celles des environs de Vitimski et de Nershinsk. Les bords de la Witima, rivière qui sort d'un lac situé à l'est du Baïkal, et va se jeter dans la Léna, sont fameux par les *zibelines* que l'on y chasse. Elles abondent dans la partie des monts Altaïks, que le froid rend inhabitable, ainsi que dans les montagnes de Saïan, au-delà de l'Enisséï, et sur-tout aux environs de l'Oï et des ruisseaux qui tombent dans la Touba ; mais elles ne sont nulle part plus nombreuses qu'au Kamtchatka.

On a inventé différens stratagèmes pour prendre ou tuer les *zibelines* sans endommager leur peau. La guerre que depuis long-temps on fait à ces animaux, les a éloignés des lieux habités, et les chasseurs sont forcés de les aller chercher au fond des déserts et par les froids les plus rudes ; car ce n'est que pendant l'hiver que l'on peut se livrer avec fruit à la chasse des *zibelines*, leurs peaux n'étant presque d'aucune valeur en été.

Les chasseurs partent ordinairement à la fin du mois d'août ; ils forment des compagnies qui sont quelquefois de quarante hommes, et se pourvoient de canots pour remonter les rivières et de provisions pour trois ou quatre mois. Arrivés au lieu de la chasse, ils y bâtissent des cabanes, et se choisissent un chef expérimenté, qui divise les chasseurs en plusieurs bandes, à chacune desquelles il nomme un chef particulier et assigne le quartier où elle doit chasser, de même que l'endroit du rendez-vous. A mesure que l'on avance, les chasseurs écartent la neige et dressent des piéges, en creusant des fosses, qu'ils entourent de pieux pointus, et qu'ils couvrent de petites planches pour empêcher la neige de les remplir ; ils y laissent une entrée fort étroite, au-dessus de laquelle est placée une poutre qui n'est suspendue que par une planche mobile et qui tombe aussi-tôt que la *zibeline* y touche pour prendre l'appât de viande ou de poisson qu'on lui a préparé. Les chasseurs continuent ainsi d'aller en avant et de tendre des piéges ; ils renvoient de temps en temps en arrière quelques-uns d'entr'eux pour chercher les provisions qu'ils ont enfouies de distance en distance pour les conserver. Ceux-ci, en revenant, visitent les piéges pour ôter les *zibelines* qui y sont prises et les tendre de nouveau.

 Z I B

On prend aussi les *zibelines* avec des filets. Pour cela, on suit leur trace sur la neige; elle conduit à leur terrier, que l'on enfume, afin de les forcer à en sortir. Le chasseur tient son filet tout prêt à les recevoir, et son *chien* pour les saisir : il les attend souvent ainsi pendant deux ou trois jours. Si on voit les *zibelines* sur les arbres, on les tue à coups de flèches, dont la pointe est émoussée. La chasse étant finie, on regagne le rendez-vous général, et l'on rend compte au chef de la quantité d'animaux que l'on a prise et des événemens de la chasse. En attendant l'époque du retour, qui est celle où les rivières deviennent navigables par le dégel, on prépare les peaux. Arrivés chez eux, les chasseurs qui sont chrétiens font à l'église l'offrande de quelques fourrures, qui se nomment *zibelines de Dieu;* ils paient avec d'autres leur tribut au fisc ; puis ils vendent le reste, et partagent entr'eux les profits.

Pour suffire à tant de moyens de destruction, l'espèce de la *zibeline* n'est pas douée d'une grande fécondité ; aussi diminue-t-elle sensiblement. Les femelles mettent bas vers la fin de mars ou au commencement d'avril, et leur portée n'est que depuis trois jusqu'à cinq petits. Ces animaux habitent le bord des fleuves, les lieux ombragés et les bois les plus épais; ils craignent de s'exposer au soleil. Ils vivent dans des trous en terre, ou dans des espèces de nids formés d'herbes sèches, de mousse et de rameaux, soit sur le haut des arbres, soit dans des creux d'arbres ou de rochers ; ils y restent environ douze heures, et ils emploient les douze autres heures du jour à chercher leur nourriture. Quand il fait de la neige, ils passent quelquefois trois semaines sans sortir de leurs trous. L'hiver, ils se nourrissent d'*écureuils*, de *martes*, d'*hermines*, et sur-tout de *lièvres;* ils attaquent aussi des oiseaux, et même, suivant quelques-uns, des poissons ; mais, dans la belle saison, ils préfèrent les fruits à la chair : ils sont particulièrement très-friands de ceux du *cormier*. Les chasseurs prétendent que cette dernière nourriture cause aux *zibelines* des démangeaisons qui les obligent à se frotter contre les arbres, ce qui rend leur peau défectueuse, de sorte que dans les années où les fruits du *cormier* sont abondans, les chasseurs ont peine à se procurer des fourrures parfaites.

Les *zibelines* entrent en chaleur au mois de janvier. Elles répandent alors une odeur très-forte; elles sont ardentes en amour, et les mâles se battent entr'eux avec fureur pour la jouissance d'une femelle. Après l'accouplement, les femelles gardent leurs nids pendant quinze jours, et quand elles ont

mis bas, elles alaitent leurs petits pendant cinq ou six semaines. Ce sont des animaux très-agiles, qui courent avec
vitesse, et sautent lestement d'arbres en arbres. S'ils sont
poursuivis, ils fuient long-temps en faisant mille détours
avant de grimper sur les arbres, au lieu que la *marte* y
monte dès qu'elle se sent menacée.

C'est à la *marte* que la *zibeline* ressemble le plus par les
formes et l'habitude du corps (*Voyez* l'article de la MARTE);
elle est seulement un peu plus petite. G. Gmelin dit qu'elle a
six dents incisives assez longues et un peu courbées, avec
deux longues dents canines à la mâchoire inférieure, de
petites dents très-aiguës à la mâchoire supérieure, de grandes
moustaches autour de la bouche, les pieds larges et tous
armés de cinq ongles. (*Nov. Comment. Acad. Petrop.*,
tom. 5.) Sa couleur la plus ordinaire est un fauve obscur,
mêlé de brun foncé, avec du gris à la gorge et sur le devant
de la tête et des oreilles. Cette couleur du corps, plus ou
moins noirâtre, règle la valeur de la fourrure. Il y a des
zibelines grises, dont la peau est de très-mauvaise qualité;
de toutes blanches, qui sont fort rares, et quelques-unes
qui ont sous le cou une tache blanche ou jaune. (S.)

ZIBELLINE, la *zibeline* en latin de nomenclature. (S.)

ZIBET (*Viverra zibetha* Linn.), quadrupède du genre
de la CIVETTE, de la famille des CHATS, sous-ordre des CAR-
NIVORES, ordre des CARNASSIERS. *Voyez* ces quatre mots.

L'on a long-temps confondu cet animal avec la *civette*,
parce qu'il a, comme ce dernier quadrupède, près des
parties de la génération, une poche qui contient une humeur
huileuse et odoriférante, qui entre dans les parfums. Mais,
quoiqu'indépendamment de cette conformité dans le produit,
ces deux animaux se ressemblent encore sous d'autres rapports, ils n'en forment pas moins deux espèces distinctes et
séparées. Le pelage du *zibet* est cendré, avec des ondes noires;
et sa queue est marquée alternativement d'anneaux de ces
deux couleurs; il a le museau moins gros, les oreilles plus
longues et plus larges, le poil plus court et moins roide, la
queue plus longue, deux dents molaires de moins à la mâchoire inférieure, et six mamelles. (*Voyez*, pour la comparaison, la description de la CIVETTE.) Enfin le *zibet* se trouve
en Arabie et aux Indes orientales; au lieu que la *civette* est
un animal particulier à l'Afrique.

Je n'ajouterai rien à ce que l'auteur de l'article CIVETTE a
rapporté au sujet des habitudes et de la liqueur onctueuse de
cet animal, parce qu'elles sont les mêmes que celles du
zibet. (S.)

ZIBETHA. C'est le *zibet* en latin moderne. (S.)

ZICZAC, nom donné par Réaumur à la *chenille* du *bombix ziczac*, parce que son corps fait toujours une espèce d'inflexion, et dans différens temps un *zigzag* différent. Geoffroy nomme *zigzag*, un *bombix* (*Dispar.* Fab.), parce que ses ailes sont traversées par des bandes ondulées en *zigzag*.

(L.)

ZIDRAC, nom de pays du Syngnathe hippocampe. *Voyez* ce mot. (B.)

ZIEGELERTZ, mine de cuivre couleur de brique, tantôt terreuse et tantôt compacte ; celle-ci a l'apparence *picée* ou résineuse, et les mineurs hongrois lui donnent le nom de *pechertz*. Voyez Cuivre. (Pat.)

ZIEMNI. *Voyez* Zemni. (S.)

ZIERIE, *Zieria*, genre de plantes établi par Smith dans la tétrandrie monogynie et dans la famille des Rutacées. Il offre pour caractère un calice divisé en quatre parties ; une corolle de quatre pétales ; quatre étamines glabres insérées sur des glandes ; un style simple ; un ovaire supérieur terminé par un stigmate à quatre lobes ; quatre capsules réunies et contenant des semences arillées.

Ce genre renferme des arbrisseaux d'Australasie à feuilles opposées ou ternées, et à fleurs blanches remarquables par la grosseur des glandes qui portent les étamines. (B.)

ZIGADÈNE, *Zigadenus*, plante vivace à feuilles glabres, graminiformes, canaliculées, à fleurs blanches, accompagnées de bractées et disposées en épi terminal, qui forme un genre dans l'hexandrie trigynie.

Ce genre, établi par Michaux dans sa *Flore de l'Amérique septentrionale*, et figuré pl. 22 du même ouvrage, offre pour caractère une corolle monopétale profondément divisée en six parties presque ovales, oblongues, et accompagnées de deux glandes à leur base ; six étamines ; un ovaire triangulaire, oblong, à trois styles obtus ; une capsule conoïde, trigone, terminée par les styles, et à trois loges polyspermes.

Cette plante, qui se rapproche beaucoup des *mélanthes*, se trouve dans les prairies humides de la Caroline, où elle s'élève à environ un pied. (B.)

ZIGZAG. Les marchands appellent ainsi une *vénus* qui est figurée dans l'*Appendix* de Dargenville pl. 5, lettre B. *Voyez* au mot Vénus. (B.)

ZILATAT (*Ardea æquinoctialis* Var., Lath., ordre des Echassiers, genre du Héron, famille des Crabiers. *Voyez* ces mots.). *Hoitzilaztatl* est le nom mexicain de cet oiseau, dont on a fait, par abréviation, celui de *zilatat*. Son plumage est tout blanc; son bec, rougeâtre vers la pointe, est pourpre dans le reste de sa longueur; l'espace nu entre le bec et l'œil est jaune; la partie nue des jambes et les pieds, sont d'un jaune plus pâle, et les ongles bruns. Longueur dix-huit pouces et grosseur du *pigeon*. (VIEILL..)

ZILIO, épithète que Jonston donne à l'Hyène. *Voyez* ce mot. (S.)

ZILLERTHITE ou SCHORL VERT DE ZILLER-THAL. *Voyez* RAYONNANTE. (PAT.)

ZIMBIS, nom de pays de la *porcelaine kauris* (*cypræa moneta* Linn.). *Voyez* au mot PORCELAINE. (B.)

ZIMBR, nom du *bison* en Moldavie. Il y est commun dans les montagnes occidentales, et sa tête fut mise dans les armes de cette contrée, par Pragosh, le premier prince du pays. *Voyez* BISON. (S.)

ZIMIECH, le *petit aigle* en arabe. *Voyez* l'article des AIGLES. (S.)

ZINC, métal qui est, après le fer, celui que la nature a le plus abondamment répandu dans le sein de la terre. Néanmoins, il ne se présente jamais sous la forme de métal *vierge* ou *natif :* il est toujours à l'état d'oxide; soit simplement combiné avec l'oxigène, comme dans la *calamine ;* soit avec le soufre, comme dans la *blende ;* soit enfin avec les acides sulfurique ou carbonique; mais il est rare de le trouver dans ces deux derniers états.

Le *zinc* qu'on obtient par le moyen de l'art, à l'état de *régule* ou de *métal pur ,* est de couleur gris de plomb clair tirant au bleuâtre.

Sa contexture est lamelleuse, et sa cassure présente de larges facettes. Il se ternit à l'air, mais il n'est point sensiblement attaqué par l'eau pure, à moins qu'il ne se trouve en contact avec un autre métal; car alors il s'oxide avec une promptitude surprenante; ainsi que l'a observé M. Humboldt, qui, ayant mis par hasard une pièce de *zinc* dans un bassin d'argent qui contenoit de l'eau, fut fort surpris de voir que, très-peu de temps après, la pièce étoit adhérente au vase et fortement oxidée. Ce métal a beaucoup d'affinité avec l'oxigène, ainsi que le prouve, non-seulement la quantité qu'il en peut absorber, qui s'élève au moins au tiers de son poids, mais encore l'opiniâtreté avec laquelle il le retient. *Voyez* l'article MÉTAUX.

Il se fond long-temps avant de rougir : dès qu'il est rouge, il se calcine; et pour peu qu'on pousse le feu, il s'enflamme en jetant un éclat éblouissant, et il se volatilise en partie sous la forme de flocons blancs et légers; mais dès que cet oxide a été ainsi formé par sublimation, il devient très-fixe au feu, et très-difficile à ramener à l'état de *régule*. Les anciens chimistes donnoient à ces fleurs de *zinc*, les noms bizarres de *laine philosophique*, *pompholix*, *nihil-album*, &c.

Dans les vaisseaux clos, le *zinc* se sublime sous sa forme métallique, et sans éprouver aucune altération.

On rangeoit autrefois le *zinc* parmi les métaux non-ductiles, qu'on nommoit *demi-métaux*; mais cette distinction est rejetée aujourd'hui avec raison : l'on a reconnu que la nature n'a point tracé de ligne de démarcation entre les uns et les autres, ainsi que le prouve le *zinc* lui-même, puisqu'on peut, avec quelques soins, le réduire en lames minces et flexibles, de plusieurs pouces d'étendue. Il est vrai qu'il devient fragile lorsqu'on le fait chauffer jusqu'au point où il seroit près d'entrer en fusion; et l'on peut alors le pulvériser dans un mortier chaud. Le calorique interposé entre ses molécules, les écarte au point de faire cesser en partie, cette attraction puissante qui résulte de leur contact immédiat. Dans les autres métaux, au contraire, le calorique augmente la ductilité, en favorisant le mouvement de leurs molécules, sans toutefois les écarter assez pour détruire leur attraction réciproque.

La densité du *zinc* est peu considérable; elle l'emporte un peu sur celle de l'*antimoine* mais elle est moindre que celle de l'*étain* et du *fer* fondu. Suivant Brisson, sa pesanteur spécifique est de 7190. Bergmann ne l'avoit trouvée que de 6862. Il est probable que c'étoit du *zinc* de la Chine, qui est le plus pur, et que l'on connoît dans le commerce sous le nom de *toutenague* : celui d'Europe contient presque toujours une certaine quantité de plomb.

Le *zinc* s'allie assez bien avec la plupart des autres métaux, mais difficilement avec le *fer*, et nullement avec le *bismuth* et le *nickel*. Il s'amalgame avec le *mercure*, dont il retient le double de son poids. Cet amalgame est solide, mais il se ramollit et devient presque fluide par la trituration.

Les alliages des différens métaux avec le *zinc*, produisent quelquefois un changement de contexture dans l'un et l'autre métal; avec l'*antimoine*, par exemple, il forme une masse d'une contexture grenue, quoique celle des deux métaux séparés soit lamelleuse.

Presque toujours la densité de ses alliages est différente de ce qu'elle devroit être d'après la pesanteur spécifique de chaque métal. Dans l'alliage du *zinc* avec le *fer*, l'*antimoine* ou l'*étain*, il y a écartement dans leurs molécules, et par conséquent diminution de pesanteur spécifique. C'est le contraire dans l'alliage du *zinc* avec le *plomb* ou le *cuivre*; l'augmentation de densité est considérable, avec le *cuivre* sur-tout elle est d'environ un dixième. Il semble que ces deux métaux se soient, en quelque sorte, pénétrés mutuellement, pour former un troisième métal, qui l'emporte à plusieurs égards sur le *cuivre* pur. Sa couleur se rapproche de celle de l'*or*; mais ce qui est bien plus important, c'est qu'il est infiniment moins sujet à s'oxider et à contracter cette rouille perfide connue sous le nom de *vert-de-gris*, qui rend si suspect l'usage des vaisseaux de cuivre rouge. Le *zinc* d'ailleurs, quoique peu ductile lui-même, ne diminue rien à la ductilité du *cuivre*, ainsi qu'on en peut juger par les fils et les lames d'oripeau, qui ne sont autre chose que du *cuivre jaune* ou du *laiton*, c'est-à-dire un alliage de *cuivre* et de *zinc*.

Cet alliage ne se fait point d'une manière directe, par un mélange des deux métaux fondus ensemble; c'est par un autre procédé, qu'on nomme *cémentation*. On met, dans le fond d'un grand creuset, un mélange de *calamine* et de *charbon* pulvérisé, sur lequel on range des lames de *cuivre rouge*, qu'on recouvre d'un semblable mélange; on ajoute d'autres lames de *cuivre* qu'on recouvre de même, et ainsi alternativement jusqu'à ce que le creuset soit rempli, ayant soin de finir par une couche de charbon. On couvre le creuset et on le met dans un fourneau. Dès que la chaleur agit à un certain point, le charbon qui est dans le creuset s'empare de l'oxigène de la calamine; le *zinc* rendu à l'état de *régule* se sublime, et rencontrant sur son passage le *cuivre* avec lequel il a la plus grande affinité, ils se combinent ensemble et forment du *laiton*.

Dans cette opération, le *cuivre* se charge d'une quantité de *zinc*, qui va pour l'ordinaire au cinquième, ou même au quart de son poids, suivant la bonté de la calamine.

Si l'on réitère cette opération, c'est-à-dire si, au lieu de lames de *cuivre rouge*, on met dans l'appareil cémentatoire des lames de *laiton*, on obtient un alliage un peu plus chargé de *zinc*, et dont la couleur est semblable à celle de l'*or*, ce qui lui a fait donner le nom d'*or de Manheim* ou de *similor*; il est susceptible d'un beau poli, mais il n'a presque point de ductilité.

On obtient à-peu-près le même résultat, en faisant fondre ensemble deux parties de *cuivre rouge* et une partie de *zinc* en *régule*, auxquels on ajoute quelquefois une petite quantité d'*étain*, de *bismuth*, d'*arsenic* ou *d'antimoine*, suivant l'intention de l'artiste. Ce sont ces divers alliages auxquels on a donné le nom de *tombac*, de *métal de prince*, &c.

Le *bronze* n'est autre chose qu'un *cuivre jaune* qui contient un peu moins de *zinc* que le *laiton*, et auquel on ajoute une très-petite quantité d'*étain* pour lui donner plus de dureté.

L'*airain* ou *métal des cloches* est un alliage de *laiton*, d'*étain*, et souvent d'un peu d'*antimoine*; il est supérieurement élastique, mais très-cassant. Quelques auteurs ont cru que les anciens, et même les Péruviens, dont les armes tranchantes étoient de *cuivre*, avoient le secret de donner *la trempe* à ce métal; mais cette *trempe* prétendue n'est autre chose qu'un alliage avec des métaux qui rendoient le *cuivre* et le *zinc* plus aigres et plus durs que notre *bronze*.

Comme le *zinc* à l'état de *régule* ou de *métal pur*, n'est pas d'un grand usage dans les arts, on ne fait point de travaux exprès pour le retirer de sa mine : on l'obtient accidentellement dans les fonderies où l'on traite des mines d'argent, dont la gangue est abondante en *blende*, comme sont la plupart de celles de Saxe, du Hartz, &c. A mesure que le minerai passe à travers les charbons, le *zinc* se dégage du soufre : une portion se volatilise et se perd, ou forme de la *tuthie* dans la cheminée du fourneau; une autre portion venant à rencontrer la pierre qui forme la partie antérieure du fourneau, qu'on nomme *la chemise*, où la chaleur est peu considérable, s'y condense, et tombe dans une chanée disposée pour le recevoir, et remplie de *poussier* de charbon, qui le garantit de l'action du feu, et le conserve dans son état de *régule*.

Le savant chimiste Malouin, qui a beaucoup travaillé sur le *zinc*, a reconnu qu'il pourroit être substitué avec avantage à l'*étain*, pour l'étamage des vaisseaux de cuivre.

Mais l'un des principaux usages qu'on fasse du *zinc* en *régule*, est fondé sur la propriété qu'il a de jeter en brûlant, une flamme éclatante : on le fait entrer en limaille dans la composition qui doit produire les *étoiles* et autres effets les plus brillans des feux d'artifice.

Les funestes effets de la *céruse* ou *blanc de plomb* sur la santé de ceux qui l'emploient, ont engagé Guyton-Morveau à chercher quelqu'autre substance qui pût la remplacer; et il a découvert que l'*oxide blanc de zinc*, pouvoit être employé aux mêmes usages que la *céruse*, sans avoir les mêmes inconvéniens.

Les médecins allemands emploient le *zinc* en *régule* comme vermifuge, et son oxide sublimé, comme anti-épileptique.

Le *zinc* a, dans les premières années de ce siècle, acquis

une sorte de célébrité, par l'usage qu'on en fait dans les expériences galvaniques. L'affinité particulière qu'il montre avec le fluide galvanique, qui n'est autre chose que l'électricité, nous fournira quelque jour de nouvelles lumières sur la nature de ce fluide, sur celle des métaux eux-mêmes, et sur le mystère de leur formation, à laquelle le fluide électrique n'est certainement point étranger.

GÎTES ET VARIÉTÉS DES MINES DE ZINC.

J'ai déjà dit que ce métal se trouve abondamment dans l'état d'*oxide* ou de *calamine*, et dans l'état de *sulfure* ou de *blende*. On le rencontre aussi, mais rarement, dans l'état de *carbonate* et de *sulfate*.

Calamine ou oxide de Zinc natif.

Werner distingue deux sortes de *calamines* : la *calamine commune* et la *calamine lamelleuse*. Je crois pouvoir en ajouter une troisième, que je nommerai *calamine chatoyante* ; je l'ai trouvée dans les mines de la Sibérie orientale : elle est remarquable par les formes qu'elle présente.

1°. CALAMINE COMMUNE ou *pierre calaminaire* ; elle est complètement opaque, d'une couleur de brique ou de quelqu'autre nuance ferrugineuse, qu'elle doit à l'oxide de fer dont elle est presque toujours abondamment mêlée ; elle est en masses irrégulières, souvent caverneuses ; sa cassure est compacte et son tissu grenu à grain fin. Sa pesanteur spécifique est sujette à varier, mais elle est toujours assez considérable pour la faire aisément distinguer des pierres communes.

L'analyse que Bergmann a faite d'une excellente espèce de calamine lui a donné le résultat suivant :

Oxide de zinc.	84	Silice	12
Oxide de fer.	3	Alumine.	1

Mais il est rare de trouver des *calamines* qui soient aussi riches en *oxide de zinc* et aussi peu mélangées d'*oxide de fer*.

La *calamine commune* forme plus souvent des *couches* que des *filons* dans les montagnes schisteuses. Elle se trouve en abondance dans plusieurs provinces d'Angleterre, notamment dans celles de Sommerset et de Nottingham.

Mais l'une des couches les plus considérables que l'on connoisse, est celle qui se trouve près d'Aix-la-Chapelle, sur la route de Liége : elle est encaissée entre deux bancs de *schiste quartzeux micacé* : son étendue en longueur est de 1500 pieds du nord au sud, sur 100 pieds au moins d'épaisseur ; et sa profondeur n'est pas connue quoiqu'on y ait fait des excavations de 250 pieds perpendiculaires. On en extrait annuellement quinze cents milliers de *calamine*. (*Journal des Mines*, n° 15.)

2°. CALAMINE LAMELLEUSE. Ce qui la distingue sur-tout de la *calamine commune*, c'est qu'elle est translucide, quelquefois même demi-diaphane : sa couleur la plus ordinaire est blanche ou jaunâtre. Elle se trouve le plus souvent dans les cavités de la *calamine commune*, dont elle tapisse les parois : elle est tantôt mamelonnée, et tantôt cristallisée en lames rectangulaires fort alongées, dont les angles solides sont plus ou moins tronqués, et quelquefois si profondément, que les lames se terminent en pointe d'épée. J'en ai rapporté des mines de la Sibérie orientale, dont les lames ont un pouce de longueur, ce qui n'est pas commun. Elles sont réunies en faisceaux de 7 à 8 lames, qui se touchent immédiatement par une de leurs extrémités, et s'écartent un peu à l'extrémité opposée, à-peu-près comme un jeu de carte qu'on pinceroit fortement par un des bouts. J'ai des échantillons de la grosseur des deux poings, entièrement composés d'un assemblage de ces faisceaux qui se croisent en tous sens, et qui tous présentent cette singulière disposition, dont les loix de la cristallographie pourroient difficilement rendre compte. Cette calamine cristallisée vient de la mine de plomb argentifère de Taïna, en Daourie, près du fleuve Amour.

La *calamine lamelleuse*, exposée au chalumeau, blanchit et devient opaque ; mais elle est infusible, même avec le *borax*. Elle se dissout sans effervescence, dans l'acide nitrique, et forme une gelée comme la *zéolite ;* ce qui, joint à sa structure rayonnante, l'a plusieurs fois fait prendre pour ce minéral, quoique la pesanteur spécifique de la *calamine* soit à-peu-près d'un tiers plus considérable.

Celle qui a été analysée par Pelletier, s'est trouvée beaucoup moins riche en métal que la précédente : il en a retiré 36 d'oxide de *zinc*, 52 de *silice* et 12 de *phlegme*.

J'ai trouvé dans quelques mines de cuivre et d'argent des monts Altaï, entre l'Ob et l'Irtiche, des *calamines lamelleuses*, colorées en vert par le cuivre; on pourroit les appeler des *mines de laiton ;* les unes sont mamelonnées et demi-transparentes ; d'autres sont en lames très-courtes, mais tellement serrées qu'elles forment une espèce de velours d'une jolie couleur d'aigue-marine, quelquefois argentée; d'autres sont en petits cristaux d'environ deux lignes de longueur, couchés les uns sur les autres, et composés de deux pyramides à six faces jointes base à base, dont les sommets sont tronqués, et les arêtes oblitérées; leur couleur est un joli vert de pré.

3°. CALAMINE CHATOYANTE. J'ai trouvé cette singulière variété d'*oxide de zinc*, dans la mine de Taïna : il a la couleur et la demi-transparence de la *cornaline jaune :* il se présente sous différentes formes, mais toujours sa surface est extrêmement *chatoyante :* quelquefois il est en masses mamelonnées comme l'*hématite.* Son intérieur est bouillonné comme la *calcédoine orientale*, et il est susceptible d'un aussi beau poli.

Celui qui est le plus remarquable, est figuré en grains dont la forme et le volume varient suivant les différens gîtes d'où les échantillons ont été tirés ; mais dans chaque gîte ils sont parfaitement semblables, et pour la forme et pour le volume.

Les uns sont extrêmement petits, d'une forme ovoïde, tous isolés les uns des autres : ils n'ont qu'une demi-ligne de diamètre, et ressemblent à des myriades d'œufs d'insectes disséminés sur des stalactites capillaires de fer et de manganèse.

D'autres, qui ont deux lignes de longueur, ont la forme d'un fuseau : ce sont deux pyramides à trois faces, très-alongées, jointes base à base, et dont les faces et les arêtes se correspondent alternativement ; mais ces faces et ces arêtes sont toutes curvilignes. Ces petits cristaux sont disséminés dans les cavités d'une *calamine noirâtre*.

D'autres enfin, dont la forme est la plus singulière, sont arrondis à leurs deux extrémités, et fortement étranglés dans le milieu comme le col d'une calebasse. Ces doubles globules ont environ trois lignes de longueur sur une ligne de diamètre. Ils sont amoncelés les uns sur les autres, et leur ensemble forme des espèces de *stalactites*, à-peu-près comme les *hématites*, en grappes de raisins. J'ai fait figurer ces *oxides de zinc granuliformes* dans mon *Hist. nat. des Minéraax*, tom. IV, pag. 202 et 203, où j'en ai décrit encore quelques autres variétés.

Blende ou *Sulfure de Zinc.*

Les minéralogistes allemands distinguent trois sortes de *blendes* : la *jaune*, la *brune* et la *noire*.

1°. BLENDE JAUNE : elle est ordinairement de couleur de soufre, mêlée de nuances vertes ou rougeâtres. Elle se trouve, ou en masses irrégulières, ou cristallisées en cubes ou en octaèdres diversement tronqués et groupés ensemble, d'une manière assez confuse.

Sa contexture est lamelleuse, et ses lames parfaitement planes se divisent en plusieurs sens avec beaucoup de facilité : c'est de toutes les substances minérales, celle qui se prête le mieux aux opérations de la *cristallotomie*, comme disoit Romé Delisle.

Cette substance est, pour l'ordinaire, fortement translucide et presque transparente. Elle est souvent phosphorescente, par un léger frottement : la pointe d'un cure-dent suffit pour faire paroître des traces lumineuses sur la *blende jaune* de Scharffenberg en Saxe : Bergmann a fait l'analyse de cette *blende*, qui lui a donné le résultat suivant :

Zinc.	64	Acide fluorique	4
Fer	4	Silice	1
Soufre.	20	Eau	7

J'ai trouvé une variété de cette *blende* qui est remarquable en ce qu'elle est en cristaux isolés, ce qui est infiniment rare. Ils sont de la grosseur d'un pois, plus ou moins, presque diaphanes ; d'une couleur verdâtre, mêlée de violet ; ils sont très-phosphorescens, soit par le frottement, soit par la chaleur ; ils sont encastrés dans un *mica-stéatiteux* de couleur d'or, mêlé avec du wolfram qui sert de gangue aux émeraudes de la montagne Odon-Tchélon, près du fleuve Amour.

La *blende jaune* se trouve en abondance dans les mines de Saxe, de Bohême, de Hongrie, et sur-tout dans celles du Hartz.

2°. BLENDE BRUNE : elle est d'une teinte plus ou moins claire ou obscure, suivant qu'elle est mêlée de rouge ou de noir ; elle est moins transparente que la *jaune*, quelquefois même elle est tout-à-fait opaque ; elle en diffère peu quant à ses autres caractéres extérieurs ; mais dans sa composition, elle est plus mêlée de matières hétérogènes. D'après l'analyse faite par Bergmann, elle contient :

Zinc.	44	Silice.	24
Fer	5	Alumine	5
Soufre.	17	Eau	5

Elle se trouve dans les mêmes lieux, et plus abondamment encore que la *blende jaune.*

3°. BLENDE NOIRE : elle est, comme les précédentes, ou en masses irrégulières, ou en cristaux confusément groupés, et dont la surface est lisse et luisante : quoique très-noire à l'intérieur, sa raclure est d'une couleur grisâtre ; elle est presque toujours opaque ; mais quand elle passe à la *blende brune,* elle devient plus ou moins translucide.

Elle se trouve dans la plupart des mines, sur-tout dans celles d'argent et de plomb. Celle que j'ai trouvée dans la mine de plomb argentifère de Zérentoui, dans la Sibérie orientale, est parfaitement noire, cristallisée en cubes et en octaèdres qui n'ont qu'une ligne de diamètre, mais qui sont nettement prononcés : ils couvrent la surface d'une mine de fer brune, mêlée d'hématite noirâtre.

Bergmann a fait l'analyse d'une *blende noire* de Danemora, en Suède, qui contenoit :

Zinc.	45	Plomb.	6
Fer	9	Arsenic	1
Soufre.	29	Eau	6
Silice	4		

Le plomb et l'arsenic ne s'y trouvoient qu'accidentellement.

Zinc spathique ou *Carbonate de Zinc.*

On trouve quelquefois avec la *calamine lamelleuse,* et même avec la *calamine commune,* une substance blanche, demi-diaphane, ayant un coup-d'œil vitreux ; ordinairement cristallisée en crête de coq, en tables quadrangulaires, en prismes hexaèdres comprimés, en rhomboïdes, en octaèdres, etc. Les plus célèbres chimistes et les minéralogistes les plus éclairés, l'ont reconnue pour un *oxide de zinc* très-pur, combiné avec de l'*acide carbonique.* De Born qui en décrit plusieurs variétés, rapporte l'analyse qui en a été faite par Bergmann, et qui ne peut laisser aucun doute sur la nature de cette substance ; elle contenoit :

Zinc.	65	Eau	6
Acide carbonique	28	Silice	un peu.
Fer.	1		

Vauquelin a pareillement reconnu l'existence du *carbonate de zinc natif,* ainsi que le rapporte Brochant, t. 11, pag. 367. Lamétherie, Gilet-Laumont, et tous les plus habiles minéralogistes, sont du même sentiment. Cependant, quelques auteurs, malgré tant de témoignages respectables, affectent de montrer des doutes, et disent qu'il faut *attendre que les circonstances les aient mis à portée de l'observer par eux-mêmes.*

J'ai rapporté de la mine de Taïna, dont j'ai parlé, plusieurs beaux échantillons de *carbonate de zinc*, parfaitement blanc et demi-transparent, ayant un coup-d'œil vitreux qui le fait distinguer sur-le-champ, d'avec le spath calcaire, avec lequel il a d'ailleurs quelque ressemblance, mais il est beaucoup plus dur. Il est cristallisé, tantôt en crêtes de coq disposées en roses, tantôt en rhomboïdes semblables à ceux du *spath calcaire muriatique*, et tantôt en octaèdres. Ces trois variétés de formes se trouvent quelquefois réunies dans le même échantillon.

Cette substance se dissout en entier avec une vive effervescence dans l'acide nitrique; et lorsqu'on la traite par la cémentation avec le *cuivre rouge*, elle le convertit en *laiton*, de sorte que je ne puis m'empêcher de reconnoître que c'est en effet un *carbonate de zinc*.

Sulfate ou *Vitriol de Zinc natif.*

Cette substance, qui est une combinaison d'*oxide de zinc* et d'*acide sulfurique*, se rencontre assez rarement dans la nature, et seulement dans un très-petit nombre de localités. Elle se présente tantôt sous la forme de filamens blancs et soyeux comme l'*amiante* (que leur saveur stiptique a souvent fait confondre avec l'*alun de plume*), et tantôt en petites stalactites cylindriques groupées parallèlement les unes aux autres.

Le *sulfate de zinc natif en filamens* se trouve dans les mines de mercure d'Idria, en Carniole, (et non pas en Carinthie, comme le disent quelques auteurs).

Celui qui forme des *stalactites*, se trouve dans les mines de Rudein et de Pakherstolln, à Schemnitz en Hongrie : l'intérieur de ces *stalactites* offre communément un tissu fibreux.

Suivant l'analyse rapportée par De Born, le *sulfate de zinc natif* contient 20 parties de *zinc*, 22 d'acide sulfurique, et 58 d'eau.

Le *sulfate de zinc* du commerce appelé vulgairement *couperose blanche*, est un produit de l'art, qui se prépare à Goslar, dans le Hartz. *Voyez* l'article SULFATE DE ZINC. (PAT.)

ZINGEL. *Voyez* ZENDEL. (B.)

ZINGI. C'est le nom chinois de la semence de la BADIANE. *Voyez* ce mot. (B.)

ZINNIA, *Zinnia*, genre de plantes à fleurs composées, de la syngénésie polygamie superflue, et de la famille des CORYMBIFÈRES, qui offre pour caractère un calice oblong, imbriqué d'écailles arrondies, inégales, roides et serrées ; un réceptacle garni de paillettes et portant, dans son disque, des fleurons hermaphrodites, et à sa circonférence des demi-fleurons entiers, ou échancrés, femelles fertiles, marcescens et persistans.

Le fruit est composé de semences comprimées dont celles

du disque sont surmontées de deux arêtes subulées, et celles de la circonférence souvent nues.

Ce genre, qui est figuré pl. 685 des *Illustrations* de Lamarck, renferme des plantes à feuilles presque toujours opposées et à fleurs solitaires et terminales, dont les demi-fleurons sont rougeâtres ou jaunes. On en compte cinq à six espèces, dont les plus connues ou les plus remarquables sont :

Le Zinnia pauciflore, qui a les fleurs sessiles. Il est annuel et croît au Pérou.

Le Zinnia multiflore, qui a les fleurs pédonculées. Il est annuel et croît au Mexique.

Ces deux plantes se cultivent depuis très-long-temps dans les jardins d'ornement à raison de la beauté de leurs fleurs et de l'élégance de leur port. On les place ordinairement au second rang dans les plates-bandes, attendu qu'elles s'élèvent de deux ou trois pieds au plus. On les sème lorsqu'on n'a plus à craindre les gelées, dans une terre préparée avec du terreau et abritée des vents froids, ou si c'est dans le nord, sur couche. Lorsque les pieds ont acquis quatre à cinq pouces, on les enlève avec la motte et on les place à demeure. Il faut avoir soin de les arroser plusieurs fois dans les premiers jours, ensuite ils ne demandent plus aucun soin. Ils fleurissent à la fin de l'été et pendant tout l'automne. Les premières gelées les font périr. On doit avoir soin de ramasser la graine de la première fleur qui s'est épanouie.

Cavanilles a fait connoître, pl. 81 de ses *Icones plantarum*, une nouvelle espèce de ce genre, qui est de beaucoup plus belle que les précédentes, et qui, lorsqu'elle sera plus connue, les chassera de nos jardins. C'est la Zinnia violette dont la tige est haute de trois pieds, les feuilles ovales, aiguës, sessiles, et les fleurs grandes et violettes. Elle vient du Mexique, et se voit déjà dans les jardins de quelques amateurs. (B.)

ZINOPEL, jaspe rouge ferrugineux et aurifère de Hongrie. *Voyez* Sinople. (Pat.)

ZIRCON ou JARGON. Ces deux mots désignent la même pierre, qui est une gemme de l'île de Ceylan, qu'on regarde comme une variété de notre *hyacinthe;* mais elle est plus belle, comme le sont ordinairement les *gemmes orientales;* car si quelques pierres d'Europe ou d'Amérique égalent celles des Indes, on ne peut s'empêcher de reconnoître qu'en général, celles-ci l'emportent de beaucoup. *Voyez* Jargon et Hyacinthe. (Pat.)

ZIRCONE. C'est une des neuf terres simples dont nous

sommes aujourd'hui en possession , et dont la plupart sont des découvertes dues à la nouvelle chimie.

La *zircone* tire son nom du *zircon* ou *jargon* , dont elle fait la base , et où elle entre dans la proportion de 66 pour 100.

Elle est , comme toutes les autres terres simples , d'une couleur blanche.

Sa pesanteur spécifique est considérable , elle est d'environ 4500 , comme celle de la *baryte*.

Elle est infusible au chalumeau : avec le borax , elle donne un verre transparent et sans couleur.

Elle se combine avec les acides , même les plus foibles , et forme avec eux des sels d'une saveur extrêmement austère. Elle est facilement précipitée par les alcalis , qui la dissolvent de nouveau dès qu'ils se trouvent en excès , quoiqu'ils n'aient sur elle aucune action directe. Elle est également précipitée par les prussiates , par les hydrosulfures , et par l'acide gallique ; propriétés qui , jointes à sa grande pesanteur , semblent la rapprocher des oxides métalliques. *Voyez* JARGON et HYACINTHE. (PAT.)

ZISEL. C'est le même quadrupède que le SOUSLIC. *Voyez* ce mot. (S.)

ZITZIL (*Trochilus punctulatus* Lath.). Le nom mexicain de cet oiseau est *hoitzitzil* ou *hoitzitziltototl* , dont Buffon a tiré par contraction celui de *zitzil*.

On doit remarquer que ce mot mexicain est le nom générique des colibris et des *oiseaux-mouches* , et n'est appliqué individuellement qu'avec une épithète telle que *quetza* ou *zochio* , *xiulhs* , *tozcacoz* , *yotac* , *tenoc* , &c.

Ce *colibri* , indiqué par Hernandez , a cinq pouces et demi de longueur ; tout le plumage d'un vert changeant en couleur de cuivre de rosette ; la gorge , le devant du cou et les couvertures du dessus des ailes du même vert , parsemé de petites taches blanches , d'où lui est venue la dénomination de *colibri piqueté* ; les pennes des ailes sont d'un brun violet ; celles de la queue d'un brun changeant en vert et terminées de blanc ; le bec , les pieds et les ongles sont noirs. (VIEILL.)

ZIZANIE , *Zizania* , genre de plantes unilobées , de la monoécie hexandrie et de la famille des GRAMINÉES , qui offre pour caractère une bale de deux valves oblongues et mutiques , et six étamines à longues anthères dans les fleurs mâles ; une bale de deux valves oblongues , aristées et un ovaire oblong surmonté par un style bifide et velu dans les fleurs femelles.

Le fruit est une semence alongée enveloppée dans la bale.

Ce genre, qui est figuré pl. 768 des *Illustrations* de La-marck, renferme des plantes ordinairement très-élevées, à feuilles alternes, engaînantes, graminées, et à fleurs dispo-sées en panicules terminales. On en comptoit trois espèces, dont les plus connues sont :

La Zizanie aquatique, qui a la panicule ouverte, les fleurs mâles inférieures, et les semences presque rondes. Elle est annuelle, s'élève à trois ou quatre pieds et se trouve très-abondamment dans les marais de l'Amérique septentrionale où je l'ai observée. Sa graine est ovale-oblongue, d'une ligne de long, et fort recherchée des oiseaux qui en laissent fort peu mûrir.

La Zizanie des marais, qui a les fleurs mâles inférieures, et en panicule ouverte, tandis que les fleurs femelles sont en épis. Elle est annuelle et se trouve dans les mêmes cantons que la précédente.

J'ai observé, décrit, et dessiné deux nouvelles espèces de ce genre pendant mon séjour en Amérique.

L'une est la *zizanie clavelleuse*, dont les fleurs mâles sont infé-rieures et en panicule ouverte, tandis que les femelles sont en épi terminal, portées sur des pédoncules propres, claviformes, et ayant une de leurs valves terminée par une longue arête. Elle est annuelle, se trouve dans les eaux bourbeuses, et s'élève à sept ou huit pieds. Elle se rapproche beaucoup de la précédente, mais en est bien dis-tinguée. Ses graines ont six à huit lignes de long, et sont regardées comme un excellent manger. Les sauvages, avant l'arrivée des Euro-péens, les faisoient cuire, avec leurs viandes, en guise de *riz*. Les oiseaux en sont extrêmement friands, et peu leur échappent.

L'autre est la Zizanie flottante, dont les fleurs sont disposées en épis axillaires ; les supérieures mâles, et les inférieures femelles. Elle a les feuilles ovales-oblongues et nageantes. Elle se trouve dans les eaux stagnantes, fleurit en été, et est fort recherchée des bes-tiaux qui s'exposent souvent à périr pour y atteindre. C'est une très-jolie petite plante, qui a bien les caractères du genre, mais qui n'a point du tout l'apparence des autres espèces. Ses tiges sont grêles et fort longues lorsque l'eau où elle se trouve est profonde. Il n'y a que les dernières feuilles qui flottent. La tige ne s'élève pas de plus d'un pouce hors de l'eau, est très-rameuse à son sommet. (B.)

ZIZANIE. Ce nom a été, même est encore donné, dans quelques cantons, à l'Ivroye. *Voyez* ce mot. (B.)

ZIZI (*Emberiza cirlus* Lath., pl. enl. n° 653, fig. 1, ordre Passereaux, genre du Bruant. *Voyez* ces mots.). Le nom de cet oiseau exprime son cri ; on l'appelle aussi *bruant de haie*, parce qu'il a dans son plumage et ses habitudes des rapports avec le *bruant* proprement dit, et qu'il se plaît plus volontiers dans les haies, cherchant au pied et dans les champs nouvellement labourés qui sont à proximité, les in-sectes et les petites graines dont il se nourrit. Il est plus com-mun dans les climats méridionaux que dans nos contrées septentrionales; cependant on en trouve assez souvent aux environs de Paris à l'automne et au printemps. Ces oiseaux y paroissent ordinairement deux fois dans l'année, vers les mois d'octobre et de novembre et au mois d'avril, et y restent environ trois semaines; il paroît qu'ils se portent au nord pour nicher, car il est très-rare d'en rencontrer pendant l'été; je n'en ai jamais vu qu'un couple dans cette saison, aux environs de Rouen, où probablement il a niché; l'on ne connoît ni leur nid, ni leurs œufs, ni le chant d'amour du mâle; mais bien son cri, qui exprime le mot *zizi*. Il le répète fréquemment, sur-tout lorsqu'on lui porte ombrage; quoique cet oiseau se familiarise volontiers avec la cage et y vive assez long-temps, son ramage est peu connu; selon les uns, il est monotone, suivant d'autres il imite celui des *pinsons*, avec lesquels, dit-on, les *zizis* forment des volées nombreuses, ce qui peut être dans les pays où ils se trouvent en abondance; mais ici je les ai toujours vus seuls ou en petites troupes de huit à dix, composées seulement des oiseaux de la même espèce.

Ce *bruant*, peu défiant, donne facilement dans tous les piéges, et, s'il se prend aux gluaux, il y reste le plus souvent, ou ne s'en tire qu'en y laissant presque toutes ses plumes. Ce granivore se nourrit en volière de *millet* et de *chénevis*, et y vit six ans à-peu-près.

Taille du *bruant commun*; bec d'un cendré brun; dessus de la tête tacheté de noirâtre sur un fond vert olive; plaque jaune sur les côtés coupée en deux parties inégales par un trait noir qui passe sur les yeux et couvre le haut de la gorge, dont le milieu est fauve et l'autre partie brune, ainsi que la poitrine; le reste du dessous du corps d'un jaune qui s'éclaircit sur les parties inférieures et qui est tacheté de brun sur les flancs; dessus du cou et du dos varié de roux et de noirâtre; croupion d'un roux olivâtre; couvertures supérieures de la queue d'un roux plus décidé; premières pennes des ailes brunes, bordées d'olivâtre en dehors; les secondaires les plus proches du dos rousses; pennes de la queue de la couleur des primaires, bordées, les deux extérieures de blanc, les suivantes de gris olivâtre, et les deux intermédiaires de gris roussâtre; pieds d'un jaunâtre rembruni.

La femelle diffère en ce que ses couleurs sont plus foibles et en ce qu'elle est privée de jaune sur les côtés de la tête et vers le cou; elle n'a ni les raies noires près des yeux, ni la tache de même couleur du haut de la gorge, ni le brun de la poitrine en général; le plumage de ces oiseaux est sujet à varier. Le vert obscur remplace, sur des individus, le brun de la poitrine, d'autres ont les plumes noires frangées de gris blanc : c'est ordinairement à l'automne que les mâles portent cette espèce de livrée, car au printemps le noir est franc. Les jeunes mâles ont avant leur première mue des couleurs encore plus foibles que la femelle, et l'on ne peut alors distinguer les sexes. Longueur totale six pouces un quart; queue fourchue à-peu-près comme celle du *bruant* proprement dit.

Ces oiseaux doivent être un bon manger, car ils engraissent facilement si on leur donne en abondance le *millet* et le *chénevis*. (VIEILL.)

ZIZIPHORE, *Ziziphora*, genre de plantes à fleurs monopétalées, de la diandrie monogynie et de la famille des LABIÉES, dont le caractère consiste en un calice presque cylindrique, strié, à cinq dents, barbu à son orifice ; une corolle bilabiée, à lèvre supérieure entière, réfléchie, à lèvre inférieure trilobée. Deux étamines fertiles et le rudiment de deux autres; un ovaire supérieur surmonté d'un style à stigmate en tête.

Le fruit est composé de quatre semences nues renfermées dans le calice.

Ce genre, qui est figuré pl. 18 des *Illustrations* de Lamarck, renferme des plantes à feuilles opposées, à fleurs disposées en paquets ou en épis axillaires ou terminaux. On en compte quatre espèces, dont les feuilles et les fleurs sont odorantes.

La ZIZIPHORE EN TÊTE, qui a les feuilles ovales et les fleurs en tête terminale. Elle est annuelle, et se trouve dans l'Asie mineure. On la cultive dans les jardins de botanique.

La ZIZIPHORE D'ESPAGNE a les feuilles ovales avec des bractées de même forme, et les fleurs disposées en grappes. Elle est annuelle et se trouve en Espagne. On la cultive également.

La ZIZIPHORE GRÊLE a les feuilles lancéolées et les fleurs latérales. Elle vient de l'Orient, est annuelle et se cultive comme les autres. (B.)

ZOANTHE, *Zoantha*, genre de vers radiaires établi par Cuvier, et qui a pour caractère un corps charnu, grêle, cylindrique inférieurement, épaissi en massue dans sa partie supérieure, ayant une bouche supérieure, centrale, accompagnée de tentacules rétractiles, et le pied constamment fixé sur un tube rampant et charnu qui donne naissance à plusieurs individus.

Ainsi donc les *zoanthes* ne diffèrent des ACTINIES (*Voyez* ce mot.) que parce que leur base est fixée sur un tube et qu'ils ne peuvent se déplacer à volonté comme ces dernières. Du reste, ils en ont tous les autres caractères.

Sans doute cette communauté de vie dont jouissent les *zoanthes*, car leur tube rampant fait partie essentielle de leur corps, une trochée entière ne forme qu'un seul animal, leur doit donner une manière d'être analogue à celle des *actinies*, mais on manque d'observation qui la constate. On peut voir à l'article des SERTULAIRES des exemples d'une semblable organisation ; cependant les bases rampantes des *sertulaires* sont cornées et insensibles, ou du moins peu sensibles, tandis que celles du genre dont il est ici question est aussi irritable que le corps même.

On ne connoît qu'une seule espèce de *zoanthe*. Elle a été appelée *actinia sociata* par Ellis, qui l'a découverte, et *hydra sociata* par Gmelin. Elle est figurée dans l'*Encyclopédie par ordre de matières*, partie des *Vers*, pl 70, fig. 1 et 2. Elle se trouve dans les mers d'Amérique. (B.)

ZOCOR ou **ZOKOR**. *Voyez* l'article des RATS - TAUPES. (S.)

ZODIAQUE, zone que l'on conçoit dans le ciel, divisée en deux parties égales par l'écliptique, et terminée de chaque côté par un cercle parallèle à l'écliptique, et qui en est éloigné de huit degrés. La petite inclinaison des orbes de la lune et des planètes, faisoit, il n'y a pas long-temps, qu'il ne paroissoit jamais aucun corps du système planétaire hors du *zodiaque*. Mais depuis la découverte de Cérès et de Pallas, dont les orbes sont inclinés beaucoup plus que de huit degrés à l'écliptique, il est visible qu'il faut, ou considérablement agrandir le *zodiaque*, ou se résoudre à regarder avec Herschel, ces deux astres comme étant d'une espèce intermédiaire entre les planètes et les comètes.

Le *zodiaque* est divisé en douze parties égales de 30 degrés chacune, et que l'on appelle *signes*, auxquels on a donné les noms des constellations qui occupoient autrefois les douze divisions. Ces noms sont le *bélier*, le *taureau*, les *gémeaux*, le *cancer*, le *lion*, la *vierge*, la *balance*, le *scorpion*, le *sagittaire*, le *capricorne*, le *verseau* et les *poissons*. Les constellations qui ont donné leurs noms aux *signes du zodiaque*, n'occupent plus maintenant les mêmes places que ces signes : elles sont toutes avancées d'environ 30 degrés. (LIB.)

ZODION, *Zodion*, genre d'insectes de l'ordre des DIPTÈRES et de ma famille des CONOPSAIRES. Ses caractères sont : suçoir de deux soies au plus, reçu dans une trompe cylindrique, toujours saillante, avancée, coudée simplement à sa base ; antennes à palette, avec petite pièce roide, conique, sans poil, insérée latéralement ; des palpes.

Les *zodions* ont exactement le port des *myopes*; seulement leur trompe n'est coudée qu'à sa base, de même que celle des *conops*. Leur corps est étroit; leur tête est vésiculeuse en devant, avec trois petits yeux lisses sur le vertex. Les ailes sont couchées sur le corps.

Zodion conopsoïde, *Zodion conopsoides*. Cet insecte a environ trois lignes de long. Il est cendré, légèrement velu, avec quatre petites lignes sur le corcelet, dont celles du milieu plus courtes et plus près du bord antérieur, deux taches au bord postérieur du second anneau de l'abdomen, une ligne de petits points, transverse, près du bord postérieur, sur les trois anneaux suivans, d'un brun noirâtre; la membrane qui recouvre la face est blanche en devant et rougeâtre sur le front; les yeux sont noirâtres, avec leur côté interne blanc; les antennes sont roussâtres; les pattes sont cendrées, avec les tarses noirâtres; les balanciers sont blancs; les ailes sont transparentes, avec la base roussâtre. Je crois que cet insecte est la *myope cendrée* de M. Fabricius.

On le trouve sur les fleurs. (L.)

ZOÉ, *Zoea*, genre de crustacés de la division des Sessiliocles, qui a pour caractère quatre antennes presque égales, les extérieures bifides et coudées; un rostre de la longueur du corcelet; deux yeux extrêmement gros; les pattes postérieures en nageoires; une queue fourchue.

Ce genre, que j'ai établi dans l'*Histoire naturelle des Crustacés*, faisant suite au *Buffon*, édition de Deterville, est assez difficile à placer dans l'ordre naturel. Je l'ai mis à la tête des *sessiliocles* de Lamarck; mais Latreille croit qu'il doit faire partie du dernier ordre des Crustacés. *Voyez* ce mot.

La principale des deux espèces, qui le composent, a un corcelet presqu'ovale, composé d'une seule pièce, demi-transparente, portant sur sa partie antérieure et inférieure, un rostre droit, inflexible, mince, uni, pointu, un peu plus long que le corcelet, et formant presqu'un angle droit avec lui. Aux deux côtés de ce rostre, sont implantés deux yeux presque sessiles, extrêmement gros, saillans, d'un bleu très-brillant, et plus bas, deux paires d'antennes plus courtes que lui; les inférieures simples; les extérieures coudées et bifides. Les instrumens de la manducation n'ont pu être observés à raison de leur petitesse et de leur transparence. Sur la partie supérieure et antérieure du corcelet, se voit une épine deux fois plus longue que lui, très-large à sa base, courbée en arrière, unie, qui, l'animal vu de face, semble dans le même plan que le rostre, et sur ses parties latérales, deux autres épines très-courtes, recourbées en dessous. La queue, aussi longue que le corcelet sous lequel elle se replie, est composée de quatre articulations applaties, presqu'égales, très-étroites, et d'une cinquième, terminale, beaucoup plus grande, fourchue, ou mieux en croissant, avec quelques épines courtes dans l'intérieur de ce croissant. Les pattes sont très-courtes, couchées sous l'abdomen, à peine visibles, à l'exception des deux dernières qui sont très-longues, et en forme de nageoires.

Telle est la description de ce remarquable crustacé, mais il faut voir sa figure pour s'en faire une idée complète. On la trouvera dans l'*Hist. nat. des Crustacés*, faisant suite au *Buffon*, édition de Determiville, pl. 15, fig. 3 et 4 où il est très-grossi. Il est nécessaire d'ajouter qu'il est transparent comme du verre, que les yeux, et une petite tache verte à la base de l'épine supérieure, le distinguent seuls de l'eau dans laquelle il vit.

La *zoé*, lorsque sa queue est repliée, paroît un globule, à peine d'un quart de ligne de diamètre, qui seroit percé d'outre en outre par une épine. Elle se meut avec une grande vélocité, au moyen de ses pattes en nageoires, soit circulairement, soit de bas en haut et de haut en bas; souvent elle tourne sur elle-même. Elle se trouve dans la haute mer, entre l'Europe et l'Amérique.

Il y en a, dans les mêmes latitudes, une autre espèce qui est noirâtre et qui n'a pas d'épine dorsale, mais elle m'a échappé avant que j'eusse pu la décrire.

Slabber avoit décrit et figuré dans un ouvrage allemand, un animal extrêmement voisin de la *zoé*, et qui jouit de la propriété de changer de forme en changeant de peau. Latreille l'a comparé, avec elle, dans son ouvrage sur les *crustacés*, faisant suite au *Buffon*, édition de Sonnini. Il résulte de ce qu'il rapporte, que la *zoé* de Slabber, trois jours après avoir été mise dans un vase avec de l'eau de mer, devint un animal semblable à une *crevette*, c'est-à-dire que son corps, au lieu d'être globuleux, étoit alongé, composé de sept articles; que son bec étoit devenu très-court; que sa queue, au lieu d'être fourchue à la pointe, étoit élargie, applatie, et garnie de courtes épines. Enfin, cet animal ne ressemble presqu'en rien à celui dont il tire son origine. Ses antennes et les organes qui entourent sa bouche, ne sont plus les mêmes; ses pattes ont des proportions différentes, etc. On seroit tenté de croire, en examinant les figures, qu'il y a une erreur d'observation de la part de Slabber, si les *nauplies*, les *amynomes* et autres genres de la même classe, ne nous offroient des changemens analogues. J'ai tout lieu de croire cependant, non par suite d'observations aussi long-temps suivies que celles de Slabber, mais par un certain *facies*, ou ensemble général, que donne l'habitude de voir, que ma *zoé* avoit acquis sa dernière transformation. Au reste, je dis avec Latreille, qu'il faut attendre du temps, les éclaircissemens que la singularité du fait invite à desirer.

On doit placer à côté de ce genre celui que Muller a nommé *polyphéme*, et Lamarck *céphalocle*.

Le *polyphéme* est un très-petit animal que l'on trouve assez communément dans les eaux stagnantes des environs de Paris, et qui est principalement remarquable par sa forme très-singulière. Sa tête est ronde et composée d'une enveloppe écailleuse qui recouvre une grande masse presque toute noire, mobile en tous sens dans l'intérieur de la tête, et qui est l'œil unique. Cet œil est égal en grosseur au dixième de celle de l'animal. De sa surface partent plusieurs petites lignes noires qui vont se rendre à l'enveloppe écailleuse, qui forme la partie la plus extérieure de la tête. Le *corcelet* est une partie arrondie qui vient après la tête, et qui sert d'attache aux pattes, aux antennes et à la queue. Le *ventre*, qui est le segment du corps le plus gros, est aussi arrondi, et renferme les œufs et les petits.

Les *bras* ou les *antennes*, au nombre de deux, sont composés d'une longue tige cylindrique, articulée vers le milieu du corcelet et de chaque côté; à son extrémité libre, elle jette deux branches également mobiles, assez longues, et qui sont formées de cinq articles, garnis de sept longs filets en forme de poils, dont les trois derniers partent du dernier article. Ces sept filets sont mobiles. Les *pattes* sont au nombre de huit, et attachées à la partie inférieure du corcelet; elles sont arquées, et un peu inclinées vers la tête; elles sont entièrement à découvert, et formées de trois à quatre articles cylindriques; leur bord inférieur est garni d'une suite de filets mobiles, en forme de poils. Les deux pattes antérieures sont beaucoup plus courtes que les autres.

La *queue* est attachée près de la dernière paire de pattes mobiles; elle est presque aussi longue que le corps, dirigée en arrière et appliquée le long du ventre, qu'elle dépasse beaucoup de son extrémité; elle est presque droite, déliée, garnie de petites pointes en forme de dentelures sur son bord inférieur, et terminées par deux longs filets.

A travers le test du *polyphême*, Degéer a observé, dans le corcelet, un gros vaisseau noir, courbé en arc ou en demi-cercle, qui prend son origine près de la tête, et qui, après avoir parcouru le corps, aboutit et se termine à la racine ou à la base de la queue; c'est probablement l'intestin. Il n'est visible que lorsqu'il est plein.

Degéer a cru reconnoître le cœur de cet animal dans une petite partie transparente, triangulaire, qui est placée dans l'endroit du dos où le corcelet se trouve uni au ventre, et qui est dans un mouvement et une espèce de battement continuel.

Le même auteur a observé la ponte du *polyphême*. Quand le ventre, qui a la forme d'un sac, est bien rempli d'embryons ou de petits, il est rond et comme enflé. Le *polyphême* accouche de tous ses petits à la fois, qui sont en petit nombre (Degéer en a compté sept); les petits se mettent en devoir de nager, et avec assez de vitesse, dès qu'ils sont sortis du ventre de leur mère.

Le mâle du *polyphême* n'est pas connu.

Ce très-petit *crustacé* nage avec vitesse dans les eaux dormantes, mais pures ; il avance par le mouvement combiné des *bras* ou *antennes* et des *pattes* en nageoires, dont il pousse l'eau en les haussant et les baissant avec promptitude. Lorsqu'il nage, il est toujours sur le dos. Ordinairement il tient sa tête baissée et rapprochée entre les pattes ; mais d'autres fois il la relève et la tient haute ; elle semble alors comme placée sur un col alongé.

Le POLYPHÊME OCULÉ, *Polyphemus oculatus* Mull., Latr., est la seule espèce connue dont nous venons de donner la description ; il en est fait mention dans Muller, *Entomostraca*, pag. 119, nº 56, pl. 20, fig. 1–5 ; dans Linnæus, *Syst. nat.* éd. 13, pag. 2996, nº 10, sous le nom de *monoculus oculatus ;* dans Fabricius, *Entom. Syst.*, tom. 2, p. 502 ; dans Degéer, *Hist. des Ins.*, tom. 7, pag. 467, nº 4 ; dans Lamarck, *Syst. des anim. sans vert.*, p. 170, sous le nom de *cephaloculus stagnorum ;* dans l'*Hist. nat. des Crust.*, faisant suite au *Buffon*, édition de Deterville, tom. 2, pag. 285 ; dans Latreille, *Hist. gén. et partic. des Ins.*, tom 4, pag. 282, pl. 50, fig. 3, 4 et 5. (B.)

ZOÈGE, *Zoegea*, genre de plantes à fleurs composées, de la syngénésie polygamie frustranée et de la famille des CINAROCÉPHALES, qui offre pour caractère un calice imbriqué d'écailles extérieures cilicées, et d'écailles intérieures plus longues, scarieuses, entières ; un réceptacle garni de soies, et supportant, dans son disque, des fleurons réguliers, hermaphrodites, et à sa circonférence des fleurons plus grands, irréguliers, alongés en languette et neutres.

Le fruit est composé de plusieurs semences à aigrettes simples.

Ce genre a été corrigé par l'Héritier, et n'est plus composé que de l'espèce qu'il a figurée pl. 29 de ses *Stirpes*. C'est une plante annuelle, branchue, à feuilles alternes, oblongues, à fleurs jaunes, portées sur de longs pédoncules solitaires. Elle vient de l'Orient, et s'est cultivée pendant quelques années dans les jardins de Paris.

L'Héritier a rapporté la *zoège* du Cap au genre RELHANIE. *Voyez* ce mot. (B.)

ZONE, portion d'une surface comprise entre deux lignes parallèles. Les *zônes* prennent les noms propres des surfaces dont elles font partie. Si la surface est circulaire, elliptique, &c. on les appelle *zônes circulaires*, *zônes elliptiques*, &c. (LIB.)

ZONE (*terme de sphère*), espace renfermé entre deux

cercles parallèles. La surface de la terre est divisée en cinq *zônes* ou bandes circulaires. L'une s'étend à 23 degrés et demi de part et d'autre de l'équateur, et a conséquemment 47 degrés de largeur : on la nomme *zône torride ;* elle comprend tous les pays situés entre les deux tropiques.

Parmi les quatre autres *zônes*, deux sont appelées *zônes tempérées ;* les autres se nomment *zônes glaciales.*

L'une des *zônes tempérées* est située vers le nord, et l'autre vers le midi.

La première s'étend depuis le tropique du cancer jusqu'au cercle polaire arctique, et occupe 45 degrés de largeur : on l'appelle *zône tempérée septentrionale.* L'autre s'étend depuis le tropique du capricorne jusqu'au cercle polaire antarctique, et occupe de même 43 degrés de largeur : elle se nomme *zône tempérée méridionale.*

L'une des *zônes glaciales* est située au nord, et l'autre au midi.

La première s'étend depuis le cercle polaire arctique jusqu'au pôle nord, qui se trouve à son centre. On l'appelle *zône glaciale septentrionale.* La seconde s'étend depuis le cercle polaire antarctique jusqu'au pôle sud, et elle se nomme *zône glaciale méridionale.*

La *zône glaciale septentrionale* est habitée, car la Laponie et la Sibérie en font partie. La *zône glaciale méridionale* est absolument inconnue.

Différens phénomènes se présentent aux habitans de la terre, suivant leur différente position. Le soleil passe deux fois l'année au zénith de ceux qui sont situés dans la *zône torride ;* de même deux fois l'année le soleil s'éloigne de l'équateur d'environ 23 degrés 30 minutes.

Dans les *zônes tempérées* et dans les *zônes glaciales,* la hauteur du pôle surpasse toujours la plus grande distance du soleil à l'équateur. De-là vient que les habitans de ces zônes n'ont jamais le soleil à leur zénith. Si l'on compare les hauteurs méridiennes du soleil observées le même jour dans deux lieux quelconques de ces *zônes,* celui où la hauteur méridienne est la plus grande est le plus méridional.

Pour les habitans des *zônes tempérées,* le soleil s'enfonce chaque jour sous l'horizon, parce que la distance des lieux situés dans ces *zônes,* est toujours plus grande que la hauteur du pole. Les jours civils sont aussi inégaux, et cela d'autant plus que ces lieux sont plus voisins des *zônes glaciales.* Voyez le mot JOUR.

Pour les peuples situés sous les cercles polaires, la hauteur du pôle est égale à la distance du soleil au pôle, lorsque cet astre se trouve dans le tropique d'été ; et conséquemment ces peuples voient une fois l'année le soleil achever sa révolution sans passer sous l'horizon.

Enfin, pour les peuples qui habitent les *zônes glaciales*, la hauteur du pôle est plus grande que la moindre distance du soleil au pôle, et conséquemment, pendant plusieurs jours, la distance du soleil au pole est plus petite que la hauteur du pôle : d'où il résulte que, pendant ce temps-là, le soleil ne peut s'enfoncer sous l'horizon, c'est-à-dire se coucher. Lorsqu'ensuite le soleil vient à s'éloigner du pôle d'une distance plus grande que celle qui mesure la hauteur du pôle, alors il se lève et se couche comme dans les autres *zônes*. (Lib.)

ZONÉCOLIN (*Perdix cristata* Lath., ordre des Gallinacés, genre de la Perdrix. *Voy.* ces mots.). *Quanht-zonécolin* est le nom mexicain de cette *perdrix*, dont la tête est ornée d'une huppe d'une couleur fauve qui s'étend sur la gorge ; les joues, le cou, le dos, le croupion, le ventre, les côtés, les jambes, les couvertures des ailes et de la queue, sont tachetés de roux, de brun, de noir et de blanc jaunâtre ; les pennes alaires sont brunes ; celles de la queue variées de brun et de gris ; le bec, les pieds et les ongles bruns. Taille de notre *caille*.

Cette espèce se trouve à la Guiane et au Mexique. Son cri est assez agréable, quoiqu'un peu plaintif.

Fernandez, à qui on doit la connoissance de cet oiseau (*Histor. Avium*, cap. 39.), fait mention d'un individu qu'on soupçonne être sa femelle ; il a le même plumage, mais il est moins gros et n'a point de huppe. (Vieill.)

ZONITE, *Zonitis*, genre d'insectes de la seconde section de l'ordre des Coléoptères et de la famille des Cantharidies.

Les *zonites* se confondent avec les *opales*, et ne forment peut-être qu'un seul genre. Fabricius cependant en a établi deux : les premiers, selon lui, ont les palpes filiformes ; les mâchoires entières plus longues que les palpes ; les antennes sétacées. Les seconds ont les palpes égaux, filiformes ; les mâchoires cornées, unidentées ; la languette membraneuse, tronquée, entière ; les antennes filiformes. Latreille, qui paroît réunir ces deux genres, présente les caractères suivans : antennes presque sétacées ; articles cylindriques, alongés, menus ; la longueur du second faisant au moins la moitié de celle du suivant ; parties de la bouche avancées, et quelquefois plusieurs d'elles très-longues ; dernier article des palpes cylindrique , alongé ; lèvre inférieure bifide ; port des *mylabres* ; élytres plus étroites et proportionnellement plus longues , plus horizontales et allant un peu en pointe ; écusson distinct. (O.)

ZOOGLYPHITES. Quelques naturalistes ont donné ce nom aux *pierres schisteuses* qui présentent des empreintes d'animaux. *Voyez* FOSSILES et PÉTRIFICATIONS. (PAT.)

ZOOLITES. On donne ce nom aux *animaux* ou à quelques-uns de leurs débris qui ont été enfouis par les eaux, et convertis en pierre. *Voyez* FOSSILES et PÉTRIFICATIONS.

(PAT.)

ZOOLOGIE (mot formé de ζῶον, animal, et λογός, discours ou traité). C'est ainsi la science qui traite des animaux. On la subdivise en autant de branches qu'on a formé de classes d'animaux ; c'est pour cela qu'on nomme *mammalogie*, ou *mammiférologie*, l'histoire naturelle des *mammifères* ou des *quadrupèdes vivipares* ; *ornithologie*, la science des *oiseaux* ; *amphibiologie*, celle des *amphibies* ; *cétologie*, celle des *cétacés* ; *erpétologie*, celle des *lézards* et des autres *reptiles* ; *ophiologie*, celle des *serpens* ; *ichthyologie*, celle des *poissons* ; *conchyliologie*, l'histoire des *coquillages* ; *testacéologie*, celle des *testacés* ; *insectologie*, ou plutôt *entomologie*, l'histoire des *insectes* ; *helmintologie*, celle des *vers*, &c. La plupart de ces noms bizarres sont forgés par ceux qui s'occupent davantage des mots que de la science elle-même.

Toutes ces classes qui portent des noms particuliers, enfin tous ces ordres, ces genres, ces espèces et cet arrangement systématique suivant lequel on place chaque animal, comme dans une niche ou dans un catalogue alphabétique, pour le retrouver au besoin ; tout cela ressemble beaucoup plus à l'instinct laborieux d'une femme qui a soin de ranger son ménage, qu'au véritable rang que la nature assigne à ses productions. Mais comme je ne prétends pas déprécier les travaux de plusieurs naturalistes estimables, et que ce n'est pas à moi qu'on pardonneroit facilement des observations même innocentes à cet égard, je dirai donc que cette régularité méthodique, ce bon ordre, cette propreté du ménage zoologique, est toujours agréable et facile pour trouver sur le champ un individu du règne animal. Ces arrangemens systématiques sont, pour la plupart, tracés d'après ceux des musées d'histoire naturelle ; ce sont des espèces de Dictionnaires qui contiennent l'inventaire de ces boutiques où chaque animal a sa petite place bien en ordre. S'il survient quelque nouvelle espèce un peu différente des autres, on fait vite un genre, et la bête prend, avec honneur, son rang parmi ses confrères : elle figure avec éclat dans le cabinet d'un amateur, jusqu'à ce que sa mode soit passée ou qu'une autre lui succède. C'est une petite manie qui tourne du moins au profit de la science, et qui est assez innocente. C'est ainsi qu'un aimable enfant se plaît à ranger ses papillons, ses fleurs ou ses coquilles ; il assortit leurs nuances, fait ressortir leurs contrastes, place dans un jour favorable les objets les plus saillans, et tapisse ainsi sa chambre, qui devient bientôt un petit cabinet d'histoire naturelle. Heureux s'il trouve toujours le même plaisir à cette occupation facile, et s'il se contente de faire parade de son joli musée ! La nature est trop vaste pour qu'il puisse espérer de rassembler la plupart de ses productions, ses mystères sont trop profonds pour qu'il ose aspirer à les sonder. Satisfait du peu que la nature et la fortune lui accordent, il conduit doucement sa barque sur le fleuve de la vie, et, comme un passager, il ne s'attache qu'aux objets passagers de la terre, cherchant des exemples de sa fragilité et de son existence fugitive parmi les papillons et les fleurs. C'est ainsi qu'il descend dans son dernier séjour, tandis que l'ambitieux s'agite avec fureur dans le tourbillon du monde. On ne gravit point sans danger sur le faîte des grandeurs humaines : leur sommet, pareil à celui des Alpes, est frappé par la tempête, et ses flancs sont environnés de précipices. L'humble habitant des vallées contemple de loin ces périlleux chemins qui conduisent à la gloire et à la fortune, et apprend à vivre satisfait de sa chaumière rustique. (V.)

ZOOMORPHITES, nom donné par quelques naturalistes à des *pierres* qui, soit par leurs *couleurs*, soit en *relief*, présentent accidentellement des figures d'animaux, ou de quelques-unes de leurs parties. Les cailloux d'Egypte offrent quelquefois les accidens de la première espèce, et les concrétions pierreuses, ceux de la seconde. (PAT.)

ZOOPHAGE, terme composé de deux noms grecs ξῶ, *un animal*, et φαγῶ, *je mange*. On donne, en effet, l'épithète de *zoophage* aux races d'animaux qui dévorent d'autres animaux, comme sont les carnivores. Le mot *sarcophage* désigne aussi le même instinct ; car il est formé du mot σαρξ, *de la chair*, et φαγεῖν, *manger*, *dévorer* ; et comme les tombeaux dévorent, pour ainsi dire, les cadavres humains qu'on y dépose, on les nomme quelquefois des *sarcophages*.

Il arrive rarement que les animaux *carnassiers* ou *zoophages* s'attaquent entr'eux, parce qu'ils ont des armes pour se défendre et parce que leur chair a un mauvais goût. C'est pour cela que l'homme, peut-être le premier des animaux *zoophages*, rejette le chair des carnivores, et ne leur fait la guerre que pour se débarrasser de concurrens aussi voraces que lui. *Voyez* les mots Carnivore et Armes des animaux.

Le mot *zoophage* doit s'appliquer principalement aux espèces qui dévorent leur proie vivante, telles que le *lion*, le *tigre*, l'*aigle*, ou même, parmi les insectes, l'*araignée*, les *crabes*, &c. mais le nom de *sarcophage* convient plutôt aux races qui vivent de charognes, de corps morts, telles sont les *hyènes*, les *vautours*, &c. parmi les insectes, tels sont les *nicrophores*, les *silphes*, les *dermestes*, &c. (V.)

ZOOPHYTES. Linnæus a ainsi appelé généralement les productions polypeuses, que Lamarck a nommées *polypes corralligènes*, c'est-à-dire les *madrépores*, les *coraux*, les *gorgones*, les *corallines*, les *sertulaires*, les *éponges* et même les *hydres*. Voyez au mot Polype. (B.)

ZOOPHYTOLITHES. On a quelquefois donné ce nom aux *zoophytes fossiles* dont la forme approche de celle des végétaux, tels que le *palmier marin* et autres semblables.

(Pat.)

ZOOTIPOLITHES, pierres qui portent l'empreinte de quelques animaux ou portions d'animaux fossiles. *Voyez* Fossiles et Pétrifications. (Pat.)

ZOPHOSE, *Zophosis*, genre d'insectes de la seconde section de l'ordre des Coléoptères et de la famille des Ténébrionites.

Ce genre, séparé par Latreille de celui d'*érodie*, présente les caractères suivans : antennes à articles presque tous cylindriques ou cylindrico-coniques ; les quatre derniers grenus, plus gros, distincts ; le onzieme un peu plus long que le précédent, en toupie, pointu, palpes presque filiformes ; dernier article des maxillaires presque conique, alongé, tronqué, comprimé ; ganache des *érodies* ; lèvre supérieure découverte ; corps ovalaire, très-convexe en dessus, corcelet fort court, transversal, concave en devant pour recevoir la tête ; bord postérieur courbé ; angles postérieurs saillans ; sternum prolongé en pointe ; milieu du dessus du corps en carène ; tarses filiformes, menus, alongés.

Ce genre comprend, entr'autres, le Testudinaire, *érodie testudinaire* de mon *Entomologie*. Il est noir, ovale, relevé en bosse ou très-convexe. La tête et le corcelet sont lisses ; la partie antérieure du corcelet est échancrée ; les élytres sont réunies, chagrinées, noires, avec les côtés souvent couverts d'une poussière blanchâtre ; les pattes sont grêles , longues et noires. Cet insecte se trouve au Cap de Bonne-Espérance.

(O.)

ZOPILOTL , nom mexicain du *vautour urubu* , dans les écrits de Hernandez et de Fernandez. (S.)

ZORCA (édition de Sonnini de l'*Histoire naturelle de Buffon.*). Cetti fait mention , dans son *Histoire naturelle des Oiseaux de la Sardaigne* , d'une espèce de *petit-duc* qui vit solitaire dans les lieux retirés , et qui ne découvre sa retraite que par ses hurlemens âcres et plaintifs. Il se distingue , selon cet ornithologiste , par les huit ou neuf plumes de ses aigrettes auriculaires , son bec d'un jaune verdâtre , et ses jambes couvertes de duvet jusqu'aux doigts , qui en sont dénués. Sa longueur est de sept pouces. (VIEILL.)

ZORILLE (*Viverra zorilla* Linn.), quadrupède du genre et de la famille des MARTES , sous-ordre des CARNIVORES , ordre des CARNASSIERS. *Voyez* ces trois mots.

Buffon , trompé par de fausses indications , avoit cru que cet animal étoit propre à l'Amérique ; c'est une méprise. Le *zorille* est naturel à l'Afrique , et se trouve principalement vers le Cap de Bonne-Espérance. M. d'Azara (*Quadrupèdes du Paraguay*) est tombé dans une autre erreur , lorsqu'il prétend que le *zorille* est un jeune YAGOURÉ. (*Voyez* ce mot.) Et à ce propos , l'écrivain espagnol reprend vivement le naturaliste français , et avertit que l'on *feroit mieux de ne pas se fatiguer à lire Buffon.* Quelque bon que cet avis paroisse aux yeux de M. d'Azara , je doute que beaucoup de gens soient tentés de le suivre.

Le *zorille* n'est donc point l'*yagouré* ou *mouffette du Chili* , ou *mapurito* de l'Amérique. (*Nota* que l'article MAPEU-RITA de ce Dictionnaire doit être réformé d'après cette observation.) Kolbe en a parlé sous le nom de *blaireau puant ;* mais il ressemble beaucoup plus au *putois* qu'au *blaireau ;* il est à-peu-près de la même figure et de la même grandeur ; il lui ressemble encore par les habitudes naturelles , et il répand une aussi mauvaise odeur que notre *putois* , mais que la chaleur du climat rend plus exaltée. Des bandes courtes , d'un blanc jaunâtre , s'étendent longitudinalement sur le fond noir de son corps ; ses cuisses et son ventre sont noirs , sans taches ni raies , et sa longue queue, qui est très-fournie , est variée de noir et de blanc. (S.)

ZORILLOS. Les Espagnols ont donné ce nom à un quadrupède de l'Amérique méridionale, la MOUFFETTE DU CHILI ou l'YAGOURÉ. *Voyez* ces deux articles. (S.)

ZORIN, nom de pays du TIGARIER APRE. *Voy.* ce mot. (B.)

ZORKÈS d'Œlien, est le DAIM. *Voyez* ce mot. (S.)

ZORNE, *Zornia*, genre de plantes établi par Walter dans la *Flore de la Caroline*, n° 279, mais qui ne diffère pas assez des *sainfoins* pour en être séparé. Il renferme une plante vivace, à tiges couchées, à feuilles quaternées, à fleurs axillaires jaunes recouvertes de grandes bractées ovales, persistantes. J'ai fréquemment trouvé cette plante dans les sables les plus arides de la Caroline. Les *cerfs* la recherchent avec passion. (B.)

ZOROSCH. Quelques auteurs ont donné ce nom à la *mine d'argent blanche*. VOYEZ ARGENT. (PAT.)

ZORRINA. C'est ainsi que Garcilasso a désigné la MOUFFETTE DU CHILI ou l'YAGOURÉ. *Voyez* ces deux mots. (S.)

ZOSTÈRE, *Zostera*, genre de plantes à fleurs incomplètes, de la gynandrie polyandrie et de la famille des FLUVIALES, qui offre pour caractère un spadix linéaire engaîné dans la base des feuilles, plane, nu sur une face, couvert sur l'autre d'organes sexuels; à anthères presque sessiles sur la surface supérieure du spadix; à ovaires en petit nombre dans la partie inférieure, légèrement stipités et à styles capillaires semi-bifides.

Le fruit est composé de capsules membraneuses et monospermes.

Ce genre, qui est figuré pl. 757 des *Illustrations* de Lamarck, renferme des plantes à feuilles radicales graminiformes, très-longues et luisantes, qui croissent au fond de la mer, s'y fécondent et y mûrissent leurs semences. L'extrémité de leurs feuilles seule atteint quelquefois la surface de l'eau. On en compte cinq espèces, dont une est très-commune sur les bords de l'Océan, et encore plus de la Méditerranée, dans les lieux où la mer est en repos, tels que les ports et les marais où elle n'arrive que dans les grandes marées des équinoxes.

Cette espèce, qui est la ZOSTÈRE OCÉANIQUE, a des feuilles souvent de huit à dix piéds de long, sur une largeur de quatre à six lignes. Elle est connue sous le nom d'*algue* dans la plupart de nos ports de mer, c'est-à-dire que, quoiqu'on applique assez généralement ce nom à toutes les plantes marines qui y croissent, on peut la regarder comme le portant spécialement. La singulière organisation de ses fleurs et la faculté qu'elles possèdent de fructifier sous l'eau, la rendent digne des méditations des scrutateurs de la nature. Elle n'a pas, cependant, encore été observée autant qu'elle mérite de l'être.

Les flots de la mer arrachent ce *zostère* du lieu de sa naissance, et en rejettent les feuilles sur la plage, où elles s'amoncèlent souvent en grande quantité. On les ramasse avec les *varecs* et autres productions marines, soit pour servir d'engrais aux terres, soit pour faire de la soude, soit pour servir à emballer les marchandises. La flexibilité et la douceur de ces feuilles les rendent, en effet, plus propres à garantir les objets casuels, tels que ceux de verrerie, de faïencerie, &c. que la paille et le foin. On les arrache même exprès, pour ce seul objet, dans quelques ports de mer de la Méditerranée, sur-tout à Venise, ainsi que je l'ai observé, avec de grands râteaux de fer. En Hollande, on l'emploie à faire les digues qui défendent ce pays de l'invasion de la mer. Chaque année on les charge de nouveaux lits qui se distinguent très-bien des anciens, devenus compactes à un point dont on ne se fait pas d'idée. Enfin cette plante est regardée comme une production importante de certaines localités. *Voyez* au mot Varec. (B.)

ZOUCET, Belon (*Portrait d'oiseaux*) nommé ainsi le Castagneux. *Voyez* ce mot. (S.)

ZUBR, le *bison* en Pologne. (S.)

ZUCCAGNIE, *Zuccagnia*, arbrisseau très-rameux, à feuilles alternes pinnées; à folioles sessiles, alternes, elliptiques, glutineuses, ponctuées de noir des deux côtés; à fleurs rougeâtres disposées en grappes terminales, lequel forme un genre dans la décandrie monogynie.

Ce genre présente pour caractère un calice monophylle, persistant, coloré, à cinq divisions oblongues, obtuses; l'inférieure plus longue; une corolle de cinq pétales ovales, insérés au calice, dont les deux supérieurs sont plus larges et concaves; dix étamines velues à leur base; un ovaire supérieur ovale, comprimé, uniloculaire, bivalve, monosperme et couvert de longs poils.

La *zuccagnie ponctuée* se trouve dans les montagnes du Chili. Elle a quelques affinités avec le Campèche *Voyez* ce mot. (B.)

ZURAPHATE, nom arabe de la Girafe. *Voyez* ce mot. (S.)

ZURNABA. *Voyez* Girafe. (Desm.)

ZURNAPA. *Voyez* Girafe. (Desm.)

ZURRMA: Les Calmouques nomment ainsi le Souslic. *Voyez* ce mot. (S.)

ZURVADI, nom du *chevreuil* en grec moderne. (S.)

ZWITTER, ou plutôt **ZINNZWITTER**, *Mine d'étain* en petits grains disséminés dans la roche. *Voyez* ETAIN.
(PAT.)

ZYGÈNE, nom spécifique latin du SQUALE MARTEAU. *Voyez* ce mot. (B.)

ZYGÈNE, *Zygæna*, genre d'insectes de l'ordre des LÉPIDOPTÈRES, de ma famille des SPHINGIDES, et dont les caractères sont : antennes renflées un peu au-delà de leur milieu, contournées, longues, quelquefois pectinées, et dont la pointe est simple, nue; palpes pointus; une trompe.

Les *zygènes* sont distingués des *sphinx* et des *sesies* par leurs antennes, qui sont nues à leur extrémité, ou qui n'y ont pas une petite houppe, ou de filet couvert d'écailles; des *stygies* par la présence d'une trompe. Dans l'inaction, ces insectes ont leurs ailes rapprochées et un peu élevées en toit au-dessus du corps. Ces ailes sont vitrées dans quelques-uns. L'abdomen est nu ou garni d'une brosse.

Le fondateur de ce genre est Degéer. Il l'avoit nommé PAPILLON-PHALÈNE (*Sphinx adscita*). M. Fabricius en a fait des *zygènes*. On a encore désigné ces insectes sous le nom de *sphinx bélier*.

Leurs *chenilles* ont seize pattes; elles sont lisses, un peu velues, et n'ont point comme celles des *sphinx*, des cornes sur le dernier anneau. Pour se changer en nymphes, elles n'entrent point dans la terre; elles s'enferment dans une coque de soie assez solide, qu'elles filent le long d'une branche ou d'une feuille. L'insecte parfait en sort peu de temps après que la *chenille* s'est métamorphosée. Ces insectes sont lourds, paresseux, et volent peu; ils se tiennent ordinairement sur les plantes où les femelles déposent leurs œufs. Les deux sexes ne vivent que le temps qui leur est nécessaire pour s'accoupler et pour pondre, et meurent après s'être acquittés de ces fonctions pour lesquelles ils sont nés.

Des soixante-douze espèces décrites par M. Fabricius, il n'y en a guère que douze qui habitent l'Europe. On les trouve pendant la belle saison.

    * *Antennes simples contournées en cornes de bélier.*

ZYGÈNE DE LA FILIPENDULE, *Zygæna filipendulas* Fab.; *Sphinx* Linn., Geoff., *Pap. d'Europ.* pl. XCVII, n° 137. Cette epèce est le *sphinx bélier* de Geoffroy. Elle a environ huit lignes; les antennes et le corps d'un vert-noir ou bleuâtre; les ailes supérieures d'un vert foncé, changeant, soyeux, avec six taches d'un rouge foncé sur chacune, les inférieures rouges sans taches, les pattes longues, noires.

On la trouve dans les prairies.

Sa *chenille* est jaune, un peu velue, avec quatre rangées de taches noires, deux sur le milieu du corps, et une de chaque côté; pour se changer en nymphe, elle file une coque très-solide, alongée, de couleur jaune, très-lisse, et qui paroît comme vernissée; elle l'attache le long d'une feuille ou d'une tige, s'y enferme, et y reste environ quarante jours sous la forme de nymphe, après lesquels elle devient insecte parfait; elle se nourrit principalement des feuilles de la *fili-pendule*.

Zygène du lotier, *Zygæna loti*, le *Sphinx des graminées* des *Papillons d'Europe*, pl. XCVIII, n° 138; ses ailes supérieures sont vertes, avec cinq points rouges; les inférieures sont rouges.

Zygène de la scabieuse, *Zygæna scabiosæ* Fab., *Papillons d'Europe*, pl. XCV et XCVI, n°s 133, 134 et 135. Elle diffère de la précédente, par les antennes et le corps qui sont de couleur noire, et par les taches des ailes réunies en une seule dans les uns, divisées en trois dans les autres.

Les individus dans lesquels le rouge des ailes supérieures ne forme qu'une grande tache, sont les *sphinx de la scabieuse* des *Papillons d'Europe*, et ceux où le rouge forme trois taches, le *sphinx de la piloselle*. Le premier pourroit bien être une espèce.

On la trouve en Europe, sur la *piloselle* et la *scabieuse*. On trouve une variété qui a une bande rouge sur l'abdomen, c'est le *sphinx bélier noir à bande rouge* des *Papillons d'Europe*.

Zygène de l'esparcette, *Zygæna onobrychis* Fab., *Papillons d'Europe*, pl. XCIX, n° 40. Le corps est noir; ses ailes supérieures sont d'un vert changeant en bleu, avec six taches rouges, plus pâles dans leur contour, ce qui les rend oculaires; les postérieures sont rouges, bordées de noir; l'abdomen a quelquefois un anneau rouge.

La *chenille* vient sur l'esparcette.

Zygène de la bruyère, *Zygæna fausta* (*Papillons d'Europe*, pl. C, n° 142.). Elle a des rapports avec la précédente; le premier segment du corcelet est rouge; cette couleur domine sur les quatre ailes; les supérieures ont quelques points noirs, avec du rouge plus pâle autour, dans quelques-uns; l'abdomen a une bande rouge.

Zygène de la lavande, *Zygæna lavendulæ* Fab. Elle a le corps noir; le premier segment du corcelet blanc; les ailes d'un blanc foncé, avec cinq points rouges sur les supérieures et un sur les inférieures. *Papillons d'Europe*, pl. CI, n° 145.

Zygène de la luzerne, *Zygæna coronillæ* Fab. Elle a les ailes supérieures d'un vert foncé, avec six taches ou toutes rouges, ou dont celles du milieu sont blanches; les ailes inférieures sont d'un vert presque noir ou changeant en bleu foncé avec une tache blanche; l'abdomen a un cercle rouge. *Papillons d'Europe*, pl. C, n° 144.

Zygène du chêne, *Zygæna quercus* Fab.; *Sphinx phegea* Linn. *Sphinx du pissenlit*, *Papillons d'Europe*, pl. CII, n° 147. Elle est d'un vert noirâtre avec des points transparens sur les ailes; six sur les supérieures; deux sur les inférieures. Elle a une bande jaune sur l'abdomen.

On la trouve fréquemment en Allemagne sur le *chêne*.

Sa *chenille* est brune; elle a la tête et les pattes rousses, et des faisceaux de poils blancs sur le corps.

Zygène cerbère, *Zygæna cerbera* Fab.; *Sphinx cerbera* Linn. Elle est de moitié plus petite que la *zygène* du *chêne ;* elle a les ailes noires, avec six points transparens sur les ailes supérieures et deux sur les inférieures, et des bandes rouges sur l'abdomen.

Elle habite l'Éthiopie.

* * Antennes pectinées.

Zygène malheuse, *Zygæna infausta* Fab.; *Sphinx des haies*, *Papillons d'Europe*, pl. c111, n° 152. Elle a environ six lignes de long; les antennes pectinées; les ailes supérieures brunes; les inférieures d'un rouge sanguin, et une bande de la même couleur sur le corcelet.

On la trouve au midi de l'Europe, quelquefois aux environs de Paris.

Zygène du statice, *Zygæna statices* Fab.; *Sphinx* Linn.; *Phalène turquoise* Geoff., *Papillons d'Europe*, pl. c111, n° 150. Elle a les antennes d'un vert bleuâtre; celles du mâle sont pectinées; le corps et le dessous des ailes supérieures sont d'un vert bleuâtre brillant; les ailes inférieures et le dessous des supérieures sont brunes.

On la trouve en Europe dans les prairies.

Sa *chenille* vit sur l'*oseille* et la *globulaire ;* elle est noire, avec des lignes blanches, et deux lunules de la même couleur sur le milieu du corps.

Zygène du prunier, *Zygæna pruni* Fab.; *Papillons d'Europe*, pl. c111, n° 151. Elle est de moitié plus petite que la précédente, de laquelle elle ne diffère que par la couleur de ses ailes supérieures qui sont noires.

On la trouve en Allemagne et aux environs de Paris, mais plus rarement que la précédente.

Sa *chenille* est velue, brune; elle a le dessus du corps couleur de chair, avec une ligne et des taches noires. Elle vit sur le prunier épineux. (L.)

ZYGIE, *Zygia*, genre d'insectes de la première section de l'ordre des Coléoptères et de la famille des Malacodermes.

Ce genre établi par Fabricius, n'est composé que d'une seule espèce, que nous soupçonnons appartenir au genre *melyre*. Les caractères que cet auteur lui assigne sont les suivans : antennules inégales, filiformes; mâchoire unidentée; languette alongée, membraneuse; antennes moniliformes.

Les *zygies*, suivant Latreille, ont les antennes insérées à quelque distance des yeux; le second article est presque conique; le troisième presque cylindrique, plus alongé que le quatrième; celui-ci et les suivans sont en scie; le dernier est ovalaire; la bouche est rétrécie; les pattes sont filiformes; les

tarses ont leurs articles simples ; le dernier est long et terminé par deux crochets un peu bifides sous la pointe. Cet
insecte se trouve en Orient. Je l'ai trouvé plusieurs fois dans
l'intérieur des maisons à Bagdat. (O.)

ZYZEL ou ZISEL, quadrupède décrit au mot Souslic.
(S.)

FIN DU TOME VINGT-TROISIÈME.